LIBRAIRIE DE MÉQUIGNON MARVIS PÈRE ET FILS,
RUE DU JARDINET, N° 13.

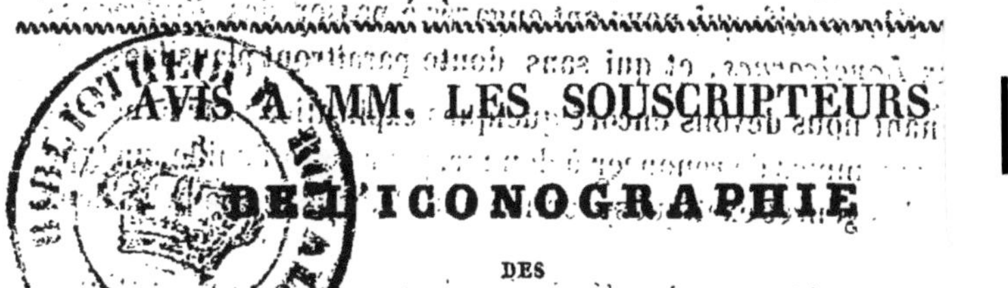

AVIS A MM. LES SOUSCRIPTEURS DE L'ICONOGRAPHIE DES COLÉOPTÈRES D'EUROPE,

DE LA COLLECTION DE M. LE Cte DEJEAN.

Au moment de publier une nouvelle famille de notre Iconographie des Coléoptères d'Europe, nous devons faire connaître à MM. les souscripteurs les motifs qui nous ont engagés à intervertir l'ordre méthodique dans lequel cet ouvrage a été conçu primitivement : en un mot, nous devons dire pourquoi, après avoir donné les *Carabiques* et les *Hydrocanthares*, nous laissons de côté les dix-sept familles qui viennent ensuite pour passer à celle des *Longicornes*, qui forme l'avant-dernière des *Tétramères*, et sur laquelle il n'existe en travail complet que le *Genera* qu'en a donné M. Audinet-Serville, il y a plusieurs années.

Nous n'avons pris ce parti qu'après avoir consulté les besoins de la science : en effet, depuis que notre ouvrage est commencé, de savantes monographies ont été publiées sur presque toutes les familles placées entre les *Hydrocanthares* et les *Longicornes*. Cette partie de la Coléoptérologie se trouve donc pour le moment au niveau des besoins de ceux qui s'en occupent, et nous avons pensé que dans cet état de choses ce serait manquer notre but que d'entrer en concurrence avec ces ouvrages ; toutefois, comme ils embrassent tous les insectes du globe et que le nôtre ne traite que des espèces européennes, nous ne faisons qu'ajourner la publication des familles dont il s'agit ; notre intention est de les donner plus tard et lorsqu'elles seront enrichies de nouvelles découvertes qui auront eu lieu dans l'intervalle, afin de rentrer dans le plan primitif de notre Iconographie et de la rendre aussi complète que possible.

D'un autre côté, sortant de donner une famille dénuée de couleurs brillantes et de formes gracieuses, nous avons pensé que MM. les souscripteurs nous sauraient gré d'avoir fait choix de celles des *Longicornes*, la plus intéressante des Coléoptères par ses formes sveltes et élégantes et ses couleurs variées.

Tels sont les motifs qui nous ont engagés à passer des *Hydrocanthares* aux *Longicornes*, et qui sans doute paraîtront plausibles.

Maintenant nous devons encore quelques explications sur la nécessité où nous sommes de renoncer à donner, pour cette famille, un type de chacun des genres exotiques, comme nous l'avons fait pour les deux premières.

Dans les *Carabiques* et les *Hydrocanthares*, les genres exotiques sont très peu nombreux, et nous avons pu les intercaller tous parmi les européens, sans beaucoup augmenter le nombre des figures. Mais il n'en serait pas de même si nous suivions cette marche pour les *Longicornes;* car pour 54 genres qu'ils renferment en Europe, on en compte au moins 400 d'exotiques, c'est-à-dire, presque autant qu'il y a d'espèces européennes; de sorte que figurer dans cette famille une espèce pour chaque genre exotique, ce serait plus que doubler le nombre des planches, et par conséquent celui des livraisons. Cette augmentation dans la quantité des planches serait un surcroît de dépense inutile et même sans aucun intérêt pour ceux de nos abonnés qui, en souscrivant à l'Iconographie des Coléoptères d'Europe, n'ont voulu connaître que les espèces de cette partie du globe.

Le texte de la famille des Longicornes sera rédigé par M. A. Chevrolat, dont les travaux en Entomologie sont trop connus pour que nous ayons besoin de les rappeler ici. Il sera aidé dans la partie descriptive par M. Alexandre Lefebvre, que son titre d'ancien secrétaire de la Société Entomologique de France, suffirait seul pour recommander à nos souscripteurs, alors même qu'il ne serait pas connu par ses diverses publications et ses voyages entomologiques.

Quant aux figures, nous prenons l'engagement de les rendre encore plus parfaites, s'il est possible, que celles des deux premières familles, en employant à cet effet les meilleurs artistes pour la peinture, la gravure et le coloriage.

En un mot, jaloux de conserver notre réputation d'éditeurs consciencieux et de continuer à mériter sous ce rapport, l'estime et la confiance de nos souscripteurs, nous ne reculerons devant aucun sacrifice pour que la continuation de l'Iconographie des Coléoptères d'Europe ne laisse rien à désirer pour l'impression du texte, comme pour l'exécution des planches.

Paris, le 1er juillet 1839.

En vente. Tome 6e du SPECIES GÉNÉRAL DES COLÉOPTÈRES de la collection de M. le comte DEJEAN, Hydrocanthares et Gyriniens, par le Dr Ch. AUBÉ. in-8°, de 51 feuilles, Prix : 15 francs.

IMPRIMERIE DE MOQUET ET COMP., RUE DE LA HARPE 90.

SPECIES

GÉNÉRAL

DES

COLÉOPTÈRES.

Tome Sixième.

DE L'IMPRIMERIE DE FIRMIN DIDOT FRÈRES,
RUE JACOB, N° 56.

SPECIES
GÉNÉRAL
DES
HYDROCANTHARES
ET
GYRINIENS,

PAR LE DOCTEUR CH. AUBÉ;

POUR FAIRE SUITE AU

SPECIES GÉNÉRAL DES COLÉOPTÈRES

DE LA COLLECTION

DE M. LE COMTE DEJEAN.

PARIS,

MÉQUIGNON PÈRE ET FILS, LIBRAIRES-ÉDITEURS,

RUE DU JARDINET, N° 13.

1838.

PRÉFACE.

Depuis 1835, époque à laquelle a paru le cinquième volume du *Species général des Coléoptères*, M. le comte Dejean a eu trop peu de loisir pour donner immédiatement suite à cet ouvrage, dont l'achèvement est si vivement désiré. Lorsqu'on réfléchit à l'énorme quantité de coléoptères dont les collections se sont enrichies depuis quelques années, et à tous ceux qu'elles acquerront par la suite, il est facile de se convaincre que la vie d'un seul homme ne saurait suffire pour amener à bonne fin un travail aussi considérable. Nous ne sommes plus aux temps des Linné et des Fabricius, où la science était à faire et où une simple petite phrase latine suffisait pour caractériser un insecte. Aujourd'hui, au contraire, un temps considérable doit être consacré aux recherches bibliographiques, et les descriptions doivent être assez étendues pour servir à la détermination de toutes les espèces actuellement connues, et ne pouvoir, autant que possible, s'appliquer à celles que l'avenir nous promet. Aussi serait-il bien à désirer que tous les entomologistes dont les études se sont dirigées sur telle ou telle famille, voulussent bien apporter le tribut de leurs observations, en faisant des *species* particuliers de ces mêmes familles, *species* qui par la suite pourraient se réunir et former un tout dont l'utilité est si généralement sentie.

C'est afin de contribuer moi-même, pour une faible partie, à ce grand œuvre, que je publie aujourd'hui, sous le nom de *Species général des Hydrocanthares* et *Gyriniens*, un travail qui devra faire suite au *Species* de M. Dejean.

J'ai cru ne devoir décrire que les espèces des collections de Paris, et cela par la raison que M. le comte Dejean a si clairement exprimée dans la préface de son *Species*, c'est-à-dire qu'il faut toujours avoir sous les yeux le type d'un insecte que l'on a décrit, pour ne pas courir le risque de le décrire de nouveau sous un autre nom.

Les descriptions comparatives, tout en présentant de grands avantages, m'ont paru devoir être remplacées par des descriptions absolues, auxquelles on peut toujours recourir, tandis que les premières ne sont d'aucune utilité lorsque l'on est privé du type comparatif, et ce cas doit se présenter souvent pour une faune générale destinée aux entomologistes de tous les pays. Ainsi, tel insecte pris pour point de comparaison, sera très-commun sur un point de l'Europe et manquera sur tous les autres; ou bien il se rencontrera depuis le cap Nord jusqu'à Gibraltar, et ne se trouvera dans aucune autre partie du monde.

J'ai donné des descriptions aussi minutieuses que possible, et toutes calquées les unes sur les autres, sans avoir cherché à varier ni les expressions ni la forme des phrases, les choses restant les mêmes; ce qui offrira l'avantage de faire ressortir plus facilement les caractères distinctifs; car là où il y aura différence dans la manière de dire, là aussi devra se présenter la différence dans les caractères.

Si ce mode de description paraît fastidieux au lecteur, il devra me tenir compte de l'intention que j'ai eue de ne jamais lui offrir de voie détournée qui puisse le conduire à l'erreur; et je pourrais citer plusieurs auteurs qui, tout en employant les descriptions absolues, ont, pour être moins monotones, varié les expressions en disant la même chose, de sorte que le lecteur cherche en vain, dans des phrases d'égale valeur, à saisir les caractères des insectes qu'il veut déterminer. Pour plus de clarté encore, lorsque les espèces sont voisines les unes des autres, j'ai donné, à la suite de descriptions absolues, une ou deux phrases comparatives.

Je me suis également attaché à faire saillir le mieux possible les caractères de chaque espèce dans les phrases synoptiques latines, qui, je l'avoue, souvent un peu trop étendues, sont plutôt de courtes descriptions que de simples diagnoses, ce qui, du reste, n'offre aucun inconvénient.

A la tête de chaque genre, j'ai donné, en outre de la description détaillée, une petite phrase analytique latine qui fera ressortir en peu de mots les caractères propres à ces genres.

Lorsque j'ai cité le nom d'un auteur sans indiquer plus bas l'ouvrage dans lequel tel insecte est décrit, il faut considérer cet insecte comme inédit, et son nom comme un simple nom de collection.

Je dois dire ici que, sans l'extrême obligeance de M. le comte Dejean, qui m'a confié avec une rare générosité toute la partie de sa collection qui intéressait mon travail, il m'eût été impossible de remplir la tâche que je m'étais imposée. Je dois aussi un témoignage de ma reconnaissance à

MM. Andouin, Chevrolat, de Laporte, Dupont, Gory, Guérin et Reiche, qui ont généreusement consenti à me laisser puiser dans leurs collections tous les matériaux qui manquaient à celle de M. le comte Dejean.

Paris, ce 1er août 1838.

CH. AUBÉ.

LISTE DES AUTEURS.

Ahrens. Nov. Act. Hal. Ahrens. Neue Schriften der Naturforschenden Gesellschaft zu Halle. Hallæ. 1811-1818. 8°.

Ahrens. Isis. Ahrens. Isis; oder Encyclopædische Zeitung. Jena und Leipzig. 1817-1834. 4°.

Aubé. Iconog. Iconographie des Coléoptères d'Europe. Tome V, par le docteur Ch. Aubé. Paris. 1836. 8°.

Aud. Servil. Faun. franc. Faune française, ou Histoire naturelle générale et particulière des animaux, etc. Insectes, par Audinet-Serville. 1re édit. Paris. Sans date. 8°. Ouvrage non continué.

Babingt. The Trans. of the Soc. of Lond. Babington. The Transactions of the entomological Society of London. London. 1834. 8°.

Bergst. Nom. Nomenclatur und Beschreibung der Insecten in der Grafschaft Hanau-Münzenberg, von J. A. B. Bergstræsser. Hanau. 1778. 4°.

Brullé. Exp. scient. de Mor. Expédition scientifique de Morée. Insectes, par Brullé. Paris. 1832. in-fol.

Brullé. Hist. nat. des Ins. Histoire naturelle des Insectes, par Audouin et Brullé. Tom. V, par Brullé. Paris. 1834. 8°.

Brullé. Voy. de M. d'Orbig. dans l'Am. mérid. Voyage de M. d'Orbigny dans l'Amérique méridionale. Insectes, par Brullé. Paris. 1836 et suivantes. Petit in-fol.

Boisduv. Voy. de l'Astrol., Entomol. Voyage de découvertes de l'Astrolabe. Entomologie, par le docteur Boisduval. Paris. 1835. 8°.

Cederh. Faun. Ing. Faunæ Ingricæ prodromus exhibens methodicam descriptionem Insectorum agri Petropolensis, etc., auctore J. Cederhielm. Lipsiæ. 1798. 8°.

Chev. Coleop. du Mex. Coléoptères du Mexique, par Chevrolat. Fascicules 1, 2, 3. Strasbourg. 1834. 12°.

Clairv. Ent. Helv. Entomologie helvétique, ou Catalogue des Insectes de la Suisse, rangés d'après une nouvelle méthode, par J. Clairville. Zurich. 1798-1806. 2 vol. in-8°.

Curtis. Brit. Ent. British Entomology being illustrations and descriptions of the genera of Insects found in Great Britain and Ireland, etc., by J. Curtis. London. 1834 et suivantes. 8°.

Dej. Cat. Catalogue des Coléoptères de la collection de M. le comte Dejean. 3e édition. Paris. 1837. 8°.

De Geer. Ins. Mémoires pour servir à l'étude des Insectes, par Ch. de Geer. Stockholm. 1752 et suivantes. 7 vol. 4°.

Drap. Ann. gén. des sc. phys. Drapiez. Annales générales des sciences physiques. Bruxelles. 1819 et suivantes. 8°.

Duft. Faun. Aust. Fauna Austriæ; oder Beschreibung der osterreichischen Insekten für angehende Freunde der Entomologie, von Ch. Duftschmid. Linz. 1803-1825. 3 vol. 12°.

Erichs. Gen. Dyt. Genera Dytisceorum. Dissertatio inauguralis, auctore G. F. Erichson. Berolini. 1832. 12°.

Erichs. Kæf. der Mark Brand. Die Kæfer der Mark Brandeburg beschrieben. Tom. I, von G. F. Erichson. Berlin. 1837. 8°.

Erichs. Nov. act. nat. cur. Erichson. Nova acta academica naturæ curiosorum de Bonn. Tom. XVI. Bonn. 1832. 4°.

Esch. Mém. de la Soc. des nat. de Mosc. Eschscholtz. Mémoire de la Société impériale des naturalistes de Moscou. Moscou. 1806-1828. 6 vol. 4°.

Fab. Ent. Syst. J. C. Fabricii Entomologia systematica emendata et aucta. Hafniæ. 1792-1794. 4 vol. et supplementum. 1798. 8°.

Fab. Mantis. J. C. Fabricii Mantissa Insectorum, etc. Hafniæ. 1787. 2 vol. 8°.

Fab. Syst. Eleut. J. C. Fabricii Systema Eleutheratorum, etc. Kiliæ. 1801. 2 vol. 8°.

Forsberg. Nov. Act. Ups. Forsberg. Nova Acta regiæ Societatis scientiarum Upsalensis. Upsaliæ. 1773-1827. 9 vol. 4°.

Forst. Nov. spec. Ins. Novæ species Insectorum, centuria prima, auctore J. R. Forstero. Londini. 1771. 8°.

Gené. De quib. Ins. Sard. De quibusdam Insectis Sardiniæ novis aut minus cognitis, auctore J. Gené. Fasciculus primus. Taurini. 1837?

Germ. Faun. Ins. Europ. Fauna Insectorum Europæ, cura Ahrens, a Germar continuata. Halæ. 1812 et suivantes. 12° en large.

Germ. Ins. nov. spec. Insectorum species novæ aut minus cognitæ, descriptionibus illustratæ, auctore Germar. Volumen primum. Coleoptera. Halæ. 1824. 8°.

Guérin. Icon. du reg. anim. Iconographie du règne animal de Cuvier, par Guérin. Paris. En publication. 8°.

Guérin. Voy. aut. du mond. Voyage autour du monde par la Coquille, capitaine Duperrey, Zoologie. Tom. II. Deuxième partie, première division. Paris. 1831 pour les planches; 1836 pour le texte. In-f°.

Gyl. Ins. Suec. Insecta Suecica descripta a L. Gyllenhal. Classis prima. Coleoptera. Scaris, 1808-1810-1813. Et Lipsiæ. 1827. 4 vol. 8°.

Gyl. in Sch. Syn. Ins. Gyllenhal. Synonymia Insectorum, auctore Schœnherr. Stockholm. 1806-1808. Et Upsala. 1817. 3 vol. 8°.

Herbst. Arch. Archiv der Insecten-Geschichte, herausgegeben von J. C. Füssly. Zurich und Winterthur. 1781-1786. 8 fasc. 4°.

Hope. The Anim. Kingd. Hope. The animal Kingdom, etc., by Griffith. London. 1829 et suivantes. 8°.

Hoppe. Enum. Ins. Enumeratio Insectorum elytratorum circa Erlangam, auctore D. H. Hoppe. Erlangæ. 1795. 8°.

Hum. Essais ent. Essais entomologiques, publiés par Hummel. Saint-Pétersbourg. 1821-1829. 12°.

Illig. Kæf. Preus. Verzeichniss der Kæfer Preussens, entworfen von J. G. Kugellan, ausgearbeitet von J. C. G. Illiger. Halle. 1798. 8°.

Illig. Mag. Magazin zur Insectenkunde, herausgegeben von Karl Illiger. Braunschweig. 1801-1806. 6 vol. 8°.

Kirby. in Richards. Faun. boreal. Amer. Kirby. Fauna boreali-americana, etc., by Richardson. Norwich. 1837. 4°.

Klug. Ins. von Madag. Bericht über eine auf Madagascar veranstaltete Sammlung von Insecten (coleoptera), von Fr. Klug. Berlin. 1833. 4°.

Klug. Symb. phys. Klug. Symbolæ physicæ, seu Icones et Descriptiones Insectorum quæ ex itinere per Africam borealem et Asiam occidentalem Heimprich et Ehrenberg redierunt. Berolini. 1829 et suivantes. In-f°.

Klug. Voy. de Erman. Ins. Klug. Verzeichniss von Thieren und Pflanzen, etc., von Ad. Erman. (Insectes.) Berlin. 1835. In-f°.

Kunz. Ent. fragm. Entomologische Fragmente, von G. Kunze. Halle. 1818. 8°.

Kunz Nov. Act. Hal. Kunze. Neue Schriften der Naturforschenden Gesellschaft zu Halle. Hallæ. 1811-1818. 8°.

Lacord. Faun. ent. Faune entomologique des environs de Paris, etc., par le Dr Boisduval et Th. Lacordaire. Tom. I, par Lacordaire. Paris. 1835. 12°.

Lap. Ann. de la Soc. ent. De Laporte. Annales de la Société entomologique de France. Paris. 1832-1838. 8°.

Lap. Étud. ent. Études entomologiques, par de Laporte. Paris. 1834. 8°.

Lat. Gen. Crust. et Ins. Genera Crustaceorum et Insectorum, etc., auctore P. A. Latreille. Parisiis et Argentorati. 1806-1809. 4 vol. 8°.

Lat. Reg. anim. Le Règne animal, distribué d'après son organisation, etc., par le baron Cuvier. Paris. 1829. 5 vol. Les vol. IV et V par P. A. Latreille.

Lat. Voy. de Humb. et Bompl. Ins. Observations de Zoologie et d'Anatomie comparée par Humboldt et Bompland. Paris. 1811. 2 vol. 4°. La partie entomologique par P. A. Latreille.

Leach. Zool. Misc. The Zoological Miscellany, or Descriptions of new race, or highty interesting Animals, by W. E. Leach. London. 1814. 3 vol. 8°.

Lin. Faun. Suec. Caroli Linnæi Fauna Suecica. Edit. secunda. Stockholmiæ. 1781. 8°.

Lin. Syst Nat. Caroli a Linné. Systema Naturæ. Edit. duodecima. Holmiæ. Tom. I. Pars secunda. 1767. 8°.

Mac. Leay. Ann. Jav. Annulosa Javanica, par W. S. Mac Leay. Édition Lequien. Paris. 1833. 8°.

Mannerh. Ess. ent. de Hum. Mannerheim. Essais entomologiques, publiés par Hummel. Saint-Pétersbourg. 1821-1829. 12°.

Marsh. Ent. Brit. Entomologia Britannica, sistens Insecta Britanniæ indigena, etc., auctore T. Marsham. Londini. 1802.

Menetriés. Cat. Catalogue raisonné des objets de zoologie recueillis dans un voyage au Caucase, etc., par E. Ménétriés. Saint-Pétersbourg. 1833. 4°.

Müll. Zool. Prod. O. F. Müller. Zoologiæ Danicæ Prodromus, seu animalium Daniæ et Norvegiæ indigenorum caracteres, etc. Hafniæ. 1776. 8°.

Nicol. Col. ag. Hal. Dissertatio, sistens Coleopterorum species agri Halensis, auctore E. A. Nicolaï. Halæ. 1822. 8°.

Oliv. Ent. Entomologie, ou Histoire naturelle des Coléoptères, par Olivier. Paris. 1789-1808. 5 vol. in-f°.

Panz. Faun. Germ. G. W. F. Panzeri Faunæ Insectorum Germaniæ initia. Nurnberg. 1796 et suivantes. 12° en large.

Payk. Faun. Suec. G. Paykull Fauna Suecica, Insecta. Upsaliæ. 1798-1800. 3 vol. 8°.

Perty Delect. Anim. Delectus Animalium quæ in itinere per Brasiliam annis 1817-1820, etc., collegerunt J. B. de Spix et F. Ph. de Martius; digessit, descripsit et pingenda curavit Max. Perty. Monachii. 1830. 4°.

Ross. Faun. Etrusc. Fauna Etrusca, sistens Insecta quæ in provinciis Florentina et Pisana præsertim collegit Petrus Rossius, etc. Liburni. 1790. 2 vol. 4°.

Rossi Mant. Mantissa Insectorum exhibens species nuper in Etruria collectas a Petro Rossio, adjectis Faunìæ Etruscæ illustrationibus, etc. Pisis. 1792-1794. 2 vol. 4°.

Sahlb. Ins. Fen. Car. Regin. Sahlberg. Dissertatio entomologica Insecta Fennica enumerans. Aboæ. 1817 et suivantes. 8°.

Sahlb. (Ferd.) nov. Coleopt. Fen. spec. Dissertatio academica novas Coleopterorum Fennicorum species sistens, etc. Auctore Regi. Ferdin. Sahlberg. Helsingforsiæ. 1834. 8°.

Say. Descript. of new spec. Description of new species of north American Insects, etc., by T. Say. Harmony-Indiana. 1829-1833. 8°. (1).

Say. Trans. of the Am. phil. Soc. T. Say. Transactions of the American

---

(1) Je n'ai vu qu'un faible fragment de ce livre, qui, très-probablement, est extrait de quelque recueil académique.

philosophical Society of Philadelphia. Philadelphia. 1789-1826. 4°.

Schartz. in Sch. Syn. Ins. Ol. Swartz. Synonymia Insectorum, auctore Schœnherr. Stockholm. 1806-1808; et Upsal, 1817. 3 vol. 8°.

Schr. Enum. Fr. von Paula Schranck enumeratio Insectorum Austriæ indigenorum. Augustæ Vindelicorum. 1781. 8°.

Sch. Syn. Ins. Synonymia Insectorum, auctore Schœnherr. Stockholm. 1806-1808; et Upsal. 1817. 3 vol. 8°.

Scop. Ent. Carn. J. A. Scopoli Entomologia Carniolica, etc. Vindebonæ. 1763. 8°.

Solier. Ann. de la Soc. ent. Solier. Annales de la Société entomologique de France. Paris. 1832-1838. 8°.

Steph. Illust. of Brit. ent. Illustrations of British entomology or a synopsis of indigenous Insects, by J. F. Stephens. London. 1827 et suivantes. 8°.

Steven in Sch. Syn. Ins. Steven. Synonymia Insectorum, auctore Schœnherr. Stockholm. 1806-1808; et Upsal. 1817. 3 vol. 8°.

Sturm. Deuts. Faun. Deutschlands Fauna in Abbildungen nach der Natur, mit Beschreibungen von Jacob Sturm. (Insectes.) Nürenberg. 1805-1836. 10 vol. petit-8°.

Thunb. Ins. Suec. Dissertatio entomologica sistens Insecta Sueciæ. Præside Carol. P. Thunberg. Upsaliæ. 1784-1795. 4°.

Thunb. Nov. Act. Ups. Thunberg. Nova Acta regiæ societatis scientiarum Upsalensis. Upsaliæ. 1773-1827. 9 vol. 4°.

Thunb. Nov. spec. Ins. Dissertatio entomologica novas Insectorum species sistens. P. C. P. Thunberg. Upsaliæ. 1781-1791. 4°.

Wied. in Mag von Germ. Wiedmann. Magazin der Entomologie, herausgegeben von E. F. Germar. Halle. 1813-1821. 4 vol. 8°.

Zetterst. Faun. Lap. Fauna Insectorum Lapponica, auctore Zetterstedt. Hammonæ. 1828. 8°.

Zoubk. Bullet. de la Soc. imp. des Nat. de Mosc. Zoubkof. Bulletin de la Société impériale des Naturalistes de Moscou. Moscou. 1829 et suivantes. 8°.

FIN DE LA LISTE DES AUTEURS.

SPECIES

GÉNÉRAL

DES

HYDROCANTHARES

ET

GYRINIENS.

HYDROCANTHARES.

Les *hydrocanthares* sont des insectes carnassiers aquatiques, qui offrent les caractères suivants :

Corps ordinairement ovalaire et déprimé, quelquefois cependant presque globuleux. Tête petite, en partie recouverte par le corselet. Antennes sétacées ou filiformes, composées de onze articles. Labre petit, court, généralement échancré et garni de poils. Menton trilobé, le lobe du milieu souvent échancré. Palpes au nombre de six; les maxillaires externes composés de quatre articles, les internes de deux, et les labiaux de trois. Languette légèrement élargie à son extrémité et coupée presque carrément. Mandibules courtes, très-robustes et dentées à l'extrémité. Mâchoires très-aiguës, arquées et ciliées intérieurement. Corselet plus large que long, généralement prolongé en pointe en arrière, recouvrant quelquefois l'écusson, qui alors est invisible. Élytres larges, recouvrant entièrement l'abdomen, quelquefois sillonnées ou chagrinées dans les femelles. Ailes constantes. Prosternum très-prolongé en arrière. Hanches postérieures soudées aux pièces sternales, offrant en arrière et sur la ligne médiane un prolongement plus ou moins considérable (*metasternum* de quelques auteurs). Pattes antérieures et moyennes très-rapprochées; les postérieures généralement longues, larges, aplaties, disposées pour la natation et ne pouvant se mouvoir que latéralement. Tarses de cinq articles; dans quelques genres les antérieurs et intermédiaires paraissent au premier coup d'œil n'être que quadriarticulés, le quatrième article étant très-petit et caché dans l'échancrure du troisième; les antérieurs et souvent les intermédiaires en partie garnis de petites cupules pétiolées.

Ces insectes ont la plus grande analogie avec les *Carabiques;* leur organisation est, à très-peu de chose près, la même, et les modifications que la nature y a apportées, sont dues à la différence de milieu dans lequel ils sont destinés à vivre.

Linné et les auteurs anciens avaient réuni tous les insectes de cette famille dans le genre *Dytiscus*. Depuis et presque à la même époque, Fabricius et Illiger créèrent les deux nouveaux genres *Hydrachna* et *Cnemidotus*. Mais dans ces temps modernes l'ancien genre *Dytiscus* a été entièrement démembré par les travaux de Latreille, Clairville, Leach et plusieurs autres entomologistes qui ont peut-être poussé un peu loin leurs divisions génériques.

Pour faciliter l'étude de cette famille, j'établirai trois tribus dont les caractères sont exprimés dans le tableau suivant :

Cinq articles à tous les tarses; abdomen	en grande partie recouvert par les hanches postérieures . . .	*Haliplides.*
	entièrement découvert	*Dytiscides.*
Quatre articles seulement apparents aux tarses antérieurs et intermédiaires		*Hydroporides.*

HALIPLIDES.

Cette tribu se distingue de toutes les autres de cette famille par la forme générale des insectes qui la composent; ils sont tous de petite taille, ont le corps ovalaire, convexe et recouvert de points enfoncés, ordinairement placés sans ordre sur la tête, le corselet et le dessous du corps, et disposés en stries longitudinales sur les élytres, qui sont presque toujours sinueuses et terminées en pointe à leur extrémité; ils sont privés d'écusson apparent. Mais le principal caractère qui fera toujours reconnaître un insecte de cette tribu, c'est l'énorme prolongement lamelleux des hanches postérieures qui recouvre presque entièrement les cuisses et empêche tout mouvement de haut en bas. Elle se compose de deux genres :

Dernier article des palpes maxillaires plus petit que le pénultième . . . . *Haliplus.*
Dernier article des palpes maxillaires plus grand que le pénultième. . . . . *Cnemidotus.*

I. HALIPLUS. *Latreille.*

DYTISCUS. *Linné, Fabricius, Olivier.* CNEMIDOTUS, *Illiger.* HOPLITUS. *Clairville.*

Palporum maxillarium articulo ultimo minimo, aciculari, penultimo reliquis majore; coxarum posticarum appendice laminato, postice rotundato.

Ovale, allongé. Tête petite, étroite. Antennes insérées dans une petite cavité du front au-devant des yeux; le premier article souvent très-petit et à peine saillant au delà de la cavité; les autres presque égaux entre eux, à l'exception toutefois du onzième, qui est plus grand, allongé et terminé en pointe. Épistome coupé carrément. Labre court, large, échancré et cilié. Menton trilobé; le lobe du milieu un peu moins saillant que les latéraux, et légèrement bifide à son sommet. Le premier article des palpes maxillaires petit, obconique; le second cylindrico-obconique, plus long que le premier; le troisième une fois et demie plus long que le précédent; le dernier très-petit, aciculaire. Le premier article des palpes labiaux et le second presque égaux : celui-ci un peu plus allongé ; le dernier très-petit, aciculaire. Prosternum arqué, élargi et aplati postérieurement, coupé carrément. Corselet un peu plus étroit que les élytres, court, rétréci en avant et prolongé en pointe en arrière. Écusson invisible. Élytres ovales, allongées, sinueuses à leur extrémité et terminées en pointe très-peu saillante, couvertes de stries de points plus ou moins enfoncés. Le prolongement lamelleux des hanches postérieures arrondi. Tous les tarses de cinq articles apparents : les quatre premiers presque égaux ; le premier cependant un peu plus long ; le cinquième le plus grand de tous ; les trois premiers des tarses antérieurs légèrement dilatés et garnis de petites brosses soyeuses dans les mâles; deux crochets égaux et mobiles à tous les tarses.

Ce genre a été créé par Latreille dans son *Genera Crustaceorum et Insectorum* aux dépens de l'ancien genre *Dytiscus* de Linné; et presque en même temps Clairville, *Entomologie Helvétique*, l'en sépara également et le nomma *Hoplitus*. Cette division avait déjà été établie par Illiger dans son *Magazin;* il lui avait assigné le nom de *Cnemidotus*. Nous adopterons ici le nom de Latreille, réservant, comme l'a déjà fait M. Erichson, celui d'Illiger pour le genre suivant.

Les *Haliplus* sont des insectes de petite taille, qui, vivant dans l'eau comme les autres genres de cette famille, l'abandonnent cependant assez souvent pour grimper après les herbes aquatiques, où ils se trouvent quelquefois réunis en très-grand nombre. Ils sont peu nombreux et paraissent propres à l'Europe et au nord de l'Amérique. Nous en connaissons cependant un du Brésil et un autre du cap de Bonne-Espérance.

1. HALIPLUS ELEVATUS.

Elongato-ovatus, pallide testaceus; thorace quadrato, bisulcato; elytris punctis nigris confluentibus sulcato-striatis, costa elevata in disco postice abbreviata.

Dytiscus Elevatus. PANZ. *Faun. Germ.* XIV. 9.

Haliplus Elevatus. Gyl. *Ins. Suec.* i. 545.
Aubé. *Iconog.* v. p. 17. pl. i. fig. i.

Long. 4 millim. Larg. 2 $\frac{1}{4}$ millim.

Ovale, allongé, assez convexe, d'un testacé pâle. Tête oblongue, entièrement couverte de petits points enfoncés ; antennes et palpes testacées ; mandibules noires à la base. Corselet très-légèrement rembruni en avant et en arrière, presque aussi long que large, largement échancré antérieurement où il est à peine plus étroit, sinueux à la base, dont les côtés sont coupés un peu obliquement et le milieu prolongé en pointe sur les élytres ; les bords latéraux, arrondis et dilatés dans le milieu, se redressent en arrière en rentrant légèrement ; les angles antérieurs un peu aigus et abaissés, les postérieurs droits ; il est couvert de points épars peu visibles, et présente, de chaque côté de la base, vers les angles postérieurs, un sillon longitudinal profond qui atteint presque le bord antérieur, et une large dépression transversale placée tout à fait en arrière entre les deux sillons longitudinaux. Élytres ovalaires, allongées, plus larges en avant que la base du corselet, dilatées un peu avant le milieu, se rétrécissant ensuite insensiblement jusqu'à l'extrémité qui est terminée en pointe ; elles sont marquées de dix stries de points enfoncés, d'autant plus profondes qu'elles sont plus voisines de la suture ; les quatre premières presque canaliculées ; les cinquième et sixième très-courtes, très-fortement abrégées en arrière, où elles se réunissent à angle très-aigu ; les intervalles sont lisses ; le troisième est relevé en carène, et forme une côte saillante qui occupe environ les deux tiers de l'élytre ; les quatre premières stries, ainsi que le sommet de la côte, sont recouverts dans leurs deux tiers antérieurs par une petite ligne noire étroite qui n'atteint cependant pas tout à fait la base ; les septième et huitième offrent aussi, aux deux tiers postérieurs environ, chacune une petite ligne de même couleur ; la septième, en avant, dans une très-petite étendue, et les deux stries humérales, sont également marquées de noir ;

toutes ces lignes sont souvent confluentes latéralement, de sorte qu'au premier aspect, les élytres paraissent quadrimaculées; toute la suture et l'extrémité, dans une petite étendue, sont également noires; la portion réfléchie est jaune pâle. Le dessous du corps testacé, avec l'abdomen rembruni à la base. Pattes testacées; le prolongement des hanches postérieures couvert de gros points enfoncés.

Cette espèce se rencontre dans presque toute l'Europe.

2. Haliplus Æquatus.

Elongato-ovatus, pallide testaceus; thorace quadrato, bisulcato; elytris punctato-striatis, striis nigris, internis quatuor postice tantum, externis postice et in medio abbreviatis, maculas obliquas obsoletas efformantibus.

Haliplus Æquatus. Dej.-Aubé. *Iconog.* v. p. 19. pl. 1. fig. 2.

Long. 4 millim. Larg. 2 $\frac{1}{3}$ millim.

Ovale, allongé, assez convexe, d'un testacé pâle. Tête oblongue, entièrement couverte de petits points enfoncés; antennes et palpes testacées; mandibules noirâtres à la base. Corselet très-légèrement rembruni en avant et en arrière, presque aussi long que large, largement échancré antérieurement où il est à peine plus étroit, sinueux à la base, dont les côtés sont coupés un peu obliquement, et le milieu prolongé en pointe sur les élytres; les bords latéraux, arrondis et dilatés dans le milieu, se redressent en arrière en rentrant légèrement; les angles antérieurs un peu aigus et abaissés, les postérieurs droits; il est couvert de points épars et peu visibles, et présente, de chaque côté de la base, vers les angles postérieurs, un sillon longitudinal profond qui atteint presque le bord antérieur et une large dépression transversale placée tout à fait en arrière entre les deux sillons longitudinaux. Élytres ovalaires allongées, plus larges en avant que la base du corselet, dilatées un peu avant le milieu, se rétrécissant ensuite insensiblement jusqu'à l'extrémité qui est terminée en pointe; elles sont marquées de dix stries de points enfoncés; les cinquième et sixième très-courtes, abrégées en arrière, où elles sont réunies à angle très-aigu; les intervalles sont lisses; les quatre premières stries sont recouvertes dans leurs deux tiers antérieurs par une petite ligne noire étroite, qui n'atteint pas tout à fait la base; les cinquième, sixième et septième en avant, et les septième, huitième et neuvième en arrière, offrent aussi une petite ligne noire; ces deux petits groupes de lignes sont séparés par un intervalle pâle, de sorte que les élytres paraissent quadrimaculées; toute la suture et l'extrémité dans une très-petite étendue, sont également noires; la portion réfléchie est jaune pâle. Le dessous du corps testacé, avec la base de l'abdomen rembruni. Pattes testacées, avec les jambes et chaque article des tarses noirs à leur naissance; le prolongement des hanches postérieures est couvert de gros points enfoncés.

Il diffère du précédent, avec lequel il a la plus grande analogie, par les élytres privées de côte saillante, et dont les stries ne sont pas canaliculées, et par les pattes dont la naissance des jambes et des tarses est noire.

Je ne connais qu'un seul individu de cette espèce; il appartient à M. le comte Dejean, qui l'a reçu de Lombardie.

3. Haliplus Obliquus.

Ovalis, pallide testaceus; capite postice, thorace antice infuscatis, vix levissime punctulatis; elytris punctorum obsoletorum sinuatim punctatis, striis ad basin, in medio et versus apicem nigricantibus, maculas inæquales, obliquas efformantibus.

Dytiscus Obliquus. Fab. *Syst. Eleut.* I. 270.
Dytiscus Amœnus. Oliv. *Ent.* III. 40. p. 32. pl. 5. fig. 50.
Haliplus Obliquus. Lat. *Gen. Crust. et Ins.* I. 231.
Gyl. *Ins. Suec.* I. 550.
Sch. *Syn. Ins.* II. 27. 5.

Var. β. *Vertice thoracisque margine antico nigris.*

Haliplus Varius. Nicol. *Col. agr. Hal.* 34.

Long. 3 ½ millim. Larg. 2 ¼ millim.

Ovale, assez convexe, d'un testacé pâle. Tête très-finement pointillée, brunâtre sur le vertex et vers la bouche; antennes et palpes fauves. Corselet testacé avec une tache assombrie au milieu du bord antérieur, et souvent deux petits points noirâtres de chaque côté de la base, une fois et demie aussi large que long, largement échancré en avant où il est plus étroit, sinueux à la base dont les côtés sont coupés un peu obliquement, et le milieu prolongé en pointe sur les élytres; les bords latéraux rectilignes et obliques; les angles antérieurs un peu aigus et abaissés; les postérieurs également un peu aigus; il est couvert de points infiniment petits, un peu plus forts en avant et en arrière. Élytres ovalaires, plus larges en avant que la base du corselet, dilatées un peu avant le milieu, se retrécissant ensuite insensiblement jusqu'à l'extrémité, qui est coupée un peu obliquement et terminée en pointe; elles sont presque imperceptiblement chagrinées et marquées de dix stries de très-petits points enfoncés à peine visibles à la loupe; ces stries sont couvertes à la base, au milieu et vers l'extrémité, de petites lignes noires, souvent confluentes latéralement, et formant alors des taches ainsi disposées : une large qui occupe presque toute la base, surtout en dedans; une autre au-dessous qui part du tiers externe et va gagner le milieu de la suture en marchant obliquement d'avant et arrière et de dehors en dedans; une troisième au-dessous de la précédente et un peu en dehors; enfin, deux autres aux quatre cinquièmes de l'élytre, l'une en dedans et presque arrondie, l'autre en dehors placée un peu obliquement et suivant le bord externe; la suture est également noire et se termine en arrière en un fer de lance fort large, et qui n'atteint pas tout à fait l'extrémité; souvent toutes ces taches sont réunies, et les élytres sont presque noires; la portion réfléchie, le dessous du corps et les pattes testacés; le prolongement des hanches postérieures couvert de points rares et presque effacés.

La var. β. a le vertex et le bord antérieur du corselet noirs.

Il se trouve dans presque toute l'Europe.

4. HALIPLUS LINEATUS.

Ovalis, testaceus; capite postice, thorace antice infuscatis vix levissime punctatis; thorace utrinque ad basin striola brevissima leviter impresso; elytris punctorum obsoletorum seriatim punctatis, striis nigricantibus vix abbreviatis.

Haliplus Lineatus. AUBÉ. *Iconog.* v. p. 21. pl. 1. fig. 4.
Haliplus Confinis. STEPH. *Illust. of Brit. ent.* II. 41 ?

Var. β. Minor, thorace ad basin et apicem transversim anguste nigro.

Long. 3 $\frac{1}{4}$ millim. Larg. 2 millim.

Ovale, assez convexe, testacé. Tête très-finement pointillée, brunâtre sur le vertex et vers la bouche; antennes et palpes fauves. Corselet testacé, avec une tache assombrie au milieu du bord antérieur, une fois et demie aussi large que long, largement échancré en avant où il est plus étroit, sinueux à la base dont les côtés sont coupés un peu obliquement, et le milieu prolongé en pointe sur les élytres; les bords latéraux rectilignes et obliques; les angles antérieurs un peu aigus et abaissés, les postérieurs également un peu aigus; il est couvert de points infiniment petits, un peu plus forts en avant et en arrière, et présente de chaque côté de la base, au tiers environ de sa largeur, une très-petite strie, longitudinale, un peu oblique en dedans. Élytres ovalaires, plus larges en avant que la base du corselet, dilatées un peu avant le milieu, se rétrécissant ensuite insensiblement jusqu'à l'extrémité, qui est coupée un peu obliquement et terminée en pointe; elles sont presque imperceptiblement chagrinées et marquées de dix stries de points enfoncés, à peine visibles à la loupe; ces stries sont couvertes de lignes noires presque entières; les quatre premières sont abrégées en arrière dans une très-petite étendue; les quatre suivantes n'occupent en avant que les deux tiers environ des élytres; en arrière et en dehors de ces dernières il existe encore trois ou quatre petites lignes noires un peu obliques; la suture est également noire, et se termine en un fer de lance fort large, qui n'atteint pas tout à fait l'extrémité, et dont les côtés se réunissent souvent à l'une des petites lignes obliques; la portion réfléchie, le dessous du corps et les pattes testacés; le prolongement des hanches postérieures couvert de points rares et presque effacés.

Cet insecte est très-voisin de l'*Hal. Obliquus;* mais il en diffère par les lignes noires des élytres, qui ne forment pas de taches aussi distinctes, et surtout par les deux petites stries qu'on observe sur le corselet, comme dans le *Lineatocollis;* il est même un peu plus petit, plus court et plus convexe.

Il se trouve dans presque toute l'Europe.

La variété β. est plus petite, plus pâle, et présente au corselet une tache noire, transversale, étroite, tout le long du bord antérieur, et une autre analogue à la base dont elle suit les sinuosités; ces deux taches sont parfaitement arrêtées. J'ai vu quatre individus de cette variété. Ils ont été pris par M. Reiche dans des eaux saumâtres aux environs d'Ostende.

5. Haliplus Ferrugineus.

Ovalis, testaceo-ferrugineus; thorace ad verticem leviter rotundatim producto, antice sparsim, postice punctorum striga trânsversim punctato, disco lævi; elytris punctato-striatis, interstitiis punctorum minorum seriebus, maculis nigro-fuscis oblongo-maculatis.

Dytiscus Ferrugineus. Lin. *Syst. nat.* ii. 666.
Dytiscus Fulvus. Fab. *Syst. Eleut.* i. 271.
Dytiscus Interpunctatus. Marsh. *Ent. Brit.* i. 429.
Haliplus Fulvus. Clairv. *Ent. Helv.* ii. 220.
Haliplus Ferrugineus. Gyl. *Ins. Suec.* i. 446. Var. *b.*

Haliplus Subnubilus. BABINGT. *The trans. of the ent. soc. of Lond.* 1. p. 176. pl. xv. fig. 3.

Long. 4 millim. Larg. 2 $\frac{1}{3}$ millim.

Ovale, un peu allongé, convexe, d'un testacé ferrugineux. Tête oblongue, couverte de petits points épars; antennes et palpes testacés. Corselet une fois et demie aussi large que long, largement échancré en avant où il est plus étroit, le bord antérieur s'avançant un peu en s'arrondissant sur le front, sinueux à la base dont les côtés sont coupés un peu obliquement, et le milieu prolongé en pointe sur les élytres; les bords latéraux rectilignes et obliques; les angles antérieurs un peu aigus et abaissés, les postérieurs également un peu aigus; il présente en avant quelques points enfoncés, placés sans ordre, et en arrière quelques autres plus forts disposés en lignes transversales, dont la postérieure seule suit les sinuosités de la base; le milieu du disque est lisse. Élytres ovalaires, plus larges en avant que la base du corselet, dilatées vers les épaules, se rétrécissant ensuite plus ou moins brusquement jusqu'à l'extrémité, qui est coupée un peu obliquement et terminée en pointe; elles sont marquées de dix stries de points enfoncés noirs, d'autant plus gros qu'ils appartiennent aux stries les plus voisines de la suture; près de celles-ci on observe une petite ligne de points très-petits et très-rapprochés, et sur chaque intervalle une autre ligne d'autres points analogues, mais beaucoup plus espacés; elles offrent, en outre, plusieurs taches noires allongées, ainsi disposées : une très-petite obsolète vers le milieu de la base, trois placées obliquement de dehors en dedans, et d'avant en arrière au tiers environ, une au-dessous de la plus externe et dans le même intervalle de stries, une autre en dehors de celle-ci et sur le même plan horizontal; ces deux taches sont un peu en arrière du milieu de l'élytre; au-dessous de ces dernières il en existe encore trois très-rapprochées entre elles, celle du milieu un peu plus allongée, et enfin presque à l'extrémité une dernière très-petite, se réunissant à la suture qui est également noire; la portion réfléchie, le dessous du corps et les pattes testacés; le prolongement des hanches postérieures couvert de gros points enfoncés. Chaque segment de l'abdomen présente une rangée transversale de points très-petits; le segment anal en offre aussi quelques-uns à son extrémité.

Cet insecte varie beaucoup dans sa taille et même dans sa forme, les élytres étant un peu plus ou un peu moins dilatées vers les épaules; sa couleur et le nombre de ses taches sont aussi très-variables; il est quelquefois, mais très-rarement, entièrement immaculé.

Il se rencontre dans toute l'Europe.

6. Haliplus Flavicollis.

Ovalis, convexus, luteo-griseus; thorace antice sparsim, postice punctorum striga transversim punctato, disco lævi; elytris punctato-striatis, interstitiis punctorum minorum seriebus, immaculatis.

Haliplus Flavicollis. Sturm. *Deuts. Faun.* VIII. p. 150. T. CCII. fig. A. a.

Aubé. *Iconog.* V. p. 24. pl. 1. fig. 6.

Haliplus Ferrugineus. Babingt. *The trans. of the ent. soc. of Lond.* I. p. 176. pl. XV. fig. 2.

Haliplus Impressus. Erichs. *Käf. der Mark Brand.* I. 184.

Long. 3 $\frac{1}{2}$ millim. Larg. 2 $\frac{1}{5}$ millim.

Ovale, un peu allongé, convexe, d'un jaune grisâtre. Tête oblongue, couverte de petits points épars; antennes et palpes testacées. Corselet un peu plus d'une fois et demie aussi large que long, largement échancré en avant où il est plus étroit, le bord antérieur presque droit, s'avançant à peine sur le front, sinueux à la base dont les côtés sont coupés un peu obliquement, et le milieu prolongé en pointe mousse sur les élytres; les bords latéraux rectilignes et obliques; les angles antérieurs un peu aigus et abaissés, les postérieurs également un peu aigus; il présente en avant quelques points enfoncés, placés sans ordre, et en arrière quelques autres disposés en lignes transversales dont la postérieure seule suit les sinuosités de la base; le milieu du disque est lisse. Élytres ovalaires, plus larges en avant que la base du corselet, dilatées vers les épaules, se rétrécissant ensuite plus ou moins brusquement jusqu'à l'extrémité qui est coupée un peu obliquement et terminée en pointe; elles sont marquées de dix stries de points enfoncés noirs, d'autant plus gros qu'ils appartiennent aux stries les plus voisines de la suture; près de celle-ci on observe une petite ligne de points très-petits et très-rapprochés, et sur chaque intervalle une autre ligne de points analogues, mais beaucoup plus espacés; la portion réfléchie, le dessous du corps et les pattes testacés; le prolongement des hanches postérieures couvert de gros points enfoncés. Chaque segment de l'abdomen présente une rangée transversale de points très-petits; le segment anal en offre aussi quelques-uns à son extrémité.

Cet insecte, très-voisin du *Ferrugineus*, s'en distingue par la forme de son corselet qui est un peu plus court, nullement prolongé en avant sur le front, et dont le milieu de la base est moins aigu, et enfin par les couleurs des élytres et l'absence constante de taches noires; il est toujours un peu plus petit, quoique, comme ce dernier, il varie dans sa taille.

Il se trouve dans toute l'Europe.

7. Haliplus Badius.

Elongato-ovalis, testaceo-griseus; capite majore, oculis validis; thorace tantum in disco impunctato; elytris striato-punctatis, interstitiis punctorum minorum seriebus, immaculatis.

Haliplus Badius. Ullrich-Aubé. *Iconog.* v. p. 25. pl. 2. fig. 1.

Haliplus Parallelus. Babingt. *The trans. of the ent. soc. of Lond.* 1. p. 178. pl. xv. fig. 5.

Long. 4 ½ millim. Larg. 2 ½ millim.

Ovale, allongé, convexe, d'un jaune testacé tirant sur le gris. Tête courte, large, couverte de points enfoncés; yeux gros et saillants; antennes et palpes testacées. Corselet légèrement assombri antérieurement, un peu moins d'une fois et demie aussi large que long, largement échancré en avant où il est un peu plus étroit, le bord antérieur s'avançant un peu en s'arrondissant sur le front, sinueux à la base dont les côtés sont coupés un peu obliquement, et le milieu prolongé en pointe sur les élytres; les bords latéraux rectilignes et obliques; les angles antérieurs un peu aigus et abaissés, les postérieurs presque droits; il présente en avant et sur les côtés quelques points enfoncés, placés sans ordre, et en arrière quelques autres plus forts, disposés en lignes transversales dont la postérieure seule suit les sinuosités de la base; le milieu du disque seulement est lisse. Élytres ovalaires allongées, plus larges en avant que la base du corselet, dilatées vers les épaules, marchant presque parallèlement jusqu'aux deux tiers postérieurs, se rétrécissant ensuite assez brusquement jusqu'à l'extrémité qui est coupée un peu obliquement et terminée en pointe; elles sont marquées de dix stries de points enfoncés noirs, d'autant plus forts qu'ils appartiennent aux stries les plus voisines de la suture; près de celle-ci, on observe une petite ligne de points très-petits et très-rapprochés, et sur chaque intervalle une autre ligne de points analogues, mais beaucoup plus espacés; elles sont le plus souvent immaculées; mais cependant elles offrent quelquefois une petite bande transversale à peine assombrie, placée obliquement un peu au delà de la base, et une petite tache aussi vague près de l'extrémité; la portion réfléchie est testacée. Le dessous du corps ferrugineux. Les pattes testacées; le prolongement des hanches postérieures couvert de gros points enfoncés. Chaque segment de l'abdomen présente une rangée transversale de points assez forts; le segment anal en offre aussi quelques-uns à son extrémité.

Cette espèce se distingue des deux précédentes par sa tête plus courte et plus large, ses yeux plus proéminents, son corselet moins rétréci en avant et couvert d'une ponctuation plus forte et plus abondante, et par ses élytres plus longues et plus parallèles. La ponctuation de l'abdomen, et surtout celle du dernier segment anal, est aussi beaucoup plus apparente.

Il est moins commun que les deux précédents, et préfère les contrées méridionales. Je l'ai cependant trouvé en très-grande quantité dans les environs de Compiègne.

8. Haliplus Guttatus.

Elongato-ovalis, testaceo-ferrugineus; thorace antice confuse, in medio sparsim punctato, ad basin punctis maximis nigris fere sulcum transverso-bisinuatum efformantibus; elytris punctato-striatis, interstitiis punctorum minorum seriebus, maculis umbrosis confuse notatis.

Haliplus Guttatus. Dahl-Aubé. *Iconog.* v. p. 27. pl. 2. fig. 2.

Long. 3 $\frac{4}{5}$ millim. Larg. 2 millim.

Ovale, allongé, d'un testacé ferrugineux. Tête assez fortement ponctuée, et légèrement rembrunie sur le vertex; antennes et palpes testacées. Corselet légèrement rembruni antérieurement, une fois et demie aussi large que long, largement échancré en avant, où il est plus étroit, sinueux à la base dont les côtés sont coupés un peu obliquement, et le milieu prolongé en pointe sur les élytres; les bords latéraux rectilignes et obliques; les angles antérieurs un peu aigus et abaissés, les postérieurs émoussés; il présente en avant et sur les côtés quelques points enfoncés placés sans ordre, et en arrière une ligne transversale d'autres points beaucoup plus forts et noirâtres; cette ligne suit les sinuosités de la base; le milieu du disque est lisse. Élytres ovalaires, allongées, plus larges en avant que la base du corselet, dilatées vers les épaules, marchant presque parallèlement jusqu'aux deux tiers postérieurs, se rétrécissant ensuite assez brusquement jusqu'à l'extrémité, qui est coupée un peu obliquement et terminée en pointe; elles sont marquées de dix stries de points enfoncés noirâtres, d'autant plus forts qu'ils appartiennent aux stries les plus voisines de la suture; près de celle-ci, on observe une ligne de points très-petits et très-rapprochés, et sur chaque intervalle quelques points analogues très-espacés; elles offrent en outre quelques taches brunâtres, peu visibles et très-mal limitées; ces taches sont à peu près ainsi disposées : une transversale un peu en arrière de la base, et venant se perdre dans la suture; une autre en dehors, au quart de la longueur de l'élytre; une troisième en dedans de celle-ci et un peu en arrière; elle vient aussi se perdre dans la suture; une quatrième dans le milieu, à peu près au tiers postérieur, et enfin deux autres près de l'extrémité, l'interne un peu plus antérieure que l'externe, et se confondant avec la suture qui est assez largement rembrunie dans toute son étendue; les taches sont souvent si mal limitées qu'il est impossible de suivre exactement leur position relative; la portion réfléchie testacée. Le dessous du corps un peu ferrugineux. Pattes testacées; prolongement des hanches postérieures couvert de gros points enfoncés. Chaque segment de l'abdomen présente une rangée transversale de points assez forts; le segment anal en offre aussi quelques-uns à son extrémité.

Cet Haliple tient le milieu entre le *Ferrugineus* et le *Badius:* il diffère du premier par sa forme plus allongée, la ponctuation de son corselet et la disposition très-mal arrêtée des taches des élytres, et du second par la ponctuation du corselet, la maculature constante des élytres, et surtout par le volume moindre de la tête et des yeux.

Il se trouve dans le midi de la France et en Italie.

9. Haliplus Variegatus.

Ovalis, testaceo-ferrugineus; thorace antice sparsim, postice punctorum majorum striga transversim valde punctato; elytris punctato-striatis, interstitiis punctis minimis raris; elytrorum disco, maculis sparsis nigro-fuscis, cum sutura nigra confluentibus.

Haliplus Variegatus. Dej.-Sturm. *Deuts. Faun.* viii. 157.

Lacord. *Faun. ent.* I. p. 296.
Aubé. *Iconog.* v. p. 28. pl. 2. fig. 3.
Haliplus Rubicundus. Babingt. *The trans. of the ent. soc. of Lond.* I. p. 178. pl. xv. fig. 6.

Long. 3 $\frac{1}{2}$ millim. Larg. 2 millim.

Ovale, convexe, d'un testacé ferrugineux. Tête finement ponctuée et un peu rembrunie sur le vertex; antennes et palpes testacées. Corselet légèrement rembruni en avant, une fois et demie aussi large que long, largement échancré en avant où il est plus étroit, sinueux à la base, dont les côtés sont coupés un peu obliquement, et le milieu prolongé en pointe sur les élytres; les bords latéraux rectilignes et obliques; les angles antérieurs un peu aigus et abaissés, les postérieurs presque droits et émoussés; il présente en avant quelques points enfoncés placés sans ordre, et en arrière quelques autres plus forts, disposés en lignes transversales, dont la postérieure seule suit les sinuosités de la base; le milieu du disque est lisse. Élytres ovales, à peine plus larges en avant que la base du corselet, dont elles continuent presque l'arc, dilatées un peu avant le milieu, se rétrécissant ensuite insensiblement jusqu'à l'extrémité qui est à peine coupée obliquement et terminée en pointe très-mousse; elles sont marquées de dix stries de points enfoncés, noirâtres, d'autant plus forts qu'ils appartiennent aux stries les plus voisines de la suture; près de celle-ci on observe une ligne de points très-petits et très-rapprochés, et sur chaque intervalle quelques points analogues rares et très-écartés; les points des stries sont plus forts et plus écartés que dans les espèces précédentes, de sorte qu'ils sont moins nombreux dans chaque strie; elles offrent, en outre, quelques taches noirâtres ainsi disposées : une presque effacée vers le milieu de la base et tout à fait en avant; trois autres placées obliquement de dehors en dedans et de haut en bas, du tiers externe environ de l'élytre à sa moitié interne; celle qui est en dedans, est beaucoup plus grande que les autres et se réunit dans toute son étendue à la suture qui est elle-même noirâtre; en arrière de ces taches, il en existe trois très-petites et souvent confluentes; plus en arrière encore il y en a trois autres de même grandeur environ que les précédentes, l'interne se réunit à la suture, comme celle de la première rangée; et enfin, tout à fait en arrière, l'élytre est marquée d'une petite tache triangulaire également réunie à la suture; ces taches sont assez mal limitées; la portion réfléchie est testacée. Dessous du corps et pattes ferrugineux; prolongement des hanches postérieures couvert de gros points enfoncés. Chaque segment de l'abdomen présente une rangée transversale de points assez forts; le segment anal en offre aussi quelques-uns à son extrémité.

Cet Haliple est voisin du *Ferrugineus;* il en diffère par sa forme beaucoup plus régulièrement ovalaire, plus courte, plus convexe et plus ramassée, et par la disposition des taches qui varie très-peu.

Il se rencontre dans toute l'Europe, et n'est pas rare aux environs de Paris.

10. Haliplus Cinereus.

Ovalis, convexus, luteo-griseus; capite in vertice, thorace antice leviter infuscatis; thorace sparsim punctato; elytris punctato-striatis, vix interrupto-umbrosis, interstitiis punctis minimis sparsis.

Haliplus Cinereus. Aubé. *Iconog.* v. p. 30. pl. 2. fig. 4. Erichs. *Käf. der Mark Brand.* 1. 184.

Long. 3 $\frac{1}{4}$ millim. Larg. 2 millim.

Ovale, convexe, d'un jaune-grisâtre. Tête finement pointillée, légèrement rembrunie sur le vertex; antennes et palpes testacées. Corselet légèrement rembruni antérieurement, une fois et demie aussi large que long, largement échancré en avant, où il est plus étroit, sinueux à la base, dont les côtés sont coupés un peu obliquement et le milieu prolongé en pointe sur les élytres; les bords latéraux rectilignes et obliques; les angles antérieurs un peu aigus et abaissés, les postérieurs presque droits; il est couvert, à l'exception du milieu du disque, de points de médiocre grosseur et disposés sans ordre. Élytres ovalaires, plus larges en avant que la base du corselet, dilatées vers les épaules, et se rétrécissant ensuite insensiblement jusqu'à l'extrémité qui est coupée un peu obliquement et terminée en pointe; elles sont marquées de dix stries de points enfoncés noirâtres, assez serrés, d'autant plus forts qu'ils appartiennent aux stries les plus voisines de la suture; près de celle-ci on observe une ligne de points très-petits, très-rapprochés, et sur chaque intervalle quelques points analogues rares et très-écartés; le premier point enfoncé des cinq premières stries est beaucoup plus gros que les autres. Elles offrent, en outre, quatre taches très-légèrement ombrées, à peine visibles, et composées de petites lignes qui se trouvent sur les stries; ces taches sont ainsi disposées : deux placées obliquement de dehors en dedans et de haut en bas, du tiers antérieur et externe de l'élytre à la moitié interne; les deux autres sont également obliques de dehors en dedans et de haut en bas, des deux tiers postérieurs externes aux trois quarts postérieurs internes; la portion réfléchie, le dessous du corps et les pattes testacés; le prolongement des hanches postérieures couvert de gros points enfoncés. Chacun des segments de l'abdomen offre une rangée transversale de points très-petits et à peine visibles; le segment anal en présente aussi quelques-uns un peu plus marqués.

Il tient le milieu entre le *Flavicollis* et l'*Impressus;* il se distingue du premier par sa taille plus petite, la disposition sans ordre de la ponctuation du corselet, la ligne transversale de cinq gros points à la base des élytres, et par le plus grand nombre des points qui composent chaque strie; l'absence seule des petits sillons que l'on observe à la base du corselet de l'*Impressus* empêchera toujours de le confondre avec lui.

11. Haliplus Impressus.

Ovalis, convexus, testaceo-ferrugineus; capite in vertice, thorace antice infuscatis; thoracis ad basin utrinque striola brevissima; elytris punctato-striatis, interrupto-infuscatis, interstitiis punctis minimis sparsis.

Dytiscus Impressus. Fab. *Syst. Eleut.* I. 271.
Oliv. *Ent.* III. 40. p. 34. pl. 4. fig. 40.
Haliplus Impressus. Lat. *Gen. Crust. et Ins.* I. 234.
Haliplus Ruficollis. Steph. *Illust. of Brit. ent.* II. p. 42.
Erichs. *Käf. der Mark Brand.* I. 186.
Hoplitus Impressus. Clairv. *Ent. Helv.* II. p. 220.

Var. β. *Maculis in elytrorum margine utrinque tribus nigricantibus.*

Dytiscus Marginepunctatus. Panz. *Faun. Germ.* XIV. 10.
Hoplitus Marginepunctatus. Clairv. *Ent. Helv.* II. p. 220.
Haliplus Marginepunctatus. Steph. *Illust. of Brit. ent.* II. p. 42.

Long. 2 $\frac{3}{4}$ millim. Larg. 1 $\frac{3}{4}$ millim.

Ovale, convexe, d'un testacé un peu ferrugineux. Tête finement pointillée, légèrement rembrunie sur le vertex; antennes et palpes testacées. Corselet légèrement rembruni antérieurement, une fois et demie aussi large que long, largement échancré en avant, où il est beaucoup plus étroit, sinueux à la base, dont les côtés sont coupés un peu obliquement et le milieu prolongé en pointe mousse sur les élytres; les bords latéraux rectilignes et obliques; les angles antérieurs un peu aigus et abaissés, les postérieurs presque droits; il est couvert, à l'exception du milieu du disque, de petits points disposés sans ordre, et présente de chaque côté de la base, au quart environ de sa largeur, une petite strie longitudinale très-courte et un peu oblique en dedans. Élytres ovales, plus larges en avant que la base du corselet, dilatées vers les épaules et se rétrécissant ensuite assez brusquement jusqu'à l'extrémité qui est coupée un peu obliquement et terminée en pointe; elles sont marquées de dix stries de points enfoncés noirâtres, d'autant plus forts qu'ils appartiennent aux stries les plus voisines de la suture; près de celle-ci on observe une ligne de points très-petits et très-rapprochés, et sur chaque intervalle quelques points analogues rares et très-écartés; elles offrent, en outre, quatre taches noirâtres composées de petites lignes qui se trouvent sur les stries, et sont souvent réunies latéralement; ces taches sont ainsi disposées : deux placées obliquement de dehors en dedans et de haut en bas, du tiers antérieur et externe de l'élytre à la moitié interne; les deux autres sont également obliques de dehors en dedans et de haut en bas, des deux tiers postérieurs externes aux trois quarts postérieurs internes; la portion réfléchie, le dessous du corps et les pattes d'un testacé plus ou moins ferrugineux; le prolongement des hanches postérieures couvert de gros points enfoncés. Chacun des segments de l'abdomen offre une rangée transversale de points très-petits et à peine visibles; le segment anal en présente aussi quelques-uns, mais un peu plus marqués.

La variété β. a les lignes rembrunies des élytres beaucoup plus foncées, plus confluentes, et formant trois taches très-apparentes sur les côtés externes, et une autre dans le milieu près de la suture; celle-ci est également noire, et se termine en fer de lance à l'extrémité.

Il se trouve dans toute l'Europe, et très-communément.

12. Haliplus Americanus.

Ovalis, rufo-ferrugineus, nitidus; capite in vertice, thorace antice infuscatis; thoracis ad basin utrinque striota obsoletissima vix conspicua; elytris punctato-striatis, interstitiis punctis minimis sparsis, in utroque disco quatuor vel quinque maculis nigricantibus.

Haliplus Americanus. Dej. *Cat.* 3e *édit.* p. 64.

Long. 2 $\frac{3}{4}$ millim. Larg. 1 $\frac{3}{4}$ millim.

Ovale, convexe, ferrugineux et brillant. Tête finement pointillée, légèrement rembrunie sur le vertex; antennes et palpes testacées. Corselet légèrement rembruni antérieurement, une fois et demie aussi large que long, largement échancré en avant, où il est beaucoup plus étroit, sinueux à la base, dont les côtés sont coupés un peu obliquement et le milieu prolongé en pointe mousse sur les élytres; les bords latéraux rectilignes et obliques; les angles antérieurs un peu aigus et abaissés; les postérieurs presque droits; il est couvert, à l'exception du milieu du disque, de petits points disposés sans ordre, et présente de chaque côté de la base, au quart environ de sa largeur, une strie longitudinale très-courte et à peine perceptible. Élytres ovales, plus larges en avant que la base du corselet, dilatées vers les épaules, et se rétrécissant ensuite assez brusquement jusqu'à l'extrémité qui est coupée un peu obliquement et terminée en pointe; elles sont marquées de dix stries de points enfoncés noirâtres, d'autant plus forts qu'ils appartiennent aux stries les plus voisines de la suture; près de celle-ci on observe une ligne de points très-petits et très-rapprochés, et sur chaque intervalle quelques points analogues rares et très-écartés; elles offrent, en outre, quatre taches noirâtres ainsi disposées : une en dedans près de la suture, au milieu environ; une seconde un peu en arrière et sur le même plan vertical; deux autres en dehors, la première au tiers de la longueur de l'élytre, et la seconde aux deux tiers : celle-ci correspond à l'intervalle qui sépare les deux internes; quelquefois il existe une cinquième tache, qui alors est placée en arrière de la dernière interne, près de l'extrémité qui est également rembrunie ainsi que la suture; la portion réfléchie est testacée. Le dessous du corps et les pattes ferrugineux; prolongement des hanches postérieures couvert de gros points enfoncés. Chacun des segments de l'abdomen offre une rangée transversale de points très-petits et à peine visibles; le segment anal en présente aussi quelques-uns, mais un peu plus marqués.

Il est extrêmement voisin de l'*Impressus*, avec lequel il serait peut-être raisonnable de le réunir ; il n'en diffère que par sa couleur un peu plus foncée et plus brillante, et par ses taches un peu mieux dessinées.

Des États-Unis d'Amérique.

13. Haliplus Fluviatilis.

Ovalis, luteo-griseus; capite in vertice, thorace antice infuscatis; thoracis ad basin utrinque striota brevissima; elytris punctato-striatis, interstitiis punctis minimis sparsis, basi, sutura lineolisque abbreviatis nigris.

Haliplus Fluviatilis. Aubé. *Iconog.* v. p. 34. pl. 2. fig. 6.
Erichs. *Käf. der Mark Brand.* 1. 185.

Long. 3 millim. Larg. 1 $\frac{4}{5}$ millim.

Ovale, légèrement allongé, convexe, d'un jaune très-pâle, sur la tête et le corselet, grisâtre sur les élytres. Tête très-finement pointillée, légèrement rembrunie sur le vertex; antennes et palpes très-pâles. Corselet légèrement rembruni antérieurement, une fois et demie aussi large que long, largement échancré en avant, où il est plus étroit, sinueux à la base, dont les côtés sont coupés un peu obliquement et le milieu prolongé en pointe sur les élytres ; les angles antérieurs un peu aigus et abaissés, les postérieurs presque droits ; il est couvert, à l'exception du milieu du disque, de petits points disposés sans ordre, et présente de chaque côté de la base, au quart environ de sa largeur, une strie longitudinale très-courte et un peu oblique en dedans. Élytres ovales, dilatées près de la base et dans le milieu, se rétrécissant ensuite insensiblement jusqu'à l'extrémité qui est coupée un peu obliquement et terminée en pointe; elles sont marquées de dix stries de points enfoncés noirs, d'autant plus forts qu'ils appartiennent aux stries les plus voisines de la suture; près de celle-ci on observe une ligne de points très-petits et très-rapprochés, et sur chaque intervalle quelques points analogues rares et très-écartés; elles présentent, en outre, deux petites bandes transversales obliques, peu sensibles, composées de petites lignes longitudinales noirâtres; ces bandes se dirigent de dehors en dedans et d'avant en arrière, la première à la moitié et l'autre aux trois quarts environ de la longueur des élytres; la suture, ainsi que la base, sont également noires, mais très-étroitement; la portion réfléchie, le dessous du corps et les pattes d'un jaune pâle; le prolongement des hanches postérieures couvert de gros points enfoncés. Chacun des segments de l'abdomen offre une rangée transversale de points très-petits et peu visibles; le segment anal est presque entièrement couvert de points un peu plus forts.

Cette espèce, très-voisine de l'*Impressus*, en est cependant distincte; sa couleur est constamment plus claire; jamais les lignes ne sont confluentes pour former des taches; elle est plus forte, plus allongée et moins dilatée aux épaules; sa manière de vivre est aussi bien différente : elle habite les fleuves, tandis que l'on rencontre l'*Impressus* dans les eaux stagnantes.

Je l'ai plusieurs fois trouvée dans la Seine, sous les petites pierres. M. Chevrier, de Genève, l'a également prise dans le Rhône.

14. Haliplus Lineatocollis.

Oblongo-ovalis, testaceus, abdomine fuscescente; capite nigro-piceo; thoracis margine antico et disco nigricantibus, basi utrinque lineola antice abbreviatis valde impresso; elytris punctato-striatis, interstitiis punctis minimis sparsis; utrinque duabus maculis alteraque communi in sutura confuse nigro-notatis.

Dytiscus Lineatocollis. Marsh. *Ent. Brit.* 1. 429.
Haliplus Lineatocollis. Gyl. *Ins. Suec.* 1. 549.
Dytiscus Bistriolatus. Duff. *Faun. Aust.* 1. 285.
Haliplus Trimaculatus. Drap. *Ann. gén. des sc. phys.* III. p. 186.

Long. 3 millim. Larg. 1 $\frac{2}{3}$ millim.

Ovale, allongé, peu convexe, testacé. Tête finement pointillée et noirâtre; antennes et palpes fauves. Corselet testacé, avec le bord antérieur et une ligne longitudinale sur le milieu du disque noirâtre; il est une fois et demie aussi large que long, largement échancré en avant, où il est plus étroit, sinueux à la base, dont les côtés sont coupés un peu obliquement et le milieu prolongé en pointe sur les élytres; les bords latéraux très-légèrement arrondis, presque rectilignes et obliques; les angles antérieurs un peu aigus et abaissés, les postérieurs presque droits; il présente en avant, sur les côtés et sur la bande noire, quelques points enfoncés, et de chaque côté de la base, au quart environ de sa largeur, une strie longitudinale assez longue, fortement enfoncée, légèrement arquée en dedans et noirâtre; il offre, en outre, entre les deux stries longitudinales, un large sillon transversal peu profond, placé tout à fait en arrière et ponctué. Élytres ovalaires, un peu allongées, à peine plus larges en avant que la base du corselet dont elles continuent presque l'arc, très-légèrement dilatées, de la base aux trois quarts environ, se rétrécissant ensuite assez brusquement jusqu'à l'extrémité qui est à peine coupée obliquement et terminée en pointe très-mousse; elles sont marquées de dix stries de points fortement enfoncés et noirs; près de la suture on observe une ligne peu apparente de points très-petits et très-rapprochés, et sur chaque intervalle quelques points analogues très-rares et très-écartés; le premier point des troisième, quatrième et cinquième stries est beaucoup plus gros que les autres, irrégulier, un peu allongé et dirigé en dehors; elles offrent, en outre, trois taches noirâtres, arrondies et mal limitées : une au milieu, près de la suture, à laquelle elle est largement réunie, et deux autres en dehors sur le même plan vertical, aux tiers antérieur et postérieur environ, de sorte que les élytres paraissent n'avoir que cinq taches, dont celle du milieu est beaucoup plus grande; souvent il existe une très-petite tache en dehors de celle du milieu, et une autre également très-petite près de l'extrémité; la suture est également noire dans toute son étendue; la portion réfléchie est testacée. Le dessous du corps très-légèrement ferrugineux. Pattes testacées; le prolongement des hanches postérieures couvert de points enfoncés rares. L'abdomen est quelquefois noirâtre en avant, et offre à peine quelques points sur le segment anal.

Il est très-commun dans toute l'Europe.

15. Haliplus Gravidus. *Chevrolat.*

Rotundato-ovalis, piceo-ferrugineus; thorace punctis majoribus sparsim impresso, macula obsoleta nigricante antice notato; elytris punctato-striatis, ad latera punctis majoribus in sulcis confluentibus, in disco maculis nigricantibus obsoletissimis vix visibiliter variegatis.

Long. 3 $\frac{1}{3}$ millim. Larg. 2 millim.

Ovale, arrondi, court et ramassé, très-convexe, d'un brun ferrugineux. Tête ferrugineuse, finement ponctuée; antennes et palpes ferrugineuses. Corselet de la couleur de la tête, légèrement rembruni antérieurement, deux fois aussi large que long, échancré en avant, où il est beaucoup plus étroit, sinueux à la base, dont les côtés sont coupés un peu obliquement et le milieu prolongé en pointe sur les élytres; les bords latéraux rectilignes et obliques; les angles antérieurs un peu aigus, très-fortement abaissés, les postérieurs presque droits; il est couvert, en avant, en arrière et au milieu, de points assez enfoncés; les deux côtés du disque seulement sont lisses. Élytres d'un brun ferrugineux, plus foncées que la tête et le corselet, ovales-arrondies, courtes, plus larges en avant que la base du corselet, très-dilatées vers les épaules, se rétrécissant ensuite brusquement jusqu'à l'extrémité qui est à peine coupée obliquement et terminée en pointe mousse; elles sont marquées de dix stries de points fortement enfoncés, d'autant plus gros qu'ils appartiennent aux stries les plus externes; les stries voisines du bord latéral sont composées de points très-forts qui se réunissent de manière à représenter des sillons enfoncés; les internes, au contraire, sont presque effacées; il y a dans les intervalles d'autres points très-petits et très-éloignés les uns des autres; elles offrent, en outre, quelques taches noirâtres, allongées, à peine perceptibles, et dont il est impossible de faire l'analyse; la portion réfléchie, le dessous du corps et les pattes ferrugineux; le prolongement des hanches postérieures couvert de très-gros points enfoncés. Chacun des segments de l'abdomen offre une rangée transversale de gros points; le segment anal en présente aussi quelques-uns à son extrémité.

M. Chevrolat possède plusieurs individus de cette espèce qu'il a reçus du Brésil.

16. Haliplus Triopsis.

Ovalis, testaceo-pallidus; thorace punctato, macula rotundata nigra antice notato; elytris valde punctato-striatis, utrinque septem maculis cum sutura, basi et apice nigro-variegatis.

Haliplus Triopsis. Say. *Trans. of the Amer. phil.* II. p. 106.

Long. 4 ½ millim. Larg. 2 ½ millim.

Ovale, convexe, d'un testacé pâle. Tête finement ponctuée; antennes et palpes pâles. Corselet pâle, avec une tache noire, arrondie et bien limitée, placée au milieu du bord antérieur; il est une fois et demie aussi large que long, largement échancré en avant, où il est plus étroit, sinueux à la base, dont les côtés sont coupés un peu obliquement, et le milieu prolongé en pointe sur les élytres; les bords latéraux rectilignes et obliques; les angles antérieurs aigus et fortement abaissés, les postérieurs presque droits; il est tout couvert de points très-gros et fortement enfoncés; le centre du disque seul est lisse dans une très-petite étendue. Élytres ovalaires, très-légèrement allongées, plus larges en avant que la base du corselet, dilatées près des épaules, se rétrécissant ensuite assez brusquement jusqu'à l'extrémité qui est coupée un peu obliquement et terminée en pointe ; elles sont marquées de dix stries de points enfoncés assez forts; près de la suture on observe une ligne de points très-petits, peu profonds et très-rapprochés, et sur chaque intervalle quelques autres points analogues très-rares et très-écartés; l'extrémité est couverte, mais dans une très-petite étendue, d'une ponctuation très-fine; les stries prennent naissance en arrière d'une ligne transversale de points enfoncés nombreux, mais moins forts, et cette ligne suit la sinuosité de la base des élytres; celles-ci sont couvertes de taches très-noires, brillantes, assez bien limitées et ainsi disposées : trois sont placées obliquement de dehors en dedans et de haut en bas, du tiers antérieur externe environ de l'élytre à sa moitié interne; celle qui est en dedans se réunit, d'un côté, très-largement à la suture, et, de l'autre, à la tache intermédiaire sur un très-petit point; deux autres au-dessous de ces dernières un peu au delà du milieu, et placées sur le même plan horizontal, l'externe plus petite que l'interne qui se trouve elle-même au-dessous de l'intermédiaire supérieure; enfin, il en existe encore deux près de l'extrémité, l'interne un peu plus grande que l'externe, un peu plus antérieure, et réunie à la suture qui est également noire dans toute son étendue, et se termine en arrière en un fer de lance très-large; en outre, la base des élytres est également noire dans ses cinq sixièmes internes, le bord huméral seulement est immaculé; la portion réfléchie, le dessous du corps et les pattes testacés; le prolongement des hanches postérieures couvert de gros points enfoncés. L'abdomen est lisse, luisant, avec quelques points très-peu nombreux sur le segment anal.

De l'Amérique du Nord (États-Unis).

Le seul individu que j'aie vu appartient à M. le comte de Castelnau.

17. Haliplus Pantherinus. *Mihi.*

Oblongo-ovalis, testaceo-pallidus; thorace punctato, antice macula transversa angulisque posticis nigris; elytris valde punctato-striatis, utrinque septem maculis cum sutura, basi et apice nigro-variegatis.

Long. 4 $\frac{1}{4}$ millim. Larg. 2 $\frac{1}{4}$ millim.

Ovale, allongé, convexe, d'un testacé pâle. Tête finement ponctuée; antennes et palpes testacées. Corselet pâle avec une tache noire transversale, bien limitée, et placée le long du bord antérieur; il est une fois et demie aussi large que long, largement échancré en avant, où il est plus étroit, sinueux à la base, dont les côtés sont coupés un peu obliquement et le milieu prolongé en pointe sur les élytres; les bords latéraux rectilignes et obliques, les angles antérieurs aigus et fortement abaissés, les postérieurs presque droits; il est couvert de gros points enfoncés, à l'exception du centre du disque qui est lisse, et présente une large dépression transversale. Élytres ovalaires, un peu allongées, plus larges en avant que la base du corselet, dilatées près de la base, et se rétrécissant ensuite insensiblement jusqu'à l'extrémité qui est coupée un peu obliquement et terminée en pointe; elles sont marquées de dix stries de points enfoncés assez forts; près de la suture on observe une ligne de points très-petits, peu enfoncés et très-rapprochés, et dans chaque intervalle quelques autres points analogues très-rares et très-écartés; l'extrémité est couverte, mais dans une très-petite étendue, d'une ponctuation très-fine; les stries prennent naissance en arrière d'une ligne transversale de points enfoncés nombreux, mais moins forts, et cette ligne suit les sinuosités de la base des élytres; celles-ci sont couvertes de taches très-noires, très-bien limitées et ainsi disposées : trois sont placées obliquement de dehors en dedans et de haut en bas, du tiers antérieur externe environ de l'élytre à sa moitié interne; celle qui est en dedans se réunit, d'un côté, très-largement à la suture, et, de l'autre, à la tache intermédiaire, mais sur un petit point; deux autres au-dessous de ces dernières, un peu au delà du milieu, placées sur le même plan horizontal, et à peu près de la même grandeur; enfin il en existe encore deux autres près de l'extrémité, l'interne un peu plus antérieure que l'externe, et réunie à la suture qui est également noire dans toute son étendue, et se termine en arrière en un large fer de lance dont la pointe latérale se réunit avec la tache postérieure externe; en outre, la base dans sa totalité, l'angle huméral, la partie la plus antérieure du bord externe sont également noirs; la portion réfléchie, le dessous du corps et les pattes testacés; le prolongement des hanches postérieurs couvert de gros points enfoncés; l'abdomen est lisse, luisant, avec quelques points très-peu nombreux sur le segment anal.

Il est très-voisin du *Triopsis*; il en diffère cependant par sa forme générale, qui est relativement un peu plus étroite, par la tache du corselet qui est transversale; les taches des élytres sont aussi un peu plus petites et mieux arrêtées; la suture est plus étroite, se réunit en arrière à la tache postérieure externe; et enfin toute la base et l'angle huméral sont noirs.

Il fait partie de la collection de M. Chevrolat qui l'a reçu des États-Unis d'Amérique.

18. Haliplus Fasciatus. *Mihi.*

Ovalis, ferrugineo-testaceus; thorace punctato, immaculato. Elytris valde punctato-striatis, utrinque octo maculis cum sutura, basi et apice nigro-variegatis.

Long. $4\frac{1}{4}$ à $4\frac{1}{2}$ millim. Larg. $2\frac{1}{3}$ à $2\frac{1}{2}$ millim.

Ovale, légèrement allongé, convexe, d'un testacé pâle. Tête finement ponctuée; antennes et palpes testacées. Corselet pâle, immaculé, une fois et demie aussi large que long, largement échancré en avant, où il est plus étroit, sinueux à la base, dont les côtés sont coupés un peu obliquement et le milieu prolongé en pointe sur les élytres; les bords latéraux rectilignes et obliques; les angles antérieurs aigus et fortement abaissés, les postérieurs presque droits; il est couvert de gros points enfoncés, à l'exception du centre du disque qui est lisse transversalement et dans une petite étendue. Élytres ovalaires, peu allongées, plus larges en avant que la base du corselet, dilatées près de la base et diminuant ensuite insensiblement jusqu'à l'extrémité qui est coupée un peu obliquement et terminée en pointe; elles sont marquées de dix stries de points enfoncés assez forts; près de la suture on observe une ligne de points très-petits, peu enfoncés et très-rapprochés, et dans chaque intervalle quelques autres points analogues très-rares et très-écartés; l'extrémité est couverte, mais dans une petite étendue, d'une ponctuation très-fine, moins serrée et moins abondante que dans les deux espèces précédentes; les stries prennent naissance en arrière d'une ligne transversale de points enfoncés nombreux, mais moins forts, et cette ligne suit les sinuosités de la base des élytres; celles-ci sont couvertes de taches noires, brillantes, bien limitées et ainsi disposées: trois sont placées obliquement de dehors en dedans et de haut en bas, du tiers antérieur externe environ de l'élytre à sa moitié interne; ces trois taches sont réunies entre elles par un petit point de leur surface, l'interne se confond complétement avec la suture; deux autres au-dessous de ces dernières un peu au delà du milieu, et placées sur le même plan horizontal, l'externe un peu plus petite que l'interne qui se trouve elle-même au-dessous de l'intermédiaire supérieure; enfin il en existe encore trois près de l'extrémité, deux assez grandes de chaque côté et une très-petite entre elles, l'interne un peu plus antérieure que l'externe, et réunie à la suture qui est également noire dans toute son étendue, et se termine en arrière en un large fer de lance dont la pointe latérale se réunit quelquefois avec la tache postérieure externe; en outre, la base est également noire dans ses cinq sixièmes internes, le bord huméral seulement est immaculé; la portion réfléchie, le dessous du corps et les pattes testacés; le prolongement des hanches postérieures couvert de gros points enfoncés. L'abdomen est lisse, luisant, avec quelques points très-peu nombreux sur le segment anal.

Il est très-voisin des deux précédents. A peine s'en distingue-t-il par son corselet immaculé et une petite tache de plus entre les deux dernières.

Je n'ai vu que deux individus de cette espèce; ils appartiennent à M. Gory qui les a reçus des États-Unis d'Amérique.

19. Haliplus Punctatus.

Rotundato-ovalis, rufo-ferrugineus; thorace reticulato-punctato, macula rotundata nigra antice notato; elytris valde punctato-striatis, utrinque sex maculis cum sutura, basi et apice nigro-variegatis.

Haliplus Punctatus. Dej. *Cat.* 3e *édit.* p. 64.

Long. 3 $\frac{3}{4}$ à 4 millim. Larg. 2 $\frac{1}{3}$ millim.

Ovale, arrondi, convexe, légèrement déprimé dans la région de l'écusson et ferrugineux. Tête assez fortement ponctuée; antennes et palpes testacées. Corselet ferrugineux, avec une tache noire, arrondie au milieu du bord antérieur; il est une fois et demie aussi large que long, largement échancré en avant, où il est beaucoup plus étroit, sinueux à la base, dont les côtés sont coupés un peu obliquement et le milieu prolongé en pointe mousse sur les élytres; les bords latéraux rectilignes et obliques; les angles antérieurs aigus et fortement abaissés, les postérieurs presque droits; il est couvert de points très-gros et très-fortement enfoncés, à l'exception du centre du disque qui est lisse dans une très-petite étendue. Élytres ovales, plus larges en avant que la base du corselet, très-dilatées vers les épaules, et se rétrécissant ensuite assez brusquement jusqu'à l'extrémité qui est coupée un peu obliquement et terminée en pointe; elles sont marquées de dix stries de points enfoncés très-forts, surtout en avant où les stries se confondent; près de la suture on observe une ligne de points peu profonds et très-rapprochés, et sur chaque intervalle quelques points analogues très-rares et très-écartés; elles offrent, en outre, six taches noires, assez bien limitées, souvent confluentes et ainsi disposées : une en dehors, un peu en arrière de l'épaule; une autre un peu en dedans et en arrière de la première, elle se réunit largement à la suture; deux sur un même plan horizontal aux deux tiers postérieurs environ de l'élytre; enfin, tout à fait en arrière, près de l'extrémité, il en existe deux autres placées un peu obliquement de bas en haut et de dehors en dedans, l'interne réunie à la suture qui est également noire et terminée en un large fer de lance; la base est aussi largement noire dans ses cinq sixièmes internes; souvent toutes ces taches, la suture et la base ont entre elles des points de contact plus ou moins étendus; la portion réfléchie, le dessous du corps et les pattes ferrugineux; prolongement des hanches postérieures couvert de gros points enfoncés. L'abdomen est lisse, luisant, avec quelques points peu nombreux sur le segment anal.

De l'Amérique du Nord (États-Unis).

20. Haliplus Africanus. *Mihi.*

Ovalis, supra pallide testaceus, abdomine nigro-piceo. Capite et thorace punctatis; elytris, striis punctorum minorum numerosissimis, fere irregulariter impressis.

Long. 3 $\frac{1}{2}$ millim. Larg. 2 millim.

Ovale, légèrement convexe, d'un testacé très-pâle. Tête finement ponctuée; antennes et palpes pâles. Corselet une fois et demie aussi large que long, largement échancré en avant, où il est plus étroit, sinueux à la base, dont les côtés sont coupés un peu obliquement et le milieu prolongé en pointe mousse sur les élytres; les bords latéraux très-légèrement arrondis; les angles antérieurs un peu aigus et très-fortement abaissés, les postérieurs presque droits; il est tout couvert de points enfoncés, un peu plus rares sur le centre du disque; ces points sont disposés sans ordre en avant et sur les côtés, mais, en arrière, ils sont placés transversalement, et offrent même une ligne régulière qui suit assez exactement les sinuosités de la base; les points de cette ligne sont plus forts et plus enfoncés. Élytres ovalaires, un peu allongées, plus larges en avant que la base du corselet, dilatées dans leur milieu environ, se rétrécissant ensuite insensiblement jusqu'à l'extrémité, qui est à peine coupée obliquement et terminée en pointe très-mousse; elles sont couvertes d'un grand nombre de stries de petits points enfoncés, assez régulièrement disposées en avant, mais entièrement confondues en arrière, où il est impossible d'en suivre la direction; la portion réfléchie pâle. La poitrine testacée. L'abdomen noir de poix et ponctué, avec le dernier segment testacé à son extrémité. Pattes pâles; le prolongement des hanches postérieures couvert d'une ponctuation très-forte et plus serrée que dans les espèces précédentes.

Je n'ai vu qu'un seul individu de cette espèce; il appartient à la collection du Muséum, et a été rapporté du sud de l'Afrique par M. Delalande.

II. CNEMIDOTUS. *Illiger.*

DYTISCUS. *Dufstchmid.* HALIPLUS. *Latreille.* HOPLITUS. *Clairville.* CNEMIDOTUS. *Illiger, Erichson, Brullé.*

Palporum maxillarium articulo ultimo reliquis majore; coxorum posticorum appendice laminato, postice denticulato.

Corps court, ovale, arrondi et très-convexe. Tête très-petite et étroite. Antennes inserées dans une petite cavité du front, au-devant des yeux; le premier article très-petit et presque entièrement logé dans la petite cavité. Épistome étroit, allongé, coupé carrément, légèrement comprimé latéralement, ainsi que le labre qui est fort petit et arrondi, à peine échancré et garni de cils. Menton trilobé; tous les lobes très-petits, celui du milieu aussi saillant que les autres et entier. Les trois premiers articles des palpes maxillaires courts et gros; le troisième un peu plus long que les autres; le quatrième une fois et demie aussi long que le troisième, conique et pointu. Les trois articles des palpes labiaux presque égaux entre eux, le dernier cependant un peu plus long que les autres. Prosternum arqué, élargi, aplati et terminé carrément en arrière, très-légèrement échancré dans son milieu. Corselet très-court, rétréci en avant et prolongé en pointe en arrière. Écusson invisible. Élytres arrondies, courtes, sinueuses à leur extrémité, couvertes de stries de gros points fortement enfoncés. Le prolongement lamelleux des hanches postérieures arrondi et garni d'une petite dent très-mousse. Les trois premiers articles des tarses antérieurs légèrement dilatés et garnis de petites brosses dans les mâles. Les quatre premiers articles de tous les tarses presque égaux, le premier cependant un peu plus grand, le cinquième le plus long de tous. Deux crochets égaux et mobiles terminent toutes les pattes.

Ce genre a la plus grande analogie avec le précédent, dont il a été séparé avec raison par M. Erichson, dans son *Genera Dyticeorum*. Il en diffère essentiellement par sa forme générale qui est moins ovalaire, par ses palpes maxillaires, dont le dernier article est le plus long de tous, et par un petit prolongement épineux aux hanches postérieures. Les insectes qui composent ce genre ont la même manière de vivre que les Haliples. L'on n'en connaît encore que trois espèces, deux propres à l'Europe, et la troisième à l'Amérique du Nord.

1. Cnemidotus Coesus.

Rotundato-ovatus, testaceo-cinereus; thorace antice minutis, postice majoribus punctis impresso; elytris striato-punctatis, punctis valde impressis nigris, interstitiis lævibus.

Dytiscus Cœsus. Duft. *Faun. Aust.* I. 284. 47.

Dytiscus Impressus. Panz. *Faun. Germ.* XIV. 7.

Haliplus Cœsus. Gyl. *Ins. Suec.* IV. 394.

Haliplus Quadrimaculatus. Drap. *Ann. gén. des sc. ph.* IV. p. 349.

Cnemidotus Cœsus. Erichs. *Käf. der Mark Brand.* 1. 189.

Long. 3 $\frac{4}{5}$ millim. Larg. 2 $\frac{1}{5}$ millim.

Ovale-arrondi, d'un testacé tirant sur le gris. Tête oblongue, finement ponctuée et légèrement rembrunie sur le vertex et vers la bouche; antennes et palpes testacées. Corselet deux fois aussi large que long, échancré en avant, où il est plus étroit, sinueux à la base, dont les côtés sont coupés obliquement et le milieu prolongé en pointe sur les élytres; les bords latéraux rectilignes et obliques; les angles antérieurs aigus et fortement abaissés, les postérieurs également aigus; il est couvert, en avant et sur les côtés, de points enfoncés assez forts et disposés sans ordre, et offre, en arrière, un sillon assez large qui suit les sinuosités de la base, et au fond duquel existe une rangée transversale de très-gros points noirs; il présente, en outre, de chaque côté au-devant de ce sillon, et au tiers environ de la largeur de la base, un autre point analogue souvent placé sur une petite tache arrondie noirâtre. Élytres d'un gris-verdâtre, ovalaires, dilatées vers les épaules et au milieu, se rétrécissant ensuite en s'arrondissant jusqu'à l'extrémité qui est coupée un peu obliquement et terminée en pointe mousse; peu convexes et légèrement déprimées sur la suture et vers la base; elles sont marquées de dix stries de gros points noirs fortement enfoncés, et d'autant plus gros qu'ils sont plus antérieurs; ces stries prennent naissance en arrière d'une ligne transversale de six autres points enfoncés beaucoup plus gros, placée tout à fait en avant le long de la base; les intervalles sont lisses; elles offrent, en outre, quatre taches sombres très-mal dessinées et ainsi disposées : une sur le milieu, au tiers antérieur environ de la longueur de l'élytre; une autre vers la moitié et sur le côté externe; une troisième en dedans de celle-ci et très-près de la suture, à laquelle elle est souvent réunie; enfin la quatrième est placée un peu au delà du tiers postérieur de l'élytre, et sur le même plan vertical que la première; souvent une ou deux de ces taches disparaissent; la suture est également rembrunie ; la portion réfléchie, le dessous du corps et les pattes testacés; prolongement des hanches postérieures très-large, couvrant presque entièrement l'abdomen et terminé par une très-petite pointe.

Il habite presque toute l'Europe, préférant cependant les contrées méridionales; il se retrouve aussi sur les côtes de Barbarie.

2. Cnemidotus Rotundatus.

Rotundato-ovatus, brevissimus, pallide cinereus, thoracis disco transversim elevato, ad basin punctis raris impresso; elytris striato-punctatis, punctis valde impressis, nigris, interstitiis lævibus, ad basin transversim plicatis.

Cnemidotus Rotundatus. Dahl-Aubé. *Iconog.* v. p. 40. pl. 3. fig. 3.

Long. 3 $\frac{2}{3}$ millim. Long. 2 millim.

Court, presque rond, cependant un peu ovalaire, d'un jaune-grisâtre. Tête petite, oblongue, finement ponctuée et légèrement rembrunie sur le vertex; antennes et palpes testacées. Corselet deux fois aussi large que long, échancré en avant, où il est beaucoup plus étroit, sinueux à la base, dont les côtés sont coupés obliquement et le milieu prolongé en pointe sur les élytres; les bords latéraux rectilignes et obliques; les angles antérieurs aigus et très-fortement abaissés, les postérieurs également aigus; le bord antérieur est légèrement rembruni et couvert de points peu nombreux et disposés sans ordre; en arrière, au milieu de la base, existe une dépression triangulaire, marquée de quelques points enfoncés noirs d'un médiocre volume, et offrant de chaque côté, à son angle externe qui est comme plissé, un petit groupe de deux ou trois autres points noirs, mais plus gros et plus fortement enfoncés. Élytres jaunâtres, ovalaires, très-courtes et presque arrondies, avec l'extrémité coupée un peu obliquement et terminée en pointe mousse; peu convexes et légèrement déprimées sur la suture et vers la base qui est comme plissée transversalement; elles sont marquées de dix stries de très-gros points noirs fortement enfoncés, et d'autant plus forts qu'ils sont plus antérieurs; en arrière du pli de la base, et à la naissance des stries, existe une ligne transversale de cinq points noirs plus gros que les autres, et sur la même ligne, en dehors du pli qui ne va pas jusqu'au bord externe, un autre point également gros et noir; les intervalles sont lisses; elles sont immaculées; la portion réfléchie, le dessous du corps et les pattes testacés; prolongement des hanches postérieures très-large, couvrant presque entièrement l'abdomen, et terminé par une petite pointe un peu aiguë.

Cette espèce est voisine de la précédente, et s'en distingue par sa forme beaucoup plus courte et plus arrondie, par la base des élytres plissée transversalement, la ponctuation de ces dernières beaucoup plus forte, et enfin par la petite saillie du prolongement des hanches postérieures qui est plus allongée et plus aiguë; elle est aussi plus pâle et immaculée.

Il se trouve dans le midi de la France et en Italie.

3. Chemidotus Duodecimpunctatus.

Rotundato-ovatus brevis; thorace sparsim punctato, versus basin utrinque macula parva nigro-notato; elytris punctato-striatis, interstitiis lœvibus, sutura, basi et apice, cum sex maculis in utroque disco nigris.

Haliplus Duodecimpunctatus. Say. *Trans. of the Amer. phil.* II. p. 106.

Haliplus Maculatus. Dej. *Cat.* 3. *édit.* p. 64.

Long. 3 $\frac{3}{4}$ millim., Larg. 2 millim.

Court, ovale, arrondi, d'un jaune-grisâtre. Tête petite, oblongue, finement ponctuée; antennes et palpes testacées. Corselet deux fois aussi large que long, échancré en avant, où il est beaucoup plus étroit, sinueux à la base, dont les côtés sont coupés obliquement et le milieu prolongé en pointe sur les élytres; les bords latéraux rectilignes et obliques; les angles antérieurs aigus et fortement abaissés, les postérieurs également aigus; il est couvert de points enfoncés assez forts, à l'exception du disque qui est lisse transversalement, et présente de chaque côté de la base, au tiers environ de sa largeur, un petit groupe de points un peu plus forts placés sur une petite tache noire arrondie. Élytres d'un jaune-grisâtre, ovalaires, très-courtes et presque arrondies, avec l'extrémité coupée obliquement et terminée en pointe mousse; elles sont légèrement déprimées dans la région de l'écusson, et marquées de dix stries de gros points noirs fortement enfoncés, et d'autant plus forts qu'ils sont plus antérieurs; la quatrième strie, en comptant de dedans en dehors, est très-courte et composée de quatre à cinq points; les intervalles sont lisses; elles offrent, en outre, six taches noires assez bien limitées : la première sur le milieu, au tiers antérieur environ de la longueur de l'élytre; deux autres en arrière de celle-ci, à peu près sur le même plan horizontal; plus en arrière encore, une quatrième sur le même plan vertical que la première; et enfin les deux dernières près de l'extrémité, l'interne un peu plus antérieure que l'externe; souvent, en outre de ces six taches, il en existe une septième le long du bord externe, un peu en arrière de l'épaule; la suture est également noire et terminée en un fer de lance assez large; la portion réfléchie et le dessous du corps testacés. Pattes également testacées, avec l'extrémité des cuisses et des jambes intermédiaires et postérieures noire dans une petite étendue; prolongement des hanches postérieures très-large, recouvrant presque entièrement l'abdomen, et terminé par une très-petite pointe.

Des États-Unis d'Amérique.

DYTISCIDES.

Les hydrocanthaces de cette tribu sont nombreux et généralement d'une forme ovalaire et aplatie ; cependant le genre *Pœlobius* est très-convexe en dessous, et le genre *Anisomera* est allongé comme un carabique. Leur grosseur relative est très-variable ; ainsi quelques genres sont composés d'insectes de trois ou quatre centimètres, tandis que d'autres ne contiennent que des espèces de quelques millimètres. Ils ont tous cinq articles à tous les tarses ; leurs cuisses postérieures sont libres, et cependant, d'après leur mode d'articulation, ne peuvent se mouvoir que latéralement. Cette tribu offre deux divisions très-importantes : la première comprend les genres dont l'écusson est très-apparent, et la seconde, ceux dont l'écusson est caché et nullement perceptible sans écarter les élytres. Les dytiscides comprennent dix-sept genres dont nous donnons ci-dessous le tableau analytique :

- ÉCUSSON
  - apparent; prosternum
    - arqué .... *Pœlobius.*
    - droit
      - ayant un sillon profond dans toute sa longueur .... *Matus.*
      - fortement comprimé latéralement et formant la carène; dernier article des palpes labiaux
        - échancré .... *Coptotomus.*
        - entier; derniers articles des palpes maxillaires
          - très-inégaux, le dernier beaucoup plus long que les autres .... *Eunectes.*
          - à peine inégaux ; crochets des tarses postérieurs
            - égaux ou presque égaux et mobiles. *Agabus.*
            - inégaux, un seul mobile; dernier article des palpes labiaux
              - de la longueur du précédent; corps convexe .... *Ilybius.*
              - plus court que le précédent; corps déprimé .... *Colymbètes.*
      - légèrement comprimé, simplement arrondi; extrémité postérieure
        - arrondie; dern. segment de l'abdomen
          - entier; dernier article des palpes maxillaires
            - plus long que le précédent .... *Acilius.*
            - de la longueur du précédent .... *Hydaticus.*
          - échancré à son extrémité .... *Dytiscus.*
        - terminée en pointe
          - très-aiguë, insectes de grande taille ...... *Cybister.*
          - peu aiguë, insectes de moyenne taille; corps
            - ovale; élytres striées longitudinalement. *Copelatus.*
            - allongé; élytres unies *Anisomera.*
  - caché; prosternum
    - terminé postérieurement en pointe très-aiguë ..... *Laccophilus.*
    - terminé postérieurement en forme de spatule étroite. *Noterus.*
    - terminé postérieurement en forme de pelle très-large; dernier article des palpes maxillaires
      - fusiforme .. *Hydrocanthus.*
      - bifide ..... *Suphis.*

PREMIÈRE DIVISION.

ÉCUSSON TRÈS-APPARENT.

A. *Pattes postérieures longues, grêles et à peine comprimées.*

III. POELOBIUS. *Schönherr.*

DYTISCUS. *Linné*, *Fabricius*, *Olivier.* HYDRACHNA. *Fabricius.* HYGROBIA. *Latreille.*

Palpis labialibus evidenter maxillaribus longioribus; prosterno arcuato; coxorum posticorum utroque appendice bipartito.

Corps ovale, très-épais, la poitrine et l'abdomen étant très-saillants. Tête assez forte, nullement enfoncée dans le corselet, comme dans les autres genres de cette famille. Yeux saillants. Antennes courtes, robustes, presque moniliformes; le premier article beaucoup plus grand et plus gros que les autres, logé dans une petite cavité au-devant des yeux. Épistome largement échancré. Labre court, échancré profondément au milieu. Mandibules robustes et très-fortement bidentées à l'extrémité. Mâchoires très-aiguës. Palpes maxillaires de quatre articles courts; le premier très-petit; les deux suivants courts et larges; le dernier un peu plus long que les autres. Languette triangulaire à son extrémité. Les articles des palpes labiaux sont un peu plus allongés que ceux des maxillaires. Menton trilobé; le lobe du milieu large, court et coupé carrément à son extrémité. Prosternum fortement arqué et arrondi en arrière. Corselet très-court, transversal, à peine rétréci en avant. Écusson apparent. Prolongement des hanches postérieures à quatre divisions distinctes, les externes seules sont libres. Les jambes sont armées à leur extrémité de deux épines très-rapprochées. Les trois premiers articles des pattes antérieures et intermédiaires sont dilatés et garnis de brosses dans les mâles. Les tarses postérieurs sont très-allongés, à peine comprimés et ciliés en dehors. Deux crochets mobiles terminent toutes les pattes.

Ce genre, qui jusqu'à ce jour ne renferme qu'une seule espèce, a reçu trois noms différents: celui d'*Hydrachna* que lui assigna d'abord Fabricius, désignant déjà un insecte d'un autre ordre, M. Schönherr crut, à juste titre, devoir lui substituer celui de *Pœlobius*. De son côté, mais un peu plus tard, Latreille ayant séparé ce genre des autres Dytiques, le nomma *Hygrobia*. Nous donnerons ici la préférence au nom donné par M. Schönherr, comme étant le plus ancien.

Poelobius Hermanni.

Ovatus, ferrugineus; capite inter oculos, thorace ad basin et apicem, elytrorum disco pectoreque nigris.

Dytiscus Hermanni. Fab. *Ent. syst.* i. 193.
Oliv. *Ent.* iii. 40. p. 25. pl. 2. fig. 14.
Hydrachna Hermanni. Fab. *Syst. Eleut.* i. 255.
Pœlobius Tardus. Sch. *Syn. Ins.* ii. 27.
Hygrobia Hermanni. Lat. *Reg. anam.* iv. 426.
Sch. *Syn. Ins.* ii. 27.

Long. 10 millim. Larg. 5 ½ millim.

Ovale, très-largement allongé, ferrugineux et couvert de points enfoncés. Tête finement ponctuée, ferrugineuse, avec deux taches noires mal limitées au côté interne des yeux; antennes, palpes et mandibules testacées; l'extrémité des palpes et des mandibules rembrunie. Corselet ferrugineux avec les bords antérieur et postérieur noirs transversalement, deux fois aussi large que long, largement échancré en avant où il est à peine plus étroit, très-légèrement sinueux à la base qui est coupée presque carrément; les bords latéraux presque rectilignes, à peine obliques et très-légèrement relevés; les angles antérieurs à peine saillants, mousses et abaissés, les postérieurs très-mousses; il est couvert d'une ponctuation assez forte et serrée en avant et en arrière, beaucoup plus fine au milieu. Écusson lisse. Élytres ovalaires, un peu allongées, dilatées au milieu environ, arrondies à leur extrémité, ferrugineuses, avec une grande tache noire, largement frangée, placée sur la suture et occupant le centre du disque; elles sont très-fortement marquées de points enfoncés irréguliers et très-serrés, d'autant plus gros qu'ils sont plus voisins du centre; elles offrent, en outre, quelques rudiments de lignes longitudinales élevées un peu obliques en dedans; la portion réfléchie est ferrugineuse. Le dessous du corps noirâtre avec les premiers segments de l'abdomen et le segment anal ferrugineux. Pattes également ferrugineuses.

Cet insecte jouit de la faculté de produire un bruit très-aigu, en faisant frotter rapidement la partie supérieure des derniers segments de son abdomen contre la partie inférieure de l'extrémité des élytres.

Il se trouve dans presque toute l'Europe et en Barbarie.

B. *Pattes postérieures larges et fortement comprimées.*

IV. CYBISTER. *Curtis.*

Dytiscus. *Auctorum.* Trogus. *Leach.* (Trochalus *Eschscholtz.* Inédit.)

Palporum articulo ultimo reliquis longiore; prosterno recto, postice acuto; pedibus posticis unguiculo unico fixo.

Corps déprimé, elliptique, plus large en arrière. Antennes sétacées, insérées au-devant des yeux dans une petite cavité du front; le deuxième article est ordinairement plus petit que les autres. Épistome coupé carrément. Labre court, transversal, échancré et cilié au milieu. Menton trilobé; le lobe du milieu un peu moins saillant que les autres et entier. Mandibules très-robustes et bidentées à l'extrémité. Mâchoires très-aiguës et ciliées en dedans. Palpes maxillaires internes de deux articles, le dernier très-long; le premier article des externes le plus court, et le dernier le plus long, tronqué à son extrémité. Languette coupée presque carrément et fortement ciliée. Le premier article des palpes labiaux le plus court, le dernier le plus long et tronqué (1). Prosternum droit et terminé en arrière en pointe très-aiguë. Corselet très-court et transversal. Écusson apparent. Élytres aplaties, lisses dans les mâles, et souvent couvertes en totalité ou en partie de très-petites stries irrégulières dans les femelles. Le prolongement des hanches postérieures court et arrondi. Les trois premiers articles des tarses antérieurs des mâles fortement dilatés transversalement et formant une palette ciliée extérieurement et garnie en dessous et en avant, de quatre rangées de cupules, et en arrière de poils courts et disposés en brosses. Les tarses intermédiaires simples dans les deux sexes. Les pattes postérieures très-robustes, aplaties; leurs jambes très-courtes et garnies en dedans de deux fortes épines; leurs tarses sont aussi aplatis, ciliés en dedans, et terminés par un seul crochet immobile.

M. Curtis a établi ce genre aux dépens des anciens *Dytiscus*, ou, pour plus d'exactitude, a seulement changé le nom de *Trogus*, que Leach lui avait assigné dans le troisième volume de *Zoological Miscellany*, pag. 70. Les insectes qui le composent sont presque tous de grande taille, et se rencontrent sur toute la surface du globe. Deux seulement appartiennent à l'Europe.

a. *Élytres ayant une bande jaune marginale qui ne touche pas le bord externe.*

1. Cybister Buqueti. *Mihi.*

Ovalis, postice dilatatus, ad apicem rotundatus, convexiusculus, nitidus, supra nigro-olivaceus, infra testaceo-luteus; labro, epistomo, thoracis omnibus marginibus vittaque longitudinali, apice vix hamato-dilatata, versus elytrorum latera rufis; pedibus testaceo-luteis, posticis obscurioribus.

---

(1) Tous les *Cybister* que j'ai examinés ayant la tête marquée de chaque côté, entre les yeux et un peu en avant, d'une impression irrégulière, et d'une autre transversale à chaque angle antérieur de l'épistome, je négligerai de rappeler ce caractère dans la description de chaque espèce.

Mas : thorace et elytris lævibus. Femina....

Long. 35 à 40 millim. Larg. 20 à 22 millim.

Ovale, assez largement dilaté en arrière, arrondi à l'extrémité et médiocrement convexe. Tête luisante, d'un vert-olivâtre, avec le labre et l'épistome d'un jaune pâle; elle présente quelques petits points très-fins, très-écartés et difficilement perceptibles; mandibules noirâtres ; antennes et palpes testacées. Corselet luisant, de la couleur de la tête, entièrement bordé de jaune, très-largement sur les côtés, un peu moins en avant et étroitement en arrière; la bordure postérieure est un peu rougeâtre, et souvent n'occupe que le milieu; il est trois fois aussi large que long, largement échancré en avant, son bord antérieur s'avançant assez fortement sur la tête en s'arrondissant, très-légèrement sinueux en arrière, où il est plus large, nullement arrondi sur les côtés; les angles antérieurs assez saillants et aigus, les postérieurs également aigus et légèrement prolongés en arrière; il est couvert de points infiniment petits, très-écartés et semblables à ceux de la tête, et présente, en outre, de chaque côté, quelques points plus forts disposés irrégulièrement, et une ligne d'autres points analogues placée transversalement le long du bord antérieur, et interrompue au milieu. Écusson cordiforme, brunâtre. Élytres lisses, luisantes, ovalaires, assez largement dilatées en arrière, arrondies à l'extrémité et médiocrement convexes, d'un brun-olivâtre avec une large bande marginale jaune qui suit le bord externe dans toute son étendue, mais ne le touche qu'à la région humérale; cette bande est très-légèrement dilatée avant sa terminaison, et souvent divisée longitudinalement dans sa moitié postérieure par une ligne brunâtre; elles présentent, en outre, trois lignes longitudinales de points enfoncés bien marqués, surtout l'interne, dont les points sont plus nombreux et plus serrés, et quelques points plus petits, rares, le long du bord externe qui est assez largement rebordé; la portion réfléchie est jaunâtre. Le dessous du corps d'un jaune testacé, ferrugineux au milieu et sur le bord des segments de l'abdomen. Pattes antérieures testacées; les intermédiaires de la même couleur, avec les tarses ferrugineux; les pattes postérieures ferrugineuses, testacées à l'extrémité des cuisses.

Je n'ai vu que des individus mâles de cette espèce; ils font partie des collections de MM. Buquet et Dupont, et ont été trouvés au Sénégal.

2. CYBISTER GIGANTEUS.

Ovalis, postice dilatatus, ad apicem late rotundatus, convexiusculus, postice depressiusculus, nitidus, supra piceo-olivaceus, infra nigro-piceus; labro, epistomo, thoracis lateribus vittaque longitudinali, simplici, versus elytrorum marginem luteo-rufis; pedibus nigro-piceis, anterioribus rufo-variis.

Mas et femina : thorace et elytris lævibus.

Cybister Giganteus. LAP. *Étud. ent.* p. 99.
Trochalus Grandis. DEJ. *Cat.* 3e *édit.* p. 60.

Long. 40 à 43 millim. Larg. 23 à 24 millim.

Ovale, dilaté en arrière, très-largement arrondi à l'extrémité, et à peine convexe. Tête luisante, d'un noir de poix un peu verdâtre, avec le labre et l'épistome d'un jaune-rougeâtre; elle présente quelques points très-fins, très-écartés et difficilement perceptibles; mandibules noirâtres; antennes et palpes d'un testacé rougeâtre. Corselet luisant, de la couleur de la tête, avec les bords latéraux largement bordés de jaune; il est trois fois aussi large que long, largement échancré en avant, son bord antérieur s'avançant à peine en s'arrondissant sur la tête, fortement sinueux en arrière, où il est plus large; le milieu de la base assez sensiblement prolongé sur l'écusson; les côtés nullement arrondis; les angles antérieurs assez saillants et aigus, les postérieurs également aigus et légèrement prolongés en arrière; il est couvert de points infiniment petits, très-écartés, et semblables à ceux de la tête, et présente, en outre, de chaque côté, quelques points plus forts irrégulièrement disposés, et une ligne d'autres points analogues placée transversalement le long du bord antérieur et interrompue au milieu. Écusson cordiforme, noirâtre. Élytres lisses, luisantes, ovalaires, dilatées en arrière, largement arrondies à l'extrémité, très-médiocrement convexes en avant, et déprimées en arrière, d'un noir de poix un peu verdâtre, avec une bande marginale jaunâtre qui suit le bord externe dans presque toute son étendue, mais ne le touche qu'à la région humérale; cette bande est simple et se termine en pointe aiguë; un peu en avant de sa terminaison, existent quelques petits points ferrugineux réunis en forme de tache très-peu visible; elles présentent, en outre, trois lignes longitudinales de points enfoncés bien marquées, surtout l'interne, dont les points sont plus serrés et plus nombreux, et quelques points rares le long du bord externe qui est très-étroitement rebordé; la portion réfléchie est ferrugineuse. Dessous du corps d'un noir de poix, avec deux ou trois taches ferrugineuses de chaque côté de l'abdomen. Pattes antérieures et intermédiaires d'un noir ferrugineux, avec les genoux et les jambes rougeâtres; les postérieures noirâtres.

Les femelles ne diffèrent des mâles que par la simplicité des pattes antérieures.

Il se trouve au Brésil.

3. Cybister Lherminieri.

Ovalis, postice dilatatus, ad apicem rotundatus, convexiusculus, nitidus, supra piceo-olivaceus, infra nigro-piceus; labro, epistomo, thoracis lateribus vittaque longitudinali, simplici, versus elytrorum marginem luteo-rufis; pedibus nigro-piceis, anterioribus rufovariis.

Mas et femina : thorace et elytris lævibus.

Dytiscus Lherminieri. Guér. *Icon. du règ. an.* pl. 8.
Cybister Lherminieri. Lap. *Étud. ent.* p. 99.
Trochalus Ellipticus. Dej. *Cat.* 3e *édit.* p. 60.

Long. 40 à 41 millim. Larg. 21 à 22 millim.

Ovale, peu dilaté en arrière, arrondi à l'extrémité et médiocrement convexe. Tête luisante, d'un noir de poix un peu verdâtre, avec le labre et l'épistome d'un jaune-rougeâtre; elle présente quelques points très-fins, très-écartés et difficilement perceptibles; mandibules noirâtres; antennes et palpes d'un d'un testacé-rougeâtre. Corselet luisant, de la couleur de la tête, avec les bords latéraux largement bordés de jaune; il est trois fois aussi large que long, largement échancré en avant, son bord antérieur s'avançant à peine en s'arrondissant sur la tête, fortement sinueux en arrière, où il est plus large; le milieu de la base est assez sensiblement prolongé sur l'écusson; les côtés nullement arrondis; les angles antérieurs assez saillants et aigus, les postérieurs également aigus et légèrement prolongés en arrière; il est couvert de points infiniment petits, écartés et semblables à ceux de la tête, et présente, en outre, de chaque côté, quelques points plus forts irrégulièrement disposés, et une ligne d'autres points analogues placée transversalement le long du bord antérieur et interrompue au milieu. Écusson cordiforme, noirâtre. Élytres lisses, luisantes, ovalaires, peu dilatées en arrière, arrondies à l'extrémité et médiocrement convexes, d'un noir de poix un peu verdâtre, avec une bande marginale jaunâtre qui suit le bord externe dans presque toute son étendue, mais ne le touche qu'à la région humérale; cette bande est simple et se termine en pointe aiguë; un peu en avant de sa terminaison, existent quelques petits points ferrugineux réunis en forme de tache très-peu visible; elles présentent, en outre, trois lignes longitudinales de points enfoncés bien marquées, surtout l'interne, dont les points sont plus serrés et plus nombreux, et quelques points rares le long du bord externe qui est très-étroitement rebordé; la portion réfléchie est d'un noir ferrugineux. Dessous du corps d'un noir de poix, avec deux ou trois taches ferrugineuses de chaque côté de l'abdomen. Pattes antérieures et intermédiaires d'un noir ferrugineux, avec les genoux et les jambes rougeâtres, les postérieures noirâtres.

Les femelles ne diffèrent des mâles que par la simplicité des pattes antérieures.

Il est assez commun à la Guadeloupe.

Cet insecte ne diffère du *C. Giganteus* que par sa taille un peu plus petite et ses élytres un peu moins dilatées en arrière et moins largement arrondies à l'extrémité; du reste il est absolument semblable; peut-être même n'en est-il qu'une simple variété due à la différence de patrie.

4. Cybister Robustus. *Dupont.*

Ovalis, postice dilatatus, ad apicem rotundatus, convexus, nitidus, supra piceo-olivaceus, infra nigro-piceus; labro, epistomio, thoracis lateribus vittaque longitudinali, simplici, versus elytrorum marginem luteo-rufis; elytris depressionibus minimis, rotundatis, punctiformibus impressis; pedibus ferrugineis, posticis obscurioribus.

Mas : thorace et elytris lœvibus. Femina....

Long. 35 millim. Larg. 20 millim.

Ovale, peu dilaté en arrière, arrondi à l'extrémité et assez convexe. Tête luisante, d'un noir de poix un peu verdâtre, avec le labre et l'épistome d'un jaune-rougeâtre; elle présente quelques points très-fins, très-écartés et difficilement perceptibles; mandibules noirâtres; antennes et palpes testacés. Corselet luisant, de la couleur de la tête, avec les bords latéraux largement bordés de jaune; il est trois fois aussi large que long, largement échancré en avant, son bord antérieur s'avançant très-légèrement en s'arrondissant sur la tête, légèrement sinueux en arrière où il est plus large; le milieu de la base à peine prolongé sur l'écusson; les côtés nullement arrondis; les angles antérieurs assez saillants et aigus, les postérieurs également aigus et légèrement prolongés en arrière; il est couvert de points infiniment petits, très-écartés et semblables à ceux de la tête, et présente en outre de chaque côté quelques points plus forts irrégulièrement disposés, et une ligne d'autres points analogues placée transversalement le long du bord antérieur et interrompue au milieu. Écusson cordiforme noirâtre. Élytres luisantes, ovalaires, peu dilatées en arrière, arrondies à l'extrémité et assez convexes, presque entièrement couvertes de très-petites dépressions arrondies et ponctiformes; d'un noir de poix un peu verdâtre, avec une bande marginale jaunâtre qui suit le bord externe dans toute son étendue, mais ne le touche qu'à la région humérale; cette bande est simple et se termine en pointe aiguë; un peu en avant de sa terminaison, existent quelques petits points ferrugineux réunis en forme de tache très-peu visible; elles présentent, en outre, trois lignes longitudinales de points enfoncés assez sensibles, surtout l'interne dont les points sont plus nombreux et plus serrés, et quelques points rares le long du bord externe qui est étroitement rebordé; la portion réfléchie est ferrugineuse. Le dessous du corps noir, avec deux ou trois taches ferrugineuses de chaque côté de l'abdomen. Les pattes antérieures et intermédaires ferrugineuses, les postérieures noirâtres.

Cette espèce a beaucoup de rapport avec le *C. Lherminieri*, mais elle est toujours plus petite et plus convexe; le milieu de la base de son corselet est aussi moins saillant en arrière, et enfin les élytres sont presque entièrement couvertes de petites impressions ponctiformes.

Je n'ai vu qu'un seul individu mâle de ce *Cybister;* il appartient à M. Dupont qui l'a reçu du Brésil.

5. Cybister Costalis.

Rotundato-ovatus, postice dilatatus, ad apicem late rotundatus, convexus, nitidus, supra nigro-olivaceus, infra niger; labro, epistomo, thoracis lateribus vittaque longitudinali, simplici in costa lata obso-

letissima, versus elytrorum marginem rufo-luteis; pedibus anticis rufo-ferrugineis, nigro-variis, posticis nigro-piceis.

Mas : elytris lœvibus. Femina : striis irregularibus fere undique valde et dense impressis; thorace valde reticulato-strigoso.

Dytiscus Costalis. FAB. *Syst. Eleut.* I. 259?
OLIV. *Ent.* III. 40. p. 9. pl. 1. fig. 7?
Trochalus Costalis. DEJ. *Cat.* 3e *édit.* p. 60.

Long. 31 à 34 millim. Larg. 18 à 20 millim.

Ovale, très-court et très-large, dilaté en arrière, largement arrondi à l'extrémité et médiocrement convexe. Tête luisante, d'un brun-olivâtre, avec le labre et l'épistome d'un jaune-rougeâtre; elle présente quelques points très-fins, très-écartés et difficilement perceptibles; mandibules noirâtres; antennes et palpes testacés. Corselet luisant, de la couleur de la tête, avec les bords latéraux largement bordés de jaune-rougeâtre; il est trois fois aussi large que long, largement échancré en avant, son bord antérieur s'avançant très-légèrement en s'arrondissant sur la tête, sinueux en arrière où il est plus large; le milieu de la base sensiblement prolongé sur l'écusson ; les côtés nullement arrondis; les angles antérieurs assez saillants et aigus, les postérieurs également aigus et légèrement prolongés en arrière; il est couvert de points très-petits, très-écartés et semblables à ceux de la tête, mais cependant plus apparents, et présente, en outre, de chaque côté quelques points plus forts irrégulièrement disposés, et une ligne de points analogues placée transversalement le long du bord antérieur et interrompue au milieu. Écusson cordiforme, olivâtre. Élytres lisses, luisantes, ovalaires, courtes, larges, dilatées en arrière, largement arrondies à l'extrémité et assez convexes, d'un brun-olivâtre, avec une large bande marginale d'un jaune-rougeâtre qui suit le bord externe dans presque toute son étendue, mais ne le touche qu'à la région humérale; cette bande est simple, se termine très-confusément en pointe un peu avant l'extrémité, et est placée sur une côte assez large et très-peu élevée; elles présentent en outre trois lignes longitudinales de points enfoncés, et quelques points rares le long du bord externe qui est étroitement rebordé, assez largement comprimé en arrière où il est presque tranchant; la portion réfléchie est ferrugineuse. Le dessous du corps d'un noir de poix avec trois ou quatre taches rougeâtres de chaque côté de l'abdomen. Pattes antérieures et intermédiaires testacées, avec une tache noirâtre sur les cuisses; les jambes et les tarses intermédiaires ferrugineux; les pattes postérieures noirâtres.

Les femelles diffèrent des mâles par le corselet presque entièrement couvert, surtout à la base et de chaque côté, d'impressions étroites irrégulièrement dirigées dans tous les sens et très-fortement enfoncées, et par les élytres qui présentent sur presque toute leur surface de petites stries irrégulières, onduleuses, très-serrées, s'anastomosant souvent entre elles, et dont la direction principale est longitudinale; ces stries sont très-enfoncées et les font paraître ternes; elles ne sont lisses que le long de la suture et du bord externe à l'extrémité.

Il se trouve à Cayenne, aux États-Unis et dans les Antilles.

6. Cybister Puncticollis.

Ovatus, postice dilatatus, ad apicem vix oblique rotundatus, convexiusculus, nitidus, supra brunneo-olivaceus, infra nigro-piceus; labro, epistomo, thoracis lateribus vittaque longitudinali, simplici, versus elytrorum marginem rufo-luteis; pedibus anticis testaceis, posticis nigro-ferrugineis.

Mas: elytris lævibus. Femina: extrorsum ad basin striis irregularibus tenuissimis vix visibiliter impressis; thorace lævi.

Cybister Puncticollis. Brullé. *Voy. de M. d'Orbig. dans l'Am. mérid.* vi. p. 46.

Trochalus Patruelis. Dej. *Cat.* 3e *édit.* p. 60.

Long. 27 à 28 millim. Larg. 15 à 16 millim.

Ovale, légèrement raccourci, dilaté en arrière, un peu obliquement arrondi à l'extrémité et peu convexe. Tête luisante, d'un brun-olivâtre, avec le labre et l'épistome d'un jaune-rougeâtre; elle présente quelques points très-fins, très-écartés et difficilement perceptibles; mandibules noirâtres; antennes et palpes testacés. Corselet luisant, de la couleur de la tête, avec les bords latéraux largement bordés de jaune-rougeâtre; il est trois fois aussi large que long, largement échancré en avant, son bord antérieur s'avançant très-légèrement en s'arrondissant sur la tête, très-faiblement sinueux en arrière où il est plus large; le milieu de la base à peine prolongé sur l'écusson; les côtés nullement arrondis; les angles antérieurs assez saillants et aigus, les postérieurs également aigus et légèrement prolongés en arrière; il est couvert de points très-petits, très-écartés, semblables à ceux de la tête, mais beaucoup plus apparents, surtout chez les mâles, et présente, en outre, de chaque côté quelques points plus forts, irrégulièrement disposés, et une ligne d'autres points analogues placée transversalement le long du bord antérieur et interrompue au milieu. Écusson cordiforme, olivâtre. Élytres lisses, luisantes, ovalaires, dilatées en arrière, un peu obliquement arrondies à l'extrémité et peu convexes, d'un brun de poix à peine olivâtre, avec une large bande marginale d'un jaune-rougeâtre qui suit le bord externe dans toute son étendue, mais ne le touche qu'à la région humérale; cette bande est simple et se termine très-confusément en pointe un peu avant l'extrémité; elles présentent, en outre, trois lignes longitudinales de points enfoncés assez sensibles, et quelques points rares le long du bord externe qui est étroitement rebordé, légèrement comprimé en arrière et un peu tranchant; elles sont aussi quelquefois entièrement couvertes de points analogues à ceux de la tête et du corselet; cette ponctuation est plus sensible chez les mâles que chez les femelles; la portion réfléchie est ferrugineuse. Dessous du corps d'un noir de poix, avec deux ou trois taches rougeâtres de chaque côté de l'abdomen. Les pattes antérieures et intermédiaires testacées; les tarses intermédiaires ferrugineux; les pattes postérieures noirâtres.

Les femelles diffèrent des mâles par les élytres qui présentent à leur base et un peu en dehors de très-petites impressions linéaires, irrégulières, dirigées dans tous les sens, à peine imprimées et souvent difficilement perceptibles.

Cette espèce a quelque analogie de forme avec le *C. Costalis*, mais elle est toujours un peu plus petite, relativement plus étroite et moins convexe; ses élytres ne présentent pas de côte saillante sur laquelle repose la bande marginale; le bord externe est aussi moins tranchant en arrière, et enfin les pattes antérieures et intermédiaires sont testacées et immaculées.

Il se trouve au Brésil.

7. Cybister Fallax.

Ovatus, postice dilatatus, ad apicem rotundatus, convexiusculus, nitidus, supra viridi-olivaceus, infra nigro-piceus; labro, epistomo, thoracis lateribus vittaque longitudinali, apice fere hamato-dilatata, versus elytrorum marginem rufo-luteis; pedibus anticis ferrugineis, posticis nigro-ferrugineis.

Mas et femina : thorace et elytris lævibus.

Trochalus Fallax. Dej. *Cat.* 3e *édit.* p. 60.

Long. 27 millim. Larg. 15 $\frac{1}{2}$ millim.

Ovale, un peu raccourci, dilaté en arrière, arrondi à l'extrémité et peu convexe. Tête luisante, d'un vert-olivâtre, avec le labre et l'épistome d'un jaune-rougeâtre; elle présente quelques petits points très-fins, très-écartés et difficilement perceptibles; mandibules noirâtres; antennes et palpes testacés. Corselet luisant, de la couleur de la tête avec les bords latéraux largement bordés de jaune-rougeâtre; il est trois fois aussi large que long, largement échancré en avant, son bord antérieur s'avançant très-légèrement en s'arrondissant sur la tête, très-faiblement sinueux en arrière où il est plus large; le milieu de la base à peine prolongé sur l'écusson; les côtés nullement arrondis; les angles antérieurs assez saillants et aigus, les postérieurs également aigus et légèrement prolongés en arrière; il est couvert de points infiniment petits, très-écartés et semblables à ceux de la tête, et présente, en outre, de chaque côté quelques points plus forts irrégulièrement disposés, et une ligne d'autres points analogues placée transversalement le long du bord antérieur et interrompue au milieu. Écusson cordiforme, olivâtre. Élytres lisses, luisantes, ovalaires, dilatées en arrière, arrondies à l'extrémité et peu convexes, d'un vert-olivâtre, avec une large bande marginale d'un jaune-rougeâtre qui suit le bord externe dans toute son étendue, mais ne le touche qu'à la région humérale; tout à fait à l'extrémité, cette bande est accompagnée, près de sa terminaison et en dedans, de quelques points jaunâtres réunis en forme de tache qui la font paraître terminée en une espèce de crochet d'hameçon; elles présentent, en outre, trois lignes longitudinales de points enfoncés assez sensibles, et quelques points rares le long du bord externe qui est étroitement rebordé, à peine comprimé et tranchant en arrière; la portion réfléchie est ferrugineuse. Les pattes antérieures et intermédiaires ferrugineuses, les postérieures d'un noir de poix un peu ferrugineux.

Les femelles ne diffèrent des mâles que par la simplicité des pattes antérieures.

Ce *Cybister* se distingue à peine du *Puncticollis ;* il a la même forme que lui, mais cependant il est un peu plus largement arrondi en arrière; ses élytres sont moins tranchantes sur leurs bords, les points écartés de la tête et du corselet sont aussi beaucoup moins visibles, la bande marginale des élytres est plus large, surtout en arrière où elle paraît dilatée en forme d'hameçon, et enfin les élytres des femelles sont entièrement lisses.

Il se trouve à Cayenne.

8. Cybister Limbatus.

Ovalis, postice valde dilatatus, ad apicem paulo oblique rotundatus, depressiusculus, nitidus, supra olivaceo-virescens, infra obscure ferrugineus; labro, epistomo, thoracis lateribus vittaque longitudinali, apice hamato-dilatata, versus elytrorum marginem luteis; pedibus ferrugineis, anticis pallidioribus.

Mas : elytris lævibus. Femina : striis minimis irregularibus impressis.

Dytiscus Limbatus. Fab. *Syst. Eleut.* I. 258.
Dytiscus Aciculatus. Oliv. *Ent.* III. 40. p. 13. pl. 3. fig. 30.
Trochalus Limbatus. Déj. *Cat.* 3e *édit.* p. 60.

Long. 35 à 38 millim. Larg. 19 à 20 millim.

Ovale; assez fortement dilaté en arrière, un peu obliquement arrondi à l'extrémité et presque déprimé. Tête luisante, d'un brun-verdâtre, avec le labre et l'épistome jaunâtres; elle présente quelques petits points très-fins, très-écartés et difficilement perceptibles; mandibules noirâtres; antennes et palpes testacés. Corselet luisant, de la couleur de la tête, avec les bords latéraux largement bordés de jaune; il est trois fois aussi large que long, largement échancré en avant, son bord antérieur s'avançant légèrement en s'arrondissant sur la tête, sinueux en arrière où il est plus large; le milieu de la base un peu prolongé sur l'écusson; les côtés nullement arrondis; les angles antérieurs assez saillants et aigus, les postérieurs également aigus et légèrement prolongés en arrière; il est couvert de points infiniment petits, très-écartés et semblables à ceux de la tête, et présente, en outre, de chaque côté quelques points plus forts irrégulièrement disposés, et une ligne d'autres points analogues placée transversalement le long du bord antérieur et interrompue au milieu. Écusson cordiforme, brunâtre. Élytres lisses, luisantes, ovalaires, assez largement dilatées en arrière, un peu obliquement arrondies à l'extrémité et presque déprimées, d'un brun-verdâtre, avec une bande marginale jaunâtre qui suit de très-près le bord externe dans toute son étendue, mais ne le touche qu'à la région humérale; cette bande se termine en arrière et en dedans par une espèce de crochet d'hameçon, et est souvent aussi divisée longitudinalement dans son tiers postérieur par une ligne de petits points noirâtres; elles présentent, en outre, trois lignes longitudinales de points enfoncés peu sensibles, et quelques points rares le long du bord externe qui est très-étroitement rebordé; la portion réfléchie est ferrugineuse en avant et noirâtre en arrière. Le dessous du corps d'un noir ferrugineux, plus clair sur les côtés; l'abdomen est marqué de trois taches rougeâtres de chaque côté. Pattes antérieures et intermédiaires testacées; les jambes intermédiaires ferrugineuses; les pattes postérieures d'un noir ferrugineux.

Les femelles diffèrent des mâles par le corselet couvert sur les côtés d'impressions linéaires fortement enfoncées et très-irrégulièrement disposées, et par les élytres qui présentent à la base et en dehors, dans les quatre cinquièmes antérieurs, de petites stries longitudinales légèrement onduleuses, très-nombreuses et médiocrement serrées.

Il se trouve aux Indes orientales et en Chine.

9. Cybister Guerini. *Mihi.*

Ovalis, postice dilatatus, ad apicem paulo oblique rotundatus, convexiusculus, nitidus, supra olivaceo-virescens, infra nigro-piceus; labro, epistomo, thoracis lateribus vittaque longitudinali, apice hamato-dilatata, versus elytrorum marginem luteis; pedibus nigro-piceis, anticis rufo-variis.

Mas : elytris lævibus. Femina : vix ad basin striis minimis irregularibus rarioribus impressis; thorace vix reticulato-strigoso.

Long. 33 à 35 millim. Larg. 19 à 20 millim.

Ovale, légèrement dilaté en arrière, obliquement arrondi à l'extrémité et assez convexe. Tête luisante, d'un noir de poix un peu verdâtre, avec le labre et l'épistome jaunâtres; elle présente quelques rides irrégulières et de petits points très-fins, très-écartés et difficilement perceptibles; mandibules noirâtres; antennes et palpes testacés. Corselet luisant, de la couleur de la tête, avec les bords latéraux largement bordés de jaune; il est trois fois aussi large que long, largement échancré en avant, son bord antérieur s'avançant très-légèrement sur la tête en s'arrondissant, légèrement sinueux en arrière où il est plus large; le milieu de la base à peine prolongé sur l'écusson; les côtés nullement arrondis; les angles antérieurs assez saillants et aigus, les postérieurs également aigus et légèrement prolongés en arrière; il est couvert de légères rides irrégulières et de points infiniment petits, très-écartés et semblables à ceux de la tête, et présente, en outre, de chaque côté quelques points plus forts irrégulièrement disposés, et une ligne d'autres points analogues placée transversalement le long du bord antérieur et interrompue au milieu. Écusson cordiforme, noirâtre. Élytres luisantes, ovalaires, légèrement dilatées en arrière, obliquement arrondies à l'extrémité et assez convexes, couvertes en dehors et en arrière de petits points tuberculeux presque effacés et à peine visibles; elles sont d'un noir de poix un peu verdâtre, avec une bande marginale jaunâtre qui suit le bord externe dans toute son étendue, mais ne le touche qu'à la région humérale; cette bande se termine en arrière et en dedans par une espèce de crochet d'hameçon; elles présentent, en outre, trois lignes longitudinales de points enfoncés peu sensibles, et quelques points rares le long du bord externe qui est étroitement rebordé; la portion réfléchie est ferrugineuse en avant et noirâtre en arrière. Le dessous du corps d'un noir ferrugineux plus clair sur les côtés. L'abdomen marqué de chaque côté de trois taches rougeâtres. Pattes antérieures et intermédiaires testacées, avec la base des cuisses et les jambes intermédiaires d'un noir ferrugineux; les pattes postérieures noirâtres.

Les femelles diffèrent des mâles par le corselet couvert sur les côtés de courtes impressions linéaires très-peu enfoncées et très-irrégulièrement disposées, et par les élytres qui présentent à la base de petites stries longitudinales très-peu nombreuses et écartées les unes des autres.

Il se trouve aux Indes orientales, en Chine et dans les îles asiatiques.

Cette espèce a quelque analogie avec le *C. Limbatus*, dont elle se distingue par sa taille plus petite, sa forme plus convexe et moins dilatée en arrière, les petits points tuberculeux des élytres, et par la couleur des cuisses antérieures et intermédiaires qui sont marquées de noir, tandis qu'elles sont testacées dans le *Limbatus*.

10. Cybister Javanus.

Ovalis, postice dilatatus, ad apicem paulo oblique rotundatus, convexiusculus, nitidus, supra olivaceo-virescens, infra nigro-piceus cum pectore et abdomine utrinque luteis; labro, epistomo, thoracis lateribus vittaque longitudinali, apice hamato-dilatata, versus elytrorum marginem luteis; pedibus anticis testaceis, posticis nigro-brunneis, femoribus apice testaceis.

Mas; elytris lævibus. Femina: striis minimis irregularibus impressis; thorace reticulato-strigoso.

Trochalus Javanus. Dej. *Cat.* 3e édit. p. 60.

Long. 31 à 34 millim. Larg. 18 à 19 millim.

Ovale, légèrement dilaté en arrière, obliquement arrondi à l'extrémité et assez convexe. Tête luisante, d'un noir de poix un peu verdâtre avec le labre et l'épistome jaunâtres; elle présente quelques petits points très-fins, très-écartés et difficilement perceptibles; mandibules noirâtres; antennes et palpes testacés. Corselet luisant, de la couleur de la tête, avec les bords latéraux largement bordés de jaune; il est trois fois aussi large que long, largement échancré en avant, son bord antérieur s'avançant un peu en s'arrondissant sur la tête, légèrement sinueux en arrière où il est plus large; le milieu de la base à peine prolongé sur l'écusson; les côtés nullement arrondis; les angles antérieurs assez saillants et aigus, les postérieurs également aigus et légèrement prolongés en arrière; il est couvert de points infiniment petits, très-écartés et semblables à ceux de la tête, et présente, en outre, de chaque côté quelques points plus forts irrégulièrement disposés, et une ligne d'autres points analogues placée transversalement le long du bord antérieur et interrompue au milieu. Écusson cordiforme, noirâtre. Élytres ovalaires, luisantes, légèrement dilatées en arrière, obliquement arrondies à l'extrémité et assez convexes, couvertes en dehors et en arrière de petits points tuberculeux presque effacés et à peine visibles; elles sont d'un noir de poix à peine verdâtre, avec une bande marginale jaune qui suit le bord externe dans toute son étendue, mais ne le touche qu'à la région humérale; cette bande se termine en arrière et en dedans par une espèce de crochet d'hameçon; elles présentent, en outre, trois lignes longitudinales de points enfoncés peu sensibles, et quelques points rares le long du bord externe qui est très-étroitement rebordé; la portion réfléchie est jaunâtre en avant et ferrugineuse en arrière. Le dessous du corps d'un noir de poix un peu ferrugineux, avec les flancs et les bords latéraux des segments de l'abdomen d'un jaune-rougeâtre. Pattes antérieures et intermédiaires testacées; les tarses intermédiaires ferrugineux; les pattes postérieures d'un brun ferrugineux avec l'extrémité des cuisses testacée.

Les femelles diffèrent des mâles par le corselet couvert sur les côtés d'impressions linéaires peu enfoncées et très-irrégulièrement disposées, et par les élytres qui présentent à la base et en dehors, dans les quatre cinquièmes antérieurs, de petites stries longitudinales légèrement onduleuses, très-nombreuses et assez serrées.

Il se trouve à Java, au Malabar et en Chine.

Cette espèce ressemble beaucoup au *C. Guerini*, dont elle se distingue surtout par la couleur du dessous du corps qui n'est noire que dans le milieu; les pattes antérieures et intermédiaires ne sont non plus marquées d'une tache noirâtre comme dans cette dernière espèce, et enfin les femelles ont les élytres en partie couvertes de petites stries longitudinales, tandis que les élytres des femelles du *C. Guerini* n'en présentent qu'un très-petit nombre, très-écartées les unes des autres, et à la base seulement.

11. Cybister Bengalensis. *Dupont.*

Ovalis, brevior, postice dilatatus, ad apicem rotundatus, convexiusculus, nitidus, supra olivaceo-virescens, infra nigro-piceus cum pectore et abdomine utrinque luteis; labro, epistomo, thoracis lateribus vittaque longitudinali, apice hamato-dilatata, versus elytrorum marginem luteis; pedibus anticis testaceis, posticis nigro-brunneis, femoribus apice testaceis.

Mas et femina : thorace et elytris lævibus.

Long. 30 millim. Larg. 18 millim.

Ovale, un peu raccourci, dilaté en arrière, arrondi à l'extrémité et assez convexe. Tête d'un brun olivâtre, avec le labre et l'épistome jaunâtres; elle présente quelques petits points très-fins, très-écartés et difficilement perceptibles; mandibules noirâtres; antennes et palpes testacés. Corselet luisant, de la couleur de la tête, avec les bords latéraux largement bordés de jaune; il est trois fois aussi large que long, largement échancré en avant, son bord antérieur s'avançant un peu en s'arrondissant sur la tête, légèrement sinueux en arrière où il est plus large; le milieu de la base à peine prolongé sur l'écusson; les côtés nullement arrondis; les angles antérieurs assez saillants et aigus, les postérieurs également aigus et légèrement prolongés en arrière; il est couvert de points infiniment petits, très-écartés et semblables à ceux de la tête, et présente, en outre, de chaque côté quelques points plus forts irrégulièrement disposés, et une ligne d'autres points analogues placée transversalement le long du bord antérieur et interrompue au milieu. Écusson cordiforme, brunâtre. Élytres luisantes, ovalaires, dilatées en arrière, arrondies à l'extrémité et assez convexes, couvertes en dehors et en arrière de petits points tuberculeux presque effacés et à peine visibles; elles sont d'un brun olivâtre, avec une bande marginale jaune qui suit le bord externe dans toute son étendue, mais ne le touche qu'à la région humérale; cette bande se termine en arrière et en dedans par une espèce de crochet d'hameçon; elles présentent, en outre, trois lignes longitudinales de points enfoncés peu sensibles, et quelques points rares le long du bord externe qui est très-étroitement rebordé; la portion réfléchie est jaunâtre en avant et ferrugineuse en arrière. Le dessous du corps d'un noir de poix un peu ferrugineux, avec les flancs et cinq ou six taches jaunâtres inégales de chaque côté de l'abdomen. Pattes antérieures et intermédiaires testacées; les tarses intermédiaires ferrugineux; les pattes postérieures d'un brun ferrugineux, avec l'extrémité des cuisses testacée.

Les femelles ne diffèrent des mâles que par la simplicité de leurs pattes antérieures.

Il se trouve aux Indes orientales et en Chine; et fait partie des collections du Muséum et de M. Dupont.

Cette espèce, extrêmement voisine du *C. Javanus*, n'en diffère que par sa taille un peu plus petite et relativement plus courte. Les femelles ont les élytres lisses comme les mâles.

12. Cybister Indicus. *Dupont.*

Ovalis, postice dilatatus, ad apicem paulo oblique rotundatus, convexiusculus, nitidus, supra nigro-piceus, infra eodem colore cum pectore utrinque testaceo; labro, epistomo, thoracis lateribus vittaque longitudinali, apice hamato-dilatata, versus elytrorum marginem luteis; elytris postice coriaceo-rugulosis; pedibus anticis testaceis, posticis nigro-brunneis, femoribus apice testaceis.

Mas et femina: elytris absque striis minimis. Femina: thorace vix ad basin reticulato-strigoso.

Long. 27 à 29 millim. Larg. 15 à 16 millim.

Ovale, dilaté en arrière, un peu obliquement arrondi à l'extrémité et assez convexe. Tête luisante, d'un noir de poix à peine verdâtre, avec le labre et l'épistome jaunâtres; elle présente quelques petits points très-fins, très-écartés et difficilement perceptibles; mandibules noirâtres; antennes et palpes testacées. Corselet luisant, de la couleur de la tête, avec les bords latéraux largement bordés de jaune; il est trois fois aussi large que long; largement échancré en avant, son bord antérieur s'avançant un peu en s'arrondissant sur la tête, légèrement sinueux en arrière où il est plus large; le milieu de la base à peine prolongé sur l'écusson; les côtés nullement arrondis; les angles antérieurs assez saillants et aigus, les postérieurs également aigus et légèrement prolongés en arrière; il est couvert, surtout vers la base, de légères rides irrégulières et de points infiniment petits, très-écartés et semblables à ceux de la tête, et présente, en outre, de chaque côté quelques points plus forts irrégulièrement disposés, et une ligne d'autres points analogues placée transversalement le long du bord antérieur et interrompue au milieu. Écusson noirâtre, cordiforme. Élytres luisantes, ovalaires, dilatées en arrière, un peu obliquement arrondies à l'extrémité et assez convexes, assez fortement chagrinées dans les quatre cinquièmes postérieurs et dans le milieu seulement; elles sont d'un noir de poix à peine olivâtre, avec une bande marginale jaune qui suit le bord externe jusqu'à son extrémité, mais ne le touche qu'à la région humérale; cette bande se termine en arrière et en dedans par une espèce de crochet d'hameçon; elles présentent, en outre, trois lignes longitudinales de points enfoncés assez sensibles, et quelques points rares le long du bord externe qui est très-étroitement rebordé; la portion réfléchie est jaune en avant et ferrugineuse en arrière. Le dessous du corps d'un brun de poix un peu ferrugineux, avec les parties latérales de la poitrine et trois ou quatre taches arrondies de chaque côté de l'abdomen d'un jaune testacé. Pattes antérieures et intermédiaires testacées; les tarses intermédiaires ferrugineux; les pattes postérieures d'un brun ferrugineux avec l'extrémité des cuisses testacée.

Les femelles diffèrent des mâles par le corselet, qui présente à la base quelques impressions linéaires rares et très-peu marquées.

Il se trouve à Java et aux Indes orientales, et fait partie des collections de MM. Dupont et Gory.

Ce *Cybister* a beaucoup d'analogie avec le *C. Bengalensis*, mais il est un peu plus petit et relativement plus étroit, plus obliquement terminé en arrière; ses élytres sont chagrinées, tandis que dans le *Bengalensis* elles sont à peine tuberculeuses; le dessous du corps est aussi un peu plus largement brunâtre, avec les côtés de la poitrine seulement et trois ou quatre petites taches arrondies de chaque côté de l'abdomen jaunâtres; le premier segment de cet organe est immaculé dans cette espèce, tandis qu'il est largement taché de jaune dans le précédent.

13. Cybister Dejeanii. *Mihi.*

Ovatus, postice dilatatus, ad apicem paulo oblique rotundatus, convexiusculus, nitidus, supra et infra nigro-piceus; labro, epistomo, thoracis lateribus vittaque longitudinali, simplici, versus elytrorum marginem luteis; elytris extrorsum coriaceo-rugulosis; pedibus anticis testaceo-luteis, posticis nigro-piceis.

Mas : elytris inimpressis. Femina : striis minimis irregularibus; thorace dense reticulato-strigoso.

Long. 20 millim. Larg. 11 millim.

Ovale, légèrement dilaté en arrière, arrondi un peu obliquement à l'extrémité et assez convexe. Tête luisante, d'un noir de poix, avec le labre et l'épistome jaunes; elle présente quelques petits points très-fins, très-écartés et difficilement perceptibles; mandibules noirâtres; antennes et palpes testacés. Corselet luisant, de la couleur de la tête, avec les bords latéraux largement bordés de jaune; il est trois fois aussi large que long, largement échancré en avant, son bord antérieur s'avançant à peine en s'arrondissant sur la tête, sinueux en arrière où il est plus large; le milieu de la base sensiblement prolongé sur l'écusson; les côtés nullement arrondis; les angles antérieurs assez saillants et aigus, les postérieurs également aigus et légèrement prolongés en arrière; il est couvert, surtout vers la base et sur les côtés, de petites rides irrégulières assez serrées, et de points infiniment petits, écartés et semblables à ceux de la tête, et présente, en outre, de chaque côté quelques points plus forts, irrégulièrement disposés, et une ligne d'autres points analogues placée transversalement le long du bord antérieur et interrompue au milieu. Écusson cordiforme, noirâtre. Élytres peu luisantes, ovalaires, légèrement dilatées en arrière, arrondies à l'extrémité et assez convexes, d'un noir de poix, avec une bande marginale jaune qui suit le bord externe dans presque toute son étendue, mais ne le touche qu'à la région humérale; cette bande est simple et se termine en pointe un peu avant l'extrémité; elles présentent, en outre, trois lignes longitudinales de points enfoncés assez sensibles, et quelques points rares le long du bord externe qui est à peine rebordé, et sont assez fortement chagrinées entre la bande jaune et la ligne longitudinale interne de points enfoncés; la portion réfléchie est jaune en avant, noirâtre en arrière. Le dessous du corps d'un noir de poix un peu ferrugineux, avec une petite tache rougeâtre sur les côtés de la poitrine, et deux ou trois autres très-petites de la même couleur de chaque côté de l'abdomen; les parties latérales de la poitrine sont chagrinées. Les pattes antérieures et intermédiaires testacées, avec une tache brunâtre sur les cuisses; les pattes postérieures noirâtres.

Les femelles diffèrent des mâles par le corselet plus fortement ridé et marqué de très-petites impressions irrégulières très-serrées, le faisant paraître chagriné, et par les élytres qui, outre les rugosités qui existent chez les mâles, présentent dans leur moitié antérieure de très-courtes stries dirigées longitudinalement et très-rapprochées les unes des autres.

Les deux seuls individus de cette espèce que j'aie examinés, appartiennent à la collection du Muséum et ont été rapportés du Malabar.

14. Cybister Rœselii.

Ovalis, postice late dilatatus, ad apicem paulo oblique rotundatus, depressiusculus, nitidus, supra olivaceo-virescens, infra lutescens; labro, epistomo, thoracis lateribus vittaque longitudinali, simplici, versus elytrorum marginem luteis; pedibus luteo-testaceis.

Mas: elytris lævibus. Femina: striis minimis irregularibus impressis; thorace reticulato-strigoso.

Dytiscus Rœselii. Fab. *Syst. Eleut.* 1. p. 262.
Dytiscus Virens. Muller. *Zool. prod.* p. 170.
Dytiscus Dispar. Rossi. *Faun. Etrusc.* 1. p. 199.
Dytiscus Dissimilis. Rossi. *Mant.* 1. p. 66,
Cybister Rœselii. Curtis. *Brit. ent.* 151.
Trochalus Rœselii. Dej. *Cat.* 3e *édit.* p. 60.

Long. 30 à 32 millim. Larg. 16 à 18 millim.

Ovale, largement dilaté en arrière, obliquement arrondi à l'extrémité et déprimé. Tête luisante, d'un vert olivâtre, avec le labre et l'épistome jaunâtres; elle présente quelques petits points très-fins, très-écartés et difficilement perceptibles; mandibules noirâtres; antennes et palpes testacés. Corselet lisse, luisant, de la couleur de la tête, avec les bords latéraux largement bordés de jaune, et une ligne étroite, ferrugineuse, peu visible à la base et au sommet; il est trois fois aussi large que long, largement échancré en avant, son bord antérieur s'avançant à peine en s'arrondissant sur la tête, légèrement sinueux en arrière où il est plus large; le milieu de la base à peine prolongé sur l'écusson; les côtés nullement arrondis; les angles antérieurs assez saillants et aigus, les postérieurs également aigus et légèrement prolongés en arrière; il est couvert de points infiniment petits, très-écartés et semblables à ceux de la tête, et présente, en outre, de chaque côté quelques points plus forts, irrégulièrement disposés, et une ligne d'autres points analogues, placée transversalement le long du bord antérieur et interrompue au milieu. Écusson cordiforme, olivâtre. Élytres ovalaires, assez largement dilatées en arrière, obliquement arrondies à l'extrémité et déprimées, d'un vert olivâtre plus ou moins brunâtre, avec une bande marginale jaune qui suit le bord externe dans toute son étendue, mais ne le touche qu'à la région humérale; cette bande se termine en pointe en arrière, et tout à fait à son extrémité va se joindre à une autre petite bande très-étroite de la même couleur, qui remonte entre elle et le bord externe qu'elle touche dans son tiers ou sa moitié postérieure; elles présentent, en outre, trois lignes longitudinales de points enfoncés, assez visibles, et quelques points rares le long du bord externe qui est très-étroitement rebordé; la portion réfléchie est jaune en avant et ferrugineuse en arrière. Le dessous du corps jaunâtre ainsi que les cuisses; la poitrine et les jambes sont faiblement rembrunies; les tarses bruns.

Les femelles diffèrent des mâles par le corselet couvert d'impressions linéaires fortement enfoncées et très-irrégulièrement disposées, et par les élytres, qui présentent dans les cinq sixièmes antérieurs, de petites stries longitudinales, légèrement onduleuses, très-nombreuses et très-serrées.

Il se rencontre dans toute l'Europe, et se retrouve aussi en Barbarie et en Égypte.

b. *Élytres ayant une bande jaune marginale qui touche le bord externe.*

15. Cybister Occidentalis.

Ovalis, postice late dilatatus, ad apicem paulo oblique rotundatus, depressiusculus, nitidus, supra olivaceo-virescens, infra nigro-piceus; labro, epistomo, thoracis lateribus vittaque longitudinali, apice hamato-dilatata, in elytrorum margine luteis; pedibus anticis ferrugineis, nigro-variis, posticis nigris.

Mas : elytris lævibus. Femina : striis minimis irregularibus impressis; thorace vix strigoso.

Trochalus Occidentalis. Dej. *Cat.* 3e *édit.* p. 60.

Long. 30 à 32 millim. Larg. 16 à 18 millim.

Ovale, largement dilaté en arrière, obliquement arrondi à l'extrémité et un peu déprimé. Tête luisante, d'un noir de poix à peine verdâtre, avec le labre et l'épistome jaunâtres; elle présente quelques petits points très-fins, très-écartés et difficilement perceptibles; mandibules noirâtres; antennes et palpes testacés. Corselet luisant, de la couleur de la tête, avec les bords latéraux largement bordés de jaune; il est trois fois aussi large que long, largement échancré en avant, son bord antérieur s'avançant un peu en s'arrondissant sur la tête, très-légèrement sinueux en arrière où il est plus large; le milieu de la base à peine prolongé sur l'écusson; les côtés nullement arrondis; les angles antérieurs assez saillants et aigus, les postérieurs également aigus et légèrement prolongés en arrière; il est couvert de points infiniment petits, très-écartés et semblables à ceux de la tête, et présente, en outre, de chaque côté quelques points plus forts, irrégulièrement disposés, et une ligne d'autres points analogues le long du bord antérieur et interrompue au milieu. Écusson cordiforme, olivâtre. Élytres lisses, luisantes, ovalaires, largement dilatées en arrière, obliquement arrondies à l'extrémité, et un peu déprimées, d'un noir de poix à peine verdâtre, avec une large bande marginale, qui suit et touche le bord externe dans toute son étendue; cette bande est souvent divisée longitudinalement dans sa moitié postérieure par une ou deux lignes noirâtres, et se réunit assez largement à son extrémité avec celle de l'autre élytre; un peu avant sa terminaison, elle est légèrement dilatée en dedans en forme d'hameçon, très-mousse; elles présentent, en outre, trois lignes longitudinales de points enfoncés assez sensibles, et quelques points rares le long du bord externe, qui est très-faiblement rebordé; la portion réfléchie est d'un jaune rougeâtre. Le dessous du corps est noir, avec trois petites taches jaunâtres de chaque côté de l'abdomen. Pattes antérieures et intermédiaires d'un testacé ferrugineux, avec une tache sur les cuisses, et les tarses intermédiaires noirâtres; les pattes postérieures d'un noir ferrugineux.

Les femelles diffèrent des mâles par le corselet couvert sur les côtés de petites impressions linéaires, peu enfoncées, irrégulièrement disposées et très-peu nombreuses, et par les élytres qui présentent, à la base et en dehors dans les quatre cinquièmes antérieurs, de petites stries longitudinales légèrement onduleuses, assez nombreuses et médiocrement serrées.

Il habite la Havane.

16. Cybister Dissimilis.

Ovalis, postice dilatatus, ad apicem paulo oblique rotundatus, convexiusculus, nitidus, supra nigro-piceus, infra nigro-ferrugineus; labro, epistomo, thoracis lateribus vittaque longitudinali, simplici, in elytrorum margine luteis; pedibus anticis testaceis, posticis ferrugineis.

Mas : elytris lævibus. Femina : striis minimis irregularibus impressis; thorace reticulato-strigoso.

Trochalus Dissimilis. Dej. *Cat.* 3e *édit.* p. 60.
Dytiscus Fimbriolatus. Say. *Trans. of the Amer. phil.* II. 91? (♀)

Long. 30 millim. Larg. 15 millim.

Ovale, légèrement allongé, peu dilaté en arrière, obliquement arrondi à l'extrémité, et médiocrement convexe. Tête luisante, d'un noir de poix un peu olivâtre, avec le labre et l'épistome jaunâtres; elle présente quelques points très-fins, très-écartés et difficilement perceptibles; mandibules noirâtres; antennes et palpes testacés. Corselet luisant, de la couleur de la tête, avec les bords latéraux largement bordés de jaune; il est trois fois aussi large que long, largement échancré en avant, son bord antérieur s'avançant un peu en s'arrondissant sur la tête, légèrement sinueux en arrière où il est plus large; le milieu de la base très-faiblement prolongé sur l'écusson; les côtés nullement arrondis; les angles antérieurs assez saillants et aigus, les postérieurs également aigus et légèrement prolongés en arrière; il est couvert de légères rides irrégulières, et de points infiniment petits, très-écartés et semblables à ceux de la tête, et présente, en outre, de chaque côté quelques points plus forts, irrégulièrement disposés, et une ligne d'autres points analogues, placée transversalement le long du bord antérieur et interrompue au milieu. Écusson cordiforme, olivâtre. Élytres lisses, luisantes, ovalaires, légèrement dilatées en arrière, un peu obliquement arrondies à l'extrémité et médiocrement convexes, d'un noir de poix un peu olivâtre, avec une large bande marginale qui suit et touche le bord externe dans toute son étendue, et quelquefois abrégée en arrière; cette bande est souvent divisée longitudinalement dans sa moitié postérieure par une ou deux lignes noirâtres, et se termine en pointe, soit tout-à-fait à l'extrémité, soit un peu avant, souvent aussi un peu avant sa terminaison et en dedans, elle est accompagnée de quelques points jaunâtres, réunis en forme de tache, qui la font paraître très-vaguement terminée en une espèce de crochet d'hameçon; elles présentent, en outre, trois lignes longitudinales de points enfoncés peu sensibles, et quelques points rares le long du bord externe qui est très-étroitement rebordé; la portion réfléchie est ferrugineuse. Le dessous du corps est d'un noir de poix très-peu ferrugineux. Les pattes antérieures et intermédiaires testacées, avec les tarses intermédiaires ferrugineux; les pattes postérieures ferrugineuses foncées.

Les femelles diffèrent des mâles par le corselet couvert, surtout sur les côtés, de petites impressions linéaires, irrégulièrement disposées et peu nombreuses, et par les élytres qui présentent à la base et en dehors, dans les quatre cinquièmes antérieurs, de petites stries longitudinales, légèrement onduleuses, assez nombreuses et médiocrement serrées.

Il se distingue du *C. Occidentalis*, avec lequel il a beaucoup d'analogie, par sa forme relativement plus étroite, beaucoup moins dilatée en arrière et un peu plus convexe; la bande marginale des élytres est plus étroite, et souvent tout à fait simple; les pattes antérieures et intermédiaires sont testacées et immaculées.

Il se trouve dans l'Amérique du Nord (États-Unis).

17. Cybister Africanus.

Oblongo-ovalis, postice dilatatus, ad apicem paulo oblique rotundatus, depressiusculus, nitidus, supra nigro-olivaceus, infra nigro-piceus; labro, epistomo, thoracis lateribus vittaque longitudinali, apice hamato-dilatata, in elytrorum margine luteis; pedibus anticis luteis nigro-variis, posticis nigro-ferrugineis.

Mas et femina : thorace et elytris lævibus.

Cybister Africanus. Lap. *Étud. ent.* p. 99.
Aubé. *Iconog.* v. p. 49. pl. 3. fig. 6.
Trochalus Meridionalis. Gené. *De quib. ins. Sard.* p. 10.
Trochalus Capensis. Dej. *Cat.* 3e *édit.* p. 60.

Long. 27 à 30 millim. Larg. 14 à 15 millim.

Ovale, allongé, médiocrement dilaté en arrière, un peu obliquement arrondi à l'extrémité et déprimé. Tête luisante, d'un brun olivâtre, avec le labre et l'épistome jaunes; elle présente quelques points très-fins, très-écartés et difficilement perceptibles; mandibules noirâtres; antennes et palpes testacés. Corselet luisant, de la couleur de la tête, avec les bords latéraux largement bordés de jaune, et une ligne étroite ferrugineuse, très-vague à la base et au sommet; il est trois fois aussi large que long, largement échancré en avant, le bord antérieur s'avançant très-sensiblement en s'arrondissant sur la tête, sinueux en arrière où il est plus large; le milieu de la base un peu prolongé sur l'écusson; les côtés nullement arrondis; les angles antérieurs assez saillants et aigus, les postérieurs également aigus et légèrement prolongés en arrière; il est couvert de points infiniment petits, très-écartés et semblables à ceux de la tête, et présente, en outre, de chaque côté quelques points plus forts, irrégulièrement disposés, et une ligne d'autres points analogues, placée transversalement le long du bord antérieur et interrompue au milieu. Écusson cordiforme, olivâtre. Élytres lisses, luisantes, ovalaires, assez allongées, médiocrement dilatées en arrière, un peu obliquement arrondies à l'extrémité et deprimées, d'un brun olivâtre, avec une très-large bande marginale jaune, qui suit et touche le bord externe dans toute son étendue; cette bande se termine en arrière et en dedans par une espèce de crochet d'hameçon très-mousse, et est divisée longitudinalement dans sa moitié postérieure par une ou deux lignes de petits points noirâtres; elles présentent, en outre, trois lignes longitudinales de points enfoncés peu sensibles, et quelques points rares le long du bord externe qui est très-étroitement rebordé; la portion réfléchie est jaune. Le dessous du corps d'un noir de poix plus ou moins ferrugineux, avec une tache jaunâtre de chaque côté de la poitrine tout-à-fait en avant, et trois ou quatre autres arrondies, de la même couleur, de chaque côté de l'abdomen. Les pattes antérieures et intermédiaires testacées, avec une tache noirâtre sur les cuisses antérieures; les tarses intermédiaires ferrugineux; les pattes postérieures d'un noir ferrugineux.

Les femelles ne diffèrent des mâles que par la simplicité des pattes antérieures.

Cet insecte habite du Sud au Nord de l'Afrique, et se retrouve aussi en Sicile et en Sardaigne.

18. Cybister Senegalensis.

Oblongo-ovalis, minor, postice dilatatus, ad apicem paulo oblique rotundatus, convexiusculus, nitidus, supra viridi-olivaceus, infra nigro-piceus; labro, epistomo, thoracis lateribus vittaque longitudinali, apice vix hamato-dilatata, in elytrorum margine luteis; pedibus anticis testaceis immaculatis, posticis nigro-piceis.

Mas et femina : thorace et elytris lævibus.

Trochalus Senegalensis. Dej. *Cat.* 3e *édit.* 60.

Long. 19 à 20 millim. Larg. 10 à 10 $\frac{3}{4}$ millim.

Ovale, un peu allongé, médiocrement dilaté, obliquement arrondi à l'extrémité et peu convexe. Tête luisante, d'un brun olivâtre, avec le labre et l'épistome jaunes; elle présente quelques points très-fins, très-écartés et difficilement perceptibles; mandibules noirâtres; antennes et palpes testacés. Corselet luisant, de la couleur de la tête, avec les bords latéraux largement bordés de jaune; il est trois fois aussi large que long, largement échancré en avant, le bord antérieur s'avançant sensiblement en s'arrondissant sur la tête, sinueux en arrière où il est plus large; le milieu de la base un peu prolongé sur l'écusson; les côtés nullement arrondis; les angles antérieurs assez saillants et aigus, les postérieurs également aigus et légèrement prolongés en arrière; il est couvert de points infiniment petits, très-écartés et semblables à ceux de la tête, et présente, en outre, de chaque côté, quelques points plus forts, irrégulièrement disposés, et une ligne d'autres points analogues, placée transversalement le long du bord antérieur et interrompue au milieu. Écusson cordiforme, olivâtre. Élytres lisses, luisantes, ovalaires, un peu allongées, médiocrement dilatées en arrière, obliquement arrondies à l'extrémité et peu convexes, d'un brun olivâtre, avec une large bande jaune, qui suit et touche le bord externe dans toute son étendue; cette bande se termine en arrière et en dedans par une espèce de crochet d'hameçon, très-mousse et à peine sensible, et est divisée longitudinalement dant sa moitié postérieure par une ou deux lignes de points noirâtres; elles présentent, en outre, trois lignes longitudinales de points enfoncés peu sensibles, et quelques points rares le long du bord externe qui est très-étroitement rebordé; la portion réfléchie est jaune. Le dessous du corps d'un noir de poix un peu ferrugineux, avec trois ou quatre taches rougeâtres de chaque côté de l'abdomen. Les pattes antérieures et intermédiaires testacées; les tarses intermédiaires ferrugineux; les pattes postérieures d'un noir de poix un peu ferrugineux.

Les femelles ne diffèrent des mâles que par la simplicité des pattes antérieures.

Cette jolie petite espèce est bien certainement distincte du *C. Africanus*, avec lequel elle a les plus grands rapports; elle en diffère par sa taille au moins trois fois plus petite; elle est aussi un peu plus convexe, et les pattes antérieures sont testacées sans tache sur les cuisses.

Il se trouve au Sénégal, au Cap, à Madagascar, à l'île de France et à Bourbon.

19. Cybister Temnenkii. *Dupont.*

Elongato-ovalis, vix postice dilatatus, ad apicem paulo oblique rotundatus, convexiusculus, nitidus, supra nigro-olivaceus, infra nigro-piceus; labro, epistomo, thoracis lateribus vittaque longitudinali, apice hamato-dilatata, in elytrorum margine luteis; elytris tuberculis minimis obsoletis tectis; pedibus anticis testaceis, nigro-variis, posticis nigro-ferrugineis.

Mas et femina : elytris absque striis minimis; thorace lævi.

Long. 30 à 31 ½ millim. Larg. 14 ½ à 15 millim.

Ovale, très-allongé, médiocrement dilaté en arrière, un peu obliquement arrondi à l'extrémité et deprimé. Tête luisante, d'un noir de poix à peine olivâtre, avec le labre et l'épistome jaunes; elle présente quelques points très-fins, très-écartés et difficilement perceptibles; mandibules noirâtres; antennes et palpes testacés. Corselet luisant, de la couleur de la tête, avec les bords latéraux largement bordés de jaune, et une ligne ferrugineuse, étroite et très-vague à la base et au sommet; il est trois fois aussi large que long, largement échancré en avant, le bord antérieur s'avançant très-sensiblement en s'arrondissant sur la tête, sinueux en arrière où il est plus large; le milieu de la base un peu prolongé sur l'écusson; les côtés nullement arrondis; les angles antérieurs assez saillants et aigus, les postérieurs également aigus et légèrement prolongés en arrière; il est couvert de points infiniment petits, très-écartés et semblables à ceux de la tête, et présente, en outre, de chaque côté quelques points plus forts, irrégulièrement disposés, et une ligne d'autres points analogues, placée transversalement le long du bord antérieur et interrompue au milieu. Écusson cordiforme, brunâtre. Élytres luisantes, ovalaires, très-allongées, médiocrement dilatées en arrière, un peu obliquement arrondies à l'extrémité et déprimées, couvertes dans les quatre cinquièmes antérieurs de petits points tuberculeux assez sensibles; elles sont d'un noir de poix à peine olivâtre, avec une très-large bande marginale jaune qui suit et touche le bord externe dans toute son étendue; cette bande se termine en arrière et en dedans par une espèce de crochet d'hameçon très-mousse, et est divisée dans sa moitié postérieure par une ou deux lignes de points noirâtres; elles présentent, en outre, trois lignes longitudinales de points enfoncés à peine visibles, surtout les externes, et quelques points rares le long du bord externe qui est très-étroitement rebordé; la portion réfléchie est jaune. Le dessous du corps est d'un noir de poix avec une tache ferrugineuse de chaque côté de la poitrine tout à fait en avant, et trois ou quatre autres arrondies de la même couleur de chaque côté de l'abdomen. Les pattes antérieures et intermédiaires testacées, avec une tache noirâtre sur les cuisses antérieures; les tarses intermédiaires ferrugineux; les pattes postérieures d'un noir de poix un peu ferrugineux.

Les femelles ne diffèrent des mâles que par la simplicité des pattes antérieures.

Cette espèce est à peine distincte du *C. Africanus*, il n'en diffère réellement que par sa forme, qui est un peu plus allongée et plus étroite, et par les élytres qui sont couvertes de petits points tuberculeux.

Il se trouve à Java et dans quelques autres îles de la Sonde, et fait partie de la collection du Muséum, et de celle de M. Dupont.

20. Cybister Tripunctatus.

Ovalis, postice valde dilatatus, ad apicem paulo oblique rotundatus, depressiusculus, nitidus, supra nigro-olivaceus, infra nigro-piceus; labro, epistomo, thoracis lateribus vittaque longitudinali, apice hamato-dilatata, in elytrorum margine luteis; pedibus anticis testaceis, nigro-variis, posticis nigro-piceis.

Mas : elytris lævibus. Femina : striis minutissimis plus minusve raris, in medio leviter impressis; thorace lævi.

Dytiscus Tripunctatus. Oliv. *Ent.* III. 40. p. 14. pl. 3. fig. 24.
Dytiscus Lateralis. Fab. *Syst. Eleut.* I. 260.
Trochalus Lateralis. Dej. *Cat.* 3e *édit.* p. 60.
Trochalus Similis. Dej. *Cat.* 3e *édit.* p. 60.

Long. 23 à 25 millim. Larg. 13 à 14 millim.

Ovale, largement dilaté en arrière, obliquement arrondi à l'extrémité et un peu déprimé. Tête luisante, d'un vert olivâtre, avec le labre et l'épistome jaunes; elle présente quelques points très-fins, très-écartés et difficilement perceptibles; mandibules noirâtres; antennes et palpes testacés. Corselet luisant, de la couleur de la tête, avec les bords latéraux largement bordés de jaune; il est trois fois aussi large que long, largement échancré en avant, son bord antérieur s'avançant très-sensiblement en s'arrondissant sur la tête, sinueux en arrière, où il est plus large; le milieu de la base un peu prolongé sur l'écusson; les côtés nullement arrondis; les angles antérieurs assez saillants et aigus, les postérieurs également aigus et légèrement prolongés en arrière; il est couvert de points infiniment petits, très-écartés et semblables à ceux de la tête, et présente, en outre, de chaque côté quelques points plus forts, irrégulièrement disposés, et une ligne d'autres points analogues placée transversalement le long du bord antérieur et interrompue au milieu. Écusson cordiforme, olivâtre. Élytres lisses, luisantes, ovalaires, largement dilatées en arrière, obliquement arrondies à l'extrémité, un peu déprimées, d'un brun olivâtre, avec une très-large bande marginale jaune qui suit et touche le bord externe dans toute son étendue; cette bande se termine en arrière et en dedans par une espèce de crochet d'hameçon très-mousse, et est divisée longitudinalement dans sa moitié postérieure par une ou deux lignes de points noirâtres; elles présentent, en outre, trois lignes longitudinales de points enfoncés peu sensibles, et quelques points rares le long du bord externe qui est très-étroitement rebordé; la portion réfléchie est jaune. Le dessous du corps d'un noir de poix plus ou moins ferrugineux, avec une tache rougeâtre de chaque côté de la poitrine tout à fait en avant, et trois ou quatre autres arrondies de la même couleur de chaque côté de l'abdomen. Les pattes antérieures et intermédiaires testacées, avec une tache noirâtre sur les cuisses antérieures; les tarses intermédiaires ferrugineux; les pattes postérieures d'un noir ferrugineux.

Les femelles diffèrent des mâles par les élytres qui présentent, dans leur milieu, de très-petites impressions linéaires irrégulières, très-peu nombreuses, et quelquefois à peine perceptibles; souvent sur certaines femelles ces petites impressions ne sont qu'indiquées par de très-petits points allongés et qui ont besoin, pour être aperçus, de toute l'attention de l'observateur.

Il est extrêmement voisin du *C. Africanus*, mais il en est cependant bien distinct; il est toujours plus petit, relativement moins allongé et beaucoup plus dilaté en arrière; il tient le milieu pour la taille entre le *C. Africanus* et le *C. Senegalensis*, et se distingue surtout de ces deux espèces par les petites impressions linéaires que l'on observe sur les élytres des femelles, et qui n'existent jamais dans ces deux dernières espèces.

Il se rencontre à l'île de France, à Bourbon et aux Indes orientales.

21. CYBISTER FLAVOCINCTUS. *Chevrolat.*

Oblongo-ovalis, postice dilatatus, ad apicem paulo oblique rotundatus, convexiusculus, supra viridi-olivaceus, infra nigro-ferrugineus; labro, epistomo, thoracis lateribus vittaque longitudinali, apice hamato-dilatata, in elytrorum margine luteis; pedibus anticis testaceis, posticis nigro-ferrugineis.

Mas : elytris lævibus. Femina : striis minutissimis rarissimis extrorsum ad basin vix conspicue impressis; thorace reticulato-strigoso.

Long. 29 à 30 millim. Larg. 15 à 15 $\frac{1}{2}$ millim.

Ovale, dilaté en arrière, un peu obliquement arrondi à l'extrémité et médiocrement convexe. Tête luisante, d'un brun olivâtre, avec le labre et l'épistome d'un jaune un peu rougeâtre; elle présente quelques points très-fins, très-écartés et difficilement perceptibles; mandibules noirâtres; antennes et palpes testacés. Corselet luisant, de la couleur de la tête, avec les bords latéraux largement bordés de jaune; il est trois fois aussi large que long, largement échancré en avant, le bord antérieur s'avançant assez sensiblement en s'arrondissant sur la tête, médiocrement sinueux en arrière, où il est plus large; le milieu de la base à peine prolongé sur l'écusson; les côtés nullement arrondis; les angles antérieurs assez saillants et aigus, les postérieurs également aigus et légèrement prolongés en arrière; il est couvert de points infiniment petits, très-écartés et semblables à ceux de la tête, et présente, en outre, de chaque côté quelques points plus forts, irrégulièrement disposés, et une ligne d'autres points analogues placée transversalement le long du bord antérieur et interrompue au milieu. Écusson cordiforme, olivâtre. Élytres lisses, luisantes, ovalaires, dilatées en arrière, un peu obliquement arrondies à l'extrémité, médiocrement convexes, d'un brun olivâtre, avec une très-large bande marginale d'un jaune un peu rougeâtre, qui suit et touche le bord externe dans toute son étendue; cette bande se termine en arrière et en dedans par une espèce de crochet d'hameçon très-mousse, et est divisée longitudinalement dans sa moitié postérieure par une ou deux lignes de points noirâtres; elles présentent en outre trois lignes longitudinales de points enfoncés peu sensibles, et quelques points rares le long du bord externe qui est très-étroitement rebordé; la portion réfléchie est jaune. Le dessous du corps d'un noir un peu ferrugineux. Les pattes antérieures et intermédiaires testacées; les tarses intermédiaires ferrugineux; les pattes postérieures d'un noir ferrugineux.

Les femelles diffèrent des mâles par le corselet, qui est couvert, surtout sur les côtés, de petites impressions linéaires irrégulièrement disposées et assez serrées, et par les élytres qui présentent à la base, tout à fait en dehors sur la bande jaune, un très-petit nombre de stries irrégulières, infiniment petites, très-peu imprimées, et très-écartées les unes des autres.

Cette espèce, au premier aspect, ressemble au *C. Africanus*, elle est cependant un peu moins étroite et plus convexe, la couleur de la bordure des élytres et du corselet est un peu rougeâtre, et enfin les pattes antérieures sont testacées sans taches sur les cuisses; mais ce qui la fera toujours reconnaître, lorsque l'on possédera des femelles, c'est que celles-ci ont le corselet réticulé et les élytres marquées de très-petites impressions à la région humérale, caractère qui n'existe pas chez l'*Africanus*.

Il a été rapporté du Mexique par Mme veuve Sallé, et fait partie de la collection de M. Chevrolat.

22. Cybister Reichei. *Mihi.*

Oblongo-ovalis, postice dilatatus, ad apicem paulo oblique rotundatus, convexiusculus, nitidus, supra viridi-olivaceus, infra luteo-testaceus; labro, epistomo, vittaque longitudinali, apice hamato-dilatata, in elytrorum margine luteis; thorace luteo, late ad basin rotundatim olivaceo; pedibus anticis luteo-testaceis, posticis obscurioribus.

Mas : elytris lævibus. Femina : striis minimis rarioribus ad basin impressis; thorace vix reticulato.

Long. 20 à 21 millim. Larg. 10 à 10 $\frac{1}{2}$ millim.

Ovale, un peu allongé, faiblement dilaté en arrière, obliquement arrondi à l'extrémité et médiocrement convexe. Tête luisante, d'un vert olivâtre, avec le labre et l'épistome jaunâtres; elle présente quelques petits points très-fins, très-écartés et difficilement perceptibles; mandibules noirâtres; antennes et palpes testacés. Corselet jaunâtre, avec une large tache olivâtre à la base; cette tache est arrondie en avant, dépasse plus ou moins le milieu et atteint quelquefois le bord antérieur; dans ce dernier cas il est olivâtre comme la tête, avec les bords latéraux très-largement bordés de jaune, la bordure envoyant en avant et en dedans un prolongement aigu de chaque côté du bord antérieur; il est trois fois aussi large que long, largement échancré en avant, le bord antérieur s'avançant très-faiblement en s'arrondissant sur la tête, à peine sinueux en arrière, où il est plus large; le milieu de la base à peine prolongé sur l'écusson; les côtés nullement arrondis; les angles antérieurs assez saillants et aigus, les postérieurs également aigus et très-légèrement prolongés en arrière; il est couvert de points infiniment petits, très-écartés et semblables à ceux de la tête, et présente, en outre, de chaque côté quelques points plus forts, irrégulièrement disposés, et une ligne d'autres points analogues placée transversalement le long du bord antérieur et interrompue au milieu. Écusson cordiforme, olivâtre. Élytres lisses, luisantes, ovalaires, un peu allongées, faiblement dilatées en arrière, obliquement arrondies à l'extrémité, médiocrement convexes, d'un brun verdâtre, avec une très-large bande marginale jaune qui suit et touche le bord externe dans toute son étendue; cette bande se termine en arrière et en dedans par une espèce de crochet d'hameçon très-mousse, et est divisée longitudinalement dans sa moitié postérieure par une ou deux lignes de points noirâtres; elles présentent, en outre, trois lignes longitudinales de points enfoncés peu sensibles, et quelques points rares le long du bord externe qui est très-étroitement rebordé; la portion réfléchie est jaune. Le dessous du corps est jaunâtre, avec le milieu de la poitrine brunâtre et l'abdomen d'un ferrugineux clair. Les pattes antérieures et intermédiaires testacées; les tarses intermédiaires ferrugineux; les pattes postérieures ferrugineuses, avec l'extrémité des cuisses testacée.

Les femelles diffèrent des mâles par le corselet qui est très-finement réticulé sur le côté, et par les élytres qui présentent, au centre de la base, dans une très-petite étendue, de très-petites stries peu imprimées, très-peu nombreuses et écartées.

Je n'ai vu que deux individus de cette espèce, l'un appartient à M. Reiche, et est indiqué dans sa collection comme étant du Brésil, et l'autre fait partie de la collection de M. Buquet, qui lui donne le Sénégal pour patrie.

23. Cybister Gory. *Mihi.*

Ovatus, postice late dilatatus, ad apicem oblique rotundatus, convexiusculus, nitidus, supra nigro-piceus, infra ferrugineus; labro, epistomo, thoracis lateribus vittaque longitudinali, simplici, in elytrorum margine luteis; pedibus anticis testaceo-luteis, posticis ferrugineis.

Mas et femina: thorace et elytris lævibus.

Long. 18 $\frac{1}{2}$ millim. Larg. 10 $\frac{1}{2}$ millim.

Ovale, largement dilaté en arrière, obliquement arrondi à l'extrémité et médiocrement convexe. Tête luisante, d'un noir olivâtre, avec le labre et l'épistome jaunes; elle présente quelques petits points très-fins, très-écartés et difficilement perceptibles; mandibules noirâtres; antennes et palpes testacés. Corselet luisant, de la couleur de la tête, avec les bords latéraux largement bordés de jaune; il est trois fois aussi large que long, largement échancré en avant, le bord antérieur s'avançant un peu en s'arrondissant sur la tête, sinueux en arrière; le milieu de la base faiblement prolongé sur l'écusson;

les côtés nullement arrondis; les angles antérieurs assez saillants et aigus, les postérieurs également aigus et légèrement prolongés en arrière; il est couvert de points infiniment petits, très-écartés et semblables à ceux de la tête, et présente, en outre, de chaque côté quelques points plus forts, irrégulièrement disposés, et une ligne d'autres points analogues placée transversalement le long du bord antérieur et interrompue au milieu. Écusson cordiforme, noirâtre. Élytres lisses, luisantes, ovalaires, largement dilatées en arrière, obliquement arrondies à l'extrémité, et médiocrement convexes, d'un noir olivâtre, avec une bande marginale jaune qui suit et touche le bord externe dans toute son étendue; cette bande, assez large en avant, va toujours en se rétrécissant jusqu'à l'extrémité, où elle se termine en pointe très-aiguë; elles présentent, en outre, trois lignes longitudinales de points enfoncés, et quelques points rares le long du bord externe qui est très-étroitement rebordé; la portion réfléchie est testacée. Le dessous du corps ferrugineux, avec trois ou quatre petites taches jaunâtres de chaque côté de l'abdomen. Pattes antérieures et intermédiaires testacées; les tarses intermédiaires ferrugineux; pattes postérieures ferrugineuses.

Les femelles ne diffèrent des mâles que par la simplicité des pattes antérieures.

Cette espèce, à peu près de la taille du *C. Senegalensis*, a quelque analogie avec lui, mais elle est un peu plus petite, proportionnellement plus large, et un peu plus convexe; mais ce qui la distingue essentiellement, c'est la simplicité de la bande marginale des élytres, qui est légèrement dilatée en forme d'hameçon dans le *Senegalensis*.

Il a été trouvé à la Nouvelle-Hollande, et fait partie de la collection de M. Gory.

c. *Élytres sans bande marginale jaune.*

24. Cybister Immarginatus.

Ovalis, postice dilatatus, ad apicem rotundatus, convexus, nitidus, supra nigro-olivaceus, infra nigro-piceus; labro luteo; thoracis lateribus confuse ferrugineis; elytris ad apicem macula ferruginea vix conspicue notatis; pedibus anticis nigro-ferrugineis, posticis nigris.

Mas et femina : thorace et elytris lævibus.

Dytiscus Immarginatus. Fab. *Syst. Eleut.* I. 259.
Trochalus Immarginatus. Dej. *Cat.* 3e *édit.* p. 60.

Long. 36 à 39 millim. Larg. 20 à 21 millim.

Ovale, peu dilaté en arrière, assez largement arrondi à l'extrémité, et assez convexe. Tête luisante, d'un noir de poix un peu olivâtre, avec le labre jaune; elle présente quelques petits points très-fins, très-écartés et difficilement perceptibles; mandibules noirâtres; antennes et palpes ferrugineux. Corselet luisant, de la couleur de la tête, très-vaguement et presque imperceptiblement bordé sur les côtés d'un ferrugineux verdâtre; il est trois fois aussi large que long, largement échancré en avant, le bord antérieur s'avançant assez fortement en s'arrondissant sur la tête, très-légèrement sinueux en arrière, où il est plus large; le milieu de la base à peine prolongé sur l'écusson; les côtés nullement arrondis; les angles antérieurs assez saillants et aigus, les postérieurs également aigus et légèrement prolongés en arrière; il est couvert de points infiniment petits, très-écartés et semblables à ceux de la tête, et présente, en outre, de chaque côté quelques points plus forts, irrégulièrement disposés, et une ligne d'autres points analogues placée transversalement le long du bord antérieur et interrompue au milieu. Écusson cordiforme, noirâtre. Élytres lisses, luisantes, ovalaires, peu dilatées en arrière, assez largement arrondies à l'extrémité, assez convexes en avant et un peu déprimées en arrière, d'un noir de poix foncé et quelquefois un peu olivâtre, avec une tache ovalaire ferrugineuse à peine perceptible placée en arrière près de l'extrémité; elles offrent, en outre, trois lignes longitudinales de points enfoncés assez sensibles, et quelques points rares le long du bord externe qui est très-étroitement rebordé; la portion réfléchie est d'un noir ferrugineux. Le dessous du corps d'un noir de poix un peu ferrugineux, avec trois petites taches rougeâtres de chaque côté de l'abdomen. Les pattes d'un noir ferrugineux, celles de derrière toujours plus foncées.

Les femelles ne diffèrent des mâles que par la simplicité des pattes antérieures.

Il se trouve au Sénégal.

25. Cybister Bimaculatus. *Mihi.*

Ovalis, postice dilatatus, ad apicem anguste rotundatus, convexus, postice depressiusculus, nitidus, supra viridi-olivaceus, infra nigro-piceus, aut piceo-ferrugineus; labro luteo; thoracis lateribus confuse ferrugineis; elytris ad apicem macula ovali rufo-lutea evidentiore notatis; pedibus ferrugineis, posticis obscurioribus.

Mas : elytris lævibus. Femina : striis minimis irregularibus impressis; thorace reticulato-strigoso.

Long. 38 à 40 millim. Larg. 20 à 22 millim.

Ovale, peu dilaté en arrière, un peu obliquement et étroitement arrondi à l'extrémité et assez convexe. Tête luisante, d'un brun un peu olivâtre, avec le labre jaune; elle présente quelques petits points très-fins, très-écartés et difficilement perceptibles; mandibules noirâtres; antennes et palpes d'un testacé ferrugineux. Corselet luisant, de la couleur de la tête, vaguement bordé sur les côtés d'un ferrugineux verdâtre; il est trois fois aussi large que long, largement échancré en avant, son bord antérieur s'avançant assez fortement en s'arrondissant sur la tête, très-légèrement sinueux en arrière, où il est plus large; le milieu de la base à peine prolongé sur l'écusson; les côtés nullement arrondis; les angles antérieurs assez saillants et aigus, les postérieurs également aigus et légèrement prolongés en arrière; il est couvert de points infiniment petits, très-écartés et semblables à ceux de la tête, et présente, en outre, de chaque côté quelques points plus forts, irrégulièrement disposés, et une ligne d'autres points analogues placée transversalement le long du bord antérieur et interrompue au milieu. Écusson cordiforme, olivâtre. Élytres lisses, luisantes, ovalaires, peu dilatées en arrière, un peu obliquement et étroitement arrondies à l'extrémité, assez convexes en avant et un peu déprimées en arrière, d'un brun olivâtre, avec une tache ovalaire jaunâtre très-sensible placée en arrière près de l'extrémité; elles offrent, en outre, trois lignes longitudinales de points enfoncés assez sensibles, et quelques points rares le long du bord externe qui est très-étroitement rebordé; la portion réfléchie est d'un rouge ferrugineux. Le dessous du corps d'un ferrugineux plus ou moins foncé, brunâtre au milieu, avec trois larges taches rougeâtres de chaque côté de l'abdomen. Pattes ferrugineuses, celles de derrière plus foncées.

Les femelles diffèrent des mâles par le corselet couvert, surtout en dehors, d'impressions linéaires fortement enfoncées et irrégulièrement disposées, et par les élytres qui présentent, dans les trois quarts antérieurs, de petites stries longitudinales légèrement onduleuses, très-nombreuses et très-serrées.

Cette espèce est très-voisine du *C. Immarginatus*, et s'en distingue à peine, surtout lorsqu'on observe des mâles; cependant elle est toujours un peu plus grande, moins largement dilatée en arrière; sa couleur est aussi un peu moins foncée, et la tache postérieure des élytres bien apparente.

Il se trouve au Sénégal.

26. Cybister Owas.

Ovalis, postice dilatatus, ad apicem anguste rotundatus, convexus, nitidus, supra viridi-olivaceus, infra nigro-piceus; labro luteo; thoracis lateribus confuse ferrugineis; elytris ad apicem macula ferruginea vix conspicue notatis; pedibus ferrugineis, posticis obscurioribus.

Mas.: elytris lævibus. Femina: striis minimis irregularibus impressis; thorace reticulato-strigoso.

Cybister Owas. LAP. *Etud. ent.* p. 100.
Trochalus Spinolæ. BUQUET-DEJ. *Cat.* 3e *édit.* p. 60.

Long. 32 à 35 millim. Larg. 17 à 19 millim.

Ovale, peu dilaté en arrière, un peu obliquement et étroitement arrondi à l'extrémité et assez convexe. Tête luisante, d'un noir de poix un peu olivâtre, avec le labre jaune; elle présente quelques petits points très-fins, très-écartés et difficilement perceptibles; mandibules noirâtres; antennes et palpes d'un testacé ferrugineux. Corselet luisant, de la couleur de la tête, vaguement et assez largement bordé sur les côtés d'un ferrugineux verdâtre; il est trois fois aussi large que long, largement échancré en avant, le bord antérieur s'avançant assez fortement en s'arrondissant sur la tête, très-légèrement sinueux en arrière, où il est plus large; le milieu de la base à peine prolongé sur l'écusson; les côtés nullement arrondis; les angles antérieurs assez saillants et aigus, les postérieurs également aigus et légèrement prolongés en arrière; il est couvert de points infiniment petits, très-écartés et semblables à ceux de la tête, et présente, en outre, de chaque côté quelques points plus forts, irrégulièrement disposés, et une ligne d'autres points analogues placée transversalement le long du bord antérieur et interrompue au milieu. Écusson cordiforme, noirâtre. Élytres lisses, très-luisantes, ovalaires, peu dilatées en arrière, un peu obliquement et étroitement arrondies à l'extrémité, assez convexes en avant et un peu déprimées en arrière, d'un noir de poix à peine olivâtre, légèrement irisées et presque métalliques, avec une tache ovalaire ferrugineuse à peine perceptible placée en arrière près de l'extrémité; elles offrent, en outre, trois lignes longitudinales de points enfoncés et quelques points rares le long du bord externe qui est très-étroitement rebordé; la portion réfléchie est d'un ferrugineux plus ou moins foncé. Le dessous du corps d'un noir de poix un peu ferrugineux, avec trois petites taches rougeâtres de chaque côté de l'abdomen. Pattes ferrugineuses, celles de derrière plus foncées.

Les femelles diffèrent des mâles par le corselet couvert, surtout en dehors, d'impressions linéaires fortement enfoncées, irrégulièrement disposées, et par les élytres qui présentent, dans les trois quarts antérieurs, de petites stries longitudinales légèrement onduleuses, très-nombreuses et très-serrées.

Cette espèce, très-voisine des *C. Immarginatus* et *Bimaculatus*, se distingue du premier par sa taille plus petite, sa couleur beaucoup plus brillante et presque métallique, et surtout par les élytres striées des femelles; elle diffère du second également par sa taille plus petite et sa couleur beaucoup plus foncée en dessus et en dessous, et aussi par la tache des élytres qui est à peine visible.

Il a été rapporté de Madagascar par M. Goudot.

27. Cybister Posticus.

Ovalis, postice late dilatatus, ad apicem paulo oblique rotundatus, depressiusculus, nitidus, supra nigro-olivaceus, infra nigro-piceus; labro luteo; elytris ad apicem macula ovali rufo-lutea notatis; pedibus anticis nigro-ferrugineis, testaceo-variis, posticis obscurioribus.

Mas: elytris lævibus. Femina.....

Trochalus Posticus. Dej. *Cat.* 3e *édit.* p. 60.

Long. 28 à 30 millim. Larg. 14 ½ à 16 millim.

Ovale, largement dilaté en arrière, un peu obliquement arrondi à l'extrémité et déprimé. Tête luisante, d'un noir de poix un peu olivâtre, avec le labre jaune et les angles de l'épistome ferrugineux; elle présente quelques petits points très-fins, très-écartés et difficilement perceptibles; mandibules noirâtres; antennes d'un testacé ferrugineux; palpes de la même couleur, noirâtres à l'extrémité. Corselet luisant, de la couleur de la tête, très-vaguement et très-étroitement bordé, sur les côtés, d'un ferrugineux verdâtre; il est trois fois aussi large que long, largement échancré en avant, le bord antérieur s'avançant un peu en s'arrondissant sur la tête, légèrement sinueux en arrière, où il est plus large; le milieu de la base sensiblement prolongé sur l'écusson; les côtés nullement arrondis; les angles antérieurs assez saillants et aigus, les postérieurs également aigus et légèrement prolongés en arrière; il est couvert de points très-petits, très-écartés, et semblables à ceux de la tête, mais cependant un peu plus sensibles, et présente, en outre, de chaque côté, quelques points plus forts irrégulièrement disposés, et une ligne d'autres points analogues placée transversalement le long du bord antérieur et interrompue au milieu. Écusson cordiforme, noirâtre. Élytres lisses, luisantes, ovalaires, largement dilatées en arrière, un peu obliquement arrondies à l'extrémité, très-sensiblement déprimées, surtout en arrière, d'un noir de poix à peine olivâtre, avec une tache ovalaire d'un jaune rougeâtre, placée un peu obliquement en arrière près de l'extrémité; elles offrent, en outre, trois lignes longitudinales de points enfoncés peu sensibles, et quelques points rares le long du bord externe qui est très-étroitement rebordé; la portion réfléchie est d'un ferrugineux très-sombre. Le dessous du corps noir de poix, avec deux ou trois taches rougeâtres de chaque côté de l'abdomen. Les pattes antérieures et intermédiaires d'un noir ferrugineux, avec une tache à l'extrémité des cuisses et les jambes antérieures testacées; les pattes postérieures noirâtres.

Je n'ai vu que deux individus mâles de cette espèce, venant tous deux des Indes orientales; l'un appartient à M. le comte Dejean, et l'autre fait partie de la collection du Muséum.

28. Cybister Bisignatus.

Oblongo-ovalis, postice dilatatus, ad apicem paulo oblique rotundatus, depressiusculus, vix nitidus, suprà et infrà nigro-piceus; labro luteo; thoracis lateribus confusissime ferrugineis; elytris ad apicem macula ovali rufo-lutea vix conspicue notatis; pedibus nigro-piceis, anticis rufo-variis.

Mas et femina : thorace et elytris lævibus.

Trochalus Bisignatus. SAHLBERG-DEJ. *Cat.* 3e *édit.* 60.
Cybister Sugillatus. ERICHS. *Nov. act. nat. cur.* XVI. 227?

Long. 21 à 22 millim. Larg. 11 à 11 $\frac{1}{2}$ millim.

Ovale, légèrement allongé, peu dilaté en arrière, un peu obliquement arrondi à l'extrémité et déprimé. Tête peu luisante, d'un noir de poix à peine olivâtre, avec le labre jaune; elle présente quelques petits points très-fins, très-écartés et difficilement perceptibles; mandibules noirâtres; antennes ferrugineuses; palpes également ferrugineux, noirâtres à l'extrémité. Corselet peu luisant, de la couleur de la tête, très-vaguement et très-étroitement bordé sur les côtés d'un ferrugineux verdâtre; il est trois fois aussi large que long, largement échancré en avant, le bord antérieur s'avançant un peu en s'arrondissant sur la tête, légèrement sinueux en arrière, où il est plus large; le milieu de la base sensiblement prolongé sur l'écusson; les côtés nullement arrondis; les angles antérieurs assez saillants et aigus, les postérieurs également aigus et légèrement prolongés en arrière; il est couvert de points infiniment petits, très-écartés et semblables à ceux de la tête, et présente, en outre, de chaque côté, quelques points plus forts, irrégulièrement disposés, et une ligne d'autres points analogues placée transversalement le long du bord antérieur et interrompue au milieu. Écusson cordiforme, noirâtre. Élytres lisses, peu luisantes, très-légèrement allongées, très-peu dilatées en arrière, un peu obliquement arrondies à l'extrémité, déprimées, d'un noir de poix un peu olivâtre, avec une très-petite tache ovalaire d'un brun ferrugineux placée en arrière près de l'extrémité, à peine perceptible sur quelques individus, et manquant entièrement sur certains autres; elles offrent, en outre, trois lignes longitudinales de points enfoncés peu sensibles, et quelques points rares le long du bord externe qui est très-étroitement rebordé; la portion réfléchie est noirâtre. Le dessous du corps d'un noir de poix, avec deux ou trois petites taches rougeâtres de chaque côté de l'abdomen. Pattes antérieures et intermédiaires d'un noir ferrugineux, avec une tache à l'extrémité des cuisses et les jambes antérieures testacées; les pattes postérieures noirâtres.

Les femelles ne diffèrent des mâles que par la simplicité des pattes antérieures.

Cette espèce a quelque analogie avec le *C. Posticus*, mais elle en est essentiellement distincte; elle est toujours beaucoup plus petite et bien moins dilatée en arrière, la tache postérieure est généralement moins apparente, et enfin elle est moins brillante et presque terne.

Il se trouve aux Indes orientales et en Chine.

29. Notasicus. *Mihi.*

Ovalis, postice vix dilatatus, ad apicem rotundatus, convexiusculus; nitidus, supra et infra nigro-piceus; labro luteo; thoracis lateribus confuse ferrugineis; elytris ad apicem macula ovali ferruginea vix conspicue notatis; pedibus nigro-piceis, anticis rufo-variis.

Mas et femina : thorace et elytris lævibus.

Long. 21 à 22 millim. Larg. 11 à 11 ½ millim.

Ovale, à peine allongé, très-peu dilaté en arrière, arrondi à l'extrémité et médiocrement convexe. Tête luisante, d'un noir de poix à peine olivâtre, avec le labre jaune; elle présente quelques petits points très-fins, très-écartés et difficilement perceptibles; antennes testacées; palpes également testacés, rembrunis à l'extrémité. Corselet brillant, de la couleur de la tête, très-vaguement et très-étroitement bordé de ferrugineux sur les côtés; il est trois fois aussi large que long, largement échancré en avant, le bord antérieur s'avançant assez sensiblement en s'arrondissant sur la tête, légèrement sinueux en arrière, où il est plus large; le milieu de la base assez prolongé sur l'écusson; les côtés nullement arrondis, les angles antérieurs assez saillants et aigus, les postérieurs également aigus et légèrement prolongés en arrière; il est couvert de points infiniment petits, très-écartés et semblables à ceux de la tête, et présente, en outre, de chaque côté quelques points plus forts, irrégulièrement disposés, et une ligne d'autres points analogues placée transversalement le long du bord antérieur et interrompue au milieu. Écusson cordiforme, noirâtre. Élytres lisses, luisantes, à peine allongées, très-peu dilatées en arrière, arrondies à l'extrémité, et médiocrement convexes; elles sont d'un noir de poix à peine olivâtre, avec une petite tache ovalaire ferrugineuse placée en arrière près de l'extrémité et à peine perceptible; elles offrent, en outre, trois lignes longitudinales de points enfoncés assez sensibles, et quelques points rares le long du bord externe qui est très-étroitement rebordé; la portion réfléchie est noirâtre. Le dessous du corps d'un noir de poix, avec deux ou trois taches rougeâtres de chaque côté de l'abdomen. Pattes antérieures et intermédiaires d'un noir ferrugineux, avec une tache à l'extrémité des cuisses et les jambes antérieures testacées; les pattes postérieures noirâtres.

Les femelles ne diffèrent des mâles que par la simplicité des pattes antérieures.

Ce *Cybister* ressemble considérablement au *C. Bisignatus;* il est de la même taille et de la même couleur; mais cependant il est un peu plus fort, plus convexe, relativement moins allongé, et plus largement arrondi en arrière; il est aussi beaucoup plus brillant.

Il existe une paire de cette espèce dans la collection du Muséum; elle a été prise dans l'île Timor.

30. Cybister Bivulnerus.

Elongato-ovalis, vix postice dilatatus, ad apicem anguste rotundatus, depressiusculus, nitidus, supra nigro-olivaceus, infra nigro-piceus; labro luteo; thoracis lateribus confuse ferrugineis; elytris ad apicem macula ovali rufo-lutea notatis; pedibus piceo-nigris, anticis rufo-variis.

Mas : elytris lævibus. Femina : striis minimis brevibus sparsis leviter impressis; thorace lævi.

Trochalus Bivulnerus. Dej. *Cat.* 3e *édit.* p. 60.
Cybister Binotatus. Klug. *Voy. de Ermann. Ins.* p. 28?

Long. 26 millim. Larg. 13 ½ millim.

Ovale, allongé, à peine dilaté en arrière, un peu obliquement arrondi à l'extrémité et légèrement deprimé. Tête luisante, d'un noir de poix plus ou moins olivâtre, avec le labre jaune; elle présente quelques petits points très-fins, très-écartés et difficilement perceptibles; mandibules noirâtres; antennes testacées; palpes également testacés, avec le dernier article noirâtre. Corselet luisant, de la couleur de la tête, très-étroitement et très-vaguement bordé de ferrugineux; il est trois fois aussi large que long, largement échancré en avant, le bord antérieur s'avançant assez sensiblement en s'arrondissant sur la tête, très-légèrement sinueux en arrière, où il est plus large; le milieu de la base peu prolongé sur l'écusson; les côtés nullement arrondis; les angles antérieurs assez saillants et aigus, les postérieurs également aigus et légèrement prolongés en arrière; il est couvert de points infiniment petits, très-écartés et semblables à ceux de la tête, et présente, en outre, de chaque côté quelques points plus forts, irrégulièrement disposés, et une ligne d'autres points analogues placée transversalement le long du bord antérieur, et interrompue au milieu. Écusson cordiforme, noirâtre. Élytres lisses, luisantes, ovalaires, allongées, à peine dilatées en arrière, un peu obliquement arrondies à l'extrémité et légèrement déprimées, d'un noir de poix un peu olivâtre, avec une tache ovalaire d'un jaune rougeâtre placée un peu obliquement en arrière près de l'extrémité; elles offrent, en outre, trois lignes longitudinales de points enfoncés peu sensibles, et quelques points rares le long du bord externe qui est très-étroitement rebordé; la portion réfléchie est d'un noir ferrugineux. Le dessous du corps noir de poix, avec deux ou trois taches rougeâtres de chaque côté de l'abdomen. Les pattes antérieures et intermédiaires d'un noir ferrugineux, avec une tache à l'extrémité des cuisses et les jambes antérieures d'un testacé rougeâtre ; les pattes postérieures noirâtres.

Les femelles diffèrent des mâles par les élytres qui présentent, dans leur moitié antérieure et un peu au dehors, quelques petites stries longitudinales très-courtes, presque ponctiformes, très-écartées, peu nombreuses et peu enfoncées.

Il habite le Sénégal.

31. Cybister Desjardinsii.

Elongato-ovalis, vix postice dilatatus, ad apicem rotundatus, convexiusculus, nitidus, supra et infra nigro-piceus; labro luteo; thoracis lateribus confuse ferrugineis; elytris ad apicem macula irregulari lutea vix conspicue notatis; pedibus piceo-nigris, anticis rufo-variis.

Mas : elytris lævibus. Femina : striis minimis irregularibus valde et dense impressis; thorace valde reticulato-strigoso.

Trochalus Desjardinsii, Dej. *Cat.* 3e *édit.* p. 60.

Long. 28 à 29 millim. Larg. 15 à 15 ½ millim.

Corps ovale, allongé, peu dilaté en arrière, très-peu obliquement arrondi à l'extrémité et médiocrement convexe. Tête luisante, d'un noir de poix à peine olivâtre, avec le labre jaune; elle présente quelques petits points très-fins, très-écartés et difficilement perceptibles; mandibules noirâtres; antennes et palpes d'un testacé ferrugineux. Corselet luisant, de la couleur de la tête, étroitement et très-vaguement bordé de ferrugineux ; il est trois fois aussi large que long, largement échancré en avant, le bord antérieur s'avançant un peu en s'arrondissant sur la tête, très-légèrement sinueux en arrière, où il est plus large, le milieu de la base à peine prolongé sur l'écusson ; les côtés nullement arrondis, les angles antérieurs assez saillants et aigus, les postérieurs également aigus et légèrement prolongés en arrière; il est couvert de points infiniment petits, très-écartés et semblables à ceux de la tête, et présente, en outre, de chaque côté quelques points plus forts, irrégulièrement disposés, et une ligne d'autres points analogues, placée le long du bord antérieur et interrompue au milieu. Écusson cordiforme, noirâtre. Élytres lisses, luisantes, ovalaires, allongées, peu dilatées en arrière, très-peu obliquement arrondies à l'extrémité, et médiocrement convexes, d'un noir de poix à peine olivâtre, avec une tache irrégulièrement arrondie, placée près de l'extrémité; cette tache est peu visible, et composée de petits points jaunâtres plus ou moins nombreux; elles présentent, en outre, trois lignes longitudinales de points enfoncés peu sensibles, et quelques points rares le long du bord externe qui est très-étroitement rebordé; la portion réfléchie d'un noir ferrugineux. Le dessous du corps noir de poix, avec deux ou trois taches rougeâtres de chaque côté de l'abdomen. Les pattes antérieures et intermédiaires d'un noir ferrugineux, avec une tache à l'extrémité des cuisses, et les jambes antérieures d'un testacé rougeâtre; les pattes postérieures noirâtres.

Les femelles diffèrent des mâles par le corselet entièrement couvert d'impressions étroites, irrégulières, dirigées dans tous les sens et fortement enfoncées, et par les élytres qui présentent, dans les quatre cinquièmes antérieurs, de petites stries longitudinales, courtes, légèrement onduleuses, très-serrées, très-nombreuses et très-fortement enfoncées.

Il habite l'Ile de France.

32. Cybister Madagascariensis. *Mihi.*

Elongato-ovalis, vix postice dilatatus, ad apicem rotundatus, convexiusculus, nitidus, supra et infra nigro-piceus; labro luteo; thoracis lateribus confuse ferrugineis; elytris ad apicem macula irregulari rufo-ferruginea vix conspicue notatis; pedibus nigro-piceis, anticis rufo-variis.

Mas : elytris lævibus. Femina : striis minimis irregularibus sparsis leviter impressis ; thorace ad latera leviter reticulato-strigoso.

Long. 28 à 29 millim. Larg. 14 ½ à 15 millim.

Ovale, fortement allongé, peu dilaté en arrière, très-peu obliquement arrondi à l'extrémité et médiocrement convexe. Tête luisante, d'un noir de poix à peine olivâtre, avec le labre jaune; elle présente quelques petits points très-fins, très-écartés et difficilement perceptibles; mandibules noirâtres; antennes et palpes d'un testacé ferrugineux. Corselet luisant, de la couleur de la tête, très-étroitement et très-vaguement bordé de ferrugineux ; il est trois fois aussi large que long, largement échancré en avant, le bord antérieur s'avançant un peu en s'arrondissant sur la tête, très-légèrement sinueux en arrière, où il est plus large; le milieu de la base à peine prolongé sur l'écusson; les côtés nullement arrondis; les angles antérieurs assez saillants et aigus, les postérieurs également aigus et légèrement prolongés en arrière; il est couvert de points infiniment petits, très-écartés et semblables à ceux de la tête, et présente, en outre, de chaque côté quelques points plus forts, irrégulièrement disposés, et une ligne d'autres points analogues, placée transversalement le long du bord antérieur, et interrompue au milieu. Écusson cordiforme, noirâtre. Élytres lisses, luisantes, ovalaires, fortement allongées, peu dilatées en arrière, très-peu obliquement arrondies à l'extrémité, médiocrement convexes, d'un noir de poix à peine olivâtre, avec une tache à peine visible, rougeâtre, irrégulièrement arrondie et placée près de l'extrémité; elles présentent, en outre, trois lignes longitudinales de points enfoncés assez sensibles, et quelques points rares le long du bord externe qui est très-étroitement rebordé; la portion réfléchie est noirâtre. Le dessous du corps d'un noir de poix, avec deux ou trois taches ferrugineuses de chaque côté de l'abdomen. Les pattes antérieures et intermédiaires d'un noir ferrugineux, avec une tache à l'extrémité des cuisses et les jambes antérieures d'un testacé rougeâtre; les pattes postérieures noirâtres.

Les femelles diffèrent des mâles par le corselet couvert, de chaque côté, d'impressions étroites, irrégulières, dirigées dans tous les sens, peu nombreuses et peu enfoncées, et par les élytres qui présentent, dans leur tiers antérieur et un peu en dehors, quelques petites stries longitudinales, très-courtes, très-écartées, peu nombreuses et peu enfoncées.

Cette espèce a la plus grande analogie avec le *C. Desjardinsii*, mais elle est un peu plus allongée, et relativement plus étroite. C'est surtout par les impressions du corselet et des élytres des femelles qu'elle se distingue de ce dernier. Elle a aussi quelques points de ressemblance avec le *C. Bivulnerus*, mais elle est toujours plus grande, un peu plus parallèle et plus convexe; la tache qui existe à l'extrémité des élytres, est aussi moins visible, et placée un peu moins en arrière; enfin, le corselet des femelles est impressionné dans le *C. Madagascariensis*, tandis qu'il est lisse dans le *Bivulnerus*.

Il a été rapporté de Madagascar par M. Goudot, et fait partie de la collection du Muséum.

33. Cybister Glaucus.

Ovalis, postice dilatatus, ad apicem late rotundatus, depressiusculus, nitidus, supra ferrugineo-brunneo-olivaceus, infra nigro-ferrugineus; labro et angulis epistomi rufo-luteis; thoracis elytrorumque lateribus confuse rufo-ferrugineis; pedibus anticis testaceo-luteis, posticis ferrugineis.

Mas et femina : thorace et elytris lævibus.

Cybister Glaucus. Brullé. *Voy. de M. Dorbig. dans l'Am. mérid.* vi. p. 46.

Trochalus Brasiliensis. Dej. *Cat.* 3e *édit.* p. 60.

Long. 28 à 29 millim. Larg. 15 ½ à 16 millim.

Ovale, assez large, peu dilaté en arrière, assez largement

arrondi à l'extrémité, et un peu déprimé. Tête luisante, d'un vert olivâtre, avec quelques reflets rougeâtres, le labre, la partie antérieure et les angles de l'épistome jaunâtres; elle présente quelques petits points très-fins, très-écartés, et difficilement perceptibles; mandibules noirâtres; antennes et palpes testacés. Corselet luisant, d'un brun verdâtre, avec quelques reflets rougeâtres, et les bords latéraux assez largement, mais vaguement ferrugineux; il est trois fois aussi large que long, largement échancré en avant, le bord antérieur s'avançant faiblement en s'arrondissant sur la tête, sinueux en arrière, où il est plus large; le milieu de la base assez sensiblement prolongé sur l'écusson; les côtés nullement arrondis; les angles antérieurs assez saillants et aigus, les postérieurs également aigus et légèrement prolongés en arrière; il est couvert de points infiniment petits, très-écartés, et semblables à ceux de la tête, et présente, en outre, de chaque côté, quelques points plus forts, irrégulièrement disposés, et une ligne d'autres points analogues placée transversalement le long du bord antérieur et interrompue au milieu. Écusson cordiforme, olivâtre. Élytres lisses, luisantes, ovalaires, assez larges, peu dilatées en arrière, largement arrondies à l'extrémité, un peu déprimées, de la couleur du corselet, avec les bords latéraux assez largement, mais vaguement ferrugineux, et un groupe assez large de petits points jaunâtres placé tout à fait en arrière près de l'extrémité; elles présentent, en outre, trois lignes longitudinales de points enfoncés assez sensibles, et quelques points rares le long du bord externe qui est très-étroitement rebordé; la portion réfléchie est ferrugineuse. Le dessous du corps d'un noir plus ou moins ferrugineux, avec trois taches rougeâtres de chaque côté de l'abdomen. Les pattes antérieures et intermédiaires d'un testacé rougeâtre, les postérieures ferrugineuses.

Les femelles ne diffèrent des mâles que par la simplicité des pattes antérieures.

Il habite le sud de l'Amérique méridionale, le Brésil et la Patagonie.

34. Cybister Brevis. *Dupont.*

Oblongo-ovalis, postice dilatatus, ad apicem paulo oblique rotundatus, convexiusculus, supra nigro-olivaceus, infra nigro-piceus; labro et angulis epistomi luteis; capite thoraceque punctis validis impressis; pedibus nigro-piceis, anticis rufo-variis. ♀

Mas. . . . .

Long. 21 $\frac{1}{2}$ millim. Larg. 11 $\frac{1}{2}$ millim.

Ovale, un peu allongé, dilaté en arrière, très-peu obliquement arrondi à l'extrémité et médiocrement convexe. Tête d'un noir de poix un peu olivâtre, avec le labre et les angles antérieurs de l'épistome jaunâtres; elle est couverte de points assez forts, peu écartés et très-fortement enfoncés; mandibules noirâtres; antennes testacées; palpes également testacés, avec le dernier article noirâtre. Corselet de la couleur de la tête, un peu moins de trois fois aussi large que long, largement échancré en avant, le bord antérieur s'avançant très-faiblement en s'arrondissant sur la tête, très-légèrement sinueux en arrière, où il est plus large; le milieu de la base à peine prolongé sur l'écusson; les côtés nullement arrondis; les angles antérieurs assez saillants et aigus, les postérieurs également aigus et légèrement prolongés en arrière; il est couvert de points semblables à ceux de la tête, un peu moins fortement enfoncés et plus écartés, surtout au milieu, et présente, en outre, un sillon longitudinal sur le milieu du disque, et la trace d'une ligne transversale de points enfoncés placée le long du bord antérieur. Écusson cordiforme, noirâtre. Élytres lisses, peu luisantes, ovalaires, un peu allongées, dilatées en arrière, très-peu obliquement arrondies à l'extrémité, médiocrement convexes, d'un noir de poix un peu olivâtre, avec un très-léger reflet métallique sur le disque, et très-vaguement ferrugineuses sur les bords; elles sont marquées tout à fait en arrière, près de l'extrémité, d'une petite tache ferrugineuse irrégulièrement arrondie et à peine visible, et présentent, en outre, trois lignes longitudinales de points enfoncés assez sensibles, et quelques points rares le long du bord externe qui est très-étroitement rebordé; la portion réfléchie est d'un noir à peine ferrugineux. Le dessous du corps d'un noir de poix, avec deux ou trois taches rougeâtres de chaque côté de l'abdomen. Les pattes antérieures et intermédiaires d'un noir ferrugineux, avec une tache à l'extrémité des cuisses, et les jambes antérieures d'un testacé rougeâtre; les pattes postérieures noirâtres.

Je n'ai vu qu'un seul individu femelle de cette espèce, je doute fort que chez le mâle les points de la tête et du corselet soient aussi prononcés.

Il a été trouvé au Japon et fait partie de la collection de M. Dupont.

35. Cybister Lævigatus.

Brevi-ovalis, postice dilatatus, ad apicem late rotundatus, convexiusculus, nitidus, supra et infra nigro-piceus; labro, angulis epistomi thoracisque lateribus rufo-luteis; elytris ad apicem macula obliqua, rufo-ferruginea vix conspicue notatis; pedibus ferrugineis, posticis obscurioribus.

Mas : elytris lævibus. Femina : lineolis brevissimis, punctiformibus, plus minusve numerosis impressis; thorace lævi.

Dytiscus Lævigatus. Oliv. *Ent.* III. 40. p. 14. pl. 3. fig. 23. ♂ Fab. *Syst. Eleut.* I. 260.

Dytiscus Marginethorax. Perty. *Delectus anim.* 15. tab. 3. fig. 12.

Trochalus Lævigatus. Dej. *Cat.* 3e *édit.* p. 60.

Trochalus Consentaneus. Dej. *Cat.* 3e *édit.* pag. 60

Long. 17 à 22 millim. Larg. 10 à 13 millim.

Court, ovale, dilaté en arrière, largement arrondi à l'extrémité et médiocrement convexe. Tête luisante, d'un noir de poix un peu olivâtre, avec le labre et les angles de l'épistome jaunâtres; elle présente quelques petits points très-fins, très-écartés et difficilement perceptibles; mandibules noirâtres; antennes et palpes testacés. Corselet luisant, de la couleur de la tête, avec les bords latéraux étroitement bordés de jaune; il est trois fois aussi large que long, largement échancré en avant, le bord antérieur s'avançant très-faiblement en s'arrondissant sur la tête, très-peu sinueux en arrière, où il est plus large; le milieu de la base à peine prolongé sur l'écusson; les côtés nullement arrondis; les angles antérieurs assez saillants et aigus, les postérieurs également aigus et légèrement prolongés en arrière; il est couvert de points infiniment petits, très-écartés et semblables à ceux de la tête, et présente, en outre, de chaque côté, quelques points plus forts irrégulièrement disposés, et une ligne d'autres points analogues placée transversalement le long du bord antérieur et interrompue au milieu. Écusson cordiforme, noirâtre. Élytres lisses, luisantes, ovalaires, courtes, dilatées en arrière, largement arrondies à l'extrémité, médiocrement convexes, et souvent déprimées le long de la suture en un très-large canal peu profond et peu sensible; elles sont d'un noir de poix un peu olivâtre, avec une tache ferrugineuse près de l'extrémité très-vague, à peine perceptible, et n'existant souvent même pas; elles présentent, en outre, trois lignes longitudinales de points enfoncés peu sensibles, et quelques points rares le long du bord externe qui est très-étroitement rebordé; la portion réfléchie est noirâtre. Le dessous du corps d'un noir de poix, avec deux ou trois taches ferrugineuses de chaque côté de l'abdomen. Pattes ferrugineuses, celles de derrière plus sombres et souvent presque noires.

Les femelles diffèrent des mâles par le corselet, qui est un peu plus terne, et par les élytres, qui présentent à la base, dans une étendue très-variable, de très-petites impressions linéaires très-courtes, ponctiformes et peu serrées.

Cette espèce varie considérablement par sa taille, sa forme et sa couleur. Il existe des individus qui atteignent à peine 17 à 18 millimètres; ceux-ci sont toujours relativement un peu plus étroits, et nullement déprimés le long de la suture des élytres, et constituent le *D. Marginethorax* de Perty. J'en ai observé quelques-uns dont le corselet n'était pas bordé de jaune. Le nombre des impressions des élytres des femelles est aussi très-variable; tantôt elles les couvrent presque entièrement, et souvent à peine en existe-t-il une douzaine près de la base.

Il se trouve au Brésil et à Cayenne.

36. Cybister Dehaanii. *Dupont.*

Ovalis, postice vix dilatatus, ad apicem anguste rotundatus, convexus, nitidus, supra et infra nigro-piceus; labro luteo; angulis epistomi elytrorumque margine inflexo ferrugineis; pedibus anticis ferrugineis, posticis nigro-piceis.

Mas et femina : thorace et elytris lævibus.

Long. 17 millim. Larg. 9 millim.

Ovale, à peine dilaté en arrière, très-peu obliquement arrondi à l'extrémité et assez convexe. Tête luisante, d'un noir de poix à peine olivâtre, avec le labre et les angles de l'épistome jaunâtres; elle présente quelques petits points très-fins, très-écartés et difficilement perceptibles; mandibules noirâtres; palpes et antennes testacés. Corselet luisant, de la couleur de la tête; trois fois aussi large que long, largement échancré en avant, le bord antérieur s'avançant très-faiblement en s'arrondissant sur la tête, très-légèrement sinueux en arrière, où il est plus large; le milieu de la base à peine prolongé sur l'écusson; les côtés nullement arrondis; les angles antérieurs assez saillants et aigus, les postérieurs également aigus et légèrement prolongés en arrière; il est couvert de points infiniment petits, très-écartés et semblables à ceux de la tête, et présente, en outre, de chaque côté, quelques points plus forts, irrégulièrement disposés, et une ligne d'autres points analogues placée transversalement le long du bord antérieur et interrompue au milieu. Écusson cordiforme, noirâtre. Élytres lisses, luisantes, assez régulièrement ovalaires, à peine dilatées en arrière, très-peu obliquement arrondies à l'extrémité et assez convexes; elles sont d'un noir de poix à peine olivâtre, et présentent trois lignes longitudinales de points enfoncés peu sensibles, et quelques points rares le long du bord externe qui est très-étroitement rebordé; la portion réflechie est ferrugineuse. Le dessous du corps d'un noir de poix, avec deux ou trois taches ferrugineuses de chaque côté de l'abdomen. Les pattes antérieures et intermédiaires ferrugineuses, les postérieures noirâtres.

Les femelles ne diffèrent des mâles que par la simplicité des pattes antérieures.

Ce *Cybister* a quelque analogie avec les petits individus du *C. Lævigatus*, mais il est relativement plus étroit et plus convexe, son corselet n'est pas bordé de jaune, et les élytres des femelles sont lisses.

Il a été trouvé à Bornéo, et fait partie de la collection de M. Dupont.

V. DYTISCUS. *Linné.*

DYTISCUS *Linné*, *Fabricius*, *Olivier*. DYTICUS *Geoffroy*, *Leach*, *Erichson*.

Palporum articulis ultimis æqualibus; prosterno recto; postice rotundato; pedibus posticis unguiculis duobus æqualibus mobilibus.

Corps légèrement déprimé. et elliptique, à peine dilaté en arrière. Antennes sétacées, insérées au devant des yeux dans une petite cavité du front, le deuxième article est plus petit que les autres. Épistome coupé carrément. Labre court, transversal, échancré et cilié au milieu. Menton trilobé, le lobe du milieu beaucoup moins saillant que les autres, et bifide. Mandibules très-robustes et bidentées à leur extrémité. Mâchoires très-aiguës et ciliées en dedans. Palpes maxillaires internes de deux articles, le dernier très-long; les externes de quatre articles, le premier très-petit, les trois autres égaux, le dernier tronqué à son extrémité. Languette coupée presque carrément et ciliée. Le premier article des palpes labiaux court, les deux autres égaux, le dernier tronqué (1). Prosternum droit et spatuliforme en arrière. Corselet court. Écusson très-apparent. Élytres elliptiques, lisses dans les mâles, et le plus souvent sillonnées dans les femelles. Le prolongement des hanches postérieures assez saillant et très-souvent terminé en pointe aiguë. Les trois premiers articles des pattes antérieures des mâles dilatés en une palette arrondie, ciliée extérieurement et garnie en dessous de cupules très-petites en avant, et de deux autres très-grandes en arrière, l'externe beaucoup plus grande que l'interne. Les trois premiers articles des pattes intermédiaires, dans le même sexe, dilatés carrément, et garnis de très-petites cupules qui, par leur rapprochement, forment la brosse. Les pattes postérieures robustes, aplaties; les jambes garnies en dedans de deux fortes épines; les tarses assez longs, aplatis, ciliés et terminés par deux crochets égaux et mobiles. Le dernier segment de l'abdomen échancré dans les deux sexes, mais beaucoup plus dans les femelles.

Les insectes de ce genre sont de grande taille, et appartiennent presque tous à l'Europe; quelques-uns cependant habitent l'Amérique septentrionale et quelques autres le Nord de l'Afrique; ces derniers se retrouvent aussi en Sicile, en Italie et dans le Midi de la France.

a. *Corselet entièrement bordé de jaune.*

1. Dytiscus Latissimus.

Supra nigro-piceus, infra ferrugineus; thoracis limbo vittaque ad elytrorum marginem late dilatatum, luteis; coxarum posticarum appendice lato, acuminato.

---

(1) Tous les *Dytiscus* que j'ai examinés ayant la tête marquée de chaque côté, entre les yeux et un peu avant, d'une impression irrégulière, et d'une autre transversale à chaque angle antérieur de l'épistome; je négligerai de rappeler ce caractère dans la description de chaque espèce.

Mas : elytris lævibus. Femina : sulcatis.

Dytiscus Latissimus. LIN. *Syst. nat.* II. 665.
FAB. *Syst. Eleut.* I. 257.
OLIV. *Ent.* III. 40. p. 9. pl. 2 fig. 8. *a. b.*
SCH. *Syn. Ins.* II. 10.

Long. 40 millim. Larg. 25. millim.

Elliptique, largement dilaté au delà du milieu. Tête assez forte, noirâtre, avec le labre et l'épistome jaunes, et une tache triangulaire rougeâtre sur le front; palpes et antennes ferrugineux. Corselet de la couleur de la tête, entièrement bordé de jaune, deux fois et demie aussi large que long, largement échancré en avant, où il est un peu plus étroit, coupé presque carrément en arrière; les bords latéraux presque rectilignes et un peu obliques; les angles antérieurs très-saillants et peu aigus, les postérieurs presque droits; il présente sur le milieu un sillon longitudinal très-bien marqué, et une ligne transversale de petits points enfoncés le long du bord antérieur. Écusson cordiforme, noirâtre. Élytres ovalaires, très-largement dilatées un peu au delà du milieu, avec le bord aplati et tranchant; elles sont noirâtres, avec une bande jaune qui suit le bord externe sans le toucher, et va se terminer en arrière tout à fait à l'extrémité; aux sept huitièmes postérieurs environ, existe une autre bande transversale onduleuse, touchant la bande externe et la suture; elles sont marquées, dans les mâles, de trois lignes longitudinales de points enfoncés, et de quelques autres points placés irrégulièrement à l'extrémité; dans les femelles, elles offrent dix sillons qui vont jusqu'à la bande jaune transversale, les quatre internes beaucoup plus étroits que les externes; la portion réfléchie est jaune. Le dessous du corps brun. Les pattes ferrugineuses; le prolongement des hanches postérieures large, court et terminé en pointe peu aiguë.

Les femelles, en outre des sillons qu'elles présentent sur les élytres, sont entièrement couvertes d'une ponctuation très-fine, qui les fait paraître ternes.

Cet insecte, le plus grand du genre, habite le Nord de l'Europe; il se trouve aussi en France, où il a été pris dans les Vosges par M. Lepaige, et aux environs d'Épernay par M. Paris.

2. Dytiscus Marginalis.

Supra nigro-olivaceus, infra pallide testaceus; thoracis limbo elytrorumque margine luteis; coxarum posticarum appendice lanceolato, vix acuto.

Mas : elytris lævibus. Femina : paulo ultra medium sulcatis.

Dytiscus Marginalis. Lin. *Syst. nat.* II. 665. 7. ♂.
Oliv. *Ent.* III. 40. p. 10. pl. 1. fig. 1. 6. ♂ ♀
Dytiscus Semistriatus. Lin. *Syst. nat.* II. 665. 8. ♀
Dytiscus Totomarginalis. de Geer. *Ins.* IV. 391. pl. 16. fig. 1. 2.
Sch. *Syn. Ins.* II. 11.

Long. 30 à 35 millim. Larg. 15 à 18 millim.

Ovale, elliptique, un peu dilaté au delà du milieu. Tête noirâtre, avec le labre et l'épistome jaunes, et une tache triangulaire rougeâtre sur le front; palpes et antennes ferrugineux. Corselet de la couleur de la tête, entièrement et largement bordé de jaune, presque trois fois aussi large que long, largement échancré en avant, où il est un peu plus étroit, coupé presque carrément en arrière; les bords latéraux presque rectilignes et un peu obliques; les angles antérieurs assez saillants et peu aigus, les postérieurs presque droits; il présente sur le milieu un sillon longitudinal peu marqué, et une ligne transversale de petits points enfoncés le long du bord antérieur. Écusson cordiforme, d'un noir rougeâtre. Élytres ovalaires, allongées, un peu dilatées au delà du milieu, d'un noir olivâtre, avec une bande jaune qui suit et touche le bord externe jusqu'à l'extrémité, et une autre bande également jaune, transversale, onduleuse, placée aux sept huitièmes postérieurs environ, et touchant la bande externe et la suture; elles sont marquées, dans les mâles, de trois lignes longitudinales de points enfoncés peu senties, et de quelques autres points placés irrégulièrement à l'extrémité; dans les femelles, elles offrent dix sillons qui vont un peu au delà du milieu, les quatre internes plus étroits que les externes; la portion réfléchie est jaune. Le dessous du corps et les pattes testacés; prolongement des hanches postérieures large, lancéolé et à peine aigu à l'extrémité.

Les femelles, en outre des sillons qu'elles présentent sur les élytres, sont entièrement couvertes d'une ponctuation très-fine, qui les fait paraître ternes.

Il se rencontre dans toute l'Europe, où il est fort commun.

3. Dytiscus Conformis.

Supra nigro-olivaceus, infra pallide testaceus; thoracis limbo elytrorumque margine luteis; coxarum posticarum appendice lanceolato, vix acuto.

Mas et femina : elytris lævibus.

Dytiscus Conformis. Kunz. *Nov. act.* Hal. II. fasc. 4. p. 58.
Gyl. *Ins. Suec.* IV. 370.
Dytiscus Marginalis. Var. Gyl. *Ins. Suec.* I. 467.
Erichs. *Käf. der Mark Brand.* I. p. 147.
Dytiscus Circumductus. Dej.-Aud. Servil. *Faun. Franç.* 1re *édit.* p. 90.

Long. 30 à 35 millim. Larg. 15 à 18 millim.

Les mâles de ce Dytique sont absolument semblables à ceux du *Marginalis*, les femelles seules sont différentes; elles ont les élytres lisses, et ne diffèrent des mâles que par la simplicité de leurs pattes antérieures et intermédiaires. J'ai cependant cru remarquer que le prolongement des hanches postérieures de cette espèce est un peu plus allongé et plus aigu que dans le *Marginalis*.

Il se trouve dans toute l'Europe, mais moins fréquemment que le *Marginalis*.

4. Dytiscus Pisanus.

Supra nigro-olivaceus, infra pallide testaceus; thoracis limbo elytrorumque margine luteis; coxarum posticarum appendice rotundato.

Mas : elytris lævibus. Femina : paulo ultra medium sulcatis.

Dytiscus Pisanus. Lap. *Étud. ent.* p. 98.
Aubé. *Iconog.* v. p. 58. pl. 6. fig. 1. 2.
Dytiscus Hispanus. Dej. *Cat.* 3e *édit.* p. 60.

Long. 30 à 35 millim. Larg. 15 à 18 millim.

Ovale, allongé, elliptique, un peu dilaté au delà du milieu. Tête noirâtre, avec le labre et l'épistome jaunes, et une tache rougeâtre sur le front; palpes et antennes ferrugineux. Corselet de la couleur de la tête, entièrement et largement bordé de jaune, presque trois fois aussi large que long, largement échancré en avant, où il est un peu plus étroit, coupé presque carrément en arrière; les bords latéraux presque rectilignes et un peu obliques; les angles antérieurs assez saillants et peu aigus, les postérieurs presque droits; il présente sur le milieu un sillon longitudinal peu marqué, et une ligne transversale de petits points enfoncés le long du bord antérieur. Écusson cordiforme, d'un noir rougeâtre. Élytres ovalaires, allongées, un peu dilatées au delà du milieu, d'un noir olivâtre, avec une bande jaune qui suit et touche le bord externe jusqu'à l'extrémité, et une autre bande également jaune, transversale, onduleuse, placée aux sept huitièmes postérieurs environ, et touchant la bande externe et la suture; elles sont marquées, dans les mâles, de trois lignes longitudinales de points enfoncés peu senties, et de quelques autres points placés irrégulièrement à l'extrémité; dans les femelles, elles offrent dix sillons qui vont un peu au delà du milieu, les quatre internes plus étroits que les externes; la portion réfléchie est jaune. Le dessous du corps et les pattes testacés; prolongement des hanches postérieures assez large et arrondi à l'extrémité.

Les femelles, en outre des sillons qu'elles présentent sur les élytres, sont entièrement couvertes d'une ponctuation très-fine, qui les fait paraître ternes.

Cette espèce, extrêmement voisine du *Dyt. Marginalis*, ne s'en distingue absolument que par la forme du prolongement des hanches postérieures qui, au lieu d'être terminé en pointe, est tout à fait arrondi; elle est assez généralement aussi un peu plus petite.

Il habite le Midi de l'Europe, l'Espagne, l'Italie, la France méridionale, et se retrouve aussi sur les côtes de Barbarie.

5. Dytiscus Cordieri. *Mihi.*

Supra piceo-olivaceus, infra testaceus; thoracis lateribus late, basi et apice anguste elytrorumque margine luteis; coxarum posticarum appendice brevi, rotunaato.

Mas : elytris lævibus. Femina.......

Dytiscus Harrisii. Kirby *in Richards. Faun. Boreal. Ameri.* p. 76?

Long. 28 millim. Larg. 14 millim.

Ovale, un peu allongé et légèrement dilaté au delà du milieu. Tête noirâtre, avec le labre et l'épistome jaunes, et une tache triangulaire sur le front; palpes et antennes ferrugineux. Corselet de la couleur de la tête, entièrement bordé de jaune, largement sur les côtés, et très-étroitement en avant et en arrière, un peu plus de deux fois aussi large que long, largement échancré en avant, où il est un peu plus étroit, coupé presque carrément en arrière; les bords latéraux à peine arrondis; les angles antérieurs peu saillants et peu aigus, les postérieurs presque droits; il présente sur le milieu un sillon longitudinal peu marqué, et une ligne transversale de petits points enfoncés le long du bord antérieur. Écusson cordiforme, rougeâtre. Élytres ovalaires, allongées, un peu dilatées au delà du milieu, noirâtres, avec une bande jaune qui suit et touche le bord externe jusqu'à l'extrémité, et une autre bande également jaune transversale onduleuse, placée aux sept huitièmes postérieurs environ et touchant la bande externe et la suture; elles sont marquées, dans les mâles, de trois lignes longitudinales de points enfoncés peu senties, et de quelques autres points placés irrégulièrement à l'extrémité; la portion réfléchie est jaune. Le dessous du corps testacé, un peu rougeâtre, avec toutes les pièces de la poitrine et de l'abdomen noirâtres à leur point de réunion. Pattes testacées; prolongement des hanches postérieures très-court et arrondi à l'extrémité.

Je n'ai vu de ce Dytique qu'un seul individu mâle; il fait partie de la collection de M. Chevrolat, qui l'a reçu de Boston (États-Unis). Je ne sais si les élytres des femelles sont sillonnées, ce qui est très-probable, car il a de très-grands rapports avec le *Dyt. Marginalis*, dont il diffère par sa forme générale plus petite et plus étroite, par son corselet, dont les bords antérieurs et postérieurs sont plus étroitement bordés de jaune, et enfin par le prolongement des hanches postérieures qui est très-court et arrondi à l'extrémité.

6. Dytiscus Dubius.

Supra nigro-piceus, infra pallide testaceus; thoracis limbo elytrorumque margine luteis; coxarum posticarum appendice lanceolato, valde acuto.

Mas : elytris lævibus. Femina : paulo ultra medium sulcatis.

Dytiscus Dubius. Gyl. *Ins. Suec.* iv. 393.
Dytiscus Flavocinctus. Hummel. *Essais ent.* iii. 17.
Dytiscus Angustatus. Steph. *Illust. of Brit. ent.* ii. p. 88.
Dytiscus Circumscriptus. Dej.-Lacord. *Faun. ent.* i. 300.
Dytiscus Circumcinctus. Var. Erichs. *Käf. der Mark Brand.* i. 147.

Long. 30 à 35 millim. Larg. 15 à 17 millim.

Ovale, allongé, à peine dilaté au delà du milieu. Tête noirâtre, avec le labre et l'épistome jaunes, et une tache triangulaire rougeâtre sur le front; antennes et palpes ferrugineux. Corselet de la couleur de la tête, entièrement et largement bordé de jaune; presque trois fois aussi large que long, largement échancré en avant, où il est un peu plus étroit, coupé presque carrément en arrière; les bords latéraux presque rectilignes et un peu obliques; les angles antérieurs assez saillants et peu aigus, les postérieurs presque droits; il présente sur le milieu un sillon longitudinal peu marqué, et une ligne transversale de points enfoncés le long du bord antérieur. Écusson cordiforme, d'un noir rougeâtre. Élytres ovalaires, allongées, à peine dilatées au delà du milieu, d'un noir olivâtre, avec une bande jaune qui suit et touche le bord externe dans toute son étendue, et une autre bande également jaune, transversale, onduleuse, peu marquée, placée aux sept huitièmes postérieurs environ, et touchant la bande externe et la suture; elles sont marquées, dans les mâles, de trois lignes longitudinales de points enfoncés peu senties, et de quelques autres points placés irrégulièrement à l'extrémité; dans les femelles, elles offrent dix sillons qui vont un peu au delà du milieu, les quatre internes plus étroits que les externes; la portion réfléchie est jaune. Le dessous du corps et les pattes testacés; prolongement des hanches postérieures large, lancéolé et très-aigu; la pointe, à partir de l'échancrure interne, a un millimètre et demi de longueur.

Les femelles, en outre des sillons qu'elles présentent sur les élytres, sont entièrement couvertes d'une ponctuation très-fine qui les fait paraître ternes.

Cette espèce est très-voisine du *D. Marginalis*, et en diffère par sa forme un peu plus étroite, plus ovalaire et moins élargie en arrière, et surtout par le prolongement des hanches postérieures qui est plus aigu, et dont la pointe est un peu plus allongée; le corselet est aussi un peu moins largement bordé de jaune en avant et en arrière.

Il habite toute l'Europe, mais il préfère le Nord.

7. Dytiscus Circumcinctus.

Supra nigro-olivaceus, infra pallide testaceus; thoracis limbo elytrorumque margine luteis; coxarum posticarum appendice lanceolato, valde acuto.

Mas et femina : elytris lævibus.

Dytiscus Circumcinctus. Ahrens. *Nov. act. Hal.* 1. 6. 55. 7.
Sturm. *Deuts. Faun.* viii. p. 21. tab. clxxxviii. fig. c. d.
Erichs. *Käf. der Mark Brand.* i. 147.

Long. 30 à 35 millim. Larg. 15 à 17 millim.

Les mâles de ce Dytique sont absolument semblables à ceux du *Dubius*, les femelles seules sont différentes ; elles ont les élytres lisses, et ne diffèrent des mâles que par la simplicité de leurs pattes antérieures et intermédiaires.

Il se trouve, comme le précédent, dans toute l'Europe, mais il est plus commun dans le Nord.

8. Dytiscus Perplexus.

Supra nitidus, viridi-olivaceus, infra testaceo-luteus; thoracis limbo elytrorumque margine luteis; coxarum posticarum appendice lanceolato, acutissimo.

Mas : elytris lævibus. Femina : ultra medium sulcatis.

Dytiscus Perplexus. Dej.-Lacord. *Faun. ent.* i. p. 303.
Aubé. *Iconogr.* v. p. 62. pl. 7. fig. 3. 4.
Dytiscus Dubius. Audin. Servil. *Faun. Franç.* 1re *édit.* p. 90.

Long. 28 à 32 millim. Larg. 14 à 15 millim.

Ovale, étroit, allongé, à peine dilaté au delà du milieu. Tête verdâtre, avec le labre et l'épistome jaunes, et une tache triangulaire rougeâtre sur le front; antennes et palpes ferrugineux. Corselet de la couleur de la tête, entièrement et assez largement bordé d'un jaune très-vif, deux fois et demie aussi large que long, largement échancré en avant, le bord antérieur s'avançant un peu en s'arrondissant sur la tête, coupé presque carrément en arrière, où il est un peu plus large; les bords latéraux à peine arrondis; les angles antérieurs assez saillants et peu aigus, les postérieurs presque droits; il présente sur le milieu un sillon longitudinal peu marqué, et une ligne transversale de points enfoncés le long du bord antérieur. Écusson cordiforme, jaune-vif au centre, et rougeâtre à sa circonférence. Élytres ovalaires, allongées, à peine dilatées au delà du milieu, verdâtres, brillantes, avec une bande jaune-vif qui suit et touche le bord externe jusqu'à l'extrémité, et une autre bande également jaune, transversale, onduleuse, placée aux sept huitièmes postérieurs environ, et touchant la bande externe et la suture; elles sont marquées, dans les mâles, de trois lignes longitudinales de points enfoncés peu senties, et de quelques autres points placés irrégulièrement à l'extrémité; dans les femelles, elles offrent dix sillons qui vont un peu au delà du milieu, les quatre internes plus étroits que les externes; la portion réfléchie est jaune. Le dessous du corps testacé, avec toutes les pièces de la poitrine et de l'abdomen noirâtres à leur point de réunion. Pattes testacées; prolongement des hanches postérieures lancéolé et très-aigu; la pointe, à partir de la petite échancrure interne, a deux millimètres de longueur.

Les femelles, en outre des sillons qu'elles présentent sur les élytres, sont entièrement couvertes d'une ponctuation très-fine qui les fait paraître ternes.

Cette espèce est bien distincte de toutes les autres de ce

genre, elle est toujours relativement plus allongée et plus étroite; sa couleur est aussi plus brillante et d'un vert plus tranché; le bord antérieur du corselet s'avance beaucoup plus sur la tête, et enfin le prolongement des hanches postérieures est beaucoup plus long et plus aigu.

Ce Dytique habite toute l'Europe et est assez rare partout; il a quelquefois été trouvé aux environs de Paris, et entre autres par M. Audinet Serville, qui y a pris une femelle dont les sillons sont un peu plus courts, et qu'il a nommée *Dyt. Dubius*. M. Reiche l'a aussi plusieurs fois rencontré sur le bord de la mer dans de petites flâques d'eau salée.

9. Dytiscus Circumflexus.

Supra nitidus, viridi-olivaceus, infra testaceo-luteus; thoracis limbo et elytrorum margine luteis; coxarum posticarum appendice lanceolato, acutissimo.

Mas et femina : elytris lævibus.

Dytiscus Circumflexus. Fab. *Syst. Eleut.* I. 258.
Sturm. *Deuts. Faun.* VIII. p. 19.
Dytiscus Flavoscutellatus. Lat. *Gen. Crust. et Ins.* I. 331.
Dytiscus Flavomaculatus. Curtis. *Brit. ent.* 99.

Long. 28 à 32 millim. Larg. 14 à 15 millim.

Les mâles de ce Dytique sont absolument semblables à ceux du *Perplexus*, les femelles seules sont différentes; elles ont les élytres lisses, et ne diffèrent des mâles que par la simplicité de leurs pattes antérieures et intermédiaires.

On rencontre cet insecte dans toute l'Europe et sur les côtes de Barbarie.

10. Dytiscus Lapponicus.

Supra piceo-brunneus, infra luteo-testaceus; thoracis limbo latissime elytrorumque margine, cum lineolis plurimis luteis; coxarum posticarum appendice subulato, acutissimo.

Mas : elytris lævibus. Femina : ultra medium sulcatis.

Dytiscus Lapponicus. Gyl. *Ins. Suec.* I. 468.
Germ. *Faun. Ins. Eur.* IX. IV.
Zetterst. *Faun. Lap.* pars I. p. 207.

Long. 25 à 28 millim. Larg. 14 à 15 millim.

Ovale, étroit, allongé, un peu dilaté au delà du milieu. Tête brune, avec le labre, l'épistome et le tour des yeux jaunes, et une tache triangulaire rougeâtre sur le front; antennes et palpes ferrugineux. Corselet de la couleur de la tête, entièrement et très-largement bordé de jaune, deux fois et demie aussi large que long, largement échancré en avant, où il est un peu plus étroit, coupé presque carrément en arrière; les bords latéraux très-légèrement arrondis; les angles antérieurs assez saillants et peu aigus, les postérieurs presque droits; il présente sur le milieu un sillon longitudinal assez bien marqué, et une ligne transversale de points enfoncés le long du bord antérieur. Écusson cordiforme, jaunâtre au centre, brunâtre à sa circonférence. Élytres ovalaires, un peu allongées, légèrement dilatées au delà du milieu, brunes, avec une bande jaune qui suit et touche le bord externe jusqu'à l'extrémité, et une autre bande également jaune, transversale, onduleuse, à peine perceptible et placée aux sept huitièmes postérieurs environ; elles sont marquées, dans les mâles, de trois lignes longitudinales de points enfoncés peu senties, et de quelques autres points placés irrégulièrement à l'extrémité; elles sont aussi ornées de dix-huit à vingt petites lignes longitudinales jaunes qui, partant de la base, vont se perdre dans la bande transversale, à l'exception des externes, qui n'atteignent que les trois quarts postérieurs environ; dans les femelles, elles offrent dix sillons qui vont un peu au-delà du milieu, les internes un peu plus étroits et plus longs que les externes; la portion réfléchie est jaune. Le dessous du corps testacé, avec deux ou trois taches noirâtres de chaque côté de l'abdomen. Pattes jaunâtres; prolongement des hanches postérieures large, lancéolé et très-aigu; la pointe, à partir de l'échrancrure interne, a un millimètre et trois quarts de millimètre de longueur.

Les femelles, en outre des sillons qu'elles présentent sur les élytres, sont couvertes d'une ponctuation très-fine, qui les fait paraître ternes.

Il habite les contrées les plus septentrionales de l'Europe, la Laponie et la Russie.

11. Dytiscus Septentrionalis.

Supra piceo-brunneus, infra luteo-testaceus; thoracis limbo latissime elytrorumque margine cum lineolis plurimis luteis; coxarum posticarum appendice subulato, acutissimo.

Mas et femina: elytris lævibus.

Dytiscus Septentrionalis. Gyl. *Ins. Suec.* iv. p. 373.
Dytiscus Lapponicus. Var. Gyl. *Ins. Suec.* i. p. 468.
Erichs. *Käf. der Mark Brand.* i. 146.

Long. 25 à 28 millim. Larg. 14 à 15 millim.

Les mâles de ce dytique sont absolument semblables à ceux du *Lapponicus*, les femelles seules sont différentes; elles ont les élytres lisses, et ne diffèrent des mâles que par la simplicité de leurs pattes antérieures et intermédiaires.

Il se trouve aussi dans le Nord de l'Europe.

12. Dytiscus Habilis.

Supra nigro-olivaceus, infra brunneus; thoracis limbo et elytrorum margine luteis; coxarum posticarum appendice obtuso.

Mas et femina: elytris lævibus.

Dytiscus Habilis. Say. *Descript. of new spec.* 27.

Long. 26 millim. Larg. 13. millim.

Assez régulièrement ovale, allongé, à peine dilaté au delà du milieu et convexe. Tête noirâtre, avec le labre et l'épistome jaunes, et une tache triangulaire d'un jaune rougeâtre sur le front; antennes et palpes testacés. Corselet de la couleur de la tête, largement et entièrement bordé de jaune, un peu plus de deux fois aussi large que long, largement échancré en avant, son bord antérieur s'avançant un peu en s'arrondissant sur la tête, coupé presque carrément en arrière, où il est un peu plus large; les bords latéraux légèrement arrondis; les angles antérieurs assez saillants et peu aigus, les postérieurs presque droits; il présente sur le milieu un sillon longitudinal peu marqué, et une ligne transversale de points enfoncés le long du bord antérieur. Écusson cordiforme, noirâtre en avant, rougeâtre en arrière. Élytres assez régulièrement ovalaires, allongées, noirâtres, avec une bande jaune qui suit et touche le bord externe jusqu'à l'extrémité, et une autre bande également jaune, transversale, onduleuse, placée aux neuf dixièmes postérieurs environ, et touchant le bord externe et la suture; elles sont lisses dans les deux sexes, et marquées de trois lignes longitudinales de points enfoncés peu senties, et de quelques autres points assez forts placés irrégulièrement à l'extrémité; la portion réfléchie est jaune. Le dessous du corps d'un brun rougeâtre, avec quelques taches plus pâles sur les côtés de l'abdomen. Pattes testacées, les postérieures un peu plus sombres; prolongement des hanches postérieures assez allongé et mousse à son extrémité.

Les femelles diffèrent des mâles par la simplicité de leurs pattes antérieures et intermédiaires; elles ont aussi le corselet et les élytres finement ponctués sur les côtés.

Il a été rapporté du Mexique par Mme Sallé, et fait partie de la collection de M. Chevrolat.

b. *Corselet n'étant pas entièrement bordé de jaune.*

13. Dytiscus Hybridus.

Supra nigro-piceus, infra piceo-brunneus; thorace antice anguste, ad latera late luteo; elytrorum margine luteo; coxarum posticarum appendice rotundato, vix devaricato.

Mas et femina : elytris lævibus.

Dytiscus Hybridus. Dej. *Cat.* 3e *édit.* p. 60.

Long. 25 à 27 millim. Larg. 14 à 15 millim.

Assez régulièrement ovale, nullement dilaté au delà du milieu et convexe. Tête noirâtre, avec le labre et l'épistome jaunes, et une tache triangulaire rougeâtre sur le front; antennes et palpes ferrugineux. Corselet de la couleur de la tête, largement bordé de jaune sur les côtés et très-étroitement en avant, un peu plus de deux fois aussi large que long, largement échancré en avant, son bord antérieur s'avançant un peu en s'arrondissant sur la tête, coupé presque carrément en arrière, où il est un peu plus large; les bords latéraux légèrement arrondis; les angles antérieurs assez saillants et peu aigus, les postérieurs presque droits; il présente sur le milieu un sillon longitudinal peu marqué, et une ligne transversale de petits points enfoncés le long du bord antérieur. Écusson cordiforme, d'un noir rougeâtre. Élytres assez régulièrement ovalaires, allongées, noirâtres, avec une bande jaune qui suit et touche le bord externe jusqu'à l'extrémité, et une autre bande également jaune, transversale, onduleuse, très-visible, placée aux neuf dixièmes postérieurs environ, et entièrement confondue en arrière avec la bande externe; elles sont lisses dans les deux sexes, et marquées de trois lignes longitudinales de points enfoncés peu sentis, et de quelques autres points peu nombreux, placés irrégulièrement à l'extrémité; la portion réfléchie est jaune. Le dessous du corps d'un brun rougeâtre, avec quelques taches plus claires sur les côtés de l'abdomen. Les quatre pattes antérieures testacées, les postérieures brunes; prolongement des hanches postérieures assez allongé, peu écarté de la ligne médiane et arrondi à son extrémité.

Les femelles diffèrent des mâles par la simplicité de leurs pattes antérieures et intermédiaires; elles ont aussi le corselet et les élytres finement ponctués sur les côtés.

Il est très-voisin du *Verticalis*, dont il diffère par sa taille environ moitié plus petite, sa forme plus régulièrement ovale, son corselet bordé de jaune en avant et sur les côtés; enfin, par la bande postérieure des élytres, placée plus en arrière et presque confondue postérieurement avec la bordure marginale.

Des États-Unis d'Amérique.

14. Dytiscus Dimidiatus.

Supra nigro-olivaceus, infra rufo-testaceus; thoracis et elytrorum lateribus late luteis; thorace antice angustissime luteo; coxarum posticarum appendice obtuso.

Mas : elytris lævibus. Femina : vix ultra medium sulcatis.

Dytiscus Dimidiatus. Bergst. *Nom.* VII. 1

Illiger. *Mag.* III. 155.

Sturm. *Deuts. Faun.* VIII. 14.

Curtis. *Brit. ent.* 99.

Long. 35 millim. Larg. 18 millim.

Ovale, allongé, à peine elliptique, très-légèrement dilaté au delà du milieu. Tête noirâtre, avec le labre et l'épistome jaunes, et une tache triangulaire rougeâtre sur le front; palpes et antennes ferrugineux. Corselet de la couleur de la tête, largement bordé de jaune sur les côtés et très-étroitement en avant, un peu plus de deux fois aussi large que long, largement échancré en avant, où il est un peu plus étroit, coupé presque carrément en arrière; les bords latéraux presque rectilignes et un peu obliques; les angles antérieurs assez saillants et aigus, les postérieurs presque droits; il présente sur le milieu un sillon longitudinal très-peu marqué, et une rangée transversale de petits points enfoncés le long du bord antérieur. Écusson cordiforme, d'un noir rougeâtre. Élytres ovalaires, allongées, à peine dilatées au delà du milieu, noirâtres, avec une bande jaune qui suit et touche le bord externe jusqu'à l'extrémité, et une autre bande également aune, transversale, onduleuse, placée aux sept huitièmes postérieurs environ, et touchant la bande externe et la suture; elles sont marquées, dans les mâles, de trois lignes de points enfoncés, et de quelques autres points placés irrégulièrement à l'extrémité; dans les femelles, elles offrent dix sillons qui vont à peine au delà du milieu, les quatre internes un peu plus étroits que les externes; la portion réfléchie est jaune. Le dessous du corps d'un roux testacé, avec toutes les pièces de la poitrine et de l'abdomen noirâtres à leur point de réunion entre elles. Pattes ferrugineuses; prolongement des hanches postérieures assez long, lancéolé et obtus à son extrémité.

Les femelles, en outre des sillons qu'elles présentent sur les élytres, sont entièrement couvertes d'une ponctuation très-fine, qui les fait paraître ternes.

Il se rencontre dans toute l'Europe.

15. Dytiscus Punctulatus.

Supra nigro-piceus, infra niger; thoracis elytrorumque lateribus luteis; coxarum posticarum appendice rotundato.

Mas : elytris lævibus. Femina : ultra medium sulcatis.

Dytiscus Punctulatus. Fab. *Syst. Eleut.* I. 259.
Oliv. *Ent.* III. 40. p. 12. pl. 1. fig. 1. 6.
Dytiscus Lateromarginalis. de Geer. *Ins.* IV. 396. 3.
Dytiscus Porcatus. Thunberg. *Ins. Suec.* 6. 74.
Sch. *Syn. Ins.* II. 13.

Long. 29 millim. Larg. 14 millim.

Ovale, allongé, à peine dilaté au delà du milieu. Tête noirâtre, avec le labre et l'épistome jaunes, et une tache triangulaire rougeâtre sur le front; antennes et palpes ferrugineux. Corselet de la couleur de la tête, largement bordé de jaune sur les côtés, à peine rougeâtre en avant, un peu plus de deux fois aussi large que long, largement échancré en avant, où il est un peu plus étroit, coupé presque carrément en arrière; les bords latéraux très-faiblement arrondis; les angles antérieurs peu saillants et peu aigus, les postérieurs presque droits; il présente sur le milieu un sillon longitudinal à peine marqué, et une rangée transversale de petits points enfoncés le long du bord antérieur. Écusson cordiforme, noirâtre. Élytres ovalaires, allongées, avec une bande jaune qui suit et touche le bord externe jusqu'à l'extrémité, et une autre bande également jaune, transversale, onduleuse, à peine perceptible chez quelques individus, et placée aux sept huitièmes postérieurs environ; elles sont marquées, dans les mâles, de trois lignes longitudinales de points enfoncés, très-rapprochés, et couvertes, en outre, de points très-nombreux, assez fortement enfoncés, et d'autant plus gros qu'ils sont plus en arrière; ces points deviennent moins profonds, plus petits et plus rares en allant vers la base, où ils sont à peine perceptibles; dans les femelles, elles offrent dix sillons qui vont au delà du milieu, les internes à peine plus étroits que les externes; la portion réfléchie est jaune en avant et en dehors, et noirâtre en arrière et en dedans. Le dessous du corps noir, avec quelques taches rougeâtres sur les côtés de l'abdomen. Pattes noirâtres; prolongement des hanches postérieures assez allongé et arrondi à l'extrémité.

Les femelles, en outre des sillons qu'elles présentent sur les élytres, sont entièrement couvertes d'une ponctuation très-fine, qui les fait paraître ternes.

Il habite toute l'Europe.

16. Dytiscus Carolinus.

Supra nigro-piceus, infra brunneus; thoracis elytrorumque lateribus luteis; coxarum posticarum appendice rotundato.

Mas : elytris lævibus. Femina : vix ultra medium sulcatis.

Dytiscus Carolinus. Dej. *Cat.* 3ᵉ *édit.* p. 60.

Long. 25 millim. Larg. 13 millim.

Ovale, très-légèrement dilaté au delà du milieu. Tête noirâtre, avec le labre et l'épistome jaunes, et une tache triangulaire rougeâtre sur le front; palpes et antennes ferrugineux. Corselet de la couleur de la tête, largement bordé de jaune sur les côtés, à peine rougeâtre en avant, un peu plus de deux fois aussi large que long, largement échancré en avant, où il est un peu plus étroit, coupé presque carrément en arrière; les bords latéraux très-faiblement arrondis; les angles antérieurs peu saillants et peu aigus; les postérieurs presque droits; il présente, sur le milieu, un sillon longitudinal très-bien marqué et une ligne transversale de très-petits points enfoncés le long du bord antérieur. Écusson cordiforme, d'un noir rougeâtre. Élytres ovalaires, allongées, légèrement dilatées au delà du milieu, noirâtres, avec une bande jaune qui suit et touche le bord externe jusqu'à l'extrémité, et une autre bande également jaune, transversale, onduleuse, à peine distincte, placée aux sept huitièmes postérieurs environ; elles sont marquées, dans les mâles, de trois lignes longitudinales de points enfoncés, et sont, en outre, couvertes en arrière de petits points très-nombreux; dans les femelles, elles offrent dix sillons très-courts qui, partant d'un point assez éloigné de la base, vont à peine au delà du milieu, les quatre internes beaucoup plus étroits que les externes; la portion réfléchie est jaune. Le dessous du corps ferrugineux, avec quelques taches rougeâtres sur les côtés de l'abdomen. Pattes ferrugineuses; prolongement des hanches postérieures assez allongé et arrondi à l'extrémité.

Les femelles, en outre des sillons qu'elles offrent sur les élytres, sont entièrement couvertes d'une ponctuation très-fine qui les fait paraître ternes.

Cette espèce, très-voisine du *Dyt. Punctulatus*, est toujours plus petite, plus dilatée en arrière; les lignes longitudinales de points enfoncés, ainsi que la ponctuation postérieure des élytres, sont moins marquées; les sillons des femelles sont plus courts, et enfin le dessous du corps n'est jamais noir.

Des États-Unis d'Amérique.

17. Dytiscus Verticalis.

Supra nigro-piceus, infra piceo-brunneus; thoracis elytrorumque lateribus luteis; coxarum posticarum appendice rotundato.

Mas et femina : elytris lævibus.

Dytiscus Verticalis. Say. *Trans. of the Amer. phil.* II. p. 92.
Dytiscus Americanus. Dej. *Cat.* 3e *édit.* p. 60.

Long. 28 à 30 millim. Larg. 18 à 19 millim.

Assez régulièrement ovale, à peine dilaté au delà du milieu et convexe. Tête noirâtre, avec le labre et l'épistome jaunes, et une tache triangulaire rougeâtre sur le front; antennes et palpes ferrugineux. Corselet de la couleur de la tête, largement bordé de jaune sur les côtés; à peine rougeâtre en avant, un peu plus de deux fois aussi large que long, largement échancré en avant où il est un peu plus étroit, coupé presque carrément en arrière; les bords latéraux à peine arrondis; les angles antérieurs assez saillants et peu aigus, les postérieurs presque droits; il présente sur le milieu un sillon longitudinal à peine marqué, et une ligne transversale de points enfoncés le long du bord antérieur. Écusson cordiforme, d'un noir rougeâtre. Élytres assez régulièrement ovalaires, noirâtres, avec une bande jaune qui suit et touche le bord externe jusqu'à l'extrémité, et une autre bande également jaune, transversale, onduleuse, très-visible, placée aux sept huitièmes postérieurs environ, et touchant la bande externe et la suture; elles sont lisses dans les deux sexes et marquées de trois lignes longitudinales de points enfoncés peu senties, et de quelques autres points peu nombreux placés irrégulièrement à l'extrémité. La portion réfléchie est jaune. Le dessous du corps brun, avec quelques taches rougeâtres sur les côtés de l'abdomen. Les quatre pattes antérieures testacées, les postérieures brunes; les trochanters de celles-ci sont d'un rouge pâle; prolongement des hanches postérieures assez allongé et arrondi à l'extrémité.

Les femelles ne diffèrent des mâles que par la simplicité de leurs pattes antérieures et intermédiaires.

Des États-Unis d'Amérique.

VI. EUNECTES. *Erichson.*

DYTISCUS. *Linné*, *Fabricius*, *Olivier*. ERETES. *Laporte*. (Nogrus *Eschscholtz* inédit).

Palporum articulo ultimo reliquis valde longiore; prosterno compresso, postice acuto; pedibus posticis unguiculis duobus subæqualibus porrectis.

Corps déprimé, elliptique, plus large en arrière. Antennes sétacées, insérées dans une petite cavité du front, le deuxième article plus court que les autres. Épistome très-largement échancré. Labre court, transversal, échancré et cilié au milieu. Menton trilobé, les lobes externes très-courts, celui du milieu plus court encore, tronqué à son extrémité. Les trois premiers articles des palpes maxillaires très-courts, le dernier plus long que les trois autres réunis, tronqué à son extrémité. Languette arrondie avec une très-légère saillie au milieu. Les deux premiers articles des palpes labiaux courts, le troisième beaucoup plus long et fortement renflé en dehors. Prosternum comprimé et terminé en pointe. Élytres aplaties, dilatées en arrière, lisses dans les deux sexes. Les trois premiers articles des pattes antérieures des mâles dilatés en une palette garnie de cupules, dont deux plus grandes à la base. Les pattes intermédiaires simples dans les deux sexes, les postérieures larges, aplaties, leurs tarses ciliés et terminés par deux crochets presque égaux.

Ce genre a été établi par M. Érichson dans son *Genera Dyticeorum*. Presque en même temps, M. de Laporte, *Annales de la Société entomologique de France*, t. 1, l'a séparé des anciens Dytiques et lui a assigné le nom d'*Eretes*. Eschscholtz, dans un travail inédit, avait déjà signalé ce genre et l'avait nommé *Nogrus*.

Cette coupe générique ne comprend qu'une seule espèce qui se trouve sur toute la surface du globe.

1. EUNECTES GRISEUS (1).

Supra luteo-griseus, infra luteo-testaceus; vertice puncto, thorace vitta transversa, elytris tribus punctorum minorum vittaque postica transversa cum macula oblonga ad marginem, nigro-notatis.

Dytiscus Griseus. FAB. *Syst. Eleut.* I. 263.
OLIV. *Ent.* III. 40. p. 20. pl. 2. fig. 12.
Eretes Griseus. LAP. *Ann. de la Soc. ent.* t. 1. p. 397.
Nogrus Griseus. DEJ. *Cat.* 3ᵉ *édit.* p. 61.

Var. β *Elytris macula oblonga laterali, absque vitta transversa.*

Dytiscus Sticticus. LIN. *Syst. nat.* II. 666. 12.
FAB. *Syst. Eleut.* I. 263.
OLIV. *Ent.* III. 40. p. 21. pl. 2. fig. 11.
Eunectes Sticticus. ERICHS. *Gen. Dyt.* p. 23.

Var. γ *Thoracis fascia transversa lateralibus abbreviata, elytris duabus maculis ad marginem nigris, absque fascia transversa.*

---

(1) Si j'ai adopté le nom de Fabricius de préférence à celui de Linné, c'est que ce dernier entomologiste a fait sa description sur un individu femelle de la variété β, tandis que Fabricius a décrit le type de l'espèce.

Eunectes Helvolus. Klug. *Symb. phys.* t. 33. fig. 3.

Var. δ *Thorace immaculato; elytris maculis duabus ad marginem et fascia transversa nigris.*

Eunectes Succinctus. Klug. *Symb. phys.* t. 33. fig. 4.
Sch. *Syn. Ins.* II. 16.

Long. de 13 à 15 millim. Larg. de 7 à 8 millim.

Elliptique, assez fortement dilaté au delà du milieu. Tête jaunâtre, avec une tache noire entre les yeux, et une autre de même couleur sur le vertex, cette dernière en partie recouverte par le corselet; antennes et palpes testacés. Corselet de la couleur de la tête, avec une bande noire transversale au milieu environ, cette bande est interrompue dans son milieu; il est deux fois et demie aussi large que long, largement échancré en avant, le bord antérieur s'avançant un peu en s'arrondissant sur la tête, coupé presque carrément en arrière, où il est un peu plus large, très-légèrement arrondi sur les côtés, qui sont un peu rebordés; les angles antérieurs assez saillants et aigus, les postérieurs presque droits. Écusson brunâtre. Élytres ovales, allongées, dilatées au delà du milieu, très-légèrement bisinueuses à l'extrémité et terminées par une très-petite pointe; elles sont jaunâtres et entièrement couvertes de points enfoncés noirs, d'autant plus gros qu'ils sont plus postérieurs; en outre, on observe sur leur disque trois rangées de points noirs un peu plus forts que les autres, une bande transversale de la même couleur aux deux tiers postérieurs environ de leur longueur, et une petite tache également noire placée près du bord latéral et au milieu environ; souvent aussi derrière la bande transversale il existe une autre petite macule mal limitée; la tache latérale est placée, chez les femelles, dans une petite fossette oblongue; la portion réfléchie, le dessous du corps et les pattes d'un jaune testacé; prolongement des hanches postérieures très-court, écarté de la ligne médiane et arrondi à son extrémité.

Cet insecte habite le globe entier. En Europe, il préfère les contrées méridionales.

VII. ACILIUS. *Leach.*

DYTISCUS. *Linné, Fabricius, Olivier.* ACILIUS. *Leach, Erichson.*

Palporum maxillarium articulo ultimo reliquis paulo longiore; prosterno recto, postice rotundato; pedibus posticis unguiculis duobus inæqualibus superiore fixo. (Tarsis intermediis in utroque sexu simplicibus.)

Corps souvent deprimé, elliptique, plus large en arrière et quelquefois presque ovale et assez convexe. Antennes sétacées, insérées dans une petite cavité du front, le deuxième article plus court que les autres. Épistome coupé carrément. Labre court, transversal, fortement échancré et cilié au milieu. Menton trilobé, le lobe du milieu très-court, arrondi et entier. Mandibules bidentées à l'extrémité. Mâchoires très-aiguës et ciliées en dedans. Le premier article des palpes maxillaires très-petit, les deux suivants assez longs et égaux, le dernier un peu plus long que les autres. Languette arrondie, avec une très-légère saillie au milieu. Le premier article des palpes labiaux très-court, le deuxième et le dernier allongés, le pénultième le plus long de tous [1]. Prosternum spatuliforme. Élytres aplaties, dilatées en arrière, lisses dans les mâles, sillonnées ou en partie recouvertes de petites impressions linéaires dans les femelles. Les trois premiers articles des tarses antérieurs des mâles dilatés en une palette garnie de cupules; ces cupules sont

(1) Tous les Acilius que j'ai examinés ayant la tête marquée, de chaque côté, entre les yeux et un peu en avant, d'une petite impression irrégulière plus ou moins sentie, et d'une autre transversale à chaque angle antérieur de l'épistome, je négligerai de rappeler ce caractère dans la description de chaque espèce.

ou de grandeurs très-inégales, trois d'entre elles étant beaucoup plus larges que les autres (*Acilius* Leach), ou bien elles sont presque égales (*Thermonectus* Esch.). Les pattes intermédiaires sont simples dans les deux sexes, les postérieures larges, comprimées, leurs tarses ciliés et terminés par deux crochets inégaux.

Les espèces qui font partie de la première division, ont les élytres sillonnées dans les femelles, tandis que celles de la seconde les ont, dans le même sexe, couvertes à la base de petites impressions linéaires assez profondes, ou bien même entièrement lisses. Ces dernières sont toutes exotiques, et M. Erichson les a fait entrer dans le genre *Hydaticus*.

Ce genre a été créé par Leach dans le *Zoological Miscellany*. Les insectes qui le composent, habitent l'Europe et l'Amérique septentrionale, quelques-uns se rencontrent aussi dans les Antilles.

a. Cupules des pattes antérieures des mâles de grandeur très-inégale; élytres des femelles sillonnées (Acilius *Esch.-Dej.*)

1. Acilius Sulcatus.

Elliptico-ovalis, supra fusco-cinereus, infra nigro-piceus, undique dense punctulatus; thoracis limbo vittaque transversa luteis; elytris luteis, creberrime et confertissime nigro-irroratis; femoribus posticis ad basin nigricantibus.

Mas : elytris lævibus. Femina : villoso-quadri-sulcatis.

Dytiscus Sulcatus. Lin. *Faun. Suec.* 778. ♀
Fab. *Syst. Eleut.* 1. 261. ♂ ♀
Oliv. *Ent.* III. 40. 16. pl. 4. fig. 31. *a. b.* ♂ ♀
Dytiscus Cinereus. Rossi. *Faun. Etrus.* 1. 200. ♂.
Sch. *Syn. Ins.* II. 17.

Long. 16 à 18 millim. Larg. 10 à 11 millim.

Ovale, elliptique, aplati, assez fortement dilaté au delà du milieu, surtout dans les femelles. Tête presque imperceptiblement réticulée, noirâtre, avec le labre et l'épistome jaunes, une tache en forme de V ouvert entre les yeux, deux autres triangulaires en arrière, celles-ci sont souvent réunies par leur côté interne, en dedans et en avant de chaque œil, une quatrième qui embrasse cet organe; toutes ces taches sont jaunes; antennes et palpes testacés, avec les derniers articles noirâtres à l'extrémité. Corselet de la couleur de la tête, entièrement bordé de jaune, avec une bande transversale sur le milieu du disque, dilatée à ses extrémités et également jaune; il est trois fois aussi large que long, largement échancré en avant, légèrement sinueux en arrière, où il est beaucoup plus large, arrondi sur les côtés; les angles antérieurs assez saillants et aigus, les postérieurs également un peu aigus et légèrement prolongés en arrière; il est entièrement couvert de points peu serrés et assez fortement enfoncés. Écusson noirâtre, lisse. Élytres larges, elliptiques, dilatées au delà du milieu, entièrement couvertes d'une ponctuation très-serrée, offrant trois lignes longitudinales élevées à peine visibles; elles sont jaunâtres, avec une multitude de petites taches noires très-confluentes, et se confondant avec le fond de sorte qu'elles paraissent d'un brun cendré; le bord externe et une petite ligne le long de la suture jaunes, pointillés de noir; aux trois quarts postérieurs de leur longueur, une bande transversale noirâtre, obsolète, et une petite tache allongée également noire, placée un peu au delà du milieu et en dedans de la bordure marginale; le bord externe très-étroitement rebordé; la portion réfléchie est jaune. Dessous du corps finement et un peu confusément ponctué, d'un brun noirâtre, avec des taches jaunes sur le bord externe des segments abdominaux; ces segments sont aussi légèrement jaunâtres sur leur bord postérieur. Pattes jaunâtres; les jambes antérieures et intermédiaires rembrunies, les postérieures noires; les cuisses postérieures offrent près de leur articulation une tache noire; prolongement des hanches postérieures jaunâtre à son extrémité.

Les femelles diffèrent des mâles par le corselet qui présente, de chaque côté sur le disque, une petite fossette ovale garnie de poils, et par les élytres qui sont marquées de quatre larges sillons également garnis de poils grisâtres.

M. Reiche possède dans sa collection un individu femelle de cet insecte, qui est beaucoup plus étroit et dont les sillons des élytres sont aussi proportionnellement moins larges. La bande transversale du corselet est remplacée par deux petites taches jaunes placées dans le fond des petites fossettes.

Cet *Acilius* se rencontre dans toute l'Europe, et très-communément.

2. Acilius Brevis.

Elliptico-rotundatus, supra fusco-cinereus, infra nigro-piceus, undique dense punctulatus; thoracis limbo, vittaque transversa luteis; elytris luteis, creberrime et confertissime nigro-irroratis; femoribus posticis ad basin nigricantibus.

Mas: elytris lævibus. Femina: villoso-quadri-sulcatis.

Acilius Brevis. Aubé. *Iconog.* v. p. 70. pl. 9. fig. 3. 4.
Acilius Canaliculatus. Illig.-Dej. *Cat.* 3ᵉ *édit.* 60.

Long. 15 millim. Larg. 10 ½ millim.

Court, presque arrondi, aplati, dilaté au delà du milieu, surtout dans les femelles. Tête très-finement réticulée, noirâtre, avec le labre et l'épistome jaunes, une tache en forme de V ouvert entre les yeux, deux autres triangulaires en arrière, celles-ci sont souvent réunies par leur côté interne; en dedans et en avant de chaque œil, une quatrième qui embrasse cet organe; toutes ces taches sont jaunes; antennes et palpes testacés, avec les derniers articles noirâtres à l'extrémité. Corselet de la couleur de la tête, entièrement bordé de jaune, avec une bande transversale sur le milieu du disque, dilatée à ses extrémités, et également jaune; il est plus de trois fois aussi large que long, largement échancré en avant, légèrement sinueux en arrière, où il est beaucoup plus large, arrondi sur les côtés; les angles antérieurs assez saillants et aigus, les postérieurs également un peu aigus et à peine prolongés en arrière; il est couvert de petits points peu serrés et assez fortement enfoncés. Écusson noirâtre, lisse. Élytres larges, courtes, dilatées au delà du milieu, entièrement couvertes d'une ponctuation très-serrée, offrant trois lignes longitudinales élevées à peine visibles; elles sont jaunâtres, avec une multitude de petites taches noires très-confluentes et se confondant avec le fond, de sorte qu'elles paraissent d'un brun cendré; le bord externe et une petite ligne le long de la suture jaunes pointillés de noir; aux trois quarts postérieurs de leur longueur, une bande transversale noirâtre obsolète, et une petite tache allongée également noire, placée un peu au delà du milieu en dedans de la bordure marginale; le bord externe légèrement rebordé; la portion réfléchie est jaune. Dessous du corps finement et un peu confusément ponctué, d'un brun noirâtre avec des taches jaunes, sur le bord externe des segments abdominaux; ces segments sont aussi légèrement jaunâtres sur leur bord postérieur. Pattes jaunes; les jambes antérieures et intermédiaires rembrunies, les postérieures noires; les cuisses postérieures offrent près de leur articulation une petite tache noire; prolongement des hanches postérieures jaunâtre à son extrémité.

Les femelles diffèrent des mâles par le corselet qui présente de chaque côté sur le disque une légère dépression garnie de quelques poils, et par les élytres qui sont marquées de quatre larges sillons également garnis de poils d'un gris jaunâtre.

Cette espèce, très-voisine de la précédente, n'en diffère réellement que par sa forme beaucoup plus courte et plus arrondie. Peut-être même n'en est-elle qu'une simple variété.

Les deux seuls individus que j'ai vus viennent d'Espagne, et appartiennent à M. le comte Dejean.

3. Acilius Canaliculatus.

Elliptico-ovalis, supra fusco-cinereus, infra pectore nigro, abdomine pallidiore, undique dense punctulatus; thoracis limbo vittaque transversa luteis; elytris luteis, creberrime et confertissime nigro-irroratis; femoribus posticis immaculatis.

Mas : elytris lævibus. Femina : villoso-quadri-sulcatis.

Dytiscus Canaliculatus. Nicol. *Col. agr. Hal.* 29.
Dytiscus Sulcipennis. Sahlb. *Ins. Fen.* 157.
Acilius Caliginosus. Curtis. *Brit. ent.* 63.
Acilius Dispar. Ziegler-Dej. *Cat.* 3e *édit.* p. 60.
Acilius Fasciatus. Erichs. *Käf. der Mark Brand.* 1. p. 142.

Long. 14 à 15 millim. Larg. 9 à 10 millim.

Elliptique, aplati, assez fortement dilaté au delà du milieu. Tête très-finement réticulée, noirâtre, avec le labre, l'épistome, le front, le devant des yeux et une tache transversale sur le vertex, jaunes; antennes et palpes testacés, avec les derniers articles noirâtres à l'extrémité. Corselet de la couleur de la tête, entièrement bordé de jaune, avec une bande transversale sur le milieu du disque, dilatée à ses extrémités, et également jaune; il est trois fois aussi large que long, largement échancré en avant, légèrement sinueux en arrière, où il est beaucoup plus large, arrondi sur les côtés; les angles antérieurs assez saillants et aigus, les postérieurs à peine prolongés en arrière et un peu aigus; il est couvert de petits points assez serrés et assez fortement enfoncés. Écusson noirâtre, lisse. Élytres larges, elliptiques, dilatées au delà du milieu, entièrement couvertes d'une ponctuation très-fine, analogue à celle du corselet, offrant trois lignes longitudinales élevées à peine visibles; elles sont jaunâtres, avec une multitude de petites taches noires très-confluentes et se confondant avec le fond, de sorte qu'elles paraissent d'un brun cendré; le bord externe et une petite ligne le long de la suture jaunes pointillés de noir; aux trois quarts postérieurs de leur longueur une bande transversale, noirâtre, obsolète, très-difficilement perceptible; le bord externe étroitement rebordé; la portion réfléchie est jaune. Dessous du corps finement et un peu confusément ponctué, d'un brun noirâtre sur la poitrine et jaunâtre sur l'abdomen; les segments abdominaux présentent de petites bandes transversales rembrunies; souvent aussi le dessous du corps est entièrement jaune. Pattes jaunes; les jambes et les tarses postérieurs ferrugineux; prolongement des hanches postérieures ferrugineux à l'extrémité.

Les femelles diffèrent des mâles par le corselet qui est moins convexe et légèrement déprimé de chaque côté, et par les élytres qui sont marquées de quatre larges sillons garnis de poils grisâtres.

Cette espèce, voisine du *Sulcatus*, en diffère essentiellement. La tête est autrement colorée, le corselet ne présente pas dans les femelles de petites fossettes garnies de poils, le dessous du corps est plus pâle, et les cuisses postérieures sont immaculées; sa forme générale est aussi différente, elle est plus petite et un peu plus elliptique.

Il habite toute l'Europe, mais il est moins répandu que le *Sulcatus*.

4. Acilius Semisulcatus.

Oblongo-ellipticus, depressus, supra fusco-cinereus, infra nigro-piceus, undique dense punctulatus; thoracis limbo vittaque transversa luteis; elytris luteis, creberrime et confertissime nigro-irroratis, fasciaque transversa arcuata luteo-ornatis; femoribus posticis vix ad basin nigricantibus.

Mas : elytris lævibus. Femina : quadri-sulcatis, sulcis vix villosis.

Acilius Semisulcatus. Dej. *Cat.* 3ᵉ *édit.* p. 61.

Long. 14 à 15 millim. Larg. 8 à 9 millim.

Elliptique, un peu allongé, aplati, et légèrement dilaté au delà du milieu. Tête très-finement ponctuée, noirâtre, avec le labre, l'épistome, le front, le tour des yeux et une tache transversale sur le vertex, jaunes; antennes et palpes testacés, avec les derniers articles noirâtres à l'extrémité. Corselet de la couleur de la tête, entièrement bordé de jaune, avec une bande transversale sur le milieu du disque, dilatée à ses extrémités, et également jaune; il est trois fois aussi large que long, largement échancré en avant, légèrement sinueux en arrière, où il est beaucoup plus large, arrondi sur les côtés; les angles antérieurs assez saillants et aigus, les postérieurs également un peu aigus et à peine prolongés en arrière; il est couvert de petits points assez serrés et assez fortement enfoncés. Écusson brunâtre, lisse. Élytres elliptiques, un peu allongées, aplaties, légèrement dilatées au delà du milieu, entièrement couvertes d'une ponctuation très-fine analogue à celle du corselet, et offrant trois lignes longitudinales élevées très-difficilement perceptibles; elles sont jaunâtres, avec une multitude de petites taches noires très-confluentes et se confondant avec le fond, de sorte qu'elles paraissent d'un brun cendré; le bord externe, une petite ligne très-étroite le long de la suture et une bande transversale irrégulièrement arquée, assez large et placée en arrière aux deux tiers postérieurs environ, d'un jaune sale pointillé de noir; le bord externe étroitement rebordé; la portion réfléchie est jaune. Le dessous du corps finement et confusément ponctué, noirâtre, avec les parties latérales de tous les segments de l'abdomen et le bord postérieur des derniers, d'un rouge testacé. Pattes testacées; les jambes et les tarses postérieurs ferrugineux; les cuisses postérieures offrent près de leur articulation une très-petite tache rembrunie; le prolongement des hanches postérieures ferrugineux à son extrémité.

Les femelles diffèrent des mâles par le corselet qui est un peu moins convexe et légèrement déprimé de chaque côté, et par les élytres qui sont marquées de quatre larges sillons à peine garnis de poils grisâtres; ces sillons n'occupent que les cinq sixièmes postérieurs, l'interne est encore plus abrégé en avant, et atteint à peine le tiers antérieur.

Cette espèce a quelque analogie de forme avec l'*Ac. Canaliculatus*, mais elle est relativement un peu plus étroite et moins largement arrondie en arrière. Les élytres des femelles sont aussi différentes, leurs sillons sont abrégés en avant, à peine garnis de poils et presque lisses; mais ce qui la distingue essentiellement, c'est la bande transversale jaunâtre placée en arrière sur les élytres, et qui n'existe pas dans le *Canaliculatus*.

Il se trouve aux États-Unis.

M. le comte Dejean possède dans sa collection une variété de cette espèce qu'il a reçue de M. Eschscholtz, sous le nom de *D. Abbreviatus*, et dont les sillons des femelles atteignent la base des élytres, à l'exception toutefois de l'interne qui est assez fortement abrégé en avant.

b. Cupules des pattes antérieures des mâles peu inégales, élytres des femelles non sillonnées. (Thermonectus, *Eschsch.-Dej.*)

5. Acilius Mediatus.

Oblongo-ellipticus, depressus, supra fusco-cinereus; infra nigro-piceus, undique dense punctulatus; thoracis limbo vittaque transversa luteis; elytris luteis, creberrime et confertissime nigro-irroratis, ultra medium fascia transversa arcuata duabusque maculis ad apicem luteo-ornatis; pedibus anticis testaceis, posticis nigro-piceis.

Mas et femina: elytris lævibus.

Dytiscus Mediatus. Say. *Trans. of the Amer. phil.* II. 33.

Colymbetes Mac-Cullochii. Kirby. *in Richards. Faun. Boreal Amer.* 74.

Thermonectus Undatus. Dej. *Cat.* 3e *édit.* p. 61.

Long. 11 $\frac{1}{2}$ millim. Larg. 6 $\frac{3}{4}$ millim.

A peine elliptique, un peu allongé, aplati et très-légèrement dilaté au delà du milieu. Tête très-finement ponctuée et réticulée, jaune, avec la partie postérieure, une tache en dedans des yeux et un chaperon sur le front, noirs; antennes testacées, avec les derniers articles noirâtres à l'extrémité; palpes également testacés, le sommet du dernier article rembruni. Corselet de la couleur de la tête, avec deux bandes transversales noires; la première, un peu en arrière du bord antérieur, est étroite et envoie à chacune de ses extrémités un petit prolongement postérieur; la seconde, un peu en avant de la base, est un peu plus large, plus courte, souvent isolée et quelquefois aussi, mais rarement, réunie aux petits prolongements postérieurs de la bande antérieure; la base est très-étroitement noirâtre dans toute son étendue; il est trois fois aussi large que long, largement échancré en avant, légèrement sinueux en arrière, où il est plus large, à peine arrondi sur les côtés; les angles antérieurs assez saillants et aigus, les postérieurs également un peu aigus et à peine prolongés en arrière; il est couvert de petits points peu serrés et peu enfoncés, surtout au milieu. Écusson brunâtre, lisse. Élytres à peine elliptiques, un peu allongées, aplaties, très-légèrement dilatées au delà du milieu, entièrement couvertes d'une ponctuation très-fine, analogue à celle du corselet, mais plus serrée et plus enfoncée, surtout en arrière, jaunâtres, avec une multitude de petites taches noires, confluentes, se confondant avec le fond, de sorte qu'elles paraissent d'un brun cendré; le bord externe, une ligne étroite le long de la suture, une bande transversale arquée et onduleuse, placée en arrière, aux trois quarts postérieurs, une petite tache irrégulière en arrière de celle-ci près du bord externe, et enfin une autre plus petite tout à fait à l'extrémité, jaunes; elles présentent, en outre, trois lignes longitudinales de points enfoncés peu sensibles; le bord externe étroitement rebordé; la portion réfléchie jaunâtre. Le dessous du corps finement réticulé et ponctué, noirâtre, avec trois petites taches ferrugineuses de chaque côté de l'abdomen, la partie postérieure des segments de cet organe très-étroitement et très-vaguement ferrugineuse. Pattes antérieures et intermédiaires testacées, les postérieures noirâtres, avec l'extrémité des cuisses ferrugineuse; prolongement des hanches postérieures ferrugineux à son extrémité.

Les femelles ne diffèrent des mâles que par la simplicité des pattes antérieures.

Il se trouve aux États-Unis.

6. Acilius Nigrofasciatus. *Chevrolat.*

Ovalis, vix ellipticus, depressiusculus, supra luteo-cinereus, infra testaceus; thoracis limbo vittaque transversa luteis; elytris luteis, punctis minimis plus minusve confluentibus fasciaque lata transversa ultra medium nigro-ornatis.

Mas: elytris lævibus. Femina: ad basin lineolis brevissimis fere punctiformibus impressis; thorace valde reticulato-strigoso.

Long. 12 à 12 ½ millim. Larg. 7 à 7 ¼ millim.

Ovale, à peine elliptique, très-faiblement dilaté au delà du milieu et déprimé. Tête très-finement réticulée, jaune, avec la partie postérieure et un chaperon sur le front, noirs; le chaperon envoie de chacune de ses extrémités un petit prolongement qui va se réunir à la tache postérieure; antennes et palpes testacés. Corselet de la couleur de la tête, avec deux bandes transversales noires; la première, un peu en arrière du bord antérieur, est étroite et envoie à chacune de ces extrémités un petit prolongement postérieur; la seconde, un peu en avant de la base, est un peu plus large, plus courte et en forme d'arc; souvent elle est isolée, et quelquefois aussi réunie aux petits prolongements postérieurs de la bande antérieure; la base est plus ou moins étroitement noirâtre dans toute son étendue; il est deux fois et demie aussi large que long, largement échancré en avant, très-légèrement sinueux en arrière, où il est plus large, à peine arrondi sur les côtés; les angles antérieurs assez saillants et aigus, les postérieurs presque droits et très-légèrement prolongés en arrière. Écusson brunâtre, lisse. Élytres ovalaires, à peine dilatées au delà du milieu, déprimées, jaunâtres et couvertes de petites taches noires, arrondies, assez serrées et peu confluentes qui les font paraître d'un jaune grisâtre; le bord externe et une ligne étroite le long de la suture conservent la couleur du fond et sont jaunâtres; aux deux tiers postérieurs de leur longueur existe une bande transversale noire, assez large, irrégulièrement onduleuse; un peu en avant de cette bande et le long du bord externe, une très-petite tache oblongue également noire; elles présentent, en outre, trois lignes longitudinales de points enfoncés assez sensibles, surtout en avant; la portion réfléchie est jaune. Le dessous du corps et les pattes testacés.

Les femelles diffèrent des mâles par le corselet couvert, surtout en dehors, de petites impressions irrégulières, assez serrées et fortement enfoncées, et par les élytres qui présentent à leur base, dans une étendue plus ou moins grande, de petites impressions linéaires, très-courtes, presque ponctiformes et assez fortement enfoncées.

Il se trouve au Mexique, et fait partie des collections de MM. Chevrolat, Dupont, Reiche, Buquet et Gory.

7. Acilius Variegatus.

Ovalis, ellipticus, depressiusculus, supra fusco-brunneus, infra nigro-ferrugineus; thorace luteo, antice et postice late in medio nigro; elytris nigris, maculis minimis, fascia transversa ultra medium alteraque ad apicem rufo-luteo-ornatis.

Mas : elytris lævibus. Femina : ad basin lineolis brevissimis punctiformibus impressis; thorace utrinque leviter reticulato-strigosa.

Hydaticus Variegatus. Lap. *Étud. ent.* p. 97.
Thermonectus Variegatus. Dej. *Cat.* 3e *édit.* p. 61.

Long. 13 ½ à 14 millim. Larg. 8 à 8 ½ millim.

Ovale, elliptique, assez sensiblement dilaté au delà du milieu et légèrement déprimé. Tête très-finement pointillée, d'un jaune rougeâtre, avec la partie postérieure, le dedans des yeux et une tache irrégulièrement quadrangulaire sur le front, noirs; la tache du front est réunie par un de ces angles à la tache de la partie interne des yeux; antennes et palpes testacés. Corselet d'un jaune rougeâtre, avec deux bandes transversales noires; la première est placée le long du bord antérieur, dont elle n'occupe pas toute l'étendue, et envoie à chacune de ses extrémités un petit prolongement postérieur; la seconde, un peu plus large, est située le long du bord postérieur, dont elle occupe toute l'étendue, légèrement échancrée en avant et au milieu, et se termine de chaque côté en une pointe très-aiguë; il est deux fois et demie aussi large que long, largement échancré en avant, très-légèrement sinueux en arrière, où il est plus large, à peine arrondi sur les côtés; les angles antérieurs assez saillants et aigus, les postérieurs presque droits et à peine prolongés en arrière. Écusson brunâtre, lisse. Élytres ovalaires, assez sensiblement dilatées au delà du milieu, légèrement déprimées, noires, couvertes de petites taches jaunâtres, arrondies et peu confluentes; le bord externe, une ligne étroite le long de la suture, quelques taches irrégulières à la base et deux bandes onduleuses transversales, l'une un peu au delà du milieu, et l'autre près de l'extrémité, d'un jaune rougeâtre; l'espace compris entre les deux bandes jaunâtres, et celui qui est en arrière de la seconde, sont presque entièrement noirs et à peine marqués de quelques petits points jaunes; elles offrent, en outre, trois lignes longitudinales de points enfoncés assez sensibles; la portion réfléchie est testacée. Le dessous du corps d'un noir plus ou moins ferrugineux. Les pattes antérieures et intermédiaires testacées, les postérieures noirâtres, légèrement ferrugineuses à l'extrémité des cuisses.

Les femelles diffèrent des mâles par le corselet qui est couvert, sur les côtés, de petites impressions irrégulières, peu nombreuses, très-écartées et peu enfoncées, et par les élytres qui présentent à la base, dans leur tiers antérieur, de petites impressions linéaires, très-courtes, assez serrées et médiocrement enfoncées.

Il se trouve à Cayenne et au Brésil.

8. Acilius Laporti. *Mihi.*

Oblongo-ovalis, convexiusculus, supra nigro-cinereus, infra ferrugineo-testaceus; thorace ad latera et transversim in medio luteo; elytris nigris, maculis minimis irregulariter rotundatis undique luteo-ornatis, et fascia nigra confusissima ultra medium transversim notatis.

Mas : elytris lævibus. Femina..................

Long. 12 millim. Larg. 6 $\frac{1}{2}$ millim.

Ovale, un peu allongé, et assez convexe. Tête très-finement ponctuée, jaune, avec la partie postérieure, le dedans des yeux et un chaperon en forme de cœur sur le front, noirs; le chaperon se réunit de chaque côté à la tache qui occupe la partie interne des yeux; antennes et palpes testacés. Corselet jaunâtre, avec deux bandes transversales noires; la première, assez étroite, est placée le long du bord antérieur, dont elle n'occupe pas toute l'étendue, et envoie à chacune de ses extrémités un petit prolongement postérieur; la seconde, un peu plus large, est située le long du bord postérieur, dont elle n'occupe pas non plus toute l'étendue et est légèrement échancrée en avant dans son milieu; il est deux fois et demie aussi large que long, largement échancré en avant, très-légèrement sinueux en arrière, où il est plus large, à peine arrondi sur les côtés; les angles antérieurs assez saillants et aigus, les postérieurs presque droits, légèrement émoussés au sommet et à peine prolongés en arrière. Écusson noirâtre, lisse. Élytres assez régulièrement ovales, convexes, noires et couvertes de petites taches jaunes, arrondies, assez bien isolées, à peine confluentes; le bord externe, une ligne étroite le long de la suture, deux taches irrégulières le long du bord externe, l'une un peu au delà du milieu, et l'autre presque à l'extrémité, jaunâtres; entre les deux taches du bord externe, existe un petit espace irrégulier noirâtre, où les points jaunâtres sont très-petits, peu nombreux et très-écartés; elles présentent, en outre, trois lignes longitudinales de points enfoncés assez sensibles; la portion réfléchie est jaunâtre. Le dessous du corps d'un testacé ferrugineux. Pattes antérieures et intermédiaires testacées; cuisses postérieures d'un rouge testacé, leurs jambes et leurs tarses noirâtres.

Je n'ai vu qu'un seul individu mâle de cette espèce; il appartient à M. le comte de Castelnau qui l'a reçu du Brésil.

9. Acilius Ornaticollis.

Ovalis, vix ellipticus, depressiusculus, supra nigro-cinereus, infra rufo-testaceus; thorace late ad latera, vix anguste in apice, vitta transversa in medio alteraque interrupta ad basin luteo-ornato; elytris luteis, punctis minimis valde confluentibus fasciaque transversa vix conspicua ultra medium nigro-ornatis.

Mas: elytris lævibus. Femina: ad basin lineolis brevissimis fere punctiformibus impressis; thorace lævi.

Thermonectus Ornaticollis. Dej. *Cat.* 3ᵉ *édit.* p. 61.

Long. 12 à 12 ½ millim. Larg. 6 ½ à 7 millim.

Ovale, à peine elliptique, très-faiblement dilaté au delà du milieu et déprimé. Tête très-finement réticulée, noire, avec le labre, l'épistome, le front, le devant des yeux et une tache transversale sur le vertex jaunâtres; antennes et palpes testacés. Corselet de la couleur de la tête, très-légèrement bordé de jaune sur les côtés, très-étroitement en avant, avec une bande transversale sur le milieu du disque, et une autre en arrière interrompue au milieu, toutes deux également jaunes; il est deux fois et demie aussi large que long, largement échancré en avant, très-légèrement sinueux en arrière, où il est plus large, à peine arrondi sur les côtés; les angles antérieurs assez saillants et aigus, les postérieurs presque droits et très-légèrement prolongés en arrière. Écusson brunâtre, lisse. Élytres ovalaires, à peine dilatées au delà du milieu, déprimées, jaunâtres et couvertes de petites taches noires très-confluentes, se confondant presque avec le fond, de sorte qu'elles paraissent d'un noir cendré; le bord externe, une ligne étroite à la base et le long de la suture, conservent la couleur du fond et sont jaunâtres; aux deux tiers postérieurs de leur longueur existe une bande transversale noire, assez large, irrégulièrement onduleuse, très-confuse et ressortant à peine sur le fond; un peu en avant de cette bande et le long du bord externe, est une petite tache oblongue, également noire et aussi peu distincte; elles présentent, en outre, trois lignes longitudinales de points enfoncés assez sensibles; la portion réfléchie est jaune. Le dessous du corps et les pattes testacés.

Les femelles diffèrent des mâles par les élytres qui présentent à leur base, dans une plus ou moins grande étendue, de petites impressions linéaires, très-courtes, presque ponctiformes et assez fortement enfoncées.

Cette espèce est très-voisine de l'*Ac. Nigrofasciatus;* mais elle est toujours beaucoup plus foncée en couleur, la bande transversale est beaucoup moins visible; elle se distingue surtout par son corselet qui est lisse dans les deux sexes.

Il se trouve au Mexique et aux États-Unis.

10. Acilius Maculatus. *Gory.*

Ovalis, paulo ellipticus, convexiusculus, supra nigro-cinereus, infra testaceus; thorace luteo, antice et postice in medio nigro; elytris luteis, punctis minimis confluentibus, fascia transversa ultra medium, maculaque ad apicem confuse nigro-ornatis.

Mas : elytris lævibus. Femina : ad basin lineolis brevissimis punctiformibus impressis ; thorace lævi.

Long. 12 à 12 ½ millim. Larg. 7 à 7 ½ millim.

Ovale, un peu elliptique, assez sensiblement dilaté au delà du milieu et médiocrement convexe. Tête presque imperceptiblement réticulée, jaune, avec la partie postérieure, le dedans des yeux et un chaperon sur le front, noirs; antennes et palpes testacés. Corselet jaunâtre, avec deux bandes transversales noires; la première est placée le long du bord antérieur, dont elle n'occupe pas toute l'étendue, et envoie à chacune de ses extrémités un petit prolongement postérieur; la seconde, un peu plus large, est située le long du bord postérieur, dont elle n'occupe pas non plus toute l'étendue, et est légèrement échancrée en avant dans son milieu; il est deux fois et demie aussi large que long, largement échancré en avant, très-légèrement sinueux en arrière, où il est plus large, à peine arrondi sur les côtés; les angles antérieurs assez saillants et aigus, les postérieurs presque droits, émoussés au sommet et à peine prolongés en arrière. Écusson brunâtre, lisse. Élytres ovalaires, assez sensiblement dilatées au delà du milieu, médiocrement convexes, jaunâtres et couvertes de petites taches noires, arrondies, peu serrées, peu confluentes et les faisant paraître d'un jaune grisâtre; le bord externe et une ligne étroite le long de la suture conservent la couleur du fond et sont jaunâtres; aux deux tiers postérieurs de leur longueur existe une bande transversale noire assez large, irrégulièrement onduleuse, très-confuse; un peu én avant de cette bande et le long du bord externe, est une petite tache irrégulière, également noire; en arrière de cette petite tache, entre elle et la bande noire postérieure, on observe un petit espace irrégulièrement arrondi, jaunâtre, où les points noirs sont peu abondants; ces points noirs sont aussi plus rares et moins confluents en arrière de la bande transversale; elles sont confusément noires à l'extrémité, et présentent, en outre, trois lignes longitudinales de points enfoncés assez sensibles; la portion réfléchie est jaunâtre. Le dessous du corps et les pattes testacés.

Les femelles diffèrent des mâles par les élytres qui présentent à leur base, dans une très-petite étendue, de petites impressions linéaires, très-courtes, presque ponctiformes, très-peu enfoncées et à peine visibles.

Il se trouve au Mexique, et fait partie des collections de MM. Gory et Dupont.

11. Acilius Circumscriptus.

Oblongo-ovalis, vix ellipticus, convexiusculus, supra nigro-cinereus, infra nigro-piceus; thorace luteo, antice et postice in medio nigro; elytris luteis, nigro-irroratis, fascia transversa ultra medium maculaque ad apicem confuse nigro-ornatis.

Mas : elytris lævibus. Femina : ad basin lineolis brevissimis punctiformibus impressis; thorace utrinque reticulato-punctato.

Dytiscus Circumscriptus. Lat. *Voy. de Humb. et Bompl. Ins.* p. 223. tab. xxiii. fig. 5.

Hydaticus Insularis. Lap. *Étud. ent.* p. 96.

Hydaticus Havaniensis. Lap. *Étud. ent.* p. 96.

Thermonectus Insculptus. Dej. *Cat.* 3e *édit.* p. 61.

Thermonectus Subfasciatus. Dej. *Cat.* 3e *édit.* p. 61.

Long. 10 à 12 millim. Larg. 6 à 7 millim.

Ovale, un peu allongé, à peine elliptique, très-faiblement dilaté au delà du milieu et très-médiocrement convexe. Tête presque imperceptiblement réticulée, noire, avec le labre, l'épistome, la partie antérieure du front, le devant des yeux et un tache transversale sur le vertex, jaunes; antennes et palpes testacés. Corselet jaune, avec deux bandes transversales noires, l'une placée le long du bord antérieur, dont elle n'occupe pas toute l'étendue, et envoie à chacune de ses extrémités un petit prolongement postérieur; la seconde, un peu plus large, est située le long du bord postérieur, dont elle n'occupe pas non plus toute l'étendue, et est légèrement échancrée en avant dans son milieu; il est deux fois et demie aussi large que long, largement échancré en avant, très-légèrement sinueux en arrière, où il est plus large, à peine arrondi sur les côtés; les angles antérieurs assez saillants et aigus, les postérieurs presque droits, légèrement émoussés au sommet et à peine prolongés en arrière. Écusson brunâtre, lisse. Élytres ovalaires, très-faiblement dilatées au delà du milieu, très-médiocrement convexes, jaunâtres et couvertes de petites taches noires, arrondies, plus ou moins serrées et confluentes, de sorte qu'elles paraissent d'un gris jaunâtre ou presque noirâtres; le bord externe et une ligne étroite le long de la suture conservent la couleur du fond et sont jaunâtres; aux deux tiers postérieurs de leur longueur, existe une bande transversale, noire, assez large, irrégulièrement onduleuse et plus ou moins confuse; un peu en avant de cette bande, le long du bord externe, est une petite tache irrégulière, également noire; en arrière de cette petite tache, entre elle et la bande noire postérieure, on observe un petit espace irrégulier jaunâtre, où les points noirs sont peu abondants; ces points noirs sont aussi plus rares et moins confluents en arrière de la bande transversale; elles sont confusément noires à l'extrémité, et présentent, en outre, trois lignes longitudinales de points enfoncés assez sensibles; la portion réfléchie est jaunâtre. Le dessous du corps d'un noir de poix plus ou moins foncé, avec trois ou quatre taches ferrugineuses de chaque côté de l'abdomen. Les pattes antérieures et intermédiaires testacées, les postérieures noirâtres, avec l'extrémité des cuisses rougeâtre.

Les femelles diffèrent des mâles par le corselet couvert sur les côtés d'impressions irrégulières, ponctiformes, peu serrées et assez enfoncées, et par les élytres qui présentent au milieu dans les cinq sixièmes antérieurs, de très-courtes impressions linéaires, peu serrées et peu enfoncées.

Cette espèce varie beaucoup dans sa taille et sa couleur. La tête est quelquefois jaune, avec la partie postérieure et un très-petit chaperon libre sur le front, noirs; les deux bandes du corselet sont aussi assez souvent très-courtes, n'occupant que le milieu du sommet et de la base; et enfin les élytres sont tantôt presque noires, tantôt d'un gris jaunâtre, ce qui dépend du plus ou moins de confluence des taches noires.

M. le comte Dejean possède dans sa collection une femelle de cet *Acilius*, qui présente quelques rudiments d'impressions sur les côtés du corselet, et dont les élytres sont entièrement lisses. C'est sur cet individu que M. Dejean a établi son *Thermonectus Subfasciatus*, qui, à mon avis, n'est qu'une simple variété de l'*Ac. Circumscriptus*. Je suis d'autant plus disposé à le croire, que M. Guérin possède aussi un individu femelle dont les impressions des élytres sont presque effacées et à peine visibles.

Il diffère à peine du *Maculatus*. Il est un peu plus étroit, un peu moins convexe; enfin, il a le dessous du corps et les pattes postérieures noirâtres.

Il se trouve au Mexique, au Brésil et aux Antilles.

12. Acilius Succinctus. *Chevrolat.*

Ovalis, vix ellipticus, convexiusculus, supra testaceo-brunneus, infra brunneo-niger; thorace testaceo, lineola transversa ad apicem maculaque ad basin oblongo-oculata nigro-notato; elytris testaceis, maculis minimis rotundatis, plus minusve confluentibus vittaque paulo ultra medium et altera vix conspicua ad apicem nigro-ornatis.

Mas : elytris lævibus. Femina : ad basin lineolis brevissimis punctiformibus rarioribus impressis; thorace utrinque vix reticulato-punctato.

Long. 9 à 11 millim. Larg. 5 à 6 $\frac{1}{4}$ millim.

Ovale, un peu allongé, à peine elliptique, très-faiblement

dilaté au delà du milieu et médiocrement convexe. Tête très-finement pointillée, jaune, avec la partie postérieure et un chaperon sur le front, noirs; la bande noire postérieure envoie en avant deux prolongements qui côtoyent la partie interne des yeux sans les toucher; ces prolongements sont tantôt libres, tantôt réunis en dedans au chaperon du front qui manque quelquefois, alors ils se touchent par leurs extrémités et forment une espèce de fer à cheval; antennes et palpes testacés. Corselet jaune, avec deux taches noires, l'une étroite, transversale un peu en arrière du bord antérieur; l'autre en forme d'arc garni de sa corde un peu en avant du bord postérieur; souvent la petite tache postérieure, au lieu de présenter de chaque côté deux petits yeux allongés, est pleine, et alors elle est oblongue, pointue par ses extrémités, presque rectiligne en arrière et légèrement échancrée en avant dans le milieu; il est deux fois et demie aussi large que long, largement échancré en avant, très-légèrement sinueux en arrière, où il est plus large, à peine arrondi sur les côtés; les angles antérieurs assez saillants et aigus, les postérieurs presque droits, émoussés au sommet et à peine prolongés en arrière. Écusson rougeâtre, lisse. Élytres ovalaires, un peu allongées, très-faiblement dilatées au delà du milieu, médiocrement convexes, jaunâtres et couvertes de petites taches noires, arrondies, peu confluentes, les faisant paraître d'un gris jaunâtre; le bord externe, une ligne étroite le long de la suture, et deux ou trois lignes longitudinales très-vagues sur le disque, conservent la couleur du fond et sont jaunâtres; aux deux tiers postérieurs de leur longueur existe une bande transversale noirâtre, assez large, irrégulièrement onduleuse et confuse; un peu en avant de cette bande, le long du bord externe, est une petite tache irrégulière, également noire; en arrière de cette petite tache, entre elle et la bande noire postérieure, on observe un petit espace irrégulier un peu plus clair que le fond des élytres; elles sont aussi un peu plus claires derrière la bande transversale et noirâtres à l'extrémité, et présentent, en outre, trois lignes longitudinales de points enfoncés assez sensibles; la portion réfléchie est jaunâtre. Le dessous du corps d'un brun noirâtre, avec le bord externe et la partie postérieure des quatre ou cinq derniers segments de l'abdomen testacés. Les pattes antérieures et intermédiaires testacées, celles de derrière noirâtres, avec l'extrémité des cuisses jaunâtre.

Les femelles diffèrent des mâles par le corselet qui est couvert sur les côtés de petits points irréguliers, peu serrés et peu enfoncés, et par les élytres qui présentent à la base de petites impressions linéaires, très-courtes, très-peu nombreuses et peu enfoncées. Souvent ces impressions n'existent qu'à l'état rudimentaire et en nombre infiniment petit.

Il diffère des *Ac. Circumscriptus* et *Maculatus* par la manière dont la tête et le corselet sont maculés; les yeux sont entièrement entourés de jaune, ce qui n'existe pas dans ces deux dernières espèces; la couleur de l'abdomen, dont les derniers segments sont testacés en dehors et en arrière, sert aussi à le distinguer. Du reste, il leur ressemble entièrement, quoiqu'il soit généralement un peu plus petit.

Il se trouve au Mexique, au Brésil et au Paraguay, et fait partie des collections de MM. Chevrolat, Buquet et Dupont.

13. Acilius Incisus.

Oblongo-ovalis, vix ellipticus, convexiusculus, supra niger, infra nigro-ferrugineus; thorace luteo, antice et postice in medio late nigro; elytris nigris, cum vitta transversa ad basin, lateribus et apice luteis plus minusve nigro-irroratis.

Mas : elytris lævibus. Femina : ad basin lineolis brevissimis punctiformibus impressis; thorace utrinque leviter reticulato-punctato.

Thermonectus Incisus. Dej. *Cat.* 3e *édit.* p. 60.
Thermonectus Forströmii. Dej. *Cat.* 3e *édit.* p. 60.
Thermonectus Sculpturatus. Schön.-Dej. *Cat.* 3e *édit.* p. 60.

Long. 10 à 11 millim. Larg. 5 à 6 $\frac{1}{2}$ millim.

Ovale, un peu allongé, à peine elliptique, très-faiblement

dilaté au delà du milieu et très-médiocrement convexe. Tête très-finement pointillée, noire, avec le labre, l'épistome, la partie antérieure du front, le devant des yeux, et une tache transversale sur le vertex, jaunes; antennes et palpes testacés. Corselet jaune, avec deux larges bandes transversales noires, l'une placée le long du bord antérieur dont elle n'occupe pas toute l'étendue, et envoie à chacune de ses extrémités un petit prolongement postérieur; la seconde est située le long du bord postérieur dont elle n'occupe pas non plus toute l'étendue, et est largement échancrée en avant dans son milieu; il est deux fois et demie aussi large que long, largement échancré en avant, très-légèrement sinueux en arrière, où il est plus large, à peine arrondi sur les côtés; les angles antérieurs assez saillants et aigus, les postérieurs presque droits, légèrement émoussés au sommet, et à peine prolongés en arrière. Écusson noirâtre, lisse. Élytres ovalaires, très-faiblement dilatées au delà du milieu, très-médiocrement convexes, noires, avec le bord externe dans toute son étendue, et une bande transversale irrégulièrement onduleuse à la base, d'un jaune un peu rougeâtre; la bande transversale ne touche ni le bord externe ni la suture, et est quelquefois réduite à une ou deux petites taches irrégulières; en dedans de la bordure externe et en avant, on observe une ou deux bandes irrégulières très-confusément longitudinales, jaunes, tachetées de noir; l'extrémité, surtout en dehors, est également jaune et tachetée de noir; elles présentent, en outre, trois lignes longitudinales de points enfoncés assez sensibles; la portion réfléchie est testacée. Le dessous du corps d'un noir ferrugineux. Pattes antérieures et intermédiaires testacées, les postérieures d'un noir ferrugineux, avec l'extrémité des cuisses testacée.

Les femelles diffèrent des mâles par le corselet couvert, surtout en dehors, de petites impressions irrégulières ponctiformes, et par les élytres, qui présentent en avant, dans une étendue très-variable, de petites stries longitudinales, très-courtes, très-serrées et assez fortement enfoncées.

Cet insecte varie beaucoup dans sa taille et sa couleur. Le

corselet est quelquefois presque noir, très-largement bordé de jaune sur les côtés, avec une ligne de même couleur, transversale, très-étroite, sur le milieu, cette ligne n'atteignant pas la bordure. Les élytres sont aussi plus ou moins noires; souvent la bande transversale est réduite à une ou deux très-petites taches, et je suis très-porté à croire qu'elle manque quelquefois tout à fait; souvent aussi, en dedans du bord externe, il existe un très-grand espace jaune tacheté de noir, l'extrémité postérieure est alors aussi largement jaune tacheté de noir, et la bordure offre une ou deux petites taches oblongues de même couleur. Les impressions des élytres des femelles occupent une étendue très-variable, tantôt il n'en existe que dans le tiers antérieur, et tantôt elles les couvrent presque en totalité.

Il se trouve au Mexique, aux États-Unis, au Brésil; il a été aussi trouvé à l'île Saint-Barthélemy.

14. ACILIUS MARGINEGUTTATUS.

Ovalis, vix ellipticus, convexus, supra niger, infra nigro-piceus; thorace luteo, antice et postice in medio late nigro; elytris nigris cum humeris, fasciis transversis ad basin et apicem, macula minima in margine paulo ultra medium alteraque in apice luteo-ornatis.

Mas: elytris lævibus. Femina: ad basin lineolis brevissimis punctiformibus leviter impressis; thorace vix utrinque punctulato.

Thermonectus Margineguttatus. DEJ. *Cat.* 3e *édit.* p. 61.

Var. β. *Elytris cum humeris, vitta transversa ad basin plus minusve abbreviata maculisque tribus ad latera et apicem.*

Var. γ. *Elytris cum tribus maculis ad latera, absque vitta transversa baseos.*

Long. 8 ½ à 9 ½ millim. Larg. 5 à 5 ½ millim.

Ovale, très-légèrement elliptique, un peu dilaté au delà du milieu et assez convexe. Tête très-finement pointillée, noire, avec le labre, l'épistome, la partie antérieure du front, le devant des yeux, et une tache transversale sur le vertex, jaunes; antennes et palpes testacés. Corselet noir, avec les bords latéraux très-largement bordés de jaune, et une petite bande transversale très-étroite au milieu, cette bande touche de chaque côté la bordure externe, mais est souvent plus ou moins interrompue au milieu, de sorte qu'alors les bords latéraux envoient en dedans un petit prolongement aigu qui est plus ou moins rapproché de celui de l'autre côté; il est deux fois et demie aussi large que long, largement échancré en avant, très-légèrement sinueux en arrière où il est plus large, à peine arrondi sur les côtés; les angles antérieurs assez saillants et aigus, les postérieurs presque droits, légèrement émoussés au sommet, et à peine prolongés en arrière. Écusson noirâtre, lisse. Élytres ovalaires, un peu dilatées au delà du milieu, assez convexes, noires, avec une tache humérale, une autre tache le long du bord externe un peu au delà du milieu, et une bande transversale près de l'extrémité, d'un jaune un peu testacé; la tache humérale envoie de son extrémité interne un petit prolongement qui remonte obliquement vers la base; souvent ce prolongement n'existe pas; souvent aussi il se transforme en une véritable bande transversale située à la base, et même très-souvent isolée de la tache humérale; la petite tache placée au delà du milieu est légèrement transversale et oblique de bas en haut; la bande transversale de l'extrémité est souvent interrompue et quelquefois réduite à une simple tache, soit marginale, soit discoïdale; il existe aussi parfois une très-petite tache jaunâtre tout à fait à l'extrémité; elles présentent, en outre, trois lignes longitudinales de points enfoncés très-peu sensibles; la portion réfléchie est testacée en avant, noirâtre en arrière. Le dessous du corps d'un noir de poix un peu ferrugineux. Les pattes antérieures et intermédiaires testacées, les postérieures noirâtres, avec l'extrémité des cuisses testacée.

Les femelles diffèrent des mâles par les élytres, qui présentent au milieu, dans leur moitié antérieure environ, de très-petites impressions linéaires, très-courtes, presque ponctiformes, assez serrées et très-peu enfoncées.

Il se trouve au Mexique, au Brésil et à la Guadeloupe.

15. Acilius Cinctatus. *Klug.*

Ovalis, vix ellipticus, convexiusculus, supra niger, infra nigro-piceus; thorace nigro, ad latera luteo; elytris nigris, vitta longitudinali postice abbreviata ad marginem punctisque minimis ad apicem luteo-notatis.

Mas : elytris lævibus. Femina.....

Long. 9 $\frac{1}{2}$ millim. Larg. 5 $\frac{1}{2}$ millim.

Ovale, à peine elliptique, très-légèrement dilaté au delà du milieu, et médiocrement convexe. Tête très-finement pointillée, noire, avec le labre, l'épistome, le devant des yeux, et deux petites taches transversales sur le vertex, jaunes; antennes et palpes testacés. Corselet noir, avec les bords latéraux largement bordés de jaune; il est deux fois et demie aussi large que long, largement échancré en avant, où il est plus étroit, très-légèrement sinueux en arrière, à peine arrondi sur les côtés; les angles antérieurs assez saillants et aigus, les postérieurs presque droits, émoussés au sommet, et à peine prolongés en arrière. Écusson noirâtre, lisse. Élytres ovalaires, très-légèrement dilatées au delà du milieu, et médiocrement convexes, noires, avec une bande marginale jaune; cette bande est assez large, atteint à peine les deux tiers de leur longueur, et est divisée longitudinalement en arrière par une ou deux lignes de petits points noirâtres; elles offrent aussi trois ou quatre très-petits points jaunes tout à fait en arrière près de l'extrémité, et présentent, en outre, trois lignes longitudinales de points enfoncés peu sensibles; la portion réfléchie est testacée. Le dessous du corps d'un noir de poix un peu ferrugineux, avec la partie postérieure des segments de l'abdomen ferrugineuse. Les pattes antérieures et intermédiaires testacées, les postérieures noirâtres, avec l'extrémité des cuisses testacée.

Je n'ai vu qu'un seul individu mâle de cette espèce; il appartient à M. Gory, qui l'a reçu de M. Klug comme venant du Mexique.

16. Acilius Duponti. *Mihi.*

Elliptico-ovalis, depressiusculus; thorace nigro, cum lateribus vittaque transversa luteis; elytris nigris, cum humeris fasciisque tribus transversis luteis, prima ad basin, secunda paulo ultra medium, tertia minima versus apicem; corpore subtus nigro-piceo.

Mas : elytris lævibus. Femina : ad basin lineolis brevissimis punctiformibus impressis; thorace lævi.

Long. 13 millim. Larg. 8 millim.

Ovale, elliptique, légèrement dilaté au delà du milieu et déprimé. Tête presque imperceptiblement pointillée, noire, avec le labre, l'épistome, et une tache transversale sur le vertex d'un testacé rougeâtre; antennes et palpes testacés. Corselet noir, avec les bords latéraux assez largement testacés, et une bande transversale de même couleur, étroite, placée sur le milieu du disque et ne touchant pas la bordure marginale; il est trois fois aussi large que long, largement échancré en avant où il est plus étroit, un peu arrondi en arrière, à peine arrondi sur les côtés; les angles antérieurs assez saillants et aigus, les postérieurs également un peu aigus et légèrement prolongés en arrière. Écusson noir, lisse. Élytres ovalaires, très-légèrement dilatées au delà du milieu, déprimées surtout en arrière, noires, avec une tache humérale et trois bandes transversales d'un jaune testacé; la tache humérale est un peu allongée et touche le bord externe dans sa moitié antérieure; la première bande transversale est très-étroite, fortement onduleuse, complétement isolée et placée à la base; la seconde également onduleuse, un peu plus large, très-légèrement oblique de dehors en dedans et de bas en haut, touchant en dehors le bord externe, se terminant en dedans très-près de la suture, et située un peu au delà du milieu; enfin la dernière, très-près de l'extrémité, est très-petite, souvent isolée et quelquefois aussi touche le bord externe; il existe aussi, mais très-rarement, une autre tache très-petite de même couleur tout à fait à l'extrémité; elles offrent, en outre, trois lignes longitudinales de points enfoncés, qui, lorsqu'ils se trouvent sur les bandes transversales jaunes, sont placés eux-mêmes sur une petite tache ponctiforme noire; la portion réfléchie est jaunâtre à la région humérale, et noire dans tout le reste de son étendue. Dessous du corps d'un noir de poix. Les pattes antérieures et intermédiaires testacées, les postérieures d'un ferrugineux noirâtre.

Les femelles diffèrent des mâles par les élytres qui présentent au milieu, dans leur moitié antérieure, de petites impressions linéaires, très-courtes, presque ponctiformes, assez nombreuses et peu serrées.

Il se trouve au Brésil, et fait partie des collections de MM. Dupont, Gory et de Castelnau.

17. Acilius Interruptus.

Ovalo-ellipticus, depressiusculus; thorace luteo, antice et postice late nigro; elytris nigris cum humeris fasciisque duabus transversis luteis, prima paulo ultra medium, altera minima versus apicem; corpore subtus nigro-piceo.

Mas: elytris lævibus. Femina: ad basin lineolis brevissimis punctiformibus rarissimis impressis; thorace lævi.

Dytiscus Interruptus. Sturm. *Cat.* p. 56. t. 1. n. 3.
Thermonectus Leprieuri. Buquet-Dej. *Cat.* 3e *édit.* p. 60.

Long. 11 $\frac{1}{2}$ millim. Larg. 7 millim.

Ovale, elliptique, légèrement dilaté au delà du milieu et déprimé. Tête presque imperceptiblement pointillée, noire, avec le labre, l'épistome, et une tache sur le vertex d'un testacé rougeâtre; antennes et palpes testacés. Corselet jaunâtre, avec les bords antérieurs et postérieurs très-largement noirs; il est trois fois aussi large que long, largement échancré en avant, où il est plus étroit, un peu arrondi en arrière, à peine arrondi sur les côtés; les angles antérieurs assez saillants et aigus, les postérieurs également un peu aigus et légèrement prolongés en arrière. Écusson noir, lisse. Élytres ovalaires, très-légèrement dilatées au delà du milieu, déprimées, noires, avec une tache humérale et deux bandes transversales d'un jaune testacé; la tache humérale est oblongue et touche le bord externe dans presque toute son étendue; la première bande transversale est onduleuse, assez large, très-légèrement oblique de dehors en dedans et de bas en haut, touchant en dehors le bord externe, se terminant en dedans très-près de la suture, et placée un peu au delà du milieu; la seconde est très-près de l'extrémité, très-petite et touche en dehors le bord externe; il existe aussi, mais très-rarement, une autre petite tache très-petite tout à fait à l'extrémité; elles offrent, en outre, trois lignes longitudinales de points enfoncés, qui, lorsqu'ils se trouvent sur les bandes transversales, sont placés eux-mêmes sur une petite tache ponctiforme noire; la portion réfléchie est jaunâtre à la région humérale et en arrière, noire au milieu. Le dessous du corps d'un noir de poix. Les pattes antérieures et intermédiaires testacées, les postérieures d'un ferrugineux noirâtre.

Les femelles diffèrent des mâles par les élytres, qui présentent au milieu, dans le quart antérieur environ, de petites impressions linéaires, très-courtes, presque ponctiformes, très-peu nombreuses et peu serrées.

Il se trouve à Cayenne, et fait partie de la collection du Muséum et de celles de MM. Buquet et Gory.

Il ressemble beaucoup au précédent, mais il est un peu plus petit, le corselet est autrement coloré, et les élytres n'offrent aucune trace de la première bande transversale.

VIII. HYDATICUS. *Leach.*

DYTISCUS. *Linné, Fabricius.* HYDATICUS. *Leach, Erichson.*

Palporum maxillarium articulis ultimis æqualibus ; prosterno recto, postice rotundato ; pedibus posticis unguiculis duobus inæqualibus, superiore fixo. (*Tarsis intermediis in mare dilatatis, acetabulatis.*)

Corps ovalaire, médiocrement convexe. Antennes sétacées, insérées dans une petite cavité du front, le deuxième article plus court que les autres. Épistome coupé carrément. Labre court, transversal, largement échancré et cilié au milieu. Menton trilobé, le lobe du milieu court et entier. Mandibules bidentées à l'extrémité. Mâchoires très-aiguës et ciliées en dedans. Le premier article des palpes maxillaires très-petit, les trois suivants allongés et à peu près égaux entre eux. Languette arrondie, avec une très-légère saillie au milieu. Le premier article des palpes labiaux très-court, le deuxième et le dernier allongés, le pénultième le plus long de tous (1). Prosternum spatuliforme. Élytres ovalaires, médiocrement convexes, lisses dans les deux sexes; quelquefois cependant les femelles présentent quelques petites impressions irrégulières sur la région humérale. Les trois premiers articles des tarses antérieurs des mâles dilatés en une palette garnie de cupules, dont trois à la base plus grandes que les autres; les mêmes articles des

(1) Tous les *Hydaticus* que j'ai examinés ayant la tête marquée de chaque côté, entre les yeux et un peu en avant, d'une petite impression irrégulière plus ou moins sentie, et d'une autre transversale à chaque angle antérieur de l'épistome, je négligerai de rappeler ce caractère dans la description de chaque espèce.

tarses intermédiaires dans le même sexe, légèrement dilatés et garnis de cupules disposées en lignes longitudinales. Les pattes postérieures larges, comprimées, leurs tarses ciliés et terminés par deux crochets inégaux, dont un seul est mobile.

Les *Hydaticus* ont la plus grande analogie avec les *Acilius*, ils en diffèrent cependant par des caractères assez importants. Le dernier article des palpes maxillaires est de la même longueur que le précédent, le lobe du milieu du menton est moins court, et la forme générale est bien différente; au lieu d'être aplatie et elliptique comme dans les *Acilius*, elle est ovalaire et un peu convexe. Mais ce qui les fait toujours reconnaître lorsque l'on possède des mâles, c'est la dilatation des tarses intermédiaires dans ce sexe, caractère qui manque dans le genre *Acilius*. Cependant les *Hydaticus Austriacus* et *Verrucifer* ont aussi les tarses intermédiaires simples dans les mâles, et même le mâle du *Verrucifer* a les tarses antérieurs également simples.

C'est encore à Leach que nous sommes redevables de la création de ce genre, qui depuis lors a été adopté par tous les entomologistes; il se compose d'insectes de moyenne taille qui se rencontrent sur toute la surface du globe; dix espèces appartiennent à l'Europe.

a. *Tarses intermédiaires des mâles ayant quatre rangées de cupules.* (Hydaticus *Eschscholz-Dejean.*)

1. Hydaticus Sobrinus.

Ovalis, vix ellipticus, depressiusculus; thorace testaceo, in medio transversim nigro-maculato; elytris testaceis, maculis minimis rotundatis plus minusve confluentibus, fascia transversa paulo ultra medium alteraque vix conspicua ad apicem nigro-ornatis; corpore subtus testaceo-rufo.

Mas : thorace lævi. Femina : irregulariter utrinque impresso.

Hydaticus Sobrinus. Dej. *Cat.* 3e *édit.* p. 61.
Hydaticus Irroratus. Dej. *Cat.* 3e *édit.* p. 61.

Long. 12 millim. Larg. 6 $\frac{3}{4}$ millim.

Ovale, très-légèrement allongé, à peine elliptique et légèrement déprimé. Tête très-finement pointillée, noirâtre, avec le labre, l'épistome, la partie antérieure du front et deux taches sur le vertex, souvent réunies transversalement en une seule, d'un jaune testacé; antennes et palpes testacés. Corselet testacé, avec une tache noirâtre, transversale, étroite aux extrémités, assez large au milieu et placée sur le milieu du disque; il est trois fois aussi large qne long, largement échancré en avant, où il est plus étroit, légèrement arrondi à la base; les bords latéraux presque rectilignes et obliques; les angles antérieurs assez saillants et aigus, les postérieurs également un peu aigus et légèrement prolongés en arrière; il est couvert de petits points peu serrés sur les côtés, beaucoup plus petits et très-écartés sur le milieu du disque qui est quelquefois entièrement lisse; il présente, en outre, une ligne transversale d'autres points le long du bord antérieur. Écusson brunâtre. Élytres ovalaires, testacées, entièrement couvertes de petites taches noires, arrondies, très-rapprochées les unes des autres et les faisant paraître brunâtres; elles sont marquées de deux bandes transversales noires; l'une très-oblique de dehors en dedans et de haut en bas, assez large et placée un peu au delà du milieu; l'autre plus étroite et plus confuse, située en arrière, un peu avant l'extrémité; le bord externe, une ligne étroite le long de la suture et une ou deux autres sur le disque, fortement abrégées en arrière, sont immaculées et conservent la couleur du fond; elles présentent, en outre, trois lignes longitudinales de points enfoncés et quelques petits poils jaunâtres, sortant de petits points enfoncés placés le long du bord externe; la portion réfléchie est testacée. Le dessous du corps d'un noir un peu ferrugineux. Les pattes d'un testacé un peu ferrugineux, avec les jambes et les tarses intermédiaires et postérieurs noirâtres.

Les femelles présentent sur les côtés du corselet de petites impressions irrégulières très-fortement enfoncées.

Il se trouve à Madagascar, Bourbon et l'île de France. M. Dejean possède dans sa collection un individu du Brésil qu'il a distingué sous le nom de *Irroratus*, et chez lequel je n'ai pu trouver aucun caractère différentiel.

2. Hydaticus Signatipennis.

Ovalis, vix ellipticus, depressiusculus; thorace in feminis testaceo, antice et postice in medio nigro-maculato, macula postica utrinque uncinato reflexa, punctum medium nigrum fere attingente, in maribus disco medio immaculato, macula postica simplici; elytris testaceis, maculis minimis rotundatis, plus minusve confluentibus fasciisque transversis duabus, una paulo ante medium, altera ad apicem nigro-ornatis; corpore subtus testaceo-brunneo.

Mas et femina : thorace lævi.

Hydaticus Signatipennis. Lap. *Étud. ent.* p. 95.
Hydaticus Pictus. Buquet-Dej. *Cat.* 3e *édit.* p. 61.

Long. 9 à 10 millim. Larg. 5 ¼ à 6 millim.

Ovale, très-légèrement allongé, à peine elliptique et sensiblement déprimé. Tête presque imperceptiblement pointillée, testacée, avec la partie postérieure noire, et quelquefois un petit chaperon de la même couleur sur le milieu du front; antennes et palpes testacés. Corselet de la couleur de la tête, avec les bords antérieurs et postérieurs noirs au milieu; dans les femelles la tache de la base se relève à chacune de ses extrémités en un petit crochet qui tend à se réunir à un petit point arrondi, qui existe sur le milieu du disque; cette disposition est variable; quelquefois la tache du bord antérieur est entièrement isolée, étroite et transversale; la tache postérieure simple; et entre ces deux taches, il en existe trois autres disposées transversalement, une très-petite arrondie, ponctiforme au milieu, et une autre oblongue de chaque côté; dans les mâles, la tache postérieure est toujours simple et le milieu du disque tout à fait immaculé; il est trois fois aussi large que long, largement échancré en avant, où il est plus étroit, légèrement arrondi à la base; les bords latéraux presque rectilignes et obliques; les angles antérieurs assez saillants et aigus, les postérieurs également un peu aigus et légèrement prolongés en arrière; il présente quelques petits points assez irrégulièrement disposés en lignes de chaque côté des bords antérieurs et postérieurs et le long du bord latéral. Écusson d'un brun ferrugineux. Élytres ovalaires, testacées, couvertes de petites taches noires, arrondies, plus ou moins rapprochées les unes des autres et les faisant paraître brunâtres; elles sont marquées de deux bandes transversales noires; l'une très-légèrement oblique de dehors en dedans et de bas en haut, assez large et placée un peu avant le milieu; la seconde, plus étroite et plus confuse, est située un peu avant l'extrémité; en dehors et en arrière de chacune de ces bandes, existe une petite tache de même couleur, qui souvent est réunie à la bande à laquelle elle répond; le bord externe et une ligne très-étroite le long de la suture sont immaculés et conservent la couleur du fond; elles présentent, en outre, trois lignes longitudinales de points enfoncés, placés sur une petite tache noire un peu plus grande que celles qui sont répandues sur toute la surface, et quelques petits poils très-rares, sortant de très-petits points enfoncés placés le long du bord externe; la portion réfléchie jaunâtre. Le dessous du corps et les pattes d'un testacé un peu rougeâtre.

Les femelles sont semblables aux mâles, en négligeant toutefois les caractères tirés des pattes; les mâles sont cependant un peu plus petits, et ont le corselet autrement maculé.

Il se trouve aux Indes orientales et au Sénégal.

3. Hydaticus Consanguineus. *Dupont.*

Oblongo-ovalis, depressiusculus; thorace testaceo, immaculato; elytris testaceis, maculis minimis rotundatis plus minusve confluentibus, macula confuse triangulari in sutura paulo ultra medium fasciaque minima transversa versus apicem nigro-ornatis; corpore subtus rufo-testaceo.

Mas: thorace lævi. Femina......

Long. 10 millim. Larg. 5 $\frac{1}{3}$ millim.

Ovale, très-sensiblement allongé, et légèrement déprimé. Tête presque imperceptiblement pointillée, testacée, avec la partie postérieure noire transversalement; antennes et palpes testacés. Corselet testacé, trois fois aussi large que long, largement échancré en avant, où il est plus étroit, légèrement arrondi à la base, les bords latéraux à peine arrondis; les angles antérieurs assez saillants et aigus, les postérieurs également un peu aigus et à peine prolongés en arrière; il présente quelques petits points à peine sensibles de chaque côté, et une ligne transversale d'autres points le long du bord antérieur et de chaque côté du bord postérieur. Écusson d'un noir ferrugineux. Élytres ovalaires, très-sensiblement allongées, couvertes de petites taches noires, arrondies, très-rapprochées les unes des autres, très-confluentes en avant et les faisant paraître d'un brun foncé; elles sont marquées d'une tache noirâtre irrégulièrement triangulaire, assez confuse, placée sur la suture un peu au delà du milieu, et d'une petite bande transversale tout près de l'extrémité; le bord externe et une ligne très-étroite le long de la suture sont immaculés et conservent la couleur du fond; elles présentent, en outre, trois lignes longitudinales de points enfoncés, et quelques poils blonds sortant de très-petits points enfoncés placés le long du bord externe; la portion réfléchie est jaunâtre. Le dessous du corps et les pattes de derrière d'un testacé rougeâtre; les pattes de devant et les intermédiaires d'un testacé pâle.

Je n'ai vu qu'un seul individu mâle de cette espèce; il a été trouvé à la Nouvelle-Hollande, et fait partie de la collection de M. Dupont.

4. Hydaticus Fasciatus.

Elliptico-ovalis, depressiusculus; thorace luteo-testaceo, antice et postice transversim nigro-maculato, his maculis in medio anguste conjunctis; elytris luteo-testaceis, cum fasciis duabus transversis, una in medio, altera versus apicem, tribus lineis e punctis plus minusve confluentibus nigris, fasciis suturam nigram attengentibus; corpore subtus nigro-ferrugineo.

Mas et femina : thorace lævi.

Dytiscus Fasciatus. Fab. *Syst. Eleut.* I. 261.
Oliv. *Ent.* III. 40. p. 18. pl. 2. fig. 19.

Long. 14 millim. Larg. 8 $\frac{1}{4}$ millim.

Ovale, sensiblement elliptique et très-légèrement déprimé. Tête presque imperceptiblement pointillée, jaunâtre, avec la partie postérieure noire transversalement; antennes et palpes testacés. Corselet d'un testacé jaunâtre, avec les bords antérieur et postérieur assez largement noirs au milieu, et deux taches réunies par une petite ligne étroite de même couleur, placée sur la ligne médiane; il est trois fois aussi large que long, largement échancré en avant, où il est plus étroit, légèrement sinueux à la base; les bords latéraux presque rectilignes et obliques; les angles antérieurs assez saillants et aigus, les postérieurs à peine prolongés en arrière et émoussés au sommet; il présente quelques points enfoncés, épars de chaque côté et à la base, et quelques autres assez régulièrement disposés en une ligne transversale le long du bord antérieur. Écusson d'un noir ferrugineux. Élytres ovalaires, un peu elliptiques, assez convexes en avant et sensiblement déprimées en arrière, d'un testacé jaunâtre, avec la suture, deux bandes transversales irrégulièrement onduleuses, et trois lignes longitudinales de petites taches arrondies, plus ou moins confluentes, noires; la première bande est très-large, réunie en dedans à la suture et située au milieu environ; la seconde beaucoup plus étroite, également réunie à la suture, est placée aux trois quarts postérieurs; les petites taches arrondies qui constituent les lignes longitudinales répondent à autant de petits points enfoncés, sont souvent réunies, et forment alors des lignes longitudinales non interrompues, ce qui se présente principalement en avant de la première bande transversale; elles présentent, en outre, quelques poils très-rares sortant de petits points enfoncés placés le long du bord externe; la portion réfléchie est jaunâtre. Le dessous du corps d'un noir ferrugineux. Les pattes antérieures et intermédiaires testacées, les postérieures ferrugineuses.

Les femelles sont semblables aux mâles.

Il se trouve à Java.

5. Hydaticus Festivus.

Elliptico-ovalis, depressiusculus; thorace luteo, antice et postice transversim nigro-maculato, his maculis in medio anguste conjunctis; elytris luteo-testaceis, cum fasciis duabus transversis valde irregularibus, una in medio antice appendices emittente, altera paulo ultra medium maculaque ad apicem, nigris, his omnibus suturam nigram attengentibus; corpore subtus nigro-ferrugineo.

Mas et femina : thorace lævi.

Dytiscus Festivus. Illig. *Mag.* 1. 166.

Long. 14 millim. Larg. 8 ½ millim.

Ovale, sensiblement elliptique et déprimé. Tête presque imperceptiblement pointillée, jaunâtre, avec la partie postérieure noire transversalement, et un petit chaperon de même couleur sur le milieu du front; antennes et palpes testacés. Corselet d'un testacé jaunâtre, avec les bords antérieur et postérieur assez largement noirs au milieu, ces deux taches réunies par une petite ligne étroite, de même couleur, placée sur la ligne médiane; il est trois fois aussi large que long, largement échancré en avant, où il est plus étroit, légèrement sinueux à la base; les bords latéraux presque rectilignes et obliques; les angles antérieurs assez saillants et aigus, les postérieurs à peine prolongés en arrière et émoussés au sommet; il présente quelques points enfoncés épars de chaque côté et à la base, et quelques autres assez régulièrement disposés en une ligne transversale le long du bord antérieur. Écusson d'un noir ferrugineux. Élytres ovalaires, un peu elliptiques et sensiblement déprimées, d'un testacé jaunâtre, avec la suture, deux bandes transversales très-irrégulières, et une petite tache près de l'extrémité, noires; la première bande transversale, placée un peu avant le milieu, envoie en avant deux prolongements, un interne droit qui se réunit à la base, un externe moins régulier, abrégé en avant, où il est quelquefois trifide; en arrière, elle se réunit aussi par un ou deux petits filets courts et très-étroits à la seconde bande transversale qui est placée aux trois quarts postérieurs; la tache qui est près de l'extrémité, est irrégulièrement quadrilatère et, ainsi que les bandes transversales, commune aux deux élytres; l'espace jaunâtre compris entre la seconde bande et la tache postérieure, offre assez distinctement la forme de la partie supérieure d'un oiseau dont la tête est dirigée en dedans; elles présentent, en outre, trois lignes longitudinales de points enfoncés, et quelques poils très-rares, sortant d'autres points très-petits placés le long du bord externe; la portion réfléchie est jaunâtre. Le dessous du corps d'un noir ferrugineux. Les pattes antérieures et intermédiaires testacées, les postérieures ferrugineuses.

Les femelles sont semblables aux mâles.

Cette espèce a beaucoup d'analogie avec la précédente, dont elle diffère par sa forme un peu plus déprimée, le petit chaperon noir qu'elle offre sur le front, et la maculature des élytres.

Il habite les Indes orientales.

6. Hydaticus Chevrolati. *Mihi.*

Elliptico-ovalis, depressiusculus, thorace luteo-testaceo, antice et postice transversim nigro-maculato, his maculis in medio anguste conjunctis; elytris luteo-testaceis, cum fasciis duabus transversis, irregularibus, plus minusve longitudinaliter laciniatis, una in medio, altera paulo ultra medium maculaque ad apicem, nigris, his omnibus suturam nigram non attengentibus; corpore subtus nigro-ferrugineo.

Mas et femina : thorace lævi.

Long. 14 millim. Larg. 8 ½ millim.

Ovale, sensiblement elliptique et déprimé. Tête presque imperceptiblement pointillée, jaunâtre, avec la partie postérieure noire transversalement, et un petit chaperon de même couleur sur le milieu du front; antennes et palpes testacés. Corselet d'un testacé jaunâtre, avec les bords antérieur et postérieur assez largement noirs au milieu, ces deux taches réunies par une petite ligne étroite, de même couleur, placée sur la ligne médiane; il est trois fois aussi large que long, largement échancré en avant, où il est plus étroit, très-légèrement sinueux à la base; les bords latéraux presque rectilignes et obliques; les angles antérieurs assez saillants et aigus, les postérieurs à peine prolongés en arrière et émoussés au sommet; il présente quelques points enfoncés épars de chaque côté et à la base, et quelques autres assez régulièrement disposés en une ligne transversale le long du bord antérieur. Écusson d'un noir ferrugineux. Élytres ovalaires, un peu elliptiques et sensiblement déprimées, d'un testacé jaunâtre, avec la suture, deux bandes transversales très-irrégulières et une petite tache près de l'extrémité, noires; la première bande transversale, placée un peu avant le milieu, est très-étroitement et très-profondément laciniée en avant et en arrière, souvent même complétement divisée en un nombre très-variable de petites taches linéaires; elle envoie en avant, un peu en dehors de la suture, un prolongement qui atteint la base et, en dehors de celui-ci, un autre prolongement un peu oblique en dedans, et qui va se réunir à la base au même point que le précédent; en dehors de ce dernier, dans le voisinage de l'épaule, existe encore une petite tache oblongue; la seconde bande transversale est également laciniée très-étroitement et très-profondément; la petite tache postérieure est fortement découpée dans son contour et réunie à la seconde bande transversale par un petit filet longitudinal placé tout à fait en dedans près de la suture, qui est libre dans toute son étendue; elles offrent, en outre, trois lignes longitudinales de points enfoncés, placés sur autant de petites taches noires, arrondies, souvent isolées, mais quelquefois réunies en lignes non interrompues, et quelques poils très-rares sortant d'autres points très-petits placés le long du bord externe; la portion réfléchie est jaunâtre. Le dessous du corps d'un noir ferrugineux. Les pattes antérieures et intermédiaires testacées, les postérieures ferrugineuses.

Les femelles sont semblables aux mâles.

Je n'ai vu que deux individus de cette espèce; ils ont été pris à l'île Timor, et font partie de la collection de M. Chevrolat.

Cet *Hydaticus* est très-voisin des deux précédents, mais il s'en distingue essentiellement par les découpures beaucoup plus étroites et plus nombreuses des bandes transversales, et surtout en ce que ces bandes, ainsi que la tache postérieure, ne sont pas réunies en dedans à la suture.

7. Hydaticus Dejeanii. *Mihi.*

Elliptico-ovalis, depressiusculus; thorace luteo, antice et postice transversim nigro-maculato, his maculis in medio anguste conjunctis; elytris nigris, novem maculis inæqualibus luteo-ornatis, quatuor ad suturam, quatuor margine adnexis, et nona in disco ante medium; corpore subtus ferrugineo.

Mas et femina : thorace lævi.

Hydaticus Festivus. Megerl.-Dej. *Cat.* 3e *édit.* p. 61.

Long. 13 $\frac{1}{4}$ millim. Larg. 8 millim.

Ovale, un peu elliptique et déprimé. Tête presque imperceptiblement pointillée, jaunâtre, avec une tache transversale noire tout à fait en arrière; cette tache envoie en avant deux petits crochets qui se contournent en dedans et tendent à se réunir sur la ligne médiane pour entourer une tache transversale jaune sur le vertex; antennes et palpes testacés. Corselet jaunâtre, avec les bords antérieur et postérieur assez largement noirs au milieu, ces deux taches réunies par une petite ligne étroite de même couleur, placée sur la ligne médiane; il est trois fois aussi large que long, largement échancré en avant, où il est plus étroit, à peine sinueux à la base; les bords latéraux presque rectilignes et obliques; les angles antérieurs assez saillants et aigus, les postérieurs presque droits, à peine prolongés en arrière et émoussés au sommet; il présente quelques points enfoncés épars de chaque côté et à la base, et quelques autres assez régulièrement disposés en une ligne transversale le long du bord antérieur. Écusson noir. Élytres ovales, un peu elliptiques, déprimées, noires, avec le bord externe, et neuf taches inégales et irrégulières, d'un beau jaune, quatre le long de la suture, quatre autres le long de la bordure externe, à laquelle elles sont réunies, et la neuvième sur le disque; celles de la suture sont ainsi disposées : une assez régulièrement arrondie, tout à fait en avant près de l'ecusson, une autre, à peu près de même forme, au milieu environ, la troisième plus petite, plus irrégulière, aux trois quarts postérieurs, et enfin les dernières tout à fait à l'extrémité et un peu plus petites que les autres; les taches externes sont plus irrégulières; la première externe, située à la région de l'épaule, s'étend transversalement en dedans, et est souvent divisée en deux, la seconde est placée un peu avant le milieu et est très-irrégulièrement quadrilatère, la troisième, un peu au delà du milieu, est transversale, large en dehors, étroite en dedans, où elle est souvent réunie par un point très-étroit à la seconde de la suture, la quatrième enfin plus petite que la précédente, également très-irrégulière, se réunit aussi quelquefois à la troisième de la suture; la neuvième, un peu ovalaire, est située sur le disque au niveau de la seconde externe; elles offrent, en outre, sur toute leur surface des points enfoncés très-petits et très-écartés, trois lignes longitudinales de points enfoncés beaucoup plus forts, et quelques poils très-rares, sortant d'autres points très-petits placés le long du bord externe; la portion réfléchie est jaunâtre. Le dessous du corps d'un ferrugineux plus ou moins foncé.

Les femelles sont semblables aux mâles.

Il habite les Indes orientales.

8. Hydaticus Marmoratus.

Ovalis, vix ellipticus, convexus; thorace nigro, cum lateribus vittaque transversa in medio interrupta luteis; elytris nigris, undecim maculis inæqualibus luteo-ornatis, quinque ad suturam, quatuor margine adnexis et duabus in disco versus basin; corpore subtus rufo-ferrugineo.

Mas et femina : thorace lævi.

Colymbetes Marmoratus. Hope. *The anim. Kingdom.* p. 284. t. 32. fig. 1.

Hydaticus Flavomaculatus. Chev. *Coléopt. du Mex.* Ire *Centurie.* n° 26.

Hydaticus Speciosus. Dej. *Cat.* 3e *édit.* p. 61.

Long. 12 ½ millim. Larg. 7 ½ millim.

Ovale, à peine elliptique et assez convexe. Tête presque imperceptiblement pointillée, noire, avec le labre, l'épistome, le front, la partie interne des yeux et une tache transversale étranglée dans son milieu sur le vertex, d'un testacé jaunâtre; antennes et palpes testacés. Corselet noir, avec les bords latéraux très-largement jaunâtres et une tache transversale sur le milieu du disque, un peu arquée et interrompue au milieu; il est un peu moins de trois fois aussi large que long, largement échancré en avant, où il est plus étroit, très-légèrement arrondi à la base; les bords latéraux presque rectilignes et obliques; les angles antérieurs assez saillants et aigus, les postérieurs presque droits, à peine prolongés en arrière et émoussés au sommet; il présente quelques points épars de chaque côté et à la base, et quelques autres disposés en une ligne transversale le long du bord antérieur. Écusson noir. Élytres à peine elliptiques, assez convexes en avant et un peu déprimées en arrière, noires, avec le bord externe et onze taches inégales et irrégulières d'un beau jaune : cinq le long de la suture, quatre autres le long de la bordure externe à laquelle elles sont réunies, et les deux dernières sur le disque près de la base; celles de la suture sont ainsi disposées : une tout à fait en avant, près de l'écusson, une autre avant le milieu, une troisième au milieu, la quatrième aux trois quarts postérieurs, et la dernière tout à fait à l'extrémité; ces taches sont irrégulièrement arrondies, les deux antérieures et les deux postérieures presque égales entre elles, l'intermédiaire beaucoup plus grande que les autres et même la plus grande de toutes; les taches externes sont plus irrégulières: la première, un peu triangulaire, touche la base par un de ses côtés, et est réunie étroitement à la bordure par un de ses angles, la seconde est placée un peu avant le milieu, la troisième un peu après et la quatrième au delà des trois quarts postérieurs; les deux dernières taches sont situées sur le disque, très-près de la base, l'une au devant de l'autre : l'antérieure très-petite, entre la première tache de la suture et la première externe, la postérieure, un peu en arrière de celle-ci et un peu plus grande qu'elle; elles offrent, en outre, trois lignes longitudinales de points enfoncés et quelques poils très-rares, sortant d'autres points très-petits placés le long du bord externe; la portion réfléchie est testacée. Le dessous du corps et les pattes d'un ferrugineux rougeâtre; les pattes antérieures et intermédiaires un peu plus pâles.

Les femelles sont semblables aux mâles.

Il se trouve au Mexique (Orizaba).

9. Hydaticus Flavocinctus.

Elliptico-ovalis, depressiusculus; thorace nigro, cum lateribus vittaque transversa in medio interrupta rufo-luteis; elytris nigris, septem maculis inæqualibus luteo-testaceo-ornatis, duabus ad basin, tribus in medio transversim dispositis, una paulo ante apicem, septima in apice; corpore subtus ferrugineo.

Mas et femina : thorace lævi.

Dytiscus Flavocinctus. Guérin. *Voy. aut. du monde*, p. 61. pl. 1. fig. 18.

Boisduval. *Voy. de l'Astrol. Ins.* p. 49.

Long. 13 millim. Larg. 8 millim.

Ovale, elliptique et légèrement déprimé. Tête presque imperceptiblement pointillée, noire, avec le labre, l'épistome, une petite tache sur le front et une autre transversale sur le vertex, d'un jaune rougeâtre; antennes et palpes testacés. Corselet noir, avec les bords latéraux assez largement d'un testacé rougeâtre, et une bande transversale très-étroite de même couleur, placée sur le milieu du disque, ne touchant pas la bordure marginale et interrompue au milieu; il est trois fois aussi large que long, largement échancré en avant où il est plus étroit, à peine sinueux à la base; les bords latéraux presque rectilignes et obliques; les angles antérieurs assez saillants et aigus, les postérieurs presque droits, à peine prolongés en arrière et émoussés au sommet; il présente quelques points enfoncés épars de chaque côté et à la base, et quelques autres régulièrement disposés en une ligne transversale le long du bord antérieur. Écusson noirâtre. Élytres ovalaires, elliptiques, légèrement convexes en avant, très-sensiblement déprimées en arrière, noires, avec la bordure et sept petites taches inégales d'un jaune testacé : deux à la base, trois au delà du milieu et disposées en une bande transversale un peu arquée, une autre aux cinq sixièmes postérieurs, et enfin la septième tout à fait à l'extrémité ; les deux taches de la base sont ainsi disposées : une arrondie, très-près de l'écusson, l'autre en dehors de celle-ci sur le même plan horizontal, assez irrégulière et envoyant de son côté externe un petit prolongement postérieur, qui va se réunir à un petit appendice de la bordure marginale, pour entourer un espace oblong de la couleur du fond ; les troisième, quatrième et cinquième sont oblongues, celle du milieu un peu plus antérieure que les autres, l'externe souvent réunie à la bordure marginale par un petit appendice ; la sixième un peu oblique, très-rapprochée de la bordure, qui, en cet endroit, est un peu dilatée, et à laquelle elle est aussi quelquefois réunie ; enfin la dernière est placée tout à fait à l'extrémité et complétement isolée ; elles offrent, en outre, trois lignes longitudinales de points enfoncés, et quelques poils très-rares, sortant d'autres points très-petits placés le long du bord externe ; la portion réfléchie et le dessous du corps d'un ferrugineux noirâtre. Les pattes antérieures et intermédiaires testacées, les postérieures ferrugineuses.

Les femelles sont semblables aux mâles.

Il se trouve à la Nouvelle-Guinée, d'où il a été rapporté par M. d'Urville. Je n'ai vu qu'un seul individu femelle de cette espèce ; il appartient à la collection du Muséum.

10. Hydaticus Decorus.

Oblongo-ovatus, convexiusculus ; thorace luteo, antice et postice nigro ; elytris nigris, cum fascia tripartita ad basin, humeris maculisque quinque luteo-ornatis, tribus in medio transversim valde oblique dispositis, quarta postice ad suturam, bipartita, quinta versus apicem, margine adnexa ; corpore subtus rufo-ferrugineo.

Mas et femina : thorace lævi.

Hydaticus Decorus. Klug. *Symbol. phys.* t. 33. fig. 5.
Hydaticus Marmoratus. Dej. *Cat.* 3ᵉ *édit.* p. 61.

Long. 14 $\frac{1}{4}$ millim. Larg. 8 millim.

Ovale, un peu allongé, et légèrement convexe. Tête très-finement pointillée, jaunâtre, avec la partie postérieure noire transversalement; antennes et palpes testacés. Corselet de la couleur de la tête, avec une tache noire transversale, étroite au milieu du bord postérieur, et le bord antérieur à peine assombri; il est trois fois aussi large que long, largement échancré en avant, où il est plus étroit, à peine sinueux à la base; les bords latéraux très-légèrement arrondis; les angles antérieurs assez saillants et aigus, les postérieurs presque droits, à peine prolongés en arrière et émoussés au sommet; il est très-finement réticulé et couvert de points infiniment petits, très-écartés, et présente, en outre, d'autres points plus forts épars de chaque côté et à la base, et quelques autres analogues, assez irrégulièrement disposés en une ligne transversale le long du bord antérieur. Écusson d'un noir ferrugineux. Élytres ovalaires, un peu allongées, noires, avec le bord externe, une tache humérale, une bande transversale à la base et cinq autres taches sur le disque, d'un jaune testacé; la tache humérale est assez longue, touche le bord externe, envoie tout à fait en avant un très-petit appendice interne, qui touche la base et se termine en arrière en une espèce de pied de botte, dont la pointe est dirigée en dedans; la bande transversale est située un peu au delà de la base, ne touche ni la suture ni la tache humérale, et est deux fois étranglée et très-probablement quelquefois divisée en trois taches distinctes; les trois premières taches du disque sont disposées en une bande transversale très-fortement oblique de dehors en dedans et de bas en haut, l'externe au delà du milieu très-près de la bordure qu'elle ne touche cependant pas, et l'interne un peu avant le milieu et dans le voisinage de la suture; la quatrième, également près de la suture, un peu au delà des trois quarts postérieurs, est aussi fortement étranglée dans son milieu et quelquefois divisée en deux; enfin la dernière, placée un peu avant l'extrémité le long du bord externe qu'elle touche, envoie de son angle interne et postérieur un petit prolongement, qui va jusqu'à l'extrémité et entoure avec la bordure marginale un petit espace arrondi de la couleur du fond; elles sont entièrement couvertes de petits points inégaux et irréguliers, et présentent, en outre, trois lignes longitudinales de points un peu plus forts, et quelques poils rares, sortant d'autres très-petits points placés le long du bord externe; la portion réfléchie est testacée. Le dessous du corps et les pattes d'un testacé rougeâtre; les pattes antérieures et intermédiaires un peu plus pâles.

Les femelles sont semblables aux mâles.

Mont Sinaï.

11. Hydaticus Dregei.

Oblongo-ovalis, depressiusculus; thorace luteo, antice et postice in medio infuscato; elytris nigris, cum maculis quatuor vel quinque inæqualibus et irregularibus margineque valde irregulari, nigro sparsim punctato, luteis; corpore subtus luteo-testaceo.

Mas et femina: thorace lævi.

Hydaticus Dregei. Dej. *Cat.* 3e *édit.* p. 61.

Long. 13 $\frac{1}{2}$ millim. Larg. 7 $\frac{1}{2}$ millim.

Ovale, un peu allongé et très-légèrement déprimé. Tête très-finement pointillée, jaunâtre, avec la partie supérieure noire transversalement; antennes et palpes testacés. Corselet de la couleur de la tête, avec les bords antérieur et postérieur légèrement rembrunis au milieu, trois fois aussi large que long, largement échancré en avant, où il est plus étroit, à peine sinueux à la base; les bords latéraux presque rectilignes et un peu obliques; les angles antérieurs assez saillants et aigus, les postérieurs très-légèrement prolongés en arrière et émoussés au sommet; il présente de chaque côté quelques points assez forts et irréguliers, et quelques autres plus petits assez régulièrement disposés en une ligne transversale le long du bord antérieur. Écusson d'un noir ferrugineux. Élytres ovalaires, un peu allongées, noires, avec une large bordure externe très-irrégulière et cinq ou six taches irrégulières et inégales sur le disque, d'un testacé pâle; les taches sont ainsi disposées : une assez petite, ovalaire, plus étroite en arrière et placée très-près de l'écusson; en dehors et en arrière de celle-ci, une autre plus petite et étroite; en dehors de cette dernière et en avant très-près de la base, une troisième très-petite, arrondie, qui envoie de son côté externe un petit appendice qui marche en arrière pour se réunir à la bordure marginale, et entourer un petit espace oblong de la couleur du fond, placé à la région humérale; un peu avant le milieu et tout à fait le long de la suture, existe une quatrième tache très-irrégulièrement quadrilatère, et qui envoie en arrière un petit prolongement étroit qui se continue jusqu'à l'extrémité et forme une ligne suturale; la bordure marginale est très-irrégulière, un peu étroite en avant, s'élargit au quart environ de sa longueur, se rétrécit ensuite pour s'élargir de nouveau un peu au delà du milieu, diminue encore de largeur et va se terminer tout à fait à l'extrémité, où elle prend un peu d'extension; elle est marquée de quelques petites taches noires, arrondies, éparses, qui répondent à la ponctuation des élytres, et d'une ligne longitudinale d'autres taches un peu plus grandes qui sont en rapport avec la troisième ligne de points enfoncés; elle offre aussi en dehors une ligne noire, étroite et très-courte; on observe encore quelques taches infiniment petites et très-irrégulières sur le fond des élytres, et quelques poils blonds, sortant de petits points enfoncés placés le long du bord externe; la portion réfléchie est d'un testacé blanchâtre. Le dessous du corps et les pattes d'un jaune testacé.

Je n'ai vu qu'un seul individu femelle de cette espèce : il appartient à M. le comte Dejean, et a été pris au cap de Bonne-Espérance.

Je crois la maculature des élytres de cette espèce très-variable, et j'ai la crainte que cette description, quelque minutieuse qu'elle soit, ne se rapporte pas exactement aux autres exemplaires que l'on pourra retrouver par la suite.

12. Hydaticus Bihamatus.

Oblongo-ovalis, convexiusculus; thorace rufo-testaceo, antice et postice in medio nigro; elytris nigris, cum margine angusto, vitta transversa ad basin, altera paulo ultra medium maculaque ad apicem, luteis, vitta baseos extrorsum ad humera hamato-reflexa; corpore subtus ferrugineo.

Mas : thorace lævi. Femina : irregulariter utrinque impresso.

Hydaticus Bihamatus. Esch.-Dej. *Cat.* 3e *édit.* p. 61.

Long. 13 millim. Larg. 7 ½ millim.

Ovale, un peu allongé et très-médiocrement convexe. Tête très-finement pointillée, d'un testacé rougeâtre, avec le vertex et la partie interne des yeux noirs, et quelquefois deux petites taches arrondies de même couleur sur le front, et réunies chacune avec la tache interne des yeux; antennes et palpes testacés. Corselet de la couleur de la tête, avec une petite tache étroite au milieu des bords antérieur et postérieur; ces taches se réunissent quelquefois sur la ligne médiale par un petit filet très-étroit; il est trois fois aussi large que long, largement échancré en avant, où il est plus étroit, à peine sinueux à la base; les bords latéraux presque rectilignes et un peu obliques; les angles antérieurs assez saillants et aigus, les postérieurs également un peu aigus et très-légèrement prolongés en arrière; il présente quelques points extrêmement fins et très-rares vers les angles postérieurs, et quelques autres également très-fins disposés en une ligne transversale le long du bord antérieur. Écusson noirâtre. Élytres ovalaires, un peu allongées, noires, avec le bord externe, deux bandes transversales et une petite tache postérieure d'un testacé jaunâtre; la première bande transversale, à peine élargie en dedans, très-près de la suture qu'elle ne touche pas, marche très-peu obliquement de dedans en dehors et de haut en bas, descend ensuite un peu pour se relever en s'arrondissant jusqu'à la région humérale, et former assez exactement la figure d'un hameçon placé transversalement; elle se réunit en dehors à la bordure marginale; la seconde bande transversale, placée au delà du milieu, ne touche ni la suture ni la bordure externe, est plus éloignée de la première, et une ou deux fois étranglée, souvent même divisée en taches distinctes, l'interne plus petite que l'externe; la petite tache postérieure est située un peu avant l'extrémité et réunie à la bordure marginale; elles offrent, en outre, trois lignes longitudinales de points enfoncés et quelques poils rares sortant d'autres points plus petits placés le long du bord externe; la portion réfléchie est testacée. Le dessous du corps ferrugineux, avec trois ou quatre taches rougeâtres de chaque côté de l'abdomen. Les pattes ferrugineuses, celles de devant et les intermédiaires plus claires.

Les femelles présentent sur les côtés du corselet de petites impressions irrégulières peu nombreuses.

Il se trouve aux îles Philippines.

13. Hydaticus Goryi. *Mihi.*

Elongato-ovalis, convexiusculus; thorace rufo-testaceo, antice, in medio et postice nigro-umbroso; elytris nigris, cum margine angusto, vitta transversa ad basin, lineolis brevibus cum macula externa irregulari paulo ultra medium transversim dispositis, linea obliqua ad marginem maculisque alteris minimis duabus vel tribus ad apicem, luteis, vitta baseos ad humera hamato-reflexa; corpore subtus ferrugineo.

Mas : thorace lævi. Femina.....

Long. 14 $\frac{3}{4}$ millim. Larg. 8 millim.

Ovale, sensiblement allongé et médiocrement convexe. Tête très-finement pointillée, noire, avec le labre, l'épistome, et une tache transversale sur le vertex d'un testacé rougeâtre; antennes et palpes testacés. Corselet d'un testacé rougeâtre, avec les bords antérieur et postérieur légèrement rembrunis au milieu, et une petite tache transversale également rembrunie sur le centre du disque; il est trois fois aussi large que long, largement échancré en avant, où il est plus étroit, à peine sinueux à la base; les bords latéraux presque rectilignes et un peu obliques; les angles antérieurs assez saillants et aigus, et très-légèrement prolongés en arrière; il présente quelques points très-fins et très-rares vers les angles postérieurs, et quelques autres également très-fins disposés en une ligne transversale le long du bord antérieur. Écusson noirâtre. Élytres ovalaires, sensiblement allongées, noires, avec le bord externe, une bande transversale à la base, une ligne étroite, oblique, le long de la bordure marginale, une seconde bande transversale un peu au delà du milieu, et une ou deux très-petites taches à l'extrémité, d'un jaune testacé; la première bande transversale ne touche pas tout à fait la suture, marche à peine obliquement de dedans en dehors et de haut en bas, descend ensuite un peu pour se relever en s'arrondissant jusqu'à la région humérale et former assez distinctement la figure d'un hameçon placé transversalement; elle est réunie en dehors à la bordure marginale et envoie, en arrière de son côté externe, un petit prolongement linéaire un peu oblique qui marche presque parallèlement à la bordure et forme avec elle un angle excessivement aigu; la seconde bande transversale touche en dehors la bordure, est fortement abrégée en dedans et composée d'une tache externe assez grande, transversale, et de deux petites lignes très-courtes placées à son côté interne, mais un peu en arrière, de sorte que cette bande dans son ensemble est assez fortement arquée; la bordure marginale est divisée longitudinalement dans son quart postérieur par une ligne de petits points noirs; elles offrent, en outre, trois lignes longitudinales de points enfoncés et quelques poils rares, sortant d'autres points plus petits placés le long du bord externe; la portion réfléchie est testacée. Le dessous du corps ferrugineux, avec trois ou quatre taches rougeâtres de chaque côté de l'abdomen. Pattes également ferrugineuses, les antérieures et intermédiaires presque testacées.

Il est très-voisin du précédent, dont il ne se distingue réellement que par sa taille un peu plus grande, la première bande transversale nullement élargie en dedans, le petit prolongement linéaire que cette bande envoie en arrière de son côté externe, et enfin par la seconde bande transversale qui est autrement dessinée et fortement arquée, tandis qu'elle est presque droite dans le *Bihamatus*.

Je n'ai vu qu'un seul individu mâle de cette espèce; il appartient à M. Gory, qui l'a reçu de la Nouvelle-Hollande.

14. Hydaticus Pacificus. *Mihi.*

Ovatus, convexiusculus; thorace rufo-testaceo, antice et postice in medio nigro; elytris nigris, cum margine angusto, vitta transversa angustiore ad basin, punctis duobus cum macula minima externa paulo ultra medium transversim dispositis maculisque alteris duabus ad apicem, luteis; vitta baseos ad humera hamato-reflexa; corpore subtus nigro-piceo.

Mas : thorace lævi. Femina.....

Long. 15 $\frac{3}{4}$ millim. Larg. 9 millim.

Assez régulièrement ovale et médiocrement convexe. Tête très-finement pointillée, d'un testacé rougeâtre, avec le vertex et la partie interne des yeux noirs; antennes et palpes testacés. Corselet de la couleur de la tête, avec les bords antérieur et postérieur noirs au milieu; il est trois fois aussi large que long, largement échancré en avant, où il est plus étroit, à peine sinueux à la base; les bords latéraux très-légèrement arrondis; les angles antérieurs assez saillants et aigus, les postérieurs également un peu aigus et très-légèrement prolongés en arrière; il présente quelques points épars sur les côtés et vers les angles postérieurs, et quelques autres assez régulièrement disposés en une ligne transversale le long du bord antérieur. Écusson noirâtre. Élytres assez régulièrement ovalaires, noires, avec le bord externe, une bande transversale très-étroite à la base, une petite tache irrégulière le long du bord externe un peu au delà du milieu, et deux ou trois autres taches ponctiformes tout à fait à l'extrémité, d'un jaune testacé; la première bande transversale est très-étroite, ne touche pas tout à fait la suture, marche à peine obliquement de dedans en dehors et de haut en bas, descend ensuite un peu pour se relever en s'arrondissant jusqu'à la région humérale et former assez exactement la figure d'un hameçon placé transversalement; elle est réunie en dehors à la bordure marginale; la tache qui existe le long du bord externe, un peu au delà du milieu, est très-petite et offre à son côté interne un ou deux points très-petits de même couleur; elles offrent, en outre, trois lignes longitudinales de points enfoncés, et quelques poils rares sortant d'autres points très-petits placés le long du bord externe; la portion réfléchie est testacée. Le dessous du corps d'un noir de poix, avec trois ou quatre taches ferrugineuses de chaque côté de l'abdomen. Les pattes antérieures et intermédiaires testacées, les postérieures d'un noir ferrugineux.

Je n'ai vu qu'un seul individu mâle de cette espèce pris dans l'île Timor, et faisant partie de la collection de M. Chevrolat.

Il a quelque analogie avec les deux précédents, dont il diffère surtout par sa forme beaucoup plus large et moins allongée; il s'éloigne du *Bihamatus* par la première bande transversale beaucoup plus étroite et par l'absence de la seconde; du *Goryi*, également par l'étroitesse de la première bande transversale, et par l'absence de la petite ligne oblique qui marche presque parallèlement à la bordure marginale.

15. Hydaticus Luczonicus.

Oblongo-ovalis, convexiusculus; thorace testaceo, in medio de apicem ad basin nigro; elytris nigris, cum margine lato vittaque transversa ad basin luteis, vitta baseos ad humera hamato-reflexa; corpore subtus nigro-ferrugineo.

Mas : thorace lævi. Femina : irregulariter utrinque impresso.

Hydaticus Luczonicus. Esch.-Dej. *Cat.* 3e *édit.* p. 61.

Long. 14 millim. Larg. 8 millim.

Ovale, un peu allongé et médiocrement convexe. Tête très-finement pointillée, d'un testacé rougeâtre, avec le vertex, la partie interne des yeux et un petit chaperon très-étroit sur le front, noirs; les deux branches du chaperon se réunissent à la tache interne des yeux; antennes et palpes testacés. Corselet testacé, avec une tache noire assez large, qui en occupe le centre depuis le bord antérieur jusqu'au bord postérieur; il est trois fois aussi large que long, largement échancré en avant, où il est plus étroit, à peine sinueux à la base; les bords latéraux presque rectilignes et un peu obliques; les angles antérieurs assez saillants et aigus, les postérieurs également un peu aigus et très-légèrement prolongés en arrière; il présente quelques points épars de chaque côté et à la base, et quelques autres assez régulièrement disposés en une ligne transversale le long du bord antérieur. Écusson noirâtre. Élytres ovalaires, un peu allongées, noires, avec le bord externe et une bande transversale à la base; la bande transversale est étroite, ne touche pas tout à fait la suture, marche quelque temps presque perpendiculairement à la suture, descend ensuite un peu pour se relever en s'arrondissant jusqu'à la région humérale, et former assez exactement la figure d'un hameçon placé transversalement; la partie recourbée est enclavée dans la bordure marginale qui est très-large, occupe plus du tiers des élytres, et est marquée de petits points noirs assez régulièrement disposés en lignes longitudinales; elles offrent, en outre, trois lignes longitudinales de points enfoncés, et quelques poils rares sortant d'autres points très-petits placés le long du bord externe; la portion réfléchie est testacée. Le dessous du corps d'un noir ferrugineux, avec trois ou quatre taches rougeâtres de chaque côté de l'abdomen. Pattes antérieures et intermédiaires testacées, les postérieures d'un noir ferrugineux.

Les femelles présentent sur les côtés du corselet de petites impressions irrégulières assez fortement enfoncées.

Il se trouve aux îles Philippines.

16. Hydaticus Transversalis.

Oblongo-ovalis, convexiusculus, undique subtile punctulatus; thorace rufo-testaceo, postice in medio late nigro; elytris nigris, cum margine lato vittaque transversa simplici ad basin luteis; corpore subtus nigro-ferrugineo.

Mas: thorace lævi. Femina: irregulariter utrinque impresso.

Dytiscus Transversalis, Fab. *Syst. Eleut.* i. 265.
Oliv. *Ent.* iii. 40. p. 24. pl. 3. fig. 22.
Panz. *Faun. Germ.* lxxxvi. fig. 6.
Sch. *Syn. Ins.* ii. p. 20.

Long. 13 millim. Larg. 7 ½ millim.

Ovale, un peu allongé et assez convexe. Tête noire, très-finement pointillée, avec le labre, l'épistome, le devant des yeux, une tache sur le front et deux autres sur le vertex d'un jaune ferrugineux; antennes et palpes ferrugineux. Corselet d'un testacé rougeâtre, avec une tache noire très-large au milieu, où elle est arrondie en avant, très-étroite de chaque côté, et occupant tout le bord postérieur; il est deux fois et demie aussi large que long, largement échancré en avant, où il est plus étroit, très-légèrement sinueux à la base; les bords latéraux à peine arrondis; les angles antérieurs assez saillants et aigus, les postérieurs presque droits et à peine prolongés en arrière; il est très-finement pointillé, et présente, en outre, quelques points un peu plus forts de chaque côté, et quelques autres disposés en une ligne transversale le long du bord antérieur. Écusson noir. Élytres ovalaires, un peu allongées, noires, avec une bande longitudinale jaune qui suit et touche le bord externe dans toute sa longueur, une autre transversale de même couleur vers la base, ne touchant ni la suture ni la bordure externe; cette dernière, à partir du point où elle rencontre la bande transversale, s'élargit fortement en dedans, et est divisée en plusieurs petites lignes jaunes par d'autres lignes de points noirs; elles sont très-finement pointillées, et présentent, en outre, trois lignes longitudinales d'autres points plus forts, et quelques poils rares sortant de très-petits points placés le long du bord externe; la portion réfléchie est testacée. Le dessous du corps ferrugineux foncé, avec quelques taches plus claires de chaque côté de l'abdomen. Pattes antérieures testacées, les postérieures ferrugineuses.

Les femelles présentent sur les côtés du corselet de petites lignes irrégulières assez fortement enfoncées.

Il habite toute l'Europe.

17. Hydaticus Xanthomelas.

Oblongo-ovalis, convexiusculus; thorace rufo-testaceo, antice et postice nigro; elytris nigris, cum margine lato, in medio longitudinaliter divisa vittaque ad basin bi-interrupta luteis; corpore subtus nigro-piceo.

Mas : thorace lævi. Femina....

Hydaticus Xanthomelas. Brullé. *Voy. de M. d'Orbig. dans l'Amér. mérid.* vi. p. 47.

Long. 10 millim. Larg. 5 $\frac{1}{3}$ millim.

Corps ovale, un peu allongé et médiocrement convexe. Tête presque imperceptiblement pointillée, d'un testacé jaunâtre, avec le vertex et la partie interne des yeux noirs; antennes et palpes testacés. Corselet de la couleur de la tête, avec les bords antérieur et postérieur noirs; il est deux fois et demie aussi large que long, largement échancré en avant, où il est plus étroit, légèrement sinueux à la base; les bords latéraux à peine arrondis; les angles antérieurs assez saillants et aigus, les postérieurs également un peu aigus et sensiblement prolongés en arrière; il présente quelques points très-rares de chaque côté, et quelques autres disposés en une ligne transversale le long du bord antérieur. Écusson noirâtre. Élytres ovalaires, un peu allongées, noires, avec une bande longitudinale d'un beau jaune, assez large, qui suit et touche le bord externe dans toute son étendue, et une autre de même couleur, transversale, placée un peu au delà de la base, assez droite, ne touchant ni la bordure ni la suture, et deux fois interrompue; la bordure marginale est divisée longitudinalement en arrière par une ligne étroite noirâtre; elles offrent, en outre, trois lignes longitudinales de points enfoncés, et quelques poils rares sortant d'autres points très-petits placés le long du bord externe; la portion réfléchie est jaunâtre. Le dessous du corps noirâtre. Les pattes antérieures et intermédiaires testacées, les postérieures d'un noir ferrugineux.

Je n'ai vu qu'un seul individu mâle de cette espèce; il fait partie de la collection du Muséum, et a été pris par M. d'Orbigny près de Corrientes, dans l'Amérique méridionale.

18. Hydaticus Rimosus.

Oblongo-ovatus, convexiusculus; thorace rufo-testaceo, confuse in medio nigro; elytris nigris, cum vitta humerali longitudinali paulo obliqua, non marginem attingente, altera transversa ad basin extror-

sum hamata, introrsum plus minusve abbreviata maculisque duabus irregularibus ad latera, prima ultra medium, secunda ad apicem, luteo-pallidis, vitta marginali antice abbreviata, rufo-lutea; corpore subtus nigro-piceo.

Mas : thorace lævi. Femina : irregulariter utrinque impresso.

Hydaticus Rimosus. CHEV.-DEJ. *Cat.* 3e *édit.* p. 61.

Long. 11 ½ à 13 millim. Larg. 6 ½ à 7 millim.

Ovale, un peu allongé et médiocrement convexe. Tête très-finement pointillée, noire, avec le labre, l'épistome, le milieu du front, la partie antérieure et interne des yeux, et une tache transversale souvent divisée en deux sur le vertex, d'un testacé un peu rougeâtre; antennes et palpes ferrugineux. Corselet d'un testacé rougeâtre, avec une large tache noire assez confuse qui occupe le centre depuis le bord antérieur jusqu'au bord postérieur, laissant cependant quelquefois le premier libre; il est deux fois et demie aussi large que long, largement échancré en avant, où il est plus étroit, légèrement sinueux à la base; les bords latéraux à peine arrondis; les angles antérieurs assez saillants et aigus, les postérieurs également un peu aigus et assez sensiblement prolongés en arrière; il présente quelques points très-fins de chaque côté, et quelques autres disposés en une ligne transversale le long du bord antérieur. Écusson noirâtre. Élytres ovalaires, un peu allongées, noires, avec une ligne étroite, jaune, à peine oblique en dedans, partant de l'épaule où elle offre une petite saillie interne, ne touchant pas le bord externe, se terminant souvent aux trois quarts postérieurs et se continuant rarement jusqu'à l'extrémité; entre cette ligne et la bordure marginale, qui est un peu plus rougeâtre et fortement abrégée en avant, existe en arrière une ligne longitudinale jaunâtre piquetée de noir; on observe encore, mais assez rarement, à la base, le rudiment d'une petite bande transversale en forme d'hameçon et une petite tache le long du bord externe; un peu au delà du milieu, est une autre tache analogue également le long de la bordure, mais presque à l'extrémité et de la même couleur que la ligne humérale; elles offrent, en outre, trois lignes longitudinales de points enfoncés, et quelques poils rares sortant d'autres points très-petits placés le long du bord externe; la portion réfléchie est d'un testacé plus ou moins ferrugineux. Le dessous du corps noirâtre. Les pattes antérieures et intermédiaires d'un testacé rougeâtre, les postérieures ferrugineuses.

Les femelles présentent sur les côtés du corselet de petites impressions irrégulières très-fortement enfoncées.

Il se trouve au Mexique et aux Antilles. M. Dupont possède dans sa collection un individu femelle de cette espèce, dont le corselet n'offre aucune impression; il a été pris au Paraguay. Ne serait-ce pas une espèce distincte?

19. Hydaticus Fulvicollis.

Elongato-ovalis, convexiusculus; thorace rufo-testaceo, antice et postice nigro; elytris nigris, cum vitta humerali longitudinali, paulo obliqua, non marginem attingente, pallido-lutea; lateribus antice anguste rufo-testaceis, postice ad apicem in macula parva luteo-pallida ampliatis; corpore subtus nigro-piceo.

Mas : thorace lævi. Femina : irregulariter utrinque impresso.

Hydaticus Fulvicollis. Dej. *Cat.* 3e *édit.* p. 61.

Dytiscus Bimarginatus. Say. *Descript of new spec. of north Americ. ins.* p. 27?

Long. 12 millim. Larg. 6 $\frac{1}{3}$ millim.

Ovale, très-sensiblement allongé et médiocrement convexe. Tête presque imperceptiblement pointillée, d'un testacé rougeâtre, avec le vertex et la partie interne des yeux noirs; antennes et palpes testacés. Corselet de la couleur de la tête, avec une tache noire, transversale, assez large au milieu du bord postérieur, et le bord antérieur très-légèrement assombri; il est deux fois et demie aussi large que long, largement échancré en avant, où il est plus étroit, légèrement sinueux à la base; les bords latéraux à peine arrondis; les angles antérieurs assez saillants et aigus, les postérieurs également un peu aigus et assez sensiblement prolongés en arrière; il présente quelques points de chaque côté, et quelques autres disposés en une ligne transversale le long du bord antérieur. Écusson noirâtre. Élytres ovalaires, très-sensiblement allongées, et marchant presque parallèlement jusqu'à leurs trois quarts postérieurs environ; elles sont noires, avec une ligne étroite, jaune, à peine oblique en dedans, partant de l'épaule, où elle offre une petite saillie interne ne touchant pas le bord externe, se terminant souvent aux trois quarts postérieurs, et se continuant rarement jusqu'à l'extrémité; la bordure marginale est un peu rougeâtre, très-étroite en avant, s'élargit un peu en arrière et présente en dedans, très-près de l'extrémité, une petite tache jaunâtre; elles offrent, en outre, trois lignes longitudinales de points enfoncés, et quelques poils rares sortant d'autres points très-petits placés le long du bord externe; la portion réfléchie est d'un testacé plus ou moins ferrugineux. Le dessous du corps noirâtre. Les pattes antérieures et intermédiaires d'un testacé rougeâtre, les postérieures ferrugineuses.

Les femelles diffèrent des mâles en ce qu'elles sont généralement plus ovalaires et moins parallèles; leur corselet est beaucoup plus sombre, et offre sur les côtés quelques impressions irrégulières assez fortement enfoncées, et enfin la ligne jaune des élytres n'est presque jamais abrégée en arrière et va se perdre dans la petite tache postérieure.

Il se trouve aux États-Unis.

Il est extrêmement voisin du précédent, et peut très-facilement se confondre avec quelques-unes de ses nombreuses variétés, dont il ne se distingue que par sa taille un peu plus petite et sa forme plus étroite et plus parallèle; le corselet est beaucoup moins noir, dans les mâles surtout, et les élytres n'offrent jamais de rudiment de bande transversale à la base.

20. Hydaticus Subfasciatus.

Oblongo-ovatus, convexiusculus; thorace rufo-testaceo, antice et postice nigro; elytris nigris, cum macula humerali postice caudata, margine angusto, antice abbreviato, vitta transversa simplici ad basin, macula irregulari ad latera, paulo ultra medium et apice late et confuse, rufo-testaceis; corpore subtus nigro-piceo.

Mas : thorace lævi. Femina : vix utrinque rugoso.

Hydaticus Subfasciatus. Lap. *Étud. ent.* p. 96.
Hydaticus Uncinatus. Illig.-Dej. *Cat.* 3e *édit.* p. 61.

Long. de 11 ½ à 12 ½ millim. Larg. 6 ⅓ à 7 millim.

Ovale, légèrement allongé et médiocrement convexe. Tête très-finement pointillée, rougeâtre, avec le vertex et la partie interne des yeux noirs; antennes et palpes testacés. Corselet de la couleur de la tête, avec les bords antérieur et postérieur noirs au milieu; ces taches se réunissent souvent sur la ligne médiane par un petit filet étroit; il est deux fois et demie aussi large que long, largement échancré en avant, où il est plus étroit, légèrement sinueux à la base; les bords latéraux à peine arrondis; les angles antérieurs assez saillants et aigus, les postérieurs également un peu aigus et sensiblement prolongés en arrière; il présente quelques points rares de chaque côté, et quelques autres disposés en une ligne transversale le long du bord antérieur. Écusson noirâtre. Élytres ovalaires, un peu allongées, avec une bande transversale à la base, une tache humérale allongée, la bordure marginale abrégée en avant, une tache externe irrégulièrement triangulaire, située un peu au delà du milieu, et l'extrémité d'un testacé rougeâtre; la bande transversale de la base est simple, assez droite, et ne touche ni la suture ni la tache humérale; celle-ci ne touche le bord externe qu'en avant, est un peu allongée, offre une petite saillie interne et un prolongement caudal très-légèrement oblique, et qui s'étend en arrière presque jusqu'à la tache externe; la bordure marginale, très-étroite et abrégée en avant, vient en arrière se terminer dans une très-large tache apicale un peu plus sombre et tachetée de noir; un peu en avant de cette tache apicale, et le long de la bordure marginale, existe une autre tache irrégulièrement triangulaire, dont l'angle interne, un peu oblique en arrière, se réunit quelquefois à la tache apicale pour entourer un petit espace arrondi de la couleur du fond, placé en dehors aux deux tiers postérieurs environ; elles offrent, en outre, trois lignes longitudinales de points enfoncés, à peine sensibles, et quelques poils rares sortant d'autres points très-petits placés le long du bord externe; la portion réfléchie est testacée. Le dessous du corps et les pattes postérieures noirâtres; les pattes antérieures et intermédiaires d'un testacé ferrugineux.

Les femelles présentent sur les côtés du corselet de petites rugosités à peine senties.

Il se trouve au Brésil et à Cayenne.

21. Hydaticus Isabelii. *Dupont.*

Oblongo-ovalis, convexiusculus; thorace rufo-testaceo, antice, postice et in medio transversim confuse nigro; elytris nigris, cum vitta humerali longitudinali, paulo obliqua, altera marginali antice abbreviata, macula ad latera paulo ultra medium apiceque late, luteo-testaceis, nigro-irroratis; corpore subtus nigro-piceo.

Mas : thorace lævi. Femina : vix utrinque rugoso.

Long. 13 millim. Larg. 7 $\frac{1}{4}$ millim.

Ovale, un peu allongé et médiocrement convexe. Tête très-finement pointillée, noire, avec le labre, l'épistome, le milieu du front, la partie antérieure et interne des yeux, et une tache transversale sur le vertex d'un testacé rougeâtre;

antennes et palpes testacés. Corselet d'un testacé rougeâtre, avec les bords antérieur et postérieur noirs au milieu, et une tache transversale de même couleur sur le milieu du disque; ces trois taches plus ou moins largement réunies sur la ligne médiane; il est deux fois et demie aussi large que long, largement échancré en avant, où il est plus étroit, légèrement sinueux à la base; les angles antérieurs assez saillants et aigus, les postérieurs également un peu aigus et sensiblement prolongés en arrière; il présente quelques points rares de chaque côté, et quelques autres disposés en une ligne transversale le long du bord antérieur. Écusson noir. Élytres ovalaires, un peu allongées, noires, avec une ligne étroite, jaune, à peine oblique en dedans, partant de l'épaule, où elle offre une petite saillie interne, touchant le bord externe en avant seulement, et se terminant un peu au delà du milieu par une petite tache de même couleur, irrégulièrement triangulaire; quelquefois elle est abrégée en arrière et laisse la petite tache externe isolée; la bordure marginale est un peu plus rougeâtre, très-étroite en avant, où elle est fortement abrégée, un peu plus large en arrière, et venant se perdre dans une tache apicale jaunâtre, assez grande; elle est séparée longitudinalement de la ligne humérale par une bande noirâtre, très-étroite; toutes ces taches, à l'exception de la partie externe de la bordure marginale, sont couvertes de petits points noirs arrondis; il existe aussi quelquefois, à la base et en dehors, un petit groupe irrégulier de très-petites taches jaunâtres, très-irrégulières et plus ou moins nombreuses; elles offrent, en outre, trois lignes longitudinales de points enfoncés, et quelques poils rares sortant d'autres points très-petits placés le long du bord externe; la portion réfléchie est testacée. Le dessous du corps noirâtre. Les pattes antérieures et intermédiaires testacées, les postérieures d'un ferrugineux noirâtre.

Les femelles présentent sur les côtés du corselet de petites rugosités à peine visibles.

Il se trouve au Paraguay, et fait partie de la collection de M. Dupont.

22. Hydaticus Lateralis.

Oblongo-ovalis, depressiusculus; thorace nigro, ad latera ferrugineo; elytris nigris, cum vitta humerali longitudinali paulo obliqua marginem non attingente, altera marginali antice abbreviata maculisque duabus ad latera, prima ultra medium confuse triangulari, secunda ad apicem, rufo-ferrugineis; corpore subtus nigro-piceo.

Mas et femina; thorace lævi.

Hydaticus Lateralis. Lap. *Étud. ent.* p. 97

Long. 14 millim. Larg. 7 $\frac{1}{2}$ millim.

Ovale, un peu allongé et légèrement déprimé. Tête finement ponctuée, noire, avec le labre et l'épistome d'un rouge ferrugineux, et une tache transversale très-vague de même couleur sur le vertex; antennes et palpes ferrugineux. Corselet de la couleur de la tête, avec les bords latéraux assez largement et très-vaguement ferrugineux; il est près de trois fois aussi large que long, largement échancré en avant, où il est plus étroit, très-légèrement sinueux à la base; les bords latéraux à peine arrondis; les angles antérieurs assez saillants et aigus, les postérieurs également un peu aigus et légèrement prolongés en arrière; il est couvert de chaque côté de points très-fins et très-serrés, d'autant plus fins et plus serrés qu'ils s'éloignent plus des bords latéraux, et présente, en outre, une ligne transversale d'autres points un peu plus forts le long du bord antérieur. Écusson noir. Élytres ovalaires, allongées, noires, avec une ligne étroite, ferrugineuse, à peine oblique en dedans, partant de l'épaule, où elle offre une petite saillie interne, ne touchant ni la base ni le bord externe, et se terminant un peu avant le milieu; la bordure marginale est également ferrugineuse, très-étroite en avant, où elle est allongée, un peu plus large en arrière et se prolongeant jusqu'à l'extrémité;

il existe encore une tache triangulaire de même couleur, placée un peu au delà du milieu et le long de la bordure externe qu'elle ne touche pas, et une autre très-confuse un peu avant l'extrémité; la portion réfléchie est ferrugineuse. Le dessous du corps noir. Les pattes antérieures et intermédiaires ferrugineuses, les postérieures noirâtres.

Je n'ai vu qu'un seul individu femelle de cette espèce; il appartient à M. Buquet qui l'a reçu de Cayenne.

23. Hydaticus Hybneri.

Oblongo-ovalis, convexus; thorace rufo-testaceo; postice late rotundatim nigro; elytris nigris, late luteo-testaceo-marginatis; corpore subtus nigro-piceo.

Mas : thorace lævi. Femina : irregulariter utrinque impresso.

Dytiscus Hybneri. Fab. *Syst. Eleut.* i. 265.
Oliv. *Ent.* iii. 40. p. 24. pl. 4. fig. 33.
Sch. *Syn. Ins.* ii. p. 19.

Long. 13 à 14 millim. Larg. 7 ½ à 8 millim.

Ovale, très-légèrement allongé et assez convexe. Tête très-finement pointillée, noire, avec le labre, l'épistome, le devant des yeux, une tache sur le front et deux autres sur le vertex, d'un jaune ferrugineux; antennes et palpes ferrugineux. Corselet d'un jaune testacé, avec une très-large bande au milieu de la base, s'avançant en s'arrondissant en avant, souvent même jusque sur le bord antérieur; il est deux fois et demie aussi large que long, largement échancré en avant, où il est plus étroit, très-légèrement sinueux à la base; les bords latéraux à peine arrondis; les angles antérieurs assez saillants et aigus, les postérieurs presque droits et à peine prolongés en arrière; il est très-finement pointillé, et présente, en outre, quelques points un peu plus forts de chaque côté, et quelques autres disposés en une ligne transversale le long du bord antérieur. Écusson noir. Élytres ovalaires, très-légèrement allongées, noires, avec une bande longitudinale jaune qui suit et touche le bord externe jusqu'à son extrémité; souvent cette bande ne va pas jusqu'au bout des élytres, souvent aussi elle est divisée en arrière par une ou deux petits lignes de points noirs; elles présentent, en outre, trois lignes longitudinales de points enfoncés, et quelques poils rares sortant d'autres points très-petits placés le long du bord externe; la portion réfléchie est testacée. Le dessous du corps noir. Les pattes antérieures et intermédiaires ferrugineuses, les postérieures noirâtres.

Les femelles présentent sur les côtés du corselet et sur la partie antérieure et externe des élytres de petites impressions irrégulières assez fortement enfoncées.

Il se rencontre dans toute l'Europe.

24. Hydaticus Cinctipennis.

Elongato-ovalis, convexus, undique subtile punctulatus, thorace rufo-ferrugineo, postice in medio confuse umbroso; elytris brunneo-ferrugineis, cum vitta humerali longitudinali paulo obliqua, marginem antice attingente, luteo-testacea; lateribus confuse rufo-ferrugineis; corpore subtus nigro-piceo.

Mas : thorace lævi. Femina : irregulariter utrinque impresso.

Hydaticus Cinctipennis. Dej. *Cat.* 3e *édit.* p. 61.

Long. 14 millim. Larg. 7 ½ millim.

Ovale, assez allongé et convexe. Tête entièrement ferrugineuse et très-finement pointillée; palpes et antennes ferrugineux. Corselet de la couleur de la tête, avec une tache assez large, assombrie, vague au milieu de la base; il est deux fois et demie aussi large que long, largement échancré en avant, où il est plus étroit, à peine sinueux à la base; les bords latéraux très-légèrement arrondis; les angles antérieurs assez saillants et aigus, les postérieurs presque droits, à peine prolongés en arrière; il est très-finement pointillé, et présente, en outre, quelques points un peu plus forts de chaque côté, et quelques autres disposés en une ligne transversale le long du bord antérieur. Écusson brunâtre. Élytres ovalaires, assez allongées, d'un brun ferrugineux, avec une ligne étroite d'un testacé jaunâtre, à peine oblique en dedans, partant de l'épaule, ne touchant le bord externe qu'en avant seulement, et se terminant en pointe aux trois quarts postérieurs environ; la bordure marginale est un peu plus rougeâtre, très-étroite en avant, où elle est abrégée, un peu plus large en arrière, se prolongeant jusqu'à l'extrémité, et séparée longitudinalement de la bande humérale par deux ou trois lignes de petits points noirâtres qui suivent le contour de l'élytre jusqu'à l'extrémité; la portion réfléchie est d'un testacé ferrugineux. Le dessous du corps d'un noir de poix. Les pattes antérieures et intermédiaires ferrugineuses, les postérieures noirâtres.

Les femelles présentent, sur les côtés du corselet et à la partie antérieure et externe des élytres, quelques impressions irrégulières, rares et assez fortement enfoncées.

Il se trouve aux États-Unis et à la Guadeloupe.

25. Hydaticus Incaustus. *Dupont.*

Elongato-ovalis, convexiusculus; thorace rufo-testaceo, in medio et postice transversim umbroso; elytris rufo-testaceis, maculis minimis rotundatis nigris, plus minusve confluentibus, medio ad suturam omnino confuse aggregatis, undique notatis, tribus vel quatuor lineis elytrorum colore immaculatis; corpore subtus nigro-piceo.

Mas: thorace lævi. Femina: irregulariter utrinque impresso, rugoso.

Long. 14 millim. Larg. 7 $\frac{3}{4}$ millim.

Ovale, assez allongé et médiocrement convexe. Tête très-finement pointillée, noire, avec le labre, l'épistome, le milieu du front, la partie antérieure et interne des yeux et une tache transversale sur le vertex d'un testacé rougeâtre; antennes et palpes testacés. Corselet d'un testacé rougeâtre un peu ferrugineux, avec le milieu de la base étroitement noir et une tache transversale noirâtre sur le milieu du disque; il est deux fois et demie aussi large que long, largement échancré en avant, où il est plus étroit, à peine sinueux à la base; les bords latéraux très-légèrement arrondis; les angles antérieurs assez saillants et aigus, les postérieurs également un peu aigus et très-faiblement prolongés en arrière; il présente quelques points rares de chaque côté, et quelques autres disposés en une ligne transversale le long du bord antérieur. Écusson d'un noir ferrugineux. Élytres ovalaires, allongées, d'un testacé rougeâtre un peu ferrugineux et couvertes de petites taches arrondies, noires, plus ou moins confluentes, d'autant plus qu'elles s'approchent davantage de la suture, où elles sont entièrement confondues; sur les côtés et principalement en arrière, elles sont isolées et assez espacées, de sorte qu'au premier aspect les élytres sont brunâtres au milieu, le long de la suture, et presque testacées en arrière et sur les côtés; le bord externe dans ses trois quarts postérieurs, et trois ou quatre lignes longitudinales sur le disque, sont immaculés et conservent la couleur du fond; elles présentent, en outre, trois lignes longitudinales de points enfoncés, et quelques poils rares sortant d'autres points très-petits placés le long du bord externe; la portion réfléchie d'un testacé ferrugineux. Le dessous du corps noirâtre. Les pattes antérieures et intermédiaires ferrugineuses, les postérieures noirâtres.

Les femelles présentent sur les côtés du corselet de petites impressions irrégulières très-serrées et peu senties qui le font paraître un peu rugueux.

Il se trouve au Brésil, et fait partie de la collection de M. Dupont.

26. Hydaticus Dorsiger. *Dupont.*

Oblongo-ovalis, convexiusculus; thorace testaceo, postice in medio nigro; elytris testaceis, punctis minimis rotundatis sparsis ad latera maculaque magna elongato-ovali communi in sutura, nigro-notatis; corpore subtus ferrugineo.

Mas : thorace lævi. Femina : irregulariter impresso.

Long. 13 $\frac{1}{2}$ millim. Larg. 7 $\frac{3}{4}$ millim.

Ovale, un peu allongé et médiocrement convexe. Tête très-finement pointillée, testacée, avec la partie postérieure noire transversalement; antennes et palpes testacés. Corselet de la couleur de la tête, avec le bord postérieur étroitement noir au milieu; il est deux fois et demie aussi large que long, largement échancré en avant, où il est plus étroit, à peine sinueux à la base; les bords latéraux très-légèrement arrondis; les angles antérieurs assez saillants et aigus, les postérieurs également un peu aigus et faiblement prolongés en arrière; il présente quelques points rares de chaque côté, et quelques autres disposés en une ligne transversale le long du bord antérieur. Écusson noir. Élytres ovalaires, un peu allongées, testacées, avec la partie interne de la base, la région de l'écusson noires, et une très-grande tache de même couleur, ovale, très-allongée, placée sur la suture et commune aux deux élytres; elle naît un peu au delà de la base, et se termine avant l'extrémité; la partie testacée est couverte de très-petites taches arrondies, également noires et très-peu confluentes; elles offrent, en outre, trois lignes longitudinales de points enfoncés; ceux qui répondent aux deux lignes externes sont placés sur de petites taches noires un peu plus grandes que celles du fond; la portion réfléchie est testacée. Le dessous du corps ferrugineux. Les pattes antérieures et intermédiaires testacées, les postérieures ferrugineuses.

Les femelles présentent sur les côtés du corselet de petites impressions irrégulières très-fortement enfoncées.

Il se trouve à Madagascar, d'où il a été rapporté par M. Goudot; il fait partie de la collection du Muséum et de celle de M. Dupont.

27. Hydaticus Palliatus.

Oblongo-ovalis, convexiusculus; thorace rufo-testaceo, postice in medio nigro; elytris nigris, ad basin et humera testaceo-irroratis et trilineolatis, postice ad apicem late luteo-testaceis, punctis minimis raris maculaque rotundata majore nigro-notatis; corpore subtus nigro-piceo.

Mas : thorace lævi. Femina ....

Hydaticus Palliatus. Dej. *Cat.* 3e *édit.* p. 61.

Long. 14 millim. Largeur 7 ¾ millim.

Ovale, allongé et médiocrement convexe. Tête très-finement pointillée, d'un testacé rougeâtre, avec le vertex, la partie interne des yeux noirs, et quelquefois un petit chaperon de même couleur sur le front, et réuni de chaque côté à la tache interne de l'œil; antennes et palpes testacés. Corselet de la couleur de la tête, avec le bord postérieur étroitement noir au milieu; il est deux fois et demie aussi large que long, largement échancré en avant, où il est plus étroit, à peine sinueux à la base; les bords latéraux très-légèrement arrondis; les angles antérieurs assez saillants et aigus, les postérieurs également un peu aigus et faiblement prolongés en arrière; il présente quelques points rares de chaque côté, et quelques autres disposés en une ligne transversale le long du bord antérieur. Écusson noir. Élytres ovalaires, allongées, noires, avec le bord externe, l'extrémité dans une très-grande étendue, quelques petites taches irrégulières en avant et en dehors, et trois ou quatre petites lignes longitudinales à la base fortement abrégées en arrière, d'un testacé un peu rougeâtre; la tache apicale occupe le tiers postérieur environ, est fortement échancrée en avant et au milieu, marquée de très-petits points arrondis, noirâtres et très-peu nombreux; elle offre, de chaque côté, en avant et en dehors, une tache de même couleur assez grande, un peu ovalaire et tout à fait isolée; toute la portion noire antérieure résulte, comme j'ai été à même de le voir sur un individu de la collection de M. Dejean, de la très-grande confluence de petites taches arrondies, noirâtres, placées sur un fond testacé; elles offrent, en outre, trois lignes longitudinales de points enfoncés, et quelques poils rares sortant d'autres points très-petits placés le long du bord externe; la portion réfléchie est testacée. Le dessous du corps noirâtre, avec quelques taches ferrugineuses de chaque côté de l'abdomen. Pattes antérieures et intermédiaires d'un testacé rougeâtre, les postérieures ferrugineuses.

Je n'ai vu que des individus mâles.

Il se trouve au Brésil.

28. Hydaticus Capicola.

Elongato-ovalis, convexiusculus; thorace rufo-testaceo, in medio transversim nigro-maculato; elytris rufo-testaceis, crebre nigro-irroratis, margine exteriori cum tribus vel quatuor lineolis angustis vix conspicuis elytrorum colore fere immaculatis; corpore subtus nigro-piceo.

Mas : thorace lævi. Femina : irregulariter utrinque impresso.

Hydaticus Capicola. Dej. *Cat.* 3e *édit.* p. 61.

Long. 14 millim. Larg. 7 ½ millim.

Ovale, allongé, et médiocrement convexe. Tête très-finement pointillée, noirâtre, avec le labre, l'épistome, la partie interne des yeux, une tache sur le milieu du front et une autre transversale sur le vertex, d'un testacé rougeâtre; antennes et palpes testacés. Corselet d'un testacé rougeâtre, avec une tache noirâtre, transversale, assez grande sur le milieu du disque; il est deux fois et demie aussi large que long, largement échancré en avant, où il est plus étroit, à peine sinueux à la base; les bords latéraux très-légèrement arrondis; les angles antérieurs assez saillants et aigus, les postérieurs également un peu aigus et faiblement prolongés en arrière ; il présente quelques points rares de chaque côté, et quelques autres disposés en une ligne transversale le long du bord antérieur. Écusson ferrugineux. Élytres ovalaires, allongées, d'un testacé rougeâtre, couvertes d'une multitude de petites taches arrondies, noires, très-rapprochées les unes des autres, plus ou moins confluentes, assez régulièrement répandues sur toute leur surface et les faisant paraître brunâtres; le bord externe et trois ou quatre lignes longitudinales très-étroites et peu visibles conservent la couleur du fond, et sont testacés; elles offrent, en outre, trois lignes longitudinales de points enfoncés, et quelques poils rares sortant d'autres points très-petits placés le long du bord externe; la portion réfléchie est testacée. Le dessous du corps noirâtre, avec quelques petites taches ferrugineuses de chaque côté de l'abdomen. Pattes antérieures testacées, les postérieures ferrugineuses.

Les femelles présentent sur les côtés du corselet de petites impressions irrégulières assez fortement enfoncées et peu nombreuses.

Il se trouve au cap de Bonne-Espérance.

29. Hydaticus Servillianus. *Mihi.*

Oblongo-ovalis, convexiusculus; thorace testaceo, postice in medio transversim nigro; elytris nigris, ad basin, marginem et apicem creberrime rufo-irroratis, lateribus testaceis; corpore subtus nigro-piceo.

Mas : thorace lævi. Femina.........

Long. 12 $\frac{1}{4}$ millim. Larg. 7 millim.

Ovale, un peu allongé et médiocrement convexe. Tête très-finement pointillée, testacée, avec le vertex et la partie interne des yeux noirs; antennes et palpes testacés. Corselet de la couleur de la tête, avec le bord postérieur étroitement noir au milieu, et le bord antérieur à peine assombri; il est deux fois et demie aussi large que long, largement échancré en avant, où il est plus étroit, à peine sinueux à la base; les bords latéraux très-légèrement arrondis; les angles antérieurs assez saillants et aigus, les postérieurs presque droits et à peine prolongés en arrière; il présente quelques points de chaque côté, et quelques autres disposés en une ligne transversale le long du bord antérieur. Écusson noirâtre. Élytres ovalaires, un peu allongées, noires, et marquées à la base, sur les côtés et en arrière, de petites taches irrégulières, testacées; le bord externe est testacé dans toute son étendue; elles pourraient aussi bien être considérées comme étant de cette dernière couleur, et couvertes de petites taches arrondies, noires, très-confluentes à la base, sur les côtés et en arrière, et entièrement confondues au milieu; elles offrent, en outre, trois lignes longitudinales de points enfoncés, et quelques poils rares sortant d'autres points très-petits placés le long du bord externe; la portion réfléchie est testacée. Le dessous du corps noir. Les pattes antérieures et intermédiaires testacées, les postérieures ferrugineuses.

Je n'ai vu qu'un seul individu mâle de cette espèce; il appartient à M. Audinel-Serville qui l'a reçu du cap de Bonne-Espérance.

30. Hydaticus Leander.

Ovalis, convexiusculus; thorace testaceo, postice in medio transversim nigro; elytris testaceis, cum punctis minimis rotundatis nigris, in medio confuse aggregatis, ad basin, latera et apicem sparsis; lateribus elytrorum colore immaculatis; corpore subtus ferrugineo.

Mas et femina : thorace lævi.

Dytiscus Leander. Rossi. *Faun. Etrusc.* I. 212.
Oliv. *Ent.* III. 40. p. 22. pl. 3. fig. 25.
Hydaticus Distinctus. Dej. *Cat.* 3e *édit.* p. 61.

Long. 10 $\frac{1}{2}$ à 11 $\frac{1}{2}$ millim. Larg. 6 à 6 $\frac{1}{3}$ millim.

Assez régulièrement ovale et légèrement convexe. Tête finement pointillée, testacée, avec la partie postérieure noire transversalement; antennes et palpes testacés. Corselet de la couleur de la tête, avec le bord postérieur étroitement noir au milieu; il est deux fois et demie aussi large que long, largement échancré en avant, où il est plus étroit, à peine sinueux à la base; les bords latéraux très-légèrement arrondis; les angles antérieurs assez saillants et aigus, les postérieurs également un peu aigus et faiblement prolongés en arrière; il présente quelques points de chaque côté, et quelques autres disposés en une ligne transversale le long du bord antérieur. Écusson noirâtre. Élytres assez régulièrement ovalaires, testacées et couvertes d'une multitude de petites taches arrondies, noires, très-rapprochées les unes des autres, d'autant plus grandes et plus confluentes qu'elles sont plus voisines du centre, de sorte qu'elles paraissent noirâtres au milieu et d'un testacé grisâtre sur les côtés; le bord latéral conserve la couleur du fond et est testacé; elles offrent, en outre, trois lignes longitudinales de points enfoncés, et quelques poils rares sortant d'autres points très-petits placés le long du bord externe. La portion réfléchie est testacée. Le dessous du corps ferrugineux. Les pattes antérieures et intermédiaires testacées, les postérieures ferrugineuses.

Les femelles sont semblables aux mâles.

Il se trouve dans le midi de la France, en Espagne, en Italie, et dans toutes les contrées méridionales de l'Europe. M. Dupont possède dans sa collection un individu du Sénégal, que je crois devoir rapporter à cette espèce; il ne diffère des européens que par sa taille à peine plus petite.

31. Hydaticus Rufulus. *Chevrolat.*

Oblongo-ovalis, convexiusculus; thorace testaceo, immaculato, elytris testaceis, cum punctis minimis rotundatis nigris, plus minusve confluentibus fasciisque duabus transversis umbrosis vix conspicuis, una paulo ultra medium, altera ante apicem; corpore subtus ferrugineo.

Mas : thorace lævi. Femina : irregulariter utrinque vix impresso.

Long. 10 $\frac{1}{2}$ millim. Larg. 5 $\frac{3}{4}$ millim.

Ovale, un peu allongé et médiocrement convexe. Tête très-finement pointillée, testacée, avec la partie postérieure noire transversalement; antennes et palpes testacés. Corselet de la couleur de la tête, immaculé, avec les bords antérieur et postérieur à peine assombris; il est deux fois et demie aussi large que long, largement échancré en avant, où il est plus étroit, à peine sinueux à la base; les bords latéraux très-légèrement arrondis; les angles antérieurs assez saillants et aigus, les postérieurs également un peu aigus et faiblement prolongés en arrière; il présente quelques points de chaque côté, et quelques autres disposés en une ligne transversale le long du bord externe. Écusson ferrugineux. Élytres ovalaires, un peu allongées, testacées et couvertes d'une multitude de petites taches arrondies, noires, très-rapprochées les unes des autres, peu confluentes, assez régulièrement répandues sur toute leur surface, et les faisant paraître grisâtres; le bord externe et une ou deux lignes à peine visibles sur le disque conservent la couleur du fond et sont testacés; sur les individus les plus pâles, on observe souvent deux petites taches transversales ombrées, à peine visibles et placées sur la suture, l'une aux deux tiers postérieurs environ, et l'autre près de l'extrémité; elles offrent, en outre, trois lignes longitudinales de points enfoncés, et quelques poils rares sortant d'autres points très-petits, placés le long du bord externe; la portion réfléchie est testacée. Le dessous du corps ferrugineux. Les pattes antérieures et intermédiaires testacées, les postérieures ferrugineuses.

Il a beaucoup d'analogie avec le *Leander* dont il diffère par sa taille plus petite, sa forme un peu plus étroite et plus allongée, son corselet immaculé et par les élytres, dont les taches sont régulièrement répandues sur leur surface, et qui offrent assez souvent, en arrière, deux petites bandes transversales légèrement ombrées; les femelles présentent aussi sur les côtés du corselet de petites impressions irrégulières très-peu nombreuses et tres-peu enfoncées; ce caractère manque chez les femelles du *Leander*.

Il se trouve aux Indes orientales, dans les îles asiatiques, à Madagascar, au Sénégal et au cap de Bonne-Espérance; il fait partie de la collection du Muséum, et de presque toutes celles des entomologistes de Paris.

32. Hydaticus Stagnalis.

Ovalis, convexus; thorace rufo-testaceo, postice in medio late nigro; elytris nigris, cum margine laterali lineolisque plurimis longitudinalibus rufo-testaceis; corpore subtus nigro-piceo.

Mas : thorace lævi. Femina : irregulariter utrinque impresso.

Dytiscus Stagnalis. Fab. *Syst. Eleut.* I. 265.
Panz. *Faun. Germ.* XCI. t. 7.
Gyl. *Ins. Suec.* I. p. 481.
Sch. *Syn. Ins.* II. 20.

Long. 14 millim. Larg. 7 $\frac{1}{8}$ millim.

Assez régulièrement ovale et sensiblement convexe. Tête très-finement pointillée, noirâtre, avec le labre, l'épistome, le front et deux petites taches sur le vertex d'un testacé rougeâtre; antennes et palpes testacés. Corselet d'un testacé un peu rougeâtre, avec une tache noire transversale assez large au milieu de la base; il est deux fois et demie aussi large que long, largement échancré en avant, où il est plus étroit, à peine sinueux en arrière; les bords latéraux très-légèrement arrondis; les angles antérieurs assez saillants et aigus, les postérieurs presque droits, à peine prolongés en arrière; il est couvert de points excessivement fins, et présente, en outre, quelques points plus forts de chaque côté, et d'autres analogues disposés en une ligne transversale le long du bord antérieur

Écusson d'un noir ferrugineux. Élytres assez régulièrement ovalaires, couvertes de points excessivement fins, noirs, avec le bord externe, cinq ou six lignes longitudinales sur le disque, et quelques petites taches dans les environs de l'épaule, d'un testacé un peu rougeâtre; elles offrent, en outre, trois lignes longitudinales de points enfoncés peu visibles, et quelques poils rares sortant d'autres points très-petits placés le long du bord externe; la portion réfléchie est testacée. Le dessous du corps noir, avec quelques taches sur les côtés de l'abdomen. Pattes antérieures et intermédiaires d'un testacé un peu ferrugineux, les postérieures noirâtres.

Les femelles présentent sur les côtés du corselet et sur les élytres, dans les environs de l'épaule, de petites impressions irrégulières assez fortement enfoncées.

Il se trouve en France, en Allemagne et en Suède; il est assez rare partout.

33. Hydaticus Grammicus.

Ovatus, convexus, undique punctulatus; thorace rufo-testaceo, immaculato; elytris nigris, cum margine laterali lineolisque plurimis longitudinalibus rufo-testaceis; corpore subtus testaceo.

Mas : thorace lævi. Femina : irregulariter utrinque impresso.

Dytiscus Grammicus. Sturm-Germ. *Faun. Ins. Europ.* xiii. fig. 1.

Hydaticus Grammicus. Sturm. *Deuts. Faun.* 56.

Hydaticus Lineolatus. Faldermann. *Nouv. Mém. de la Soc. imp. de Mosc.* iv. p. 112.

Hydaticus Strigatus. Dej. *Cat.* 3e *édit.* p. 61.

Long. 11 millim. Larg. 6 millim.

Assez régulièrement ovale et sensiblement convexe. Tête finement ponctuée, testacée, avec la partie postérieure noire transversalement; antennes et palpes testacés. Corselet de la couleur de la tête, immaculé, deux fois et demie aussi large que long, largement échancré en avant, où il est plus étroit, à peine sinueux à la base; les bords latéraux très-légèrement arrondis; les angles antérieurs assez saillants et aigus, les postérieurs presque droits, à peine prolongés en arrière; il est entièrement couvert de points enfoncés assez fins, et présente, en outre, quelques points un peu plus forts de chaque côté, et quelques autres analogues disposés en une ligne transversale le long du bord antérieur. Écusson ferrugineux. Élytres assez régulièrement ovalaires, entièrement couvertes de points assez fins, noirs, avec le bord externe, trois ou quatre lignes longitudinales d'un testacé rougeâtre, et beaucoup de petites taches irrégulières de même couleur placées à la base, sur les côtés et à l'extrémité; quelques-unes de ces taches se réunissent en lignes longitudinales très-étroites plus ou moins abrégées et interrompues, et placées dans l'intervalle des autres; elles offrent, en outre, trois lignes longitudinales de points enfoncés, très-peu sensibles, et quelques poils rares sortant d'autres points très-petits placés le long du bord externe; la portion réfléchie est jaune. Le dessous du corps d'un testacé un peu rougeâtre. Les pattes testacées, les antérieures et intermédiaires plus pâles.

Les femelles présentent sur les côtés du corselet de petites impressions irrégulières assez fortement enfoncées.

Cette espèce, très-voisine de l'*Hyd. Stagnalis*, est toujours plus petite, plus fortement ponctuée, testacée en dessous, et a le corselet immaculé.

Il se trouve en Italie, en Sardaigne et en Arménie.

b. *Tarses intermédiaires des mâles n'ayant que deux rangées de cupules.* (Graphoderus. *Eschscholtz-Dejean.*)

34. Hydaticus Brunnipennis.

Elliptico-ovalis, depressiusculus, rufo-ferrugineus; elytris creberrime et confertissime piceo-irroratis, ad basin, latera et scutellum pallidis.

Mas et femina : thorace lævi.

Graphoderus Brunnipennis. Dej. *Cat.* 3e *édit.* p. 61.

Colymbetes Rugicollis. Kirby *in Richards. Faun. Boreal. amer.* p. 73?

Long. 12 millim. Larg. 7 millim.

Ovale, un peu elliptique et déprimé. Tête très-finement pointillée, d'un testacé un peu ferrugineux, jaunâtre en avant; antennes et palpes testacés. Corselet de la couleur de la tête, avec les bords latéraux jaunâtres; il est trois fois aussi large que long, largement échancré en avant, où il est plus étroit, très-légèrement sinueux à la base; les bords latéraux presque rectilignes et un peu obliques; les angles antérieurs assez saillants et aigus, les postérieurs également un peu aigus et très-faiblement prolongés en arrière; il présente de chaque côté quelques points rares, et quelques autres disposés en une ligne transversale le long du bord antérieur. Écusson rougeâtre. Élytres ovalaires, un peu elliptiques, d'un testacé un peu rougeâtre et entièrement couvertes de petites taches noirâtres, arrondies, très-rapprochées les unes des autres, très-confluentes, assez régulièrement répandues sur toute leur surface et les faisant paraître d'un brun très-foncé; elles sont très-étroitement testacées le long du bord latéral et de la base et dans le voisinage de l'écusson; elles offrent, en outre, trois lignes longitudinales de points enfoncés à peine visibles, et quelques poils rares sortant d'autres points très-petits placés le long du bord externe; la portion réfléchie est testacée. Le dessous du corps d'un ferrugineux rougeâtre. Les pattes antérieures et intermédiaires testacées, les postérieures rougeâtres.

Les femelles sont semblables aux mâles.

Il se trouve aux États-Unis d'Amérique.

35. Hydaticus Petitii.

Oblongo-ovalis, convexus; thorace nigro, ad latera late luteo; elytris nigris, cum vitta longitudinali versus latera, paulo obliqua, ad apicem obtuse abbreviata, lutea, postice aut puncto nigro notata, aut interrupta; corpore subtus nigro-piceo.

Mas : thorace lævi. Femina : irregulariter utrinque vix impresso, nonnunquam lævi.

Graphoderus Petitii. Buquet-Dej. *Cat.* 3e *édit.* p. 61.

Long. 16 à 17 ½ millim. Larg. 9 à 9 ¾ millim.

Ovale, un peu allongé et assez convexe. Tête très-finement pointillée, noire, avec la partie antérieure jaunâtre; antennes et palpes testacés. Corselet de la couleur de la tête, avec les bords latéraux très-largement bordés de jaune, un peu plus de deux fois et demie aussi large que long, largement échancré en avant, où il est plus étroit, à peine sinueux à la base; les bords latéraux presque rectilignes et un peu obliques; les angles antérieurs assez saillants et aigus, les postérieurs également un peu aigus et très-faiblement prolongés en arrière; il présente quelques points rares de chaque côté, et quelques autres disposés en une ligne transversale le long du bord antérieur. Écusson noir. Élytres ovalaires, très-légèrement allongées, assez convexes en avant et légèrement déprimées en arrière, noires, avec une large bande longitudinale externe jaune, un peu oblique en dedans, naissant de la base, ne touchant le bord externe qu'à la région humérale, et se terminant d'une manière obtuse un peu avant l'extrémité, après avoir progressivement diminué de largeur; un peu avant sa terminaison, cette bande est elle-même marquée d'une autre tache de la couleur du fond, ou bien elle est tout à fait interrompue en ce point, et la portion postérieure réduite à une tache assez régulièrement arrondie; on observe encore quelquefois, mais rarement, une petite tache noire à la partie antérieure de cette bande jaune vers la région de l'épaule; elles offrent, en outre, trois lignes longitudinales de points enfoncés peu marqués; la portion réfléchie est testacée en avant, noirâtre en arrière. Le dessous du corps noirâtre, avec quelques taches ferrugineuses de chaque côté de l'abdomen. Pattes antérieures et intermédiaires testacées, les postérieures d'un noir ferrugineux.

Les femelles présentent sur les côtés du corselet quelques impressions irrégulières, très-petites, très-peu nombreuses, à peine enfoncées et disparaissant même quelquefois.

Il se trouve à Madagascar.

36. Hydaticus Exclamationis. *Mihi.*

Ovalis, convexus, postice depressiusculus; thorace nigro, ad latera late luteo; elytris nigris, cum vitta versus latera longitudinali, paulo obliqua, lutea, acute abbreviata, aut integra, aut ad apicem interrupta; corpore subtus nigro-ferrugineo.

Mas: thorace lævi. Femina: irregulariter utrinque vix impresso, nonnunquam lævi.

Long. 13 $\frac{1}{2}$ à 15 millim. Larg. 8 à 9 millim.

Ovale, à peine allongé et assez convexe. Tête très-finement pointillée, noire, avec la partie antérieure jaunâtre; antennes et palpes testacés. Corselet de la couleur de la tête avec les bords latéraux très-largement bordés de jaune; il est trois fois aussi large que long, largement échancré en avant, où il est plus étroit, à peine sinueux à la base; les bords latéraux presque rectilignes et un peu obliques; les angles antérieurs assez saillants et aigus; les postérieurs également un peu aigus et faiblement prolongés en arrière; il présente quelques points rares de chaque côté, et quelques autres disposés en une ligne transversale le long du bord antérieur. Écusson noir. Élytres assez régulièrement ovalaires, assez convexes en avant, légèrement déprimées en arrière, noires, avec une bande longitudinale externe plus ou moins large, jaune, un peu oblique en dedans, naissant de la base, ne touchant le bord externe qu'à la région humérale, et se terminant, après avoir progressivement diminué de largeur, en une pointe aiguë, tantôt vers le milieu, tantôt vers les trois quarts et très-souvent vers l'extrémité; dans ce cas, elle est interrompue en arrière, et la portion postérieure est étroite et linéaire; elles offrent, en outre, trois lignes longitudinales de points enfoncés peu marqués; la portion réfléchie est testacée en avant, noirâtre en arrière. Le dessous du corps d'un noir ferrugineux. Les pattes antérieures et intermédiaires testacées, les postérieures d'un noir ferrugineux.

Les femelles présentent sur les côtés du corselet quelques impressions irrégulières, très-petites, très-peu nombreuses, à peine enfoncées et disparaissant quelquefois.

Cette espèce a beaucoup d'analogie avec la précédente; mais elle est toujours plus petite, plus régulièrement ovale, et la bande jaune de ses élytres est terminée en pointe en arrière.

Il se trouve aussi à Madagascar, et fait partie de la collection du Muséum et de celle de M. Dupont.

37. Hydaticus Bivittatus.

Oblongo-ovalis, convexiusculus; thorace luteo-testaceo, postice in medio rotundatim nigro; elytris nigris cum margine laterali vittaque longitudinali interna, luteo-testaceis; corpore subtus brunneo-ferrugineo.

Mas : thorace lævi. Femina : irregulariter utrinque vix impresso.

Hydaticus Bivittatus. Lap. *Étud. ent.* p. 97.
Graphoderus Bivittatus. Dej. *Cat.* 3e *édit.* p. 61.

Long. 13 ¼ millim. Larg. 7 millim.

Ovale, légèrement allongé et médiocrement convexe. Tête très-finement pointillée, noire, avec la partie antérieure jaune; antennes et palpes testacés. Corselet jaunâtre, avec une petite tache noire au milieu de la base; cette tache, aussi large que longue, s'avance en s'arrondissant presque jusqu'au bord antérieur; il est trois fois aussi large que long, largement échancré en avant, où il est plus étroit, à peine sinueux en arrière; les bords latéraux presque rectilignes et très-peu obliques; les angles antérieurs assez saillants et aigus, les postérieurs également un peu aigus et faiblement prolongés en arrière; il présente quelques points rares de chaque côté, et quelques autres disposés en une ligne transversale le long du bord antérieur. Écusson noir. Élytres ovalaires, un peu allongées, noires, avec une bande jaune assez large qui suit et touche le bord externe dans toute son étendue, et une autre bande longitudinale, très-droite, de même couleur, un peu plus étroite, naissant du milieu de la base environ, pour se réunir en arrière à la bande externe, un peu avant l'extrémité; elles offrent, en outre, trois lignes longitudinales de points enfoncés peu sensibles; la portion réfléchie est testacée dans toute son étendue. Le dessous du corps d'un brun ferrugineux. Les pattes antérieures et intermédiaires testacées, les postérieures ferrugineuses.

Les femelles présentent sur les côtés du corselet quelques impressions irrégulières très-petites, peu nombreuses, à peine enfoncées et disparaissant très-probablement quelquefois.

Il habite l'île de France, Madagascar et le Sénégal.

38. Hydaticus Vittatus.

Ovalis, convexiusculus; thorace nigro, ad latera luteo; elytris nigris, cum vittis luteis duabus, una brevi ad humera, paulo introrsum obliqua, altera interna, vix postice abbreviata; corpore subtus nigro-piceo.

Mas : thorace lævi. Femina : irregulariter impresso, rugoso.

Dytiscus Vittatus. Fab. *Syst. Eleut.* 1. 262.
Oliv. *Ent.* III. 40. p. 20. pl. 1. fig. 5.
Graphoderus Vittatus. Dej. *Cat.* 3e *édit.* p. 61.

Var. β. *Elytris cum vitta unica antice bifida.*

Var. γ. *elytris cum vitta unica antice bifida punctoque luteo ad scutellum.*

Long. 13 millim. Larg. 7 $\frac{1}{2}$ millim.

Ovale, à peine allongé et légèrement convexe. Tête très-finement pointillée, noire, avec la partie antérieure jaune; antennes et palpes testacés. Corselet de la couleur de la tête, avec les bords latéraux très-largement bordés de jaune; il est un peu moins de trois fois aussi large que long, largement échancré en avant, où il est plus étroit, à peine sinueux à la base; les bords latéraux presque rectilignes et un peu obliques; les angles antérieurs assez saillants et aigus, les postérieurs également un peu aigus et très-faiblement prolongés en arrière; il présente quelques points rares de chaque côté, et quelques autres disposés en une ligne transversale le long du bord antérieur. Écusson noir. Élytres ovalaires, à peine allongées, noires, avec deux bandes longitudinales jaunes; l'une externe à peine oblique en dedans, naissant de la base, ne touchant le bord latéral qu'à la région humérale, et atteignant tout au plus le milieu de leur longueur; l'autre également jaune, naissant de la base un peu en dedans de la précédente, suivant assez exactement le contour de l'élytre, et venant se terminer un peu avant l'extrémité, où elle offre une très-petite saillie externe; souvent la bande externe est réunie par son extrémité à l'interne, de sorte qu'alors il n'existe plus qu'une seule bande bifurquée en avant, ce qui constitue la var. β; elles offrent, en outre, trois lignes longitudinales de points enfoncés peu sensibles; la portion réfléchie est testacée en avant, noirâtre en arrière. Le dessous du corps noirâtre. Les pattes antérieures et intermédiaires testacées, les postérieures noirâtres.

La var. γ offre, en outre de la bande jaune externe bifurquée en avant, une petite tache arrondie de même couleur dans le voisinage de l'écusson.

Les femelles présentent sur les côtés du corselet de petites impressions irrégulières très-nombreuses, très-serrées et peu enfoncées, qui le font paraître rugueux.

Il se trouve à Java et aux Indes orientales.

39. Hydaticus Madagascariensis. *Mihi.*

Ovalis, convexus, postice depressiusculus; thorace nigro, ad latera luteo; elytris nigris, cum vitta versus latera longitudinali, paulo obliqua, punctis duobus ad basin transversim dispositis, alteroque ad apicem, luteo-testaceis; corpore subtus nigro-piceo.

Mas : thorace lævi. Femina......

Long. 14 $\frac{1}{2}$ millim. Larg. 8 $\frac{1}{2}$ millim.

Assez régulièrement ovale et convexe. Tête très-finement pointillée, noire, avec la partie antérieure jaune; antennes et palpes testacés. Corselet de la couleur de la tête, avec les bords latéraux très-largement bordés de jaune; il est trois fois aussi large que long, largement échancré en avant, où il est plus étroit, à peine sinueux à la base; les bords latéraux presque rectilignes et un peu obliques; les angles antérieurs assez saillants et aigus, les postérieurs également un peu aigus et faiblement prolongés en arrière; il présente quelques points rares de chaque côté, et quelques autres disposés en une ligne transversale le long du bord antérieur. Écusson noir. Élytres assez régulièrement ovalaires, noires, avec une bande longitudinale externe jaune, à peine oblique en dedans, naissant de la base, ne touchant le bord latéral qu'à la région humérale et atteignant les trois quarts postérieurs de leur longueur, et trois points arrondis de même couleur: deux sont placés transversalement à la base, l'un au milieu environ, l'autre près de l'écusson; le troisième, beaucoup plus petit, est situé tout à fait en arrière près de l'extrémité; elles offrent, en outre, trois lignes longitudinales de points enfoncés, peu sensibles; la portion réfléchie est testacée en avant, noirâtre en arrière. Le dessous du corps noirâtre. Les pattes antérieures et intermédiaires testacées, les postérieures noirâtres.

Je n'ai vu qu'un seul individu mâle de cette espèce; il fait partie de la collection du Muséum, et a été rapporté de Madagascar par M. Goudot.

40. Hydaticus Cinereus.

Ovatus, convexus, supra fusco-cinereus, infra luteo-testaceus; capite antice, thorace ad latera et transversim late in medio, luteis; elytris nigricantibus, flavo-irroratis.

Dytiscus Cinereus. Linn. *Faun. Suec.* 771.
Fab. *Syst Eleut.* 262.
Oliv. *Ent.* iii. 40. p. 17. pl. 4. fig. 32. b.
Dytiscus Tœniatus. Rossi. *Mant.* i. 69.
Hydaticus Cinereus. Curtis. *Brit. ent.* 95.
Graphoderus Cinereus. Dej. *Cat.* 3e *édit.* p. 61.

Long. 14 à 15 millim. Larg. 8 à 8 $\frac{1}{2}$ millim.

Assez régulièrement ovale, cependant un peu dilaté au delà du milieu et convexe. Tête très-finement pointillée, jaune, avec la partie postérieure et le dedans des yeux noirs, et deux taches de la même couleur en forme de V ouvert placées sur le front, l'une au-devant de l'autre; souvent ces deux taches se réunissent par leur milieu; plus souvent encore celle de devant manque tout à fait, surtout dans les mâles; antennes et palpes ferrugineux. Corselet de la couleur de la tête, assez largement bordé de noir en avant et en arrière; ces deux bandes transversales n'atteignent pas les bords latéraux; il est trois fois aussi large que long, largement échancré en avant, où il est plus étroit, coupé presque carrément à la base; les bords latéraux à peine arrondis; les angles antérieurs assez saillants et peu aigus, les postérieurs presque droits; près du bord antérieur un très-léger sillon transversal; au milieu sur le disque une petite strie longitudinale peu marquée. Écusson noir. Élytres assez régulièrement ovalaires, très-peu dilatées au delà du milieu, noirâtres, avec une bande longitudinale jaune qui suit et touche le bord externe jusqu'à l'extrémité, et une ligne de même couleur très-étroite le long de la suture; le disque est entièrement couvert d'une multitude de très-petites taches jaunes arrondies; le mélange de ces petites taches avec la couleur du fond fait paraître les élytres d'un brun cendré; elles présentent, en outre, trois lignes longitudinales de points enfoncés, peu marquées, surtout l'externe qui est à peine visible; toute leur surface est couverte de points infiniment petits, assez espacés et visibles seulement à l'aide d'une forte loupe; la portion réfléchie est jaune. Dessous du corps jaunâtre, avec quelques taches très-légèrement assombries sur les côtés de l'abdomen. Les pattes sont également jaunâtres.

Les femelles diffèrent à peine des mâles; la ponctuation des élytres est cependant un peu plus forte et plus serrée, et le corselet est un peu plus rugueux.

Très-commun dans toute l'Europe.

41. Hydaticus Bilineatus.

Elliptico-ovalis, subdepressus, supra fusco-cinereus, infra flavescente; capite antice, thorace ad latera et transversim latissime in medio, luteis. Elytris nigricantibus, flavo-irroratis.

Dytiscus Bilineatus. de Geer. *Ins.* iv. 400. 6.
Payk. *Faun. Suec.* i. 196.
Gyl. *Ins. Suec.* i. 473.
Graphoderus Bilineatus. Dej. *Cat.* 3e *édit.* 61.

Long. 15 millim. Larg. 9 à 9 ½ millim.

Elliptique, légèrement déprimé en dessus, surtout sur les côtés, assez fortement dilaté au delà du milieu. Tête très-finement pointillée, jaune, avec la partie postérieure et le dedans des yeux noirs, et deux taches de la même couleur en forme de V ouvert, placées sur le front, l'une au-devant de l'autre; souvent ces deux taches se réunissent par leur milieu; plus souvent encore celle de devant manque tout à fait, surtout dans les mâles; antennes et palpes ferrugineux. Corselet de la couleur de la tête, très-étroitement bordé de noir en avant et en arrière; ces deux bandes transversales n'atteignent pas les bords latéraux; il est trois fois aussi large que long, largement échancré en avant, où il est plus étroit, coupé presque carrément à la base; les bords latéraux à peine arrondis; les angles antérieurs assez saillants et peu aigus, les postérieurs presque droits; près du bord antérieur un très-léger sillon transversal; au milieu sur le disque une très-petite strie longitudinale peu marquée. Écusson noir. Élytres ovalaires, assez fortement dilatées au delà du milieu, déprimées en dessus, et surtout sur les côtés qui sont presque tranchants; elles sont noirâtres, avec une bande longitudinale jaune qui suit et touche le bord externe jusqu'à l'extrémité, et une ligne de la même couleur très-étroite le long de la suture; le disque est couvert d'une multitude de petites taches jaunes arrondies; le mélange de ces petites taches avec la couleur du fond fait paraître les élytres d'un brun cendré; elles présentent, en outre, trois lignes longitudinales de points enfoncés peu marquées, surtout l'externe qui est à peine visible; toute leur surface est couverte de points infiniment petits, assez espacés et visibles seulement à l'aide d'une forte loupe; la portion réfléchie est jaune. Dessous du corps et pattes jaunes.

La ponctuation des élytres des femelles est un peu plus forte et plus serrée, leur corselet est aussi un peu plus rugueux; les élytres sont un peu plus dilatées que dans les mâles.

Cette espèce, très-voisine de l'*H. Cinereus*, en diffère par sa forme générale plus aplatie et plus large en arrière; le corselet est aussi plus étroitement bordé de noir antérieurement et postérieurement.

Il habite le nord de l'Europe.

42. Hydaticus Zonatus.

Ovatus, convexus, supra fusco-cinereus, infra luteo-testaceus; capite antice, thorace antice, postice, ad latera et transversim in medio, luteis; elytris nigricantibus, flavo-irroratis.

Dytiscus Zonatus. Hoppe. *Enum. Ins.* 33.
Fab. *Syst. Eleut.* 1. 262.
Panz. *Faun. Germ.* xxxviii. 13.
Graphoderus Zonatus. Dej. *Cat.* 3e *édit.* p. 61.

Long. 14 à 15 millim. Larg. 8 à 8 $\frac{1}{2}$ millim.

Assez régulièrement ovale, cependant un peu dilaté au delà du milieu et convexe. Tête très-finement pointillée, jaune, avec la partie postérieure et le dedans des yeux noirs, et deux taches de la même couleur en forme de V ouvert, placées sur le front, l'une au-devant de l'autre; souvent ces deux taches se réunissent par leur milieu; quelquefois celle de devant manque tout à fait, mais moins fréquemment que dans les espèces précédentes; antennes et palpes ferrugineux. Corselet de la couleur de la tête, avec deux bandes transversales étroites noires, l'une placée un peu en arrière du bord antérieur, et l'autre un peu en avant du bord postérieur: ces deux bandes n'atteignent pas les bords latéraux; il est trois fois aussi large que long, largement échancré en avant, où il est plus étroit, coupé presque carrément à la base; les bords latéraux à peine arrondis; les angles antérieurs assez saillants et peu aigus, les postérieurs presque droits; près du bord antérieur un très-léger sillon transversal; au milieu sur le disque une petite strie longitudinale peu marquée. Écusson d'un brun rougeâtre. Élytres assez régulièrement ovalaires, très-peu dilatées au delà du milieu, noirâtres, avec une bande longitudinale jaune qui suit et touche le bord externe jusqu'à l'extrémité, et une ligne de même couleur le long de la suture; le disque est couvert d'une multitude de très-petites taches jaunes arrondies; le mélange de ces taches avec la couleur du fond fait paraître les élytres d'un brun cendré ; elles présentent, en outre, trois lignes longitudinales de points enfoncés, peu marquées, surtout l'externe qui est à peine visible; toute leur surface est couverte de points infiniment petits, assez espacés et visibles seulement à l'aide d'une forte loupe; la portion réfléchie est jaune. Le dessous du corps d'un jaune testacé, avec quelques taches très-légèrement assombries sur les côtés de l'abdomen. Les pattes sont de la même couleur.

Les femelles diffèrent des mâles par la ponctuation des élytres, qui est un peu plus forte et plus serrée, et par le corselet qui est un peu plus rugueux, et offre de chaque côté des stries longitudinales onduleuses et irrégulières.

Du nord de l'Europe.

M. le comte Dejean possède dans sa collection un individu mâle de cet *Hydaticus*, qu'il a reçu de l'Amérique septentrionale. Cet exemplaire diffère un peu du type de l'espèce. Le corselet est un peu plus allongé et plus étroit; la bande jaune du milieu est aussi beaucoup plus large. Si nous possédions la femelle de cette variété, peut-être trouverions-nous dans ce sexe des caractères propres à une espèce distincte.

c. *Tarses intermédiaires des mâles simples, les antérieurs garnis de cupules.* (Graphoderus. *Eschscholtz-Dejean.*)

43. Hydaticus Austriacus.

Ovatus, convexus, supra fusco-cinereus, infra luteo-testaceus; capite antice, thorace ad latera et transversim late in medio, luteis; elytris nigricantibus, flavo-irroratis; pedibus intermediis maris simplicibus.

Hydaticus Austriacus. Dej.-Sturm. *Deuts. Faun.* viii. 46.
Graphoderus Austriacus. Dej. *Cat.* 3e *édit.* p. 61.

Long. 12 $\frac{1}{2}$ à 13 millim. Larg. 7 $\frac{1}{2}$ à 7 $\frac{3}{4}$ millim.

Assez régulièrement ovale, cependant un peu dilaté au

delà du milieu et convexe. Tête très-finement pointillée, jaune, avec la partie postérieure et le dedans des yeux noirs, et deux taches de la même couleur en forme de V ouvert, placées sur le front, l'une au-devant de l'autre ; souvent ces deux taches se réunissent par leur milieu ; quelquefois celle de devant manque tout à fait, surtout dans les mâles; antennes et palpes ferrugineux. Corselet de la couleur de la tête, assez largement bordé de noir en avant et en arrière; ces deux bandes transversales n'atteignent pas les bords latéraux; il est trois fois aussi large que long, largement échancré en avant, où il est plus étroit, coupé presque carrément à la base; les bords latéraux à peine arrondis ; les angles antérieurs assez saillants et peu aigus, les postérieurs presque droits; près du bord antérieur un très-léger sillon transversal, et au milieu sur le disque une petite strie longitudinale peu marquée. Écusson noir. Élytres assez régulièrement ovalaires, très-peu dilatées au delà du milieu, noirâtres, avec une bande longitudinale jaune qui suit et touche le bord externe jusqu'à l'extrémité, et une ligne de la même couleur très-étroite le long de la suture; le disque est entièrement couvert d'une multitude de petites taches jaunes arrondies; le mélange de ces petites taches avec la couleur du fond fait paraître les élytres d'un brun cendré; elles présentent, en outre, trois lignes longitudinales de points enfoncés, peu marquées, surtout l'externe qui est à peine visible; toute leur surface est couverte de points infiniment petits, assez espacés et visibles seulement à l'aide d'une forte loupe; la portion réfléchie est jaune. Dessous du corps d'un jaune testacé, avec quelques taches très-légèrement assombries sur les côtés de l'abdomen. Les pattes sont de la même couleur; les intermédiaires simples dans les mâles.

Les femelles diffèrent des mâles par la ponctuation des élytres qui est un peu plus forte et plus serrée, et par le corselet qui est un peu plus rugueux.

Cette espèce se distingue à peine de l'*Hyd. Cinereus*, avec lequel elle a la plus grande analogie; elle est seulement un peu plus petite, et les tarses intermédiaires des mâles ne sont pas garnis de cupules. Du reste, ces deux espèces sont absolument semblables.

Il se rencontre en Autriche, en Prusse, et très-probablement dans d'autres parties de l'Europe.

d. *Tarses intermédiaires des mâles simples.* (Graphoderus. *Eschscholtz-Dejean.*)

44. Hydaticus Verrucifer.

Ovalis, convexus, supra fusco-cinereus, infra luteo-testaceus; capite antice, thorace antice, postice; ad latera et transversim in medio, luteis; thoracis in disco striis minimis valde impressis de medio divergentibus; elytris nigricantibus flavo-irroratis; pedibus omnibus in utroque sexu simplicibus.

Mas : elytris lævibus. Femina : verrucoso-rugosis.

Dytiscus Verrucifer. Sahlberg. *Ins. Fen.* 159.
Gyl. *Ins. Succ.* IV. 376.
Graphoderus Verrucifer. Dej. *Cat.* 3e *édit.* p. 61.

Long. 14 à 15 millim. Larg. 8 à 8 ½ millim.

Assez régulièrement ovale, cependant un peu dilaté au delà du milieu et convexe. Tête très-finement pointillée, jaune, avec la partie postérieure et le dedans des yeux noirs, et deux taches de la même couleur en forme de V ouvert, placées sur le front, l'une au-devant de l'autre; souvent ces deux taches se réunissent par leur milieu (je ne sais si celle du devant manque quelquefois : je l'ai rencontrée sur sept individus que j'ai examinés); antennes et palpes ferrugineux. Corselet de la couleur de la tête, avec deux bandes transversales étroites, noires, l'une placée un peu en arrière du bord antérieur, l'autre un peu en avant du bord postérieur; ces deux bandes n'atteignent pas les bords latéraux; il est trois fois aussi large que long, largement échancré en avant, où il est plus étroit, coupé presque carrément à la base; les bords latéraux à peine arrondis; les angles antérieurs assez saillants et peu aigus, les postérieurs presque droits; près du bord antérieur un très-léger sillon transversal et un rudiment de strie sur le disque; il est tout couvert de stries irrégulières onduleuses, qui au milieu vont en s'irradiant du centre à la circonférence, et sur les côtés marchent presque longitudinalement; ces stries sont assez fortement enfoncées; le centre du corselet seul est lisse dans un très-petit espace arrondi. Élytres assez régulièrement ovalaires, très-peu dilatées au delà du milieu, noirâtres, avec une bande longitudinale jaune qui suit et touche le bord externe jusqu'à l'éxtrémité, et une ligne de même couleur le long de la suture; le disque dans les mâles est lisse, et couvert d'une multitude de petites taches jaunes arrondies; le mélange de ces taches avec la couleur du fond fait paraître les élytres d'un brun cendré; elles présentent, en outre, trois lignes longitudinales de points enfoncés, peu marquées, surtout l'externe qui est à peine visible; toute leur surface est couverte de points infiniment petits, assez espacés et visibles seulement à l'aide d'une forte loupe; la portion réfléchie est jaune. Le dessous du corps est d'un jaune testacé, avec quelques taches très-légèrement assombries sur les côtés de l'abdomen. Les pattes sont de la même couleur, et toutes simples dans les deux sexes.

Les femelles sont différentes des mâles : les stries du corselet sont plus marquées; mais ce qui les distingue surtout, ce sont leurs élytres qui sont rugueuses et entièrement couvertes de petites saillies irrégulières verruqueuses, à l'exception toutefois du bord externe et de la suture qui sont lisses.

Il se trouve en Finlande et en Sibérie, mais il est très-rare.

IX. COLYMBETES. *Clairville.*

DYTISCUS. *Linné*, *Fabricius*, *Olivier.* COLYMBETES. *Clairville*, *Erichson.*

Palporum labialium articulo penultimo longiore; prosterno recto, com-

presso, carinato; pedibus posticis unguiculis duobus valde inæqualibus, superiore fixo.

Corps ovalaire, légèrement aplati. Antennes sétacées; le second article tantôt plus court, tantôt de même longueur que les autres. Épistome coupé carrément. Labre court, transversal, plus ou moins échancré et cilié. Menton trilobé; le lobe du milieu étroit, assez saillant et entier. Mandibules bidentées. Mâchoires très-aiguës et ciliées. Le premier article des palpes maxillaires très-petit, les deux suivants assez longs et presque égaux, le dernier un peu plus long que les autres. Languette coupée presque carrément. Le premier article des palpes labiaux très-court, le second allongé, plus long que le troisième qui est également allongé (1). Prosternum droit, comprimé en carène et terminé en pointe. Élytres ovalaires, semblables dans les deux sexes, à l'exception d'une ou deux espèces, où elles présentent dans les femelles des petites impressions irrégulières. Les trois premiers articles des tarses antérieurs et intermédiaires des mâles garnis de cupules très-petites; les crochets de ces mêmes pattes, dans le même sexe, souvent inégaux. Les pattes postérieures larges, comprimées; leurs tarses ciliés et terminés par deux crochets de grandeur très-inégale, dont un seul est mobile.

Le genre *Colymbetes* tel qu'il a été établi par Clairville dans son *Entomologie helvétique*, renferme environ cent espèces différentes, qui ont la plus grande analogie entre elles et dont l'étude est extrêmement difficile. Aussi, pour la rendre moins épineuse, des entomologistes ont-ils proposé d'établir dans ce

---

(1) Tous les Colymbetes que j'ai examinés ayant la tête marquée de chaque côté, entre les yeux et un peu en avant, d'une ou deux impressions irrégulières plus ou moins senties, et d'une autre transversale à chaque angle antérieur de l'épistome, à l'exception toutefois de ceux qui font partie des genres *Meladema* Laporte et *Cymatopterus* Esch.-Lacordaire, chez lesquels la dernière de ces impressions manque constamment, je négligerai de rappeler ce caractère dans la description de chaque espèce.

genre plusieurs nouvelles coupes génériques. Leach, dans le *Zoological Miscellany*, le divisa en deux. Eschscholtz, dans son travail inédit, trouvant ses caractères dans la forme des pattes des mâles, éleva le nombre de ces divisions à six. Plus tard, M. Erichson, en 1832, dans son *Genera Dyticeorum*, réduisit ces nouveaux genres à trois seulement. J'adopterai cette dernière division, parce que les caractères sur lesquels elle est basée existent dans les deux sexes.

Les *Colymbetes* se rencontrent dans toutes les parties du monde. Le plus grand nombre d'entre eux sont cependant propres à l'Europe, où ils sont généralement assez communs.

a. *Les quatre premiers articles des tarses antérieurs des mâles dilatés transversalement, les trois premiers seulement garnis de cupules.* (Meladema. *Laporte.* Scutopterus. *Eschscholtz.* Colymbetes. *Erichs.*)

1. Colymbetes Coriaceus.

Niger, opacus, rugoso-coriaceus, fere squammatus; capite maculis duabus rubro-ferrugineis notato.

Dytiscus Coriaceus. Hoffmansegg.
Colymbetes Coriaceus. Erichs. *Gen. Dyt.* 3.
Meladema Coriacea. Lap. *Étud. ent.* 98.
Scutopterus Coriaceus. Dej. *Cat.* 3ᵉ *édit.* 61.

Long. de 20 à 22 millim. Larg. de 11 à 12 millim.

Ovale allongé, légèrement déprimé et à peine dilaté en arrière. Tête noire, avec deux petites taches rougeâtres au-dessus du front, couverte de très-petites rugosités irrégulières qui, en arrière sur le vertex, forment de petites stries assez régulières et très-serrées; le labre, les palpes et les antennes ferrugineux; le second article de ces dernières est plus court que les autres. Corselet noir, recouvert de très-petites rugosités comme celles de la tête, trois fois aussi large que long, largement échancré en avant, sinueux en arrière, où il est plus large, arrondi sur les côtés; les angles antérieurs assez saillants et aigus, les postérieurs presque droits; près du bord antérieur un très-léger sillon transversal, et sur le disque un rudiment de strie longitudinale. Écusson cordiforme, noir, presque lisse. Élytres ovalaires, très-allongées, de la largeur du corselet en avant, et très-légèrement dilatées en arrière, arrondies à l'extrémité, noires, entièrement couvertes de petites impressions demi-circulaires, plus profondes à la partie convexe; toutes ces petites impressions sont assez irrégulièrement placées, quoique disposées transversalement; en arrière elles sont presque confondues; elles donnent à ces organes l'aspect écailleux d'une peau de reptile. Les élytres présentent, en outre, sur le disque trois lignes de points enfoncés, et aux deux tiers postérieurs environ, très-près du bord externe, un petit pli longitudinal; la portion réfléchie est noire. Le dessous du corps et les pattes ferrugineux; les crochets des tarses antérieurs et intermédiaires égaux dans les deux sexes.

Cet insecte habite le sud de l'Europe et le nord de l'Afrique.

2. Colymbetes Lanio.

Supra brunneo-castaneus, infra nigro-piceus; ore, duabus maculis in vertice thoracisque margine, rufis; elytris nigro-irroratis, in maribus obsoletissime tuberculatis, in feminis vix coriaceis.

Dytiscus Lanio. Fab. *Syst. Eleut.* I. 262.
Oliv. *Ent.* III. 40. p. 19. pl. 2. fig. 9.
Scutopterus Lanio. Dej. *Cat.* 3e *édit.* p. 61.

Long. 21 millim. Larg. 16 millim.

Ovale, très-allongé, légèrement déprimé et dilaté en arrière. Tête noire, avec le labre, l'épistome, et deux taches souvent réunies sur le vertex, jaunâtres; palpes et antennes d'un roux ferrugineux; le second article de ces dernières plus court que les autres. Corselet noirâtre, assez largement bordé de roux sur les côtés et très-étroitement en avant, couvert de très-petites rugosités, un peu plus de deux fois aussi large que long, largement échancré en avant, sinueux en arrière, où il est à peine plus large, arrondi sur les côtés; les angles antérieurs saillants et aigus, les postérieurs presque droits; près du bord antérieur, qui est assez élevé, un petit sillon transversal, et au milieu sur le disque une strie longitudinale très-bien marquée. Écusson cordiforme, noirâtre. Élytres ovalaires, très-allongées, de la largeur du corselet en avant et très-légèrement dilatées en arrière, arrondies à l'extrémité; elles sont d'un marron-jaunâtre, et entièrement couvertes de petites taches noirâtres, qui dans les mâles correspondent à de petits tubercules très-peu élevés et à peine visibles, et dans les femelles à de petites impressions demi-circulaires plus profondes à la partie convexe; ces impressions sont transversales et assez irrégulièrement disposées; elles sont beaucoup plus rares que dans l'espèce précédente, de sorte que les élytres ne paraissent nullement écailleuses; en outre, on observe sur ces organes trois lignes de points enfoncés; la portion réfléchie est ferrugineuse. Dessous du corps noirâtre. Pattes ferrugineuses; les crochets des pattes antérieures et intermédiaires égaux dans les deux sexes.

Les femelles ont la tête et le corselet beaucoup plus rugueux que les mâles.

Ce *Colymbetes* est fort rare: il n'a encore été rencontré, à ma connaissance, que dans l'île Madère. Je n'ai vu que deux individus de cette espèce intéressante. L'un ♂ appartient à M. Guérin, et l'autre ♀ existe dans la collection de M. le comte Dejean.

3. Colymbetes Distigma.

Niger, opaceus, punctis minimis raris omnino tectus; macula in ver-

tice et altera ad marginem elytrorum paullo ultra medium rubro-ferrugineis. ♀.

Colymbetes Distigma. Brullé. *Voy. de M. d'Orbig. dans l'Am. mérid.* VI. p. 48.

Long. 14 millim. Larg. 7 millim.

Ovale allongé, très-légèrement déprimé, nullement dilaté en arrière. Tête noire, terne, entièrement couverte de très-petits points espacés, avec une tache triangulaire sur le vertex; palpes noirâtres; antennes.... Corselet de la même couleur que la tête, et comme elle couvert de très-petits points analogues, deux fois et demie aussi large que long, largement échancré en avant, sinueux en arrière, où il est à peine plus large, très-arrondi sur les côtés; les angles antérieurs assez saillants et aigus, les postérieurs obtus; près du bord antérieur un petit sillon transversal, et au milieu, sur le disque, une très-petite strie longitudinale. Écusson cordiforme, noir, lisse. Élytres ovalaires, très-allongées, un peu plus larges que le corselet en avant et arrondies à l'extrémité; elles sont noires, ternes, et couvertes de petits points semblables à ceux de la tête et du corselet; un peu au delà du milieu, près du bord externe, une petite tache rougeâtre, arrondie, et sur le disque trois lignes de points enfoncés; la portion réfléchie des élytres, le dessous du corps et les pattes noirs.

Je ne connais qu'un seul individu femelle de cette espèce, il appartient au Muséum, et a été rapporté des Cordillères par M. d'Orbigny. Ce n'est que guidé par l'analogie de forme, que je me suis décidé à placer cet insecte dans cette division, car je n'ai pu vérifier sur les pattes d'un mâle si réellement les quatre premiers articles des tarses antérieurs sont dilatés transversalement. Je ne sais non plus si les mâles sont ternes et ponctués comme la femelle que j'ai sous les yeux, et si les crochets des quatre pattes antérieures sont égaux dans les deux sexes.

4. Colymbetes Pustulatus.

Nigro-piceus, vix æneus; labro, epistomo, macula in vertice, thoracis et elytrorum marginibus exterioribus, cum pedibus, rufo-ferrugineis.

Dytiscus Pustulatus. Rossi. *Mantis.* 68. 164.
Scutopterus Pustulatus. Dej. *Cat.* 3e *édit.* p. 61.

Long. 15 millim. Larg. 8 millim.

Assez régulièrement ovale, peu convexe et très-légèrement dilaté au delà du milieu. Tête noirâtre, avec le labre, l'épistome, et une tache triangulaire sur le vertex, d'un rouge ferrugineux; palpes et antennes d'un testacé rougeâtre; le second article de ces dernières n'est pas sensiblement plus court que les autres. Corselet de la même couleur que la tête, avec le bord externe rougeâtre; il est tout couvert de très-petites impressions linéaires, irrégulières, très-serrées, visibles seulement à la loupe, s'entre-croisant et s'anastomosant dans tous les sens, ce qui fait paraître cet organe terne (la tête est également couverte d'impressions analogues); il est trois fois aussi large que long, largement échancré en avant, très-légèrement sinueux en arrière, où il est plus large, à peine arrondi sur les côtés; les angles antérieurs saillants et aigus, les postérieurs presque droits; près du bord antérieur un petit sillon transversal, et sur le disque un rudiment de strie longitudinale. Écusson court, large, ferrugineux et lisse. Élytres ovalaires, légèrement convexes et à peine dilatées au delà du milieu, noirâtres, avec le bord externe et la portion réfléchie d'un rouge ferrugineux; elles ont un très-léger reflet métallique, et sont, comme la tête et le corselet, entièrement couvertes de petites impressions très-déliées, s'anastomosant entre elles et s'entre-croisant dans tous les sens; sur le disque existent trois lignes de points enfoncés. Le dessous du corps est noir, l'abdomen et les pattes ferrugineux; ces dernières plus claires encore que l'abdomen; les crochets des pattes antérieures et intermédiaires des mâles comprimés et inégaux.

La patrie de cet insecte est l'Italie; je ne sache pas qu'il ait été rencontré ailleurs.

Si, dans la classification de cette famille, l'on voulait adopter tous les genres proposés par Eschscholtz, et qui sont basés sur les différences qui existent dans les pattes des mâles, il faudrait créer un nouveau genre pour cet insecte qui, par la dilatation des quatre articles des tarses antérieurs, se rapproche des *Scuptopterus*, mais qui s'en éloigne considérablement par la longueur inégale des crochets de ces mêmes pattes, et par sa forme générale qui a la plus grande analogie avec l'*Agabus Bipustulatus;* mais ce dernier a les deux crochets des pattes postérieures égaux et mobiles, ce qui n'existe pas dans le *Pustulatus.*

b. *Les trois premiers articles des tarses antérieurs des mâles dilatés transversalement et garnis de cupules, le quatrième comprimé.*

* *Crochets des tarses antérieurs et intermédiaires égaux dans les deux sexes.* (Cymatopterus. *Eschscholtz-Lacordaire.*)

5. Colymbetes Striatus.

Ovalis, supra fuscus, infra niger; thorace rufescente et ad medium nigricante; elytris transversim subtilissime strigosis; pedibus nigro-ferrugineis.

Dytiscus Striatus. Lin. *Syst. nat.* 1. 665.
Fab. *Syst. Eleut.* 1. 261.
Oliv. *Ent.* III. 40. p. 18. pl. 2. fig. 20.
Dytiscus Fuscus. Gyl. *Ins. Suec.* 1. 477.
Colymbetes Fuscus. Erichs. *Käf. der Mark Brand.* 1. p. 150.
Cymatopterus Fuscus. Lacordaire. *Faun. ent.* 1. 306.

Long. de 16 à 18 millim. Larg. de 8 à 9 millim.

Ovale, très-légèrement allongé, peu convexe. Tête noirâtre, avec le labre, l'épistome, et deux taches sur le vertex d'un jaune rougeâtre; elle est entièrement couverte d'une ponctuation excessivement fine, perceptible seulement à l'aide d'une très-forte loupe; antennes testacées, le dernier article plus court que les autres; palpes testacés, avec le dernier article rembruni à l'extrémité. Corselet d'un jaune roux sur les côtés et un peu en avant, et d'un brun ferrugineux au centre; il est trois fois aussi large que long, fortement échancré en avant, coupé presque carrément en arrière, où il est plus large, légèrement arrondi sur les côtés; les angles antérieurs assez saillants et aigus, les postérieurs presque droits; il est tout couvert de très-petites stries irrégulières assez espacées, dirigées dans tous les sens et s'anastomosant entre elles. Écusson noirâtre, cordiforme, un peu plus large que long, très-finement ponctué. Élytres d'un brun clair, jaunâtres sur le bord externe et à la base, assez régulièrement ovalaires, arrondies à l'extrémité, entièrement couvertes de petites stries transversales légèrement onduleuses, très-rapprochées les unes des autres et très-peu enfoncées; elles offrent, en outre, trois lignes de points enfoncés, l'externe très-peu visible; sur les individus très-frais, on observe encore trois taches noirâtres; l'une placée sur la bordure marginale, aux deux tiers environ de sa longueur; les deux autres existent tout à fait en arrière, l'une sur le milieu environ de la largeur de l'élytre, l'autre en dedans de celle-ci et un peu en arrière; la portion réfléchie est jaune. Le dessous du corps est noir. Les pattes sont d'un noir ferrugineux, les deux paires antérieures un peu plus claires; le prolongement des hanches postérieures ferrugineux à l'extrémité.

Cet insecte est très-commun dans toute l'Europe.

La synonymie de ce *Colymbetes* est fort embrouillée. Je crois cependant qu'en comparant les deux phrases de Linné par lesquelles il désigne cette espèce et notre *Fuscus*, tout doute doit cesser. Voici ce que Linné dit pour son *D. Striatus* : *Elytris subtilissime transversim striatis*, et pour son *D. Fuscus* : *Elytris transversim striatis*.

6. Colymbetes Dahuricus.

Oblongo-ovatus, valde ultra medium ampliatus et postice attenuatus, supra fuscus, infra niger; thorace flavescente cum fascia transversa nigra; elytris transversim subtilissime strigosis; pedibus nigris.

Colymbetes Dahuricus. Mannerheim-Aubé. *Iconog*. v. p. 99. pl. 12. fig. 4.

Long. 19 millim. Larg. 10 millim.

Ovale, allongé, assez fortement dilaté au delà du milieu, atténué à l'extrémité et peu convexe. Tête noire, avec le labre, l'épistome, et deux taches sur le vertex d'un jaune rougeâtre; elle est entièrement couverte de très-petites stries irrégulières se dirigeant dans tous les sens et s'anastomosant entre elles; antennes noires, avec les deux premiers articles et la base de tous les autres testacés, le second plus court que les autres; palpes noirâtres. Corselet d'un jaune rougeâtre, ayant une bande transversale noire sur le milieu; il est un peu moins de trois fois aussi large que long, fortement échancré en avant, un peu sinueux en arrière, où il est un peu plus large; les côtés sont légèrement arrondis dans les trois quarts postérieurs, et se redressent un peu en avant vers les angles antérieurs qui sont saillants et aigus, les postérieurs sont presque droits; il est tout couvert de petites stries irrégulières analogues à celles de la tête, mais plus fortement enfoncées et moins rapprochées. Écusson noirâtre, triangulaire, plus large que long, strié comme le corselet. Élytres d'un brun clair, jaunâtres sur le bord externe et à la base, ovalaires, assez fortement dilatées dans leur milieu environ, et se terminant ensuite assez brusquement en pointe très-mousse; au point où elles s'élargissent, elles ont un rebord assez saillant et tranchant; elles sont entièrement couvertes de petites stries transversales légèrement onduleuses, très-rapprochées les unes des autres et très-peu enfoncées, et offrent, en outre, trois lignes de points enfoncés, l'externe très-peu visible; la portion réfléchie est noire. Dessous du corps, pattes et prolongement des hanches postérieures noirs.

Il se trouve en Daurie. Le seul individu que j'ai vu de cette espèce m'a été communiqué par M. le comte Mannerheim.

7. Colymbetes Fuscus.

Oblongo-ovalis, supra fusco-piceus, infra niger; thorace nigro, marginibus rufescentibus; elytris transversim subtile strigosis; pedibus nigris.

Dytiscus Fuscus. Lin. *Sys. nat.* 1. 665.
Fab. *Syst. Eleut.* 1. 261.
Dytiscus Striatus. Gyl. *Ins. Suec.* 1. 476.
Colymbetes Paykulli. Erichs. *Käf. der Mark Brand.* 1. p. 149.
Cymatopterus Striatus. Dej. *Cat.* 3e *édit.* p. 61.

Long. de 18 à 19 millim. Larg. de 8 $\frac{1}{2}$ à 9 millim.

Ovale, assez allongé, très-légèrement atténué en arrière et peu convexe. Tête noire, avec le labre, l'épistome, et deux taches sur le vertex d'un jaune rougeâtre; elle est entièrement couverte de très-petites stries irrégulières se dirigeant dans tous les sens et s'anastomosant entre elles; antennes noires, avec les deux premiers articles et la base de tous les autres testacés, le second plus court que les autres; palpes noirâtres. Corselet noir, avec les bords latéraux d'un jaune rougeâtre; quelquefois le bord antérieur et, plus rarement encore, le bord postérieur sont de la même couleur; il est deux fois et demie aussi large que long, fortement échancré en avant, à peine sinueux en arrière, où il est un peu plus large, très-légèrement arrondi sur les côtés; les angles antérieurs assez saillants et aigus, les postérieurs presque droits; il est tout couvert de petites stries irrégulières analogues à celles de la tête, mais beaucoup plus fortement enfoncées et moins rapprochées. Écusson noirâtre, cordiforme, plus large que long, strié comme le corselet, mais plus finement. Élytres d'un brun noirâtre, avec le bord externe et la base rougeâtres dans une très-petite étendue; elles sont assez régulièrement ovales, mais un peu allongées, atténuées en arrière, entièrement couvertes de petites stries transversales légèrement onduleuses, très-rapprochées les unes des autres et peu enfoncées, et offrent, en outre, trois lignes de points enfoncés, l'externe peu visible; la portion réfléchie est noire. Dessous du corps, pattes et prolongement des hanches postérieures noirs.

Il habite le nord de l'Europe, où il est moins commun que le *Striatus*.

Cette espèce et la précédente sont les seules dans ce groupe qui soient entièrement noires en dessous, y compris même la portion réfléchie des élytres et les pattes; elles se distinguent seulement entre elles par la forme relative de leurs élytres. Dans le *Fuscus*, elles sont assez régulièrement ovales, un peu allongées et sans rebord sensible; dans le *Dahuricus*, au contraire, elles sont très-sensiblement rebordées et assez fortement dilatées un peu au delà du milieu, pour se terminer ensuite assez brusquement en pointe très-mousse; la couleur de ce dernier est aussi beaucoup moins foncée et se rapproche de celle du *Striatus*.

8. Colymbetes Triseriatus.

Elongatus, angusto-ovalis, supra fusco-brunneus, infra niger; tho-

race rufescente cum fascia transversa nigra; elytris transversim læviter strigosis; pedibus rufo-ferrugineis.

Colymbetes Triseriatus. Kirby *in Richards. Faun. Boreal. Amer.* p. 73.

Cymatopterus Vicinus. Dej. *Cat.* 3e *édit.* p. 62.

Long. 17 millim. Larg. 8 millim.

Ovale, très-allongé, étroit, légèrement atténué en arrière et peu convexe. Tête noire, avec le labre, l'épistome, et deux taches sur le vertex d'un jaune rougeâtre; elle est entièrement couverte de points irréguliers infiniment petits, visibles seulement à l'aide d'une très-forte loupe; antennes testacées, le deuxième article plus court que les autres; palpes testacés, rembrunis à l'extrémité du dernier article. Corselet d'un jaune roux, ayant une bande transversale noire sur le milieu; il est deux fois et demie aussi large que long, fortement échancré en avant, à peine sinueux en arrière, où il est un peu plus large, très-légèrement arrondi sur les côtés; les angles antérieurs assez saillants et aigus, les postérieurs presque droits; il est tout couvert de petites stries irrégulières assez espacées, dirigées dans tous les sens et s'anastomosant entre elles. Écusson noirâtre, cordiforme, aussi long que large, strié comme le corselet, mais beaucoup plus finement. Élytres brunes, jaunâtres sur le bord externe et à la base, assez régulièrement ovales, mais fortement allongées et un peu atténuées en arrière; elles sont entièrement couvertes de petites stries transversales légèrement onduleuses, très-rapprochées les unes des autres et peu enfoncées, et offrent, en outre, trois lignes de points enfoncés, l'externe peu visible; la portion réfléchie est jaunâtre. Le dessous du corps noir. Pattes ferrugineuses; le prolongement des hanches postérieures est également ferrugineux à l'extrémité.

Le seul individu que j'ai pu observer est une femelle, et appartient à M. le comte Dejean qui l'a reçu de l'Amérique du nord (États-Unis).

Ce *Colymbetes* tient le milieu entre le *Fuscus* et le *Bogemanni;* il se distingue du premier par sa couleur moins foncée, son corselet jaunâtre, avec une simple tache noire transversale au milieu et la portion réfléchie des élytres également jaune. Il diffère du second par ses élytres qui sont striées beaucoup moins profondément, et par la couleur plus foncée de ses pattes. Il est aussi relativement beaucoup plus étroit que ses deux congénères, et même que tous les *Colymbetes* de ce groupe.

9. Colymbetes Bogemanni.

Oblongo-ovalis, supra fusco-brunneus, infra niger; thorace rufescente cum fascia transversa nigra; elytris valde transversim strigosis; pedibus pallidis.

Dytiscus Bogemanni. Gyl. *Ins. Suec.* III. 687.
Dytiscus Striatus. Var. c. Gyl. *Ins. Suec.* I. 476.
Colymbetes Striatus. Erichs. *Käf. der Mark Brand.* I. p. 149.
Cymatopterus Bogemanni. Dej. *Cat.* 3e *édit.* p. 61.

Long. de 17 à 18 millim. Larg. de 8 ½ à 9 millim.

Ovale, allongé, légèrement dilaté au delà du milieu, atténué en arrière, arrondi à l'extrémité et peu convexe. Tête noire, avec le labre, l'épistome, et deux taches sur le vertex d'un jaune rougeâtre; elle est couverte en avant de petits points irréguliers, et en arrière de petites stries également irrégulières et entremêlées; antennes testacées, les derniers articles sont rembrunis à leur extrémité, et le second est plus court que les autres; palpes testacés, rembrunis à l'extrémité du dernier article. Corselet d'un jaune-roux, ayant une bande transversale noire sur le milieu; il est trois fois aussi large que long, fortement échancré en avant, à peine sinueux en arrière, où il est un peu plus large, très-légèrement arrondi sur les côtés; les angles antérieurs assez saillants et aigus, les postérieurs presque droits; il est tout couvert de petites stries irrégulières fortement enfoncées, assez espacées, dirigées dans tous les sens et s'anastomosant entre elles. Écusson ferrugineux, cordiforme, plus large que long, strié comme le corselet, mais beaucoup plus finement. Élytres brunes, jaunâtres sur le bord externe et à la base, assez régulièrement ovales, mais cependant un peu dilatées au delà du milieu, se rétrécissant ensuite pour se terminer en s'arrondissant; elles sont entièrement couvertes de petites stries transversales, onduleuses, très-rapprochées les unes des autres, et très-fortement imprimées, surtout dans les femelles, et offrent, en outre, trois lignes de points enfoncés, l'externe peu visible; la portion réfléchie est jaune. Le dessous du corps noir; l'extrémité postérieure des derniers segments de l'abdomen d'un roux ferrugineux. Les pattes testacées; le prolongement des hanches postérieures ferrugineux à l'extrémité.

Il habite le nord de l'Europe.

Il se distingue de tous les précédents par les stries transversales de ses élytres, qui sont très-fortement enfoncées et qui s'anastomosent moins entre elles, et par la couleur testacée des pattes.

10. Colymbetes Dolabratus.

Oblongo-ovalis, supra fusco-brunneus, infra niger; thorace rufescente cum fascia transversa nigra; elytris transversim mediocrite strigosis; pedibus pallidis.

Dytiscus Dolabratus. Payk. *Faun. Suec.* I. 204.
Gyl. *Ins. Suec.* I. 478.
Colymbetes Dolabratus. Erichs. *Gen. Dyt.* 33.
Cymatopterus Dolabratus. Dej. *Cat.* 3e *édit.* p. 61.

Long. de 15 à 18 millim. Larg. de 7 ½ à 8 millim.

Ovale, allongé, étroit, arrondi à l'extrémité et peu convexe. Tête noire, avec le labre, l'épistome, et deux taches sur le vertex d'un jaune rougeâtre; elle est entièrement couverte de petites stries irrégulières se dirigeant dans tous les sens et s'anastomosant entre elles; antennes testacées, les derniers articles rembrunis à leur extrémité, le second plus court que les autres; palpes testacés, rembrunis à l'extrémité du dernier article. Corselet d'un jaune roux, ayant une bande transversale noire sur le milieu; il est près de trois fois aussi large que long, fortement échancré en avant, à peine sinueux en arrière, où il est un peu plus large, très-légèrement arrondi sur les côtés; les angles antérieurs assez saillants et aigus, les postérieurs presque droits; il est tout couvert de petites stries analogues à celles de la tête, mais beaucoup plus fortement enfoncées et moins rapprochées. Écusson ferrugineux, souvent jaunâtre en arrière, cordiforme, un peu plus large que long, strié comme le corselet, mais plus finement. Élytres brunes, jaunâtres sur le bord externe et à la base, assez régulièrement ovales et arrondies à l'extrémité; elles sont entièrement couvertes de petites stries transversales, onduleuses, très-rapprochées les unes des autres et assez fortement imprimées, surtout dans les femelles; elles offrent, en outre, trois lignes de points enfoncés, l'externe peu visible; la portion réfléchie est jaune. Le dessous du corps noir; l'extrémité postérieure des derniers segments de l'abdomen d'un roux ferrugineux. Les pattes testacées; le prolongement des hanches postérieures d'un testacé ferrugineux.

Du nord de l'Europe.

Cette espèce est à peine distincte du *C. Bogemanni;* cependant elle est toujours plus petite, relativement un peu plus étroite, nullement dilatée au delà du milieu, et les stries des élytres sont aussi moins fortement enfoncées et plus souvent anastomosées; du reste, il est entièrement semblable.

11. Colymbetes Groenlandicus. *Westermann.*

Oblongo-ovalis, supra fusco-brunneus, infra niger; thorace rufescente cum fascia transversa nigra, vix strigoso; scutello lævi; elytris transversim læviter strigosis; pedibus pallidis.

Cymatopterus Bogemanni. Var. Dej. *Cat.* 3e *édit.* p. 61.

Long. 13 millim. Larg. 6 ½ millim.

Ovale, allongé, étroit, arrondi à l'extrémité et très-peu convexe. Tête noire, avec le labre, l'épistome, et deux taches sur le vertex d'un jaune rougeâtre; elle est entièrement couverte de points irréguliers à peine visibles, même à l'aide d'une très-forte loupe; antennes testacées, les derniers articles rembrunis à leur extrémité, le second plus court que les autres; palpes testacés, rembrunis à l'extrémité du dernier article. Corselet d'un jaune roux, ayant une bande transversale noire dans le milieu; cette bande est plus étroite que dans les espèces précédentes et souvent interrompue; il est près de trois fois aussi large que long, fortement échancré en avant, à peine sinueux en arrière, où il est un peu plus large, très-légèrement arrondi sur les côtés; les angles antérieurs saillants et aigus, les postérieurs presque droits; il est tout couvert de très-petites stries irrégulières, se dirigeant dans tous les sens et s'anastomosant entre elles, assez écartées, à peine enfoncées et difficilement perceptibles dans les mâles. Écusson ferrugineux, jaunâtre à l'extrémité, cordiforme, plus large que long et lisse. Élytres d'un brun clair, jaunâtres sur le bord externe et à la base, assez régulièrement ovales et arrondies à l'extrémité; elles sont entièrement couvertes de petites stries transversales, onduleuses, très-rapprochées les unes des autres et peu senties, et offrent, en outre, trois lignes de points enfoncés, l'externe peu visible; la portion réfléchie est jaune. Le dessous du corps noir; l'extrémité postérieure des derniers segments de l'abdomen d'un roux ferrugineux. Les pattes testacées, ainsi que l'extrémité du prolongement des hanches postérieures.

Il habite le Groënland.

Il existe trois individus de cette espèce dans la collection de M. le comte Dejean. Cet entomologiste les a reçus de M. Westermann lui-même.

Ce *Colymbetes* a la plus grande analogie avec le *Dolabratus*, peut-être même n'est-ce qu'une simple variété de cette espèce. Cependant il est toujours beaucoup plus petit; les stries du corselet sont à peine visibles, l'écusson est lisse, et les élytres sont beaucoup moins profondément striées.

** *Crochets des tarses antérieurs et intermédiaires inégaux dans les mâles.* (Rantus. *Eschscholtz-Lacordaire.*)

12. Colymbetes Capensis. *Mihi.*

Elongato-ovalis, supra flavicans, infra nigricans; thorace in medio vitta transversa nigra; elytris crebre nigro-irroratis; prosterno pallido.

Mas: elytris lævibus. Femina: anterius striis crebris anastomosantibus impressis.

Long. 15 millim. Larg. 7 $\frac{1}{5}$ millim.

Ovale, très-allongé, légèrement convexe. Tête assez large, noire, avec le labre, l'épistome, le front et une tache transversale sur le vertex d'un jaune testacé; elle est entièrement couverte de points infiniment petits, et perceptibles seulement à l'aide d'une très-forte loupe; antennes testacées, le second article un peu plus court que les autres; palpes de la même couleur, légèrement rembrunis à l'extrémité. Corselet d'un jaune roux, ayant dans son milieu une bande transversale noire, peu arrêtée; il est un peu plus de trois fois aussi large que long, fortement échancré en avant, légèrement sinueux en arrière, où il est plus large, à peine arrondi sur les côtés; les angles antérieurs très-saillants et aigus, les postérieurs presque droits; il est tout couvert de très-petites stries irrégulières très-peu enfoncées, dirigées dans tous les sens et s'anastomosant entre elles; ces petites stries sont très-serrées et peu distinctes. Écusson ferrugineux, jaunâtre au centre. Élytres assez régulièrement ovalaires, fortement allongées, jaunâtres et entièrement couvertes de très-petites taches noires arrondies très-rapprochées les unes des autres, et les faisant paraître d'un brun assez foncé; la suture et le bord externe dans toute son étendue conservent la couleur du fond et sont jaunâtres; on observe, en outre, trois lignes de points enfoncés; chacun de ces points est placé au centre d'une tache noire arrondie et un peu plus grande que celles qui sont répandues sur toute la surface; la portion réfléchie est jaune. Le dessous du corps est d'un noir ferrugineux, avec l'extrémité des segments de l'abdomen rougeâtre. Prosternum jaunâtre. Pattes antérieures et intermédiaires testacées; les postérieures et le prolongement de leurs hanches ferrugineux, celui-ci un peu plus foncé.

Les femelles diffèrent des mâles par leurs pattes simples, et la partie antérieure de leurs élytres, qui présentent chacune deux espaces allongés couverts de petites stries analogues à celles du corselet, mais beaucoup plus fortes, plus enfoncées et plus espacées.

Je n'ai vu qu'un seul individu de cette espèce (une femelle); il vient du Cap et appartient au Muséum.

13. Colymbetes Australis. *Dupont.*

Oblongo-ovalis, supra rufo-flavicans, infra nigricans; thorace in medio vitta rotundata nigra; elytris crebre nigro-irroratis; prosterno nigro.

Long. 11 $\frac{1}{2}$ millim. Larg. 6 $\frac{2}{3}$ millim.

Ovale, peu allongé et légèrement convexe. Tête noire, avec le labre, l'épistome, le front et le vertex d'un jaune rougeâtre, ou bien jaune rougeâtre avec le dedans des yeux et la partie postérieure de la tête noirs; elle est entièrement couverte de points infiniment petits et perceptibles seulement à l'aide d'une très-forte loupe; antennes testacées, le second article un peu plus court que les autres; palpes de la même couleur. Corselet d'un jaune roux, ayant dans son milieu une tache noire arrondie; il est trois fois aussi large que long, fortement échancré en avant, sinueux en arrière, où il est plus large, à peine arrondi sur les côtés qui sont légèrement rebordés; les angles antérieurs assez saillants et aigus, les postérieurs presque droits, cependant un peu saillants en arrière; il est tout couvert de petits points irréguliers. Écusson cordiforme, d'un noir ferrugineux. Élytres assez régulièrement ovalaires, peu allongées, d'un roux jaunâtre, entièrement couvertes de très-petites taches noires arrondies très-rapprochées les unes des autres et les faisant paraître d'un brun clair; la suture et le bord externe dans toute son étendue conservent la couleur du fond et sont jaunâtres; on observe, en outre, trois lignes de points enfoncés; chacun de ces points est placé au centre d'une tache noire arrondie un peu plus grande que celles qui sont répandues sur toute la surface; il existe aussi aux cinq sixièmes postérieurs environ une petite tache irrégulière noirâtre, placée au milieu de la largeur de chaque élytre; la portion réfléchie est jaune. Le dessous du corps est noir, avec l'extrémité des segments de l'abdomen rougeâtre. Prosternum noir. Pattes antérieures testacées, les postérieures ferrugineuses, avec une tache noire sur les cuisses; prolongement des hanches postérieures également ferrugineux.

Ce *Colymbetes* habite la Nouvelle-Hollande.

Il existe dans la collection du Muséum, et dans celles de MM. Dupont et Gory.

14. Colymbetes Conspersus.

Oblongo-ovalis, supra flavicans, infra niger; thorace in medio vitta transversa nigra; elytris crebre nigro-irroratis; prosterno nigro.

Dytiscus Conspersus. Gyl. *Ins. Suec.* I. 482.
Colymbetes Pulverosus. Knock-Steph. *Illust. of Brit. ent.* II. 69.

Erichs. *Käf. der Mark Brand.* I. 150.
Rantus Notatus. Lacord. *Faun. ent.* I. 311.

Long. 11 à 12 millim. Larg. 5 ½ à 6 millim.

Ovale, à peine allongé, très-peu convexe et légèrement déprimé en arrière. Tête noire, avec le labre, l'épistome, le front et une tache transversale sur le vertex d'un jaune pâle; elle est entièrement couverte de points infiniment petits et perceptibles seulement à l'aide d'une très-forte loupe; antennes testacées, le second article un peu plus court que les autres; palpes de la même couleur. Corselet d'un jaune pâle, ayant dans son milieu une tache noire transversale; il est trois fois aussi large que long, fortement échancré en avant, sinueux en arrière, où il est plus large, à peine arrondi sur les côtés qui sont légèrement rebordés; les angles antérieurs assez saillants et aigus, les postérieurs presque droits, cependant un peu saillants en arrière; il est tout couvert de petits points irréguliers. Écusson cordiforme, d'un noir ferrugineux. Élytres ovalaires, légèrement dilatées un peu au delà du milieu, très-peu convexes, déprimées en arrière, jaunâtres, et entièrement couvertes de petites taches noires arrondies très-rapprochées les unes des autres et les faisant paraître d'un gris verdâtre; la suture et le bord externe dans toute son étendue conservent la couleur du fond et sont d'un jaune clair; on observe, en outre, trois lignes de points enfoncés; chacun de ces points est placé au centre d'une tache noirâtre arrondie un peu plus grande que celles qui sont répandues sur toute la surface, mais à peine perceptible, et dans quelques individus seulement; ce n'est encore que dans ces individus que l'on observe aux cinq sixièmes postérieurs une petite tache irrégulière noirâtre, presque effacée; la portion réfléchie est jaune. Dessous du corps et prosternum noirs. Pattes antérieures testacées, les postérieures ferrugineuses, ainsi que le prolongement des hanches.

Il est très-commun dans toute l'Europe.

15. Colymbetes Notatus.

Ovatus, supra flavicans, infra nigricans; thorace transversim maculis nigris notato; elytris crebre nigro-irroratis, cum sutura tribusque lineolis in disco pallidioribus; prosterno pallido.

Mas: elytris lævibus. Femina: striolis crebris abbreviatis anterius impressis.

Dytiscus Notatus. Fab. *Syst. Eleut.* i. 267.
Gyl. *Ins. Suec.* i. 483.
Dytiscus Punctatus. Hoppe. *Enum. ins.* 32.
Rantus Suturatus. Dej.-Lacordaire. *Faun. ent.* i. 211.
Sch. *Syn. Ins.* ii. p. 22.

Long. 10 ½ à 11 millim. Larg. 5 ½ à 6 millim.

Ovale, légèrement convexe. Tête noire, avec le labre, l'épistome, le front et une tache transversale sur le vertex d'un jaune pâle; elle est entièrement couverte de points infiniment petits et perceptibles seulement à l'aide d'une très-forte loupe; antennes testacées, le second article un peu plus court que les autres, les derniers légèrement rembrunis à l'extrémité; palpes de la même couleur, rembrunis à l'extrémité. Corselet d'un jaune pâle, ayant dans son milieu une tache noire transversale, souvent accompagnée de chaque côté d'une autre petite tache sombre et très-peu arrêtée; la base est également noire au devant de l'écusson; il est trois fois aussi large que long, fortement échancré en avant, sinueux en arrière, où il est plus large, à peine arrondi sur les côtés qui sont très-légèrement rebordés; les angles antérieurs assez saillants et aigus, les postérieurs presque droits; il est tout couvert de petits points irréguliers. Écusson cordiforme, noirâtre. Élytres assez régulièrement ovalaires, peu convexes, arrondies en arrière, jaunâtres et entièrement couvertes de petites taches noires arrondies très-rapprochées les unes des autres et les faisant paraître d'un gris verdâtre; la suture, le bord externe et trois lignes longitudinales conservent la couleur du fond et sont d'un jaune clair; on observe, en outre, trois lignes de points enfoncés qui suivent les petites bandes jaunes; elles sont très-difficilement perceptibles et disparaissent entièrement sur quelques individus; la portion réfléchie est jaune. Le dessous du corps est noir, avec les segments de l'abdomen d'un jaune rougeâtre en arrière. Prosternum testacé. Pattes de la même couleur; prolongement des hanches postérieures ferrugineux.

Les femelles diffèrent des mâles par leurs élytres qui sont couvertes en avant, dans une plus ou moins grande étendue, de très-petites stries irrégulières assez fortement enfoncées, et par la couleur de l'abdomen qui est toujours moins foncée, et quelquefois même tout à fait testacée.

Il se rencontre dans toute l'Europe.

16. Colymbetes Notaticollis. *Mihi.*

Ovalis, brevior, supra flavicans, infra niger; thorace in medio transversim nigro-maculato; elytris creberrime nigro-irroratis fere nigris; prosterno pallido.

Colymbetes Notaticollis. Aubé. *Iconog.* v. p. 107. pl. 13. fig. 5.
Colymbetes Infuscatus. Erichs. *Käf. der Mark Brand.* 1. p. 151?

Long. 9 ½ millim. Larg. 5 millim.

Ovale, légèrement convexe. Tête noire, avec le labre, l'épistome, le front et une tache transversale sur le vertex d'un jaune pâle; elle est entièrement couverte de points infiniment petits, et perceptibles seulement à l'aide d'une très-forte loupe; antennes testacées, le second article un peu plus court que les autres; palpes de la même couleur, rembrunis à l'extrémité. Corselet d'un jaune testacé, avec une bande transversale noire dans son milieu; il est trois fois aussi large que long, fortement échancré en avant, à peine sinueux en arrière où il est plus large, très-peu arrondi sur les côtés qui sont très-légèrement rebordés; les angles antérieurs assez saillants et aigus, les postérieurs presque droits; il est tout couvert de petits points irréguliers. Écusson cordiforme, noirâtre. Élytres assez régulièrement ovalaires, un peu convexes, arrondies en arrière, jaunâtres et entièrement couvertes de petites taches noires arrondies, tellement rapprochées les unes des autres, que souvent elles se confondent et font paraître les élytres presque noires, à l'exception de la suture et du bord externe qui conservent la couleur du fond et sont jaunâtres; la ligne jaune de la suture est extrêmement étroite; le bord externe, au contraire, est assez large; on observe, en outre, trois lignes de points enfoncés; la portion réfléchie est jaune. Le dessous du corps est noir. Les pattes antérieures et le prosternum testacés; les pattes postérieures ferrugineuses; le prolongement des hanches noir de poix.

Je ne connais qu'un seul individu mâle de cette espèce; je le possède dans ma collection, et je crois l'avoir reçue d'Allemagne, mais je n'en suis pas certain.

Il diffère essentiellement de tous ses congénères. Il ne peut être confondu avec le *Conspersus* qui est beaucoup plus grand que lui, plus pâle, et dont le prosternum est noir, ni avec le *Notatus*, dont les élytres offrent trois lignes blanches sur le disque, et est aussi relativement un peu plus étroit et plus allongé; quant aux *C. Collaris*, *Adspersus* et *Agilis*, ils s'éloignent entièrement de notre *Notaticollis* par l'absence de taches sur le disque du corselet.

17. Colymbetes Irroratus.

Ovatus, minor, supra flavicans, infra niger; thorace in medio vitta transversa nigra; elytris crebre nigro-irroratis; prosterno pallido.

Dytiscus Irroratus. Brullé. *Voy. de M. d'Orbigny dans l'Amér. mérid.* vi. p. 49.

Fab. *Syst. Eleut.* i. 266?

Rantus Bonariensis. Dej. *Cat.* 3e *édit.* p. 62.

Long. 10 millim. Larg. 5 ½ millim.

Ovale, légèrement convexe et un peu dilaté au delà du milieu. Tête noire, avec le labre, l'épistome, le front et deux taches souvent réunies sur le vertex, d'un jaune pâle; elle est entièrement couverte de points infiniment petits, et perceptibles seulement à l'aide d'une très-forte loupe; antennes testacées, le second article un peu plus court que les autres; palpes testacés. Corselet jaunâtre, avec une bande transversale noire dans son milieu; il est trois fois aussi large que long, fortement échancré en avant, à peine sinueux en arrière, où il est plus large, très-peu arrondi sur les côtés qui sont très-légèrement rebordés; les angles antérieurs assez saillants et aigus, les postérieurs presque droits; il est tout couvert de petits points irréguliers. Écusson cordiforme, rougeâtre. Élytres ovalaires, légèrement dilatées au delà du milieu, arrondies en arrière, jaunâtres, entièrement couvertes de petites taches noires arrondies, rapprochées les unes des autres, et les faisant paraître d'un brun clair; la suture et le bord externe dans toute son étendue conservent la couleur du fond et sont jaunâtres; on observe, en outre, trois lignes de points enfoncés; chacun de ces points est placé au milieu d'une tache noire arrondie, un peu plus grande que celles qui sont répandues sur la surface; il existe aussi aux cinq sixièmes postérieurs environ une petite tache irrégulière noirâtre, placée au milieu de la largeur de chaque élytre, cette tache est peu visible; la portion réfléchie est jaune. Le dessous du corps est noir, avec l'extrémité des segments de l'abdomen ferrugineuse. Prosternum jaunâtre. Pattes de la même couleur, les postérieures un peu plus foncées; prolongement des hanches postérieures ferrugineux.

De l'Amérique méridionale, Brésil et Patagonie.

18. Colymbetes Vicinus. *Mihi.*

Ovatus, minor, supra flavicans, infra niger; thorace in medio vitta transversa nigra; elytris crebre nigro-irroratis; prosterno nigro.

Long. 9 $\frac{1}{2}$ millim. Larg. 5 $\frac{1}{2}$ millim.

Ovale, légèrement convexe et un peu dilaté au delà du milieu. Tête noire, avec le labre, l'épistôme, le milieu du front et une très-petite tache transversale sur le vertex, d'un jaune testacé; elle est très-finement pointillée; antennes testacées à la base, noirâtres à l'extrémité; le second article un peu plus court que les autres; palpes également testacés, avec le dernier article noirâtre. Corselet d'un testacé rougeâtre, avec une bande transversale noire dans son milieu; il est trois fois aussi large que long, fortement échancré en avant, à peine sinueux en arrière, où il est plus large, assez sensiblement arrondi sur les côtés qui sont légèrement rebordés; les angles antérieurs assez saillants et aigus, les postérieurs très-mousses; il est tout couvert de petites impressions irrégulières assez fortement senties. Écusson cordiforme, ferrugineux. Élytres ovalaires, légèrement dilatées au delà du milieu, arrondies en arrière, jaunâtres, entièrement couvertes de petites taches noires, arrondies, rapprochées les unes des autres et les faisant paraître d'un brun clair; la suture et le bord externe dans toute son étendue conservent la couleur du fond et sont jaunâtres; on observe, en outre, trois lignes de points enfoncés; chacun de ces points est placé au milieu d'une petite tache noire, arrondie, un peu plus grande que celles qui sont répandues sur la surface; il existe aussi, aux cinq sixièmes postérieurs environ, une petite tache irrégulière noirâtre, placée au milieu de la largeur de chaque élytre, cette tache est à peine visible; la portion réfléchie est testacée. Le dessous du corps noir. Prosternum noir. Pattes antérieures et intermédiaires ferrugineuses, les postérieures noirâtres; prolongement des hanches postérieures à peine ferrugineux.

Il est extrêmement voisin du précédent dont il diffère à peine; il est cependant un peu plus petit et plus court; son corselet est plus rugueux, a les côtés un peu plus arrondis et les angles postérieurs un peu plus obtus; le prosternum est noir, et les pattes sont plus foncées; les antennes et les palpes sont testacés à la base et noirâtres à l'extrémité.

Je n'ai vu qu'un seul individu femelle de cette espèce; il a été pris dans la Colombie, et fait partie de la collection de M. le comte Dejean.

19. Colymbetes Trilineatus. *Gory.*

Elongato-ovalis, supra pallide flavicans, infra niger; thorace in medio vix obsolete transversim nigro-maculato; elytris crebre nigro-irroratis; prosterno pallido.

Long. 11 millim. Larg. 5 $\frac{1}{2}$ millim.

Ovale, allongé, très-légèrement convexe. Tête noire, avec le labre, l'épistome, le front et deux taches, souvent réunies, sur le vertex, d'un jaune pâle; elle est entièrement couverte de points infiniment petits, et seulement perceptibles à l'aide d'une très-forte loupe; antennes testacées, le second article un peu plus court que les autres; palpes de la même couleur. Corselet jaunâtre, ayant dans son milieu une bande transversale rembrunie et à peine visible; il est trois fois aussi large que long, fortement échancré en avant, à peine sinueux en arrière, où il est plus large, très-peu arrondi sur les côtés qui sont très-légèrement rebordés; les angles antérieurs assez saillants et aigus, les postérieurs presque droits; il est tout couvert de petits points irréguliers. Écusson cordiforme, rougeâtre. Élytres ovales, assez allongées, jaunâtres, entièrement couvertes de petites taches arrondies noires, assez rapprochées les unes des autres, et les faisant paraître d'un brun jaunâtre; la suture et le bord externe dans toute son étendue conservent la couleur du fond et sont jaunâtres; on observe, en outre, trois lignes de points enfoncés; chacun de ces points est placé au milieu d'une tache noire arrondie, un peu plus grande que celles qui sont répandues sur toute la surface; il existe aussi, aux cinq sixièmes postérieurs environ, une petite tache irrégulière noirâtre, placée au milieu de la largeur de chaque élytre; la portion réfléchie est jaune. Le dessous du corps est noir, avec l'extrémité des segments de l'abdomen ferrugineuse. Prosternum jaunâtre. Pattes de la même couleur, les postérieures un peu plus foncées; prolongement des hanches postérieures ferrugineux.

Cette espèce est très-voisine de l'*Irroratus*, mais cependant elle est bien différente par sa couleur et par la longueur relative de ses élytres; elle est beaucoup moins foncée, la tache transversale du corselet est aussi bien moins marquée, et enfin les élytres sont cinq fois environ aussi longues que le corselet, tandis que dans l'*Irroratus* elles ont tout au plus quatre fois la longueur de cet organe.

Il se trouve au Chili. Les deux seuls individus que j'ai observés appartiennent à M. Gory.

20. Colymbetes Maculicollis.

Ovatus, supra flavicans, infra niger; thorace in medio duabus maculis nigris rotundatis; elytris crebre nigro-irroratis; prosterno pallido.

Rantus Maculicollis. Klug-Dej. *Cat.* 3e *édit.* p. 62.

Long. 10 à 11 millim. Larg. 5 $\frac{1}{2}$ à 6 millim.

Ovale, légèrement convexe. Tête noire, avec le labre, l'épistome, le front et une tache transversale sur le vertex d'un jaune pâle; elle est entièrement couverte de points infiniment petits, seulement perceptibles à l'aide d'une très-forte loupe; antennes testacées, le second article un peu plus court que les autres, les derniers rembrunis à l'extrémité; les palpes jaunâtres, également rembrunis à l'extrémité. Corselet jaunâtre, avec deux taches arrondies, noires, transversalement placées sur le milieu; il est trois fois aussi large que long, fortement échancré en avant, arrondi en arrière, où il est plus large, très-peu arrondi sur les côtés; les angles antérieurs assez saillants et aigus, les postérieurs presque droits; il est tout couvert de points irréguliers. Écusson cordiforme, d'un testacé rougeâtre. Élytres assez régulièrement ovalaires, jaunâtres, entièrement couvertes de petites taches arrondies noires, très-rapprochées les unes des autres, et les faisant paraître d'un brun clair; la suture et le bord externe dans toute son étendue conservent la couleur du fond et sont jaunâtres; on observe, en outre, trois lignes de points enfoncés; chacun de ces points est placé au milieu d'une tache noire arrondie, un peu plus grande que celles qui sont répandues sur toute la surface; il existe aussi, aux cinq sixièmes postérieurs environ, une petite tache irrégulière, noirâtre, placée au milieu de la largeur de chaque élytre; la portion réfléchie est jaune. Le dessous du corps est noir, avec quelques taches jaunâtres sur les côtés de l'abdomen. Prosternum et pattes d'un jaune testacé; l'extrémité du prolongement des hanches postérieures ferrugineuse.

Il se trouve au Mexique.

21. COLYMBETES BINOTATUS.

Ovatus, brevior, supra pallide-flavicans, infra niger; thorace pallidiore in medio; duabus maculis rotundatis nigris; elytris crebre nigro-irroratis; prosterno pallido.

Rantus Binotatus. MANNERHEIM-DEJ. *Cat.* 3e *édit.* p. 62.

Long. 10 millim. Larg. 5 millim.

Ovale, légèrement convexe. Tête noire, avec le labre, l'épistome, le front et une tache transversale sur le vertex, d'un jaune pâle; elle est entièrement couverte de points infiniment petits, perceptibles seulement à l'aide d'une très-forte loupe; antennes testacées, le second article un peu plus court que les autres, les derniers à peine rembrunis à l'extrémité; palpes testacés. Corselet d'un jaune très-pâle, avec deux taches arrondies, noires, transversalement placées sur le milieu; il est trois fois aussi large que long, fortement échancré en avant, légèrement arrondi en arrière, où il est plus large; très-peu arrondi sur les côtés; les angles antérieurs assez saillants et aigus, les postérieurs presque droits; il est tout couvert de points irréguliers. Écusson cordiforme, jaunâtre. Élytres assez régulièrement ovalaires, jaunes, entièrement couvertes de petites taches arrondies, noires, très-rapprochées les unes des autres et les faisant paraître d'un brun jaunâtre; la suture et le bord externe dans toute son étendue conservent la couleur du fond et sont d'un jaune très-pâle; on observe, en outre, trois lignes de points enfoncés; chacun de ces points est placé au milieu d'une tache noire arrondie, un peu plus grande que celles qui sont répandues sur toute la surface et à peine visible; il existe aussi aux cinq sixièmes postérieurs une petite tache irrégulière, noirâtre, mais presque effacée et à peine perceptible; la portion réfléchie est jaune. Le dessous du corps est noir, avec quelques taches jaunes sur les côtés et à l'extrémité de l'abdomen. Prosternum et pattes d'un jaune testacé; le prolongement des hanches postérieures ferrugineux.

Ce *Colymbetes* est extrêmement voisin du *Rimosus*, peut-être même n'en est-il qu'une simple variété; il est plus pâle que lui; son corselet surtout est d'un jaune très-clair, de sorte que les deux taches noires tranchent beaucoup sur le fond; il est généralement un peu plus petit et relativement un peu moins long.

Il se trouve à Saint-Domingue.

22. Colymbetes Divisus.

Elongato-ovalis, supra flavicans, infra niger; thorace in medio duabus maculis rotundatis nigris; elytris crebre nigro-irroratis; prosterno nigro.

Rantus Divisus. Eschsholtz-Dej. *Cat.* 3e *édit.* p. 62.

Long. 11 $\frac{1}{4}$ millim. Larg. 5 $\frac{3}{4}$ millim.

Ovale, allongé, très-légèrement convexe. Tête noire, avec le labre, l'épistome, le front et une tache étroite transversale sur le vertex, d'un jaune rougeâtre; elle est entièrement couverte de points assez fins, mais bien visibles; antennes testacées, le second article un peu plus court que les autres, et les derniers rembrunis à l'extrémité; palpes de même couleur, également rembrunis à l'extrémité. Corselet jaunâtre, avec deux taches arrondies noires, placées transversalement sur le milieu; il est trois fois aussi large que long, fortement échancré en avant, très-légèrement arrondi en arrière où il est plus large, très-peu arrondi sur les côtés; les angles antérieurs assez saillants et aigus, les postérieurs presque droits; il est tout couvert de points irréguliers, et présente sur le disque un rudiment de sillon longitudinal. Écusson cordiforme, rougeâtre. Élytres ovales, assez allongées, jaunâtres, entièrement couvertes de petites taches arrondies, noires, très-rapprochées les unes des autres, et les faisant paraître d'un brun clair; la suture et le bord externe dans toute son étendue conservent la couleur du fond et sont jaunâtres; on observe, en outre, trois lignes de points enfoncés; chacun de ces points est placé au centre d'une petite tache noire, arrondie, un peu plus grande que celles qui sont répandues sur toute la surface et à peine visible; il existe aussi, aux cinq sixièmes postérieurs environ, une autre petite tache irrégulière, noirâtre, mais presque effacée et à peine perceptible; la portion réfléchie est jaunâtre. Le dessous du corps noir, avec l'extrémité des segments de l'abdomen ferrugineuse. Prosternum noir. Les quatre pattes antérieures testacées, les postérieures ferrugineuses; le prolongement des hanches ferrugineux à l'extrémité.

Il est très-voisin des *Colymbetes Rimosus* et *Binotatus;* mais il en diffère par sa taille plus allongée, et par le dessous du corps qui est entièrement noir, ainsi que le prosternum.

Le seul individu que j'ai pu examiner vient de l'Amérique septentrionale (Norfolksund), et il appartient à M. le comte Dejean.

23. Colymbetes Mexicanus.

Ovatus, niger; thorace flavo, in medio duabus maculis rotundatis nigris; elytris antice nigris, postice flavicantibus, nigro-irroratis; prosterno pallido.

Colymbetes Mexicanus. Lap. *Étud. ent.* 101.

Long. de 11 à 11 $\frac{1}{2}$ millim. Larg. 6 à 6 $\frac{1}{4}$ millim.

Ovale et légèrement convexe. Tête noire, avec le labre, l'épistome, le front, et une tache étroite transversale sur le vertex d'un jaune rougeâtre; elle est entièrement couverte de points infiniment petits, et seulement perceptibles à l'aide d'une très-forte loupe; antennes ferrugineuses, rembrunies à l'extrémité, le deuxième article un peu plus court que les autres; palpes testacés, rembrunis à l'extrémité. Corselet jaunâtre, avec deux taches arrondies, noires, placées transversalement sur le milieu; il est trois fois aussi large que long, fortement échancré en avant, légèrement arrondi en arrière, où il est plus large, très-peu arrondi sur les côtés; les angles antérieurs assez saillants et aigus, les postérieurs presque droits; il est tout couvert de points irréguliers. Écusson cordiforme, rougeâtre. Élytres assez régulièrement ovalaires, d'un noir mat dans les quatre cinquièmes antérieurs, avec le bord externe dans toute son étendue, une ligne étroite, transversale à la base, et le tour de l'écusson d'un jaune rougeâtre; le cinquième postérieur est jaunâtre, avec une multitude de petites taches arrondies, noires, très-rapprochées les unes des autres; on observe, en outre, trois lignes de points enfoncés peu marquées et à peine visibles, surtout l'externe; la portion réfléchie est jaune. Le dessous du corps est noir, avec des taches jaunâtres sur les côtés et à l'extrémité de l'abdomen. Les pattes et le prosternum testacés; le prolongement des hanches postérieures ferrugineux à l'extrémité.

Ce remarquable *Colymbetes* se trouve au Mexique, d'où il a été rapporté par Mme Sallé.

24. Colymbetes Discicollis. *Mihi.*

Ovatus, supra flavicans, infra niger; thorace disco nigricante; elytris crebre nigro-irroratis; prosterno pallido.

Long. 10 millim. Larg. 5 millim.

Ovale, légèrement convexe. Tête noire, avec le labre, l'épistome, le front, et une tache transversale sur le vertex d'un jaune pâle; elle est entièrement couverte de points infiniment petits, et perceptibles seulement à l'aide d'une très-forte loupe; antennes et palpes testacés. Corselet jaunâtre, le centre du disque vaguement et assez fortement rembruni ; il est trois fois aussi large que long, fortement échancré en avant, à peine sinueux en arrière, où il est un peu plus large, très-peu arrondi sur les côtés ; les angles antérieurs assez saillants et aigus, les postérieurs presque droits ; il est tout couvert de points irréguliers, et présente sur le disque un sillon longitudinal assez bien marqué. Écusson cordiforme, ferrugineux. Élytres assez régulièrement ovalaires, un peu allongées, jaunâtres, entièrement couvertes de petites taches arrondies, noires, très-rapprochées les unes des autres, et les faisant paraître d'un brun assez sombre ; la suture et le bord externe dans toute son étendue conservent la couleur du fond et sont jaunâtres ; on observe, en outre, trois lignes de points enfoncés ; chacun de ces points est placé au centre d'une petite tache noire, arrondie, un peu plus grande que celles qui sont répandues sur toute la surface ; il existe aussi, aux cinq sixièmes postérieurs environ, une petite tache irrégulière noirâtre, placée au milieu de la largeur de chaque élytre, cette tache est presque effacée et à peine visible ; la portion réfléchie est jaunâtre. Le dessous du corps est noir, avec l'extrémité des segments de l'abdomen ferrugineuse. Pattes et prosternum testacés ; prolongement des hanches postérieures ferrugineux à l'extrémité.

Je n'ai vu qu'un seul individu de cette espèce, il appartient à M. Buquet, qui l'a reçu de Java.

25. Colymbetes Obscuricollis. *Mihi.*

Ovatus, supra flavicans, infra niger ; thorace punctato-rugoso, in medio amplius nigricante ; elytris crebre nigro-irroratis ; prosterno nigro.

Long. 10 millim. Larg. 5 $\frac{1}{2}$ millim.

Ovale, légèrement convexe. Tête noire, avec le labre, l'épistome, le front, et une tache transversale étroite sur le vertex d'un jaune rougeâtre; elle est entièrement couverte de points infiniment petits, et perceptibles seulement à l'aide d'une forte loupe; antennes et palpes testacés. Corselet jaunâtre, tout le centre du disque vaguement et assez fortement rembruni; il est trois fois aussi large que long, fortement échancré en avant, à peine sinueux en arrière, où il est un peu plus large, très-peu arrondi sur les côtés; les angles antérieurs assez saillants et aigus, les postérieurs presque droits; il est tout couvert de points irréguliers, confondus entre eux, et qui font paraître cet organe terne et rugueux. Écusson cordiforme, ferrugineux. Élytres assez régulièrement ovalaires, jaunâtres, entièrement couvertes de petites taches arrondies, noires, très-rapprochées les unes des autres, et les faisant paraître d'un brun assez sombre; la suture et le bord externe dans toute son étendue conservent la couleur du fond et sont d'un jaune sale; on observe, en outre, trois lignes de points enfoncés; chacun de ces points est placé au centre d'une petite tache noire, arrondie, un peu plus grande que celles qui sont répandues sur toute la surface; il existe aussi, aux cinq sixièmes postérieurs environ, une petite tache irrégulière, noirâtre, placée au milieu de la largeur de chaque élytre, cette tache est presque effacée et à peine visible; la portion réfléchie est jaunâtre. Le dessous du corps est noir, avec l'extrémité des segments de l'abdomen ferrugineuse. Prosternum noir. Pattes et extrémité du prolongement des hanches postérieures ferrugineuses; les deux premières paires de pattes un peu moins foncées.

Il est extrêmement voisin du *Discicollis*, mais il est relativement un peu plus large, les élytres sont plus obtuses à l'extrémité; le prosternum est noir, tandis qu'il est jaunâtre dans le *Discicollis*.

Cet insecte a été trouvé au Chili. M. Chevrolat en possède un individu mâle dans sa collection.

26. COLYMBETES COLLARIS.

Ovatus, supra et infra flavicans; thorace antice posticeque vix nigro-maculato; elytris crebre nigro-irroratis; prosterno pallido.

Dytiscus Collaris. PAYK. *Faun. Suec.* I. 200.
GYLL. *Ins. Suec.* I. 485.
Dytiscus Exoletus. FORST. *Nov. spec. ins.* 87.
Dytiscus Adspersus. PANZ. *Faun. Germ.* XXXVIII. 18.
Rantus Adspersus. LACORDAIRE. *Faun. ent.* I. 313.

Long. 10 $\frac{1}{2}$ à 11 millim. Larg. 5 $\frac{1}{2}$ à 6 millim.

Ovale, un peu allongé et médiocrement convexe. Tête noire, avec le labre, l'épistome, le front, et une large tache transversale sur le vertex d'un jaune pâle, cette couleur domine plus que dans les espèces précédentes, et l'on pourrait tout aussi bien dire que la tête est jaune, avec le vertex noir, et un chaperon très-étroit, de la même couleur, au-dessus du front; elle est entièrement couverte de points infiniment petits, et perceptibles à l'aide d'une très-forte loupe; antennes testacées, le second article un peu plus court que les autres, les derniers très-légèrement rembrunis à leur extrémité; palpes de la même couleur, également rembrunis à l'extrémité. Corselet jaune, avec le bord antérieur et postérieur très-étroitement noirs dans le milieu, souvent même il est entièrement jaune; il est un peu moins de trois fois aussi large que long, fortement échancré en avant, à peine sinueux en arrière, où il est un peu plus large, très-peu arrondi sur les côtés; les angles antérieurs assez saillants et aigus, les postérieurs presque droits; il est tout couvert de petits points irréguliers. Écusson ferrugineux. Élytres ovales, très-légèrement allongées, jaunâtres, entièrement couvertes de petites taches noires, arrondies, très-rapprochées les unes des autres, et les faisant paraître d'un brun clair ; la suture et le bord externe conservent la couleur du fond et sont jaunâtres ; on observe, en outre, trois lignes de points enfoncés ; chacun de ces points est placé au centre d'une petite tache arrondie, noire, un peu plus grande que celles qui sont répandues sur toute la surface, mais à peine visible; la portion réfléchie est jaune. Tout le dessous du corps, le prosternum et les pattes d'un jaune testacé.

Il habite toute l'Europe.

J'ai reçu de M. Mannerheim, sous le nom de *Colymbetes Insolatus* Gebler, et *Roridus* Mannerheim, deux individus à peine distincts du type de l'espèce ; le premier a la partie postérieure du corselet un peu plus noire ; quant à l'autre, je n'ai pu apercevoir aucun caractère différentiel, aussi ne crois-je pas devoir admettre ces deux espèces.

27. Colymbetes Agilis.

Oblongo-ovatus, supra flavicans, infra niger; thorace antice et postice transversim nigro-maculato ; elytris crebre nigro-irroratis ; prosterno pallido.

Dytiscus Agilis. Fab. *Syst. eleut.* I. 266?
Payk. *Faun. Suec.* I. 199.
Gyll. *Ins. Suec.* I. 484.
Colymbetes Bistriatus. Erichs. *Käf. der Mark Brand.* I. p. 152.
Sch. *Syn. Ins.* II. 23.

Long. 10 à 10 ½ millim. Larg. 5 ½ à 6 millim.

Ovale, légèrement allongé et médiocrement convexe. Tête noire, avec le labre, l'épistome, le front, et deux taches souvent réunies sur le vertex d'un jaune pâle ; elle est entièrement couverte de points infiniment petits, et perceptibles seulement à l'aide d'une très-forte loupe; antennes testacées, le second article un peu plus court que les autres, et les derniers rembrunis à leur extrémité; palpes de la même couleur, également rembrunis à leur extrémité. Corselet jaunâtre, avec les bords antérieur et postérieur noirs dans le milieu; il est un peu moins de trois fois aussi large que long, fortement échancré en avant, à peine sinueux en arrière, où il est plus large, très-peu arrondi sur les côtés; les angles antérieurs assez saillants et aigus, les postérieurs presque droits; il est tout couvert de petits points irréguliers. Écusson ferrugineux. Élytres assez régulièrement ovalaires, cependant un peu allongées, jaunâtres, entièrement couvertes de petites taches arrondies, noires, très-rapprochées les unes des autres, et les faisant paraître d'un brun foncé; la suture et le bord externe dans toute son étendue conservent la couleur du fond et sont jaunâtres; on observe, en outre, trois lignes de points enfoncés; chacun de ces points est placé au centre d'une petite tache arrondie, noire, un peu plus grande que celles qui sont répandues sur toute la surface; la portion réfléchie est jaune. Le dessous du corps est noir, avec les trois avant-derniers segments de l'abdomen légèrement ferrugineux en arrière. Prosternum et pattes testacés; prolongement des hanches postérieures ferrugineux à l'extrémité.

Il habite le nord de l'Europe, la Suède, la Finlande. M. Dejean possède dans sa collection un individu de cette espèce, qu'il a reçu de l'Amérique du Nord, et qui est entièrement semblable à ceux d'Europe.

28. Colymbetes Adspersus.

Ovalis, brevior, supra flavicans, infra nigricans; thorace antice et postice transversim nigro-maculato; elytris crebre nigro-irroratis; prosterno pallido.

Dytiscus Adspersus. Fab. *Syst. Eleut.* 1. 267.
Gyl. *Ins. Suec.* 1. 486.

Colymbetes Adspersus. STURM. *Deuts. Faun.* VIII. 80. tab. 8.
Rantus Agilis. LACORDAIRE. *Faun. ent.* I. 312.
SCH. *Syn. Ins.* II. p. 623.

Long. 9 à 9 ½ millim. Larg. 5 ¾ à 6 millim.

Ovale, raccourci et médiocrement convexe. Tête noire, avec le labre, l'épistome, le front, et deux taches souvent réunies sur le vertex d'un jaune pâle; elle est entièrement couverte de points infiniment petits, et perceptibles seulement à l'aide d'une très-forte loupe. Antennes testacées, le second article plus court que les autres, et les derniers légèrement rembrunis à l'extrémité; palpes de la même couleur, également rembrunis à l'extrémité. Corselet jaunâtre, avec les bords antérieur et postérieur noirs dans le milieu; il est un peu moins de trois fois aussi large que long, fortement échancré en avant, à peine sinueux en arrière, où il est plus large, très-peu arrondi sur les côtés; les angles antérieurs assez saillants et aigus, les postérieurs presque droits; il est tout couvert de petits points irréguliers. Écusson ferrugineux. Élytres ovales, mais un peu raccourcies et très-largement arrondies à l'extrémité, jaunâtres, entièrement couvertes de petites taches arrondies, noires, très-rapprochées les unes des autres, et les faisant paraître d'un brun assez foncé; la suture et le bord externe conservent la couleur du fond et sont jaunâtres; on observe, en outre, trois lignes de points enfoncés; chacun de ces points est placé au centre d'une petite tache noire, arrondie, un peu plus grande que celles qui sont répandues sur toute la surface; la portion réfléchie est jaune. Le dessous du corps est noir, avec l'extrémité et les bords latéraux de tous les segments de l'abdomen, y compris le segment anal, testacés. Prosternum et pattes de la même couleur. Le sternum et le prolongement des hanches postérieures dans toute son étendue d'un testacé ferrugineux.

Cette espèce est très-voisine du *C. Agilis*, et en diffère par sa forme qui est plus courte et plus largement arrondie en arrière, et par la couleur de l'abdomen, dont tous les segments sont testacés, en arrière et sur les côtés.

Il se rencontre dans toute l'Europe.

29. Colymbetes Proemosus.

Elongato-ovalis, flavicans; thorace immaculato; elytris apice truncatis, nigro-irroratis, in disco lineolis e plurimis punctis pallidis rotundatis.

Colymbetes Prœmosus. Erichs. *Nov. Act. Nat. Cur.* XVI. 227.
Dytiscus Varius. Fab. *Ent. syst.* I. 195?

Long. 9 $\frac{1}{3}$ à 10 $\frac{1}{2}$ millim. Larg. 5 à 5 $\frac{1}{4}$ millim.

Ovalaire, assez fortement allongé et médiocrement convexe. Tête noire, avec le labre, l'épistome et la partie antérieure du front d'un jaune pâle; elle est entièrement couverte de points infiniment petits et perceptibles seulement à l'aide d'une très-forte loupe; antennes jaunes; le second article n'est pas sensiblement plus court que les autres; palpes de la même couleur. Corselet jaune, avec deux petites taches arrondies, noirâtres, placées en arrière près du bord postérieur; le bord antérieur est très-légèrement rembruni, et dans quelques individus seulement; il est deux fois et demie aussi large que long, très-fortement échancré en avant, arrondi et légèrement sinueux en arrière, où il est plus large, à peine arrondi sur les côtés qui sont rebordés; les angles antérieurs assez saillants et aigus, les postérieurs obtus; il est tout couvert de points irréguliers analogues à ceux de la tête; en avant, près du bord antérieur, quelques points enfoncés fortement marqués, et trois ou quatre autres analogues, mais moins sensibles, sur chacune des petites taches postérieures; au milieu un sillon longitudinal peu marqué. Écusson cordiforme, ferrugineux. Élytres ovalaires assez fortement allongées, à peine dilatées un peu au delà du milieu, tronquées obliquement à l'extrémité, et terminées par une petite pointe mousse ; elles sont jaunes, mélangées de noir, mais comme cette dernière couleur domine, on peut les considérer comme étant noires avec environ une douzaine de petites lignes composées chacune de petites taches arrondies jaunes, marquées au centre d'un petit point sombre ; une ligne jaune, à peine interrompue en arrière, de chaque côté de la suture qui est noire; le bord externe est jaune avec une ou deux petites taches noirâtres allongées; l'extrémité postérieure est noire dans une très-petite étendue; la portion réfléchie est jaune. Le dessous du corps est souvent noir, mais il est souvent aussi ferrugineux et même testacé. Le prosternum est jaune. Les pattes sont ou ferrugineuses ou jaune pâle.

Les femelles présentent sur leurs élytres de petites impressions linéaires, très-courtes, très-nombreuses, placées en travers et un peu obliquement. Elles sont généralement aussi plus pâles en dessous.

Il habite la partie la plus méridionale de l'Amérique du Sud. Il existe dans les collections du Muséum et de MM. Buquet et Reiche.

30. Colymbetes Nigriceps.

Elongato-ovalis, supra flavicans, infra niger; capite nigro; thorace in medio vitta transversa nigra; elytris apice truncatis, nigro-irroratis.

Colymbetes Nigriceps. Erichs. *Nov. Act. Nat. Cur.* XVI. p. 228.
Colymbetes Chiliensis. Lap. *Études ent.* 100.
Rantus Chilensis. Dej. *Cat.* 3e *édit.* p. 62.

Long. 10 à 10 ½ millim. Larg. 5 ¼ à 5 ½ millim.

Ovalaire, assez fortement allongé et médiocrement convexe. Tête noire, avec le labre testacé et la partie antérieure de l'épistome très-étroitement ferrugineuse; elle est entièrement couverte de points infiniment petits et à peine perceptibles à l'aide d'une très-forte loupe; antennes testacées; le second article n'est pas sensiblement plus court que les autres, les derniers rembrunis à l'extrémité; palpes testacés, le dernier article presque entièrement noir. Corselet jaunâtre, avec une tache noire transversale au milieu, le bord antérieur assez largement, le postérieur très-étroitement rembrunis; il est deux fois et demie aussi large que long, largement échancré en avant, arrondi et légèrement sinueux en arrière où il est plus large, à peine arrondi sur les côtés qui sont rebordés; les angles antérieurs assez saillants et aigus, les postérieurs obtus et un peu arrondis; il est tout couvert de points irréguliers analogues à ceux de la tête; en avant, près du bord antérieur, un sillon transversal et ponctué, une petite strie longitudinale sur le milieu. Écusson cordiforme, ferrugineux. Élytres ovalaires, assez fortement allongées, tronquées obliquement à l'extrémité, et terminées par une petite pointe mousse; elles sont jaunes, mélangées de noir; cette dernière couleur est disposée de manière que le fond se trouve divisé en une multitude de petites taches jaunes arrondies, disposées sans ordre; le bord externe et la suture sont jaunes; l'extrémité est noire dans une très-petite étendue; quatre petites taches noires en dedans de la bande jaune externe: une près de l'épaule, une autre un peu avant le milieu, une troisième aux deux tiers, et enfin la dernière près de l'extrémité; souvent ces trois dernières taches sont réunies et forment une bande longitudinale noire très-étroite; la portion réfléchie est jaune. Dessous du corps et prosternum noirs. Pattes d'un noir ferrugineux.

Les femelles présentent sur leurs élytres de petites impressions linéaires très-fines, irrégulières, onduleuses, dirigées dans tous les sens, et s'anastomosant entre elles.

Il se trouve au Chili.

31. Colymbetes Duponti. *Mihi.*

Oblongo-ovalis, niger, capite cum labro, epistomo, maculaque transversa in vertice rufo-luteis; thoracis lateribus rufo-luteis; elytrorum margine et apice luteis, crebre nigro-irroratis; pedibus nigris, femoribus anticis et intermediis apice rufo-ferrugineis.

Long. 11 millim. Larg. 6 millim.

Ovale, légèrement allongé et médiocrement convexe. Tête noire, avec le labre, l'épistome et une tache transversale sur le vertex d'un jaune rougeâtre; elle est presque imperceptiblement réticulée; antennes testacées, le second article un peu plus court que les autres; palpes noirâtres, ferrugineux à l'extrémité. Corselet noir, assez largement bordé de jaune sur les côtés, un peu moins de trois fois aussi large que long, fortement échancré en avant, à peine sinueux en arrière, où il est plus large, très-peu arrondi sur les côtés; les angles antérieurs assez saillants et aigus, les postérieurs presque droits; il est très-finement réticulé. Écusson noirâtre. Élytres assez régulièrement ovalaires, un peu allongées, noires, avec les bords latéraux et l'extrémité jaunes, couverts de petits points noirs arrondis, assez rapprochés, un peu confluents et les faisant paraître d'un jaune grisâtre; la partie jaunâtre ne touche pas tout à fait le bord externe, qui présente dans toute son étendue un très-petit filet noirâtre; elles offrent, en outre, trois lignes longitudinales de points enfoncés assez sensibles; la portion réfléchie est noire. Le dessous du corps et les pattes sont noirs, avec l'extrémité des segments de l'abdomen et des cuisses antérieures et intermédiaires ferrugineuse.

Je n'ai pu observer qu'un seul individu femelle de ce *Colymbetes* : aussi est-il douteux que cette espèce doive entrer dans cette division. Dans ce doute, j'ai cru devoir la laisser sur la limite; mais si elle devait réellement faire partie des *Rantus* de Esch., sa place serait entre l'*Obscuricollis* et le *Collaris*.

Il a été trouvé au Paraguay, et fait partie de la collection de M. Dupont.

c. *Les trois premiers articles des tarses antérieurs des mâles comprimés et garnis de cupules.* (Colymbetes. *Eschscholtz-Dej.*)

32. Colymbetes Cicur (1).

Ovalis, maxime elongatus, niger; capite antice et in vertice, thorace ad latera et in medio rufo-luteis; elytris luteis, nigro-irroratis cum quatuor lineolis pallidis; corpore infra nigro-ferrugineo.

Dytiscus Cicur. Fab. *Syst. Eleut.* I. 262.
Dytiscus Cicurus. Fab. *Ent. syst.* I. 190.

Long. 15 $\frac{1}{2}$ à 16 $\frac{1}{2}$ millim. Larg. 7 à 7 $\frac{1}{4}$ millim.

Ovale, très-allongé et médiocrement convexe. Tête noire, avec le labre, l'épistome et une large tache arrondie sur le vertex d'un jaune rougeâtre; elle est entièrement couverte de points infiniment petits; antennes testacées, le second article à peine plus court que les autres; palpes de la même couleur. Corselet d'un noir ferrugineux, assez largement bordé de jaune rougeâtre, avec une tache longitudinale de la même couleur sur le milieu du disque; il est un peu moins de trois fois aussi large que long, très-fortement échancré en avant, à peine sinueux en arrière, où il est plus large; les côtés sont presque droits et rebordés; les angles antérieurs très-saillants et aigus, les postérieurs presque droits et arrondis au sommet; il est tout couvert de points irréguliers; au milieu, sur la tache rougeâtre, une petite strie longitudinale très-courte et assez fortement marquée. Écusson ferrugineux.

(1) J'ai conservé le nom de *Cicur* à cet insecte, quoique moins ancien que celui de *Cicurus;* j'ai cru devoir imiter Fab. lui-même, qui a changé, je suppose avec intention, le premier nom qu'il avait adopté dans son Entomologie systématique.

Élytres assez régulièrement ovalaires, mais très-fortement allongées, cinq fois et demie aussi longues que le corselet, jaunâtres, entièrement couvertes de petites taches arrondies noires, rapprochées les unes des autres, et les faisant paraître d'un brun roux ; le bord externe et quatre lignes longitudinales étroites conservent la couleur du fond et sont jaunâtres ; la suture, le tour de l'écusson et la portion la plus interne de la base sont noirs ; il existe presque toujours aussi une tache noire sur l'épaule, et une autre aux cinq sixièmes postérieurs, celle-ci moins distincte ; on observe, en outre, trois lignes longitudinales de points enfoncés ; la portion réfléchie est jaunâtre. Dessous du corps et pattes ferrugineux.

Du cap de Bonne-Espérance.

33. Colymbetes Calidus.

Late ovatus niger ; capite antice et in vertice, thorace ad latera rufo-luteis ; elytris rufo-luteis crebre, nigro-irroratis cum macula transversa ad basin, quatuor lineis in disco margineque exteriori pallidioribus ; corpore infra nigro-ferrugineo.

Dytiscus Calidus. Fab. *Syst. Eleut.* 1. p. 26.

Var. β. *Elytris nigricantibus cum vitta ad basin et tribus tantum lineis in disco pallidioribus.*

Colymbetes Sexlineatus. Dej. *Cat.* 3e *édit.* p. 62.

Var. γ. *Elytris ad basin et in medio nigricantibus cum macula ad humera quatuorque lineis pallidioribus in disco.*

Colymbetes Lebasii. Dej. *Cat.* 3e *édit.* p. 62.

Long. de 12 ½ à 13 ½ millim. Larg. de 7 à 7 ½ millim.

Ovale, assez élargi et très-médiocrement convexe. Tête noire, avec le labre, la partie antérieure de l'épistome et une tache peu visible sur le vertex d'un rouge jaunâtre; elle est couverte de points infiniment petits et à peine visibles à l'aide d'une très-forte loupe; antennes testacées, le second article à peine plus court que les autres; palpes de la même couleur. Corselet noir, assez largement bordé de roux sur les côtés; il est trois fois aussi large que long, fortement échancré en avant, à peine sinueux en arrière, où il est plus large, arrondi sur les côtés qui sont légèrement rebordés; les angles antérieurs assez saillants et aigus, les postérieurs presque droits; il est tout couvert de points irréguliers; au milieu, sur le disque, une petite strie longitudinale rudimentaire. Écusson noirâtre. Élytres ovalaires, larges et à peine convexes; elles sont jaunâtres, entièrement couvertes de petites taches noires arrondies très-rapprochées les unes des autres, souvent confluentes et les faisant paraître d'un brun plus ou moins foncé; le bord externe, quatre lignes longitudinales étroites et une bande transversale près de la base, conservent la couleur du fond et sont jaunâtres; la suture, le tour de l'écusson et la partie la plus interne de la base sont noirs; on observe, en outre, trois lignes de points enfoncés; la portion réfléchie est d'un jaune roux. Le dessous du corps et les pattes postérieures d'un noir ferrugineux; les pattes antérieures sont plus pâles.

La couleur des élytres varie beaucoup en raison de la plus ou moins grande confluence des petites taches noires sur telle ou telle partie.

Dans la var. β, les élytres sont presque noires et ne présentent que trois petites lignes longitudinales jaunâtres; le bord externe et la tache transversale près de la base sont de la même couleur.

Dans la var. γ, les élytres sont noires en avant et au milieu, offrent le bord externe et quatre lignes jaunâtres, mais la tache transversale de la base manque en partie ou entièrement.

Il se rencontre dans toutes les Amériques, mais plus communément dans le nord de l'Amérique du Sud, et dans le sud de l'Amérique du Nord.

34. Colymbetes Piceus.

Oblongo-ovatus, nigro-piceus; capite antice et in vertice, thorace ad latera rufo-ferrugineis; elytris brunneis, creberrime rufo-irroratis.

Colymbetes Piceus. Klug. *Symb. Phys.* tab. 33. fig. 6.
Colymbetes Sinaicus. Dej. *Cat.* 3e *édit.* p. 62.

Long. 15 millim. Larg. 7 $\frac{3}{4}$ millim.

Ovale, légèrement allongé et médiocrement convexe. Tête noire, avec le labre, l'épistome et une tache arrondie sur le vertex d'un rouge ferrugineux; elle est couverte de points infiniment petits; antennes ferrugineuses, le second article à peine plus court que les autres; palpes de la même couleur. Corselet assez largement, mais vaguement bordé de rouge ferrugineux; il est deux fois et demie aussi large que long, assez largement échancré en avant, coupé presque carrément en arrière, où il est plus large, à peine arrondi sur les côtés; les angles antérieurs assez saillants et aigus, les postérieurs presque droits; il est tout couvert de petits points irréguliers; en avant près du bord antérieur, sur les côtés près du bord externe, et en arrière près de la base, mais de chaque côté seulement, on observe un sillon qui entoure presque le disque; dans le fond de ce sillon existent des points enfoncés assez forts et très-rapprochés; le disque présente aussi une strie longitudinale très-courte et peu enfoncée. Écusson cordiforme, noirâtre. Élytres assez régulièrement ovales, d'un brun foncé et entièrement couvertes de petites taches rougeâtres irrégulières à peine visibles et se confondant presque avec la couleur du fond; les bords latéraux sont rougeâtres et assez fortement rebordés, surtout en arrière; elles présentent, sur leur disque, trois lignes de points assez fortement enfoncés, une ligne de points analogues abrégée en avant le long de la suture, et une autre ligne de très-petits points assez rapprochés le long du bord externe ; sur chacun des points les plus postérieurs existe un poil blond assez long, de sorte que le bord externe est cilié en arrière ; la portion réfléchie est ferrugineuse. Le dessous du corps est noir, avec l'extrémité postérieure des segments de l'abdomen ferrugineuse. Les pattes antérieures ferrugineuses, les postérieures presque noires. Le prolongement des hanches postérieures ferrugineux à l'extrémité.

Il habite le mont Sinaï.

35. Colymbetes Atricolor. *Chevrolat.*

Ovatus, totus niger, cum capite antice et in vertice antennisque ferrugineis.

Long. 14 $\frac{1}{2}$ millim. Larg. 8 millim.

Ovale, assez convexe. Tête noire, avec le labre et une tache transversale sur le vertex d'un rouge ferrugineux ; elle est couverte d'une ponctuation très-fine ; antennes ferrugineuses, le second article plus court que les autres ; palpes noirs, légèrement ferrugineux à la base de chaque article et à l'extrémité du dernier. Corselet entièrement noir ; il est trois fois aussi large que long, fortement échancré en avant, à peine sinueux en arrière ; les côtés très-légèrement arrondis ; les angles antérieurs assez saillants et aigus, les postérieurs presque droits ; il est tout couvert de petits points irréguliers ; en avant, près du bord antérieur, une ligne transversale de points arrondis assez enfoncés et placés dans un sillon à peine sensible ; sur le disque et au milieu, le rudiment d'une strie longitudinale ; en arrière et de chaque côté le bord postérieur est marqué de petites stries longitudinales irrégulières, courtes, très-serrées et assez mal limitées, de sorte qu'il paraît comme plissé à l'endroit où existent ces petites stries. Écusson cordiforme, noir. Élytres de la même couleur, assez largement ovalaires, entièrement couvertes de petites impressions irrégulières extrêmement fines; en outre, on observe trois lignes longitudinales de points enfoncés; l'interne seule est bien apparente, les deux autres, et surtout l'externe, sont peu sensibles; la portion réfléchie est noire. Le dessous du corps et les pattes également noirs.

Il se trouve au Mexique, d'où il a été rapporté par madame veuve Sallé.

Des collections de MM. Chevrolat et Dupont.

36. Colymbetes Nitidus.

Oblongo-ovalis, convexus, nigro-piceus; capite antice et transversim in vertice rufo-ferrugineo; thorace et elytris confuse ad latera ferrugineis, elytris ad marginem paulo ultra medium vittis minimis longitudinalibus tribus vel quatuor rufo-ferrugineo-ornatis; pedibus nigro-ferrugineis.

Meladema Nitidum. Brullé. *Voy. de M. d'Orbig. dans l'Am. mérid.* vi. p. 48.

Long. 13 ½ millim. Larg. 6 ¼ millim.

Ovale, un peu allongé et convexe. Tête noire, avec le labre, la partie antérieure de l'épistome et une tache transversale sur le vertex d'un rouge ferrugineux; elle est très-finement réticulée; antennes ferrugineuses, le second article de la longueur des suivants; palpes également ferrugineux. Corselet noir, avec les bords latéraux assez largement, mais très-vaguement ferrugineux; deux fois et demie aussi large que long, largement échancré en avant, à peine sinueux en arrière, où il est plus large, légèrement arrondi sur les côtés; les angles antérieurs assez saillants et aigus, les postérieurs presque droits; il est très-finement réticulé comme la tête, et présente en avant, sur les côtés et en arrière, une série de points assez forts qui en suit le contour, mais est interrompue au devant de l'écusson. Celui-ci est noir. Élytres ovalaires, un peu allongées, convexes, d'un noir de poix, avec les bords latéraux très-vaguement ferrugineux en avant; en arrière, au contraire, ils présentent une petite bande ferrugineuse qui occupe les trois quarts postérieurs environ, sans atteindre cependant l'extrémité, et en dedans de cette bande, deux autres petites lignes plus courtes de même couleur; elles offrent, en outre, trois lignes longitudinales de points enfoncés très-bien marquées; la portion réfléchie est noirâtre. Le dessous du corps d'un noir de poix. Pattes ferrugineuses, les postérieures un peu plus foncées; toutes les cuisses noirâtres.

Il se trouve au Brésil, et fait partie de la collection du Muséum et de celle de M. Guérin.

37. Colymbetes limbatus. *Mihi.*

Ovatus, convexior, nigro-æneus; capite antice et in vertice, thorace elytrisque ad latera rufo-ferrugineis.

Long. 14 millim. Larg. 8 millim.

Ovale, légèrement dilaté au delà du milieu, très-largement arrondi en arrière et assez fortement convexe. Tête noire, avec le labre, la partie antérieure de l'épistome, et une tache transversale peu visible sur le vertex d'un rouge ferrugineux; elle est couverte de points infiniment petits; antennes ferrugineuses, le second article un peu plus court que les autres; palpes également ferrugineux. Corselet noir, avec les bords latéraux assez largement, mais vaguement ferrugineux; il est deux fois et demie aussi large que long, fortement échancré en avant, à peine sinueux en arrière, où il est plus large, légèrement arrondi sur les côtés; les angles antérieurs assez saillants et aigus, les postérieurs presque droits; il est très-finement réticulé, et présente en avant, sur les côtés et en arrière, une série de points assez forts qui en suit le contour, mais est interrompue au devant de l'écusson. Celui-ci est noir. Élytres ovalaires, légèrement dilatées au delà du milieu, très-largement arrondies en arrière et assez fortement convexes; elles sont noires, avec un léger reflet métallique; les bords sont assez largement et vaguemeut ferrugineux dans toute leur étendue; on observe, en outre, trois lignes longitudinales de petits points enfoncés; la portion réfléchie est ferrugineuse. Le dessous du corps est noir. Les pattes sont ferrugineuses, les postérieures presque noires.

Je n'ai vu qu'un seul individu femelle de ce *Colymbetes*, il appartient à M. Dupont, qui l'a reçu du Brésil.

Cette espèce est très-voisine de la précédente, mais est plus large, plus convexe, et n'offre pas sur les élytres de petites lignes ferrugineuses en arrière le long du bord externe.

38. Colymbetes Pacificus.

Oblongo-ovalis, subdepressus; capite antice et in vertice, thorace ad latera rufo-ferrugineis; elytris nigris, crebre rufo-irroratis.

Colymbetes Pacificus. Boisduval. *Voyage de l'Astrolabe* (*Entomologie*). p. 50.

Long. de 9 $\frac{1}{2}$ à 10 millim. Larg. de 5 à 5 $\frac{1}{4}$ millim.

Ovale, légèrement allongé et un peu déprimé en dessus. Tête noire, avec le labre et deux taches souvent réunies sur le vertex d'un rouge ferrugineux; elle est couverte de points infiniment petits; antennes ferrugineuses, le second article plus petit que les autres; palpes de la même couleur. Corselet noir, avec les bords latéraux assez largement, mais vaguement ferrugineux; il est deux fois et demie aussi large que long, fortement échancré en avant, à peine sinueux en arrière, où il est plus large, légèrement arrondi sur les côtés; les angles antérieurs assez saillants et aigus, les postérieurs presque droits; il est tout couvert de points irréguliers; en avant, près du bord antérieur, une ligne transversale de points plus forts, sur les côtés et un peu en dedans du bord externe, une dépression longitudinale qui vient se réunir en arrière à angle presque droit, avec une autre dépression transversale qui existe de chaque côté de la base au-devant du bord postérieur. Écusson noir. Élytres plus larges en avant que la base du corselet, ovalaires, assez largement arrondies en arrière et légèrement déprimées; elles sont noires mélangées de roux, de telle manière qu'elles offrent des lignes longitudinales de points noirs irrégulièrement arrondis; ces lignes sont confondues entre elles dans le voisinage de la suture, et s'isolent d'autant plus qu'elles sont plus voisines du bord externe; la suture est noire dans toute son étendue; elles offrent, en outre, quatre lignes longitudinales de points enfoncés très-distinctes, et une autre le long de la suture; les points de cette dernière sont très-espacés; la portion réfléchie est ferrugineuse en avant et noire en arrière. Le dessous du corps est noir. Les pattes ferrugineuses, les antérieures et intermédiaires un peu plus pâles.

Je n'ai vu que deux individus de cette espèce; ils appartiennent à M. le comte Dejean et ils lui ont été donnés par M. Eschcholtz qui les a rapportés des îles Sandwich (Océanie).

39. Colymbetes Grapii.

Oblongo-ovalis, subdepressus, nigro-opacus, subtilissime punctulatus; capite antice et in vertice rufo-ferrugineo; thoracis angulis posticis acute productis.

Dytiscus Grapii. Gyl. *Ins. Suec.* i. p. 505.
Germ. *Faun. Ins. Eur.* vi. tab. iv.
Dytiscus Niger. Illig. *Mag.* i. 73?
Colymbetes Niger. Lacord. *Faun. ent.* i. p. 314.

Long. 12 millim. Larg. 6 millim.

Ovale, assez allongé et très-légèrement déprimé. Tête noire, avec le labre, la partie antérieure de l'épistome et une tache transversale sur le vertex d'un rouge ferrugineux; elle est couverte d'une ponctuation très-fine; antennes et palpes d'un rouge ferrugineux. Corselet noir, avec les bords latéraux très-étroitement et vaguement ferrugineux; il est deux fois et demie aussi large que long, largement échancré en avant, fortement sinueux en arrière, où il est plus large, légèrement arrondi sur les côtés; les angles antérieurs assez saillants et aigus, les postérieurs prolongés en arrière et aigus; il est tout couvert de points analogues à ceux de la tête; en avant, près du bord antérieur, un sillon transversal peu profond au fond duquel existent de petits points bien distincts; de chaque côté, près du bord latéral, une impression assez profonde abrégée en avant et en arrière; sur le disque et au milieu, une strie longitudinale peu sensible. Écusson noir. Élytres de la même couleur, en ovale assez allongé, à peine dilatées au milieu, assez largement arrondies en arrière et très-peu convexes; elles présentent une ponctuation semblable à celle de la tête et du corselet, et en outre trois lignes longitudinales de points enfoncés; la portion réfléchie est d'un noir brillant. Le dessous du corps est noir, avec la partie postérieure des segments de l'abdomen très-légèrement ferrugineuse. Les pattes antérieures et intermédiaires ferrugineuses, les postérieures presque noires.

Il se rencontre dans toute l'Europe, mais il est assez rare partout.

X. ILYBIUS. *Erichson.*

DYTISCUS. *Linné, Fabricius, Olivier.* COLYMBETES. *Clairville, Lacordaire.*

Palporum labialium articulis ultimis subæqualibus; prosterno recto, compresso-carinato; pedibus posticis unguiculis duobus inæqualibus, superiore fixo.

Corps ovale, allongé, atténué en arrière et fortement convexe. Antennes sétacées, le deuxième article, à très-peu de chose près, aussi long que les autres. Épistome coupé carrément. Labre court, transversal, assez fortement échancré au milieu et cilié. Menton trilobé, le lobe du milieu court, arrondi et entier. Mandibules bidentées. Mâchoires très-aiguës et ciliées. Le premier article des palpes maxillaires très-petit, les deux suivants assez longs et presque égaux, le dernier un peu plus long que les autres. Languette coupée presque carrément. Le premier article des palpes labiaux très-court, le second et le troisième à peu près de la même longueur, le troisième cependant un peu plus long (1). Prosternum droit, comprimé en carène et terminé en pointe. Élytres ovalaires, atténuées en arrière, très-convexes, semblables dans les deux sexes. Les trois premiers articles des tarses des pattes antérieures et intermédiaires à peine dilatés et garnis de très-petites cupules dans les mâles. Les crochets de ces mêmes pattes égaux dans les deux sexes. Les pattes postérieures larges et comprimées; leurs tarses ciliés et terminés par deux crochets peu inégaux, dont un seul est mobile. Le dernier segment de l'abdomen présente à son extrémité une ligne longitudinale saillante et carénée, et est assez fortement échancré dans les femelles.

Les insectes de ce genre habitent toute l'Europe; l'on en rencontre aussi quelques espèces dans l'Amérique du Nord.

M. Erichson a séparé ce genre des anciens *Colymbetes* et à très-juste titre; car les insectes qui le composent ont, en outre des caractères que nous avons signalés, un facies tout particulier qui les fait reconnaître à la simple vue; ils sont toujours relativement plus allongés et surtout beaucoup plus convexes; du reste ils ont le même genre de vie.

---

(1) Tous les *Ilybius* que j'ai examinés ayant la tête marquée de chaque côté, entre les yeux et un peu en avant, d'une impression irrégulière, je négligerai de rappeler ce caractère dans la description de chaque espèce.

1. Ilybius Ater.

Oblongo-ovatus, convexus, posterius vix oblique attenuatus, niger; elytris lineis duabus rufo-ferrugineis fenestratis.

Dytiscus Ater. de Geer. *Ins.* iv. 401.
Fab. *Syst. Eleut.* i. 264.
Dytiscus Fenestratus. Payk. *Faun. Suec.* i. 207.
Oliv. *Ent.* iii. 40. p. 23. pl. 3. fig. 27. a.
Ilybius Ater. Erichs. *Käf. der Mark Brand.* i. 154.
Sch. *Syn. Ins.* ii. p. 19.

Long. de 13 à 14 millim. Larg. de 7 à 7 ½ millim.

Ovale, allongé, atténué en arrière, assez fortement convexe. Tête noire, avec le labre et la partie antérieure de l'épistome d'un ferrugineux très-sombre; elle est entièrement couverte de petits points irréguliers; palpes et antennes ferrugineux. Corselet noir, avec les bords latéraux très-vaguement et très-étroitement ferrugineux; il est tout couvert de petites lignes irrégulières très-serrées s'entre-croisant et s'anastomosant dans tous les sens, et présente, en outre, vers les bords antérieur et postérieur, quelques points épars; il est un peu moins de trois fois aussi large que long, largement échancré en avant, très-légèrement sinueux en arrière, où il est plus large, à peine arrondi sur les côtés qui sont rebordés; les angles antérieurs assez saillants et aigus, les postérieurs presque droits et émoussés. Écusson court, large, noir. Élytres assez régulièrement ovalaires, atténuées à peine obliquement en arrière, très-convexes, noires, avec le bord externe très-vaguement et très-étroitement ferrugineux, et deux petites taches linéaires d'un rouge ferrugineux, l'une placée près du bord externe, un peu au delà du milieu de leur longueur, et l'autre presque à l'extrémité, celle-ci est dirigée un peu obliquement; elles sont entièrement couvertes de petites impressions analogues à celles du corselet, mais un peu plus fortes; elles présentent, en outre, trois lignes de très-petits points enfoncés à peine visibles, et quelques poils rares le long du bord externe près de l'extrémité; la portion réfléchie est ferrugineuse en avant, noirâtre en arrière. Le dessous du corps et les pattes d'un ferrugineux plus ou moins noir.

Il habite toute l'Europe.

2. Ilybius Quadriguttatus.

Oblongo-ovatus, convexus, posterius vix oblique attenuatus, niger; elytris lineola maculaque minima rotundata rufo-ferrugineis, fenestratis.

Colymbetes Quadriguttatus. Dej. - Lacord. *Faun. ent.* 1. p. 316.

Dytiscus Fenestratus. Var. c. Gyl. *Ins. Suec.* 1. 498.

Dytiscus Obscurus. Marsh. *Ent. Brit.* 1. 414 (*Test. Stephens*).

Ilybius Quadriguttatus. Erichs. *Käf. der Mark Brand.* 1. 154.

Long. de 11 à 11 ½ millim. Larg. de 6 à 6 ¼ millim.

Ovale, allongé, atténué en arrière et assez fortement convexe. Tête noire, avec le labre et la partie antérieure de l'épistome d'un ferrugineux très-sombre; quelquefois le vertex est aussi de cette couleur, mais le plus souvent il est tout noir; elle est entièrement couverte de petits points irréguliers; palpes et antennes ferrugineux. Corselet entièrement noir; il est tout couvert de petites lignes irrégulières, très-serrées, s'entrecroisant et s'anastomosant dans tous les sens, et présente, en outre, vers les bords antérieur et postérieur, quelques points épars placés dans des sillons transversaux à peine sensibles; il est un peu moins de trois fois aussi large que long, largement échancré en avant, très-légèrement sinueux en arrière;

où il est plus large, à peine arrondi sur les côtés qui sont rebordés; les angles antérieurs assez saillants et aigus, les postérieurs presque droits et émoussés. Écusson court, large, noir. Élytres assez régulièrement ovalaires, atténuées à peine obliquement en arrière, très-convexes, entièrement noires et marquées d'une petite tache linéaire d'un roux ferrugineux, placée auprès du bord externe, un peu au delà du milieu de leur longueur, et d'une autre petite arrondie de même couleur tout à fait en arrière près de l'extrémité; elles sont entièrement couvertes de petites impressions analogues à celles du corselet, mais un peu plus fortes, et présentent, en outre, trois lignes de petits points enfoncés à peine visibles, et quelques poils rares le long du bord externe près de l'extrémité; la portion réfléchie est noire et à peine ferrugineuse en avant. Le dessous du corps et les pattes noirs, plus ou moins ferrugineux.

Il est très-voisin du précédent, dont il se distingue cependant par sa taille plus petite, sa couleur presque entièrement noire, et par la tache postérieure des élytres, qui est plus petite et arrondie.

Il se rencontre dans toute l'Europe.

3. Ilybius Quadrimaculatus. *Mihi* (1).

Oblongo-ovatus, minus convexus, posterius rotundatim attenuatus, niger, vix æneus; elytris lineola maculaque minima rotundata rufo-ferrugineis, fenestratis.

Colymbetes Quadrinotatus. Esch.-Dej. *Cat.* 3ᵉ *édit.* 62.

Long. de 11 millim. Larg. 6 millim.

Ovale, allongé, atténué en arrière et médiocrement con-

(1) J'ai été obligé de changer le nom de *Quadrinotatus* assigné à cet insecte par M. Eschscholtz, ce nom ayant été donné par M. Stephens à une espèce de ce genre qui se trouve en Angleterre.

vexe. Tête noire, avec le labre et deux taches sur le vertex d'un ferrugineux assez sombre; elle est entièrement couverte de points irréguliers; palpes et antennes ferrugineux. Corselet noir, avec un très-léger reflet métallique; ce reflet existe aussi sur la tête; il est tout couvert de petites lignes irrégulières, très-serrées, s'entre-croisant et s'anastomosant dans tous les sens, et présente, en outre, vers le bord antérieur, quelques points épars et à peine sensibles; il est un peu moins de trois fois aussi large que long, largement échancré en avant, très-légèrement sinueux en arrière, où il est plus large, à peine arrondi sur les côtés qui sont rebordés; les angles antérieurs assez saillants et aigus, les postérieurs presque droits. Écusson court, large, noir. Élytres assez régulièrement ovalaires, atténuées en s'arrondissant en arrière, médiocrement convexes, d'un noir très-légèrement métallique, et marquées d'une très-petite tache linéaire d'un roux ferrugineux placée auprès du bord externe, un peu au delà du milieu de leur longueur, et d'une autre très-petite arrondie de la même couleur tout à fait en arrière près de l'extrémité; elles sont entièrement couvertes de petites impressions analogues à celles du corselet, mais un peu plus fortes, et présentent, en outre, le rudiment de trois lignes de points enfoncés à peine sensibles; ces points sont épars, assez écartés les uns des autres, et forment plutôt des bandes longitudinales que des lignes; quelques poils rares existent le long du bord externe; la portion réfléchie est noire. Le dessous du corps et les pattes postérieures noirs, les pattes antérieures ferrugineuses.

De l'Amérique septentrionale.

Cet insecte, très-voisin du précédent, s'en distingue par sa forme générale qui est relativement un peu plus longue, plus parallèle; ses élytres sont aussi moins convexes et ne sont pas atténuées obliquement en arrière; il présente aussi un léger reflet métallique qui existe rarement chez le premier.

4. Ilybius Biguttulus.

Oblongo-ovatus, convexus, posterius rotundatim abbreviatus, niger, vix æneus; elytris lineola maculaque irregulari rufo-ferrugineis, fenestratis.

Dytiscus Biguttulus. Germ. *Ins. nov. spec.* p. 29.
Colymbetes Fenestratus. Say. *Trans. of the amer. phil. Soc.* II. p. 96.

Long. 10 ½ à 11 millim. Larg. 5 ½ à 6 millim.

Ovale, allongé, atténué en arrière, et assez fortement convexe. Tête noire, avec le labre, la partie antérieure de l'épistome et le vertex d'un ferrugineux sombre; elle est entièrement couverte de points irréguliers; palpes et antennes ferrugineux. Corselet noir, avec un très-léger reflet métallique; ce reflet existe aussi sur la tête; il est tout couvert de petites lignes irrégulières, très-serrées, s'entre-croisant et s'anastomosant dans tous les sens, et présente, en outre, vers le bord antérieur, quelques points épars à peine sensibles; il est un peu moins de trois fois aussi large que long, largement échancré en avant, très-légèrement sinueux en arrière, où il est plus large, à peine arrondi sur les côtés qui sont rebordés; les angles antérieurs assez saillants et aigus, les postérieurs presque droits et émoussés. Écusson court, large, noir. Élytres très-légèrement plus large en avant que la base du corselet, assez régulièrement ovalaires, atténuées en s'arrondissant en arrière et assez fortement convexes, d'un noir très-légèrement métallique et quelquefois ferrugineuses sur le bord externe; elles sont marquées d'une petite tache linéaire d'un roux ferrugineux placée auprès du bord externe, un peu au delà du milieu de leur longueur, et d'une autre assez grande, irrégulière, plus pâle, tout à fait en arrière près de l'extrémité; cette tache est toujours très-visible; elles sont entièrement couvertes de petites impressions analogues à celles du corselet, mais un peu plus fortes; les trois lignes de points enfoncés n'existent même pas à l'état rudimentaire; cependant, tout à fait en arrière, l'on observe quelques points très-peu nombreux qui semblent se réunir en lignes longitudinales, encore sont-ils difficilement perceptibles; quelques poils rares existent le long du bord externe; la portion réfléchie est noire en arrière et ferrugineuse en avant dans une très-petite étendue. Le dessous du corps et les pattes sont d'un ferrugineux plus ou moins noir; les pattes antérieures toujours plus pâles que les postérieures.

De l'Amérique du Nord (Pensylvanie).

Cette espèce se distingue à peine de la précédente, cependant elle est toujours un peu plus petite et plus convexe; les taches postérieures des élytres sont beaucoup plus grandes, plus pâles, irrégulièrement arrondies; et enfin, à peine si l'on aperçoit la trace des trois lignes de points enfoncés.

5. Ilybius Fenestratus.

Oblongo-ovatus, convexus, posterius oblique attenuatus, piceo-æneus; elytris lineola maculaque irregulari obsoletissima rufo-ferrugineis, fenestratis.

Dytiscus Fenestratus. Fab. *Syst. Eleut.* i. 264.
Oliv. *Ent.* iii. 40. p. 23. pl. 3. fig. 27. *b.*
Dytiscus Æneus. Panz. *Faun. Germ.* xxxviii. fig. 16.
Ilybius Fenestratus. Erichs. *Käf. der Mark Brand.* i. 155.
Sch. *Syn. Ins.* ii. p. 18.

Long. de 11 $\frac{1}{2}$ à 12 millim. Larg. de 5 $\frac{1}{2}$ à 6 $\frac{1}{4}$ millim.

Ovale, allongé, fortement atténué en arrière et assez convexe; la couleur varie d'un brun de poix presque noir au brun presque châtain; il a toujours un assez joli reflet métallique. Tête noirâtre, avec le labre, la partie antérieure de l'épistome et le vertex d'un rouge ferrugineux, souvent même elle est presque entièrement de cette couleur; elle est entièrement couverte de points irréguliers; palpes et antennes ferrugineux. Corselet noirâtre, avec les bords latéraux plus ou moins ferrugineux; il est tout couvert de petites lignes irrégulières, très-serrées, s'entre-croisant et s'anastomosant dans tous les sens, et présente, en outre, près des bords antérieur et postérieur, quelques points enfoncés épars; il est un peu moins de trois fois aussi large que long, très-largement échancré en avant, très-légèrement sinueux en arrière, où il est plus large, à peine arrondi sur les côtés qui sont rebordés; les angles antérieurs assez saillants et aigus, les postérieurs presque droits et émoussés. Écusson cordiforme, noirâtre. Élytres assez réguliement ovalaires, cependant un peu dilatées au delà du milieu, atténuées obliquement en arrière et assez fortement convexes; elles sont noirâtres, avec les bords latéraux plus ou moins ferrugineux, et présentent une petite tache linéaire d'un roux ferrugineux placée auprès du bord externe, un peu au delà du milieu de leur longueur, et une autre très-petite irrégulièrement arrondie tout à fait en arrière près de l'extrémité; cette dernière est à peine visible et souvent même disparaît complétement; elles sont entièrement couvertes de petites impressions analogues à celles du corselet, mais un peu plus fortes; l'on observe, en outre, trois lignes de points enfoncés, et quelques poils assez serrés le long du bord externe; la portion réfléchie est ferrugineuse. Le dessous du corps varie aussi du brun de poix presque noir au ferrugineux presque roux. Les pattes sont de la même couleur, les antérieures toujours un peu plus pâles que les postérieures.

Il se trouve dans toute l'Europe où il est fort commun.

6. Ilybius Prescotti.

Oblongo-ovatus, convexus, posterius oblique attenuatus, castaneo-piceus, æneo-micans; elytris lineola maculaque irregulari rufis, fenestratis.

Colymbetes Prescotti. MANNERH. *Ess. ent. de Hum.* t. I. n° 1. p. 21.

Long. 11 $\frac{1}{2}$ à 12 millim. Larg. 5 $\frac{1}{4}$ à 6 millim.

Ovale, allongé, fortement atténué en arrière et assez fortement convexe; il est d'un châtain à peine foncé en dessus, avec un assez joli reflet métallique, et d'un rouge ferrugineux en dessous. Tête d'un rouge ferrugineux, entièrement couverte de petits points irréguliers; palpes et antennes ferrugineux. Corselet brunâtre, assez vaguement entouré d'un rouge ferrugineux; il est tout couvert de petites lignes irrégulières, très-serrées, s'entre-croisant et s'anastomosant dans tous les sens, et présente, en outre, près des bords antérieur et postérieur, quelques points enfoncés épars; il est un peu moins de trois fois aussi large que long, très-largement échancré en avant, très-légèrement sinueux en arrière, où il est plus large, à peine arrondi sur les côtés qui sont rebordés; les angles antérieurs assez saillants et aigus, les postérieurs presque droits et émoussés. Écusson cordiforme, d'un rouge ferrugineux. Élytres assez régulièrement ovalaires, cependant un peu dilatées au delà du milieu, atténuées obliquement en arrière et assez fortement convexes; elles sont brunâtres, avec les bords latéraux d'un rouge ferrugineux, et présentent une petite tache linéaire jaunâtre, placée auprès du bord externe, un peu au delà du milieu de leur longueur, et une autre arrondie de la même couleur tout à fait en arrière près de l'extrémité, celle-ci assez grande et bien visible; elles sont entièrement couvertes de petites impressions analogues à celles du corselet, mais un peu plus fortes; l'on observe, en outre, trois lignes de points enfoncés et quelques poils assez serrés le long du bord externe; la portion réfléchie est d'un rouge ferrugineux. Le dessous du corps et les pattes d'un roux assez pâle.

Il se trouve en Russie, aux environs de Saint-Pétersbourg.

A peine si cette espèce est distincte de l'*Il. Fenestratus;* elle n'en diffère que par sa couleur beaucoup plus pâle, et par la petite tache postérieure qui est un peu plus grande, plus pâle et très-visible. Malgré cette différence, en apparence assez grande, je crois cependant que cette espèce n'est qu'une simple variété du *Fenestratus;* mais comme je n'ai à ma disposition que deux individus, je ne puis décider cette question d'une manière absolue.

7. Ilybius Confusus.

Oblongo-ovatus, convexus, posterius rotundatim attenuatus, castaneo-piceus, vix æneo-micans; elytris lineola maculaque rotundata pallidis, fenestratis.

Colymbetes Confusus. Dej. *Cat.* 3e *édit.* 62.

Long. 11 $\frac{1}{2}$ à 12 millim. Larg. 5 $\frac{1}{2}$ à 6 millim.

Ovale, allongé, atténué en arrière et assez fortement convexe; il est d'un châtain clair en dessus, avec un léger reflet métallique, et d'un rouge ferrugineux en dessous. Tête d'un rouge ferrugineux, souvent un peu assombrie sur le front, et entièrement couverte de petits points irréguliers; palpes et antennes ferrugineux. Corselet brunâtre, assez vaguement entouré d'un rouge ferrugineux, et tout couvert de petites lignes irrégulières très-serrées, s'entre-croisant et s'anastomosant dans tous les sens; il est un peu moins de trois fois aussi large que long, très-largement échancré en avant, très-légèrement sinueux en arrière, où il est plus large, à peine arrondi sur les côtés qui sont très-étroitement rebordés; les angles antérieurs assez saillants et aigus, les postérieurs presque droits et émoussés. Écusson cordiforme, d'un rouge ferrugineux. Élytres assez régulièrement ovalaires, atténuées en arrière en s'arrondissant et assez fortement convexes; elles sont brunâtres, avec les bords latéraux d'un rouge ferrugineux, et marquées d'une petite tache linéaire d'un rouge jaunâtre placée auprès du bord externe, un peu au delà du milieu de leur longueur, et d'une autre arrondie, jaunâtre, tout-à-fait en arrière près de l'extrémité; celle-ci est bien visible; elles sont entièrement couvertes de petites impressions analogues à celles du corsèlet, mais un peu plus fortes; aucune trace des trois lignes de points enfoncés; quelques poils rares le long du bord externe; la portion réfléchie est d'un jaune ferrugineux. Le dessous du corps d'un roux assez pâle.

De l'Amérique du Nord (États-Unis).

Cet *Ilybius* diffère des *Il. Fenestratus* et *Prescotti* par la forme de ses élytres, qui ne sont pas atténuées obliquement en arrière, et par l'absence complète de lignes de points enfoncés sur ces organes.

8. Ilybius Guttiger.

Oblongo-ovatus, minor, convexus, posterius rotundatim attenuatus, niger; elytris lineola maculaque ovali rufo-ferrugineis, fenestratis.

Dytiscus Guttiger. Gyl. *Ins. Suec.* I. 499.
Sahlb. *Ins. Fen.* 163.
Ilybius Guttiger. Erichs. *Käf. der Mark Brand.* I. 154.

Long. 9 $\frac{1}{2}$ à 10 millim. Larg. 5 à 5 $\frac{1}{4}$ millim.

Ovale, assez fortement allongé, atténué en arrière, et un peu moins convexe que les espèces précédentes; il est entièrement noir, sans reflet métallique. Tête noire, avec le labre, la partie antérieure de l'épistome et deux taches transversales sur le vertex d'un rouge ferrugineux; elle est entièrement couverte de petits points irréguliers; palpes et antennes ferrugineux. Corselet noir tout couvert de petites lignes irrégulières très-serrées, s'entre-croisant et s'anastomosant dans tous les sens; il présente, en outre, près des bords antérieur et postérieur, quelques petits points épars; il est un peu moins de trois fois aussi large que long, très-largement échancré en avant, très-légèrement sinueux en arrière, où il est plus large, à peine arrondi sur les côtés qui sont rebordés ; les angles antérieurs assez saillants et aigus, les postérieurs presque droits. Écusson cordiforme, noir. Élytres assez régulièrement ovalaires, atténuées en arrière en s'arrondissant et assez convexes ; elles sont noires et marquées d'une très-petite tache linéaire ferrugineuse placée auprès du bord externe, un peu au delà du milieu de leur longueur, et d'une autre arrondie, un peu ovalaire, placée obliquement tout à fait en arrière près de l'extrémité ; ces taches sont à peine visibles ; elles sont entièrement couvertes de petites impressions analogues à celles du corselet, mais un peu plus fortes ; on observe, en outre, trois lignes de points à peine enfoncés et très-peu visibles ; la portion réfléchie est d'un noir ferrugineux. Le dessous du corps et les pattes de la même couleur ; les pattes sont cependant un peu moins foncées.

Il habite le nord de l'Europe.

Il a quelque analogie de forme et de couleur avec le *Quadriguttatus*, mais il est toujours plus petit, moins convexe et relativement plus allongé.

9. Ilybius Angustior.

Oblongo-ovatus, minor, convexus, posterius vix oblique attenuatus, nigro-æneus ; elytris immaculatis aut unimaculatis.

Dytiscus Angustior. Gyl. *Ins. Suec.* I. 500.
Sahlb. *Ins. Fenn.* p. 164.
Ilybius Guttiger. Var. Erichs. *Käf. der Mark Brand.* I. 155.

Long. de 8 $\frac{1}{2}$ à 9 millim. Larg. de 4 $\frac{1}{2}$ à 4 $\frac{3}{4}$ millim.

Ovale, assez fortement allongé, atténué en arrière et médiocrement convexe ; il est noir et offre un reflet métallique assez marqué. Tête noire, avec le labre, la partie antérieure de l'épistome et deux taches transversales sur le vertex d'un rouge ferrugineux; elle est entièrement couverte de petits points irréguliers; antennes ferrugineuses, les cinq ou six derniers articles noirs à leur extrémité; palpes également ferrugineux, avec le dernier article presque entièrement noir. Corselet noir, tout couvert de petites lignes irrégulières très-serrées, s'entre-croisant et s'anastomosant dans tous les sens; il présente, en outre, près des bords antérieur et postérieur, quelques points épars; il est un peu moins de trois fois aussi large que long, très-largement échancré en avant, très-légèrement sinueux en arrière, où il est plus large, à peine arrondi sur les côtés qui sont rebordés; les angles antérieurs assez saillants et aigus, les postérieurs presque droits. Écusson cordiforme, noir. Élytres assez régulièrement ovalaires, atténuées en arrière en s'arrondissant et assez convexes; elles sont entièrement noires, et offrent quelquefois une petite tache linéaire, ferrugineuse, placée auprès du bord externe, un peu au delà du milieu de leur longueur; elles sont entièrement couvertes de petites impressions analogues à celles du corselet, mais un peu plus fortes; l'on observe, en outre, mais non sans quelque difficulté, le rudiment de trois lignes de points enfoncés; la portion réfléchie est d'un noir ferrugineux. Le dessous du corps est noir. Les pattes et l'extrémité du prolongement des hanches ferrugineuses, les pattes antérieures un peu plus pâles.

Il habite le nord de l'Europe.

Cette espèce est à peine distincte de l'*Ilybius Guttiger*, peut-être même n'en est-ce qu'une simple variété; elle est ordinairement plus petite et d'un noir métallique, ses antennes et ses palpes sont noirs à l'extrémité, et les élytres sont ou immaculées ou bien n'offrent qu'une seule tache, celle qui est placée vers le milieu, près du bord externe.

10. Ilybius Fuliginosus.

Oblongo-ovalis, minus convexus, posterius rotundatim attenuatus, castaneo-piceus, vix æneo-micans ; elytrorum margine exteriori late flavo.

Dytiscus Fuliginosus. Fab. *Syst. Eleut.* i. 263.
Panz. *Faun. Germ.* xxxviii. fig. 14.
Dytiscus Lacustris. Fab. *Syst. Eleut.* i. 264.
Ilybius Fuliginosus. Erichs. *Käf. der Mark Brand.* i. 136.
Sch. *Syn. Ins.* ii. 17.

Long. 11 à 12 millim. Larg. 5 $\frac{3}{4}$ à 6 millim.

Ovale, assez fortement allongé, atténué en arrière et médiocrement convexe; il est brun foncé, avec un très-léger reflet métallique. Tête brunâtre, avec le labre, l'épistome, le front et deux taches transversales sur le vertex d'un rouge ferrugineux; elle est entièrement couverte de petits points irréguliers; palpes et antennes ferrugineux. Corselet brunâtre, avec les bords latéraux assez largement, mais vaguement, ferrugineux; il est tout couvert de petites lignes irrégulières très-serrées, s'entre-croisant et s'anastomosant dans tous les sens, et présente, en outre, près des bords antérieur et postérieur, quelques petits points épars; il est un peu moins de trois fois aussi large que long, très-largement échancré en avant, très-légèrement sinueux en arrière, où il est plus large, un peu arrondi sur les côtés qui sont très-étroitement rebordés; les angles antérieurs assez saillants et aigus, les postérieurs presque droits. Écusson court, large et rougeâtre. Élytres assez régulièrement ovalaires, atténuées en arrière en s'arrondissant et médiocrement convexes; elles sont brunâtres, avec une bande jaunâtre assez large qui suit et touche le bord externe dans toute son étendue; cette bande est moins large en avant qu'en arrière, où elle est souvent divisée en deux; elles sont entièrement couvertes de petites impressions analogues à celles du corselet, mais un peu plus fortes, et présentent, en outre, trois lignes de points enfoncés à peine perceptibles, et quelques poils rares le long du bord externe; la portion réfléchie est jaunâtre. Le dessous du corps et les pattes sont d'un rouge ferrugineux plus ou moins foncé.

Il se rencontre dans toute l'Europe et est assez commun partout.

11. Ilybius Meridionalis.

Oblongo-ovalis, minus convexus, posterius rotundatim attenuatus, piceus, vix æneo-micans; elytris ad marginem vix anguste ferrugineis.

Colymbetes Meridionalis. Dej. *Cat.* 3e *édit.* p. 62.

Long. de 11 à 12 millim. Larg. de 6 à 6 $\frac{1}{4}$ millim.

Ovale, assez allongé, atténué en arrière et médiocrement convexe; il est d'un brun de poix avec un très-léger reflet métallique. Tête noirâtre, avec le labre, l'épistome et deux taches transversales sur le vertex d'un rouge ferrugineux; entre les yeux et un peu en avant, une petite fossette transversale de chaque côté; il est tout couvert de petits points irréguliers; antennes et palpes ferrugineux. Corselet noirâtre, avec les bords latéraux très-étroitement et vaguement ferrugineux; il est tout couvert de petites lignes irrégulières, très-serrées, s'entre-croisant et s'anastomosant dans tous les sens, et présente, en outre, près des bords antérieur et postérieur, quelques petits points épars; il est un peu moins de trois fois aussi large que long, très-largement échancré en avant, très-légèrement sinueux en arrière, où il est plus large, un peu arrondi sur les côtés qui sont étroitement rebordés; les angles antérieurs assez saillants et aigus, les postérieurs presque droits. Écusson court, large et noirâtre. Élytres assez régulièrement ovalaires, atténuées en arrière en s'arrondissant et médiocrement convexes; elles sont d'un brun foncé, avec les bords latéraux très-étroitement ferrugineux; elles sont entièrement couvertes de petites impressions analogues à celles du corselet, mais un peu plus fortes, et présentent, en outre, trois lignes de points enfoncés à peine perceptibles; la portion réfléchie est ferrugineuse. Le dessous du corps d'un brun ferrugineux. Les pattes rougeâtres.

Il se trouve dans le midi de la France et en Italie.

Cet *Ilybius* est très-voisin du *Fuliginosus*, il a la même forme que lui, cependant il est un peu moins étroit, et en diffère encore par sa couleur plus foncée et l'absence de la large bande jaunâtre qui existe sur le bord externe des élytres du *Fuliginosus*.

XI. AGABUS. *Leach.*

Dytiscus. *Linné*, *Fabricius*, *Olivier*. Colymbetes. *Clairville*. Agabus. *Leach*, *Erichson*.

Palporum labialium articulis ultimis subæqualibus; prosterno recto, compresso-carinato; pedibus posticis unguiculis duobus æqualibus, mobilibus.

Corps ovale, plus ou moins allongé, plus ou moins convexe. Antennes sétacées, le deuxième article de la longueur des autres. Épistome coupé carrément. Labre court, transversal, légèrement échancré et cilié au milieu. Menton trilobé, le lobe du milieu court, arrondi et à peine échancré à son sommet. Mandibules bidentées. Mâchoires très-aiguës et ciliées. Le premier article des palpes maxillaires très-petit, les deux suivants assez longs et égaux, le dernier plus long que les autres. Languette coupée presque carrément. Le premier article des palpes labiaux très-court, le second et le troisième à peu près de la même longueur, le troisième cependant un peu plus long (1). Prosternum droit, comprimé en arrière et terminé en pointe. Élytres ovalaires, semblables dans les deux sexes. Les trois premiers articles des tarses antérieurs et intermédiaires à peine dilatés et garnis de cupules dans les mâles, largement dilatés cependant dans l'*Agabus Oblongus*. Les crochets de ces mêmes pattes égaux dans les deux sexes. Une ou deux espèces s'écartent de cette règle, et ont les crochets antérieurs et intermédiaires très-inégaux dans les mâles. Les pattes postérieures larges et comprimées, leurs jambes ciliées en dessus et en dessous dans les mâles, en dessus seulement dans les femelles; leurs tarses terminés par deux crochets égaux ou presque égaux et mobiles.

Les *Agabus* se rencontrent pour la plupart en Europe et dans le nord de l'Afrique, quelques espèces cependant appartiennent à l'Amérique.

C'est à Leach que nous devons la création de ce genre; seulement il l'a établi sur une seule espèce dont les antennes sont dilatées dans les mâles (*Agabus Serricornis*, Payk.). M. Erichson a compris dans ce genre tous les anciens *Colymbetes* de Clairville, qui réunissent les caractères que nous avons signalés plus haut. Ces insectes ont absolument la même manière de vivre que les *Colymbetes* et les *Ilybius*.

a. *Antennes des mâles dilatées à l'extrémité et dentées en scie* (Agabus. *Leach*).

1. Agabus Serricornis.

Oblongo-ovatus, convexus, postice oblique attenuatus, nigro-piceus, vix æneo-micans; thoracis et elytrorum marginibus obscure pallidioribus.

---

(1) Tous les Agabus que j'ai examinés ayant la tête marquée de chaque côté, entre les yeux et un peu en avant, d'une petite impression irrégulière, je négligerai de rappeler ce caractère dans la description de chaque espèce.

Mas : antennis extrorsum dilatatis serratis. Femina : statura minima, antennis setaceis.

Dytiscus Serricornis. Payk. *Faun. Suec.* III. add. 443.
Gyl. *Ins. Suec.* I. 500.
Agabus Paykullii. Leach. *Zool. misc.* III. 72.
Sch. II. 18.

Long. de 9 à 11 ½ millim. Larg. de 5 à 6 millim.

Ovale, allongé, atténué en arrière, assez fortement convexe. Tête noirâtre, avec le labre, la partie antérieure de l'épistome et deux taches sur le vertex d'un rouge ferrugineux; elle est entièrement couverte de très-petits points irréguliers; palpes et antennes ferrugineux; les antennes des mâles ont les quatre derniers articles largement dilatés, concaves en dedans, convexes en dehors, et présentent la forme d'une cuiller allongée et pointue, dont les bords seraient dentés en scie. Corselet d'un noir de poix très-légèrement bronzé, avec les bords latéraux assez largement, mais très-vaguement, ferrugineux; il est tout couvert de petits points irréguliers et très-serrés, et présente, en outre, quelques points enfoncés, assez sensibles, tout le long du bord antérieur et de chaque côté du bord postérieur; il est deux fois et demie aussi large que long, largement échancré en avant, légèrement arrondi et à peine sinueux en arrière, où il est plus large; les côtés sont un peu arrondis et rebordés; les angles antérieurs assez saillants et aigus, les postérieurs presque droits et émoussés. Écusson court, large, noirâtre. Élytres assez régulièrement ovalaires, atténuées un peu obliquement en arrière, assez fortement convexes; elles sont de la couleur du corselet et ont comme lui les bords latéraux assez largement, mais vaguement, ferrugineux, entièrement couvertes de très-petits points irréguliers analogues à ceux de la tête et du corselet, et présentent, en outre, trois lignes de points enfoncés peu visibles, surtout l'externe, et quelques poils rares le long du bord externe près de l'extrémité; la portion réfléchie est ferrugineuse. Dessous du corps et pattes d'un noir plus ou moins ferrugineux.

Il habite le nord de l'Europe, la Suède, la Laponie et la Finlande.

b. *Antennes filiformes dans les deux sexes.* (Agabus. *Erichson.* Colymbetes. *Leach.*)

* *Les trois premiers articles des tarses antérieurs et intermédiaires des mâles dilatés transversalement.* (Liopterus. *Esch.-Dejean.*)

2. Agabus Oblongus.

Elongato-ovatus, minus convexus, posterius valde attenuatus, acuminatus, subtile punctulatus, rufo-ferrugineus; occipite, pectore abdomineque nigris.

Dytiscus Oblongus. Illig. *Mag.* I. 72.
Gyl. *Ins. Suec.* I. 494.
Rantus Oblongus. Lacord. *Faun. ent.* 310.
Liopterus Oblongus. Dej. *Cat.* 3e *édit.* 62.
Agabus Agilis. Erichs. *Käf. der Mark Brand.* I. 163.
Sch. *Syn. Ins.* II. 23.

Long. 7 ¼ millim. Larg. 3 ½ millim.

Ovale, très-allongé, fortement atténué en arrière et très-médiocrement convexe. Tête d'un brun rougeâtre, avec la partie postérieure noire transversalement; elle est entièrement couverte de petits points enfoncés assez sensibles; palpes et antennes testacés. Corselet de la couleur de la tête, trois fois aussi large que long, largement échancré en avant, à peine sinueux en arrière, où il est plus large, nullement arrondi sur les côtés qui sont très-étroitement rebordés; les angles antérieurs assez saillants et aigus, les postérieurs presque droits et émoussés; il est tout couvert de petits points enfoncés assez sensibles, et présente, en outre, quelques points un peu plus gros le long du bord antérieur, et le rudiment d'un petit sillon longitudinal sur le milieu du disque. Écusson court, large, ferrugineux et lisse. Élytres ovalaires, très-allongées, fortement atténuées en arrière et terminées en pointe; elles sont de la couleur de la tête et du corselet, et, comme eux, entièrement couvertes de petits points analogues; elles offrent, en outre, quatre ou cinq lignes longitudinales de points enfoncés un peu plus forts; la portion réfléchie est un peu plus pâle. Le dessous du corps est noir, avec la partie postérieure des segments abdominaux plus ou moins ferrugineux. Pattes testacées, les trois premiers articles des tarses antérieurs et intermédiaires des mâles dilatés transversalement; prolongement des hanches postérieures ferrugineux à l'extrémité.

Cet insecte est très-commun, et se rencontre dans toute l'Europe.

** *Les trois premiers articles des tarses antérieurs et intermédiaires des mâles comprimés.* (Colymbetes. *Esch.-Lacordaire.*)

3. Agabus Arcticus.

Oblongo-ovalis, depressiusculus, reticulato-strigosus, supra flavicans, infra niger; thorace antice et postice fasciis nigricantibus; elytris confertissime et creberrime nigro-irroratis, ad basin et margines pallidis.

Dytiscus Arcticus. Payk. *Faun. Suec.* I. 201.
Gyl. *Ins. Suec.* I. 492.
Agabus Arcticus. Erichs. *Gen. Dyt.* 38.

Long. 7 à 7 ½ millim. Larg. 3 ½ à 3 ¾ millim.

Ovale, un peu allongé, très-peu convexe. Tête noire, avec

le labre, l'épistome, le front, et deux taches sur le vertex d'un jaune rougeâtre; elle est entièrement couverte de petites impressions linéaires, irrégulières, très-serrées, s'entre-croisant et s'anastomosant dans tous les sens; antennes testacées, avec les derniers articles noirs à leur extrémité; palpes également testacés, le dernier article rembruni à son sommet. Corselet jaunâtre, avec les bords antérieur et postérieur noirâtres dans le milieu seulement; il est tout couvert de petites impressions analogues à celles de la tête, mais beaucoup plus fortes et plus enfoncées; il est deux fois et demie aussi large que long, largement échancré en avant, légèrement arrondi et à peine sinueux en arrière, où il est plus large; les côtés, légèrement arrondis en arrière, se redressent en avant vers les angles antérieurs qui sont très-aigus; cette disposition des bords latéraux n'existe d'une manière bien sensible que dans les femelles; les angles postérieurs sont presque droits. Écusson court, large, noirâtre et lisse. Élytres ovalaires, à peine atténuées en arrière, peu convexes; elles sont jaunâtres et couvertes de petites taches noirâtres, irrégulières, tellement rapprochées les unes des autres, et tellement confondues, que l'on ne peut souvent apercevoir la couleur du fond; le mélange de ces taches avec le fond les fait paraître d'un brun verdâtre; le bord externe et la base conservent la couleur primitive et sont jaunâtres; elles sont entièrement couvertes d'impressions analogues à celles de la tête et du corselet, mais encore plus senties que sur ce dernier; aucune trace de ligne longitudinale de points enfoncés; la portion réfléchie est jaunâtre. Dessous du corps noir, avec l'extrémité postérieure des segments abdominaux plus ou moins ferrugineuse. Pattes testacées, les trois premiers articles des tarses antérieurs des mâles assez largement dilatés, mais cependant comprimés latéralement; prolongement des hanches postérieures ferrugineux.

Cet insecte habite les parties les plus septentrionales de l'Europe.

4. Agabus Fuscipennis.

Ovatus, convexus, postice rotundatim attenuatus, fuscus; thoracis et elytrorum marginibus pallidioribus; elytris valde ante medium dilatatis, postice depressiusculis.

Dytiscus Fuscipennis. Payk. *Faun. Suec.* 1. 209.
Dytiscus Fossarum. Esch.-Germar. *Ins. sp.* p. 29.
Agabus Fuscipennis. Erichs. *Käf. der Mark Brand.* 1. 159.

Long. de 9 ½ à 10 millim. Larg. de 5 ½ à 5 ¾ millim.

Ovale, court, assez fortement convexe en avant et légèrement déprimé en arrière. Tête noirâtre, avec le labre, l'épistome, et deux taches sur le vertex d'un rouge ferrugineux; elle est entièrement couverte de points irréguliers infiniment petits, et seulement perceptibles à l'aide d'une très-forte loupe; antennes et palpes testacés. Corselet d'un brun noirâtre, avec les bords latéraux assez largement ferrugineux; le bord antérieur est aussi ferrugineux, mais très-étroitement (dans les individus jeunes, cet organe est d'un testacé fauve rembruni au centre); il est tout couvert de petits points irréguliers très-serrés, un peu moins sentis que sur la tête, surtout vers les bords latéraux, et présente, en outre, quelques points enfoncés plus forts le long du bord antérieur; il est deux fois et demie aussi large que long, fortement échancré en avant, légèrement sinueux en arrière, où il est plus large, nullement arrondi sur les côtés qui sont très-étroitement rebordés; les angles antérieurs assez saillants et aigus, les postérieurs presque droits. Écusson large, court, ferrugineux et lisse. Élytres ovalaires, très-sensiblement dilatées en deçà du milieu, atténuées en arrière en s'arrondissant, assez fortement convexes en avant et légèrement déprimées en arrière; elles sont de la couleur du corselet, mais un peu plus pâles; elles ont aussi les bords latéraux assez largement, mais très-vaguement, plus clairs que le disque, qui est couvert d'une ponctuation analogue à celle de la tête, mais plus fine encore; elles présentent, en outre, trois lignes de points enfoncés très-petits et peu visibles; la portion réfléchie est testacée. Le dessous du corps est noir de poix, avec l'extrémité des segments postérieurs de l'abdomen plus ou moins ferrugineuse. Pattes testacées; prolongement des hanches postérieures ferrugineux à l'extrémité.

Il habite le nord de l'Europe.

Cet insecte a quelque ressemblance avec la femelle de l'*agab. Serricornis*, mais il est toujours moins noir, plus brillant et plus finement ponctué; mais ce qui le distingue surtout, c'est la forme de ses élytres qui sont fortement dilatées en deçà du milieu, tandis que dans le *Serricornis* elles sont assez régulièrement ovalaires.

5. Agabus Uliginosus.

Ovatus, convexus, posterius vix attenuatus, nigro-piceus, nitidus, subtiliter strigoso-subpunctatus; thoracis et elytrorum marginibus, antennis pedibusque rufo-ferrugineis.

Dytiscus Uliginosus. Linn. *Faun. Suec.* 776.
Fab. *Syst. Eleut.* i. 266.
Gyl. *Ins. Suec.* i. 512.
Agabus Uliginosus. Erich. *Käf. der Mark Brand.* i. 160.
Sch. *Syn. Ins.* ii. 23.

Long. 7 millim. Larg. 4 millim.

Ovale, convexe, à peine atténué en arrière. Tête noirâtre, avec le labre, l'épistome, et deux taches sur le vertex d'un rouge ferrugineux; elle est entièrement couverte de points infiniment petits; palpes et antennes testacés, les derniers articles de ces dernières rembrunis à l'extrémité. Corselet d'un noir de poix brillant, avec les bords latéraux d'un rouge ferrugineux; il est tout couvert de petits points irréguliers, et présente, en outre, quelques points un peu plus forts le long des bords antérieur et postérieur; il est deux fois et demie aussi large que long, fortement échancré en avant, à peine sinueux en arrière, où il est plus large, légèrement arrondi sur les côtés qui sont assez largement rebordés; les angles antérieurs assez saillants et aigus, les postérieurs presque droits. Écusson court, large, noirâtre, très-finement pointillé. Élytres assez régulièrement ovalaires, à peine atténuées en arrière, où elles sont arrondies, assez fortement convexes; elles sont de la couleur du corselet et également brillantes, avec les bords latéraux vaguement ferrugineux; elles sont couvertes d'une ponctuation analogue à celle du corselet, et présentent, en outre, trois lignes irrégulières de points enfoncés assez gros, et quelques points semblables vers l'extrémité; la portion réfléchie est ferrugineuse. Le dessous du corps noir, avec les segments de l'abdomen plus ou moins ferrugineux en arrière. Les pattes et le prolongement des hanches postérieures ferrugineux.

Du nord de l'Europe.

6. Agabus Reichei.

Ovatus, maxime convexus, posterius vix attenuatus, nigro-piceus, nitidus, subtile strigoso-subpunctatus; thoracis et elytrorum marginibus, antennis pedibusque rufo-ferrugineis.

Agabus Reichei. Aubé. *Iconog.* v. p. 138. pl. 16. fig. 6.

Long. 7 $\frac{1}{2}$ millim. Larg. 4 $\frac{1}{4}$ millim.

Ovale, très-convexe, très-légèrement dilaté au delà du milieu et à peine atténué en arrière. Tête noirâtre, avec le labre, l'épistome, et deux taches sur le vertex d'un rouge ferrugineux; elle est entièrement couverte de points infiniment petits; palpes et antennes testacés, les derniers articles de ces dernières rembrunis à l'extrémité. Corselet d'un noir de poix brillant, avec les bords latéraux d'un rouge ferrugineux; il est fortement convexe, tout couvert de petits points irréguliers, et présente, en outre, quelques points un peu plus forts le long des bords antérieur et postérieur; il est deux fois et demie aussi large que long, fortement échancré en avant, à peine sinueux en arrière, où il est plus large, légèrement arrondi sur les côtés qui sont assez largement rebordés; les angles antérieurs assez saillants et aigus, les postérieurs presque droits. Écusson court, large, noirâtre, très-finement pointillé. Élytres assez régulièrement ovalaires, cependant un peu dilatées au delà du milieu, à peine atténuées en arrière, où elles sont arrondies, très-fortement convexes, surtout en avant, assez brusquement abaissées en arrière; elles sont de la couleur du corselet et également brillantes, avec les bords latéraux vaguement ferrugineux; elles sont couvertes d'une ponctuation analogue à celle du corselet, et présentent, en outre, trois lignes irrégulières de points enfoncés assez gros, et quelques points semblables vers l'extrémité; la portion réfléchie est ferrugineuse. Le dessous du corps noir, avec les derniers segments de l'abdomen ferrugineux en arrière. Pattes et prolongement des hanches postérieures ferrugineux.

Cet insecte a la plus grande analogie avec l'*Uliginosus*, cependant il doit en être séparé; la forme est différente, il est beaucoup plus convexe, et ses élytres sont légèrement dilatées au delà du milieu.

Je n'ai vu que deux individus de cette espèce; ils appartiennent tous deux à M. Reiche, qui a bien voulu m'en sacrifier un. J'ignore sa patrie, qui est cependant bien certainement l'Europe. Il pourrait bien avoir été pris aux environs de Lille, où M. Reiche a considérablement récolté d'*Hydrocanthares*.

7. Agabus Assimilis.

Ovatus, minus convexus, fere depressus, posterius nullo modo attenuatus, rotundatus, nigro-piceus, nitidus, subtile strigoso-subpunctatus; thoracis et elytrorum marginibus, antennis pedibusque rufo-ferrugineis.

Colymbetes Assimilis. STURM. *Deuts. Faun.* VIII. p. 112. tab. CXCVI. fig. c. 6.

Agabus Femoralis. Var. ERICHS. *Käf. der Mark Brand.* I. 161.

Long. 6 $\frac{1}{2}$ millim. Larg. 4 millim.

Ovalaire, nullement atténué en arrière, où il est largement arrondi, très-peu convexe et presque déprimé. Tête noirâtre, avec le labre, l'épistome, et deux taches sur le vertex d'un rouge ferrugineux; elle est entièrement couverte de points infiniment petits; palpes et antennes testacés, les derniers articles de ces dernières rembrunis à l'extrémité. Corselet d'un noir de poix brillant, avec les bords latéraux d'un rouge ferrugineux; il est tout couvert de petits points irréguliers, et présente, en outre, quelques points un peu plus forts le long des bords antérieur et postérieur; il est trois fois aussi large que long, largement échancré en avant, à peine sinueux en arrière, où il est plus large, assez arrondi sur les côtés qui sont rebordés; les angles antérieurs assez saillants et aigus, les postérieurs presque droits. Écusson court, large, noirâtre, très-finement pointillé. Élytres assez régulièrement ovalaires, nullement atténuées en arrière, où elles sont largement arrondies; elles sont de la couleur du corselet et également brillantes, avec les bords latéraux vaguement ferrugineux; elles sont couvertes d'une ponctuation analogue à celle du corselet, et présentent, en outre, trois lignes irrégulières de petits points enfoncés, très-peu marqués, et quelques points semblables vers l'extrémité; la portion réfléchie est ferrugineuse. Le dessous du corps est noir, avec les derniers segments de l'abdomen à peine ferrugineux en arrière. Pattes et prolongement des hanches postérieures ferrugineux.

Cet insecte ressemble beaucoup à l'*Uliginosus*, mais il s'en éloigne par sa forme générale, qui est beaucoup moins convexe et nullement atténuée en arrière; la ponctuation des élytres est aussi un peu plus profonde. Les points qui forment les lignes longitudinales sont beaucoup plus petits et moins enfoncés, et ceux qui sont à l'extrémité se confondent presque avec ceux qui couvrent toute la surface.

Il habite l'Allemagne.

8. Agabus Femoralis.

Ovatus, minus convexus, posterius non attenuatus, nigro-piceus, paulo æneo-micans, vix levissime strigosus, punctulatus; thoracis et elytrorum marginibus, antennis pedibusque rufo-ferrugineis.

Dytiscus Femoralis. Payk. *Faun. Suec.* I. 215.
Gyl. *Ins. Suec.* I. 513.
Colymbetes Femoralis. Lacord. *Faun. ent.* I. 321.
Agabus Femoralis. Erichs. *Käf. der Mark Brand.* I. 161.
Sch. *Syn. Ins.* II. 22.

Long. de 6 à 6 ½ millim. Larg. de 3 ½ à 4 millim.

Ovale, nullement atténué en arrière, où il est arrondi, légèrement convexe. Tête noirâtre, avec le labre, l'épistome, et deux taches sur le vertex d'un rouge ferrugineux; elle est entièrement couverte de points infiniment petits; antennes testacées, les derniers articles noirs à l'extrémité; palpes également testacés, le dernier article rembruni à son sommet. Corselet d'un noir de poix, légèrement métallique, avec les bords latéraux d'un rouge ferrugineux; il est tout couvert de petits points irréguliers, et présente, en outre, quelques points un peu plus forts le long des bords antérieur et postérieur; il est deux fois et demie aussi large que long, largement échancré en avant et à peine sinueux en arrière, où il est plus large, assez arrondi sur les côtés qui sont rebordés; les angles antérieurs assez saillants et aigus, les postérieurs presque droits. Écusson court, large, noirâtre, très-finement pointillé. Élytres assez régulièrement ovalaires, arrondies en arrière et médiocrement convexes; elles sont de la couleur du corselet, cependant un peu plus pâles, et ont aussi un très-léger reflet métallique, avec les bords latéraux très-vaguement ferrugineux; elles sont entièrement couvertes de points analogues à ceux du corselet, mais un peu plus forts et mieux sentis, et présentent, en outre, trois lignes irrégulières de points assez forts, et quelques points semblables vers l'extrémité; la portion réfléchie est ferrugineuse. Le dessous du corps noir, avec les derniers segments de l'abdomen plus ou moins ferrugineux en arrière. Pattes antérieures et intermédiaires jaunâtres, les postérieures ferrugineuses; le prolongement des hanches postérieures également ferrugineux.

Cette espèce ressemble beaucoup à l'*Uliginosus;* mais il est toujours plus petit, moins convexe, et les points qui couvrent la surface des élytres sont moins irréguliers et plus isolés.

Il se rencontre assez fréquemment dans toute l'Europe.

9. Agabus OEruginosus.

Ovatus, convexus, posterius vix attenuatus, nigro-piceus, nitidus, vix subtilissime punctulatus; thoracis, elytrorum margine cum macula rotundata ad apicem, antennis pedibusque rufo-ferrugineis.

Colymbetes OEruginosus. Dej. *Cat.* 3e *édit.* p. 63.

Long. 7 $\frac{3}{4}$ millim. Larg. 4 $\frac{1}{2}$ millim.

Ovalaire, à peine atténué en arrière, où il est arrondi, très-médiocrement convexe et presque déprimé. Tête ferrugineuse, un peu plus claire en avant et sur le vertex; elle est couverte d'une ponctuation tellement fine que, l'œil armé d'une très-forte loupe, elle paraît encore presque lisse; palpes et antennes testacés. Corselet d'un noir de poix brillant, avec un très-léger reflet métallique, vaguement ferrugineux sur les bords; il est tout couvert de points analogues à ceux de la tête et aussi difficilement perceptibles; il présente, en outre, quelques points plus forts le long du bord antérieur, et de chaque côté vers les angles postérieurs; il est trois fois aussi large que long, largement échancré en avant, légèrement arrondi et à peine sinueux en arrière, où il est plus large, nullement arrondi sur les côtés qui sont rebordés; les angles antérieurs assez saillants et aigus, les postérieurs presque droits et nullement émoussés au sommet. Écusson court, noirâtre, lisse. Élytres assez régulièrement ovalaires, à peine atténuées en arrière, où elles sont arrondies, à peine convexes et presque déprimées; elles sont de la couleur du corselet, également brillantes, ayant aussi un très-léger reflet métallique; les bords latéraux sont très-vaguement ferrugineux, et il existe à l'extrémité une petite tache ferrugineuse arrondie; elles sont ponctuées comme le corselet, et offrent, en outre, trois lignes très-irrégulières de points enfoncés assez forts, et quelques points analogues vers l'extrémité; la portion réfléchie est ferrugineuse. Le dessous du corps est noir, avec l'extrémité des derniers segments de l'abdomen plus ou moins ferrugineuse. Pattes et extrémité du prolongement des hanches postérieures également ferrugineuses; les pattes antérieures plus pâles.

De l'Amérique septentrionale (États-Unis).

10. Agabus Congener.

Oblongo-ovalis, vix convexus, postice depressiusculus, subtilissime punctulato-substrigosus, niger; elytris fusco-nigris, marginibus pallidioribus; pedibus ferrugineis; femoribus posticis nigris, anticis nigro-maculatis.

Dytiscus Congener. Payk. *Faun. Suec.* I. 214.
Gyl. *Ins. Suec.* I. 509.
Agabus Congener. Erichs. *Käf. der Mark Brand.* I. 160.
Sch. *Syn. Ins.* II. 22.

Long. de $7\frac{1}{2}$ à 8 millim. Larg. de $4\frac{1}{4}$ à $4\frac{1}{2}$ millim.

Ovale, un peu allongé, très-médiocrement convexe et légèrement déprimé en arrière. Tête noire, avec le labre jaunâtre, et deux taches ferrugineuses sur le vertex; elle est entièrement couverte de points très-fins et irréguliers; antennes testacées, avec les derniers articles rembrunis à leur extrémité; palpes également testacés, avec le dernier article rembruni à son sommet. Corselet noir, ayant quelquefois un très-léger reflet métallique, avec les bords latéraux à peine ferrugineux; il est tout couvert de petites impressions linéaires, très-serrées, s'entre-croisant et s'anastomosant dans tous les sens, et présente, en outre, quelques points enfoncés tout le long du bord antérieur et de chaque côté du bord postérieur; il est deux fois et demie aussi large que long, largement échancré en avant, légèrement sinueux en arrière, où il est plus large, très-faiblement arrondi sur les côtés qui sont rebordés; les angles antérieurs assez saillants et aigus, les postérieurs presque droits et émoussés. Écusson court, noirâtre, très-finement pointillé, presque lisse. Élytres assez régulièrement ovalaires, un peu allongées, très-médiocrement convexes, légèrement déprimées en arrière; elles sont d'un brun plus ou moins foncé, toujours plus claires que le corselet, avec les bords latéraux et les épaules plus pâles; elles sont couvertes d'impressions analogues à celles qui existent sur le corselet; ces impressions sont plus ou moins marquées: tantôt elles sont à peine visibles (sur les mâles surtout), tantôt, au contraire, elles sont assez fortement enfoncées et font paraître les élytres ternes; on observe, en outre, trois lignes de points enfoncés; la portion réfléchie est testacée. Le dessous du corps est noir, avec l'extrémité des derniers segments de l'abdomen plus ou moins ferrugineuse. Les pattes sont testacées; les cuisses postérieures presque noires, les antérieures présentent seulement une tache noirâtre à leur base; le prolongement des hanches postérieures ferrugineux à l'extrémité.

Il habite le nord de l'Europe, où il est assez commun.

11. Agabus Sturmii.

Ovalis, vix convexus, postice depressiusculus, subtile substrigosus, niger, opacus; elytris fuscis, marginibus pallidioribus; thoracis margine cum antennis et pedibus rufo-ferrugineis.

Dytiscus Sturmii. Sch. *Syn. Ins.* II. 18.
Gyl. *Ins. Suec.* I. 493.
Colymbetes Sturmii. Lacord. *Faun. ent.* I. 320.
Agabus Sturmii. Erichs. *Käf. der Mark Brand.* I. 159.

Long. 8 $\frac{1}{2}$ à 9 millim. Larg. 4 $\frac{3}{4}$ à 5 millim.

Ovale, très-médiocrement convexe et légèrement déprimé en arrière. Tête noirâtre, avec le labre, et deux taches sur le vertex d'un rouge ferrugineux; entre les yeux et un peu en avant, une petite fossette transversale de chaque côté; elle est entièrement couverte de petites impressions linéaires très-fines, dirigées dans tous les sens; antennes testacées, avec les derniers articles rembrunis à leur extrémité; palpes également testacés, avec le dernier article rembruni à son sommet. Corselet d'un noir peu brillant, avec les bords latéraux assez largement ferrugineux; il est tout couvert d'impressions linéaires assez serrées, s'entre-croisant et s'anastomosant dans tous les sens, et présente, en outre, quelques points enfoncés peu visibles vers le bord antérieur; il est trois fois environ aussi large que long, largement échancré en avant, légèrement arrondi en arrière, où il est plus large, très-faiblement arrondi sur les côtés qui sont rebordés; les angles antérieurs assez saillants et aigus, les postérieurs presque droits et à peine émoussés. Écusson court, large, noirâtre, lisse. Élytres assez régulièrement ovalaires, très-médiocrement convexes, légèrement déprimées en arrière, d'un brun mat plus ou moins foncé, toujours plus claires que le corselet, avec les bords latéraux et la base, dans sa moitié externe, d'un jaune ferrugineux; elles sont couvertes d'impressions analogues à celles du corselet; on observe, en outre, trois lignes de très-petits points enfoncés à peine perceptibles; la portion réfléchie est testacée. Le dessous du corps est noir, avec les derniers segments de l'abdomen plus ou moins ferrugineux. Les pattes ferrugineuses, celles de devant plus pâles; les cuisses tachées de noir à leur base; prolongement des hanches postérieures à peine ferrugineux à son extrémité.

Il ressemble beaucoup au *Congener*, mais il est toujours plus grand, proportionnellement plus large; son corselet est toujours largement bordé de ferrugineux, et les impressions linéaires dont il est couvert sont constamment plus apparentes et un peu moins serrées.

Il se rencontre dans toute l'Europe, mais assez rarement.

Je n'ai vu aucun individu des variétés b et c de Gyl., qui, je le soupçonne fortement, appartiennent au *Congener*.

12. Agabus Erythropterus.

Ovalis, antice angustior, depressus, subtile substrigosus, nigro-opacus; elytris fuscis cum marginibus pallidioribus; thoracis margine angustissime ferrugineo; pedibus nigro-ferrugineis.

Colymbetes Erythropterus. Say. *Trans. of the Amer. phil.* II. p. 95.

Long. 10 millim. Larg. 5 ½ millim.

Ovale, un peu allongé, plus étroit en avant, assez fortement déprimé. Tête noirâtre, avec le labre jaunâtre, et deux taches ferrugineuses peu sensibles sur le vertex; elle est entièrement couverte de petites impressions linéaires, très-fines, peu serrées, dirigées dans tous les sens et s'anastomosant entre elles; leur direction principale est cependant dans le sens de la longueur de l'insecte; antennes et palpes ferrugineux. Corselet d'un noir mat, avec les bords latéraux très-étroitement ferrugineux; il est tout couvert de petites lignes analogues à celles de la tête, dont la direction principale est aussi dans le sens de sa longueur; il présente, en outre, quelques points irréguliers tout le long du bord antérieur et de chaque côté du bord postérieur, ainsi que le rudiment d'un sillon longitudinal sur le milieu du disque; il est un peu moins de deux fois et demie aussi large que long, largement échancré en avant, légèrement arrondi en arrière, où il est plus large, assez arrondi sur les côtés qui sont largement rebordés; les angles antérieurs assez saillants et aigus, les postérieurs très-obtus et presque arrondis. Écusson court, noirâtre et lisse. Élytres ovalaires, elliptiques, un peu plus étroites en avant qu'en arrière, où elles sont dilatées, assez fortement déprimées, d'un brun mat, plus claires que le corselet, avec les bords latéraux et la base, surtout en dehors, d'un jaune ferrugineux; elles sont couvertes d'impressions semblables à celles du corselet; mais si, en avant, leur direction principale est dans le sens de la longueur des élytres, en arrière elle est beaucoup plus confuse; on observe, en outre, et surtout en avant, le rudiment de trois lignes de petits points enfoncés à peine sensibles; la portion réfléchie est noire. Le dessous du corps est noir, avec les derniers segments de l'abdomen ferrugineux à leur extrémité. Les pattes d'un noir ferrugineux, les antérieures un peu plus pâles que les postérieures.

Cette description est faite sur un seul individu femelle qui existe dans la collection de M. le comte Dejean.

De l'Amérique du Nord (États-Unis).

13. Agabus Chalconotus.

Oblongo-ovatus, depressiusculus, niger, æneo-micans, subtilissime reticulato-strigosus; thoracis elytrorumque lateribus angustissime ferrugineis.

Dytiscus Chalconotus. Panz. *Faun. Germ.* xxxviii. 17.
Gyl. *Ins. Suec.* i. 504.
Dytiscus Concinnus. Marsh. *Ent. Brit.* i. 427.
Colymbetes Chalconatus. Lacord. *Faun. ent.* i. 315.
Agabus Chalconotus. Erich. *Gen. Dyt.* 37.
Sch. *Syn. Ins.* ii. 19.

Long. de 8 à 10 millim. Larg. de 4 ½ à 5 ½ millim.

Ovale, légèrement déprimé et arrondi en arrière; il est noir, brillant, avec un reflet cuivreux un peu rougeâtre. Tête noire, avec le labre, la partie antérieure de l'épistome, et deux taches sur le vertex d'un ferrugineux rougeâtre; elle est entièrement couverte de petites impressions très-serrées, dirigées dans tous les sens et s'anastomosant entre elles; toutes ces impressions sont tellement rapprochées, qu'au premier aspect et sans analyse, la tête paraît simplement rugueuse; antennes testacées, quelquefois rembrunies à l'extrémité; palpes également testacés. Corselet noir, avec les bords latéraux étroitement et assez vaguement ferrugineux; il est tout couvert d'impressions analogues à celles de la tête qui le font paraître rugueux, et présente, en outre, quelques points enfoncés tout le long du bord antérieur et de chaque côté du bord postérieur; il est un peu moins de trois fois aussi large que long, largement échancré en avant, assez sinueux en arrière, où il est plus large, très-faiblement arrondi sur les côtés qui sont rebordés; les angles antérieurs assez saillants et aigus, les postérieurs presque droits et émoussés. Écusson noirâtre, très-finement chagriné. Élytres assez régulièrement ovalaires, larges et déprimées, noires, avec les bords latéraux très-vaguement et très-étroitement ferrugineux, et couvertes d'impressions semblables à celles de la tête et du corselet; on observe, en outre, sur le disque, trois lignes de points enfoncés assez visibles, et une autre sur le côté près du bord externe; la portion réfléchie est ferrugineuse. Le dessous du corps est noir, avec l'extrémité des derniers segments de l'abdomen plus ou moins ferrugineuse. Les pattes sont ferrugineuses, les antérieures plus pâles.

Cet insecte varie beaucoup; tantôt il a tout au plus huit millimètres, et son corselet est à peine ferrugineux sur les bords, quelquefois il atteint dix millimètres de longueur, et souvent alors les bords latéraux du corselet sont assez largement ferrugineux; les rugosités qui le couvrent sont aussi plus ou moins prononcées.

Je possède dans ma collection un individu femelle qui m'a été envoyé par M. Mannerheim; il est beaucoup plus allongé que tous ceux que j'ai vus, et ses rugosités sont tellement senties qu'il est presque terne. M. le comte Dejean possède aussi un individu semblable qu'il a reçu de M. Schönherr. Cette variété très-remarquable pourrait peut-être constituer une espèce distincte (*an Agabus Neglectus* Erichs. *Käf. der Mark Brand.* I. 158?); mais n'ayant vu que deux femelles, je n'ai pas osé la décrire sous un autre nom; j'ai laissé ce soin aux entomologistes qui auront à leur disposition un nombre plus considérable de pièces.

Il se rencontre assez communément dans toute l'Europe.

14. Agabus Striatus.

Elongato-ovatus, depressus, nigro-nitidus, vix æneus, subtilissime reticulato-strigosus; capite antice et in vertice vix ferrugineo.

Colymbetes Striatus. Say. *Trans. of the Amer. phil.* II. p. 97?

Long. 10 millim. Larg. 5 millim.

Ovale, un peu allongé, déprimé et arrondi en arrière; il est noir, brillant, à peine métallique. Tête noire, avec le labre ferrugineux, et deux taches difficilement perceptibles de la même couleur sur le vertex; elle est entièrement couverte de petites impressions très-serrées, dirigées dans tous les sens et s'anastomosant entre elles; toutes ces impressions sont tellement rapprochées, qu'au premier aspect et sans analyse, la tête paraît simplement rugueuse; antennes et palpes ferrugineux. Corselet noir, avec les bords latéraux à peine ferrugineux en arrière; cette teinte ferrugineuse est très-difficilement perceptible; il est tout couvert d'impressions analogues à celles de la tête qui le font paraître rugueux, et présente, en outre, quelques points rares tout le long du bord antérieur et de chaque côté du bord postérieur; il est deux fois et demie aussi large que long, largement échancré en avant, coupé presque carrément en arrière, où il est plus large; les côtés, qui sont rebordés, sont légèrement arrondis en avant, se redressent un peu en arrière pour tomber carrément sur la base; les angles antérieurs assez saillants et aigus, les postérieurs droits. Écusson noir, très-finement chagriné. Élytres assez régulièrement ovalaires, cependant légèrement plus larges en avant, un peu au delà des épaules, se rétrécissant ensuite insensiblement pour se terminer en s'arrondissant assez largement, peu convexes et légèrement déprimées; elles sont noires, couvertes d'impressions analogues à celles de la tête et du corselet, et présentent, en outre, sur le disque, trois lignes longitudinales de points enfoncés, et une quatrième sur le côté près du bord externe; la portion réfléchie est noire. Le dessous du corps est noir, avec l'extrémité et le bord externe des derniers segments de l'abdomen ferrugineux. Pattes et prolongement des hanches postérieures d'un noir ferrugineux.

Cette description est faite sur un seul individu femelle qui existe dans la collection de M. le comte Dejean. Il vient de l'Amérique du Nord.

15. Agabus Gagates.

Oblongo-ovatus, depressus, niger, æneo-micans, subtilissime reticulato-strigosus; thorace brevissimo, ad latera anguste ferrugineo; elytrorum lateribus postice longitudinaliter obsoletissime castaneo-bivittatis.

Colymbetes Gagates. KNOCH.-DEJ. *Cat.* 3e *édit.* 62.
Colymbetes Nitidus. SAY. *Trans. of the Amer. phil.* II. p. 98?

Long. 9 millim. Larg. 5 millim.

Ovale, légèrement déprimé et arrondi en arrière; il est noir, avec un reflet métallique assez brillant. Tête noire, avec le labre, l'épistome, et deux taches arrondies sur le vertex d'un rouge ferrugineux; elle est entièrement couverte de petites impressions très-serrées, dirigées dans tous les sens et s'anastomosant entre elles; toutes ces impressions sont tellement rapprochées, qu'au premier aspect et sans analyse, la tête paraît simplement rugueuse; antennes et palpes ferrugineux. Corselet noir, avec les bords latéraux assez vaguement ferrugineux, surtout en avant; il est tout couvert d'impressions analogues à celles de la tête qui le font paraître rugueux, et présente, en outre, quelques points rares tout le long du bord antérieur et de chaque côté de la base; il est plus de trois fois aussi large que long, largement échancré en avant, assez sinueux en arrière, où il est plus large, faiblement arrondi sur les côtés qui sont rebordés; les angles antérieurs assez saillants et aigus, les postérieurs presque droits et émoussés. Écusson noirâtre, très-finement chagriné. Élytres assez régulièrement ovalaires, larges et déprimées; elles sont noires, avec le bord externe très-étroitement et très-vaguement ferrugineux en avant, un peu plus largement et d'une manière plus limitée en arrière, de sorte qu'elles présentent une bande ferrugineuse assez bien tranchée en arrière qui vient s'éteindre en avant; un peu en dedans de cette bande, il en existe une autre entièrement semblable; elles se réunissent en arrière tout à fait à l'extrémité de l'élytre; ces deux bandes, assez sensibles sur quelques individus, sont imperceptibles sur d'autres; cependant, lorsque l'on a vu le type de l'espèce, avec un peu d'attention, on retrouve chez tous les autres le rudiment de ces deux bandes, surtout si l'on a la précaution de mouiller l'extrémité de l'élytre avec un peu d'alcool; elles sont couvertes d'impressions semblables à celles de la tête et du corselet, mais plus serrées et plus enfoncées, de sorte qu'elles semblent, au premier aspect, très-finement ponctuées, surtout en arrière; on observe, en outre, sur le disque, trois lignes de points enfoncés, et une quatrième sur le côté près du bord externe, et quelques points plus petits le long de la suture; la portion réfléchie est ferrugineuse. Le dessous du corps est noir, avec l'extrémité des derniers segments de l'abdomen plus ou moins ferrugineuse. Pattes et prolongement des hanches postérieures d'un rouge ferrugineux.

Il se trouve dans l'Amérique du Nord.

16. Agabus Striola.

Oblongo-ovatus, depressus, niger, æneo-micans, subtilissime reticulato-strigosus; elytris postice versus latera longitudinaliter castaneo-univittatis.

Colymbetes Striola. Dej. *Cat.* 3e *édit.* 63.

Long. 10 millim. Larg. 5 millim.

Ovale, légèrement déprimé et arrondi en arrière; il est noir, avec un reflet métallique assez brillant. Tête noire, avec le labre, la partie antérieure de l'épistome, et deux taches sur le vertex d'un rouge ferrugineux; elle est entièrement couverte de petites impressions très-serrées, dirigées dans tous les sens et s'anastomosant entre elles; toutes ces impressions sont tellement rapprochées, qu'au premier aspect et sans analyse, la tête paraît simplement rugueuse; antennes et palpes ferrugineux. Corselet noir, à peine ferrugineux sur les bords; il est tout couvert d'impressions analogues à celles de la tête qui le font paraître rugueux, et présente, en outre, quelques points enfoncés tout le long du bord antérieur et de chaque côté de la base, et une petite fossette transversale à l'extrémité interne de chacune des lignes de points qui existent près du bord postérieur; cette fossette correspond au milieu environ de la largeur de l'élytre; il est deux fois et demie aussi large que long, largement échancré en avant, assez sinueux en arrière, où il est plus large, faiblement arrondi sur les côtés qui sont assez largement rebordés; les angles antérieurs assez saillants et aigus, les postérieurs presque droits, nullement émoussés. Écusson noirâtre, très-finement chagriné. Élytres assez régulièrement ovalaires, larges et déprimées; elles sont noires, avec une bande étroite jaunâtre un peu en dedans du bord externe; cette bande naît du milieu environ de l'élytre et se termine en arrière un peu avant l'extrémité; elle suit la direction du bord externe; elles sont couvertes d'impressions semblables à celles de la tête et du corselet, mais plus serrées et plus enfoncées, de sorte qu'elles semblent au premier aspect très-finement ponctuées, surtout en arrière; on observe, en outre, sur le disque, quatre lignes longitudinales de points enfoncés assez forts, dont une fortement abrégée en avant, une cinquième sur le côté près du bord externe, et quelques points plus petits le long de la suture; la portion réfléchie est ferrugineuse. Le dessous du corps est noir, avec l'extrémité des derniers segments de l'abdomen ferrugineuse. Pattes et prolongement des hanches postérieures d'un noir ferrugineux.

De l'Amérique du Nord.

Cet insecte a beaucoup d'analogie avec le *Gagates;* cependant il en diffère essentiellement par son corselet qui est beaucoup moins court, et par les points des lignes longitudinales des élytres qui sont plus forts et moins nombreux, et enfin par l'absence de la bande jaunâtre le long du bord externe des élytres.

17. Agabus Maculalus.

Ovatus, supra niger, subtilissime reticulato-strigosus; thorace late in medio transversim luteo; elytris fascia transversa ad basin cum lineis longitudinalibus irregularibus pallidis, ornatis.

Dytiscus Maculatus. Linn. *Syst. nat.* 2. 666.
Oliv. *Ent.* III. 40. p. 27. pl. 2. fig. 16.
Fab. *Syst. Eleut.* I. 266.
Colymbetes Maculatus. Lacord. *Faun. ent.* I. 318.
Agabus Maculatus. Erichs. *Käf. der Mark Brand.* I. 162.
Sch. *Syn. Ins.* II. 21.

Var. β. *Elytrorum disco absque lineis pallidis.*

Dytiscus Inæqualis. Panz. *Faun. Germ.* XIV. fig. 8.

Var. γ. *Elytris immaculatis, fere nigris, tantum ad latera anguste pallidis.*

Long. 8 à 9 millim. Larg. 4 ½ à 5 millim.

Ovale, court, largement arrondi en arrière et assez convexe. Tête noire de poix, avec le labre, l'épistome, le front, et deux taches arrondies sur le vertex d'un rouge ferrugineux; elle est entièrement couverte de petites impressions très-serrées qui la font paraître chagrinée; antennes et palpes ferrugineux. Corselet noirâtre, avec une large bande transversale d'un jaune rougeâtre; cette bande se dilate de chaque côté et occupe tout le bord latéral, de sorte qu'il est tout aussi bien jaunâtre, avec deux bandes noires qui occupent la presque totalité des bords antérieur et postérieur; il est tout couvert d'impressions analogues à celles de la tête, et présente, en outre, quelques petits points rares le long des bords antérieur et postérieur; il est deux fois et demie aussi large que long, largement échancré en avant, légèrement sinueux en arrière, où il est plus large, faiblement arrondi sur les côtés qui sont étroitement rebordés; les angles antérieurs assez saillants et aigus, les postérieurs un peu aigus et légèrement prolongés en arrière. Écusson court, large et noirâtre. Élytres assez régulièrement ovalaires, largement arrondies en arrière, noirâtres, avec une bande transversale qui, partant de l'épaule, descend un peu obliquement en dedans sans atteindre la suture; de la partie interne de cette bande, qui est très-large et arrondie, descendent deux autres bandes longitudinales: l'interne, très-courte et terminée en pointe, atteint à peine la moitié de l'élytre, l'externe, au contraire, est assez régulière et va presque jusqu'à l'extrémité; en dehors de celle-ci on en observe une autre large, irrégulière, qui, née de l'épaule, descend un peu obliquement en dedans pour se terminer en arrière près de l'extrémité, et se réunir en ce point avec la précédente; toutes ces bandes sont d'un jaune rougeâtre; la plus externe est souvent marquée de deux taches oblongues de la couleur du fond; le bord externe et la portion réfléchie sont d'un jaune rougeâtre; elles sont couvertes d'impressions analogues à celles de la tête et du corselet, mais plus fortement imprimées, surtout en arrrière, et principalement chez les femelles, les mâles étant souvent presque lisses; on observe, en outre, trois lignes étroites de points enfoncés à peine visibles. Dessous du corps et pattes rougeâtres.

Cet insecte varie beaucoup. La disposition la plus commune des taches des élytres est celle que nous avons signalée. Les variétés les plus remarquables sont les suivantes :

Var. β. Élytres très-foncées, et ne présentant que quelques taches irrégulières sur le disque.

Var. γ. Élytres très-foncées, et ne présentant que le bord externe jaunâtre. Dans cette variété, la tête est presque entièrement noire, et le corselet n'est jaunâtre que vers les bords latéraux.

Cet *Agabus* se rencontre dans presque toute l'Europe, et habite aussi bien les fleuves que les eaux stagnantes; quant à moi, je ne l'ai jamais trouvé que dans les eaux courantes.

18. Agabus Tæniatus. *Harris.*

Ovatus, supra niger; capite et thorace subtilissime punctato-strigosis; elytris fere lævibus, fascia transversa ad basin cum lineis longi-

tudinalibus irregularibus pallidis, ornatis; thorace in medio late transversim luteo.

Colymbetes Maculatus. Var. Dej. *Cat.* 3e *édit.* 62.

Long. 8 ½ millim. Larg. 4 ½ millim.

Ovale, court, largement arrondi en arrière et assez convexe. Tête rougeâtre, avec la partie postérieure et une tache sur le vertex, noirâtres; elle est entièrement couverte de petites impressions très-serrées, ponctiformes; antennes et palpes ferrugineux. Corselet noirâtre, avec une large bande transversale d'un jaune rougeâtre; cette bande se dilate de chaque côté et occupe tout le bord latéral, de sorte qu'il est tout aussi bien jaunâtre, avec deux bandes noires qui occupent la presque totalité des bords antérieur et postérieur; il est tout couvert d'impressions analogues à celles de la tête, et présente, en outre, quelques petits points assez marqués le long des bords antérieur et postérieur; il est deux fois et demie aussi large que long, largement échancré en avant, légèrement sinueux en arrière, où il est plus large, à peine arrondi sur les côtés qui sont rebordés; les angles antérieurs assez saillants et aigus, les postérieurs presque droits et émoussés. Écusson cordiforme, noirâtre. Élytres assez régulièrement ovalaires, largement arrondies en arrière, noirâtres, avec une bande transversale étroite, qui, partant de l'épaule, descend un peu obliquement en dedans sans atteindre la suture; la partie interne de cette bande présente une petite saillie dirigée en arrière qui semble être l'origine d'une ligne longitudinale abrégée en avant, qui existe de chaque côté de la suture; en dehors de cette bande étroite, il en existe une autre qui touche en avant la bande transversale, et en arrière va presque se terminer à l'extrémité; en dehors de celle-ci, il en existe une troisième abrégée en avant et en arrière; enfin, le bord externe est couvert d'une large bande qui, vers la moitié de la longueur des élytres, se divise en deux parties, celle qui est en dedans va rejoindre les deux bandes longitudinales internes, et celle qui est en dehors suit le bord externe jusqu'aux cinq sixièmes postérieurs environ; toutes ces bandes sont d'un jaune rougeâtre, ainsi que la portion réfléchie; entre la troisième et celle du bord externe, il existe une petite tache ovalaire également jaunâtre; elles sont couvertes d'une ponctuation presque imperceptible, et présentent, en outre, trois larges séries de points épars très-écartés et presque confondues entre elles, surtout en arrière; ces points sont assez fortement marqués. Dessous du corps et pattes rougeâtres.

Cet insecte a la plus grande analogie avec l'*Agabus Maculatus*, mais il en diffère essentiellement par la forme de son corselet, dont les angles postérieurs sont mousses, tandis qu'ils sont aigus dans son congénère, et par la ponctuation des élytres. La disposition des bandes offre aussi une légère différence.

Cet insecte, de l'Amérique du Nord, existe dans les collections de MM. Dejean et Chevrolat.

19. Agabus Sinuatus.

Ovatus, depressus, supra niger, confertissime punctatus; thoracis lateribus anguste ferrugineis; elytris ad basin macula magna et ad latera linea longitudinali, irregulari, postice abbreviata, luteo-ornatis.

Agabus Sinuatus. Victor-Aubé. *Iconog.* v. p. 148. pl. 18. fig. 2.

Long. 9 millim. Larg. 4 $\frac{3}{4}$ millim.

Ovale, très-légèrement atténué en arrière et un peu déprimé. Tête noire, avec le labre, l'épistome, et deux taches transversales sur le vertex d'un rouge ferrugineux; elle est entièrement couverte de points assez fortement enfoncés de grosseur inégale qui la font paraître très-fortement chagrinée; palpes et antennes ferrugineux. Corselet noirâtre, avec les bords latéraux ferrugineux; il est tout couvert de points de grosseur inégale comme ceux qui existent sur la tête, mais un peu plus gros et plus fortement imprimés, et présente de chaque côté une large dépression; il est deux fois et demie aussi large que long, très-largement échancré en avant, presque carrément coupé en arrière, où il est plus large; les côtés sont rebordés et légèrement arrondis en avant; les angles antérieurs assez saillants et aigus, les postérieurs droits et un peu aigus. Écusson cordiforme, noirâtre et lisse. Élytres assez régulièrement ovalaires, faiblement atténuées en arrière et légèrement déprimées; elles sont noirâtres, avec une large tache irrégulièrement triangulaire à la base, d'un jaune rougeâtre, et une bande longitudinale irrégulièrement onduleuse, qui, née de l'épaule qu'elle abandonne promptement, se dirige un peu obliquement en arrière et en dedans pour se terminer aux cinq sixièmes postérieurs environ; elle est un peu interrompue en arrière, et également d'un jaune rougeâtre; le bord externe est très-étroitement ferrugineux; elles sont couvertes de points tout à fait semblables à ceux du corselet, et présentent, en outre, trois lignes longitudinales de points un peu plus forts, mais peu visibles; la portion réfléchie est ferrugineuse. Le dessous du corps est ferrugineux et fortement ponctué, surtout sur les flancs. Pattes également ferrugineuses, mais un peu plus pâles.

Cet insecte a été trouvé en Arménie par M. Victor de M., qui a bien voulu me sacrifier le seul exemplaire qu'il possédait.

20. Agabus Abbreviatus.

Oblongo-ovatus, nigro-æneus; capite rufo; elytrorum ad basin vitta undulata abbreviata, ad latera macula oblonga et versum apicem altera rotundata, his omnibus pallido-luteis.

Dytiscus Abbreviatus. Fab. *Syst. Eleut.* I. 165.
Oliv. *Ent.* III. 40. p. 26. pl. 4. fig. 38.
Panz. *Faun. Germ.* XIV. fig. 1.
Colymbetes Abbreviatus. Lacord. *Faun. ent.* I. 319.

Agabus Abbreviatus. ERICHS. *Käf. der Mark Brand.* I. 162.
SCH. *Syn. Ins.* II. 20.

Long. 8 millim. Larg. 4 $\frac{1}{4}$ millim.

Ovale, assez convexe. Tête rougeâtre, avec la partie postérieure et une tache sur le vertex noirâtres; elle est entièrement couverte d'une ponctuation très-fine, perceptible seulement à l'aide d'une très-forte loupe; antennes testacées; les derniers articles légèrement rembrunis à leur sommet; palpes de la même couleur, également rembrunis à l'extrémité du dernier article. Corselet noirâtre, avec les bords latéraux assez largement, mais vaguement ferrugineux; il est tout couvert de points analogues à ceux de la tête, et présente, en outre, quelques points plus forts tout le long du bord antérieur et de chaque côté du bord postérieur; il est deux fois et demie aussi large que long, fortement échancré en avant, légèrement arrondi en arrière, où il est plus large, assez arrondi sur les côtés qui sont rebordés; les angles antérieurs assez saillants et aigus, les postérieurs presque droits et émoussés. Écusson court, large et noirâtre. Élytres ovales, très-peu allongées et assez convexes, d'un brun noirâtre légèrement bronzé, avec une bande transversale, onduleuse, près de la base; cette bande part du bord externe, se dirige en dedans et va se terminer très-près de la suture qu'elle ne touche pas; vers le milieu de leur longueur existe une tache irrégulière quelquefois divisée en deux; cette tache est souvent réunie à la bande transversale de la base par une autre petite bande longitudinale un peu oblique, qui suit le bord externe sans le toucher; enfin, tout à fait en arrière, on observe encore une petite tache arrondie; toutes ces taches sont d'un jaune rougeâtre; le bord externe est ferrugineux dans ses trois quarts antérieurs; elles sont couvertes d'une ponctuation semblable à celle de la tête et du corselet, mais cependant un peu plus marquée en arrière; elles présentent, en outre, trois ou quatre lignes de points enfoncés, isolées en avant, mais confondues en arrière; la portion réfléchie est ferrugineuse. Dessous du corps et pattes rougeâtres, celles-ci, ainsi que l'extrémité postérieure des segments abdominaux, un peu plus pâles.

Il se trouve dans toute l'Europe.

21. Agabus Didymus.

Oblongo-ovatus, nigro-æneus; elytris lævibus, tribus seriebus punctorum simplicibus impressis, macula laterali didyma cum altera rotundata ad apicem luteo-ornatis.

Dytiscus Didymus. Oliv. *Ent.* III. 40. p. 26. pl. 4. fig. 37.
Dytiscus Vitreus. Payk. *Faun. Suec.* I. 219.
Dytiscus Abbreviatus. Illig. *Col. bor.* I. 263.
Colymbetes Didymus. Lacord. *Faun. ent.* I. 319.
Agabus Didymus. Erichs. *Gen. Dyt.* 37.

Long. 8 millim. Larg. 4 $\frac{1}{4}$ millim.

Ovale, assez convexe. Tête noire, avec le labre et deux taches sur le vertex d'un rouge ferrugineux; elle est entièrement couverte d'une ponctuation très-fine, perceptible seulement à l'aide d'une très-forte loupe; antennes testacées, les derniers articles à peine rembrunis à leur extrémité; palpes de la même couleur, également rembrunis au sommet du dernier article. Corselet noirâtre, avec les bords latéraux assez étroitement ferrugineux; il est tout couvert de points analogues à ceux de la tête, et présente, en outre, quelques points plus forts tout le long du bord antérieur et de chaque côté du bord postérieur; il est deux fois et demie aussi large que long, fortement échancré en avant, assez arrondi en arrière, où il est plus large, peu arrondi sur les côtés qui sont rebordés; les angles antérieurs assez saillants et aigus, les postérieurs un peu aigus et très-légèrement prolongés en arrière. Écusson cordiforme, d'un brun rougeâtre. Élytres ovales, peu allongées et assez convexes; elles sont d'un brun noirâtre légèrement bronzé, avec le bord externe très-vaguement ferrugineux dans ses trois quarts antérieurs, une tache d'un jaune pâle un peu au delà du milieu près du bord externe; cette tache est étranglée dans son milieu et souvent divisée en deux; tout à fait en arrière existe une autre tache de même couleur plus petite et arrondie; elles sont couvertes d'une ponctuation semblable à celle de la tête et du corselet, mais cependant un peu plus marquée en arrière; elles présentent, en outre, trois ou quatre lignes de points enfoncés. La portion réfléchie est ferrugineuse. Le dessous du corps noirâtre, avec l'extrémité des segments de l'abdomen ferrugineuse; les pattes antérieures et intermédiaires sont rougeâtres, avec une tache noirâtre sur les quatre cuisses et une autre sur les jambes intermédiaires; les pattes postérieures sont noirâtres, avec les trochanters et l'extrémité des cuisses rougeâtres; l'extrémité du prolongement des hanches postérieures ferrugineuse.

Il habite presque toute l'Europe; il préfère cependant les contrées méridionales.

22. Agabus Peruvianus.

Rotundato-ovatus, depressus, niger, nitidus; elytrorum ad latera, fere in medio, macula irregulari, altera ad apicem pallido-luteis, his maculis lineola extrorsum conjunctis.

Colymbetes Peruvianus. Lap. *Étud. entom.* p. 101.
Colymbetes Quadrisignatus. Dej. *Cat.* 3e *édit.* 63.

Long. 7 ½ millim. Larg. 4 millim.

Ovale, assez largement arrondi en arrière et un peu déprimé. Tête noire, avec le labre et deux taches arrondies sur le vertex d'un rouge ferrugineux; elle est entièrement et très-finement réticulée; antennes et palpes testacés. Corselet noir, brillant, avec le bord latéral très-largement ferrugineux en avant vers l'angle antérieur et très-étroitement en arrière vers l'angle postérieur; il est entièrement réticulé comme la tête, et présente quelques points assez forts tout le long du bord antérieur, et quelques autres plus fins de chaque côté du bord postérieur; il est près de trois fois aussi large que long, fortement échancré en avant, légèrement sinueux en arrière, où il est plus large, un peu arrondi sur les côtés; les angles antérieurs assez saillants et aigus, les postérieurs assez aigus et légèrement prolongés en arrière. Écusson cordiforme, noirâtre ou rougeâtre. Élytres ovales, assez largement arrondies en arrière et un peu déprimées; elles sont noires, luisantes, avec deux taches pâles irrégulièrement arrondies, l'une souvent divisée en deux et placée un peu au delà du milieu près du bord externe, l'autre tout à fait en arrière près de l'extrémité; ces taches, d'un jaune clair, sont réunies en dehors par une petite bande de même couleur qui suit le bord externe sans le toucher; cette bande dépasse la tache postérieure et vient se réunir en dedans, avec une petite ligne jaunâtre qui existe tout à fait en arrière le long de la suture; elles sont réticulées comme le corselet et la tête, et offrent trois lignes longitudinales de points enfoncés. Le dessous du corps est noirâtre, avec quatre points rougeâtres de chaque côté de l'abdomen. Les pattes antérieures rougeâtres, les postérieures d'un ferrugineux noirâtre.

Cette espèce, comme toutes celles qui sont maculées, présente beaucoup de variétés; ainsi, souvent la tache supérieure est divisée en deux, souvent aussi la ligne longitudinale jaune qui existe en arrière le long de la suture manque tout à fait. M. Guérin possède dans sa collection un individu assez remarquable : il ne présente pour tout dessin sur les élytres qu'une très-petite tache antérieure arrondie, en dehors de celle-ci une très-petite ligne qui ne touche pas la tache, et tout à fait en arrière une petite ligne qui se réunit en dedans à un rudiment de la tache postérieure.

Il se trouve au Pérou.

une troisième sur le même plan vertical que la seconde, un peu au delà du milieu de l'élytre, et enfin une quatrième tout à fait en arrière près de l'extrémité; elles sont très-finement réticulées, et présentent trois lignes de points enfoncés très-peu visibles; la portion réfléchie est noire. Dessous du corps noir. Pattes ferrugineuses, les postérieures un peu plus foncées.

Il se trouve au Brésil.

25. Agabus Submaculatus.

Ovalis, depressus, niger, nitidus; capite antice et in medio, thorace ad latera rufo-luteis; elytris tribus maculis rotundatis rufo-luteis, utrinque ad margines exteriores ornatis.

Colymbetes Submaculatus. Lap. *Étud. ent.* 102.

Long. 6 $\frac{1}{3}$ millim. Larg. 3 $\frac{3}{4}$ millim.

Ovale, court, assez largement arrondi en arrière et assez fortement déprimé. Tête rougeâtre en avant et au milieu du vertex, noirâtre autour des yeux et tout à fait en arrière; antennes et palpes testacés. Corselet lisse, noir, luisant, avec une large tache irrégulière qui occupe l'angle antérieur, la presque totalité du bord externe, et s'étend un peu en dedans sur le disque; il est trois fois environ aussi large que long, fortement échancré en avant, sinueux en arrière, où il est plus large, assez arrondi sur les côtés qui sont rebordés; les angles antérieurs assez saillants et aigus, les postérieurs également aigus et très-faiblement prolongés en arrière. Écusson très-petit, cordiforme, noir. Élytres ovalaires, courtes, assez largement arrondies en arrière et assez fortement déprimées; elles sont lisses, noires, luisantes, avec trois taches d'un beau jaune ainsi disposées: une en dehors près du bord externe, un peu au-dessous de l'épaule, une autre sur le même plan vertical un peu au delà du milieu, et enfin une troisième tout à fait en arrière près de l'extrémité; la première de ces taches est assez mal limitée et la dernière est irrégulière; à peine si l'on aperçoit la trace des trois lignes de points enfoncés; la portion réfléchie est jaunâtre. Le dessous du corps ferrugineux, avec l'abdomen rougeâtre. Toutes les pattes rougeâtres, celles de derrière un peu plus foncées.

Il se trouve à Cayenne; le seul individu que j'ai pu observer appartient à M. Buquet.

26. Agabus Nigerrimus.

Rotundato-ovalis, depressus, niger, nitidus; capite macula unica ferruginea in fronte notato; elytris macula laterali ovali cum altera rotundata ad apicem rufo-luteis, utrinque ornatis.

Colymbetes Nigerrimus. Dej. *Cat.* 3e *édit.* 63.

Long. 8 millim. Larg. 4 $\frac{1}{4}$ millim.

Ovale, très-court, très-largement arrondi en arrière et légèrement déprimé. Tête noire, avec le labre et une tache arrondie sur le vertex d'un rouge ferrugineux; elle est entièrement et très-finement réticulée, ce qui ne peut se voir qu'avec une très-forte loupe; antennes et palpes testacés. Corselet noir, avec l'extrémité des angles antérieurs très-étroitement jaune en dehors; il est un peu moins de trois fois aussi large que long, fortement échancré en avant, sinueux en arrière, où il est plus large, assez arrondi sur les côtés qui sont rebordés; les angles antérieurs assez saillants et aigus, les postérieurs presque droits, cependant faiblement prolongés en arrière; il est réticulé comme la tête. Écusson très-petit, cordiforme, noir. Élytres ovalaires, très-courtes, très-largement arrondies en arrière et légèrement déprimées; elles sont noires, luisantes, avec deux très-petites taches jaunâtres, arrondies et ainsi disposées : une en dehors près du bord externe un peu au delà du milieu, et l'autre tout à fait en arrière près de l'extrémité; elles sont réticulées comme la tête et le corselet; à peine si l'on aperçoit la trace des trois lignes de points enfoncés; la portion réfléchie est noire. Le dessous du corps est noir, avec trois ou quatre points rouges de chaque côté de l'abdomen. Les pattes sont d'un rouge ferrugineux, les postérieures un peu plus foncées.

Il se trouve au Brésil.

27. Agabus Gaudichaudii.

Oblongo-ovalis, depressus, niger, minus nitidus, reticulato-strigosus; capite in vertice ferrugineo-binotato; thoracis angulis anterioribus ferrugineis; elytris macula minima concolore, ad latera ornatis.

Colymbetes Gaudichaudii. Lap. *Étud. ent.* 101.

Long. 9 millim. Larg. 5 millim.

Ovale, un peu allongé, assez largement arrondi en arrière et légèrement déprimé. Tête noire, avec le labre et deux taches transversales d'un rouge ferrugineux sur le vertex; elle est couverte de petites impressions très-serrées se dirigeant dans tous les sens et s'anastomosant entre elles; antennes et palpes ferrugineux. Corselet noir, avec les bords latéraux ferrugineux dans leurs quatre cinquièmes antérieurs; il est trois fois aussi large que long, largement échancré en avant, très-légèrement sinueux en arrière, où il est plus large, assez arrondi sur les côtés qui ne sont pas rebordés; les angles antérieurs assez saillants et aigus, les postérieurs presque droits et émoussés à leur sommet; il est entièrement couvert d'impressions analogues à celles de la tête, mais un peu plus fortement senties, et présente, en outre, quelques points assez fins tout le long du bord antérieur, et quelques autres plus rares de chaque côté du bord postérieur. Écusson cordiforme, noir et très-finement chagriné. Élytres ovalaires, un peu allongées, assez largement arrondies en arrière et médiocrement convexes; elles sont d'un noir peu brillant et marquées d'une très-petite tache ferrugineuse ovalaire placée près du bord externe, un peu au delà du milieu; elles sont couvertes d'impressions analogues à celles de la tête, et présentent, en outre, trois lignes bien distinctes de points enfoncés; la portion réfléchie est noire. Le dessous du corps est noir, avec quatre points rougeâtres de chaque côté de l'abdomen. Les pattes sont ferrugineuses, celles de derrière plus foncées.

Cet insecte habite le Chili. Il existe dans les collections du Muséum et de M. de Laporte.

28. Agabus Parvulus.

Elongato-ovalis, lævis, vix nitidus; capite antice et postice, thorace fere undique, vittaque antice abbreviata versus elytrorum marginem exteriorem rufo-ferrugineis.

Colymbetes Parvulus. Boisduval. *Voyage de l'Astrolabe.* (*Entomologie.*) p. 50.

Long. 4 ½ millim. Larg. 2 millim.

Ovale, allongé, arrondi en arrière et déprimé; il est à peine brillant et presque terne. Tête noirâtre, avec le labre, la partie antérieure de l'épistome, et deux taches peu visibles sur le vertex d'un rouge ferrugineux; antennes et palpes testacés. Corselet ferrugineux, avec le bord antérieur étroitement rembruni et le centre du disque à peine assombri; il est deux fois et demie aussi large que long, largement échancré en avant, coupé presque carrément en arrière, où il est plus large, très-légèrement arrondi sur les côtés qui sont à peine rebordés; les angles antérieurs assez saillants et aigus, les postérieurs droits; il présente quelques points assez forts tout le long du bord antérieur. Écusson court, large, ferrugineux. Élytres ovalaires, assez allongées, arrondies en arrière et un peu déprimées; elles sont brunâtres, avec une bande longitudinale un peu oblique, fortement abrégée en avant, placée aux deux tiers environ de leur longueur, près du bord externe qu'elle ne touche pas et n'atteignant pas non plus tout à fait l'extrémité; elles présentent, en outre, trois lignes longitudinales de points enfoncés très-petits, à peine visibles; la portion réfléchie est ferrugineuse. Le dessous du corps est d'un noir de poix, avec les parties latérales et postérieures des segments de l'abdomen ferrugineuses. Pattes testacées.

Je n'ai vu qu'un seul individu femelle de cette espèce; il appartient à M. le comte Dejean, et il vient des îles Sandwich.

Cet *Agabus* est un des plus petits du genre; il est tout au plus de la longueur de l'*Hydroporus Planus* et beaucoup moins large. Au premier aspect, il ressemble à un insecte du genre *Hydroporus*, mais il est bien facile, en examinant ses tarses, de se convaincre qu'il appartient bien au genre *Agabus*.

29. Agabus Brunneus.

Ovatus, supra pallide castaneus, nitidus, infra nigro-ferrugineus; pedibus anticis rufo-ferrugineis, posticis ferrugineo-nigris.

Dytiscus Brunneus. Fab. *Syst. Eleut.* I. 256.
Dytiscus Castaneus. Sch. *Syn. Ins.* II. p. 21 (note).
Agabus Brunneus. Erichs. *Gen. Dyt.* 37.
Colymbetes Brunneus. Lacord. *Faun. ent.* I. 320.

Long. 8 à 9 millim. Larg. 4 $\frac{3}{4}$ à 5 $\frac{1}{4}$ millim.

Ovale, court, largement arrondi en arrière et assez convexe. Tête d'un rouge ferrugineux clair, avec une tache noirâtre arrondie sur le vertex; antennes et palpes testacés. Corselet de la même couleur que la tête, deux fois et demie aussi large que long, fortement échancré en avant, légèrement arrondi en arrière, où il est plus large, un peu arrondi sur les côtés qui sont étroitement rebordés; les angles antérieurs assez saillants et aigus, les postérieurs presque droits et émoussés; on observe de chaque côté des bords antérieur et postérieur une petite ligne transversale de petits points assez serrés et peu sensibles; il existe souvent aussi de chaque côté de la base, au tiers environ de sa largeur, une petite fossette ovalaire peu enfoncée. Écusson cordiforme, brunâtre. Élytres ovalaires, largement arrondies en arrière et assez convexes; elles sont d'un brun plus ou moins foncé, toujours plus claires à la base, le long de la suture et du bord externe; elles sont lisses et marquées de trois lignes longitudinales de points enfoncés assez sensibles; la portion réfléchie est jaunâtre. Dessous du corps et pattes postérieures d'un noir ferrugineux; les pattes antérieures et intermédiaires d'un ferrugineux rougeâtre, avec une tache noirâtre sur les cuisses.

Il habite les contrées les plus méridionales de l'Europe, et se retrouve aussi sur les côtes de Barbarie.

30. Agabus Paludosus.

Ovalis, vix convexus, posterius depressiusculus et rotundatus, niger, nitidus; thoracis marginibus, antennis et pedibus rufo-ferrugineis; elytris fuscis ad basin et margines pallidioribus.

Dytiscus Paludosus. Fab. *Syst. Eleut.* 1. 266.
Gyl. *Ins. Suec.* 1. 510.
Colymbetes Paludosus. Lacord. *Faun. ent.* 1. 321.
Agabus Paludosus. Erichs. *Gen. Dyt.* 37.
Sch. *Syn. Ins.* ii. 22.

Long. 6 $\frac{3}{4}$ à 7 millim. Larg. 4 à 4 $\frac{1}{4}$ millim.

Ovale, un peu allongé, assez largement arrondi en arrière et peu convexe. Tête noirâtre, avec le labre, l'épistome, et deux taches sur le vertex d'un rouge ferrugineux; antennes et palpes ferrugineux. Corselet lisse, noir, luisant, avec les bords latéraux assez largement, mais vaguement, ferrugineux; il est deux fois et demie aussi large que long, largement échancré en avant et faiblement arrondi en arrière, où il est plus large, peu arrondi sur les côtés qui sont très-étroitement rebordés; les angles antérieurs assez saillants et aigus, les postérieurs presque droits et fortement émoussés au sommet; il présente quelques points rares tout le long du bord antérieur et de chaque côté du bord postérieur; il existe souvent aussi de chaque côté de la base, au tiers environ de sa largeur, une petite fossette ovalaire peu enfoncée. Écusson cordiforme, brunâtre. Élytres ovalaires, un peu allongées, assez largement arrondies en arrière et peu convexes; elles sont d'un brun plus ou moins foncé, toujours plus claires à la base, le long de la suture et du bord externe; elles sont lisses et marquées de trois lignes longitudinales de points enfoncés, bien isolées en avant et confondues en arrière; la portion réfléchie est d'un jaune rougeâtre. Dessous du corps et pattes postérieures noirâtres; les pattes antérieures et intermédiaires rougeâtres, avec une tache noirâtre sur les cuisses. La partie postérieure des segments abdominaux et du prolongement des hanches postérieures ferrugineuse.

Il se rencontre dans toute l'Europe (1).

---

(1) M. Gory possède un individu de cet *Agabus*, indiqué dans sa collection comme venant de la Guadeloupe; c'est cet individu que M. de Laporte a décrit, dans ses *Études entomologiques*, page 103, sous le nom de *Colymbetes Pallidipennis*. Je crois que M. Gory a commis une erreur, ou qu'il a été lui-même trompé relativement à la patrie de cet insecte que je crois européen. Malgré les relations fréquentes que nous avons avec la Guadeloupe et les autres Antilles, je n'ai jamais vu un autre individu de cet *Agabus* venant de ces contrées, et M. Chevrolat, qui a été longtemps en correspondance avec M. Lherminier de la Guadeloupe, ne l'a jamais reçu de cette localité.

31. AGABUS BIPUNCTATUS.

Ovatus, supra flavescens, infra nigro-piceus; thoracis in disco duabus maculis rotundatis nigris; elytris punctis plurimis sparsis nigro-variegatis.

Dytiscus Bipunctatus. FAB. *Mantis.* 190.
OLIV. *Ent.* III. 40. p. 22. pl. 2. fig. 15.
Dytiscus Nebulosus. FORSTER. *Nov. spec. Ins.* 56.
Colymbetes Bipunctatus. LACORD. *Faun. ent.* I. p. 316.
Agabus Bipunctatus. ERICHS. *Gen. Dyt.* 37.
SCH. *Syn. Ins.* II. 18.

Long. 9 millim. Larg. 5 millim.

Ovale, arrondi en arrière et médiocrement convexe. Tête noire, avec le labre, l'épistome, et deux taches sur le vertex d'un jaune rougeâtre; elle est très-finement réticulée; antennes et palpes testacés. Corselet jaunâtre, avec deux taches arrondies, noires, placées transversalement sur le milieu, et le bord antérieur légèrement rembruni; il est deux fois et demie aussi large que long, largement échancré en avant, assez arrondi en arrière, où il est plus large, très-légèrement arrondi sur les côtés qui sont étroitement rebordés; les angles antérieurs assez saillants et aigus, les postérieurs presque droits et très-faiblement prolongés en arrière; il est très-finement réticulé, plus sensiblement chez les femelles, et présente, en outre, quelques points tout le long du bord antérieur et de chaque côté du bord postérieur. Écusson cordiforme, rougeâtre. Élytres assez régulièrement ovalaires, médiocrement convexes, arrondies en arrière, jaunâtres et couvertes de petites taches arrondies noirâtres irrégulièrement disposées, assez écartées et quelquefois confluentes; la base, une ligne longitudinale étroite le long de la suture, tout le bord externe, et un petit espace arrondi placé en dehors un peu au delà du milieu, sont immaculés;

elles sont réticulées plus finement que le corselet et la tête, mais dans les femelles seulement, lisses dans les mâles, et présentent, en outre, trois lignes longitudinales de points enfoncés très-petits et peu visibles; la portion réfléchie est jaune. Le dessous du corps est noir, avec les parties latérales et postérieures des segments de l'abdomen assez largement rougeâtres. Pattes jaunâtres, celles de derrière un peu plus foncées.

Il se trouve dans toute l'Europe, et très-communément.

32. Agabus Subnebulosus.

Ovatus, supra flavicans, infra nigro-piceus; thorace immaculato; elytris punctis plurimis nigris evanescentibus variegatis.

Colymbetes Subnebulosus. Steph. *Illust. of Brit. ent.* II. p. 72.

Long. 8 millim. Larg. 4 $\frac{1}{3}$ millim.

Ovale, arrondi en arrière et médiocrement convexe. Tête noire, avec le labre, l'épistome, et deux taches sur le vertex d'un jaune rougeâtre; elle est très-finement réticulée; antennes et palpes d'un jaune rougeâtre, ces derniers rembrunis à l'extrémité. Corselet jaunâtre, avec le bord antérieur légèrement rembruni; il est deux fois et demie aussi large que long, largement échancré en avant, assez arrondi sur les côtés qui sont étroitement rebordés; les angles antérieurs assez saillants et aigus, les postérieurs presque droits et très-faiblement prolongés en arrière; il est très-finement réticulé, plus sensiblement chez les femelles, et présente, en outre, quelques points tout le long du bord antérieur et de chaque côté du bord postérieur. Écusson cordiforme, jaunâtre. Élytres assez régulièrement ovalaires, médiocrement convexes, arrondies en arrière, jaunâtres et couvertes de petites taches arrondies, noirâtres, irrégulièrement disposées, assez écartées; presque toutes ces taches sont confluentes et ressemblent assez bien à de petites taches encore fraîches que l'on aurait cherché à effacer, et qu'au contraire on aurait étalées sans faire disparaître leur place primitive qui ressortirait encore sur le fond; la base, une ligne longitudinale étroite le long de la suture, tout le bord externe, et un petit espace arrondi placé en dehors et un peu au delà du milieu, sont immaculés; elles sont réticulées plus finement que la tête et le corselet, mais dans les femelles seulement, lisses dans les mâles, et présentent, en outre, trois lignes longitudinales de points enfoncés très-petits et peu visibles; la portion réfléchie est jaune. Le dessous du corps est noir, avec l'extrémité des segments de l'abdomen étroitement ferrugineuse. Pattes d'un jaune rougeâtre, avec la base des cuisses antérieures et intermédiaires, et la presque totalité de celles de derrière, d'un noir de poix.

Cet insecte est très-voisin du précédent avec lequel il a été confondu; il doit cependant en être séparé; il est toujours beaucoup plus petit, jamais son corselet n'est maculé, les taches des élytres sont presque effacées et comme frottées, et enfin il est toujours plus noir en dessous, les segments de l'abdomen n'étant ferrugineux qu'en arrière et très-étroitement.

Il se trouve dans toute l'Europe, mais moins fréquemment que le premier; il est cependant assez répandu en Angleterre.

33. Agabus Infuscatus.

Oblongo-ovalis; capite et thorace nigris; elytris fusco-griseis, posterius magis infuscatis; subtus nigro-piceus, pedibus pallidioribus.

Colymbetes Infuscatus. Dej. *Cat.* 3e *édit.* p. 63.

Long. de 6 à 8 millim. Larg. de 3 ½ à 4 ½ millim.

Ovale, un peu allongé, assez largement arrondi en arrière et médiocrement convèxe; il présente un très-léger reflet métallique. Tête noire, avec le labre, la partie antérieure de l'épistome, et deux taches arrondies sur le vertex d'un rouge ferrugineux; elle est très-finement réticulée; antennes testacées, avec les derniers articles très-légèrement rembrunis à leur sommet; palpes de la même couleur, également rembrunis au sommet du dernier article. Corselet noir, avec les bords latéraux très-étroitement ferrugineux; il est un peu moins de trois fois aussi large que long, largement échancré en avant, assez arrondi en arrière, où il est plus large, légèrement arrondi sur les côtés qui sont étroitement rebordés; les angles antérieurs assez saillants et aigus, les postérieurs droits, cependant très-faiblement prolongés en arrière; il est très-finement réticulé, surtout sur les côtés, et présente, en outre, quelques points enfoncés tout le long du bord antérieur et de chaque côté du bord postérieur. Écusson court, cordiforme, rougeâtre. Élytres ovalaires, un peu allongées, assez largement arrondies en arrière et médiocrement convexes; elles sont d'un brun grisâtre, d'autant plus foncé qu'on les examine plus en arrière, toute la base et le bord externe étant très-largement et très-vaguement jaunâtres; elles sont réticulées beaucoup plus finement que la tête et le corselet, presque lisses, et présentent, en outre, trois lignes longitudinales de points enfoncés, isolées en avant et confondues en arrière; la portion réfléchie est jaunâtre. Le dessous du corps est d'un noir de poix, avec l'extrémité postérieure des segments abdominaux ferrugineuse. Pattes testacées, prolongement des hanches postérieures ferrugineux.

De l'Amérique septentrionale.

M. le comte Dejean possède dans sa collection une variété de cette espèce qui est moitié moins grande que le type, et dont le corselet est très-largement ferrugineux sur les bords, et la tête presque entièrement de cette couleur; je crois que cet individu n'est pas bien développé.

34. Agabus Punctulatus.

Oblongo-ovatus, supra undique tenuissime reticulato-punctulatus; capite et thorace nigris; elytris fusco-castaneis; subtus niger, pedibus ferrugineis.

Colymbetes Punctulatus. Dej. *Cat.* 3e *édit.* p. 63.

Long. 6 ½ millim. Larg. 3 ¾ millim.

Ovale, peu allongé, légèrement atténué en arrière et médiocrement convexe. Tête noirâtre, avec le labre, l'épistome, le front, et deux taches sur le vertex d'un rouge ferrugineux; entre les yeux et un peu en avant, une petite fossette transversale de chaque côté; elle est entièrement et très-finement réticulée et ponctuée; antennes et palpes ferrugineux. Corselet noirâtre, avec les bords latéraux assez largement ferrugineux; il est très-finement réticulé et ponctué comme la tête, et présente, en outre, quelques points plus forts tout le long du bord antérieur et de chaque côté du bord postérieur; il est deux fois et demie aussi large que long, largement échancré en avant, très-faiblement arrondi en arrière, où il est plus large, assez arrondi sur les côtés qui sont étroitement rebordés; les angles antérieurs assez saillants et aigus, les postérieurs droits et un peu émoussés au sommet. Écusson court, large, rougeâtre. Élytres ovalaires, légèrement atténuées en arrière et médiocrement convexes; elles sont d'un brun un peu ferrugineux, un peu plus pâles sur les côtés, avec une tache rougeâtre, très-peu sensible, tout à fait à l'extrémité; elles sont, comme la tête et le corselet, très-finement réticulées et ponctuées : la ponctuation est cependant beaucoup plus sensible que sur ces organes, surtout vers l'extrémité; elles présentent, en outre, trois lignes longitudinales de points enfoncés bien isolées en avant et un peu confondues en arrière; la portion réfléchie est ferrugineuse. Le dessous du corps est noir, avec l'extrémité postérieure des segments de l'abdomen, les pattes et le prolongement des hanches postérieures ferrugineux.

Il habite l'Amérique du Nord.

35. Agabus Confinis.

Elongato-ovalis; capite et thorace nigris; elytris lævibus, fusco-nigris, margine pallidiore; subtus niger, pedibus nigro-piceis.

Dytiscus Confinis. Gyl. *Ins. Suec.* I. 511.
Zetterst. *Faun. Ins. Lapp. pars.* I. 219.
Sahlb. *Ins. Fenn.* 167.
Agabus Confinis. Erichs. *Gen. Dyt.* 37.

Long. 8 $\frac{1}{2}$ à 9 $\frac{1}{2}$ millim. Larg. 4 $\frac{3}{4}$ à 5 millim.

Ovale, assez fortement allongé, médiocrement arrondi en arrière et peu convexe. Tête noire, avec le labre et deux taches sur le vertex d'un rouge ferrugineux; elle est presque imperceptiblement ponctuée; palpes et antennes testacés, les derniers articles de celles-ci à peine rembrunis à leur extrétrémité. Corselet noir, avec un très-léger reflet métallique; il est deux fois et demie aussi large que long, largement échancré en avant, un peu sinueux en arrière, où il est plus large, assez arrondi sur les côtés qui sont étroitement rebordés; les angles antérieurs assez saillants et aigus, les postérieurs presque droits et fortement émoussés; il est, comme la tête, tout couvert de points presque imperceptibles, et présente, en outre, quelques points plus forts tout le long du bord antérieur et de chaque côté du bord postérieur. Écusson large, cordiforme, noir, lisse. Élytres ovalaires, assez fortement allongées, médiocrement arrondies en arrière et peu convexes, d'un brun noirâtre, avec les bords latéraux assez largement, mais très-vaguement, testacés; elles sont lisses, et présentent trois lignes longitudinales de points enfoncés assez forts; la portion réfléchie est d'un jaune testacé. Le dessous du corps noir, avec l'extrémité des derniers segments de l'abdomen ferrugineuse. Les pattes antérieures et intermédiaires ferrugineuses, les postérieures d'un noir de poix.

Cet insecte a quelque analogie de forme avec l'*Agabus Congener;* mais il est toujours plus grand; ses élytres sont aussi relativement plus longues et lisses, tandis qu'elles sont réticulées dans le premier.

Il habite le nord de l'Europe, la Suède et la Finlande.

36. Agabus Americanus. *Mihi.*

Elongato-ovalis, nitidus, lævis, niger; elytris versus margines vix confuse ferrugineis; pedibus ferrugineis.

Long. 8 ½ millim. Larg. 4 ½ millim.

Ovale, assez allongé, très-légèrement atténué en arrière et médiocrement convexe; il est noir, lisse et brillant. Tête noire, avec le labre, la partie antérieure de l'épistome, et deux taches peu apparentes sur le vertex d'un rouge brun; antennes et palpes ferrugineux. Corselet noir, deux fois et demie aussi large que long, largement échancré en avant, à peine sinueux en arrière, où il est plus large, peu arrondi sur les côtés qui sont étroitement rebordés; les angles antérieurs assez saillants et peu aigus, les postérieurs presque droits et fortement émoussés; il est lisse, et présente quelques points enfoncés tout le long du bord antérieur et de chaque côté du bord postérieur; il existe aussi de chaque côté de la base, au tiers environ de sa largeur, une petite fossette arrondie peu enfoncée. Écusson cordiforme, noir et lisse. Élytres ovalaires, assez allongées, très-légèrement atténuées en arrière et médiocrement convexes, noires, avec une bande longitudinale très-vague, à peine sensible, d'un brun ferrugineux, située dans le voisinage du bord externe qu'elle suit sans le toucher; elles sont lisses et marquées de trois lignes longitudinales de points enfoncés assez forts et peu nombreux; la portion réfléchie est d'un ferrugineux noirâtre. Le dessous du corps est noir, avec l'extrémité des segments de l'abdomen ferrugineuse. Pattes ferrugineuses, les postérieures presque noires.

Le seul individu de cette espèce que j'ai pu observer appartient à M. Dupont, qui l'a reçu du Mexique.

37. Agabus Nigricollis.

Oblongo-ovalis; capite et thorace nigris; elytris aut castaneo-piceis, aut pallido-castaneis, macula obsoleta paulo ultra medium ad latera alteraque obsoletissima ad apicem pallido-notatis; subtus niger, pedibus nigro-piceis.

Colymbetes Nigricollis. Zoubkoff. *Bullet. de la Soc. imp. des nat. de Moscou.* vi. 317.

Colymbetes Affinis. Dej. *Cat.* 3e *édit.* p. 63.

Long. 9 millim. Larg. 4 ¾ millim.

Ovale, un peu allongé, légèrement atténué en arrière et médiocrement convexe. Tête noire, luisante, avec le labre et deux taches sur le vertex d'un rouge ferrugineux; elle est presque imperceptiblement réticulée; antennes et palpes ferrugineux, le dernier article de ceux-ci rembruni à la base. Corselet noir, luisant, avec les bords latéraux assez vaguement et étroitement ferrugineux; il est deux fois et demie aussi large que long, largement échancré en avant, légèrement sinueux en arrière, où il est plus large; les côtés sont rebordés, un peu arrondis, et se redressent tout à fait en avant vers les angles antérieurs qui sont assez saillants et très-aigus, les postérieurs sont presque droits et un peu émoussés; il est, comme la tête, presque imperceptiblement réticulé, et présente, en outre, quelques points rares de chaque côté des bords antérieur et postérieur; il existe souvent aussi de chaque côté de la base, au tiers environ de sa largeur, une petite fossette ovalaire peu enfoncée. Écusson large, cordiforme, noir. Élytres ovalaires, un peu allongées, légèrement atténuées en arrière et médiocrement convexes; leur couleur varie du brun de poix au brun clair un peu rougeâtre, et elles présentent deux petites taches rougeâtres, l'une près du bord externe un peu au delà du milieu, et l'autre tout à fait en arrière près de l'extrémité; ces taches sont à peine visibles, d'autant moins que la couleur des élytres est plus pâle, et disparaissent même quelquefois complétement; elles sont réticulées comme la tête et le corselet, cependant un peu plus visiblement, surtout en arrière, et présentent, en outre, trois lignes longitudinales de points enfoncés assez forts, peu nombreux et assez écartés; la portion réfléchie est de la couleur des élytres. Dessous du corps et pattes noirs; les jambes antérieures, les tarses intermédiaires et postérieurs, ainsi que l'extrémité des segments de l'abdomen, ferrugineux.

Cet insecte se rencontre dans les régions les plus méridionales de l'Europe et dans le nord de l'Afrique; il habite aussi la Russie et la Turquie d'Asie.

38. Agabus Binotatus. *Gené.*

Oblongo-ovalis, capite et thorace nigris; elytris castaneo-brunneis, ad basin et latera pallidioribus, macula paulo ultra medium ad latera alteraque ad apicem pallido-luteis, notatis; subtus niger, pedibus nigro-ferrugineis.

Long. 8 à 8 ½ millim. Larg. 4 à 4 ½ millim.

Ovale, un peu allongé, légèrement atténué en arrière et médiocrement convexe. Tête noire, luisante, lisse, avec deux taches arrondies rougeâtres sur le vertex; antennes et palpes ferrugineux. Corselet noir, lisse, luisant, avec les bords latéraux très-étroitement ferrugineux; il est deux fois et demie aussi large que long, largement échancré en avant, à peine sinueux en arrière, où il est plus large, assez arrondi sur les côtés qui sont étroitement rebordés; les angles antérieurs assez saillants et aigus, les postérieurs presque droits et à peine émoussés au sommet; il présente quelques points rares de chaque côté des bords antérieur et postérieur; il existe souvent aussi, de chaque côté de la base, au tiers environ de sa largeur, une petite fossette ovalaire. Écusson cordiforme, brunâtre. Élytres ovalaires, un peu allongées, légèrement atténuées en arrière et médiocrement convexes; elles sont lisses, luisantes, et d'un brun châtain d'autant plus foncé qu'on les examine plus en arrière, toute la base et le bord externe étant très-légèrement et très-vaguement d'un jaune sale; elles sont marquées de deux taches jaunâtres : l'une irrégulière placée près du bord externe un peu au delà du milieu, et l'autre plus petite et arrondie tout à fait en arrière près de l'extrémité; elles offrent, en outre, trois lignes longitudinales de points enfoncés, assez forts, peu nombreux et écartés; la portion réfléchie est jaunâtre. Le dessous du corps et les pattes postérieures noirs; les pattes antérieures ont les jambes et les tarses ferrugineux.

J'ai reçu cet insecte de M. Gené, qui l'a pris en Sardaigne.

39. Agabus Gory.

Oblongo-ovalis, supra castaneo-brunneus, infra niger; elytris macula paulo ultra medium ad latera alteraque minima ad apicem pallido-luteo-notatis; pedibus nigro-ferrugineis.

Agabus Gory. Aubé. *Iconog*. v. p. 162. pl. 20. fig. 1.

Long. 8 à 9 millim. Larg. 4 $\frac{1}{4}$ à 4 $\frac{3}{4}$ millim.

Ovale, assez large, peu allongé, nullement atténué en arrière et assez convexe. Tête brunâtre, avec le labre, l'épistome, le front, et deux taches arrondies sur le vertex d'un rouge pâle; elle est presque imperçeptiblement réticulée; antennes et palpes ferrugineux. Corselet brunâtre, avec les bords latéraux très-largement rougeâtres ; il est deux fois et demie aussi large que long, largement échancré en avant, à peine sinueux en arrière, où il est plus large, peu arrondi sur les côtés qui sont rebordés; les angles antérieurs assez saillants et aigus, les postérieurs presque droits et légèrement émoussés au sommet; il est réticulé comme la tête, et présente quelques points rares de chaque côté des bords antérieur et postérieur; il existe aussi, de chaque côté de la base, au tiers environ de sa largeur, une petite fossette ovalaire assez enfoncée. Écusson cordiforme, rougeâtre. Élytres ovalaires, assez larges, peu allongées, nullement atténuées en arrière, où elles sont assez largement arrondies, assez convexes, brunâtres, avec la base et les bords latéraux plus pâles; elles sont marquées de deux taches jaunâtres: l'une irrégulière placée près du bord externe, un peu au delà du milieu, et l'autre plus petite, arrondie, tout à fait en arrière près de l'extrémité ; elles sont comme la tête et le corselet, presque imperceptiblement réticulées, plus finement encore et presque lisses, et présentent trois lignes longitudinales de points enfoncés, assez forts, peu nombreux et écartés ; la portion réfléchie est jaunâtre. Le dessous du corps est noir, avec l'extrémité des segments de l'abdomen ferrugineuse. Les pattes antérieures et intermédiaires ferrugineuses, les postérieures presque noires.

Il a été rapporté de Smyrne par feu M. Carcel, et il fait partie des collections de MM. Dupont et Reiche. J'en possède aussi deux individus.

40. Agabus Guttatus.

Elongato-ovalis, subdepressus, subtile reticulatus, niger; antennis pedibusque ferrugineis; elytris maculis minimis rufo-ferrugineis notatis, una paulo ultra medium ad latera, altera ad apicem.

Dytiscus Guttatus. PAYK. *Faun. Suec.* I. 211.
GYL. *Ins. Suec.* I. 502.
Colymbetes Guttatus. LACORD. *Faun. ent.* I. 316.
Agabus Guttatus. ERICHS. *Gen. Dyt.* 37.

Long. 8 à 9 millim. Larg. 4 à 4 $\frac{1}{4}$ millim.

Ovale, assez fortement allongé, arrondi en arrière et déprimé. Tête noire, avec le labre et deux taches sur le vertex d'un rouge ferrugineux; elle est entièrement et assez fortement réticulée, ce qui la fait paraître rugueuse; antennes et palpes ferrugineux. Corselet noir, avec les bords latéraux très-étroitement ferrugineux; il est un peu moins de trois fois aussi large que long, largement échancré en avant, coupé presque carrément en arrière, où il est plus large, peu arrondi sur les côtés qui sont étroitement rebordés; les angles antérieurs assez saillants et aigus, les postérieurs droits et nullement émoussés; il est tout réticulé comme la tête, surtout de chaque côté, le disque étant un peu moins chagriné; il présente quelques points rares tout le long du bord antérieur et de chaque côté du bord postérieur; il existe souvent aussi, de chaque côté de la base, au tiers environ de sa largeur, une petite fossette ovalaire assez enfoncée. Écusson cordiforme, large et très-finement chagriné. Élytres ovalaires, assez fortement allongées, arrondies en arrière et déprimées en dessus; elles sont en avant à peu près de la largeur du corselet, marchent quelque temps presque parallèlement et s'arrondissent ensuite vers l'extrémité; elles sont assez fortement réticulées, très-finement ponctuées, surtout en arrière, noires et marquées de deux très-petites taches ferrugineuses, arrondies, peu visibles : l'une près du bord externe un peu au delà du milieu, et l'autre tout à fait en arrière près de l'extrémité; elles présentent, en outre, trois lignes de points enfoncés peu sensibles; la portion réfléchie et le dessous du corps noirs. Les pattes sont ferrugineuses, celles de derrière plus foncées, presque noires.

Il se rencontre dans toute l'Europe.

41. AGABUS DILATATUS.

Oblongo-ovalis, latior, subdepressus, vix subtilissime reticulatus, nigro-piceus; antennis pedibusque ferrugineis; elytris macula paulo ultra medium ad latera alteraque minore ad apicem, rufo-notatis.

Colymbetes Dilatatus. BRULLÉ. *Exp. scient. de Morée. Ent.* III. 127.

Colymbetes Aquilus. DEJ. *Cat.* 3e *édit.* 63.

Dytiscus Guttatus. Var. b. GYL. *Ins. Suec.* IV. 380?

Long. 8 ½ millim. Larg. 4 ⅔ millim.

Ovale, assez allongé, arrondi en arrière et déprimé; il est d'un noir de poix plus ou moins foncé. Tête brunâtre, avec le labre, la partie antérieure de l'épistome, et deux taches arrondies sur le vertex d'un rouge ferrugineux; elle est presque imperceptiblement réticulée; antennes et palpes ferrugineux. Corselet brunâtre, avec les bords latéraux ferrugineux; il est un peu moins de trois fois aussi large que long, largement échancré en avant, peu sinueux en arrière, où il est plus large, peu arrondi sur les côtés qui sont rebordés; les angles antérieurs assez saillants et aigus, les postérieurs droits, nullement émoussés et très-faiblement prolongés en arrière; il est réticulé comme la tête, surtout sur les côtés, et présente quelques points rares de chaque côté des bords antérieur et postérieur; il existe aussi, de chaque côté de la base, au tiers environ de sa largeur, une petite fossette ovalaire assez enfoncée. Écusson cordiforme, brunâtre, lisse. Élytres ovalaires, assez allongées, arrondies en arrière et déprimées; elles sont en avant un peu plus larges que le corselet, marchent quelque temps presque parallèlement et s'arrondissent ensuite vers l'extrémité, très-finement réticulées chez les femelles, presque lisses chez les mâles; elles sont brunâtres, avec les bords latéraux plus pâles et deux taches rougeâtres : l'une près du bord externe un peu au delà du milieu, l'autre tout à fait en arrière près de l'extrémité; elles présentent, en outre, trois lignes de points enfoncés assez forts et écartés; la portion réfléchie est rougeâtre. Le dessous du corps est noir, avec l'extrémité des segments de l'abdomen ferrugineuse. Pattes antérieures ferrugineuses, les postérieures presque noires.

Cette espèce est très-voisine de la précédente, dont elle n'est peut-être qu'une variété; elle est un peu plus large, beaucoup plus finement réticulée, et d'une couleur brunâtre plus ou moins foncée.

Il se trouve dans le midi de la France, et a été aussi rapporté de Morée par M. Brullé.

42. Agabus Biguttatus.

Ovatus, convexior, nitidus vix subtilissime reticulatus, niger; antennis ferrugineis; pedibus nigro-piceis; elytris macula paulo ultra medium ad latera alteraque minore ad apicem, pallido-notatis.

Dytiscus Biguttatus. Oliv. *Ent.* III. 40. p. 26. pl. 4. fig. 36.
Colymbetes Biguttatus. Lacord. *Faun. ent.* I. 315.

Long. 9 millim. Larg. 5 millim.

Ovale, un peu allongé, arrondi en arrière et assez fortement convexe, d'un beau noir très-brillant. Tête large, noire, avec deux taches d'un rouge ferrugineux sur le vertex; elle est presque imperceptiblement réticulée, ce qui ne l'empêche nullement d'être brillante; antennes ferrugineuses; palpes noirâtres, rougeâtres à l'extrémité. Corselet entièrement noir, assez convexe, deux fois et demie aussi large que long, largement échancré en avant, à peine sinueux en arrière, où il est plus large, assez arrondi sur les côtés qui sont très-étroitement rebordés; les angles antérieurs assez saillants et aigus, les postérieurs presque droits; il est réticulé comme la tête, surtout sur les côtés, et présente quelques points rares de chaque côté des bords antérieur et postérieur; il existe aussi, de chaque côté de la base, au tiers environ de sa largeur, une petite fossette ovalaire assez enfoncée. Écusson cordiforme, noir, lisse. Élytres ovalaires, un peu allongées, arrondies en arrière et assez fortement convexes; elles sont d'un noir brillant, avec deux petites taches arrondies d'un jaune très-pâle : l'une près du bord externe un peu au delà du milieu, et l'autre plus petite, peu visible, tout à fait en arrière près de l'extrémité; elles sont à peine réticulées en avant, un peu plus sensiblement en arrière, et présentent trois lignes de points enfoncés, assez forts, peu nombreux et assez écartés; la portion réfléchie est noire. Dessous du corps et pattes noirs; les genoux et les tarses ferrugineux.

Cette espèce est très-voisine des précédentes; elle se distingue du *Dilatatus* par sa couleur extrêmement noire et très-brillante; elle est aussi beaucoup plus convexe. Elle diffère du *Guttatus* par sa forme générale, qui est moins parallèle, beaucoup plus convexe, et enfin par sa couleur beaucoup plus brillante; à peine aussi si elle est réticulée, tandis que le *Guttatus* l'est très-sensiblement.

Cet insecte se rencontre dans les contrées méridionales de l'Europe, en Sicile, en Italie, en Espagne et dans le midi de la France.

43. Agabus Melas.

Oblongo-ovalis, minus convexus, nitidus, vix subtilissime reticulatus, niger; antennis pedibusque nigro-piceis; elytris macula paulo ultra medium ad latera alteraque minore ad apicem, rufo-notatis.

Agabus Melas. Aubé. *Iconog.* v. p. 168. pl. 20. fig. 5.

Long. 8 $\frac{1}{2}$ millim. Larg. 4 $\frac{3}{4}$ millim.

Ovale, assez allongé, à peine atténué en arrière et un peu déprimé; il est d'un beau noir très-brillant. Tête étroite, noire, avec deux taches sur le vertex d'un brun ferrugineux, visibles seulement sous un certain jour; elle est presque imperceptiblement réticulée, ce qui ne l'empêche pas d'être brillante; antennes et palpes d'un noir ferrugineux. Corselet entièrement noir, brillant, deux fois et demie aussi large que long, largement échancré en avant, à peine sinueux en arrière, où il est plus large, peu arrondi sur les côtés qui sont très-étroitement rebordés; les angles antérieurs assez saillants et aigus, les postérieurs presque droits; il est réticulé comme la tête, surtout sur les côtés, et présente quelques points très-peu sensibles de chaque côté des bords antérieur et postérieur; il existe aussi, de chaque côté de la base, au tiers environ de sa largeur, une petite fossette ovalaire assez enfoncée. Écusson cordiforme, noir, lisse. Élytres ovalaires, assez allongées, à peine atténuées en arrière et légèrement déprimées; elles sont d'un noir brillant, avec deux taches arrondies d'un jaune rougeâtre : l'une près du bord externe un peu au delà du milieu, l'autre plus petite, peu visible, tout à fait en arrière près de l'extrémité; elles sont à peine réticulées en avant, plus sensiblement en arrière, et présentent trois lignes de points enfoncés, assez nombreux et écartés; la portion réfléchie est noire. Dessous du corps et pattes noirs.

Cet *Agabus*, très-voisin du *Biguttatus*, en diffère par sa forme générale qui est plus étroite en avant et en arrière; il est aussi beaucoup moins convexe et légèrement déprimé; les antennes, les palpes et les pattes sont plus foncés, et à peine si l'on peut apercevoir les deux taches ferrugineuses du vertex.

Il a été rapporté de Morée ou d'Orient par feu M. Carcel.

44. Agabus Adpressus.

Elongato-ovalis, nitidus, subtilissime reticulato-punctatus, niger; antennis ferrugineis; pedibus ferrugineo-piceis; elytris tribus seriebus punctorum majorum notatis.

Agabus Adpressus. Mannerh.-Aubé. *Iconog.* v. p. 169. pl. 21. fig. 1.

Long. 8 millim. Larg. 4 millim.

Ovale, assez allongé, très-légèrement dilaté, assez brusquement atténué en arrière et médiocrement convexe; il est d'un noir de poix très-foncé et très-brillant. Tête noire, avec le labre et deux taches sur le vertex d'un rouge ferrugineux; elle est presque imperceptiblement réticulée; antennes et palpes ferrugineux. Corselet noir, avec les bords latéraux très-étroitement ferrugineux, plus sensiblement en arrière qu'en avant; il est deux fois et quart aussi large que long, largement échancré en avant, coupé presque carrément en arrière, où il est plus large, assez arrondi sur les côtés qui sont étroitement rebordés; les angles antérieurs assez saillants et peu aigus, les postérieurs presque droits et très-légèrement émoussés; il est réticulé comme la tête, mais un peu plus fortement, et présente, en outre, quelques points tout le long du bord antérieur et de chaque côté du bord postérieur. Écusson cordiforme, noir, lisse. Élytres ovalaires, assez allongées, très-légèrement dilatées et assez brusquement atténuées en arrière, médiocrement convexes, très-finement réticulées et ponctuées; elles sont entièrement noires, sans taches, et présentent trois lignes longitudinales de points enfoncés assez forts et assez écartés; la portion réfléchie est noire. Le dessous du corps noir, avec les segments de l'abdomen à peine ferrugineux en arrière. Les pattes ferrugineuses, celles de derrière un peu plus foncées.

Il se trouve en Daurie, d'où il m'a été envoyé en communication par M. le comte Mannerheim.

45. Agabus Hæffneri.

Oblongo-ovalis, brevior, nitidus, subtilissime reticulato-punctatus, niger; antennis ferrugineis; pedibus ferrugineo-piceis; elytris paulo ultra medium vix ampliatis, tribus seriebus punctorum minorum notatis.

Agabus Hæffneri. Mannerh.-Aubé. *Iconog.* v. p. 170. pl. 21. fig. 2.

Long. 7 $\frac{1}{4}$ millim. Larg. 3 $\frac{3}{4}$ millim.

Ovale, peu allongé, très-légèrement dilaté, assez brusquement atténué en arrière et médiocrement convexe; il est d'un noir de poix très-foncé et très-brillant. Tête noire, avec le labre et deux taches sur le vertex d'un rouge ferrugineux, elle est très-finement et assez visiblement réticulée; antennes et palpes ferrugineux. Corselet noir, avec les bords latéraux à peine ferrugineux en arrière; il est deux fois et quart aussi large que long, largement échancré en avant, coupé presque carrément en arrière, où il est plus large, assez arrondi sur les côtés qui sont étroitement rebordés; les angles antérieurs assez saillants et aigus, les postérieurs obtus et presque arrondis; il est réticulé comme la tête, mais un peu plus fortement, et présente, en outre, quelques points tout le long du bord antérieur et de chaque côté du bord postérieur. Écusson cordiforme, noir, lisse. Élytres ovalaires, peu allongées, très-légèrement dilatées, assez brusquement atténuées en arrière, médiocrement convexes, assez sensiblement réticulées et très-finement ponctuées; elles sont entièrement noires, sans taches, et présentent trois lignes longitudinales de points enfoncés, d'une médiocre grosseur et asssez serrés; la portion réfléchie est noire. Le dessous du corps noir, avec les segments de l'abdomen à peine ferrugineux en arrière. Pattes ferrugineuses, celles de derrière plus foncées.

Il se trouve en Suède, d'où il m'a été envoyé en communication par M. le comte Mannerheim.

Cette espèce diffère à peine de la précédente, elle est généralement plus petite, un peu moins brillante, et un peu plus sensiblement réticulée. Les trois lignes de points sont un peu moins senties, et les angles postérieurs du corselet plus obtus et presque arrondis. Peut-être même ces deux *Agabus* ne sont-ils que deux variétés d'une seule et même espèce due à la différence de patrie. Je ne puis décider cette question n'ayant à ma disposition que deux individus de l'*Agabus Adpressus* et un seul de l'*Hæffneri.*

46. Agabus Wasastjernæ.

Elongato-ovatus, minus nitidus, undique reticulato-punctulatus, niger; antennis pedibusque ferrugineis; elytris tribus seriebus punctorum majorum notatis.

Dytiscus Wasastjernæ. Sahlb. *Ins. Fenn.* p. 167.

Long. 7 $\frac{1}{2}$ millim. Larg. 3 $\frac{3}{4}$ millim.

Ovale, assez allongé, très-légèrement dilaté; assez brusquement atténué en arrière et médiocrement convexe; il est d'un noir de poix très-foncé et peu brillant. Tête noire, avec le labre et deux taches sur le vertex d'un rouge ferrugineux; elle est très-finement et assez visiblement réticulée et ponctuée; antennes et palpes ferrugineux. Corselet noir, avec les bords latéraux très-étroitement ferrugineux en arrière; il est deux fois et quart aussi large que long, largement échancré en avant, presque carrément coupé en arrière, où il est plus large, à peine arrondi sur les côtés qui sont étroitement rebordés; les angles antérieurs assez saillants et aigus, les postérieurs presque droits et nullement émoussés; il est réticulé et ponctué comme la tête, mais un peu plus fortement, et présente, en outre, quelques points tout le long du bord antérieur et de chaque côté du bord postérieur. Écusson cordiforme, noir et lisse. Élytres ovalaires, assez allongées, à peine dilatées et assez brusquement atténuées en arrière, médiocrement convexes, réticulées et ponctuées comme le corselet, mais la ponctuation est beaucoup plus sensible; elles sont entièrement noires, sans taches, et présentent trois lignes longitudinales de points assez forts et écartés; la portion réfléchie est noire. Dessous du corps noir, avec les segments de l'abdomen assez largement ferrugineux en arrière. Pattes ferrugineuses, les postérieures un peu plus foncées.

Il habite le nord de l'Europe, la Laponie et la Finlande.

Cette espèce est bien voisine des deux précédentes, mais en est bien certainement distincte, son corselet est beaucoup moins arrondi sur les côtés, les angles postérieurs de cet organe sont plus aigus, nullement émoussés, et enfin la ponctuations des élytres est beaucoup plus sensible.

47. Agabus Opacus. *Mannerheim.*

Oblongo-ovalis, latus, subdepressus, opacus, vix visibiliter subtilissime reticulato-coriaceus; supra brunneus, subtus rufo-ferrugineus; antennis, pedibus, marginibusque thoracis et elytrorum rufescentibus (♀).

Long. 9 millim. Larg. 4 ½ millim.

Ovale, un peu allongé, très-légèrement atténué en pointe en arrière et assez fortement déprimé. Tête brunâtre, avec le labre, la partie antérieure de l'épistome, et deux taches sur le vertex d'un rouge ferrugineux; elle est finement réticulée; antennes et palpes ferrugineux. Corselet de la même couleur que la tête, terne, avec les bords latéraux assez largement rougeâtres; il est presque trois fois aussi large que long, largement échancré en avant, où il est plus étroit, très-sinueux en arrière, les deux extrémités de la base se relevant assez fortement, assez arrondi sur les côtés qui sont très-étroitement rebordés; les angles antérieurs assez saillants et peu aigus, les postérieurs obtus, mais à peine émoussés; il est réticulé comme la tête, mais un peu plus fortement et très-finement pointillé; il présente, en outre, quelques points plus forts tout le long du bord antérieur et de chaque côté du bord postérieur. Écusson cordiforme, rougeâtre et très-finement chagriné. Élytres ovalaires, un peu allongées, très-légèrement atténuées en pointe en arrière, assez fortement déprimées, chagrinées et réticulées presque imperceptiblement et d'une manière si serrée qu'elle sont tout à fait ternes; elles sont brunâtres, avec les bords latéraux très-vaguement rougeâtres, et présentent, en outre, trois lignes longitudinales de points enfoncés très-petits et à peine visibles; la portion réfléchie est rougeâtre. Le dessous du corps et les pattes également rougeâtres.

Je n'ai vu qu'un seul individu de cette espèce (une femelle); peut-être et très-probablement le mâle est moins terne; cet individu m'a été envoyé en communication par M. le comte Mannerheim comme ayant été trouvé en Finlande.

48. Agabus Affinis.

Oblongo-ovalis, nitidus, subtilissime reticulato-punctulatus, niger; antennis pedibusque rufo-ferrugineis; elytris duabus vittis oblongis rufo-ferrugineis ornatis, una paulo ultra medium ad latera, altera ad apicem.

Dytiscus Affinis. Payk. *Faun. Suec.* I. 211.
Gyl. *Ins. Suec.* I. 503.
Colymbetes Affinis. Sturm. *Deuts. Faun.* VIII. p. 115. t. 197. fig. A. a.
Agabus Affinis. Erichs. *Käf. der Mark Brand.* I. 161.
Sch. *Syn. Ins.* II. p. 19.

Long. de 6 $\frac{1}{3}$ à 7 $\frac{1}{4}$ millim. Larg. de 3 $\frac{3}{4}$ à 4 millim.

Ovale, légèrement allongé, arrondi en arrière et médiocrement convexe; il est noir, avec une très-léger reflet métallique. Tête noire, avec le labre, la partie antérieure de l'épistome, et deux taches sur le vertex d'un rouge ferrugineux; elle est presque imperceptiblement réticulée; antennes ferrugineuses, avec les derniers articles rembrunis à leur extrémité; palpes de la même couleur, également rembrunis à l'extrémité du dernier article. Corselet noir, avec les bords latéraux très-étroitement ferrugineux; il est deux fois et demie aussi large que long, largement échancré en avant, légèrement sinueux en arrière, où il est plus large, médiocrement arrondi sur les côtés qui sont étroitement rebordés; les angles antérieurs assez saillants et aigus, les postérieurs presque droits, nullement émoussés et très-faiblement prolongés en arrière; il est réticulé comme la tête, mais un peu plus fortement, et présente quelques points assez serrés tout le long du bord antérieur et de chaque côté du bord postérieur. Écusson cordiforme, noir et lisse. Élytres ovalaires, légèrement allongées, arrondies en arrière, médiocrement convexes, réticulées comme le corselet, mais beaucoup plus finement, et entièrement couvertes de points infiniment petits, perceptibles seulement à l'aide d'une très-forte loupe; elles sont noires, avec deux taches ferrugineuses, allongées, peu visibles : l'une placée près du bord externe un peu au delà du milieu, et l'autre tout à fait en arrière près de l'extrémité; elles présentent, en outre, trois lignes longitudinales de points enfoncés assez isolées en avant et confondues en arrière; la portion réfléchie est ferrugineuse, plus ou moins foncée. Le dessous du corps noir. Pattes ferrugineuses, celles de derrière plus foncées.

Il se rencontre dans le nord de l'Europe, en Suède, en Laponie et en Finlande.

Cet insecte varie beaucoup, quant aux taches des élytres, quelquefois l'on n'en aperçoit qu'une seule, celle de l'extrémité, souvent aussi elles disparaissent complétement toutes les deux. Sa grosseur est aussi très-variable.

49. Agabus Elongatus.

Ovalis, valde elongatus, nitidus, subtilissime reticulato-coriaceus, niger, antennis pedibusque rufo-ferrugineis; elytrorum margine late rufo-brunneo.

Dytiscus Elongatus. Gyl. *Ins. Suec.* iv. p. 381.
Colymbetes Angustus. Dej. *Cat.* 3e *édit.* p. 63.

Long. 8 millim. Larg. 3 ⅔ millim.

Ovale, très-allongé, arrondi en arrière et médiocrement convexe; il est noir, avec un très-léger reflet métallique. Tête noire, avec le labre et deux taches sur le vertex d'un rouge ferrugineux; elle est très-finement réticulée; palpes et antennes ferrugineux. Corselet noir, avec les bords latéraux à peine ferrugineux en avant et en arrière; il est deux fois et demie aussi large que long, largement échancré en avant, coupé presque carrément en arrière, où il est plus large, à peine arrondi sur les côtés qui sont très-étroitement rebordés; les angles antérieurs assez saillants et aigus, les postérieurs presque droits et émoussés; il est réticulé comme la tête, mais un peu plus fortement, et présente quelques points assez serrés tout le long du bord antérieur et de chaque côté du bord postérieur. Écusson cordiforme, noir et lisse. Élytres ovalaires, très-allongées, arrondies en arrière, médiocrement convexes, réticulées comme le corselet, mais beaucoup plus finement, et entièrement couvertes de points infiniment petits et très-serrés, perceptibles seulement à l'aide d'une très-forte loupe; elles sont noirâtres, avec le bord externe très-largement et très-vaguement d'un brun rougeâtre; elles présentent, en outre, trois lignes longitudinales irrégulières de points enfoncés, assez forts; la portion réfléchie est ferrugineuse. Le dessous du corps noir. Les pattes ferrugineuses; les cuisses de derrière noirâtres.

Il se trouve en Laponie.

Cet *Agabus* est très-voisin de l'*Affinis*, mais il est généralement plus allongé; les angles postérieurs du corselet ne sont nullement prolongés en arrière, et sont assez fortement émoussés; la couleur des élytres est aussi différente.

50. Agabus Vittiger.

Oblongo-ovatus, convexior, nitidus, subtilissime reticulatus, niger; antennis ferrugineis; pedibus ferrugineo-piceis; elytris vix paulo ultra medium ampliatis, tribus seriebus punctorum majorum impressis vittaque oblonga ferruginea ad marginem notatis.

Dytiscus Vittiger. Gyl. *Ins. Suec.* iv. p. 379.
Agabus Vittiger. Erichs. *Gen. Dyt.* 37.

Long. 8 millim. Larg. 4 $\frac{1}{4}$ millim.

Ovale, très-médiocrement allongé, à peine dilaté au delà du milieu, très-légèrement atténué en arrière et fortement convexe; il est d'un noir peu brillant. Tète noire, avec le labre et deux taches sur le vertex d'un rouge ferrugineux; elle est très-finement réticulée; antennes et palpes ferrugineux. Corselet noir, avec les bords latéraux très-étroitement et à peine visiblement ferrugineux; il est près de trois fois aussi large que long, largement échancré en avant, à peine sinueux en arrière, où il est plus large, médiocrement arrondi sur les côtés qui sont très-étroitement rebordés; les angles antérieurs assez saillants et aigus, les postérieurs droits; il est réticulé comme la tête, mais un peu plus fortement, et présente, en outre, quelques points tout le long du bord antérieur et de chaque côté du bord postérieur. Écusson cordiforme, noir, lisse. Élytres ovalaires, très-médiocrement allongées, à peine dilatées au delà du milieu, très-légèrement atténuées en arrière et fortement convexes, réticulées comme le corselet, mais plus fortement encore, surtout en arrière; elles sont noires, avec une ligne longitudinale d'un rouge ferrugineux très-peu visible, abrégée en avant et en arrière; cette ligne est placée vers le milieu environ de la longueur des élytres, et à quelque distance du bord externe dont elle décrit le contour; elles présentent, en outre, trois lignes longitudinales de points enfoncés, assez forts; la portion réfléchie est noire. Le dessous du corps noir, avec les segments de l'abdomen à peine ferrugineux en arrière. Pattes d'un brun ferrugineux, les postérieures presque noires.

Il habite le nord de l'Europe, la Laponie.

51. Agabus Striolatus.

Elongato-ovalis, niger, minus nitidus, striis irregularibus anastomozantibus longitudinaliter strigosus; antennis pedibusque rufis.

Dytiscus Striolatus. Gyl. *Ins. Suec.* 1. p. 508.
Sahlb. *Ins. Fenn.* p. 166.

Long. 7 $\frac{1}{2}$ millim. Larg. 3 $\frac{3}{4}$ millim.

Ovale, légèrement allongé, arrondi en arrière et médiocrement convexe; il est noir et peu brillant. Tête noire, avec le labre et deux taches sur le vertex d'un rouge ferrugineux; elle est très-finement réticulée; antennes et palpes ferrugineux. Corselet noir, avec les bords latéraux très-étroitement ferrugineux, plus sensiblement vers les angles antérieurs; il est deux fois et demie aussi large que long, largement échancré en avant, coupé presque carrément en arrière, où il est plus large; les côtés sont assez arrondis, mais ils se redressent tout à fait en avant vers le sommet des angles antérieurs qui sont assez saillants et très-aigus, les postérieurs sont presque droits et très-légèrement émoussés; il est tout couvert d'impressions linéaires assez serrées, dirigées dans tous les sens et s'anastomosant entre elles; il présente, en outre, quelques points tout le long du bord antérieur et de chaque côté du bord postérieur. Écusson cordiforme, noir et lisse. Élytres ovalaires, légèrement allongées, arrondies en arrière et médiocrement convexes, couvertes d'impressions linéaires irrégulières, assez serrées, s'anastomosant entre elles, un peu moins fortement imprimées que celles du corselet, et dont la direction principale est dans le sens de la longueur des élytres; elles sont noires, sans taches, et présentent trois lignes longitudinales de points enfoncés, assez fins, isolées en avant et confondues en arrière; la portion réfléchie est noire. Le dessous du corps noir, avec les derniers segments de l'abdomen ferrugineux en arrière. Les pattes d'un rouge ferrugineux, celles de derrière plus foncées, surtout les cuisses qui sont presque noires; l'extrémité du prolongement des hanches postérieures ferrugineuse.

Il se trouve en Suède et en Finlande.

52. Agabus Melanarius.

Ovalis, depressiusculus, vix nitidus, striis anastomosantibus irregularibus vix longitudinaliter strigosus, niger; antennis vittaque vix conspicua ad elytrorum marginem ferrugineis; pedibus rufo-piceis.

Agabus Melanarius. Aubé. *Iconog.* v. p. 180. pl. 22. fig. 3.

Long. 8 ½ millim. Larg. 4 ¾ millim.

Ovale, un peu déprimé, arrondi en arrière, noir et peu brillant. Tête noire, avec le labre et deux taches sur le vertex d'un rouge ferrugineux; elle est finement réticulée; antennes et palpes ferrugineux. Corselet noir, un peu moins de trois fois aussi large que long, largement échancré en avant, légèrement arrondi en arrière; les côtés sont très-arrondis en avant, presque rectilignes et un peu obliques en arrière, et étroitement rebordés; les angles antérieurs assez saillants et aigus, les postérieurs presque droits, nullement émoussés et très-faiblement prolongés en arrière; il est tout couvert d'impressions linéaires, assez serrées, dirigées dans tous les sens et s'anastomosant entre elles, et présente, en outre, quelques points tout le long du bord antérieur et de chaque côté du bord postérieur. Écusson cordiforme, noir et lisse. Élytres assez régulièrement ovalaires, déprimées et arrondies en arrière, couvertes d'impressions linéaires, irrégulières, assez serrées, s'anastomosant entre elles, un peu moins fortement imprimées que celles du corselet, et dont la direction sans être bien déterminée est cependant un peu longitudinale vers la base, mais en arrière elles sont dirigées dans tous les sens; elles sont noires, avec une bande longitudinale un peu arquée d'un brun ferrugineux; cette bande est à peine visible, ne s'aperçoit facilement qu'en mouillant un peu les élytres, et est placée à quelque distance du bord externe, dont elle décrit le contour sans le toucher, et n'occupe que la moitié postérieure des élytres, qui présentent, en outre, trois lignes longitudinales de points enfoncés assez forts; la portion réfléchie est noire. Le dessous du corps est noir, avec les segments de l'abdomen à peine ferrugineux en arrière. Les pattes d'un brun presque ferrugineux, les cuisses presque noires.

Il diffère du précédent par sa forme régulièrement ovale, la direction moins franchement longitudinale des impressions des élytres, et enfin par la bande ferrugineuse qui existe sur la partie latérale de ces dernières.

Je n'ai vu qu'un seul individu de cette espèce, il appartient à M. le comte Dejean, et est indiqué dans sa collection comme venant de Russie.

53. Agabus Reticulatus.

Ovalis, vix nitidus, striis anastomosantibus irregulariter valde strigosus; antennis pedibusque rufis; elytris nigro-piceis, ad margines rufescentibus.

Colymbetes Reticulatus. Dej. *Cat.* 3e *édit.* p. 63.

Long. 8 millim. Larg. 4 $\frac{2}{3}$ millim.

Ovale, médiocrement convexe, arrondi en arrière, noir et peu brillant. Tête noire, avec le labre et deux taches sur le vertex d'un rouge ferrugineux; elle est finement réticulée; antennes et palpes ferrugineux, rembrunis à l'extrémité. Corselet noir, avec les bords latéraux très-étroitement ferrugineux, plus sensiblement en arrière et en avant; il est deux fois et quart plus long que large, largement échancré en avant, légèrement arrondi en arrière, où il est plus large, assez arrondi sur les côtés qui sont étroitement rebordés; les angles antérieurs assez saillants et aigus, les postérieurs presque droits et à peine émoussés; il est tout couvert d'impressions linéaires assez serrées, dirigées dans tous les sens et s'anastomosant entre elles, et présente, en outre, quelques points peu visibles tout le long du bord antérieur et de chaque côté du bord postérieur. Écusson cordiforme, noir et très-finement chagriné. Élytres assez régulièrement ovalaires, arrondies en arrière et médiocrement convexes, couvertes d'impressions linéaires irrégulières, assez serrées, dirigées dans tous les sens, s'anastomosant entre elles et au moins aussi fortement imprimées que celles du corselet; elles sont d'un noir de poix, avec les bords latéraux et la partie la plus externe de la base très-vaguement rougeâtres, et présentent trois lignes longitudinales de points enfoncés peu sensibles; la portion réfléchie est noire. Le dessous du corps noir, avec les segments de l'abdomen à peine ferrugineux en arrière. Les pattes ferrugineuses, celles de derrière plus foncées.

De l'Amérique septentrionale.

54. Agabus Tristis. *Mihi.*

Elongato-ovalis, subdepressus, vix nitidus, striis anastomosantibus irregulariter strigosus, niger; antennis, pedibus marginibusque thoracis et elytrorum rufescentibus.

Colymbetes Picipes. Dej. *Cat.* 3e *édit.* 62 (1).

Long. de 10 à 10 ½ millim. Larg. 5 à 5 ¼ millim.

Ovale, assez allongé, légèrement atténué en arrière et assez fortement déprimé; il est d'un noir de poix légèrement brillant chez les mâles, presque terne chez les femelles. Tête noirâtre, avec le labre et deux taches sur le vertex d'un rouge ferrugineux; elle est couverte d'impressions linéaires assez serrées, dirigées dans tous les sens, s'anastomosant entre elles, et assez fortement imprimées; antennes ferrugineuses, avec l'extrémité des derniers articles noirâtre; palpes également ferrugineux, avec les derniers articles presque entièrement noirs. Corselet noir, avec les bords latéraux assez largement ferrugineux, surtout vers les angles antérieurs; il est près de trois fois aussi large que long, largement échancré en avant, légèrement arrondi en arrière, très-peu arrondi sur les côtés qui sont très-étroitement rebordés; les angles antérieurs assez saillants et très-aigus, les postérieurs presque droits, cependant un peu aigus et très-faiblement prolongés en arrière; il est tout couvert d'impressions analogues à celles de la

(1) Le nom de *Picipes* ayant été employé par M. Kirby dans la *Fauna Boreali-Americana* de Richardson, pour désigner une espèce du même genre, j'ai cru devoir lui substituer ici celui de *Tristis*.

tête, mais un peu plus fortement enfoncées, et présente, en outre, quelques points tout le long du bord antérieur et de chaque côté du bord postérieur. Écusson cordiforme, noirâtre et lisse. Élytres ovalaires, assez fortement allongées, légèrement atténuées en arrière et déprimées en dessus; elles sont entièrement couvertes d'impressions comme celles qui existent sur le corselet, assez fortement enfoncées et sans direction déterminée dans les mâles, très-peu imprimées chez les femelles, surtout en avant, où elles affectent une direction un peu oblique; elles sont d'un noir de poix peu brillant chez les mâles et presque terne chez les femelles, avec les bords latéraux assez vaguement ferrugineux; elles présentent, en outre, trois lignes longitudinales de points enfoncés assez forts; la portion réfléchie est ferrugineuse. Le dessous du corps est noir de poix, avec les segments de l'abdomen ferrugineux en arrière. Pattes d'un rouge ferrugineux, celles de derrière un peu plus foncées.

Il habite l'Amérique septentrionale.

Cet insecte ressemble un peu au *Melanarius* par les dispositions des impressions qui le recouvrent, mais il s'en éloigne entièrement par sa forme qui a la plus grande analogie avec celle de l'*Agabus Bipustulatus*, tandis que la forme de l'*Agabus Melanarius* se rapproche beaucoup de celle de l'*Agabus Congener*.

55. Agabus Bipustulatus.

Oblongo-ovalis, vix nitidus, striis irregularibus anastomosantibus longitudinaliter dense strigosulus, niger; antennis ferrugineis; pedibus nigro-piceis.

Dytiscus Bipustulatus. Lin. *Syst. nat.* II. 667.
Oliv. *Ent.* III. 40. 21. tab. 3. fig. 26.
Fab. *Syst. Eleut.* I. 363.
Dytiscus Carbonarius. Gyl. *Ins. Suec.* I. 506.

Agabus Bipustulatus. Erichs. *Käf. der Mark Brand.* i. 156.
Sch. *Syn. Ins.* ii. p. 17.

Long. de 9 ½ à 11 ½ millim. Larg. 5 à 6 millim.

Ovale, assez allongé, plus étroit en arrière et médiocrement déprimé, surtout postérieurement; il est d'un beau noir peu brillant chez les mâles et presque terne chez les femelles. Tête noire, avec le labre et deux taches sur le vertex d'un rouge ferrugineux; elle est entièrement couverte de petites impressions linéaires assez serrées, dirigées dans tous les sens et s'anastomosant entre elles; antennes et palpes ferrugineux, quelquefois rembrunis vers l'extrémité. Corselet noir, deux fois et demie aussi large que long, très-largement échancré en avant; assez arrondi en arrière, où il est plus large, médiocrement arrondi sur les côtés qui sont très-étroitement rebordés; les angles antérieurs assez saillants et aigus, les postérieurs presque droits, nullement émoussés et très-faiblement prolongés en arrière; il est entièrement couvert d'impressions analogues à celles de la tête, mais plus fines, moins enfoncées, et dont la direction principale est longitudinale; il présente, en outre, quelques points enfoncés tout le long du bord antérieur et de chaque côté du bord postérieur. Écusson cordiforme, noir, brillant et marqué de quelques impressions irrégulières et rares. Élytres ovalaires, assez allongées, plus étroites en arrière, médiocrement déprimées, surtout postérieurement; elles sont entièrement couvertes d'impressions linéaires comme celles qui existent sur le corselet, mais dont la direction longitudinale est mieux déterminée; ces impressions sont très-serrées chez les mâles, plus encore chez les femelles, ce qui fait paraître les élytres de ces dernières beaucoup plus ternes; elles présentent, en outre, trois lignes longitudinales de points enfoncés peu visibles; la portion réfléchie est noire. Le dessous du corps est noir, avec les derniers segments de l'abdomen à peine ferrugineux en arrière. Pattes d'un noir de poix, avec les jambes antérieures et les tarses ferrugineux; les crochets des tarses antérieurs et intermédiaires des mâles très-inégaux et comprimés.

Il se rencontre dans toute l'Europe et très-communément.

Cet insecte varie beaucoup pour la taille et pour la forme, quelquefois il est très-étroit en avant et en arrière, souvent aussi il est très-large en avant et atténué en arrière. Je possède une paire de cette dernière variété assez remarquable; la femelle est striée comme le mâle et est assez brillante, je l'ai reçue d'Italie.

56. Agabus Solieri.

Elongato-ovalis, valde depressus, opacus, striis irregularibus anastomosantibus longitudinaliter densius strigosulus, niger; antennis ferrugineis; pedibus nigro-piceis; thorace brevissimo, ad latera magis rotundato (♀).

Agabus Solieri. Aubé. *Iconog.* v. p. 183. pl. 22. fig. 5.

Long. 10 millim. Largeur 5 ¼ millim.

Ovale, fortement allongé, rétréci en avant et en arrière, très-déprimé; il est d'un noir mat et terne, dans les femelles du moins, ne connaissant pas les mâles. Tête noire, avec le labre et deux taches sur le vertex d'un rouge ferrugineux; elle est entièrement couverte de petites impressions linéaires très-peu enfoncées, assez serrées, dirigées dans tous les sens et s'anastomosant entre elles; elle est beaucoup moins terne que le corselet et les élytres; antennes ferrugineuses, avec les derniers articles rembrunis à leur extrémité; palpes également ferrugineux, avec le dernier article rembruni à son sommet. Corselet noir, deux fois et demie aussi large que long, largement échancré en avant, légèrement arrondi en arrière, où il est plus large; les côtés sont étroitement rebordés, assez fortement arrondis, se redressant en avant vers les angles antérieurs qui sont très-aigus, les postérieurs sont très-obtus et très-étroitement émoussés; il est tout couvert d'impressions analogues à celles de la tête, mais plus fines, beaucoup plus serrées, et dont la direction principale est longitudinale; il présente, en outre, quelques points très-petits, peu visibles, tout le long du bord antérieur et de chaque côté du bord postérieur, et au milieu un petit sillon longitudinal assez bien marqué, abrégé en avant et en arrière, et dont le fond est lisse et brillant. Écusson cordiforme, noir, brillant et marqué de quelques impressions irrégulières rares. Élytres ovalaires, allongées, beaucoup plus larges à la base que le corselet, dilatées environ au milieu et rétrécies en arrière, où elles se terminent en s'arrondissant; elles sont très-fortement déprimées, entièrement couvertes d'impressions semblables à celles du corselet, très-serrées et également dirigées longitudinalement, et présentent, en outre, trois lignes longitudinales de points enfoncés assez petits et bien visibles; la portion réfléchie est noire. Le dessous du corps est noir, avec les segments de l'abdomen à peine ferrugineux en arrière. Pattes noirâtres, avec les jambes antérieures et les tarses ferrugineux.

Cet insecte a quelque analogie avec l'*Agabus Bipustulatus*, mais il est relativement plus étroit, plus déprimé, plus finement strié et plus terne; la forme de son corselet est aussi différente, il est beaucoup plus petit, plus arrondi sur les côtés, et les angles postérieurs sont plus mousses.

Je n'ai vu que deux individus de cet *Agabus*, tous deux femelles, l'un m'a été envoyé comme venant de Grenoble par M. Sollier, auquel je l'ai dédié, et l'autre appartient à M. de Laporte, mais sans indication de patrie.

57. Agabus Pallidiventris.

Oblongo-ovalis, depressiusculus, nigro-piceus; capite antice et postice, thorace late ad latera rufo-ferrugineis, elytris lineolis brevibus tenuissimis vix conspicue impressis duabusque maculis confluentibus ad basin, altera ad apicem cum vitta antice abbreviata versus marginem exteriorem rufo-ferrugineis, notatis.

Colymbetes Pallidiventris. Buquet-Dej. *Cat.* 3e *édit.* p. 63.

Long. 4 $\frac{1}{2}$ millim. Larg. 2 $\frac{1}{4}$ millim.

Ovale, très-légèrement allongé, un peu atténué en arrière et déprimé. Tête, avec le labre, l'épistome, le front et le vertex d'un rouge ferrugineux; antennes et palpes ferrugineux. Corselet brunâtre, avec les bords latéraux très-largement ferrugineux; les bords antérieur et postérieur sont également ferrugineux, mais très-étroitement; il est deux fois et demie aussi large que long, largement échancré en avant, coupé presque carrément en arrière, où il est plus large, médiocrement arrondi sur les côtés qui sont à peine rebordés; les angles antérieurs assez saillants et aigus, les postérieurs droits et fortement émoussés; il est tout couvert de très-petites impressions linéaires très-rares, et de petits points également rares; ces points et ces impressions à peine visibles sont cependant plus sensibles sur les côtés; il présente, en outre, quelques points plus forts tout le long du bord antérieur et de chaque côté du bord postérieur. Écusson très-court, large, ferrugineux. Élytres assez régulièrement ovalaires, très-largement allongées, un peu atténuées en arrière et déprimées; elles sont d'un noir de poix peu foncé, avec deux taches arrondies à la base, une autre également arrondie vers l'extrémité, et le bord externe en arrière d'un jaune rougeâtre; les deux taches de la base sont placées sur le même plan, l'une près de l'épaule et l'autre près de l'écusson, et réunies en avant par une petite bande transversale; la tache postérieure est plus pâle que les autres et presque jaune; elles sont couvertes de petites impressions linéaires très-fines, à peine visibles, et présentent, en outre, trois lignes longitudinales de très-petits points enfoncés, très-difficilement perceptibles; la portion réfléchie est ferrugineuse. Le dessous du corps et les pattes d'un rouge ferrugineux assez pâle.

Il se trouve à Cayenne.

58. Agabus Rugulosus.

Late ovatus, depressiusculus, lineolis brevissimis fere punctiformibus undique tectus, brunneus; capite undique, thorace ad latera, elytris ad basin et latera, rufo-ferrugineis.

Colymbetes Rugulosus. Dej. *Cat.* 3e *édit.* p. 63.

Long. 7 millim. Larg. 4 millim.

Ovale, large, arrondi en arrière et déprimé. Tête rougeâtre, entièrement couverte de très-petites impressions linéaires, extrêmement fines, très-serrées, mais isolées, et difficilement perceptibles; antennes et palpes d'un rouge ferrugineux. Corselet brunâtre, avec les bords latéraux très-largement ferrugineux; il est près de trois fois aussi large que long, largement échancré en avant, à peine arrondi en arrière, où il est plus large, assez fortement arrondi sur les côtés qui ne sont pas rebordés; les angles antérieurs assez saillants et aigus, les postérieurs obtus et arrondis au sommet; il est tout couvert de très-petites impressions, extrêmement courtes, très-fines et très-serrées, analogues à celles de la tête, mais un peu plus fortement imprimées et également isolées. Écusson court, large, noirâtre et lisse. Élytres ovalaires, larges, arrondies en arrière et déprimées, brunâtres, avec la base et le bord externe rougeâtres; elles sont entièrement couvertes de petites impressions analogues à celles de la tête et du corselet, mais beaucoup plus fortement enfoncées; nulle trace des trois lignes longitudinales de points enfoncés qui se retrouvent sur presque toutes les espèces de cette famille; la portion réfléchie est rougeâtre. Le dessous du corps d'un noir de poix, avec l'extrémité des segments de l'abdomen à peine ferrugineuse; le segment anal offre de chaque côté, très-près de son milieu, un sillon longitudinal fortement enfoncé qui occupe toute sa longueur; l'espace compris entre ces deux sillons est rougeâtre. Pattes rougeâtres, celles de derrière ferrugineuses; les crochets des tarses antérieurs des mâles très-longs, largement comprimés et un peu inégaux.

Il habite l'Amérique septentrionale.

Je n'ai vu que deux mâles de cette espèce, ils appartiennent à M. le comte Dejean.

59. Agabus Leprieurii.

Oblongo-ovalis, depressiusculus, niger; lineolis brevibus in thorace et elytris valde impressis; capite antice et postice, thorace ad latera rufo-ferrugineis.

Colymbetes Leprieurii. Buquet-Dej. *Cat.* 3e *édit.* p. 63.

Long. 6 ½ millim. Larg. 3 ½ millim.

Ovale, légèrement atténué en arrière et déprimé. Tête noire, avec le labre, la partie antérieure de l'épistome et deux taches transversales souvent réunies sur le vertex, ferrugineux; elle offre une vingtaine environ de petites impressions linéaires isolées, très-écartées, disposées de manière à entourer la partie médiane du vertex; palpes et antennes ferrugineux. Corselet noir, avec les bords latéraux assez largement ferrugineux; il est deux fois et demie aussi large que long, largement échancré en avant, légèrement sinueux en arrière, où il est plus large, très-médiocrement arrondi sur les côtés qui sont à peine visiblement rebordés; les angles antérieurs assez saillants et aigus, les postérieurs presque droits et à peine émoussés; il est entièrement couvert de petites impressions linéaires, isolées, assez écartées, dont la direction est dans le sens de sa longueur. Écusson court, large, noir et lisse. Élytres noires, très-vaguement ferrugineuses tout à fait à l'extrémité, assez régulièrement ovalaires, légèrement atténuées en arrière et déprimées;

elles sont entièrement couvertes d'impressions analogues à celles du corselet, mais plus fortement enfoncées, leur direction n'est pas non plus exclusivement longitudinale; en supposant le point d'origine de toutes ces stries dirigé vers la partie antérieure, celles qui sont près de la base marchent un peu obliquement en dehors, celles du milieu se redressent et sont longitudinales, et enfin les autres sont d'autant plus obliquement dirigées en dedans qu'elles sont plus postérieures; il y en a même quelques-unes, celles qui sont tout à fait à l'extrémité, qui sont presque transversales; en un mot, ces stries semblent suivre la direction du bord externe; nulle trace des trois lignes de points enfoncés; la portion réfléchie est noire. Le dessous du corps noir de poix, avec les parties latérales et postérieures des segments abdominaux ferrugineuses. Pattes ferrugineuses, celles de derrière plus foncées.

Il se trouve à Cayenne.

60. Agabus Rufipes.

Elongato-ovalis, depressiusculus, lineolis brevibus undique in elytris et thorace antice tantum, impressus, niger cum capite toto thorace ad latera, elytris vitta transversa ad basin, maculis duabus versus latera, his extrorsum vitta longitudinali cunjunctis, rufo-ferrugineis.

Copelatus Rufipes. Brullé. *Voy. de M. d'Orbig. dans l'Am. mérid.* vi. p. 49.

Long. 7 ½ millim. Larg. 3 ½ millim.

Ovale, fortement allongé, atténué en arrière et déprimé. Tête rougeâtre, un peu rembrunie en arrière derrière les yeux; elle présente quelques petites stries à peine perceptibles de chaque côté et en arrière; antennes et palpes testacés. Corselet noir, avec les bords latéraux largement ferrugineux; il est près de trois fois aussi large que long, largement échancré en avant, coupé presque carrément en arrière, assez arrondi sur les côtés qui sont à peine rebordés; les angles antérieurs assez saillants et aigus, les postérieurs presque droits et assez fortement émoussés; il est tout couvert de petites impressions linéaires, longitudinales, isolées, assez écartées et très-médiocrement enfoncées; il présente, en outre, quelques points rares tout le long du bord antérieur et de chaque côté du bord postérieur, ces derniers disparaissent quelquefois. Écusson court, large, noir et lisse. Élytres ovalaires, fortement allongées, atténuées en arrière et déprimées, noires, avec une tache transversale légèrement onduleuse, qui occupe toute la base sans cependant toucher ni la bordure externe ni la suture, une autre tache ovalaire placée près du bord externe, un peu au delà du milieu, et une troisième arrondie tout à fait en arrière près de l'extrémité; toutes ces taches d'un rouge jaunâtre, et les deux dernières sont réunies en dehors par une bande étroite qui suit le contour du bord externe sans le toucher; cette bande est de la même couleur que les taches, et quelquefois interrompue dans son milieu; elles présentent, en outre, en avant et en dehors quelques petites impressions linéaires, isolées et très-écartées; la portion réfléchie est d'un brun ferrugineux. Le dessous du corps est d'un noir de poix, avec les segments de l'abdomen ferrugineux en arrière. Pattes rougeâtres.

Il se trouve au Brésil et fait partie de la collection du Muséum et de celle de M. Buquet.

XII. COPELATUS. *Erichson.*

DYTISCUS, *Fabricius*. COLYMBETES, *Laporte*.

Palporum labialium articulis ultimis æqualibus; prosterno recto, compresso-rotundato; pedibus posticis unguiculis duobus æqualibus, mobilibus. (Elytris in utroque sexu striatis.)

Corps ovale, plus ou moins allongé et déprimé. Antennes

sétacées, le premier article beaucoup plus long que les autres, le second et le troisième égaux. Épistome coupé carrément. Labre court, transversal, largement échancré et cilié au milieu. Menton trilobé, le lobe du milieu court, arrondi et nullement échancré. Mandibules bidentées. Mâchoires très-aiguës et ciliées. Le premier article des palpes maxillaires très-court, les deux suivants assez longs et égaux, le dernier un peu plus long que les autres. Languette coupée presque carrément. Les trois articles des palpes labiaux presque égaux, le premier cependant un peu plus court et le dernier fortement tronqué à son sommet (1). Prosternum droit, comprimé et simplement arrondi, terminé en pointe mousse. Élytres ovalaires, striées longitudinalement dans les deux sexes, quelquefois réticulées dans l'intervalle des stries chez les femelles. Les trois premiers articles des tarses antérieurs et intermédiaires des mâles légèrement dilatés et garnis de cupules; les crochets de ces mêmes pattes égaux dans les deux sexes; les pattes postérieures larges et comprimées, leurs jambes ciliées en dessus et en dessous dans les deux sexes; leurs tarses terminés par deux crochets presque égaux et mobiles.

Les insectes de ce genre sont presque tous américains; quelques-uns se trouvent aussi en Afrique; l'on n'en connaît qu'un seul d'Asie et aucun d'Europe.

M. Erichson a établi ce genre sur le *Dytiscus Posticatus* de Fab. et sur deux autres espèces de l'Amérique. C'est dans son *Genera Dytiscorum* qu'il en a donné les caractères distinctifs. Il diffère si peu du genre *Agabus*, qu'il est fort difficile, si l'on fait abstraction des stries des élytres qui ne peuvent être prises pour caractère générique, de saisir les caractères particuliers de ce genre. Il n'en diffère réellement que par

(1) Tous les *Copelatus* que j'ai examinés ayant la tête marquée de chaque côté, entre les yeux et un peu en avant, d'une ou deux petites impressions irrégulières, je négligerai de rappeler ce caractère dans la description de chaque espèce.

le lobe médian du menton qui est sans la moindre échancrure, par son prosternum qui n'est pas comprimé en carène et est simplement arrondi, par les tarses antérieurs et intermédiaires des mâles qui sont un peu plus largement dilatés, et enfin par les jambes postérieures qui sont ciliées en dessus et en dessous dans les deux sexes, ce qui n'existe que pour le mâle dans les insectes du genre *Agabus*.

1. Copelatus Sulcipennis.

Ovalis, depressus, niger; capite in ore et vertice, thorace in angulo antico rufo-ferrugineis; elytris in disco striis undecim longitudinalibus alteraque ad marginem antice abbreviata utrinque valde impressis.

Femina : elytris subtilissime reticulato-strigosis.

Colymbetes Sulcipennis. Lap. *Étud. ent.* p. 103.
Colymbetes Strigipennis. Lap. *Étud. ent.* p. 103.
Copelatus Striatipennis. Buquet-Dej. *Cat.* 3e *édit.* p. 63.

Long. 9 millim. Larg. 4 $\frac{3}{4}$ millim.

Ovale, légèrement atténué en arrière et assez fortement déprimé. Tête noire, avec le labre et deux taches réunies sur le vertex d'un rouge ferrugineux; antennes et palpes ferrugineux. Corselet noir, avec les angles antérieurs et une très-faible partie du bord externe ferrugineux; il est près de trois fois aussi large que long, largement échancré en avant; coupé presque carrément en arrière, où il est plus large, nullement arrondi sur les côtés qui sont à peine rebordés; les angles antérieurs assez saillants et aigus, les postérieurs presque droits, cependant faiblement prolongés en arrière et légèrement émoussés au sommet; il est tout couvert de petites impressions linéaires, légèrement onduleuses, assez serrées, mais isolées et disposées longitudinalement; il présente, en outre, quelques points peu visibles tout le long du bord antérieur. Écusson triangulaire, noir et lisse. Élytres assez régulièrement ovalaires, légèrement atténuées en arrière et assez fortement déprimées; elles sont noires et marquées sur le disque de onze stries longitudinales très-fortement enfoncées; ces stries naissent de la base et vont jusqu'à l'extrémité; les deuxième, quatrième, sixième, huitième et dixième, en comptant de dedans en dehors, sont plus courtes que les autres et abrégées en arrière; il existe, en outre, une autre strie longitudinale abrégée en avant près du bord externe; l'espace compris entre cette strie et le bord est couvert de petits points enfoncés; la portion réfléchie est noire. Le dessous du corps est d'un noir de poix, avec quelques taches ferrugineuses très-vagues de chaque côté de l'abdomen. Pattes antérieures et intermédiaires ferrugineuses, les postérieures et les jambes intermédiaires d'un noir de poix.

Les femelles, autant qu'on en peut juger sur un seul individu, sont plus petites que les mâles, ont le corselet plus largement bordé de ferrugineux sur les côtés, et ont aussi l'extrémité des élytres ferrugineuse; les intervalles des stries des élytres sont couvertes de petites impressions linéaires onduleuses, très-déliées, très-serrées et à peine visibles, ce dernier caractère doit être constant.

Il se trouve à Cayenne et fait partie des collections de MM. Dejean et Buquet; ce dernier entomologiste possède une femelle.

2. Copelatus Buqueti. *Mihi.*

Ovalis, depressus, niger; capite in ore et vertice, thorace ad latera, elytris ad basin et versus apicem rufo-ferrugineis; elytris in disco striis decem longitudinalibus alteraque ad marginem antice abbreviata utrinque valde impressis.

Copelatus Sulcipennis. Buquet-Dej. *Cat.* 1836. p. 63.

Long. 6 $\frac{1}{3}$ millim. Larg. 4 $\frac{1}{5}$ millim.

Ovale, légèrement atténué en arrière et assez fortement déprimé. Tête noire, avec le labre et le vertex d'un rouge ferrugineux; antennes et palpes ferrugineux. Corselet noir, avec les bords latéraux assez largement ferrugineux, surtout en avant vers les angles antérieurs; il est près de trois fois aussi large que long, largement échancré en avant, à peine sinueux en arrière, où il est plus large, très-médiocrement arrondi sur les côtés qui sont à peine rebordés; les angles antérieurs assez saillants et aigus, les postérieurs presque droits, cependant faiblement prolongés en arrière et très-peu émoussés au sommet; il est tout couvert de petites impressions linéaires légèrement onduleuses, assez serrées, mais isolées et disposées longitudinalement, et présente, en outre, quelques points tout le long du bord antérieur. Écusson triangulaire, noir et lisse. Élytres assez régulièrement ovalaires, légèrement atténuées en arrière et assez fortement déprimées; elles sont noires, avec la base et l'extrémité d'un rouge ferrugineux très-peu apparent, et marquées sur le disque de dix stries longitudinales fortement enfoncées; ces stries naissent de la base et vont jusqu'à l'extrémité; les deuxième, quatrième, sixième, huitième et dixième, en comptant de dedans en dehors, sont plus courtes que les autres et abrégées en arrière; il existe, en outre, une autre strie longitudinale abrégée en avant, près du bord externe; l'espace compris entre cette strie et le bord est couvert de petits points enfoncés; la portion réfléchie est ferrugineuse en avant et noire en arrière. Le dessous du corps est d'un noir ferrugineux. Les pattes ferrugineuses, celles de derrière un peu plus foncées.

Il se trouve à Cayenne et au Brésil.

3. Copelatus Striatopterus. *Mihi.*

Ovalis, depressiusculus, niger; capite in ore et vertice, thorace in angulo antico rufo-ferrugineis; elytris in disco striis undecim longitudinalibus alteraque integra ad marginem utrinque valde impressis.

Long. 6 ½ millim. Larg. 4 ¼ millim.

Ovale, légèrement atténué en arrière et faiblement déprimé. Tête noire, avec le labre et le vertex d'un rouge ferrugineux; antennes et palpes ferrugineux. Corselet noir, avec les angles antérieurs et une très-faible partie des bords latéraux ferrugineux; il est près de trois fois aussi large que long, largement échancré en avant, à peine sinueux en arrière, où il est plus large, très-médiocrement arrondi sur les côtés qui sont à peine rebordés; les angles antérieurs assez saillants et aigus, les postérieurs presque droits, cependant faiblement prolongés en arrière et très-peu émoussés au sommet; il est couvert en avant, sur les côtés et principalement en arrière, de très-petites impressions linéaires, légèrement onduleuses, assez espacées et isolées; le centre du disque est presque lisse. Écusson triangulaire, noir et lisse. Élytres assez régulièrement ovalaires, légèrement atténuées en arrière et faiblement déprimées; elles sont noires et marquées sur le disque de onze stries longitudinales, assez fortement enfoncées; ces stries naissent de la base et vont jusqu'à l'extrémité, les deuxième, quatrième, sixième, huitième et dixième, en comptant de dedans en dehors, plus longues que les autres qui sont abrégées en arrière, la première est la plus courte de toutes et atteint à peine le milieu; il existe, en outre, une autre strie longitudinale entière, près du bord externe; l'espace compris entre cette strie et le bord est couvert de petits points enfoncés; la portion réfléchie est noire. Le dessous du corps d'un noir ferrugineux. Les pattes ferrugineuses, celles de derrière plus foncées.

Il se trouve au Brésil et à Cayenne, et fait partie de la collection de M. Dupont et de celle du Muséum. L'individu qui appartient au Muséum diffère un peu de ceux de M. Dupont, il est un peu plus petit, et la base des élytres ainsi que leur extrémité sont d'un ferrugineux assez sombre. Il vient de Cayenne, tandis que les autres ont été trouvés au Brésil.

Il est très-voisin du précédent, mais il s'en distingue par le nombre des stries de ses élytres; il ne pourra non plus être confondu avec le *Sulcipennis*, qui est plus de deux fois plus grand que lui, et dont les stries sont autrement disposées, puisque dans le nôtre ce sont les stries paires qui sont les plus longues, tandis que le contraire existe dans le *Sulcipennis*; en outre, ce dernier a une strie marginale abrégée en avant, tandis que cette strie est entière dans le *Striatopterus*.

4. Copelatus Duponti. *Mihi.*

Elongato-ovalis, depressus, castaneo-ferrugineus; thorace in medio nigro; elytris macula oblonga ad humera vittaque transversa versus apicem cum margine exteriore nigro-umbrosis striisque decem longitudinalibus in disco utrinque impressis.

Long. $7\frac{1}{3}$ millim. Larg. 4 millim.

Ovale, allongé, légèrement atténué en arrière et déprimé. Tête rougeâtre; antennes et palpes testacés. Corselet noirâtre, avec les bords latéraux très-largement rougeâtres; il est deux fois et demie aussi large que long, largement échancré en avant, coupé presque carrément en arrière, où il est plus large, médiocrement arrondi sur les côtés qui sont à peine rebordés; les angles antérieurs assez saillants et aigus, les postérieurs presque droits et très-légèrement émoussés au sommet; il est tout couvert d'un petit nombre de très-petites impressions linéaires, légèrement onduleuses, écartées et jetées çà et là, et présente, en outre, quelques points tout le long du bord antérieur et quelques autres placés le long des bords latéraux dans un sillon assez profond, qui en avant suit le bord externe et en arrière se recourbe un peu en dedans pour aller rejoindre la base. Écusson triangulaire, d'un brun rougeâtre et lisse. Élytres ovalaires, un peu allongées, légèrement atténuées en arrière et déprimées; elles sont brunâtres, avec une tache oblongue le long du bord externe tout à fait en avant, et une bande transversale aux deux tiers postérieurs, d'un noir sombre; le bord externe est également noir depuis l'épaule jusqu'en arrière de la bande transversale; elles sont marquées sur le disque de dix stries longitudinales assez enfoncées; ces stries naissent de la base et vont presque jusqu'à l'extrémité; les deuxième, quatrième, sixième, huitième et dixième, en comptant de dedans en dehors, sont beaucoup plus courtes que les autres et fortement abrégées en arrière; elles présentent, en outre, quelques points enfoncés le long du bord externe sans trace de strie marginale; la portion réfléchie est noirâtre. Le dessous du corps d'un brun ferrugineux, avec l'abdomen un peu plus clair. Les pattes testacées.

Il se trouve au Brésil, et fait partie des collections de MM. Dupont et Reiche.

5. Copelatus Posticatus

Oblongo-ovalis, depressus, supra niger, infra nigro-ferrugineus; capite antice et postice, thorace ad latera, elytris vitta transversa ad basin, macula oblonga in medio ad latera apiceque rufo-luteis; elytris in disco striis decem longitudinalibus alteraque ad marginem antice abbreviata utrinque impressis.

Dytiscus Posticatus. Fab. *Syst. Eleut.* I. 268.
Copelatus Multistriatus. Dej. *Cat.* 3e *édit.* p. 63.
Sch. *Syn. Ins.* II. 23.

Long. 6 $\frac{1}{2}$ à 6 $\frac{3}{4}$ millim. Larg. 3 à 3 $\frac{1}{8}$ millim.

Ovale, allongé, légèrement atténué en arrière et assez fortement déprimé. Tête noirâtre, avec le labre, l'épistome, le front et le vertex d'un rouge jaunâtre; antennes et palpes testacés. Corselet noir, avec les bords latéraux largement jaune rougeâtre; il est deux fois et demie aussi large que long, largement échancré en avant, coupé presque carrément en arrière, où il est plus large, très-médiocrement arrondi sur les côtés qui sont à peine rebordés; les angles antérieurs assez saillants et aigus, les postérieurs presque droits, cependant très-faiblement prolongés en arrière et à peine émoussés au sommet; il est couvert d'un très-petit nombre de très-petites impressions linéaires, légèrement onduleuses, très-écartées et jetées çà et là; il présente, en outre, quelques points tout le long du bord antérieur, et quelques autres placés le long des bords latéraux dans un sillon peu profond, qui en avant suit le bord externe et en arrière se recourbe un peu en dedans pour aller rejoindre la base. Écusson triangulaire, noir et lisse. Élytres ovalaires, allongées, légèrement atténuées en arrière et assez fortement déprimées; elles sont noires, avec une bande légèrement onduleuse qui occupe toute la base sans toucher le bord externe ni la suture, et une tache allongée près du bord externe, environ au milieu de leur longueur, d'un jaune rougeâtre; l'extrémité est aussi de cette couleur, mais généralement un peu plus pâle; elles sont marquées sur le disque de dix stries longitudinales assez enfoncées; ces stries naissent de la base et vont jusqu'à l'extrémité; les deuxième, quatrième, sixième, huitième et dixième, en comptant de dedans en dehors, sont plus courtes que les autres et abrégées en arrière; il existe, en outre, une autre strie longitudinale abrégée en avant, près du bord externe; l'espace compris entre cette strie et le bord est couvert de petits points enfoncés; la portion réfléchie est ferrugineuse en avant et noirâtre en arrière. Le dessous du corps et les pattes d'un ferrugineux plus ou moins foncé.

Les taches des élytres disparaissent souvent en partie et quelquefois même en totalité. J'ai observé cette dernière variété sur des exemplaires qui appartiennent à M. Chevrolat.

M. Dejean possède dans sa collection un individu de cette espèce qui est très-remarquable, il est d'un jaune pâle, avec une tache longitudinale au-dessous de l'épaule, et une large bande transversale aux deux tiers postérieurs, toutes deux d'un noir sombre, et disposées comme dans le type de l'espèce. M. Dejean croyant reconnaître dans cet individu une espèce nouvelle, l'a nommé *C. Multistriatus*, mais avec un peu d'attention, il est facile de se convaincre qu'il appartient au *Posticatus*, et que cette grande différence dans la couleur est due à l'imperfection de son développement.

Il se trouve au Brésil, à Cayenne et dans les Antilles.

6. Copelatus Brullei. *Mihi.*

Elongato-ovalis, depressus, piceo-hyalinus; capite et thorace elytrisque ad basin ferrugineo-brunneis; elytris in disco striis undecim longitudinalibus alteraque integra ad marginem utrinque impressis.

Long. 6 millim. Larg. 2 $\frac{3}{4}$ millim.

Ovale, très-allongé, assez largement arrondi en arrière et déprimé. Tête brunâtre, avec le labre, la partie antérieure de l'épistome et le vertex d'un rouge ferrugineux très-vague; antennes et palpes ferrugineux. Corselet d'un brun ferrugineux, deux fois et demie aussi large que long, largement échancré en avant, coupé presque carrément en arrière, où il est plus large, médiocrement arrondi sur les côtés qui sont à peine rebordés; les angles antérieurs assez saillants et aigus, les postérieurs droits et à peine émoussés au sommet; il présente quelques points très-fins à peine visibles tout le long du bord antérieur, et quelques petites impressions linéaires, très-déliées, à peine perceptibles, de chaque côté, vers les angles postérieurs. Écusson court, large, noir et lisse. Élytres ovalaires, très-allongées, assez largement arrondies en arrière et déprimées; elles sont d'un noir de poix, un peu chatoyantes, avec la base très-vaguement et très-peu visiblement ferrugineuse, et sont marquées sur le disque de onze stries longitudinales médiocrement enfoncées; ces stries naissent de la base et vont jusqu'à l'extrémité, les deuxième, quatrième, sixième, huitième et dixième, en comptant de dedans en dehors, sont plus courtes que les autres et abrégées en arrière; il existe, en outre, une autre strie longitudinale entière, près du bord externe; l'espace compris entre cette ligne et le bord est couvert de petits points enfoncés; la portion réfléchie est noirâtre. Le dessous du corps et les pattes d'un ferrugineux plus ou moins foncé.

Cet insecte se trouve à Cayenne, et existe dans les collections de MM. Buquet et Reiche.

7. Copelatus Distinctus. *Chevrolat.*

Elongato-ovalis, depressus, nigro-piceus, undique subtilissime punctulatus; thorace ad latera ferrugineo striolisque minimis utrinque dense impresso; elytris in disco striis decem longitudinalibus alteraque ad marginem antice abbreviata utrinque impressis.

Long. 6 millim. Larg. 2 $\frac{3}{4}$ millim.

Ovale, très-allongé, assez largement arrondi en arrière et déprimé. Tête noirâtre, avec le labre et la partie antérieure de l'épistome d'un rouge ferrugineux; elle est entièrement couverte de points infiniment petits; antennes et palpes ferrugineux. Corselet noirâtre, avec les bords latéraux assez largement ferrugineux; il est deux fois et demie aussi large que long, largement échancré en avant, coupé presque carrément en arrière, où il est plus large, médiocrement arrondi sur les côtés qui sont à peine rebordés; les angles antérieurs assez saillants et aigus, les postérieurs presque droits et à peine émoussés; il est tout couvert de très-petits points semblables à ceux de la tête, et présente, en outre, de chaque côté un grand nombre de très-petites stries très-serrées sans cependant être confondues, quelques points enfoncés tout le long du bord antérieur, et quelques autres placés le long des bords latéraux dans un petit sillon peu profond, qui en avant suit le bord externe et en arrière se recourbe en dedans pour rejoindre la base, où existe aussi de chaque côté une petite ligne de points enfoncés. Écusson triangulaire, brunâtre et lisse. Élytres ovalaires, très-allongées, largement arrondies en arrière et déprimées; elles sont d'un noir de poix, avec la base, la région humérale et le bord externe très-vaguement et très-largement ferrugineux; elles sont couvertes de points infiniment petits, visibles seulement à l'aide d'une très-forte loupe, et marquées sur le disque de dix stries longitudinales très-médiocrement enfoncées; ces stries prennent naissance à la base et vont jusqu'à l'extrémité; les deuxième, quatrième, sixième, huitième et dixième, en comptant de dedans en dehors, sont plus courtes que les autres et abrégées en arrière; il existe, en outre, une autre strie abrégée en avant, près du bord externe; l'espace compris entre cette strie et le bord est couvert de petits points enfoncés; la portion réfléchie est ferrugineuse. Le dessous du corps d'un noir de poix. Les pattes testacées.

Il a été trouvé à Mexico par Mme veuve Sallé, et fait partie de la collection de M. Chevrolat.

8. Copelatus Pulchellus.

Oblongo-ovalis, convexior, undique tenuissime punctulatus, nigro-ferrugineus; capite antice et in vertice, thorace ad latera rufo-ferrugineis; elytris castaneo-rufis, macula plus minusve ampliata in medio nigro-notatis striisque in disco sex longitudinalibus alteraque ad marginem antice et postice abbreviata utrinque impressis.

Agabus Pulchellus. Klug. *Symb. phys.* tab. 33. fig. 7.
Colymbetes Marginipennis. Lap. *Étud. ent.* p. 102.
Copelatus Fimbriolatus. Dej. *Cat.* 3e *édit.* p. 63.

Larg. 5 ¼ millim. Long. 3 millim.

Ovale, largement arrondi en arrière et assez convexe. Tête noire, avec le labre, l'épistome et le vertex d'un rouge ferrugineux; elle est très-finement pointillée; antennes et palpes testacés. Corselet noirâtre, plus ou moins largement bordé de rouge ferrugineux; il est deux fois et demie aussi large que long, largement échancré en avant, coupé presque carrément en arrière, où il est plus large, assez arrondi sur les côtés qui sont à peine rebordés; les angles antérieurs assez saillants et aigus, les postérieurs droits et assez fortement émoussés au sommet; il est tout couvert de points très-fins, et présente quelques autres points un peu plus forts tout le long du bord antérieur et de chaque côté des bords latéraux, ces derniers placés dans un petit sillon peu profond, libre en avant et se perdant en arrière près de l'angle postérieur dans une petite dépression arrondie. Écusson triangulaire, testacé et lisse. Élytres ovalaires, largement arrondies en arrière et assez convexes, d'un rouge testacé, avec une tache noirâtre plus ou moins grande, placée au milieu sur la suture, cette tache occupe quelquefois la presque totalité de leur surface et ne laisse libre que les épaules, une partie du bord externe et l'extrémité postérieure; elles sont marquées de six stries longitudinales, médiocrement enfoncées et noires; ces stries naissent de la base, à l'exception toutefois de celle qui avoisine la suture, et vont presque jusqu'à l'extrémité; la première et la sixième, en comptant de dedans en dehors, sont plus courtes que les autres; la sixième est abrégée en arrière, tandis que la première l'est plus ou moins en avant, souvent elle atteint à peine la moitié de la longueur des élytres, et quelquefois elle va presque jusqu'à la naissance des autres stries; il existe, en outre, une autre strie longitudinale abrégée en avant et en arrière, près du bord externe; quelques petits points à peine visibles entre cette strie et le bord; la portion réfléchie est testacée. Le dessous du corps et pattes d'un ferrugineux plus ou moins foncé.

Il se trouve au Sénégal et à l'île de France.

9. Copelatus Duodecimstriatus.

Elongato-ovalis, depressus, nigro-piceus; capite antice et postice thorace ad latera, elytris vix confuse versus marginem exteriorem rufo-ferrugineis; elytris in disco striis sex longitudinalibus utrinque impressis.

Copelatus Duodecimstriatus. Dej. *Cat.* 3e *édit.* p. 63.

Long. 5 millim. Larg. 2 $\frac{2}{3}$ millim.

Ovale, un peu allongé, arrondi en arrière et déprimé. Tête noire, avec le labre, l'épistome et le vertex d'un rouge ferrugineux; antennes et palpes ferrugineux. Corselet noirâtre, avec les bords latéraux très-largement ferrugineux; il est deux fois et demie aussi large que long, largement échancré en avant, coupé presque carrément en arrière, où il est plus large, assez arrondi sur les côtés qui sont à peine rebordés; les angles antérieurs assez saillants et aigus, les postérieurs presque droits à peine émoussés; il présente en avant quelques points tout le long du bord antérieur, et quelques autres placés le long des bords latéraux dans un petit sillon assez profond, qui en avant suit le bord externe et en arrière se recourbe un peu en dedans pour rejoindre la base, où existe aussi de chaque côté une très-petite ligne de points enfoncés. Écusson court, large, noir et lisse. Élytres ovalaires, un peu allongées, arrondies en arrière et déprimées, noires et quelquefois un peu ferrugineuses vers l'angle huméral et vers le bord externe, mais très-vaguement et presque imperceptiblement; elles sont marquées sur le disque de six stries longitudinales médiocrement enfoncées; ces stries ne naissent pas toutes de la base et vont presque jusqu'à l'extrémité; les première, troisième et cinquième, un peu plus courtes que les autres, sont abrégées plus ou moins en avant, la première quelquefois atteint à peine le milieu de la longueur des élytres, la sixième est aussi un peu abrégée en arrière et est très-rapprochée de la cinquième, les autres sont assez écartées; elles présentent, en outre, quelques points enfoncés le long du bord externe sans trace de strie marginale; la portion réfléchie est noirâtre. Le dessous du corps et les pattes d'un ferrugineux plus ou moins foncé.

Il se trouve à l'île de France.

M. Chevrolat possède dans sa collection un individu de cette espèce qui vient de la Guadeloupe, et qui ne diffère en rien de ceux de l'île de France.

10. Copelatus Decemstriatus.

Oblongo-ovalis, depressus, in capite et thorace punctulatus, nigro-piceus; capite toto, thorace late ad latera rufo-ferrugineis; elytris in disco striis decem longitudinalibus alteraque ad marginem antice abbreviata utrinque impressis.

Copelatus Decemstriatus. Dej. *Cat.* 3e *édit.* p. 63.

Long. 4 $\frac{4}{5}$ millim. Larg. 2 $\frac{2}{3}$ millim.

Ovale, à peine allongé, arrondi en arrière et déprimé. Tête d'un rouge ferrugineux, couverte de points infiniment fins; palpes et antennes testacés. Corselet d'un rouge ferrugineux, avec une tache très-vague sur le milieu; il est deux fois et demie aussi large que long, largement échancré en avant, coupé presque carrément en arrière, où il est plus large, assez arrondi sur les côtés qui sont à peine rebordés; les angles antérieurs assez saillants et aigus, les postérieurs presque droits et émoussés au sommet; il est tout couvert de points à peine perceptibles, plus saillants sur les côtés, et présente, en outre, quelques points plus forts tout le long du bord antérieur, et quelques autres placés le long des bords latéraux dans un sillon assez profond, qui en avant suit le bord externe et en arrière se contourne un peu en dedans pour rejoindre la base, où existe aussi de chaque côté une très-petite ligne de point enfoncés. Écusson triangulaire, noir et lisse. Élytres ovalaires, à peine allongées, arrondies en arrière et assez fortement déprimées, d'un noir de poix, avec la base, le bord externe et l'extrémité très-vaguement et presque imperceptiblement ferrugineux; elles sont marquees sur le disque de dix stries longitudinales médiocrement enfoncées; ces stries prennent naissance de la base et vont jusqu'à l'extrémité; les deuxième, quatrième, sixième et huitième, en comptant de dedans en dehors, sont plus courtes que les autres, et de plus en plus abrégées en arrière, la dixième est à peine plus courte que les autres; il existe, en outre, une autre strie longitudinale abrégée en avant, près du bord externe; l'espace compris entre cette strie et le bord est couvert de petits points enfoncés; la portion réfléchie est ferrugineuse. Le dessous du corps est d'un brun noirâtre plus ou moins foncé. Les pattes ferrugineuses, presque testacées.

Il habite l'Amérique du Nord (Etats-Unis).

11. Copelatus Punctulatus. *Mihi.*

Elongato-ovatus, depressiusculus, rubro-castaneus, undique punctulatus; elytris in disco striis decem longitudinalibus alteraque ad marginem antice abbreviata utrinque impressis.

Long. 4 $\frac{4}{5}$ millim. Larg. 2 $\frac{1}{2}$ millim.

Ovale, assez fortement allongé, arrondi en arrière et très-médiocrement déprimé. Tête rougeâtre, couverte de points infiniment petits; antennes et palpes testacés. Corselet de la couleur de la tête, deux fois et demie aussi large que long, largement échancré en avant et coupé presque carrément en arrière, où il est plus large, assez arrondi sur les côtés qui sont à peine rebordés; les angles antérieurs assez saillants et aigus, les postérieurs presque droits et légèrement émoussés au sommet; il est tout couvert de points à peine perceptibles, plus sensibles sur les côtés, et présente, en outre, quelques points plus forts tout le long du bord antérieur, et quelques autres placés le long des bords latéraux dans un sillon très-peu profond, qui en avant suit le bord externe et en arrière se recourbe un peu en dedans pour rejoindre la base, où existe aussi de chaque côté une très-petite ligne de points enfoncés. Écusson triangulaire, rougeâtre et lisse. Élytres ovalaires, assez fortement allongées, arrondies en arrière et très-médiocrement déprimées; elles sont de la couleur de la tête et du corselet, mais très-légèrement plus foncées, et couvertes de très-petits points à peine visibles en avant et assez sensibles en arrière près de l'extrémité; elles sont marquées sur le disque de dix stries longitudinales médiocrement enfoncées; ces stries naissent de la base et vont jusqu'à l'extrémité; les deuxième, quatrième, sixième et huitième, en comptant de dedans en dehors, sont plus courtes que les autres et abrégées en arrière, la dixième va jusqu'à l'extrémité se joindre à la neuvième; il existe, en outre, une autre strie longitudinale abrégée en avant, près du bord externe; l'espace compris entre cette strie et le bord est couvert de petits points enfoncés; la portion réfléchie et le dessous du corps rougeâtres. Les pattes un peu plus pâles.

Cet insecte a la plus grande analogie avec le précédent, mais sa forme est relativement beaucoup plus étroite, plus allongée et moins déprimée, et il est entièrement couvert de très-petits points, caractère qui n'existe que sur la tête et le corselet du *C. Decemstriatus*.

Je n'ai vu qu'un seul individu de cette espèce, il appartient à M. le comte Dejean, qui l'a reçu de l'Amérique du Nord.

12. Copelatus Cælatipennis. *Dupont*.

Elongato-ovalis, depressus, in capite et thorace punctulatus, supra brunneo-piceus, infra rufo-ferrugineus; capite toto, thorace late ad latera, elytris late transversim ad basin, anguste ad marginem et apicem, rufo-luteis; elytris in disco striis decem longitudinalibus alteraque ad latera antice abbreviata utrinque impressis.

Long. 4 $\frac{3}{4}$ millim. Larg. 2 $\frac{1}{3}$ millim.

Ovale, assez fortement allongé, très-légèrement atténué en arrière et déprimé. Tête rougeâtre; antennes et palpes testacés. Corselet brunâtre, avec les bords latéraux très-largement et assez vaguement d'un rouge testacé; il est deux fois et demie aussi large que long, largement échancré en avant, coupé presque carrément en arrière, où il est plus large, assez arrondi sur les côtés qui sont à peine rebordés; les angles antérieurs assez saillants et aigus, les postérieurs presque droits et un peu émoussés au sommet; il est tout couvert de points à peine perceptibles, plus sensibles sur les côtés, et présente, en outre, quelques points plus forts tout le long du bord antérieur. Écusson triangulaire, rougeâtre et lisse. Élytres ovalaires, assez fortement allongées, très-légèrement atténuées en arrière et déprimées, brunâtres, avec la base, le bord externe et l'extrémité d'un rouge testacé, la bande transversale de la base est assez large et bien dessinée; elles sont marquées sur le disque de dix stries longitudinales médiocrement enfoncées; ces stries naissent de la base et vont jusqu'à l'extrémité; les deuxième, quatrième, sixième, huitième et dixième, sont plus courtes que les autres et assez également abrégées en arrière; il existe, en outre, une autre strie longitudinale abrégée en avant, près du bord externe; l'espace compris entre cette strie et le bord est couvert de petits points enfoncés; la portion réfléchie est jaunâtre. Le dessous du corps et les pattes d'un rouge testacé.

Il ressemble pour le nombre des stries aux *Decemstriatus* et *Punctulatus*, mais il s'éloigne du premier par sa forme plus étroite, plus allongée, et par la bande de la base des élytres qui est très-apparente, du second également par cette bande qui n'existe pas, même à l'état rudimentaire, dans le *Punctulatus*, et par l'absence de points enfoncés sur les élytres; il est aussi beaucoup plus déprimé et très-légèrement atténué en arrière.

Il se trouve aux Antilles et au Brésil, et fait partie des collections de MM. Dupont, Buquet et Chevrolat.

13. Copelatus Undecimstriatus. *Mihi.*

Oblongo-ovalis, depressus, brunneo-castaneus; capite et thorace fere undique rufo-ferrugineis; lineolis vix conspicuis in thorace; elytris in disco striis undecim longitudinalibus alteraque ad marginem antice abbreviata utrinque impressis.

Long. 4 $\frac{3}{4}$ millim. Larg. 2 $\frac{2}{3}$ millim.

Ovale, à peine allongé, arrondi en arrière et déprimé. Tête rougeâtre, rembrunie en arrière; antennes et palpes testacés.

Corselet d'un rouge ferrugineux, avec une large tache brunâtre, très-vague sur le milieu; il est deux fois et demie aussi large que long, largement échancré en avant, assez fortement sinueux en arrière, où il est plus large, assez arrondi sur les côtés qui sont à peine rebordés; les angles antérieurs assez saillants et aigus, les postérieurs presque droits, un peu aigus et faiblement prolongés en arrière; il présente sur les côtés quelques petites impressions linéaires, légèrement onduleuses, très-déliées et à peine perceptibles, et, en outre, quelques points enfoncés tout le long du bord antérieur. Écusson court, large, brunâtre et lisse. Élytres ovalaires, à peine allongées, arrondies en arrière et assez fortement déprimées, d'un noir de poix, avec la base, le bord externe et l'extrémité très-vaguement et presque imperceptiblement ferrugineux; elles sont marquées sur le disque de onze stries longitudinales médiocrement enfoncées; ces stries prennent naissance de la base et vont jusqu'à l'extrémité, les deuxième, quatrième, sixième, huitième et dixième, en comptant de dedans en dehors, plus longues que les autres qui sont plus ou moins abrégées en arrière, la première la plus courte de toutes; il existe, en outre, une autre strie longitudinale abrégée en avant, près du bord externe; l'intervalle compris entre cette strie et le bord est couvert de petits points enfoncés; la portion réfléchie est ferrugineuse. Le dessous du corps et les pattes d'un rouge testacé.

Ce *Copelatus* ressemble, au premier aspect, au *Decemstriatus*, mais outre le nombre des stries des élytres qui n'est pas le même, il en diffère encore par la forme de son corselet qui est plus sinueux en arrière, la partie médiane de la base s'avançant un peu sur l'écusson, qui par cela même est plus court que dans cette dernière espèce.

Il se trouve à Cayenne, et fait partie de la collection de M. Buquet.

14. COPELATUS STRIATULUS.

Oblongo-ovatus, depressiusculus, supra niger, infra ferrugineus; capite in ore rufo-luteo; thorace vix ad latera ferrugineo; elytris in disco striis sex longitudinalibus alteraque ad marginem antice abbreviata utrinque impressis.

Copelatus Striatulus. DEJ. *Cat.* 3e *édit.* p. 63.

Long. 5 $\frac{1}{4}$ millim. Larg. 2 $\frac{4}{5}$ millim.

Ovale, médiocrement allongé, arrondi en arrière et très-peu déprimé. Tête noire, avec le labre d'un jaune rougeâtre; antennes et palpes testacés. Corselet noir, avec les bords latéraux très-étroitement et très-vaguement ferrugineux; il est deux fois et demie aussi large que long, largement échancré en avant, à peine sinueux en arrière, où il est plus large, assez arrondi sur les côtés qui sont à peine rebordés; les angles antérieurs assez saillants et aigus, les postérieurs presque droits et à peine émoussés au sommet; il présente quelques points très-fins à peine visibles tout le long du bord antérieur, et quelques autres placés le long des bords latéraux dans un sillon à peine sensible, qui en avant suit le bord externe et en arrière se recourbe un peu en dedans pour rejoindre la base, où existe aussi de chaque côté une petite ligne de très-petits points enfoncés. Écusson triangulaire, noir et lisse. Élytres assez régulièrement ovalaires, à peine allongées, arrondies en arrière et très-peu déprimées; elles sont noires et marquées sur le disque de six stries longitudinales, médiocrement enfoncées; ces stries naissent de la base, à l'exception de celle qui avoisine la suture, et vont jusqu'à l'extrémité: la première, en comptant de dedans en dehors, est très-fortement abrégée en avant et atteint à peine la moitié de leur longueur; la sixième est très-légèrement abrégée en arrière et très-rapprochée de la cinquième; il existe, en outre, une autre strie longitudinale abrégée en avant, près du bord externe; l'espace compris entre cette strie et le bord est couvert de petits points enfoncés; la portion réfléchie est ferrugineuse. Le dessous du corps est d'un noir de poix plus ou moins ferrugineux. Les pattes ferrugineuses.

Il se trouve au Sénégal. L'individu que M. le comte Dejean possède dans sa collection, et qu'il a noté avec doute comme venant de l'Amérique du Nord est en très-mauvais état. J'ai fait la description ci-dessus sur deux autres individus que possèdent MM. Buquet et Chevrolat, et qu'ils ont reçus du Sénégal. Il est très-probable que celui de M. Dejean vient aussi de cette localité, d'autant plus qu'il lui a été donné par Beauvois.

15. Copelatus Lineatus.

Elongato-ovalis, depressus, supra niger, infra nigro-ferrugineus; capite antice et postice, thorace ad latera, elytris ad apicem rufo-ferrugineis; elytris in disco striis sex longitudinalibus alteraque ad marginem antice abbreviata utrinque impressis.

Colymbetes Lineatus. Guérin. *Voy. de la Coquil. Zool.* II. 2e part. 1re div. p. 62. pl. I. fig. 19.

Copelatus Lineolatus. D'Urville-Dej. *Cat.* 3e *édit.* 63.

Long. 5 $\frac{2}{3}$ millim. Larg. 3 millim.

Ovale, assez allongé, largement arrondi en arrière et déprimé. Tête noire, avec le labre, l'épistome et le vertex d'un rouge ferrugineux; antennes et palpes ferrugineux. Corselet noir, avec les bords latéraux assez largement ferrugineux, surtout en avant; il est deux fois et demie aussi large que long, largement échancré en avant, coupé presque carrément en arrière, où il est plus large, assez arrondi sur les côtés qui sont à peine rebordés; les angles antérieurs assez saillants et aigus, les postérieurs presque droits et à peine émoussés; il présente quelques points enfoncés tout le long du bord antérieur, et quelques autres placés le long des bords latéraux dans un petit sillon à peine sensible, qui en avant suit le bord externe et en arrière va se perdre dans une dépression assez large, au fond de laquelle existe de petites impressions linéaires très-serrées. Écusson cordiforme, noirâtre et lisse. Élytres ovalaires, assez allongées, largement arrondies en arrière et déprimées, noires, avec l'extrémité postérieure rougeâtre; on distingue dans cette tache une autre tache plus claire, ovalaire et obliquement placée; elles sont marquées sur le disque de six stries longitudinales assez fortement enfoncées; ces stries naissent de la base, à l'exception toutefois de celle qui avoisine la suture, et vont jusqu'à l'extrémité; la première, en comptant de dedans en dehors, est à peine abrégée en avant; en arrière, les seconde, quatrième et sixième sont plus courtes que les autres; il existe, en outre, une autre strie longitudinale abrégée en avant, près du bord externe; l'espace compris entre cette strie et le bord est couvert de petits points enfoncés; la portion réfléchie est ferrugineuse. Dessous du corps d'un ferrugineux plus ou moins foncé. Les pattes de cette dernière couleur, mais plus claires que l'abdomen.

Il est très-voisin du *Striatulus*, mais il est un peu plus grand, relativement plus allongé, plus parallèle, plus largement arrondi en arrière et plus déprimé; en outre, les élytres sont tachées en arrière, ce qui n'existe pas dans le premier.

De l'île d'Amboine (Moluques), d'où il a été rapporté par M. d'Urville.

16. Copelatus Guerini. *Mihi.*

Elongato-ovalis, depressiusculus, castaneo-brunneus; capite toto, thorace late ad latera, elytris confuse ad basin, latera et apicem rufo-ferrugineis; elytris in disco striis quatuor longitudinalibus utrinque impressis.

Copelatus Octostriatus. Dej. *Cat.* 3e *édit.* p. 63.

Long. 6 millim. Larg. 3 millim.

Ovale, fortement allongé, largement arrondi en arrière; assez convexe antérieurement et déprimé postérieurement. Tête rougeâtre; antennes et palpes ferrugineux. Corselet brunâtre, avec les bords latéraux assez largement et vaguement ferrugineux; il est deux fois et demie aussi large que long, largement échancré en avant, coupé presque carrément en arrière, où il est plus large, assez arrondi sur les côtés qui sont à peine rebordés; les angles antérieurs assez saillants et aigus, les postérieurs presque droits, à peine émoussés au sommet, et très-faiblement prolongés en arrière; il présente en avant quelques points enfoncés tout le long du bord antérieur, et quelques autres placés le long des bords latéraux dans un petit sillon à peine sensible, qui en avant suit le bord externe et en arrière se recourbe en dedans pour rejoindre la base. Écusson cordiforme, rougeâtre et lisse. Élytres ovalaires, fortement allongées, largement arrondies en arrière et déprimées postérieurement; elles sont brunâtres, avec la base et les bords latéraux assez vaguement rougeâtres; en arrière, tout à fait à l'extrémité, existe une tache allongée, oblique, d'un jaune pâle; elles sont marquées sur le disque de quatre stries longitudinales médiocrement enfoncées; ces stries naissent de la base et ne vont pas tout à fait à l'extrémité; la quatrième, en comptant de dedans en dehors, est plus courte que les autres et abrégée en arrière; entre elle et la troisième existe le rudiment d'une cinquième, composé de petites stries très-courtes placées à la suite les unes des autres, souvent avec de rès-grandes interruptions; il existe, en outre, quelques points enfoncés le long du bord externe, sans trace de strie marginale; la portion réfléchie et le dessous du corps ferrugineux. Les pattes d'un rouge testacé.

Il se trouve à l'île de France.

N'ayant vu qu'un seul individu de cette espèce, nous

craignons que, sur un plus grand nombre d'exemplaires, la cinquième strie qui, sur le nôtre est à l'état rudimentaire, ne se présente dans son intégrité, ce qui, du reste, nous paraît très-probable; le nom d'*Octostriatus*, que lui a donné M. Dejean, cesserait alors de lui convenir. Voici pourquoi nous avons cru devoir lui substituer celui de *Guerini*, qui dans tous les cas lui sera toujours applicable.

17. COPELATUS CHEVROLATI. *Mihi.*

Elongato-ovalis, depressus, undique tenuissime punctulatus, nigro-brunneus; capite antice, thorace ad latera rufo-ferrugineis; elytris vix ad latera dilutioribus, in disco striis octo longitudinalibus alteraque ad marginem antice abbreviata utrinque impressis.

Long. 6 millim. Larg. 3 millim.

Ovale, très-allongé, assez largement arrondi en arrière et déprimé. Tête brunâtre, avec la partie antérieure rougeâtre; elle est entièrement couverte de points infiniment petits et à peine visibles avec une très-forte loupe; antennes et palpes ferrugineux. Corselet brunâtre, avec les bords latéraux assez largement ferrugineux, deux fois et demie aussi large que long, largement échancré en avant, coupé presque carrément en arrière, où il est plus large, médiocrement arrondi sur les côtés qui sont à peine rebordés; les angles antérieurs assez saillants et aigus, les postérieurs presque droits et un peu émoussés; il est couvert de points infiniment petits, plus sensibles sur les côtés, et présente quelques points assez forts tout le long du bord antérieur, et quelques autres placés le long des bords latéraux dans un petit sillon à peine marqué, qui en avant suit le bord externe et en arrière se recourbe en dedans pour rejoindre la base. Écusson triangulaire, brunâtre et lisse. Élytres d'un brun noirâtre, un peu plus claires à la base et sur les côtés, ovalaires, très-allongées, largement arrondies en arrière et déprimées; elles sont couvertes de points analogues à ceux du corselet, et marquées sur le disque de huit stries longitudinales médiocrement enfoncées; ces stries, très-éloignées de la suture, prennent naissance à la base et vont jusqu'à l'extrémité; les deuxième, quatrième, sixième et huitième, en comptant de dedans en dehors, sont plus courtes que les autres et abrégées en arrière; entre la première strie et la suture, on observe tout à fait en arrière une très-petite strie à l'état rudimentaire, à peine marquée et plusieurs fois interrompue; il existe, en outre, une autre strie abrégée en avant près du bord externe; l'espace compris entre cette strie et le bord est couvert de petits points enfoncés; la portion réfléchie est ferrugineuse. Le dessous du corps d'un noir de poix. Les pattes d'un rouge testacé.

Il se trouve dans l'Amérique du Nord (États-Unis), et fait partie de la collection de M. Chevrolat.

XIII. MATUS. *Aubé.*

COLYMBETES. *Say.*

Palporum articulo ultimo reliquis longiore; prosterno recto, bicanaliculato; pedibus posticis unguiculis duobus inæqualibus, superiore fixo.

Corps ovalaire. Antennes sétacées, le premier article un peu plus long que les autres. Épistome largement échancré. Labre court, large, échancré au milieu. Menton trilobé, le lobe du milieu court, bifide, les divisions aiguës. Mandibules bidentées. Mâchoires très-aiguës et ciliées en dedans. Le premier article des palpes maxillaires très-court, les deux suivants un peu plus longs, et le quatrième presque aussi long que les trois autres réunis. Languette coupée presque carrément. Les deux premiers articles des palpes labiaux assez allongés et égaux, le troisième un peu plus long que les autres. Prosternum droit, très-profondément sillonné dans toute sa longueur. Elytres ovalaires, semblables dans les deux sexes. Les trois premiers articles des tarses antérieurs et intermédiaires des mâles à peine dilatés, comprimés et garnis de très-petites cupules. Les crochets de ces mêmes pattes égaux dans les deux sexes. Les pattes postérieures larges, comprimées; leurs tarses ciliés et terminés par deux crochets inégaux, dont un seul est mobile.

J'ai établi ce genre dans l'*Iconographie des Coléoptères d'Europe* aux dépens du *Colymbetes Bicarinatus* de Say. Cet insecte, propre à l'Amérique du Nord, est jusqu'à ce jour le seul qui fasse partie de cette coupe générique.

1. MATUS BICARINATUS.

Elongato-ovalis, convexus, postice attenuatus, undique punctulatus, brunneo-castaneus; elytris obscurioribus.

Colymbetes Bicarinatus. SAY. *Trans. of the amer. phil.* II. p. 98.

Colymbetes Emarginatus. DEJ. *Cat.* 3e *édit.* p. 63.

Colymbetes Elongatus. DEJ. *Cat.* 3e *édit.* p. 63.

Long. 7 $\frac{3}{4}$ à 8 $\frac{1}{2}$ millim. Larg. 4 à 4 $\frac{1}{4}$ millim.

Ovale, très-allongé, atténué en arrière et très-convexe. Tête ferrugineuse, avec une impression linéaire assez longue de chaque côté, entre les yeux et un peu en avant, et une autre analogue à chaque angle antérieur de l'épistome; elle est entièrement couverte de petits points assez écartés; antennes et palpes ferrugineux. Corselet de la couleur de la tête, deux fois et demie aussi large que long, largement échancré en avant, à peine sinueux en arrière, où il est plus large, très-médiocrement arrondi sur les côtés qui sont rebordés; les angles antérieurs assez saillants et aigus, les postérieurs presque droits et à peine émoussés; il est couvert de points analogues à ceux de la tête, et présente quelques points peu visibles tout le long du bord antérieur, et quelques autres moins visibles encore placés le long des bords latéraux, dans un sillon longitudinal qui occupe toute sa longueur. Écusson très-grand, triangulaire, brunâtre et lisse. Élytres ovalaires, très-allongées, atténuées en arrière et très-convexes; elles sont d'un ferrugineux brunâtre, plus foncées que la tête et le corselet, couvertes de petits points assez espacés, et offrent aussi trois lignes longitudinales de points enfoncés très-peu sensibles; la portion réfléchie, le dessous du corps et les pattes d'un rouge ferrugineux.

De l'Amérique du Nord.

La couleur de cet insecte varie beaucoup quant à son intensité; quelquefois il est presque brun, souvent aussi il est testacé, ce qui est dû, je crois, à son développement plus ou moins complet; en tout cas, les élytres sont toujours un peu plus foncées que la tête et le corselet.

XIV. COPTOTOMUS. *Say*.

DYTISCUS. *Fabricius*.

Palporum articulo ultimo apice emarginato; prosterno recto compresso-carinato; pedibus posticis unguiculis duobus subæqualibus, superiore fixo.

Corps ovalaire. Antennes sétacées, le premier article un peu plus long que les autres. Épistome coupé carrément. Labre court, transversal, largement échancré et cilié au milieu. Menton trilobé, le lobe du milieu court, bifide, les divisions aiguës. Mandibules bidentées. Mâchoires très-aiguës et ciliées en dedans. Le premier article des palpes maxillaires très-court, les second et troisième un peu plus longs, le quatrième le plus long de tous, échancré obliquement à son sommet. Languette coupée presque carrément. Le premier article des palpes labiaux court, le second assez allongé, le dernier de la longueur du pénultième, échancré obliquement à son sommet. Prosternum droit, très-fortement comprimé. Élytres ovalaires, semblables dans les deux sexes. Les trois premiers articles des tarses antérieurs et intermédiaires des mâles à peine dilatés, comprimés et garnis de petites cupules; les crochets de ces mêmes pattes égaux dans les deux sexes; les pattes postérieures larges, comprimées; leurs tarses ciliés et terminés par deux crochets presque égaux, rapprochés l'un de l'autre, et dont un seul est mobile.

Ce genre a été établi par Say dans un travail ayant pour titre : *Description of new species of north American insects*, sur un Hydrocanthare qu'il nomma *Copt. Serripalpus*, et que M. Brullé, dans son *Histoire naturelle des insectes*, rapporte au *D. Interrogatus* de Fabricius. Malgré le témoignage de ce savant entomologiste, je doute que ces deux insectes appartiennent à une seule et même espèce, et d'autant plus que Say lui-même, immédiatement avant de faire la description de son *Copt. Serripalpus*, reconnaît avoir décrit dans les transactions le *D. Interrogatus* de Fab. sous le nom de *Col. Venustus*, et que cette erreur lui a été signalée par M. le comte Dejean. Du reste, le *D. Interrogatus* de Fab. doit aussi être compris dans le genre *Coptotomus*, et c'est sur cet insecte que nous donnons les caractères de ce genre.

1. Coptotomus Interrogatus.

Obconico-ovalis, subtilissime punctulato-coriaceus; thorace late in medio transversim luteo; elytris fasciis longitudinalibus, irregularibus, interruptis, pellucidis, luteo-ornatis.

Dytiscus Interrogatus. Fab. *Syst. Eleut.* I. 367.
Colymbetes Venustus. Say. *Trans. of the amer. phil.* II. 98.
Coptotomus Serripalpus. Say. *Descript. of new species*, p. 30?

Long. 7 à 7 ½ millim. Larg. 4 ¾ à 5 millim.

Ovalaire, légèrement obconique, à peine tronqué un peu obliquement à l'extrémité, et assez convexe. Tête rougeâtre, avec toute la partie postérieure noirâtre; entre les yeux et un peu en avant, une petite fossette transversale très-peu marquée de chaque côté; elle est très-finement chagrinée; palpes et antennes testacés. Corselet rougeâtre, avec les bords antérieur et postérieur noirs au milieu; il est trois fois aussi large que long, largement échancré en avant, un peu sinueux en arrière, nullement arrondi sur les côtés qui sont rebordés; les angles antérieurs assez saillants et aigus, les postérieurs assez aigus, mais émoussés au sommet; il est tout chagriné comme la tête, et présente quelques points tout le long du bord antérieur. Écusson triangulaire, rougeâtre, très-finement chagriné. Élytres ovalaires, légèrement obconiques, à peine tronquées obliquement à l'extrémité, et assez convexes; elles sont d'un brun plus ou moins foncé, résultant du mélange de petites taches noires, arrondies, avec la couleur jaunâtre du fond, et présentent plusieurs taches jaunâtres ainsi disposées : une assez large en forme de bande, près de la suture, naissant de la base, dépassant un peu le tiers de leur longueur et bifide en arrière; une autre courte et large, placée transversalement à la base; elle naît de l'épaule et va rejoindre la bande de la suture, que très-souvent elle ne touche pas; et enfin une très-large bande qui occupe le bord externe dans toute son étendue, et envoie deux ou trois prolongements irréguliers en dedans: quelquefois ces prolongements l'abandonnent tout à fait, et forment autant de petites taches isolées plus ou moins étroites; souvent aussi cette bande est divisée longitudinalement dans ses trois quarts postérieurs par une ligne noire, étroite; la suture est entièrement noire; elles sont chagrinées comme le corselet; sur les individus qui sont fortement chagrinés, il n'existe aucune trace perceptible des trois lignes de points enfoncés; sur les autres, à peine si elles existent à l'état rudimentaire; la portion réfléchie, le dessous du corps et les pattes d'un ferrugineux plus ou moins testacé.

Il habite la Caroline.

XV. ANISOMERA. *Brullé.*

Corpore elongato, depresso; palporum labialium articulo penultimo reliquis longiore; tarsorum anticorum et intermediorum articulo ultimo reliquis valde longiore.

Corps étroit, allongé et déprimé. Antennes sétacées, assez fortes, dont le premier article est un peu plus long que les autres. Épistome très-largement et très-peu profondément échancré. Labre court, transversal, largement échancré et cilié au milieu. Menton trilobé, le lobe du milieu court, légèrement saillant à son sommet. Mandibules et mâchoires...... Le premier article des palpes maxillaires très-court, les deux suivants un peu plus longs, égaux entre eux; le dernier ovalaire et à peine plus long que le pénultième. Languette...... Le premier article des palpes labiaux très-court, le second assez allongé, le troisième un peu plus court que le pénultième, ovalaire et tronqué au sommet. Prosternum droit, à peine comprimé sur les côtés et presque aplati. Élytres allongées, déprimées. Les quatre premiers articles des tarses antérieurs et intermédiaires courts, le cinquième presque aussi long que les autres réunis. Pattes postérieures......

Je ne sais rien sur la nature des pattes antérieures et intermédiaires des mâles, non plus que sur la forme des pattes postérieures; n'ayant à ma disposition qu'une seule femelle privée de ses pattes de derrière.

M. Brullé a créé ce genre dans le cinquième volume de l'*Histoire naturelle des insectes*, sur un seul individu femelle d'un insecte qui a été rapporté du Chili par M. Gay.

1. Anisomera Bistriata.

Oblongo-elongata, depressa, supra flavicans, infra rufescens; thorace postice angustiore; elytris elongatis, ad apicem dilatatis, creberrime nigro-irroratis.

Anisomera Bistriata. Brullé. *Hist. nat. des Ins.* v. p. 205, pl. 8. fig. 3.

Long. 6 $\frac{1}{2}$ millim. Larg. 3 millim.

Allongé, dilaté en arrière, largement arrondi à son extrémité et fortement déprimé. Tête large, jaunâtre, légèrement rembrunie sur le front; entre les yeux et un peu en avant, deux petites fossettes ovalaires de chaque côté; elle est très-finement réticulée; antennes et palpes testacés. Corselet jaunâtre, rembruni en avant et en arrière, largement échancré en avant, coupé presque carrément en arrière, où il est plus étroit, à peine plus large que long, presque cordiforme, assez fortement arrondi sur les côtés qui sont rebordés et relevés; les angles antérieurs assez saillants et peu aigus, les postérieurs très-obtus et arrondis au sommet; il est réticulé comme la tête, et présente quelques points tout le long du bord antérieur, et une très-petite strie longitudinale au milieu du disque. Écusson cordiforme, large, brunâtre et lisse. Élytres allongées, étroites en avant, dilatées en arrière, largement arrondies à l'extrémité et très-déprimées; elles sont jaunâtres, entièrement couvertes de petites taches noires, arrondies, très-rapprochées les unes des autres et les faisant paraître brunâtres; trois ou quatre lignes longitudinales sur le disque, une autre très-étroite le long de la suture, et une tache irrégulière à la base, conservent la couleur du fond et sont jaunâtres; on observe, en outre, deux lignes longitudinales de gros points larges et très-peu enfoncés, du fond desquels naissent de petits poils jaunâtres; il existe aussi le long du bord externe quelques poils analogues; la portion réfléchie est jaunâtre. Le dessous du corps d'un ferrugineux brunâtre. Les pattes testacées.

Il se trouve au Chili, d'où il a été rapporté par M. Gay, et fait partie de la collection du Muséum.

2e DIVISION. *Écusson invisible.*

XVI. NOTERUS. *Clairville.*

Palporum labialium articulo ultimo reliquis majore, compresso, ampliato, emarginato; prosterno deplanato, postice rotundato; pedibus posticis unguiculis duobus æqualibus, mobilibus.

Corps ovalaire, un peu obconique. Antennes des mâles plus ou moins élargies et comprimées à partir du cinquième article, les quatre premiers toujours très-petits; les articles dilatés varient de forme selon les espèces; celles des femelles sont presque subuliformes, le septième article un peu plus fort que les autres. Labre et épistome coupés presque carrément. Menton trilobé, le lobe du milieu bifide; les divisions courtes et peu aiguës. Mandibules bidentées. Mâchoires très-aiguës et ciliées en dedans. Les trois premiers articles des palpes maxillaires courts, le dernier presque aussi long que les autres réunis. Languette coupée presque carrément. Le premier article des palpes labiaux très-petit, le second un peu plus grand et plus large, le dernier plus grand que les deux autres réunis, assez large, échancré latéralement près du sommet. Prosternum droit, arrondi en arrière. Écusson invisible. Élytres ovalaires, semblables dans les deux sexes. Dans les mâles, les cuisses antérieures sont échancrées sur les côtés, les jambes des mêmes pattes élargies à l'extrémité, et armées d'un éperon court et recourbé; les trois premiers articles des tarses antérieurs et intermédiaires, dans le même sexe, dilatés et garnis de petites cupules, le premier beaucoup plus grand et plus fort que les deux autres; chez les femelles, les pattes antérieures et intermédiaires sont simples; celles de devant conservent l'éperon de l'extrémité des jambes, qui est même plus fort que chez les mâles; les pattes postérieures larges, comprimées, leurs tarses ciliés et terminés par deux crochets égaux et mobiles; le prolongement des hanches postérieures large, assez long, coupé obliquement en dedans et terminé en pointe.

Le genre *Noterus* a été créé par Clairville dans son *Entomologie Helvétique*, sur le *Dytiscus Crassicornis* de Fab., seule espèce qu'il connût. Dans l'état actuel de la science, ce genre renferme trois espèces bien distinctes, qui toutes appartiennent à l'Europe.

1. Noterus Crassicornis.

Oblongo-ovalis, convexus, testaceus, nitidus; elytris pallido-castaneis, tribus punctorum majorum seriebus valde impressis.

Dytiscus Crassicornis. Muller. *Zool. Dan. prod.* 779.
Fab. *Syst. Eleut.* i. 273.
Oliv. *Ent.* iii. 40, p. 37. pl. 4. fig. 34.
Gyl. *Ins. Suec.* i. 516.
Dytiscus Clavicornis. de Geer. *Ins.* iv. 402.
Dytiscus Capricornis. Herbst. *Arch.* 128. pl. 28.
Noterus Geerii. Leach. *Zool. Miscel.* iii. 71.
Sch. *Syn. Ins.* ii. p. 24.

Long. 4 millim. Larg. 2 $\frac{1}{5}$ millim.

Ovalaire, un peu obconique, atténué en arrière, arrondi à l'extrémité et très-convexe. Tête assez forte, convexe et testacée; yeux noirs et à peine saillants; antennes testacées: celles des mâles ont les quatre premiers articles très-petits, le cinquième très-grand, largement dilaté et comprimé; le sixième plus court, dilaté extérieurement; les quatre suivants un peu plus courts et plus étroits que le sixième, et à peu près égaux entre eux; le dernier plus étroit encore, ovalaire et assez pointu à son extrémité; le cinquième et le sixième forment entre eux un coude assez sensible; celles des femelles sont presque subuliformes, le septième article un peu plus fort que les autres. Corselet testacé, légèrement rembruni en avant et tout le long du bord postérieur, deux fois et demie aussi large que long, largement échancré en avant, où il est plus étroit, sinueux à la base, le milieu se prolongeant en pointe mousse sur les élytres, assez arrondi sur les côtés qui ne sont pas rebordés; les angles antérieurs assez saillants et peu aigus, les postérieurs droits et nullement émoussés; il présente un sillon très-étroit qui occupe les bords antérieur et latéraux; sur les côtés, ce sillon est plus éloigné du bord externe en avant qu'en arrière. Élytres ovalaires, un peu obconiques, de la largeur du corselet en avant, se rétrécissant ensuite progressivement jusqu'à l'extrémité où elles sont arrondies, d'un brun clair et très-légèrement irisées; elles sont marquées de points enfoncés assez forts, disposés en lignes longitudinales irrégulières; la portion réfléchie est testacée. Dessous du corps d'un brun ferrugineux. Pattes testacées. Les mâles présentent une tache noire à l'extrémité des quatre cuisses antérieures et intermédiaires.

Il se rencontre dans toute l'Europe.

La synonymie de cet insecte et du suivant est fort embrouillée, mais cependant il est à croire que les noms de *Crassicornis*, *Clavicornis* et *Capricornis* des anciens auteurs se rapportent à l'espèce la plus commune. Dans cette persuasion, je crois devoir adopter pour l'espèce ci-dessus le nom de *Crassicornis*, qui lui a été donné par Müller en 1777, les noms de *Clavicornis* et *Crapricornis* étant plus récents. Quant à l'espèce suivante, en lui conservant le nom de *Sparsus*, qui lui a été assigné par Marsham et qui le caractérise assez bien, toute espèce de confusion deviendra impossible à l'avenir.

2. Noterus Sparsus.

Oblongo-ovalis, convexus, testaceus, nitidus; elytris castaneis, punctis majoribus sparsis vix antice in seriebus ordinatis, valde impressis.

Dytiscus Sparsus. Marsh. *Ent. Brit.* 1. 430.
Noterus Sparsus. Curtis. *Brit. ent.* 236.
Noterus Crassicornis. Lacord. *Faun. ent.* 1. 322.
Noterus Semipunctatus. Erichs. *Käf. der Mark Brand.* 1. p. 166.

Long. 5 millim. Larg. 2 $\frac{3}{4}$ millim.

Ovalaire, un peu obconique, atténué en arrière, arrondi à l'extrémité et très-convexe. Tête assez forte, convexe, testacée et à peine rembrunie en arrière; yeux noirs et très-peu saillants; antennes testacées; celles des mâles ont les quatre premiers articles très-petits; le cinquième quadrangulaire, très-grand, largement dilaté et comprimé; les cinq suivants aussi larges, un peu plus courts, également quadrangulaires et comprimés, leur angle antérieur externe relevé en pointe aiguë; le dernier beaucoup plus étroit que les précédents, ovalaire et assez pointu à son extrémité; le cinquième et le sixième forment entre eux un coude assez sensible; celles des femelles presque subuliformes, le septième article un peu plus fort que les autres. Corselet testacé, légèrement rembruni en avant et tout le long du bord postérieur; il présente souvent aussi une tache sombre au milieu du disque; il est deux fois et demie aussi large que long, largement échancré en avant, où il est plus étroit, sinueux à la base, le milieu se prolongeant en pointe sur les élytres, assez arrondi sur les côtés qui ne sont pas rebordés; les angles antérieurs assez saillants et aigus, les postérieurs droits et nullement émoussés; il présente un sillon très-étroit qui occupe les bords antérieur et latéraux; sur les côtés, ce sillon est plus éloigné du bord externe en avant qu'en arrière. Élytres ovalaires, un peu obconiques, de la largeur du corselet en avant, se rétrécissant ensuite insensiblement jusqu'à l'extrémité, où elles sont arrondies, d'un brun assez clair et très-légèrement irisées; elles sont marquées de points enfoncés très-forts, à peine disposés en lignes longitudinales irrégulières en avant et placés sans ordre en arrière; la portion réfléchie testacée. Dessous du corps d'un brun ferrugineux. Pattes testacées; les mâles présentent une tache noire à l'extrémité des quatre cuisses antérieures et intermédiaires.

Cette espèce diffère essentiellement de la précédente; elle est beaucoup plus grande, généralement plus foncée en couleur; les points des élytres sont plus forts et disposés moins régulièrement en lignes longitudinales, surtout en arrière; en outre, la forme des antennes des mâles est bien différente.

Il se trouve en France, en Allemagne, en Suisse, en Angleterre, et probablement dans d'autres contrées de l'Europe.

3. Noterus Lævis.

Oblongo-ovalis, convexus, testaceus, nitidus; elytris castaneis, lævibus, punctis minutissimis vix in seriebus ordinatis, impressis.

Noterus Lævis. Dej.-Sturm. *Deuts. Faun.* viii. p. 135. t. 199. fig. r s.

Long. 4 ½ millim. Larg. 2 ½ millim.

Ovalaire, un peu obconique, atténué en arrière, arrondi à l'extrémité et très-convexe. Tête assez forte, convexe, testacée, à peine rembrunie en arrière; yeux noirs et très-peu saillants; antennes testacées; celles des mâles très-courtes, fortement dilatées au milieu, ayant les quatre premiers articles très-petits; le cinquième très-grand, comprimé, plus large au sommet qu'à la base, l'angle antérieur externe relevé en pointe assez aiguë; le sixième beaucoup plus court, dilaté extérieurement; les quatre suivants plus courts et plus étroits que le sixième, à peu près égaux entre eux; le dernier très-petit et coupé obliquement en dehors; le cinquième et le sixième forment entre eux un coude assez sensible; celles des femelles presque subuliformes, le septième article un peu plus fort que les autres. Corselet testacé, légèrement rembruni en avant et tout le long du bord postérieur; il présente souvent aussi une tache sombre au milieu du disque; il est deux fois et demie aussi large que long, largement échancré en avant, où il est plus étroit, sinueux à la base, le milieu se prolongeant en pointe sur les élytres, assez arrondi sur les côtés qui ne sont pas rebordés; les angles antérieurs assez saillants et aigus, les postérieurs droits et nullement émoussés; il présente un sillon très-étroit qui occupe les bords antérieur et latéraux; sur les côtés, ce sillon est plus éloigné du bord externe en avant qu'en arrière. Élytres ovalaires, un peu obconiques, de la largeur du corselet en avant, se rétrécissant ensuite insensiblement jusqu'à l'extrémité, où elles sont arrondies, d'un brun assez clair, et très-légèrement irisées, presque lisses et à peine marquées de quelques points très-petits, rares, écartés, et vaguement disposés en lignes longitudinales irrégulières; la portion réfléchie testacée. Dessous du corps d'un brun ferrugineux très-foncé. Les pattes ferrugineuses; les quatre cuisses antérieures et intermédiaires des mâles rembrunies à leur extrémité.

Il tient le milieu entre le *Crassicornis* et le *Sparsus*. Sa taille le rapproche du dernier et la forme de ses antennes du premier, et il diffère de l'un et de l'autre par les points des élytres qui sont très-petits et à peine sensibles. Les antennes ont quelque analogie avec celles du *Crassicornis*, mais elles sont relativement plus courtes, plus dilatées au milieu; le cinquième article est beaucoup plus large, avec l'angle antérieur beaucoup plus saillant; le dernier est aussi plus petit et fortement tronqué obliquement en dehors.

Ce *Noterus* habite les contrées les plus méridionales de l'Europe et le nord de l'Afrique.

XVII. HYDROCANTHUS. *Say.*

NOTERUS. *Laporte, Brullé.*

Palporum labialium articulo ultimo reliquis majore, compresso, ampliato, integro; prosterno deplanato, postice recte truncato; pedibus posticis unguiculis duobus æqualibus, mobilibus.

Corps ovalaire, un peu obconique. Antennes subuliformes, à peine plus larges à l'extrémité, semblables dans les deux sexes. Labre et épistome coupés presque carrément. Menton trilobé, le lobe du milieu très-court, très-légèrement échancré au milieu et à peine bifide. Mandibules et mâchoires...... Les trois premiers articles des palpes maxillaires courts, égaux entre eux, le dernier le plus long de tous. Languette..... Les deux premiers articles des palpes labiaux très-courts, le dernier très-large, sécuriforme, tronqué obliquement à son sommet, entier ou très-légèrement et très-peu profondément échancré. Prosternum droit, très-large en avant, où il est coupé carrément. Écusson invisible. Élytres ovalaires, semblables dans les deux sexes. Les jambes de devant armées à l'extrémité d'un très-fort éperon recourbé. Les trois premiers articles des tarses antérieurs et intermédiaires des mâles peu dilatés et garnis de petites cupules, le premier beaucoup plus grand et plus fort que les deux autres. Les pattes postérieures larges, comprimées; leurs tarses ciliés et terminés par deux crochets égaux et mobiles. Le prolongement des hanches postérieures large, assez long, coupé obliquement en dedans et terminé en pointe.

Les insectes qui composent ce genre sont peu nombreux et tous étrangers à l'Europe. Nous n'en connaissons que sept espèces : quatre propres à l'Amérique, deux qui habitent l'Afrique, et enfin une autre qui se trouve aux Indes orientales.

Ce genre est à peine différent des *Noterus*; il ne s'en distingue que par ses palpes labiaux, plus largement dilatés et presque toujours sans échancrure, et par l'extrémité postérieure du prosternum qui est très-large et coupée carrément, tandis que cette même pièce dans les *Noterus*, est arrondie en forme de spatule. Ces différences sont si peu essentielles, qu'il serait peut-être raisonnable de réunir les espèces de ce genre aux véritables *Noterus*, dont, au reste, ils ont tout à fait le facies. Le genre *Hydrocanthus* a été créé par Say dans les *Transact. of the Amer. philos. soc. of Philad.*, sur un insecte de l'Amérique du Nord qu'il nomma *Hydrocanthus Iricolor.*

1. Hydrocanthus Grandis.

Oblongo-ovalis, obconicus, antice ampliatus, postice acuminato-attenuatus, nitidus, ferrugineus; elytris ad basin thorace angustioribus, castaneo-brunneis, tribus punctorum minorum seriebus leviter impressis.

Noterus Grandis. Lap. *Étud. entom.* p. 105.

Long. 6 $\frac{3}{4}$ millim. Larg. 3 $\frac{1}{2}$ millim.

Ovalaire, allongé, obconique, atténué en pointe en arrière et très-convexe. Tête assez forte, convexe, d'un rouge ferrugineux, lisse, avec deux gros points enfoncés le long du bord antérieur de l'épistome; yeux noirs, à peine saillants; antennes et palpes testacés. Corselet de la couleur de la tête, très-légèrement rembruni en avant et en arrière, deux fois et demie aussi large que long, largement échancré en avant, où il est plus étroit, sinueux en arrière, le milieu se prolongeant en pointe mousse sur les élytres, très-largement arrondi sur les côtés qui ne sont pas rebordés; les angles antérieurs peu saillants et arrondis au sommet, les postérieurs très-obtus; il présente un sillon très-étroit qui occupe les bords antérieur et latéraux; sur les côtés, ce sillon est plus éloigné du bord externe en avant qu'en arrière. Élytres allongées, obconiques, beaucoup moins larges en avant que le corselet, se rétrécissant ensuite insensiblement jusqu'à l'extrémité, où elles se terminent en pointe; elles sont d'un brun noirâtre, très-légèrement irisées, et marquées de trois lignes longitudinales irrégulières de points très-petits; elles présentent, en outre, en arrière, un peu en dedans du bord externe, quelques points très-serrés d'où sortent de petits poils blonds; la portion réfléchie, le dessous du corps et les pattes d'un rouge ferrugineux.

Cet insecte a été trouvé au Sénégal, et fait partie de la collection de M. Buquet.

2. Hydrocanthus Iricolor.

Oblongo-ovalis, postice acuminato-attenuatus, nitidus, ferrugineus; elytris ad basin thoracis latitudine, vix obscurioribus, tribus punctorum minorum seriebus leviter impressis.

Hydrocanthus Iricolor. Say. *Trans. of the Amer. phil.* II. p. 105.

Noterus Oblongus. Dej. *Cat.* 3e *édit.* p. 63.

Long. 4 à 5 millim. Larg. 2 à 2 $\frac{2}{3}$ millim.

Ovalaire, allongé, très-légèrement obconique, atténué en pointe à l'extrémité et assez convexe. Tête d'un rouge ferrugineux, lisse, avec deux gros points enfoncés le long du bord antérieur de l'épistome; yeux noirs, à peine saillants; antennes et palpes testacés. Corselet de la couleur de la tête, deux fois environ aussi large que long, largement échancré en avant, où il est plus étroit, sinueux en arrière, le milieu de la base se prolongeant en pointe mousse sur les élytres, assez arrondi sur les côtés qui ne sont pas rebordés; les angles antérieurs peu saillants et mousses, les postérieurs presque droits, nullement émoussés et légèrement prolongés en arrière; il présente un sillon très-étroit qui occupe les bords antérieur et latéraux; sur les côtés, ce sillon est plus éloigné du bord externe en avant qu'en arrière. Élytres allongées, un peu obconiques, aussi larges en avant que le corselet, se rétrécissant ensuite insensiblement jusqu'à l'extrémité, où elles se terminent en pointe; elles sont d'un rouge ferrugineux un peu brunâtre, très-légèrement irisées et marquées de trois lignes longitudinales irrégulières de points très-petits et peu sensibles; elles présentent, en outre, en arrière, un peu en dedans du bord externe, quelques points très-serrés d'où sortent de petits poils blonds; la portion réfléchie, le dessous du corps et les pattes d'un rouge testacé.

Il se trouve aux États-Unis et à la Guadeloupe. MM. Reiche et Buquet en possèdent chacun un individu du Sénégal.

3. Hydrocanthus Lævigatus.

Oblongo-ovalis, postice acuminato-attenuatus, nitidus, testaceus; elytris ad basin thoracis latitudine; brunneis, lineolis testaceis irregulariter anastomosantibus, confuse crebre irroratis.

Noterus Lævigatus. Brullé. *Voy. de M. d'Orbig. dans l'Am. mérid.* vi. p. 50.

Long. 4 $\frac{1}{4}$ millim. Larg. 2 $\frac{1}{2}$ millim.

Ovalaire, allongé, très-légèrement obconique, atténué en pointe à l'extrémité et assez convexe. Tête d'un jaune testacé, lisse, avec deux gros points enfoncés le long du bord antérieur de l'épistome; yeux noirâtres, à peine saillants; antennes et palpes testacés. Corselet de la couleur de la tête, deux fois environ aussi large que long, largement échancré en avant, où il est plus étroit, sinueux en arrière, le milieu de la base se prolongeant en pointe mousse sur les élytres, assez arrondi sur les côtés qui ne sont pas rebordés; les angles antérieurs assez saillants et mousses, les postérieurs presque droits, nullement émoussés et légèrement prolongés en arrière; il présente un sillon très-étroit qui occupe les bords antérieur et latéraux; sur les côtés, ce sillon est plus éloigné du bord externe en avant qu'en arrière. Élytres allongées, un peu obconiques, aussi larges en avant que le corselet, se rétrécissant ensuite insensiblement jusqu'à l'extrémité, où elles se terminent en pointe; elles sont brunâtres et couvertes de petites taches linéaires testacées, très-confuses, dirigées dans tous les sens et s'anastomosant entre elles, et présentent, en outre, trois lignes longitudinales irrégulières de points enfoncés très-petits et peu sensibles, et en arrière, un peu en dedans du bord externe, quelques autres points très-serrés d'où s'échappent de petits poils blonds; la portion réfléchie est jaunâtre. Le dessous du corps est jaunâtre, avec l'abdomen brunâtre. Pattes testacées.

Il se trouve au Brésil, et fait partie de la collection du Muséum et de celle de M. le comte Dejean.

4. Hydrocanthus Buqueti.

Ovatus, brevis, convexus, postice attenuatus, nitidus, rufo-ferrugineus; capite in vertice, thorace antice et postice infuscatis; elytris nigro-brunneis, tribus maculis inæqualibus transversis versus medium alteraque ad apicem rufo-ferrugineo-notatis, punctis minimis vix leviter impressis.

Noterus Buqueti. Lap. *Étud. entom.* p. 105.

Long. 3 à 3 $\frac{3}{4}$ millim. Larg. 2 à 2 $\frac{1}{4}$ millim.

Ovale, court, obconique, atténué en pointe à l'extrémité et convexe. Tête d'un jaune rougeâtre en avant, noirâtre en arrière, lisse; yeux noirâtres, à peine saillants; antennes et palpes d'un testacé ferrugineux. Corselet de la couleur de la tête, légèrement rembruni en avant et en arrière, deux fois environ aussi large que long, largement échancré en avant, où il est plus étroit, sinueux en arrière, le milieu de la base se prolongeant en pointe mousse sur les élytres, assez arrondi sur les côtés qui ne sont pas rebordés; les angles antérieurs assez saillants et mousses, les postérieurs presque droits, nullement prolongés en arrière; il présente un sillon très-étroit qui occupe les bords antérieur et latéraux; sur les côtés, ce sillon est plus éloigné du bord externe en avant qu'en arrière. Élytres courtes, obconiques, aussi larges en avant que le corselet, se rétrécissant ensuite jusqu'à l'extrémité, où elles se terminent en pointe; elles sont d'un brun noirâtre et marquées de quatre taches ferrugineuses un peu confuses: trois sont placées transversalement au milieu, l'intermédiaire est un peu plus haute que les autres; ces taches sont quelquefois réunies en une bande transversale légèrement arquée; la quatrième est aussi transversale et située en arrière un peu avant l'extrémité, elle ne touche ni le bord externe ni la suture; elles présentent, en outre, sur le disque, quelques points enfoncés à peine réunis en lignes longitudinales irrégulières; la portion réfléchie, le dessous du corps et les pattes d'un rouge ferrugineux.

Il se rencontre à Cayenne.

5. Hydrocanthus Luctuosus.

Oblongo-ovalis, postice attenuatus, convexus, nitidus, niger; capite antice, thorace late ad latera rufo-luteis; elytris lævibus, duabus maculis transversis ad basin alteraque paulo ultra medium rufo-ferrugineo-notatis.

Noterus Luctuosus. Dej. *Cat.* 3e *édit.* p. 64.

Long. 3 millim. Larg. 1 $\frac{3}{4}$ millim.

Ovale, un peu allongé, légèrement obconique, atténué en pointe à l'extrémité et assez convexe. Tête noire, avec le labre, l'épistome et la partie antérieure du front rougeâtres; lisse, avec deux gros points enfoncés le long du bord antérieur de l'épistome; yeux noirâtres, à peine saillants; antennes et palpes testacés. Corselet de la couleur de la tête, avec les bords latéraux largement bordés de jaune rougeâtre, deux fois environ aussi large que long, largement échancré en avant, où il est plus étroit, sinueux en arrière, le milieu de la base se prolongeant en pointe mousse sur les élytres, assez arrondi sur les côtés qui ne sont pas rebordés; les angles antérieurs assez saillants et mousses, les postérieurs presque droits, nullement prolongés en arrière; il présente un sillon très-étroit qui occupe les bords antérieur et latéraux; sur les côtés, ce sillon est plus éloigné du bord externe en avant qu'en arrière. Élytres un peu allongées, obconiques, aussi larges en avant que le corselet, se rétrécissant ensuite jusqu'à l'extrémité, où elles se terminent en pointe; elles sont noires et marquées de trois taches jaunes rougeâtres : une oblongue longitudinale à la région humérale le long du bord externe qu'elle ne touche pas; la seconde transversale, souvent étranglée au milieu, et peut-être aussi quelquefois divisée en deux taches distinctes, est placée à la base à peu près au milieu; enfin la troisième est aussi transversale et située au delà du milieu un peu en dehors, mais ne touchant pas le bord externe; elles présentent, en outre, sur le disque, quelques points enfoncés rares et très-difficilement perceptibles; la portion réfléchie est noire. Le dessous du corps noir. Les pattes testacées.

Il se trouve aux Indes orientales (Bombay).

6. Hydrocanthus Guttula.

Oblongo-ovalis, postice attenuatus, convexus, nitidus, niger; ore, angulo thoracis antico maculaque minima rotundata in elytris paulo ultra medium rufo-ferrugineis; elytris punctis minimis sparsis leviter impressis.

Noterus Guttula. Dej. *Cat.* 3e *édit.* p. 63.

Long. 3 millim. Larg. 1 $\frac{3}{4}$ millim.

Ovale, un peu allongé, légèrement obconique, atténué en pointe à l'extrémité et assez convexe. Tête noire, ayant le labre et l'épistome jaunâtres; lisse, avec deux gros points enfoncés le long du bord antérieur de l'épistome; yeux noirâtres, à peine saillants, antennes et palpes testacés. Corselet de la couleur de la tête, avec les angles antérieurs jaunes rougeâtres, deux fois environ aussi large que long, largement échancré en avant, où il est plus étroit, sinueux en arrière, le milieu de la base se prolongeant en pointe mousse sur les élytres, assez arrondi sur les côtés qui ne sont pas rebordés; les angles antérieurs assez saillants et mousses, les postérieurs presque droits, nullement prolongés en arrière; il présente un sillon très-étroit qui occupe les bords antérieur et latéraux; sur les côtés, ce sillon est plus éloigné du bord externe en avant qu'en arrière. Élytres un peu allongées, obconiques, aussi larges en avant que le corselet, se rétrécissant ensuite insensiblement jusqu'à l'extrémité, où elles se terminent en pointe; elles sont noires et marquées d'une petite tache arrondie jaune rougeâtre, placée au delà du milieu et un peu en dehors; elles présentent, en outre, sur le disque, quelques points enfoncés assez sensibles, à peine disposés en lignes longitudinales irrégulières; la portion réfléchie est noire. Le dessous du corps noir. Les pattes ferrugineuses plus ou moins foncées.

Il se trouve à l'île de France et à Madagascar.

7. Hydrocanthus Nigrinus. *Chevrolat.*

Oblongo-ovalis, postice attenuatus, convexus, nitidus, niger; capite antice, antennis ad basin, thorace confuse ad latera pedibusque rufo-ferrugineis; elytris tribus minorum punctorum seriebus leviter impressis.

Long. 3 ½ millim. Larg. 2 millim.

Ovale, allongé, légèrement obconique, atténué en pointe à l'extrémité et assez convexe. Tête noire en arrière, ferrugineuse en avant, lisse, avec deux gros points enfoncés le long du bord antérieur de l'épistome; yeux noirs, à peine saillants; antennes testacées à la base, noirâtres à l'extrémité; palpes testacés. Corselet noir, avec les bords latéraux très-vaguement et assez largement ferrugineux, deux fois environ aussi large que long, largement échancré en avant, où il est plus étroit, sinueux en arrière, le milieu de la base prolongé en pointe mousse sur les élytres, nullement arrondi sur les côtés qui sont très-étroitement rebordés; les angles antérieurs assez saillants et un peu aigus, les postérieurs presque droits et nullement prolongés en arrière; il présente un sillon qui occupe tout le bord antérieur, et un autre le long du bord latéral, mais celui-ci est abrégé en avant et peu sensible; on observe encore quelques points rares, peu sentis, à la base et le long du bord externe. Élytres allongées, obconiques, aussi larges en avant que le corselet, se rétrécissant ensuite insensiblement jusqu'à l'extrémité, où elles se terminent en pointe; elles sont entièrement noires, avec un très-léger reflet irisé, et présentent sur le disque trois lignes assez régulières de très-petits points enfoncés, nombreux et très-rapprochés; la portion réfléchie est noire. Le dessous du corps d'un noir un peu ferrugineux. Les pattes d'un rouge ferrugineux.

Il habite les Antilles et le Brésil, et fait partie des collections de MM. Chevrolat et Buquet.

XVIII. SUPHIS. *Aubé.*

Palporum maxillarium articulo ultimo reliquis longiore, apice bifido; prosterno deplanato, postice recte truncato; pedibus posticis unguiculis duobus æqualibus, mobilibus.

Corps ovoïde, très-court, très-convexe, presque globuleux. Antennes sétacées, semblables dans les deux sexes. Labre très-légèrement échancré. Épistome coupé presque carrément. Menton trilobé, le lobe du milieu très-petit et entier. Mandibules et mâchoires.... Les trois premiers articles des palpes maxillaires courts, presque égaux entre eux, le dernier presque aussi long que les autres réunis et bifide à son extrémité. Languette.... Le premier article des palpes labiaux très-court, le second un peu plus long et plus large, le dernier plus long que les deux autres réunis, très-large, sécuriforme et très-légèrement échancré. Prosternum droit, large en arrière, où il est coupé carrément. Écusson invisible. Élytres ovalaires, semblables dans les deux sexes. Les jambes de devant armées d'un éperon très-fort et très-recourbé. Les trois premiers articles des tarses antérieurs et intermédiaires des mâles peu dilatés et garnis de petites cupules, le premier beaucoup plus grand et plus fort que les deux autres. Les pattes postérieures larges, comprimées; leurs tarses ciliés et terminés par deux crochets égaux et mobiles. Le prolongement des hanches postérieures large, assez long, coupé obliquement en dedans et terminé en pointe.

Ce genre a beaucoup d'analogie avec les deux précédents. Il doit cependant en être séparé; ses palpes maxillaires sont échancrés et bifides à l'extrémité, ce qui n'existe ni dans les *Noterus* ni dans les *Hydrocanthus*. Les insectes qui le composent ont aussi un facies bien différent, ils sont beaucoup plus raccourcis, très-convexes, presque globuleux. Nous n'en connaissons que deux espèces, l'une du Brésil et l'autre de l'Amérique du Nord.

1. Suphis Cimicoides.

Ovatus, brevior, maxime convexus, antice latus, postice attenuatus, rufo-ferrugineus, maculis irregularibus nigro-irroratus, valde undique dense punctatus.

Suphis Cimicoides. Aubé. *Iconog.* v. p. 209. pl. 24. fig. 5.

Long. 4 millim. Larg. 2 ¾ millim.

Très-court, ovoïde, un peu obconique, atténué en pointe en arrière, très-convexe et presque globuleux. Tête ferrugineuse, marquée sur le front et le vertex de taches noires irrégulières; elle est toute couverte de très-petits points épars, et présente en avant, à chaque angle antérieur de l'épistome, une petite fossette arrondie, couverte de points enfoncés; antennes et palpes d'un rouge ferrugineux. Corselet ferrugineux, couvert de taches noirâtres irrégulières, mais assez symétriquement disposées, et variant de forme et de position selon les individus; il est une fois et demie aussi large que long, très-largement échancré en avant, où il est beaucoup plus étroit, sinueux en arrière, le milieu de la base se prolongeant en pointe sur les élytres, assez arrondi sur les côtés qui sont rebordés et relevés; les angles antérieurs assez saillants et peu aigus, les postérieurs presque droits et à peine émoussés au sommet; il est tout couvert de points enfoncés assez forts et très-serrés, et présente, en outre, un petit sillon transversal qui suit le contour du bord antérieur. Élytres très-courtes, tout au plus deux fois aussi longues que le corselet, obconiques, presque triangulaires; elles sont en avant de la largeur du corselet, se rétrécissant ensuite assez brusquement pour se terminer en pointe; elles sont ferrugineuses et marquées de taches irrégulières, noires, semblables à celles du corselet, et couvertes comme lui de points enfoncés, mais un peu plus forts et plus serrés; la portion réfléchie est ferrugineuse. Le dessous du corps d'un noir ferrugineux. Les pattes rougeâtres, plus ou moins foncées.

Il se trouve à Cayenne et au Brésil, et fait partie des collections de MM. Chevrolat et Buquet.

2. Suphis Gibbulus.

Rotundato-ovatus, convexus, testaceus, nitidus; thorace punctis raris leviter impresso; elytris vix obscurioribus, undique dense punctulatis.

Hydroporus Gibbulus. Dej. *Cat.* 3e *édit.* p. 65.

Long. 2 $\frac{2}{3}$ millim. Larg. 1 $\frac{2}{3}$ millim.

Ovoïde, très-court, très-légèrement atténué en pointe en arrière et convexe. Tête assez forte, convexe et testacée; yeux noirs, à peine saillants; antennes et palpes testacés. Corselet de la couleur de la tête, très-légèrement rembruni le long du bord postérieur, deux fois et demie aussi large que long, largement échancré en avant, où il est plus étroit, sinueux en arrière, le milieu de la base se prolongeant en pointe mousse sur les élytres, assez arrondi sur les côtés qui sont rebordés; les angles antérieurs assez saillants et aigus, les postérieurs droits, nullement émoussés au sommet; il présente quelques points enfoncés, en arrière au milieu de la base; ces points sont peu visibles. Élytres ovalaires, assez courtes, de la largeur du corselet en avant, s'élargissant un peu vers leur milieu, et se rétrécissant ensuite insensiblement pour se terminer en pointe très-mousse; elles sont de la couleur de la tête et du corselet, mais un peu plus sombres et entièrement couvertes de points enfoncés et assez serrés; la portion réfléchie, le dessous du corps et les pattes d'un testacé assez clair.

Il se trouve aux Etats-Unis.

XIX. LACCOPHILUS. *Leach.*

Dytiscus. *Auctorum.*

Palporum articulo ultimo reliquis longiore; prosterno compresso-carinato, postice acuto; pedibus posticis unguiculis duobus valde inæqualibus, superiore fixo; tarsorum posticorum articulis quatuor primis appendice externo recto, retrorsum producto, armatis.

Corps ovalaire, plus ou moins déprimé. Antennes sétacées. Labre étroitement et assez profondément échancré et cilié au milieu. Épistome coupé presque carrément. Menton trilobé, le lobe du milieu très-petit et très-légèrement échancré au milieu. Mandibules bidentées. Mâchoires très-aiguës et ciliées en dedans. Le premier article des palpes maxillaires très-petit, les deux suivants un peu plus longs, presque égaux entre eux, le quatrième le plus long de tous, aciculaire. Languette légèrement arrondie à son sommet. Le premier article des palpes labiaux très-petit, le suivant assez long et un peu large, le dernier le plus long de tous et aciculaire. Prosternum droit, court, fortement comprimé en arrière et terminé en pointe. Écusson invisible. Élytres ovalaires, semblables dans les deux sexes, presque toujours couvertes de taches irrégulières. Les trois premiers articles des tarses antérieurs et intermédiaires des mâles à peine dilatés et garnis de cupules assez grandes. Les pattes postérieures larges, comprimées; leurs tarses très-comprimés, dilatés et terminés par deux crochets très-inégaux, dont un seul est mobile; chacun des quatre premiers articles présente en dehors un appendice assez long, dirigé en arrière et appliqué le long du bord externe du suivant. Le prolongement des hanches postérieures coupé carrément.

Les *Laccophilus* habitent toutes les parties du monde; nous en connaissons vingt-deux, dont quatre seulement sont propres à l'Europe.

Leach a établi ce genre dans le *Zoological Miscellany* sur le *Dytiscus Minutus* de Linné; les insectes qui le composent sont tous de petite taille, et ont la même manière de vivre que les autres dytiques.

1. Laccophilus Interruptus.

Ovalis, apice rotundatim attenuatus, depressiusculus, testaceus; thorace postice in medio brevissime acute producto; elytris pellucidis, testaceo-virescentibus, maculis irregularibus ad marginem, basin et suturam lineolisque plus minusve interrupto-abbreviatis, pallido-ornatis.

Dytiscus Interruptus. Panz. *Faun. Germ.* xxvi. t. 5.
Dytiscus Minutus. Gyl. *Ins. Suec.* 1. 514.
Laccophilus Minutus. Steph. *Illust. of Brit. ent.* ii. 64.
Dytiscus Marmoreus. Oliv. *Ent.* iii. 40. p. 27. pl. 5. fig. 49.
Dytiscus Hyalinus. de Geer. *Ins.* iv. 106.
Sch. *Syn. Ins.* ii. p. 24.

Long. 5 millim. Larg. 2 $\frac{3}{4}$ millim.

Ovale, à peine atténué en arrière, arrondi à l'extrémité et déprimé. Tête large, testacée; yeux d'un noir glauque, à peine saillants; antennes et palpes jaunâtres. Corselet de la couleur de la tête, au moins trois fois aussi large que long, largement échancré en avant, où il est plus étroit, sinueux à la base, le milieu se prolongeant un peu en pointe mousse sur les élytres, à peine arrondi sur les côtés; les angles antérieurs peu saillants et peu aigus, les postérieurs presque droits. Élytres assez régulièrement ovalaires, très-légèrement atténuées en arrière, arrondies à l'extrémité et déprimées; elles sont d'un testacé un peu verdâtre, légèrement plus foncées que la tête et le corselet, avec le bord externe et quelques petites taches de forme différente, d'un jaune très-pâle; ces taches sont ainsi disposées : trois ou quatre près du bord externe, les deux antérieures trapézoïdales et touchant la bande marginale, les deux postérieures irrégulières et isolées; une cinquième bifide ou trifide en arrière, située au milieu de la base; enfin une sixième près de la suture, un peu au delà de la région de l'écusson : celle-ci envoie en arrière un prolongement linéaire occupant les trois quarts de leur longueur; il existe, en outre, sur le disque, trois ou quatre petites lignes de la même couleur plus ou moins interrompues; elles présentent aussi en arrière, le long du bord externe, quelques poils blonds sortant de petits points enfoncés; la portion réfléchie est testacée. Le dessous du corps d'un testacé plus ou moins rougeâtre. Les pattes également testacées, celles de devant souvent un peu verdâtres.

Il se rencontre dans toute l'Europe, où il est fort commun.

2. Laccophilus Minutus.

Ovalis, apice rotundatim attenuatus, depressiusculus, testaceo-virescens; thorace postice in medio sat acute producto; elytris pellucidis, brunneo-virescentibus, maculis irregularibus obsoletissimis ad marginem et basin lineolisque raris plus minusve interrupto-abbreviatis pallidioribus, vix conspicue ornatis.

Dytiscus Minutus. Linn. *Syst. nat.* II. 267.
Dytiscus Obscurus. Panz. *Faun. Germ.* XXVI. t. 3.
Dytiscus Minutus. Var. b. Gyl. *Ins. Suec.* I. 515.
Laccophilus Interruptus. Steph. *Illust. of Brit. ent.* II. 64.
Sch. *Syn. Ins.* II. 24.

Long. 4 $\frac{3}{4}$ millim. Larg. 2 $\frac{2}{3}$ millim.

Ovale, à peine atténué en arrière, arrondi à l'extrémité et déprimé. Tête large, d'un testacé verdâtre; yeux d'un noir glauque, à peine saillants; antennes et palpes jaunâtres. Corselet de la couleur de la tête, au moins trois fois aussi large que long, largement échancré en avant, où il est plus étroit sinueux à la base, le milieu se prolongeant assez fortement en pointe sur les élytres, à peine arrondi sur les côtés; les angles antérieurs peu saillants et peu aigus, les postérieurs presque droits. Élytres assez régulièrement ovalaires, très-légèrement atténuées en arrière, arrondies à l'extrémité et déprimées; elles sont d'un brun verdâtre, avec quelques petites taches irrégulières placées le long du bord externe et à la base, ainsi que quelques petites lignes plus ou moins interrompues sur le disque; toutes ces taches un peu plus pâles que le fond, sont à peine visibles et très-souvent disparaissent complétement; elles offrent aussi en arrière, le long du bord externe, quelques poils blonds sortant de petits points enfoncés; la portion réfléchie est verdâtre. Le dessous du corps est d'un testacé plus ou moins rougeâtre. Les pattes vertes plus ou moins claires.

Cet insecte est très-voisin du précédent et a été souvent confondu avec lui. Il doit cependant bien certainement en être séparé; non-seulement la couleur est différente et les taches des élytres sont moins apparentes, mais sa forme générale et surtout celle de son corselet l'en distinguent essentiellement. Il est toujours un peu plus petit et relativement plus étroit; son corselet est aussi beaucoup plus prolongé en arrière sur les élytres, caractère qui, à ma connaissance, n'a encore été signalé par aucun entomologiste.

Comme son congénère, il se trouve très-abondamment dans toute l'Europe.

3. Laccophilus Testaceus.

Ovalis, brevior, apice late rotundatus, depressiusculus, testaceus; thorace postice in medio brevissime acute producto; elytris pellucidis, vix thorace obscurioribus, maculis irregularibus, raris, obsoletissimis ad marginem et basin pallidioribus, vix conspicue ornatis, sæpius immaculatis.

Laccophilus Testaceus, Aubé. *Iconog.* v. p. 214. pl. 25. fig. 3.

Long. 5 millim. Larg. 3 millim.

Ovale, assez largement arrondi en arrière et à peine déprimé. Tête large, testacée; yeux d'un noir glauque, à peine saillants; antennes et palpes jaunâtres. Corselet de la couleur de la tête, au moins trois fois aussi large que long, largement échancré en avant, où il est plus étroit, sinueux à la base, le milieu se prolongeant un peu en pointe mousse sur les élytres, à peine arrondi sur les côtés; les angles antérieurs peu saillants et peu aigus, les postérieurs presque droits. Élytres assez régulièrement ovalaires, largement arrondies en arrière et à peine déprimées; elles sont d'un testacé très-légèrement plus foncé que la tête et le corselet, et un peu verdâtre, avec quelques taches irrégulières jaunâtres à peine perceptibles, le long du bord externe et à la base; le plus souvent elles sont immaculées; elles offrent, en outre, en arrière, le long du bord externe, quelques poils blonds sortant de petits points enfoncés; la portion réfléchie est testacée. Le dessous du corps et les pattes également testacés.

Il a la plus grande analogie avec le *Minutus*, dont cependant il est assez différent pour constituer une espèce distincte. Il est relativement plus large, plus convexe, moins atténué en arrière, et les taches des élytres, lorsqu'elles existent, sont à peine visibles; il ne se rencontre pas non plus dans les mêmes contrées. Le *Minutus* habite presque indistinctement toutes les parties de l'Europe, préférant toutefois le nord, où il est plus abondant, tandis que le *Testaceus* se trouve presque exclusivement dans le midi, en Espagne, en Italie et dans le midi de la France; il se rencontre aussi sur les côtes de Barbarie. M. Rambur a rapporté d'Espagne plus d'une centaine d'individus de cette espèce qui sont tous identiques, et parmi lesquels il est impossible d'en trouver un seul que l'on puisse rapporter aux *L. Minutus* ou *Interruptus*.

4. Laccophilus Mexicanus. *Dupont.*

Ovalis, apice vix oblique rotundatus, depressiusculus, supra testaceus, infra nigro-piceus; thorace postice in medio breviter acute producto; elytris pellucidis, creberrime brunneo-irroratis, lateribus irregulariter testaceis.

Long. 5 millim. Larg. 2 $\frac{3}{4}$ millim.

Ovale, à peine atténué en arrière, un peu obliquement arrondi à l'extrémité et déprimé. Tête large, testacée, très-légèrement rembrunie sur le vertex; yeux d'un noir glauque, à peine saillants; antennes et palpes jaunâtres. Corselet de la couleur de la tête, au moins trois fois aussi large que long, largement échancré en avant, où il est plus étroit, sinueux à la base, le milieu se prolongeant en pointe mousse sur les élytres, à peine arrondi sur les côtés; les angles antérieurs peu saillants et peu aigus, les postérieurs presque droits. Élytres assez régulièrement ovalaires, très-légèrement atténuées en arrière, un peu obliquement arrondies à l'extrémité et déprimées; elles sont testacées et couvertes de taches brunâtres très-confuses, infiniment petites, très-serrées et confluentes, de sorte qu'elles paraissent d'un brun un peu verdâtre; le bord externe et deux taches irrégulières qui le touchent sont un peu plus clairs; les deux taches très-vaguement dessinées et à peine sensibles, sont ainsi disposées : l'une au milieu environ, et la seconde aux trois quarts postérieurs; elles présentent aussi en arrière, le long du bord externe, quelques poils blonds sortant de petits points enfoncés; la portion réfléchie est jaunâtre. Le dessous du corps noirâtre. Les pattes testacées, celles de derrière plus foncées, presque ferrugineuses.

Il se trouve au Mexique, et fait partie de la collection de M. Dupont, qui n'en possède qu'un seul individu.

5. Laccophilus Maculosus.

Ovalis, apice rotundatim vix attenuatus, depressiusculus; thorace postice in medio breviter acute producto; elytris pellucidis, creberrime nigro-irroratis, maculis irregularibus ad marginem, basin et suturam pallido-ornatis, his maculis irregularibus nigro-circumcinctis.

Dytiscus Maculosus. Germ. *Ins. nov. sp.* 30.
Laccophilus Maculosus. Say. *Trans. of the Amer. phil.* II. p. 100.

Long. 6 millim. Larg. 3 $\frac{1}{3}$ millim.

Ovale, à peine atténué en arrière, arrondi à l'extrémité et déprimé. Tête large, testacée, très-faiblement assombrie sur le vertex; yeux d'un noir glauque, à peine saillants; antennes et palpes jaunâtres. Corselet de la couleur de la tête, légèrement assombri en avant, au moins trois fois aussi large que long, largement échancré en avant, où il est plus étroit, sinueux à la base, le milieu se prolongeant un peu en pointe mousse sur les élytres, à peine arrondi sur les côtés; les angles antérieurs peu saillants et peu aigus, les postérieurs presque droits. Élytres assez régulièrement ovalaires, à peine atténuées en arrière, arrondies à l'extrémité et déprimées; elles sont testacées et couvertes de très-petites taches brunâtres, confuses, très-serrées et confluentes, de sorte qu'elles paraissent d'un brun un peu foncé; le bord externe et quelques petites taches de formes différentes conservent la couleur du fond et sont testacées; ces taches sont ainsi disposées : trois irrégulièrement trapézoïdales le long du bord externe qu'elles touchent; une irrégulière et terminale à l'extrémité; trois à la base : la plus externe de celles-ci très-petite, triangulaire, touche la bordure marginale par un de ses angles; la seconde, située au milieu, est allongée et longuement bifide en arrière, enfin la troisième, près de la région de l'écusson, est plus longue que la précédente, et offre en arrière deux courtes dents un peu inégales; il existe, en outre, sur le disque, mais non pas constamment, deux ou trois petites taches de même couleur; toutes ces taches sont irrégulièrement entourées de noir qu'elles semblent avoir repoussé en prenant de l'accroissement; elles présentent aussi en arrière, le long du bord externe, quelques poils blonds sortant de petits points enfoncés; la portion réfléchie est testacée. Le dessous du corps et les pattes également testacés.

Il habite l'Amérique du Nord (États-Unis).

6. Laccophilus Americanus.

Ovalis, apice rotundatim attenuatus, depressiusculus, testaceus; thorace postice in medio breviter acute producto; elytris pellucidis, creberrime nigro-irroratis, maculis irregularibus ad marginem et suturam pallido-ornatis.

Laccophilus Americanus. Dej. *Cat.* 3e *édit.* p. 63.

Laccophilus Biguttatus. Kirby *in Richards. Faun. Boreal. Amer.* p. 69?

Long. 4 ½ millim. Larg. 2 ⅓ millim.

Ovale, légèrement atténué en arrière, un peu obliquement arrondi à l'extrémité et déprimé. Tête large, testacée; yeux d'un noir glauque, à peine saillants; antennes et palpes jaunâtres. Corselet de la couleur de la tête, au moins trois fois aussi large que long, largement échancré en avant, où il est plus étroit, sinueux à la base, le milieu se prolongeant un peu en pointe mousse sur les élytres, à peine arrondi sur les côtés; les angles antérieurs peu saillants et peu aigus, les postérieurs presque droits. Élytres assez régulièrement ovalaires, légèrement atténuées en arrière, presque obliquement tronquées à l'extrémité et déprimées; elles sont testacées et couvertes de très-petites taches noirâtres, confuses, très-serrées et confluentes, de sorte qu'elles paraissent brunâtres; le bord externe, la partie antérieure de la suture, et quelques petites taches de formes différentes conservent la couleur du fond et sont testacées; ces taches sont ainsi disposées : trois le long du bord externe qu'elles touchent, les deux extrêmes irrégulières, celle du milieu plus grande et trapézoïdale; une quatrième terminale à l'extrémité; il existe, en outre, à la base et sur le disque, quelques taches de même couleur, mais très-confuses et très-mal limitées; toutes ces taches sont irrégulièrement entourées de noir qu'elles semblent avoir repoussé en prenant de l'accroissement; elles présentent aussi en arrière, le long du bord externe, quelques poils blonds sortant de petits points enfoncés; la portion réfléchie est testacée. Le dessous du corps et les pattes également testacés.

Il se trouve aux Antilles, Cuba et la Guadeloupe, ainsi qu'aux États-Unis.

Ce *Laccophilus* a beaucoup d'analogie avec le *Maculosus*, dont il diffère à peine; il s'en distingue cependant par sa taille de moitié plus petite, par ses élytres qui sont un peu plus étroites en arrière et presque obliquement tronquées à l'extrémité, et enfin par les taches qui sont beaucoup plus confuses.

7. Laccophilus Fasciatus.

Ovalis, apice paulo oblique rotundatus, depressiusculus, testaceus, thorace postice in medio breviter acute producto; elytris pellucidis, creberrime nigro-irroratis, maculis irregularibus ad basin, marginem et apicem pallidis vittaque nigra transversa paulo ultra medium, ornatis.

Laccophilus Fasciatus. Dej. *Cat.* 3e *édit.* p. 63.

Long. 4 $\frac{1}{2}$ millim. Larg. 2 $\frac{1}{3}$ millim.

Ovale, légèrement atténué en arrière, un peu obliquement arrondi à l'extrémité et déprimé. Tête large, testacée; yeux d'un noir glauque, à peine saillants; antennes et palpes jaunâtres. Corselet de la couleur de la tête, au moins trois fois aussi large que long, largement échancré en avant, où il est plus étroit, sinueux à la base, le milieu se prolongeant un peu en pointe mousse sur les élytres, à peine arrondi sur les côtés; les angles antérieurs peu saillants et peu aigus, les postérieurs presque droits. Élytres assez régulièrement ovalaires, légèrement atténuées en arrière, presque obliquement tronquées à l'extrémité et déprimées; elles sont testacées et couvertes de très-petites taches brunâtres, confuses, très-serrées et peu confluentes, de sorte qu'elles paraissent d'un brun clair; le bord externe dans sa moitié antérieure et son quart postérieur, la partie antérieure de la suture, et quelques taches de formes différentes conservent la couleur du fond et sont testacées; ces taches sont ainsi disposées : deux irrégulières trapézoïdales le long du bord externe qu'elles touchent; une large, terminale à l'extrémité, et quelques autres très-vagues et mal limitées à la base et sur le disque; toutes ces taches sont très-vaguement entourées de noir qu'elles semblent avoir repoussé en prenant de l'accroissement; elles présentent, en outre, une très-large bande transversale noire un peu au delà du milieu, et offrent aussi en arrière, le long du bord externe, quelques poils blonds sortant de petits points enfoncés; la portion réfléchie est jaunâtre. Le dessous du corps et les pattes testacés.

Il se trouve au Mexique et aux États-Unis.

8. Laccophilus Rivulosus.

Ovalis, apice vix oblique rotundatus, depressiusculus, testaceus; capite in vertice nigro; thorace antice et postice nigro-maculato, in medio breviter acute producto; elytris nigris, maculis irregularibus ad marginem lineolisque plurimis in disco testaceo-ornatis.

Laccophilus Rivulosus. Klug. *Ins. von Madag.* p. 48.

Long. 5 millim. Larg. 3 millim.

Ovalaire, légèrement atténué en arrière, arrondi à l'extrémité et déprimé. Tête large, testacée, noire tout à fait en arrière; yeux d'un noir glauque, à peine saillants; antennes et palpes jaunâtres. Corselet de la couleur de la tête, avec une tache transversale noire assez large à la base, et une autre analogue au sommet; il est au moins trois fois aussi large que long, largement échancré en avant, où il est plus étroit, sinueux à la base, le milieu se prolongeant un peu en pointe mousse sur les élytres, à peine arrondi sur les côtés; les angles antérieurs peu saillants et peu aigus, les postérieurs presque droits. Élytres assez régulièrement ovalaires, légèrement atténuées en arrière, arrondies à l'extrémité et déprimées; elles sont noires, avec le bord externe, deux ou trois petites taches irrégulières qui touchent la bordure marginale, et six ou sept lignes étroites longitudinales sur le disque d'un jaune testacé; entre ces lignes, qui sont vaguement interrompues au milieu et en arrière, on observe quelques taches de la même couleur très-petites, très-confuses et très-difficilement perceptibles; elles présentent aussi en arrière, le long du bord externe, quelques poils blonds sortant de petits points enfoncés; la portion réfléchie est jaunâtre. Le dessous du corps testacé, un peu brun. Les pattes antérieures jaunâtres, les postérieures testacées.

Il se trouve à Madagascar, et fait partie de la collection de M. Dupont.

9. Laccophilus Lineatus. *Mihi.*

Ovalis, apice paulo oblique rotundatus, depressiusculus, testaceus; capite in vertice infuscato; thorace antice et postice nigro-maculato, in medio brevissime acute producto; elytris nigris, vitta transversa ad basin, lineolis plurimis longitudinalibus maculaque irregulari paulo ultra medium ad latera et altera ad apicem, rufo-luteo-ornatis.

Long. 4 millim. Larg. 2 $\frac{1}{4}$ millim.

Ovale, un peu allongé, légèrement atténué en arrière, un peu obliquement arrondi à l'extrémité et déprimé. Tête large, testacée, très-vaguement rembrunie en arrière; yeux d'un noir glauque, à peine saillants; antennes et palpes jaunâtres. Corselet de la couleur de la tête, avec une tache noire transversale assez large à la base, et une autre analogue au sommet; il est au moins trois fois aussi large que long, largement échancré en avant, où il est plus étroit, sinueux à la base, le milieu se prolongeant un peu en pointe très-mousse sur les élytres, à peine arrondi sur les côtés; les angles antérieurs peu saillants et peu aigus, les postérieurs presque droits. Élytres assez régulièrement ovalaires, un peu allongées, legèrement atténuées en arrière et un peu obliquement arrondies à l'extrémité; elles sont noires, avec le bord externe, une bande transversale à la base, six ou sept lignes sur le disque, une tache irrégulière en dehors un peu au delà du milieu, et une autre tout à fait à l'extrémité d'un jaune testacé; les lignes naissent en partie de la bande transversale de la base, et sont très-vaguement interrompues une ou plusieurs fois; elles présentent aussi en arrière, le long du bord externe, quelques poils blonds sortant de petits points enfoncés; la portion réfléchie est jaunâtre. Le dessous du corps testacé. Les pattes antérieures et intermédiaires jaunâtres, les postérieures testacées.

Il se trouve à l'île de France, et fait partie de la collection de M. le comte Dejean.

10. Laccophilus Irroratus.

Ovalis, apice vix oblique rotundatus, depressiusculus, supra testaceus, infra brunneus; capite in vertice nigro; thorace in medio de apice ad basin nigro, brevissime acute producto; elytris nigris, lineolis irregularibus ad basin maculisque in disco confuse flexuosis, pallido-ornatis.

Laccophilus Irroratus. Dej. *Cat.* 3e *édit.* p. 63.

Long. 4 millim. Larg. 2 ½ millim.

Ovale, très-légèrement atténué en arrière, très-peu obliquement arrondi à l'extrémité et déprimé. Tête large, testacée, noire en arrière; yeux d'un noir glauque, à peine saillants; antennes et palpes jaunâtres. Corselet de la couleur de la tête, avec une large tache noire qui occupe tout le milieu, de la base au sommet, rétrécie au milieu et souvent divisée en deux taches distinctes, l'une en avant, l'autre en arrière; il est au moins trois fois aussi large que long, largement échancré en avant, où il est plus étroit, sinueux à la base, le milieu se prolongeant un peu en pointe très-mousse sur les élytres, à peine arrondi sur les côtés; les angles antérieurs peu saillants et peu aigus, les postérieurs presque droits. Élytres assez régulièrement ovalaires, très-légèrement atténuées en arrière, très-peu obliquement arrondies à l'extrémité et déprimées; elles sont noires, avec le bord externe, cinq ou six petites lignes longitudinales à la base, une série de petites taches oblongues le long de la suture, et quelques petites lignes très-onduleuses sur le disque d'un jaune testacé; la direction des lignes onduleuses du disque est assez vaguement longitudinale, surtout en arrière, où elle est presque confuse; elles présentent aussi en arrière, le long du bord externe, quelques poils blonds sortant de petits points enfoncés; la portion réfléchie est jaunâtre. Le dessous du corps d'un brun ferrugineux. Les pattes antérieures et intermédiaires jaunâtres, les postérieures testacées.

Il se trouve à l'île de France et à Bourbon.

11. Laccophilus Posticus.

Oblongo-ovalis, postice paulo angustior, apice oblique rotundatus, depressiusculus, supra testaceus, infra brunneus; thorace antice et postice nigro-maculato, in medio breviter acute producto; elytris nigris, lineolis longitudinalibus in disco late et dense sinuato-undulatis, pallido-ornatis, his lineolis ita dispositis ut ultra medium vitta transversa pallida confuse videatur, lateribus anguste pallidis.

Laccophilus Irroratus. Esch.-Dej. *Cat.* 3e *édit.* p. 63.

Long. 4 millim. Larg. 2 ¼ millim.

Ovale, un peu allongé, assez sensiblement atténué en arrière, un peu obliquement arrondi à l'extrémité et déprimé. Tête large, testacée; yeux d'un noir glauque, à peine saillants; antennes et palpes jaunâtres. Corselet de la couleur de la tête, avec une tache noire transversale, étroite à la base, et une autre analogue au sommet; il est au moins trois fois aussi large que long, largement échancré en avant, où il est plus étroit, sinueux à la base, le milieu se prolongeant un peu en pointe mousse sur les élytres, à peine arrondi sur les côtés; les angles antérieurs peu saillants et peu aigus, les postérieurs presque droits. Élytres ovalaires, très-légèrement obconiques, un peu obliquement arrondies à l'extrémité et déprimées; elles sont noires, avec le bord externe et six ou sept lignes longitudinales très-onduleuses sur le disque d'un jaune testacé; ces lignes, arrivées aux trois quarts postérieurs, se dilatent un peu et dans une petite étendue, de manière à offrir une petite bande transversale très-vague et souvent même presque imperceptible; les deux internes sont souvent confluentes, surtout en avant; elles présentent en arrière, le long du bord externe, quelques poils blonds sortant de petits points enfoncés; la portion réfléchie est jaunâtre. Le dessous du corps d'un brun ferrugineux. Les pattes antérieures et intermédiaires jaunâtres, les postérieures testacées.

Cet insecte ressemble beaucoup au *L. Irroratus*, il en diffère cependant essentiellement. Il est un peu plus étroit, plus allongé, et les élytres sont un peu obconiques; il est aussi généralement moins foncé, le corselet offre deux petites taches noires très-étroites, les lignes onduleuses des élytres sont plus sensiblement longitudinales, et enfin il offre souvent aux trois quarts postérieurs une petite bande transversale jaunâtre.

Il se trouve à l'île de France. M. le comte Dejean en possède un très-bel individu qui a été pris aux îles Philippines.

12. Laccophilus Parvulus. *Mihi.*

Oblongo-ovalis, postice paulo angustior, apice oblique rotundatus, depressiusculus, supra testaceus, infra obscurior; thorace immaculato, postice in medio breviter acute producto; elytris brunneis, lineolis longitudinalibus in disco, anguste sinuato-undulatis, pallido-ornatis, his lineolis ita dispositis ut ultra medium vitta transversa pallida confuse videatur, lateribus late pallidis.

Long. 3 $\frac{1}{4}$ millim. Larg. 2 millim.

Ovale, un peu allongé, assez sensiblement atténué en arrière, un peu obliquement arrondi à l'extrémité et déprimé. Tête large, testacée; yeux d'un noir glauque, à peine saillants; antennes et palpes jaunâtres. Corselet de la couleur de la tête, au moins trois fois aussi large que long, largement échancré en avant, où il est plus étroit, sinueux à la base, le milieu se prolongeant un peu en pointe mousse sur les élytres, à peine arrondi sur les côtés; les angles antérieurs peu saillants et peu aigus, les postérieurs presque droits. Élytres ovalaires, très-légèrement obconiques, un peu obliquement arrondies à l'extrémité et déprimées; elles sont brunâtres, avec le bord externe très-largement, quelques taches irrégulièrement longitudinales à la base, une bande transversale irrégulière aux trois quarts postérieurs, et quelques lignes onduleuses sur le disque, d'un jaune pâle; la direction des lignes onduleuses du disque est assez vaguement longitudinale, surtout en arrière, où elle est presque confuse; elles présentent aussi en arrière, le long du bord externe, quelques poils blonds sortant de petits points enfoncés; la portion réfléchie est jaunâtre. Le dessous du corps testacé. Les pattes antérieures et intermédiaires jaunâtres, les postérieures testacées.

Il se distingue à peine du *L. Posticus*, avec lequel il a la plus grande analogie. Il est toujours de moitié au moins plus petit, relativement plus étroit et moins foncé en couleur; son corselet est immaculé, et le dessous du corps est testacé.

Il a été trouvé à Bombay, et fait partie de la collection du Muséum et de celle de M. Dupont.

13. Laccophilus Flexuosus. *Mihi.*

Ovalis, apice oblique rotundatus, depressiusculus, pallido-testaceus; thorace postice in medio breviter acute producto; elytris lineolis nigris irregulariter flexuoso-sinuatis, ornatis.

Long. 4 millim. Larg. 2 $\frac{1}{4}$ millim.

Ovale, un peu allongé, assez sensiblement atténué en arrière, un peu obliquement arrondi à l'extrémité et déprimé. Tête large testacée, pâle; yeux d'un noir glauque, à peine saillants; antennes et palpes jaunâtres. Corselet de la couleur de la tête, au moins trois fois aussi large que long, largement échancré en avant, où il est plus étroit, sinueux à la base, le milieu se prolongeant en pointe mousse sur les élytres, à peine arrondi sur les côtés; les angles antérieurs peu saillants et peu aigus, les postérieurs presque droits. Élytres ovalaires, très-légèrement obconiques, un peu obliquement arrondies à l'extrémité et déprimées; elles sont d'un testacé pâle, et couvertes, à l'exception du bord externe, de petites lignes noirâtres étroites, irrégulièrement onduleuses, très-rapprochées les unes des autres et dont la direction principale est longitudinale; ces lignes marchent assez symétriquement par paire, et chaque paire semble être la bordure d'une petite bande onduleuse jaunâtre; aux trois quarts postérieurs, elles offrent une tache transversale sombre, très-vague et à peine perceptible, et présentent aussi en arrière, le long du bord externe, quelques poils blonds sortant de petits points enfoncés; la portion réfléchie, le dessous du corps et les pattes d'un testacé pâle.

Je n'ai vu que deux individus de cette espèce, ils ont été pris à Pondichéry et font partie de la collection du Muséum.

14. Laccophilus Orientalis.

Oblongo-ovalis, postice paulo angustior, apice oblique rotundatus, depressiusculus, supra testaceus, infra obscurior; thorace immaculato, postice in medio breviter acute producto; elytris pallido-testaceis, vitta lata transversa fere in medio maculaque communi ad apicem brunneis, crebre testaceo-irroratis, ornatis.

Laccophilus Orientalis. Dej. *Cat.* 3e *édit.* p. 63.

Long. 3 $\frac{1}{2}$ millim. Larg. 2 $\frac{1}{5}$ millim.

Ovale, un peu allongé, assez sensiblement atténué en arrière, un peu obliquement arrondi à l'extrémité et déprimé. Tête large, jaunâtre; yeux d'un noir glauque, à peine saillants; antennes et palpes jaunâtres. Corselet de la couleur de la tête, au moins trois fois aussi large que long, largement échancré en avant, où il est plus étroit, sinueux à la base, le milieu se prolongeant en pointe mousse sur les élytres, à peine arrondi sur les côtés; les angles antérieurs peu saillants et peu aigus, les postérieurs presque droits. Élytres ovalaires, très-légèrement obconiques, un peu obliquement arrondies à l'extrémité et déprimées; elles sont d'un testacé pâle et marquées d'une large tache transversale brunâtre, prenant naissance un peu en arrière de la base et dépassant un peu le milieu, et d'une autre plus petite un peu arrondie placée le long de la suture qu'elle touche, et où elle se réunit à celle de l'autre côté; ces taches sont elles-mêmes couvertes d'autres petites taches irrégulières de la couleur du fond, assez rapprochées et quelquefois confluentes; elles présentent aussi en arrière, le long du bord externe, quelques poils blonds sortant de petits points enfoncés; la portion réfléchie est jaunâtre. Le dessous du corps testacé, un peu ferrugineux. Les pattes antérieures et intermédiaires jaunâtres, les postérieures testacées.

M. Dejean possède dans sa collection un seul individu de cette espèce, qui a été pris à Java.

15. Laccophilus Ornatus. *Mihi.*

Oblongo-ovalis, apice paulo oblique rotundatus, depressiusculus, pallido-testaceus; thorace postice in medio breviter acute producto; elytris creberrime nigro-irroratis, vitta irregulari transversa ad basin, maculis irregularibus ad latera et apicem lineolisque brevibus in disco, pallido-ornatis.

Long. 4 millim. Larg. 2 $\frac{1}{4}$ millim.

Ovale, allongé, à peine atténué en arrière, arrondi à l'extrémité et déprimé. Tête large, testacée, pâle; yeux d'un noir glauque, à peine saillants; antennes et palpes jaunâtres. Corselet de la couleur de la tête, au moins trois fois aussi large que long, largement échancré en avant, où il est plus étroit, sinueux à la base, le milieu se prolongeant en pointe mousse sur les élytres, à peine arrondi sur les côtés; les angles antérieurs peu saillants et peu aigus, les postérieurs presque droits. Élytres ovalaires, allongées, à peine atténuées en arrière, arrondies à l'extrémité et déprimées; elles sont testacées et couvertes de petites taches irrégulières, brunâtres, confluentes, presque effacées et difficilement perceptibles, de sorte qu'elles paraissent d'un brun un peu clair; le bord externe, l'extrémité dans une assez grande étendue, une bande transversale à la base, et quelques taches de formes différentes conservent la couleur du fond et sont testacés; les taches sont ainsi disposées : deux irrégulières, trapézoïdales, le long de la bordure externe qu'elles touchent; deux ou trois petites, oblongues, un peu au delà du milieu et en dedans de la tache externe postérieure; et enfin une autre un peu allongée, au milieu environ le long de la suture; la bande transversale de la base est irrégulièrement sinueuse et touche le bord externe et la suture; toutes ces taches sont très-bien limitées; elles présentent aussi en arrière, le long du bord externe, quelques poils blonds sortant de petits points enfoncés; la portion réfléchie, le dessous du corps et les pattes d'un testacé pâle.

Je n'ai vu qu'un seul individu de cette espèce, il appartient à M. Buquet, qui l'a reçu de Cayenne.

16. Laccophilus Cayennensis.

Ovatus, apice rotundatus, depressiusculus, rufo-testaceus; thorace postice in medio breviter acute producto; elytris creberrime nigro-irroratis, vitta irregulari transversa ad basin, maculis irregularibus ad latera et apicem lineolisque brevibus in disco, pallido-ornatis.

Laccophilus Cayennensis. Dej. *Cat.* 3e *édit.* p. 63.

Long. 3 $\frac{1}{2}$ millim. Larg. 2 $\frac{1}{4}$ millim.

Ovale, court, un peu atténué en arrière, arrondi à l'extrémité et peu déprimé. Tête large, testacée, un peu rougeâtre; yeux d'un noir glauque, à peine saillants; antennes et palpes jaunâtres. Corselet de la couleur de la tête, très-légèrement assombri en avant et en arrière, trois fois au moins aussi large que long, largement échancré en avant, où il est plus étroit, sinueux à la base, le milieu se prolongeant un peu en pointe mousse sur les élytres, à peine arrondi sur les côtés; les angles antérieurs peu saillants et peu aigus, les postérieurs presque droits. Élytres assez régulièrement ovalaires, un peu atténuées en arrière, arrondies à l'extrémité et peu déprimées; elles sont d'un testacé un peu rougeâtre et couvertes de petites taches irrégulières brunâtres, confluentes, presque effacées et difficilement perceptibles, ce qui les fait paraître d'un brun un peu clair; le bord externe, l'extrémité dans une petite étendue, une bande transversale à la base, et quelques taches de formes différentes conservent la couleur du fond et sont testacés; les taches sont ainsi disposées : deux irrégulièrement trapézoïdales, le long de la bordure externe qu'elles touchent; trois ou quatre petites, linéaires, un peu au delà du milieu et en dedans de la tache externe postérieure; et enfin une ou deux autres allongées, le long de la suture; la bande transversale de la base est irrégulièrement sinueuse, envoie en avant et en dedans, vers la région de l'écusson, un petit prolongement en forme de crochet; toutes ces taches sont irrégulièrement entourées de noir qu'elles semblent avoir repoussé en prenant de l'accroissement; elles présentent aussi en arrière quelques poils blonds sortant de petits points enfoncés; la portion réfléchie est jaunâtre. Le dessous du corps testacé. Les pattes antérieures et intermédiaires jaunâtres, les postérieures testacées.

Cet insecte a été trouvé à Cayenne, et fait partie de la collection de M. Buquet. M. Dupont en possède un individu qui a été pris à la Guadeloupe. M. Dejean, dans sa riche collection, n'a qu'un seul exemplaire de cet insecte qui doit être considéré comme une variété du type de l'espèce. Il est un peu plus petit et un peu plus pâle, et la bande transversale de la base n'envoie pas de petit prolongement en forme de crochet dans la région de l'écusson.

Il ressemble beaucoup au *L. Ornatus*, mais il est moins allongé, relativement beaucoup moins étroit et un peu moins déprimé; les taches des élytres sont aussi moins bien limitées, et celle de l'extrémité est beaucoup plus petite.

17. Laccophilus Undatus.

Ovalis, apice vix oblique rotundatus, depressiusculus, dense et subtile punctulatus, rufo-testaceus; thorace postice in medio breviter acute producto; elytris brunneo-testaceis, vitta irregulari transversa ad basin, altera paulo ultra medium, macula in margine, altera in apice, confuse luteo-ornatis; his omnibus maculis irregulariter nigro-circumcinctis.

Laccophilus Undatus. Dej. *Cat.* 3e *édit.* p. 63.

Long. 4 $\frac{1}{4}$ millim. Larg. 2 $\frac{1}{3}$ millim.

Ovale, un peu allongé, à peine atténué en arrière, arrondi

à l'extrémité et déprimé. Tête large, testacée; yeux d'un noir glauque, à peine saillants; antennes et palpes jaunâtres. Corselet de la couleur de la tête, très-légèrement assombri en avant, au moins trois fois aussi large que long, largement échancré en avant, où il est plus étroit, sinueux à la base, le milieu se prolongeant en pointe mousse sur les élytres, à peine arrondi sur les côtés; les angles antérieurs peu saillants et peu aigus, les postérieurs presque droits. Élytres assez régulièrement ovalaires, un peu allongées, à peine atténuées en arrière, arrondies à l'extrémité et déprimées, couvertes de points très-petits, très-serrés et très-confus, presque chagrinées; elles sont d'un brun clair et marquées, à la base, d'une large tache transversale irrégulière, d'une autre irrégulièrement trapézoïdale, au milieu environ, le long du bord externe qu'elle touche, d'une troisième transversale, irrégulièrement onduleuse, située aux trois quarts postérieurs environ, et enfin d'une quatrième très-petite terminale, tout à fait à l'extrémité; toutes ces taches sont d'un jaune rougeâtre, et assez largement entourées de noir qu'elles semblent avoir repoussé en prenant de l'accroissement; la bande transversale de la base envoie, de son milieu postérieur, un petit prolongement assez large, marqué d'une petite tache noire ovalaire; au-devant de cette même bande transversale existent deux petites taches noirâtres, irrégulières, l'une en dedans près de la région de l'écusson, et l'autre en dehors aux environs de l'épaule; elles présentent aussi en arrière, le long du bord externe, quelques poils blonds sortant de petits points enfoncés; la portion réfléchie est jaunâtre. Le dessous du corps testacé. Les pattes antérieures et intermédiaires jaunâtres, les postérieures testacées.

Il habite les États-Unis d'Amérique.

18. Laccophilus Quadrisignatus.

Ovalis, apice rotundatus, depressiusculus, rufo-testaceus; thorace postice in medio leviter infuscato et breviter acute producto;

elytris brunneis, vitta irregulari transversa ad basin alteraque ultra medium, macula minima ad marginem, altera in apice, luteo-ornatis.

Laccophilus Quadrisignatus. LAP. *Étud. ent.* p. 104.

Long. 3 $\frac{3}{4}$ millim. Larg. 2 $\frac{1}{4}$ millim.

Ovale, à peine attenué en arrière, arrondi à l'extrémité et déprimé. Tête large, testacée; yeux d'un noir glauque, à peine saillants; antennes et palpes jaunâtres. Corselet de la couleur de la tête, légèrement rembruni en arrière, au moins trois fois aussi large que long, largement échancré en avant, où il est plus étroit, sinueux à la base, le milieu se prolongeant en pointe mousse sur les élytres, à peine arrondi sur les côtés; les angles antérieurs peu saillants et peu aigus, les postérieurs presque droits. Élytres assez régulièrement ovalaires, à peine atténuées en arrière, arrondies à l'extrémité et déprimées; elles sont brunâtres, ornées de deux bandes transversales jaunâtres : l'une à la base irrégulièrement onduleuse, un peu plus étroite en dehors qu'en dedans, où elle est coupée un peu obliquement, touchant le bord externe et n'atteignant pas tout à fait la suture; l'autre aux trois quarts postérieurs environ, également onduleuse, touchant aussi le bord externe sans atteindre la suture, plus large en dehors qu'en dedans; entre ces deux bandes existe une petite tache de même couleur le long du bord externe; l'extrémité est également jaunâtre; ces taches sont assez franchement limitées et ressortent bien sur le fond; elles présentent aussi en arrière, le long du bord externe, quelques poils blonds sortant de petits points enfoncés; la portion réfléchie, le dessous du corps et les pattes testacés.

Il fait partie de la collection de M. Buquet, qui l'a reçu de Cayenne.

19. Laccophilus Quadrivittatus. *Mihi.*

Oblongo-ovalis, postice paulo angustior, apice vix oblique rotundatus, depressiusculus, rufo-testaceus; thorace antice et postice infuscato, in medio breviter acute producto; elytris brunneis, vitta irregulari transversa ad basin alteraque pellucida ultra medium, luteo-ornatis; apice anguste luteo.

Long. 3 $\frac{3}{4}$ millim. Larg. 2 $\frac{1}{5}$ millim.

Ovale, un peu allongé, assez sensiblement atténué en arrière et très-obliquement arrondi à l'extrémité. Tête large, testacée, rougeâtre; yeux d'un noir glauque, à peine saillants; antennes et palpes jaunâtres. Corselet de la couleur de la tête, légèrement rembruni en avant et en arrière, au moins trois fois aussi large que long, largement échancré en avant, où il est plus étroit, sinueux à la base, le milieu se prolongeant en pointe mousse sur les élytres, à peine arrondi sur les côtés; les angles antérieurs peu saillants et peu aigus, les postérieurs presque droits. Élytres ovalaires, très-légèrement obconiques, très-peu obliquement arrondies à l'extrémité et déprimées; elles sont d'un brun un peu rougeâtre, offrant à la base une bande transversale jaunâtre, irrégulièrement onduleuse, un peu plus étroite en dehors qu'en dedans, où elle est coupée carrément, touchant le bord externe et n'atteignant pas la suture; aux trois quarts postérieurs existe une tache de même couleur, irrégulière, très-mal limitée et pellucide; l'extrémité est aussi jaunâtre dans une très-petite étendue; elles présentent aussi en arrière, le long du bord externe, quelques poils blonds sortant de petits points enfoncés; la portion réfléchie, le dessous du corps et les pattes testacés; l'abdomen un peu plus foncé.

Ce *Laccophilus* a quelques points de ressemblance avec le *Quadrisignatus*, mais il est plus allongé et relativement plus étroit, surtout en arrière; les taches des élytres sont aussi un peu différentes; la bande de la base est coupée carrément en dedans; la tache qui existe aux trois quarts postérieurs est très-irrégulière et très-mal limitée; et enfin il n'y a aucune trace de la petite tache que l'on observe dans le *Quadrisignatus*, environ au milieu et le long du bord externe.

Je n'ai vu qu'un seul individu de cette espèce; il appartient à M. le comte Dejean, qui l'a reçu de l'intérieur du Brésil.

20. Laccophilus Variegatus.

Oblongo-ovalis, postice paulo angustior, apice rotundatim attenuatus, depressiusculus, rufo-testaceus; thorace postice in medio breviter acute producto, antice et postice nigro; elytris confertissime et creberrime nigro-irroratis, cum lateribus fasciaque ad basin et altera transversa paulo ultra medium, rufo-luteo-ornatis.

Dytiscus Variegatus. Germ. *Faun. Ins. Eur.* Fas. III. t. 6.
Laccophilus Variegatus. Sturm. *Deuts. Faun.* VIII. p. 125. t. 198. fig. a. A.

Long. 4 millim. Larg. 2 $\frac{1}{5}$ millim.

Ovale, allongé, atténué en arrière, arrondi à l'extrémité et déprimé. Tête d'un testacé rougeâtre, très-légèrement rembrunie sur le vertex; yeux noirs, à peine saillants; antennes et palpes testacés. Corselet de la couleur de la tête, noirâtre au milieu du bord antérieur et dans toute l'étendue de la base, trois fois aussi large que long, largement échancré en avant, où il est plus étroit, sinueux à la base, le milieu se prolongeant en pointe très-mousse sur les élytres, à peine arrondi sur les côtés; les angles antérieurs peu saillants et peu aigus, les postérieurs presque droits. Élytres ovalaires, un peu allongées, atténuées en arrière, arrondies à l'extrémité et déprimées; elles sont d'un testacé rougeâtre et couvertes de petites taches irrégulières, noirâtres, très-rapprochées les unes des autres et les faisant paraître d'un brun noirâtre; le bord externe dans toute son étendue et deux taches sur chaque élytre conservent la couleur du fond et sont rougeâtres; ces taches sont ainsi disposées : la première est transversale, irrégulièrement onduleuse, placée un peu au delà de la base et dirigée obliquement de dehors en dedans et de haut en bas; de chaque angle antérieur de cette tache part un petit crochet étroit : ces deux crochets se dirigent en avant en se courbant l'un vers l'autre, se rejoignent souvent, de sorte qu'alors la tache constitue une espèce d'anneau dont la partie postérieure est beaucoup plus large que la partie antérieure; la seconde tache est aussi transversale, irrégulière et placée en arrière au delà du milieu; elles offrent aussi en arrière, le long du bord externe, quelques poils blonds sortant de petits points enfoncés; la portion réfléchie et le dessous du corps d'un testacé un peu rougeâtre. Les pattes antérieures jaunâtres, celles de derrière testacées.

Il se trouve en France, en Allemagne, en Italie et en Espagne.

21. Laccophilus Bicolor.

Ovalis, apice rotundatus, depressiusculus, rufo-testaceus; thorace postice in medio valde acute producto; elytris vitta lata transversa in medio, maculaque ad apicem, nigro-brunneis.

Laccophilus Bicolor. Lap. *Étud. ent.* p. 104.

Long. 4 $\frac{1}{4}$ millim. Larg. 2 $\frac{2}{3}$ millim.

Ovale, arrondi à l'extrémité et déprimé. Tête large, testacée, rougeâtre; yeux d'un noir glauque, à peine saillants; antennes et palpes jaunâtres. Corselet de la couleur de la tête, deux fois et demie environ aussi large que long, largement échancré en avant, où il est plus étroit, sinueux en arrière, le milieu de la base s'avançant très-sensiblement en pointe sur les élytres, à peine arrondi sur les côtés; les angles antérieurs peu saillants et peu aigus, les postérieurs presque droits. Élytres assez régulièrement ovalaires, arrondies à l'extrémité et déprimées; elles sont d'un testacé un peu rougeâtre, offrant au milieu une très-large bande transversale brunâtre, et une très-étroite de la même couleur, tout à fait en arrière, un peu avant l'extrémité; la large bande antérieure est irrégulièrement découpée en avant et en arrière, et présente tout à fait en dehors, le long du bord externe, une petite tache rougeâtre oblongue; elles présentent aussi en arrière, le long du bord externe, quelques poils blonds sortant de petits points enfoncés; la portion réfléchie, le dessous du corps et les pattes testacés.

Le seul individu de cette espèce que j'ai pu observer, appartient à M. Buquet, qui l'a reçu de Cayenne.

22. Laccophilus Pictus.

Ovatus, apice oblique rotundatus, fere truncatus, depressiusculus, pallido-luteus; capite in vertice nigro; thorace postice infuscato, in medio valde acute producto; elytris nigris, duodecim maculis inæqualibus vittaque longitudinali in margine postice valde abbreviata, luteo-pallido-ornatis.

Laccophilus Pictus. Lap. *Étud. ent.* p. 104.

Long. 5 $\frac{1}{2}$ millim. Larg. 3 $\frac{1}{3}$ millim.

Ovale, large, très-obliquement arrondi à l'extrémité, presque tronqué et déprimé. Tête large, pâle, noire en arrière; yeux d'un noir glauque, à peine saillants; antennes et palpes jaunâtres. Corselet de la couleur de la tête, noir en arrière, deux fois et demie environ aussi large que long, largement échancré en avant, où il est plus étroit, sinueux à la base, le milieu s'avançant très-sensiblement en pointe sur les élytres, à peine arrondi sur les côtés; les angles antérieurs peu saillants et peu aigus, les postérieurs presque droits. Élytres ovalaires, larges, très-obliquement arrondies à l'extrémité, presque tronquées et déprimées; elles sont d'un beau noir, marquées de douze taches inégales, et d'une bande longitudinale qui occupe la moitié antérieure du bord externe, d'un jaune pâle; les taches sont ainsi disposées : deux arrondies à la base, l'une près de la région de l'écusson, l'autre aux environs de l'épaule; deux autres oblongues, piriformes, un peu au delà de celles-ci; l'interne répond à l'espace qui sépare les deux premières, et l'externe touche par sa pointe antérieure la bande marginale; trois autres au milieu sur le même plan horizontal, l'intermédiaire plus petite, l'externe touchant la bande marginale; au-dessous des deux plus internes, deux autres très-petites, placées obliquement de dehors en dedans et de haut en bas; aux trois quarts postérieurs, le long du bord externe, une onzième arrondie; et enfin la douzième est irrégulière et située tout à fait en arrière près de l'extrémité; la bande marginale, étroite en avant, est un peu dilatée à son extrémité; elles présentent aussi en arrière, le long du bord externe, quelques poils blonds sortant de petits points enfoncés; la portion réfléchie est noire. Le dessous du corps et les pattes testacés.

Je n'ai vu qu'un seul exemplaire de ce joli *Laccophilus;* il appartient à M. Chevrolat, qui l'a reçu du Mexique.

HYDROPORIDES.

Les insectes qui composent cette tribu sont tous de petite taille, et se distinguent des *Dyticides*, avec lesquels ils ont la plus grande analogie, par la disposition des tarses antérieurs et intermédiaires qui, en apparence, n'offrent que quatre articles distincts, mais qui sont en réalité composés de cinq, le quatrième très-petit, étant caché dans l'échancrure du troisième. Ils offrent aussi cela de particulier, que les mâles se distinguent à peine des femelles, et n'en diffèrent que par un peu plus de largeur dans les trois premiers articles des tarses antérieurs et intermédiaires qui, dans les deux sexes, sont garnis de petites brosses soyeuses. Les *Hydroporides* comprennent deux divisions principales; la première composée d'insectes dont l'écusson est visible : celle-ci ne comprend qu'un seul genre; la seconde présente trois genres différents dont l'écusson est visible. Nous donnons ci-dessous le tableau analytique de cette tribu.

ÉCUSSON
- visible . . . . 1. *Celina.*
- invisible
  - pattes postérieures terminées par deux crochets inégaux. . . . . 2. *Hyphidrus.*
  - pattes postérieures terminées par deux crochets égaux et mobiles; antennes . . . .
    - subuliformes; les trois premiers articles des tarses antér. et intermed. plus de deux fois aussi longs que larges . . . . 3. *Vatellus.*
    - sétacées ; les trois premiers articles des tarses antér. et intermed. moins de deux fois aussi longs que larges. . . . . . 4. *Hydroporus.*

1re DIVISION. *Écusson apparent.*

XX. CELINA. *Aubé.*

HYDROPORUS. *Brullé.*

Palporum articulo ultimo reliquis longiore; prosterno spatuliformi; pedibus posticis unguiculis duobus æqualibus, mobilibus.

Corps ovalaire, très-allongé et assez convexe. Antennes sétacées. Labre étroitement et assez profondément échancré et cilié au milieu. Épistome coupé presque carrément. Menton trilobé, le lobe du milieu très-petit et entier. Mandibules et mâchoires..... Le premier article des palpes maxillaires très-petit, les deux suivants un peu plus longs, presque égaux entre eux, le quatrième le plus long de tous, fusiforme. Languette.... Le premier article des palpes labiaux très-petit, le suivant un peu plus long, le dernier le plus long de tous, fusiforme. Prosternum court, droit, aplati et terminé en une spatule bicanaliculée. Écusson apparent. Élytres ovalaires, allongées, semblables dans les deux sexes. Les trois premiers articles des tarses antérieurs et intermédiaires aussi larges que longs, garnis de petites brosses soyeuses dans les deux sexes; le quatrième très-petit, caché dans l'échancrure du troisième et à peine perceptible. Les jambes antérieures et intermédiaires larges et aplaties, les postérieures longues, grêles, à peine aplaties et ciliées, et terminées par deux crochets égaux et mobiles.

Nous avons établi ce genre dans l'*Iconographie des Coléoptères d'Europe*.

Nous ne connaissons que trois espèces de *Celina*, toutes propres à l'Amérique.

1. Celina Latipes.

Elongato-ovalis, postice valde acuminata, convexa, supra undique valde punctata; capite et thorace rufo-ferrugineis; elytris rufo-piceis.

Hydroporus Latipes. Brullé. *Voy. de M. d'Orbig. dans l'Am. mérid.* t. vi. p. 50.

Celina Latipes. Aubé, *Iconog.* v. p. 220. pl. 26. fig. 1.

Long. 6 millim. Larg. 2 $\frac{2}{3}$ millim.

Ovale, allongé, très-fortement atténué en pointe en arrière et assez convexe. Tête large, rougeâtre, finement pointillée et marquée de chaque côté, entre les yeux et un peu en avant, d'une large dépression arrondie; yeux noirâtres, à peine saillants; antennes et palpes testacés. Corselet de la couleur de la tête, un peu moins de deux fois aussi large que long, largement échancré en avant, où il est à peine plus étroit, légèrement sinueux en arrière, le milieu de la base s'avançant un peu sur l'écusson; les côtés presque droits et étroitement rebordés; les angles antérieurs assez saillants et aigus, les postérieurs droits; il est tout couvert de points assez forts et assez serrés, et présente de chaque côté de la base, un peu en dedans et en avant de l'angle postérieur, une petite fossette assez profonde. Écusson court, large, brunâtre et lisse. Élytres ovalaires, très-allongées, un peu obconiques, très-fortement atténuées en pointe en arrière et assez convexes, brunâtres, avec les bords latéraux et l'extrémité dans une très-petite étendue vaguement rougeâtres; elles sont couvertes de points analogues à ceux du corselet et répandus d'une manière uniforme sur toute leur surface; la portion réfléchie est rougeâtre et ponctuée. Le dessous du corps d'un rouge ferrugineux, avec les flancs brunâtres. Pattes d'un testacé rougeâtre; la poitrine très-fortement ponctuée.

De l'intérieur du Brésil ; il fait partie de la collection du Muséum.

2. Celina Aculeata. *Chevrolat.*

Ovalis, valde elongata, postice acuminata, minus convexa, rufo-ferruginea, elytris obscurioribus, undique punctis inæqualibus tecta, in capite, tenuissimis, rarioribus, vix conspicuis, in thorace, evidentioribus, denique in elytris, valde impressis.

Long. 5 millim. Larg. 2 $\frac{1}{4}$ millim.

Ovale, très-allongé, atténué obliquement en arrière, terminé en pointe à l'extrémité et médiocrement convexe. Tête large, rougeâtre, marquée de chaque côté, entre les yeux et un peu en avant, d'une large dépression arrondie, et d'une petite fossette sur le front; elle présente quelques points infiniment petits et perceptibles seulement à l'aide d'une très-forte loupe; yeux noirâtres, à peine saillants; antennes et palpes testacés. Corselet de la couleur de la tête, très-vaguement rembruni en avant, deux fois aussi large que long, largement échancré en avant, où il est à peine plus étroit, très-faiblement sinueux en arrière, le milieu de la base s'avançant très-peu sur l'écusson; les côtés très-légèrement arrondis et étroitement rebordés; les angles antérieurs assez saillants et aigus, les postérieurs obtus, presque arrondis; il est tout couvert de points très-petits et très-serrés, et présente, en outre, une ligne transversale de points plus forts le long des bords antérieurs et postérieurs; on observe encore de chaque côté de la base, un peu en dedans et en avant de l'angle postérieur, une assez large dépression arrondie, fortement ponctuée. Écusson court, large, brunâtre et lisse. Élytres ovalaires, allongées, marchant presque parallèlement jusque un peu au delà du milieu, se rétrécissant ensuite pour se terminer en pointe à l'extrémité, d'un rouge ferrugineux sombre, avec les bords latéraux et l'extrémité très-vaguement rougeâtres; elles sont couvertes de points enfoncés, assez forts, d'autant plus rapprochés les uns des autres qu'ils sont plus près de l'extrémité; elles présentent, en outre, sur le disque, un peu en dedans, une ligne longitudinale de points plus forts; cette ligne est très-vague et ne peut s'apercevoir que sous un certain jour, et seulement sur leur moitié antérieure; la portion réfléchie est rougeâtre et présente quelques points à peine visibles. Le dessous du corps et les pattes d'un testacé rougeâtre; la poitrine très-vaguement ponctuée.

Il a été trouvé au Brésil, et fait partie de la collection de M. Chevrolat.

Cette espèce ressemble beaucoup à la précédente, mais elle est plus petite, relativement plus étroite et moins convexe; son corselet est plus court, moins fortement ponctué; les élytres sont aussi un peu plus parallèles et un peu plus brusquement atténuées en arrière.

3. Celina Angustata.

Elongato-ovalis subparallela, postice oblique attenuata, acuminata, depressiuscula; capite et thorace rufo-ferrugineis, lævibus; elytris rufo-piceis, punctis minimis sparsim impressis.

Hydroporus Angustatus: Dej. *Cat.* 3e *édit.* p. 65.

Long. 4 millim. Larg. 1 ½ millim.

Ovale, très-allongé, presque parallèle, obliquement atténué en arrière, terminé en pointe à l'extrémité et déprimé. Tête large, rougeâtre, lisse et marquée de chaque côté, entre les yeux et un peu en avant, d'une large dépression arrondie; yeux noirâtres, à peine saillants; antennes et palpes testacés. Corselet de la couleur de la tête, légèrement assombri en avant et en arrière, une fois et demie aussi large que long, largement échancré en avant, où il est à peine plus étroit, coupé presque carrément en arrière; les côtés légèrement arrondis et très-étroitement rebordés; il présente une ligne transversale de points assez forts le long du bord antérieur, quelques points analogues vers les angles postérieurs, et une petite dépression ponctuée de chaque côté de la base, au tiers environ de sa largeur. Écusson triangulaire, brunâtre et lisse. Élytres ovalaires, très-allongées, marchant parallèlement jusqu'aux trois quarts postérieurs de leur longueur, se rétrécissant ensuite assez brusquement pour se terminer en pointe à l'extrémité, d'un brun rougeâtre, avec les bods latéraux et l'extrémité très-vaguement rougeâtres; elles sont couvertes de points assez forts, assez écartés les uns des autres, surtout en avant, et présentent, en outre, sur le disque, un peu en dedans, une ligne longitudinale de points plus forts, assez visible, mais seulement dans sa moitié antérieure; cette ligne correspond en avant à la petite dépression de la base du corselet; la portion réfléchie est lisse et d'un rouge testacé. Le dessous du corps et les pattes de la même couleur; la poitrine est très-vaguement ponctuée latéralement.

Cet insecte a quelques points de ressemblance avec le *C. Aculeata*, mais il est toujours plus petit, sa forme est plus parallèle, et enfin la tête et le disque du corselet sont lisses.

Il se trouve aux États-Unis d'Amérique et à Cayenne.

2e DIVISION. *Écusson invisible.*

XXI. VATELLUS. *Aubé.*

Antennis subuliformibus; palporum articulo ultimo reliquis longiore; prosterno angulato, postice lanceolato; pedibus posticis unguiculis duobus æqualibus mobilibus; tarsorum anticorum et intermediorum articulis tribus primis latitudine plus duplo longioribus.

Corps ovalaire. Antennes subuliformes. Labre très-largement et très-profondément échancré et cilié. Épistome largement échancré, recourbé en avant et caché par le front qui s'avance antérieurement en une carène demi-circulaire. Menton trilobé, le lobe du milieu très-petit, très-étroit et entier. Mandibules et mâchoires..... Le premier article des palpes maxillaires très-petit, les deux suivants à peine plus longs, le quatrième presque aussi long que les trois autres réunis, fusiforme. Languette.... Les deux premiers articles des palpes labiaux très-petits, presque égaux, le troisième un peu plus long, renflé et fusiforme. Prosternum coudé à angle presque droit et terminé en arrière en fer de lance. Écusson invisible. Élytres ovalaires, semblables dans les deux sexes. Les trois premiers articles des tarses antérieurs et intermédiaires plus de deux fois aussi longs que larges, écartés et réunis par un pédicule étroit, garnis de petites brosses spongieuses dans les deux sexes; le quatrième très-petit, caché dans l'échancrure du troisième et à peine perceptible; le dernier long, grêle et nullement engagé dans l'échancrure du troisième. Les pattes postérieures longues, grêles, à peine aplaties, ciliées, et terminées par deux crochets égaux et mobiles.

Je ne connais qu'une seule espèce de ce genre, elle a été trouvée à Cayenne.

1. Vatellus Tarsatus.

Oblongo-ovalis, supra planus, infra convexus, undique coriaceo-punctatus, niger; thorace quadrato, elytris angustiore; pedibus nigro-piceis, femoribus anticis et intermediis ad basin rufo-ferrugineis.

Hydroporus Tarsatus. Lap. *Étud. ent.* p. 106.
Vatellus Tarsatus. Aubé. *Iconog.* v. p. 223. pl. 26. fig. 2.

Long. 5 millim. Larg. 2 $\frac{2}{3}$ millim.

Ovalaire, un peu allongé, aplati en dessus, convexe en dessous, d'un noir mat et entièrement couvert de points enfoncés, très-serrés, d'autant plus forts, qu'on les observe successivement sur la tête, le corselet, les élytres et l'abdomen. Tête petite, aplatie en dessus, arrondie en avant; de chaque côté, entre les yeux et un peu en avant, une petite dépression arrondie; yeux noirâtres, assez saillants; antennes et palpes ferrugineux. Corselet deux fois environ aussi large que long, largement échancré en avant, où il est à peine plus étroit, sinueux en arrière, le milieu de la base s'avançant un peu sur les élytres; les côtés, arrondis en avant vers les angles antérieurs qui sont peu saillants et mousses, rentrent un peu au delà du milieu, ressortent ensuite légèrement vers les angles postérieurs qui sont un peu aigus; il présente en avant, le long du bord antérieur, une strie transversale, et en arrière, un peu au-devant de la base, une large dépression transversale à peine sentie. Élytres régulièrement ovalaires, beaucoup plus larges que le corselet, légèrement déprimées en dessus; la portion réfléchie est couverte de points enfoncés peu nombreux. Les pattes sont d'un noir de poix, avec la base des cuisses antérieures et intermédiaires d'un rouge ferrugineux dans une assez grande étendue.

Il se trouve à Cayenne, d'où il a été rapporté par M. Leprieur.

XXII. HYPHIDRUS. *Illiger.*

DYTISCUS. *Linné.* HYDRACHNA. *Fabricius.* HYDROPORUS. *Clairville.*

Antennis setaceis; palporum articulo ultimo reliquis longiore; prosterno postice vix acuto; pedibus posticis unguiculis duobus inæqualibus superiore fixo; tarsorum anticorum et intermediorum articulis tribus primis latitudine longioribus.

Corps ovoïde, très-court et très-épais. Antennes sétacées, les troisième et quatrième articles un peu plus petits que les autres. Labre coupé presque carrément et cilié. Épistome très-largement et très-peu profondément échancré, caché par le front qui s'avance antérieurement en une carène demi-circulaire. Menton trilobé, le lobe du milieu très-petit et entier. Mandibules bidentées. Mâchoires très-aiguës et ciliées en dedans. Le premier article des palpes maxillaires très-petit; les deux suivants un peu plus longs et presque égaux; le quatrième le plus long de tous, fusiforme. Languette arrondie au sommet. Le premier article des palpes labiaux très-petit; le second beaucoup plus long, obconique; le troisième de la longueur du précédent, fusiforme et renflé. Prosternum arqué et terminé en arrière en une pointe mousse. Les trois premiers articles des tarses antérieurs et intermédiaires une fois et demie aussi longs que larges, très-serrés et garnis de petites brosses spongieuses dans les deux sexes, un peu plus larges dans les mâles; le quatrième très-petit, imperceptible sans analyse; le dernier également très-petit et engagé ainsi que le précédent dans l'échancrure du troisième. Les pattes postérieures longues, grêles, un peu comprimées, ciliées et terminées par deux crochets inégaux dont un seul est mobile.

Illiger, *Magasin*, I. p. 299, fit remarquer que quelques petites espèces de dytiques n'avaient que quatre articles bien visibles aux pattes antérieures et intermédiaires, et proposa de les réunir sous le nom générique d'*Hyphidrus*. Depuis lors Clairville, *Entomologie Helvétique*, II. p. 182, ignorant les travaux d'Illiger, établit aussi ce genre qu'il nomma *Hydroporus*. Latreille, enfin, reconnaissant des caractères particuliers à quelques espèces de ce petit groupe, crut nécessaire de le diviser en deux genres distincts; il conserva au premier le nom que lui avait assigné Illiger, et au second celui donné par Clairville.

Tous les *Hyphidrus* sont de petite taille et se rencontrent dans toutes les parties du monde.

1. Hyphidrus Grandis.

Ovatus, brevis, crassus, vix supra convexus, dense punctatus, rufo-testaceus; thorace antice et postice in medio nigro, lateribus obliquis, tenue reflexis; clytris basi, sutura, fascia media transversa irregulari, macula postica alteraque externa, nigro-ornatis, apice rotundatis, stria disci punctata.

Mas : nitidulus. Femina : subtilius punctata, opaca.

Hyphidrus Grandis. Lap. *Étud. ent.* p. 107.

Long. 6 ½ millim. Larg. 4 ¼ millim.

Ovale, court, épais et très-médiocrement convexe en dessus. Tête d'un testacé rougeâtre, finement pointillée et marquée de chaque côté, entre les yeux et un peu en avant, d'une petite dépression irrégulière peu sensible; le bord antérieur légèrement rebordé; antennes et palpes testacés. Corselet de la couleur de la tête, avec une bande transversale noire le long du bord antérieur dont elle n'occupe pas toute l'étendue, et une tache de même couleur largement bilobée au milieu de la base; il est deux fois aussi large que long, largement échancré en avant, où il est plus étroit, sinueux à la base, dont les côtés sont coupés assez obliquement et le milieu prolongé en pointe mousse sur les élytres; les bords latéraux à peine arrrondis, presque rectilignes et un peu relevés; les angles antérieurs assez saillants et aigus, les postérieurs presque droits et très-légèrement émoussés au sommet; il est couvert de points assez fins et médiocrement serrés. Élytres ovalaires, fortement élargiés en avant, atténuées en arrière, arrondies à l'extrémité, beaucoup plus larges en avant que la base du corselet, et formant, à leur point de réunion avec lui, un angle rentrant presque droit; elles sont d'un testacé rougeâtre, avec la partie interne de la base, la suture, une bande transversale, une tache en arrière de cette bande, et une ou deux autres petites le long du bord externe près de l'extrémité, d'un noir plus ou moins vif; la bande transversale est très-irrégulière, placée au milieu environ, assez éloignée en dehors du bord externe et réunie en dedans à la suture; la tache postérieure située sur la ligne médiane est souvent oblongue et libre de toute adhérence, ou bien dilatée en dehors, pour se réunir à la tache externe qui est étroite, placée sur le bord marginal dont elle occupe le tiers postérieur et est souvent interrompue dans son milieu; elles sont couvertes de points assez forts et assez serrés, et présentent, en outre, à la base et un peu en dedans du milieu, une ligne longitudinale d'autres points plus fins et plus serrés, très-fortement abrégée en arrière, et quelques poils blonds sortant de petits points enfoncés placés en arrière le long du bord externe; la portion réfléchie, le dessous du corps et les pattes d'un testacé rougeâtre. Les trochanters antérieurs des mâles prolongés en pointe très-longue et dépassant un peu la moitié de la longueur des cuisses.

Les femelles sont beaucoup plus finement ponctuées et ternes.

Il se trouve au Sénégal et en Égypte. Il fait partie de la collection du Muséum et de celle de MM. de Laporte et Gory; je l'ai reçu aussi en communication de M. Sollier de Marseille.

2. Hyphidrus Senegalensis.

Ovalis, crassus, supra convexiusculus, sparsim punctatus, niger; capite antice nigro-ferrugineo; thoracis lateribus obliquis, vix nigro-ferrugineis; elytris apice rotundatis, stria disci punctata.

Mas et femina : nitiduli.

Hyphidrus Senegalensis. Lap. *Étud. ent.* p. 106.

Long. 5 $\frac{3}{4}$ millim. Larg. 3 $\frac{2}{3}$ millim.

Ovale, épais et médiocrement convexe en dessus. Tête noirâtre, légèrement ferrugineuse en avant, couverte de points très-fins et très-écartés, et marquée de chaque côté, entre les yeux et un peu en avant, d'une très-petite dépression irrégulière; le bord antérieur très-légèrement rebordé; antennes et palpes ferrugineux. Corselet noir, avec les bords latéraux à peine ferrugineux, deux fois et demie aussi large que long, largement échancré en avant, où il est plus étroit, sinueux à la base, dont les côtés sont coupés un peu obliquement et le milieu prolongé en pointe mousse sur les élytres; les bords latéraux presque rectilignes, un peu obliques et très-légèrement rebordés; les angles antérieurs assez saillants et aigus, les postérieurs également un peu aigus; il est couvert de points assez fins, assez écartés et irrégulièrement répandus sur sa surface. Élytres assez régulièrement ovalaires, arrondies à l'extrémité, aussi larges en avant que la base du corselet, et formant, à leur point de réunion avec lui, un angle rentrant très-ouvert et très-peu sensible; elles sont noires et couvertes de points enfoncés assez fins, assez écartés et irrégulièrement répandus sur toute leur surface; elles présentent, en outre, à la base, un peu en dedans du milieu, une ligne longitudinale d'autres points plus fins et plus serrés, très-fortement abrégée en arrière, et quelques poils rares sortant de petits points enfoncés placés en arrière le long du bord externe; la portion réfléchie, le dessous du corps et les pattes d'un noir plus ou moins ferrugineux; les pattes un peu plus claires.

Les mâles et les femelles sont semblables.

Il se trouve au Sénégal, et fait partie de la collection de MM. Buquet, Gory et Dupont.

3. Hyphidrus Guineensis. *Dupont.*

Ovalis, crassus, supra convexiusculus, dense punctatus, ferrugineus; thoracis lateribus obliquis; elytris obscurioribus, apice rotundatis.

Mas et femina: nitiduli.

Long. 4 ½ millim. Larg. 2 ¾ millim.

Ovale, épais et médiocrement convexe en dessus. Tête d'un ferrugineux plus ou moins foncé, finement ponctuée et marquée de chaque côté, entre les yeux et un peu en avant, d'une petite dépression irrégulière; le bord antérieur rebordé sur les côtés et très-légèrement échancré au milieu; antennes et palpes testacés. Corselet de la couleur de la tête, deux fois et demie aussi large que long, largement échancré en avant, où il est plus étroit, sinueux à la base, dont les côtés sont coupés un peu obliquement et le milieu prolongé en pointe mousse sur les élytres; les bords latéraux presque rectilignes, un peu obliques et très-légèrement rebordés; les angles antérieurs assez saillants et aigus, les postérieurs presque droits; il est couvert de points assez forts et assez serrés, un peu plus fins et plus serrés au milieu du disque et en avant. Élytres assez régulièrement ovalaires, arrondies à l'extrémité, aussi larges en avant que la base du corselet, dont elles continuent l'arc sans former d'angle rentrant sensible à leur point de réunion avec lui; elles sont d'un brun ferrugineux, quelquefois, à très-peu de chose près, de la couleur de la tête et du corselet, quelquefois, au contraire, presque noires, avec les bords latéraux toujours un peu plus clairs; elles sont couvertes de points assez forts, assez régulièrement répandus sur leur surface, et présentent, en outre, quelques poils rares sortant de petits points enfoncés placés en arrière le long du bord externe; la portion réfléchie, le dessous du corps et les pattes ferrugineux.

Les mâles et les femelles sont semblables.

Il se trouve au Sénégal et à la côte de Guinée. Il fait partie de la collection de MM. Chevrolat, Dupont et Buquet.

4. Hyphidrus Cayennensis.

Ovatus, brevis, crassus, convexus, fere sparsim punctulatus, nigro-piceus; capite ferrugineo; thorace ferrugineo, lateribus obliquis; elytris apice rotundatis.

Mas et femina : nitiduli.

Hyphidrus Cayennensis. Lap. *Étud. ent.* p. 107.

Long. 4 millim. Larg. 2 $\frac{3}{4}$ millim.

Ovale, court, épais et convexe. Tête ferrugineuse, finement ponctuée et marquée de chaque côté, entre les yeux et un peu en avant, d'une petite dépression irrégulière à peine sentie; le bord antérieur très-légèrement rebordé; antennes et palpes ferrugineux. Corselet de la couleur de la tête, deux fois et demie aussi large que long, largement échancré en avant, où il est plus étroit, sinueux à la base, dont les côtés sont coupés obliquement et le milieu prolongé en pointe mousse sur les élytres; les bords latéraux presque rectilignes, un peu obliques et à peine rebordés; les angles antérieurs assez saillants et aigus, les postérieurs également un peu aigus; il est presque lisse et n'offre que quelques points rares sur les côtés et en arrière. Élytres ovalaires, assez fortement élargies au milieu, arrondies à l'extrémité, aussi larges en avant que la base du corselet, et formant, à leur point de réunion avec lui, un angle rentrant très-ouvert et peu sensible; elles sont d'un noir de poix et couvertes de points assez fins et très-peu serrés; la portion réfléchie est noirâtre. Le dessous du corps d'un noir ferrugineux. Les pattes ferrugineuses.

Les mâles et les femelles sont semblables.

Il se trouve à Cayenne, et fait partie de la collection de M. Buquet.

5. Hyphidrus Globosus. *Guérin.*

Ovatus, brevis, crassus, convexus, sparsim punctis oblongis impressus, supra nigro-piceus, infra rufo-ferrugineus; thoracis lateribus obliquis; elytris apice rotundatis.

Mas et femina : nitiduli.

Long. 4 millim. Larg. 2 $\frac{3}{4}$ millim.

Ovale, court, épais et convexe. Tête ferrugineuse, irrégulièrement couverte de points assez forts, avec le bord antérieur légèrement rebordé; antennes et palpes testacés. Corselet de la couleur de la tête, mais un peu plus foncé, deux fois et demie aussi large que long, largement échancré en avant, où il est plus étroit, sinueux à la base, dont les côtés sont coupés obliquement et le milieu prolongé en pointe mousse sur les élytres; les bords latéraux presque rectilignes, un peu obliques et à peine rebordés; les angles antérieurs assez saillants et aigus, les postérieurs également un peu aigus; il est irrégulièrement couvert de points inégaux, et dont quelques-uns sont un peu allongés. Élytres ovalaires, assez fortement élargies au milieu, arrondies en arrière, aussi larges en avant que la base du corselet, et formant, à leur point de réunion avec lui, un angle rentrant très-ouvert et peu sensible; elles sont d'un noir de poix, un peu ferrugineux sur les bords, et couvertes de points très-forts, très-fortement enfoncés, un peu oblongs et assez écartés; la portion réfléchie, le dessous du corps et les pattes ferrugineux; les pattes un peu plus claires.

Les mâles et les femelles sont semblables.

Je n'ai vu qu'un individu femelle de cet *Hyphidrus*; il appartient à M. Guérin, qui l'a reçu de Porto-Rico.

6. Hyphidrus Impressus.

Ovatus, brevis, crassus, convexus, dense punctatus, nigro-piceus; capite valde unifoveolato; thoracis lateribus obliquis, rufo-ferrugineis; elytris fasciis duabus transversis vittaque longitudinali postica, rufo-testaceo-ornatis, apice rotundatis.

Mas et femina: nitiduli.

Hyphidrus Impressus. Klug. *Ins. von Madag.* p. 48.
Hyphidrus Obesus. Dej. *Cat.* 3e *édit.* p. 66.

Long. 3 $\frac{3}{4}$ millim. Larg. 2 $\frac{1}{3}$ millim.

Ovale, court, épais et convexe. Tête ferrugineuse, finement ponctuée et marquée au milieu, entre les yeux et un peu avant, d'une très-large et profonde dépression; le bord antérieur assez fortement relevé; antennes et palpes testacés. Corselet d'un brun noirâtre, avec les bords latéraux largement ferrugineux, deux fois et demie aussi large que long; largement échancré en avant, où il est plus étroit, sinueux à la base, dont les côtés sont coupés obliquement et le milieu prolongé en pointe mousse sur les élytres; les bords latéraux presque rectilignes, un peu obliques et légèrement rebordés; les angles antérieurs assez saillants et aigus, les postérieurs également un peu aigus; il est tout couvert de points assez forts et assez serrés. Élytres ovalaires assez fortement élargies au milieu, arrondies à l'extrémité, aussi larges en avant que la base du corselet, dont elles continuent l'arc sans former d'angle rentrant bien sensible à leur point de réunion avec lui; elles sont d'un noir de poix, avec deux bandes transversales et une tache longitudinale irrégulière d'un testacé rougeâtre; la première bande transversale placée à la base est très-large en dehors, où elle touche le bord externe, assez fortement abrégée en dedans, et offre à la région de l'épaule une très-petite tache noirâtre; la seconde, située au milieu environ et plus étroite que la première, touche également le bord externe, est aussi abrégée en dedans, souvent interrompue au milieu et même quelquefois réduite à une tache externe; ces deux bandes transversales se réunissent le long du bord latéral; la tache longitudinale est réunie en avant à la seconde bande transversale, suit jusqu'à l'extrémité le bord externe qu'elle ne touche pas, et est souvent interrompue au milieu; elles sont couvertes de points assez forts, assez serrés et régulièrement répandus sur toute leur surface, et présentent, en outre, quelques poils rares sortant de petits points enfoncés placés en arrière le long du bord externe; la portion réfléchie est testacée. Le dessous du corps et les pattes ferrugineux; les pattes un peu plus claires.

Les mâles et les femelles sont semblables.

Il se trouve à Bourbon, à l'île de France et à Madagascar.

7. Hyphidrus Scriptus.

Ovatus, brevis, crassus, supra convexiusculus, dense inæqualiter punctatus, nigro-piceus; capite rufo-testaceo; thoracis lateribus vix oblique rotundatis, testaceis; elytris rufo-testaceis, basi, sutura fasciis duabus longitudinalibus, irregularibus maculisque externis, nigro-ornatis, apice rotundatis, stria disci punctata.

Mas et femina: nitiduli.

Hydrachna Scripta. Fab. *Syst. Eleut.* I. 257?

Long. 4 millim. Larg. 2 $\frac{3}{4}$ millim.

Ovale, court, épais et assez convexe. Tête d'un testacé jaunâtre, finement ponctuée et marquée de chaque côté, entre les yeux et un peu en avant, d'une petite dépression irrégulière; antennes et palpes testacés. Corselet d'un brun noirâtre, avec les bords latéraux assez largement testacés, deux fois et demie aussi large que long, largement échancré en avant, où il est plus étroit, sinueux à la base, dont les côtés sont coupés obliquement et le milieu prolongé en pointe mousse sur les élytres; les bords latéraux à peine arrondis, un peu obliques et légèrement rebordés; les angles antérieurs assez saillants et aigus, les postérieurs presque droits et émoussés au sommet; il est tout couvert de points inégaux et serrés, plus fins et plus serrés sur le milieu du disque. Élytres ovalaires, assez fortement élargies au milieu, arrondies à l'extrémité, aussi larges en avant que la base du corselet, et formant, à leur point de réunion avec lui, un angle rentrant assez sensible; elles sont testacées, avec la partie interne de la base, la suture, deux bandes longitudinales irrégulières sur le disque, une petite tache humérale et une ou deux autres le long du bord externe, d'un noir de poix : la première bande longitudinale, peu irrégulière, abrégée en avant et en arrière, est placée très-près de la suture, avec laquelle elle est quelquefois réunie sur un ou deux points de son étendue; la seconde est très-irrégulière, resserrée dans son milieu et souvent interrompue dans ce point; les deux taches externes sont un peu allongées et situées un peu en dedans du bord latéral, l'une en deçà du milieu et l'autre un peu au delà; souvent elles sont réunies aux deux divisions de la seconde bande longitudinale; elles sont entièrement couvertes de points assez forts et assez serrés, et présentent, en outre, quelques points plus forts, très-écartés et très-irrégulièrement répandus sur toute la surface; elles offrent encore à la base, un peu en dedans du milieu, une ligne longitudinale d'autres points plus fins et plus serrés, assez fortement abrégée en arrière, et quelques poils rares sortant de petits points enfoncés placés en arrière le long du bord externe; la portion réfléchie est testacée. Le dessous du corps d'un ferrugineux plus ou moins foncé. Les pattes ferrugineuses, avec les tarses rembrunis.

Les mâles et les femelles sont semblables.

Il se trouve à Bourbon.

8. Hyphidrus Distinctus.

Ovatus, brevis, crassus, supra convexiusculus, dense inæqualiter punctatus, nigro-ferrugineus; capite ferrugineo; thoracis lateribus paulo rotundatis, anguste ferrugineis; elytris rufo-testaceis, basi, sutura, fasciis duabus longitudinalibus, irregularibus maculisque externis, confuse nigro-ornatis, apice rotundatis, stria disci punctata.

Mas et femina: nitiduli.

Hyphidrus Distinctus. Dej. *Cat.* 3e *édit.* 66.

Var. β. *Elytris nigro-piceis, fasciis duabus transversis irregularibus, maculis externis lineaque suturali confusissime rufo-ferrugineo-ornatis.*

Long. 4 $\frac{3}{4}$ millim. Larg. 3 millim.

Ovale, court, épais et assez convexe. Tête ferrugineuse, légèrement assombrie à la partie interne des yeux, finement ponctuée et marquée de chaque côté, entre les yeux et un peu en avant, d'une petite dépression irrégulière très-peu sentie; antennes et palpes ferrugineux. Corselet d'un brun noirâtre, avec les bords latéraux étroitement ferrugineux, deux fois et demie aussi large que long, largement échancré en avant, où il est plus étroit, sinueux à la base, dont les côtés sont coupés obliquement et le milieu prolongé en pointe mousse sur les élytres; les bords latéraux très-légèrement arrondis et étroitement rebordés; les angles antérieurs assez saillants et aigus, les postérieurs presque droits et arrondis au sommet; il est très-convexe au milieu, légèrement déprimé en arrière et sur les côtés, et couvert de points inégaux et serrés, plus fins et plus serrés sur le milieu du disque. Élytres ovalaires, assez fortement élargies au milieu, arrondies à l'extrémité, aussi larges en avant que la base du corselet, et formant, à leur point de réunion avec lui, un angle rentrant très-sensible; elles sont d'un testacé ferrugineux, avec la partie interne de la base, la suture, deux bandes longitudinales irrégulières sur le disque, une petite tache humérale et une ou deux autres le long du bord externe, d'un noir de poix : la première bande longitudinale, peu irrégulière, abrégée en avant et en arrière, est placée près de la suture, avec laquelle elle est souvent réunie sur un ou plusieurs points de son étendue; la seconde est très-irrégulière, resserrée dans son milieu et souvent interrompue dans ce point; les deux taches externes sont un peu allongées et situées un peu en dedans du bord latéral, l'une en deçà du milieu et l'autre un peu au delà; souvent elles sont réunies aux deux divisions de la bande longitudinale; toutes ces taches sont quelquefois tellement confluentes, qu'alors les élytres peuvent être considérées comme noires, avec deux bandes transversales, l'une à la base, l'autre au milieu, deux ou trois taches irrégulières et inégales le long du bord externe, et enfin une ligne étroite le long de la suture, très-confusément ferrugineuse (var. β); elles sont entièrement couvertes de points assez forts et assez serrés, et présentent, en outre, quelques points plus forts, très-écartés et très-irrégulièrement répandus sur toute la surface; elles offrent encore à la base, un peu en dedans du milieu, une ligne longitudinale d'autres points plus fins et plus serrés, assez fortement abrégée en arrière, et quelques poils rares sortant de petits points enfoncés placés en arrière le long du bord externe; la portion réfléchie est testacée. Le dessous du corps d'un noir ferrugineux. Les pattes ferrugineuses, avec les tarses noirâtres.

Cette espèce a la plus grande analogie avec la précédente, dont elle n'est peut-être qu'une variété; elle est maculée et ponctuée de la même manière, et ne diffère réellement que par sa couleur un peu plus foncée, sa taille un peu plus grande, son corselet plus convexe au milieu, dont le plan ne se continue pas avec celui des élytres et dont les côtés sont un peu plus arrondis.

Les mâles et les femelles sont semblables.

Il se trouve à Bourbon.

9. Hyphidrus Lyratus.

Ovatus, crassus, supra convexus, dense punctatus, rufo-testaceus; thorace postice in medio nigricante, lateribus obliquis; elytris basi, sutura ante apicem valde dilatata, maculis duabus oblongis in disco alteraque externa ad apicem, confuse nigro-ornatis, apice rotundatis, stria disci impressa.

Mas : vix nitidulus. Femina.....

Hyphidrus Lyratus. Schartz *in Sch. Syn. Ins.* II. p. 29. (note.)

Long. 4 ½ millim. Larg. 3 millim.

Ovale, court, épais et convexe. Tête testacée, très-finement ponctuée et marquée de chaque côté, entre les yeux et un peu en avant, d'une petite dépression irrégulière; le bord antérieur très-légèrement rebordé; antennes et palpes testacés. Corselet de la couleur de la tête, avec une large tache transversale au milieu du bord postérieur, deux fois aussi large que long, largement échancré en avant, où il est plus étroit, sinueux à la base, dont les côtés sont coupés un peu obliquement et le milieu prolongé en pointe mousse sur les élytres; les bords latéraux presque rectilignes, un peu obliques et légèrement rebordés; les angles antérieurs assez saillants et aigus, les postérieurs également un peu aigus; il est tout couvert de points très-fins, très-serrés et assez régulièrement répandus sur toute la surface. Élytres ovalaires, assez élargies au milieu, arrondies à l'extrémité, aussi larges en avant que la base du corselet, et formant, à leur point de réunion avec lui, un angle rentrant excessivement ouvert et à peine sensible; elles sont d'un testacé un peu rougeâtre, avec la partie interne de la base, la suture très-largement dilatée en arrière en une tache sinueuse dans son contour, deux bandes longitudinales sur le disque, et une petite ligne oblique le long du bord externe près de l'extrémité, assez confusément dessinées et d'un brun noirâtre; la bande longitudinale externe est très-près de la suture, abrégée en avant et réunie en arrière à la large tache commune; la seconde est abrégée en avant et en arrière et isolée; elles sont couvertes de points assez fins, très-serrés et assez régulièrement répandus sur toute leur surface, et présentent, en outre, à la base, un peu en dedans du milieu, une strie longitudinale fortement abrégée en arrière, et quelques poils rares sortant de petits points enfoncés placés en arrière le long du bord externe; la portion réfléchie, le dessous du corps et les pattes d'un testacé un peu ferrugineux; le premier segment de l'abdomen présente à son extrémité une petite épine assez saillante, et le dernier une fossette assez large, et deux petits tubercules écartés l'un de l'autre, saillissant légèrement en arrière au delà des élytres.

Je n'ai vu qu'un seul individu mâle de cette espèce; il appartient à M. Dejean et vient des Indes orientales. Je ne sais si l'on retrouve dans les femelles la petite épine, la fossette et les deux petits tubercules que j'ai observés à l'abdomen du mâle.

10. Hyphidrus Ovatus.

Ovatus, brevis, crassus, in medio convexiusculus, antice et postice depressiusculus, dense irregulariter punctatus, rufo-testaceus; thoracis lateribus obliquis; elytris brunneis ad basin et latera confuse rufo-testaceis, apice rotundatis.

Mas: nitidulus. Femina: minor, subtilissime punctulata, opaca.

Dytiscus Ovatus. Linn. *Faun. Suec.* 547.
Oliv. *Ent.* iii. 40. p. 33. pl. 3. fig. 28.

Hydrachna Ovalis. Fab. *Syst. Eleut.* I. 256. ♂.
Hydrachna Gibba. Fab. *Syst. Eleut.* I. 256. ♀.
Hyphidrus Ovalis. Gyl. *Ins. Suec.* I. 518. ♂.
Hyphidrus Gibbus. Gyl. *Ins. Suec.* I. 517. ♀.

Long. 4 à 5 ½ millim. Larg. 3 à 3 ½ millim.

Ovale, court, épais, convexe au milieu et légèrement déprimé en avant et en arrière. Tête d'un testacé un peu rougeâtre, très-finement ponctuée et marquée de chaque côté, entre les yeux et un peu en avant, d'une petite dépression irrégulière et à peine sentie; le bord antérieur très-légèrement rebordé; antennes et palpes testacés. Corselet de la couleur de la tête, à peine deux fois et demie aussi large que long, largement échancré en avant, où il est plus étroit, sinueux à la base, dont les côtés sont coupés obliquement et le milieu prolongé en pointe mousse sur les élytres; les bords latéraux presque rectilignes, un peu obliques et légèrement rebordés; les angles antérieurs assez saillants et aigus, les postérieurs presque droits et émoussés au sommet; il est irrégulièrement couvert de points inégaux, assez forts et assez serrés. Élytres ovalaires, fortement élargies au milieu, arrondies à l'extrémité, aussi larges en avant que la base du corselet, et formant, à leur point de réunion avec lui, un angle rentrant très-ouvert et à peine sensible; elles sont d'un brun un peu ferrugineux, avec la base et le bord externe très-irrégulièrement maculés de testacé un peu rougeâtre; elles sont couvertes de points très-forts, peu serrés et entremêlés d'autres points plus fins, et présentent quelques poils rares sortant de petits points enfoncés placés en arrière le long du bord externe; la portion réfléchie, le dessous du corps et les pattes testacés.

Les femelles sont plus petites, généralement un peu plus claires, beaucoup plus finement ponctuées et ternes.

Il se trouve très-communément dans toute l'Europe.

11. Hyphidrus Variegatus.

Ovatus, brevis, crassus, supra convexiusculus, dense irregulariter punctatus, rufo-testaceus; capite postice nigricante; thorace, præter marginem anticum leviter infuscatum, macula gemina ad basin nigro-notato, lateribus obliquis; elytris basi, sutura, fascia laciniato-sinuata valde irregulari, macula postica, alterisque externis, nigro-ornatis, apice rotundatis, stria suturali impressa.

Mas : nitidulus. Femina : vix punctulata, opaca.

Hyphidrus Variegatus. Aubé. *Iconog.* v. p. 372. pl. 42. fig. 4.

Long. 4 $\frac{1}{4}$ millim. Larg. 3 millim.

Ovale, court, épais et médiocrement convexe en dessus. Tête testacée, avec une large tache noire, échancrée en avant sur le vertex; elle est très-finement ponctuée, et marquée de chaque côté, entre les yeux et un peu en avant, d'une petite dépression irrégulière et à peine sentie; le bord antérieur assez fortement rebordé; antennes et palpes testacés. Corselet de la couleur de la tête, avec une tache noire largement bilobée, au milieu du bord postérieur; il est un peu moins de deux fois et demie aussi large que long, largement échancré en avant, où il est plus étroit, sinueux à la base, dont les côtés sont coupés obliquement et le milieu prolongé en pointe mousse sur les élytres; les bords latéraux rectilignes, obliques et légèrement rebordés; les angles antérieurs assez saillants et aigus, les postérieurs également un peu aigus; il est irrégulièrement couvert de points inégaux, assez forts et serrés. Élytres ovalaires, fortement élargies au milieu, arrondies à l'extrémité, aussi larges en avant que la base du corselet, et formant, à leur point de réunion avec lui, un angle rentrant excessivement ouvert et à peine sensible;

elles sont testacées, avec la partie interne de la base, la suture, une très-large tache discoïdale, très-irrégulièrement sinueuse et laciniée, et quatre autres petites taches le long du bord externe, d'un noir de poix; la tache discoïdale, très-souvent isolée et quelquefois réunie à la suture dans une petite étendue, est très-irrégulière et représente assez confusément deux bandes transversales et une tache postérieure réunies ensemble par quelques points de leur surface; les quatre petites taches externes sont ainsi disposées : une arrondie, dans la région de l'épaule; une autre un peu avant le milieu et souvent réunie à la division antérieure de la grande tache discoïdale; la troisième également linéaire et située un peu au delà du milieu, très-souvent isolée, mais aussi quelquefois réunie à la seconde division de la grande tache; enfin la quatrième est placée tout à fait à l'extrémité; la suture s'élargit un peu au milieu dans le point où elle est quelquefois unie à la tache discoïdale et en arrière, tout à fait à l'extrémité, envoie de chaque côté un petit filet oblique qui va rejoindre la partie externe de la tache apicale, et laisse entre elle et cette tache un petit espace testacé; toutes ces taches sont assez confuses chez les mâles, mais très-distinctes et exactement limitées dans les femelles; elles sont couvertes de points très-forts et peu serrés, entremêlés d'autres points plus fins, et présentent, en outre, le long de la suture, une ligne assez fortement enfoncée; cette ligne suit la suture dans toute son étendue, et tout à fait à l'extrémité se rejette en dehors pour accompagner le petit filet noir oblique; elles offrent encore quelques poils rares sortant de petits points enfoncés placés en arrière le long du bord externe; la portion réfléchie, le dessous du corps et les pattes d'un testacé ferrugineux.

Les femelles sont plus pâles, à peine ponctuées et ternes.

Il habite les contrées méridionales de l'Europe et le nord de l'Afrique.

XXIII. HYDROPORUS. *Clairville.*

Dytiscus. *Linné, Fabricius.* Hyphidrus. *Illiger, Gyllenhal.* Hygrotus. *Stephens.*

Antennis setaceis; palporum articulo ultimo reliquis longiore; prosterno postice acuto; pedibus posticis unguiculis duobus æqualibus mobilibus; tarsorum anticorum et intermediorum articulis tribus primis latitudinis longitudine.

Corps ovalaire et déprimé, ou ovoïde, raccourci et très-convexe. Antennes sétacées, les troisième et quatrième articles souvent plus courts que les autres. Labre plus ou moins échancré et cilié. Épistome peu échancré ou coupé presque carrément, et quelquefois caché par le front qui s'avance antérieurement en une carène demi-circulaire. (*Hyd. Inæqualis, Reticulatus, etc.*) Menton trilobé, le lobe du milieu très-petit et entier. Mandibules bidentées. Mâchoires très-aiguës et ciliées en dedans. Les trois premiers articles des palpes maxillaires courts, le dernier, le plus long de tous, fusiforme (1). Prosternum légèrement comprimé et terminé en pointe. Les trois premiers articles des tarses antérieurs et intermédiaires aussi larges que longs, ou à peine plus longs, garnis de petites brosses soyeuses dans les deux sexes; le quatrième très-petit, caché dans l'échancrure du troisième et très-difficilement perceptible; le dernier assez long et à peine engagé dans l'échancrure du troisième. Les pattes postérieures longues, grêles, un peu comprimées, ciliées et terminées par deux crochets égaux et mobiles.

---

(1) Tous les *Hydroporus* que j'ai examinés ayant la tête marquée, entre les yeux et un peu en avant, d'une petite impression plus ou moins sentie, je négligerai de rappeler ce dernier caractère dans la description de chaque espèce.

Ce genre, comme nous l'avons indiqué plus bas, a été créé par Clairville et maintenu par Latreille. Depuis lors M. Stéphens, dans ses *Illustrations of British entomology*, crut devoir établir un nouveau genre qu'il nomma *Hygrotus*, et qu'il basa sur la forme raccourcie et très-convexe du corps, le dernier article des palpes un peu plus renflé et terminé en pointe, et enfin sur les troisième et quatrième articles des antennes plus courts que les autres. Les deux derniers caractères se représentant dans un assez grand nombre d'autres espèces, la forme plus ou moins convexe n'est plus suffisante pour motiver la création d'un nouveau genre; aussi nous en tiendrons-nous à la division de Latreille.

Les *Hydroporus* sont, comme les *Hyphidrus*, des insectes de petite taille, et se rencontrent aussi sur tous les points du globe.

a. *Tête rebordée en avant.*

1. Hydroporus Inæqualis.

Ovatus, brevis, crassus, convexus, valde punctatus, nitidulus, ferrugineus; thorace antice et postice transversim nigro, lateribus obliquis; elytris basi, fascia suturali magna late sinuata et arcu laterali, nigro-ornatis, apice rotundatis, vix attenuatis.

Dytiscus Inæqualis. Fab. *Ent. Syst.* p. 200. (Varietas.)
Hyphidrus Inæqualis. Var. β. Gyl. *Ins. Suec.* I. p. 519.
Hygrotus Affinis. Steph. *Illust. of Brit. ent.* II. p. 48?

Var. β. *Elytris basi fasciaque suturali maxima late sinuata nigra, lateribus tantum pallidis.*

Dytiscus Inæqualis. Fab. *Ent. Syst.* p. 200.
Hyphidrus Inæqualis. Gyl. *Ins. Suec.* I. p. 519.
Hygrotus Inæqualis. Steph. *Illust. of Brit. ent.* II. p. 48.
Sch. *Syn. Ins.* II. p. 29.

Long. 3 millim. Larg. 2 millim.

Ovale, court, épais et convexe. Tête d'un testacé ferrugineux, légèrement rembrunie en arrière et finement ponctuée; antennes et palpes testacés, à peine assombris à l'extrémité; les troisième et quatrième articles des antennes un peu plus petits que les suivants. Corselet de la couleur de la tête, avec les bords antérieur et postérieur noirs au milieu, un peu plus de deux fois et demie aussi large que long, largement échancré en avant, où il est plus étroit, sinueux à la base, dont les côtés sont coupés très-peu obliquement et le milieu prolongé en pointe mousse sur les élytres; les bords latéraux presque rectilignes et un peu obliques; les angles antérieurs assez saillants et aigus, les postérieurs également un peu aigus; il est couvert de points assez forts et serrés, un peu plus fins et plus espacés sur le milieu du disque. Élytres ovalaires, fortement élargies au milieu environ, atténuées en arrière et arrondies à l'extrémité, un peu plus larges en avant que la base du corselet, et formant, à leur point de réunion avec lui, un angle rentrant très-ouvert et assez sensible; elles sont d'un testacé plus ou moins ferrugineux, avec la partie interne de la base, la suture, et une tache externe arquée et placée un peu en dedans du bord latéral d'un noir vif; la suture est assez étroite en avant et en arrière, très-largement et assez régulièrement dilatée dans son milieu, et marquée un peu avant sa terminaison d'une large tache irrégulièrement sinueuse dans son contour; la tache arquée naît des environs de l'épaule et dépasse un peu le milieu; elles sont couvertes de points assez forts et médiocrement serrés; la portion réfléchie, le dessous du corps et les pattes d'un testacé plus ou moins ferrugineux.

La var. β a les élytres presque entièrement noires, avec une tache transversale un peu au delà de la base, et une bordure marginale très-irrégulière, d'un testacé plus ou moins ferrugineux, ce qui résulte de la confluence latérale de la tache externe avec la suture. Il est cependant à remarquer que les individus de cette variété sont toujours un peu plus petits.

Il se trouve très-communément dans toute l'Europe.

2. Hydroporus Punctatus. *Harris.*

Ovatus, brevis, crassus, convexus, valde punctatus, nitidulus, ferrugineus; thorace antice et postice transversim vix infuscato, lateribus obliquis; elytris paulo obscurioribus, ad basin et suturam umbrosis, apice rotundatis, vix attenuatis.

Hydroporus Inæqualis. Var. Dej. *Cat.* 3e *édit.* p. 65.

Long. 3 millim. Larg. 2 millim.

Ovale, court, épais et convexe. Tête d'un testacé rougeâtre, finement ponctuée; antennes et palpes testacés, les troisième et quatrième articles des antennes un peu plus petits que les suivants. Corselet de la couleur de la tête, avec les bords antérieur et postérieur légèrement rembrunis au milieu, un peu plus de deux fois aussi large que long, largement échancré en avant, où il est plus étroit, sinueux à la base, dont les côtés sont coupés très-peu obliquement et le milieu prolongé en pointe mousse sur les élytres; les bords latéraux presque rectilignes et un peu obliques; les angles antérieurs assez saillants et aigus, les postérieurs également un peu aigus; il est couvert de points assez forts et serrés, un peu plus fins et plus espacés sur le milieu du disque. Élytres ovalaires, fortement élargies au milieu environ, atténuées en arrière et arrondies à l'extrémité, un peu plus larges en avant que la base du corselet, et formant, à leur point de réunion avec lui, un angle rentrant très-ouvert et assez sensible; elles sont ferrugineuses, avec la partie interne de la base et la suture étroitement et très-vaguement rembrunies; elles sont couvertes de points assez forts et médiocrement serrés; la portion réfléchie, le dessous du corps et les pattes ferrugineux, les pattes un peu plus claires.

Cet insecte a la même forme que l'*Inæqualis*, dont il ne

diffère réellement que par la couleur des élytres; sa ponctuation est aussi un peu plus fine et plus serrée.

Il habite l'Amérique du Nord.

3. Hydroporus Reticulatus.

Ovatus, crassus, convexus, punctulatus, nitidulus, testaceus; thorace antice et postice anguste nigricante, lateribus obliquis; elytris basi quatuorque lineis inæqualibus plus minusve confluentibus, præter suturam, utrinque nigro-ornatis, punctis raris majoribus et plurimis minutissimis dense interjectis, apice rotundatim attenuatis.

Dytiscus Reticulatus. Fab. *Syst. Eleut.* I. 273.
Hyphidrus Reticulatus. Gyl. *Ins. Suec.* I. p. 520.
Hygrotus Reticulatus. Steph. *Illust. of Brit. ent.* II. p. 48.

Var. β. *Elytris pallido-testaceis cum basi, sutura quatuorque lineis inæqualibus distinctis, nigro-ornatis.*

Dytiscus Collaris. Panz. *Faun. Germ.* XXVI. fig. 4.
Hyphidrus Reticulatus, Var. β. Gyl. *Ins. Suec.* I. p. 521.
Hygrotus Collaris. Steph. *Illust. of Brit. ent.* II. p. 48.
Sch. *Syn. Ins.* II. p. 30.

Long. 3 $\frac{1}{4}$ millim. Larg. 2 millim.

Ovale, épais et convexe. Tête testacée, très-finement ponctuée, antennes et palpes testacés, les troisième et quatrième articles des antennes un peu plus petits que les suivants. Corselet de la couleur de la tête, avec les bords antérieur et postérieur très-étroitement noirâtres au milieu, deux fois et demie aussi large que long, largement échancré en avant, où il est plus étroit, sinueux à la base, dont les côtés sont coupés très-peu obliquement et le milieu prolongé en pointe mousse sur les élytres; les bords latéraux presque rectilignes et un peu obliques; les angles antérieurs assez saillants et aigus, les postérieurs également un peu aigus; il est finement et assez régulièrement pointillé. Élytres assez régulièrement ovalaires, atténuées en arrière et arrondies à l'extrémité, aussi larges en avant que la base du corselet, et formant, à leur point de réunion avec lui, un angle rentrant très-ouvert et assez sensible; elles sont testacées, avec la partie interne de la base, la suture et quatre lignes inégales d'un noir vif; la première ligne est abrégée en avant et en arrière et souvent interrompue aux deux tiers postérieurs; la seconde très-courte et très-fortement abrégée en avant; la troisième touche presque l'épaule en avant, atteint à peu près les deux tiers postérieurs et est interrompue en arrière; enfin la quatrième est excessivement courte et placée au milieu environ; toutes ces lignes sont très-souvent plus ou moins réunies latéralement, et quelquefois, mais plus rarement, entièrement isolées, ce qui constitue la var. β et devrait, au contraire, être considéré comme le type de l'espèce; elles sont couvertes de points extrêmement fins et très-serrés, et présentent, en outre, quelques autres points très-forts, très-écartés et assez irrégulièrement répandus sur toute leur surface; la portion réfléchie, le dessous du corps et les pattes testacés.

Il se trouve dans presque toute l'Europe.

4. Hydroporus Quinquelineatus.

Ovatus, crassus, convexus, crebre punctatus, nitidus testaceus; thorace postice anguste nigricante, lateribus obliquis; elytris basi quatuorque lineis inæqualibus in disco, præter suturam, utrinque nigro-ornatis, apice rotundatim attenuatis.

Hyphidrus Quinquelineatus. Zett. *Faun. Ins.* Lap. *pars.* 1. p. 235.

Hydroporus Quinquelineatus. Aubé. *Iconog.* v. p. 367. pl. 42. fig. 2.

Long. 3 $\frac{1}{4}$ millim. Larg. 2 millim.

Ovale, épais et convexe. Tête testacée, très-finement ponctuée; antennes et palpes testacés; les troisième et quatrième articles des antennes un peu plus petits que les suivants. Corselet de la couleur de la tête, avec le bord postérieur étroitement noirâtre au milieu, deux fois et demie aussi large que long, largement échancré en avant, où il est plus étroit, sinueux à la base, dont les côtés sont coupés très-peu obliquement et le milieu prolongé en pointe mousse sur les élytres; les bords latéraux presque rectilignes et un peu obliques; les angles antérieurs assez saillants et aigus, les postérieurs également un peu aigus; il est finement et assez régulièrement ponctué. Élytres assez régulièrement ovalaires, atténuées en arrière et arrondies à l'extrémité, un peu plus larges en avant que la base du corselet, et formant, à leur point de réunion avec lui, un angle rentrant très-ouvert et assez sensible; elles sont testacées, avec la partie interne de la base, la suture et quatre lignes inégales d'un noir vif; la première ligne est entière, à peine abrégée en avant et en arrière, souvent même réunie à la tache noire de la base et légèrement déjetée en dehors à son extrémité; la seconde est très-courte, très-fortement abrégée en avant et également déjetée en dehors à son extrémité; la troisième touche la base en avant, atteint à peu près les deux tiers postérieurs et est interrompue en arrière; enfin la quatrième est excessivement courte et placée au milieu environ : toutes ces lignes sont généralement libres et quelquefois légèrement confluentes; elles sont couvertes de points de grosseur inégale et médiocrement serrés; la portion réfléchie, le dessous du corps et les pattes testacés.

Il ressemble beaucoup à l'*Hyd. Reticulatus*, dont il a la taille, la forme et à très-peu de chose près la maculature, mais il en diffère essentiellement par sa ponctuation. Dans le *Reticulatus*, le fond des élytres est couvert d'une ponctuation extrêmement fine et très-serrée, et on observe, en outre, quelques points beaucoup plus forts et très-espacés; dans le *Quinquelineatus*, au contraire, les élytres sont couvertes de points assez forts et médiocrement serrés, et présentent dans leurs intervalles quelques autres points plus petits et également espacés.

Il se trouve en Laponie. M. Dejean possède quatre individus de cette espèce, et moi-même j'en ai eu un exemplaire que je dois à la générosité de M. Mannerheim.

5. Hydroporus Musicus.

Ovatus, crassus, convexus, valde punctatus, nitidulus, ferrugineus; thorace postice nigricante, lateribus obliquis; elytris basi quatuorque lineis plus minusve interruptis in disco, prœter suturam, utrinque nigro-ornatis, apice rotundatim attenuatis.

Hydroporus Musicus. Klug. *Symb. phys.* pl. 33. fig. 12.

Long. 3 millim. Larg. 2 millim.

Ovale, épais et assez convexe. Tête testacée, finement ponctuée; antennes et palpes testacés; les troisième et quatrième articles des antennes un peu plus petits que les suivants. Corselet de la couleur de la tête, avec les bords antérieur et postérieur étroitement noirâtres au milieu, un peu plus de deux fois et demie aussi large que long, largement échancré en avant, où il est plus étroit, sinueux à la base, dont les côtés sont coupés très-peu obliquement et le milieu prolongé en pointe mousse sur les élytres; les bords latéraux presque rectilignes et un peu obliques; les angles antérieurs assez saillants et aigus, les postérieurs également un peu aigus; il est couvert de points assez forts et assez écartés, plus fins et plus espacés sur le milieu du disque. Élytres ovalaires, fortement élargies au milieu, atténuées en arrière et arrondies à l'extrémité, un peu plus larges en avant que la base du corselet, et formant, à leur point de réunion avec lui, un angle rentrant très-ouvert et assez sensible; elles sont testacées, avec la suture, la partie interne de la base, et quatre lignes inégales d'un noir vif; la première et la seconde ligne assez fortement abrégées en avant, très-peu en arrière et interrompues dans leur milieu environ; la seconde un peu plus abrégée en avant que la première, qui quelquefois est entière; la troisième abrégée en avant et en arrière et deux fois interrompue dans sa longueur, un peu en deçà du milieu et un peu au delà; la quatrième, enfin, est excessivement petite et placée au milieu environ; elles sont couvertes de points enfoncés assez forts et médiocrement serrés; la portion réfléchie, le dessous du corps et les pattes testacés.

Il est très-voisin de l'*Hyd. Inæqualis* pour la forme et la ponctuation, mais il en diffère essentiellement par la maculature des élytres.

Il se trouve au mont Sinaï et en Égypte, et fait partie de la collection de M. le comte Dejean et de celle de M. Guérin.

6. Hydroporus Decoratus.

Ovatus, crassus, convexus, valde punctatus, nitidus, ferrugineus; thoracis lateribus obliquis; elytris brunneo-ferrugineis, maculis duabus rufis, utrinque confuse ornatis, postice rotundatim attenuatis.

Hyphidrus Decoratus. Gyl. *Ins. Suec.* II. add. XVI.
Hygrotus Decoratus. Curtis. *Brit. ent.* 531.
Steph. *Illust. of Brit. ent.* II. p. 47.

Long. 2 ½ millim. Larg. 1 ⅝ millim.

Ovale, court, épais et assez convexe. Tête ferrugineuse, finement ponctuée; antennes et palpes ferrugineux, rembrunis à l'extrémité; les troisième et quatrième articles des antennes un peu plus petits que les suivants. Corselet ferrugineux, très-légèrement assombri au milieu et en arrière, deux fois et demie aussi large que long, largement échancré en avant, où il est plus étroit, sinueux à la base, dont les côtés sont coupés un peu obliquement et le milieu prolongé en pointe mousse sur les élytres; les bords latéraux presque rectilignes et un peu obliques; les angles antérieurs assez saillants et aigus, les postérieurs presque droits; il est couvert de points assez forts et assez serrés, plus fins et plus espacés sur le milieu du disque, et présente, en outre, une ligne transversale d'autres points beaucoup plus fins le long du bord antérieur. Élytres ovalaires, assez fortement élargies un peu avant le milieu, attenuées en arrière et étroitement arrondies à l'extrémité, aussi larges en avant que la base du corselet, et formant, à leur point de réunion avec lui, un angle rentrant très-ouvert et très-peu sensible; elles sont d'un brun ferrugineux, avec le bord externe et deux taches transversales qui lui sont réunies d'un testacé rougeâtre; la première est située un peu au delà de la base et fortement abrégée en dedans; la seconde est également abrégée en dedans, placée aux trois quarts postérieurs environ et un peu plus petite que la première; elles sont couvertes de forts points enfoncés, assez écartés, et dans l'intervalle desquels on en observe quelques autres très-petits; la portion réfléchie, le dessous du corps et les pattes ferrugineux.

Il se trouve en France, en Angleterre, en Allemagne et en Suède; il est assez rare partout.

7. Hydroporus Cuspidatus.

Ovatus, brevissimus, convexus, dense punctatus, nitidulus, brunneo-ferrugineus; thorace in medio infuscato, lateribus obliquis; elytris maculis duabus rufis utrinque confuse ornatis, postice rotundatis, apice ipso valde acuminatis.

Hyphidrus Cuspidatus. Kunz. *Ent. Frag.* p. 68.

Hydroporus Cuspidatus. GERM. *Faun. Ins. Eur.* v. t. 4.

Var. β. *Elytris nigro-brunneis, immaculatis.*

Hydroporus Bicolor. DAHL.-DEJ. *Cat.* 3e *édit.* p. 65.

Long. 3 millim. Larg. 2 millim.

Ovale, très-court, épais et assez convexe. Tête ferrugineuse, très-finement pointillée; antennes et palpes ferrugineux; les troisième et quatrième articles des antennes à peine plus petits que les suivants. Corselet ferrugineux, à peine assombri en avant et en arrière, deux fois et demie aussi large que long, largement échancré en avant, où il est plus étroit, sinueux à la base, dont les côtés sont coupés très-obliquement et le milieu prolongé en pointe mousse sur les élytres; les bords latéraux presque rectilignes et obliques; les angles antérieurs assez saillants et aigus, les postérieurs presque droits et légèrement aigus; il est couvert de points assez forts et très-irrégulièrement disposés. Élytres ovalaires, très-courtes, très-largement arrondies en arrière, avec une petite saillie acuminée tout à fait à l'extrémité, aussi larges en avant que la base du corselet, dont elles continuent l'arc sans former d'angle sensible à leur point de réunion avec lui; elles sont d'un brun ferrugineux, avec le bord externe et deux taches transversales qui lui sont réunies d'un brun rougeâtre très-sombre; ces deux taches sont confuses; la première, située un peu au delà de la base, est abrégée en dedans; la seconde est également abrégée en dedans, placée aux trois quarts postérieurs environ et plus petite que la première; elles sont couvertes de points enfoncés assez forts et assez irrégulièrement disposés; l'intervalle compris entre ces points est lisse et luisant dans les mâles et très-finement réticulé dans les femelles; la portion réfléchie, le dessous du corps et les pattes d'un testacé plus ou moins sombre, quelquefois brunâtres.

La var. β est plus foncée en couleur et a les élytres immaculées.

Cet *Hydroporus* a quelques rapports avec le *Decoratus*, mais il est toujours beaucoup plus fort, relativement plus large et plus court, largement arrondi en arrière, avec une petite saillie pointue tout à fait à l'extrémité.

Il se trouve en France, en Italie et en Allemagne. M. le comte Dejean possède dans sa collection quelques individus de cette espèce qui ont été pris dans l'Amérique du Nord, et qu'il a distingués sous le nom d'*Hyd. Gibbosus, Cat.* 3e *édit.* p. 65. Je n'ai pu observer aucune différence entre ces exemplaires et ceux d'Europe, et j'ai cru devoir les réunir au véritable *Cuspidatus*.

8. Hydroporus Convexus.

Ovatus, brevis, in medio valde convexus, postice et præsertim antice depressiusculus, subtile punctulatus, rufo-ferrugineus, nitidus; thoracis lateribus obliquis; elytris obscurioribus, sutura umbrosa, apice rotundatim attenuatis.

Hydroporus Convexus. Dej. *Cat.* 3e *édit.* p. 65.

Long. $1 \frac{4}{5}$ millim. Larg. $1 \frac{1}{4}$ millim.

Ovale, court, épais, assez convexe au milieu et déprimé en avant et en arrière. Tête d'un ferrugineux rougeâtre, presque imperceptiblement pointillée; la partie antérieure de l'épistome légèrement rebordée; les antennes et les palpes testacés; les troisième et quatrième articles des antennes un peu plus petits que les suivants. Corselet de la couleur de la tête, deux fois et demie aussi large que long, largement échancré en avant, où il est beaucoup plus étroit, sinueux à la base, dont les côtés sont coupés très-obliquement et le milieu prolongé en pointe mousse sur les élytres; les bords latéraux presque rectilignes et très-obliques; les angles antérieurs assez saillants et aigus, les postérieurs également un peu aigus; il est couvert de points assez fins et assez irrégulièrement disposés. Élytres ovalaires, assez fortement élargies un peu avant le milieu, atténuées en arrière et étroitement arrondies à l'extrémité, aussi larges en avant que la base du corselet, dont elles continuent l'arc sans former d'angle rentrant sensible à leur point de réunion avec lui; elles sont d'un brun ferrugineux, avec la suture très-légèrement rembrunie, et couvertes de points assez fins et assez serrés; la portion réfléchie, le dessous du corps et les pattes d'un testacé rougeâtre.

Il se trouve aux États-Unis et au Brésil.

Il a quelque analogie avec l'*Hyd. Cuspidatus*, mais il est beaucoup plus petit, moins arrondi, déprimé en avant et en arrière, et n'offre pas de petite pointe saillante à l'extrémité des élytres.

9. Hydroporus Pubipennis.

Ovalis, convexiusculus, subtile punctulatus, tenue pubescens, nitidulus, rufo-ferrugineus; thorace antice in medio nigro-maculato, lateribus obliquis; elytris brunneis, fasciis duabus transversis maculaque apicali irregularibus, confuse ferrugineo-ornatis, apice rotundatis.

Hydroporus Pubipennis. Dej. *Cat.* 3e *édit.* p. 65.

Hydroporus Undatus. Say. *Trans. of the Amer. phil.* II. p. 102?

Long. 4 $\frac{1}{4}$ à 4 $\frac{3}{4}$ millim. Larg. 2 $\frac{1}{3}$ à 2 $\frac{2}{3}$ millim.

Ovale et assez convexe. Tête rougeâtre, finement pointillée, le bord antérieur de l'épistome est très-largement rebordé; antennes et palpes testacés; les troisième et quatrième articles des antennes aussi longs que les suivants, les derniers rembrunis à l'extrémité. Corselet de la couleur de la tête, avec une petite tache arrondie noirâtre au milieu du bord antérieur, le bord postérieur est aussi quelquefois noirâtre au milieu; il est deux fois et demie aussi large que long, largement échancré au milieu, où il est plus étroit, sinueux à la base, dont les côtés sont coupés assez obliquement et le milieu prolongé en pointe mousse sur les élytres; les bords latéraux presque rectilignes et obliques, un peu plus largement rebordés en avant qu'en arrière; les angles antérieurs assez saillants et aigus, les postérieurs presque droits, légèrement aigus et nullement émoussés au sommet; il est très-légèrement pubescent et couvert de points enfoncés assez forts et assez serrés. Élytres ovalaires, légèrement atténuées en arrière, étroitement arrondies à l'extrémité, aussi larges en avant que la base du corselet, dont elles continuent l'arc sans former d'angle rentrant à leur point de réunion avec lui; elles sont noirâtres, avec le bord externe, deux bandes transversales et une tache apicale d'un rouge ferrugineux; la première bande transversale est en zigzag irrégulier et placée un peu en arrière de la base, touchant en dehors le bord externe et n'atteignant pas la suture; la seconde, située un peu au delà du milieu, est irrégulière et souvent réduite à une ou deux petites taches externes; elles sont légèrement pubescentes et couvertes de petits points enfoncés analogues à ceux du corselet; la portion réfléchie, le dessous du corps et les pattes d'un testacé ferrugineux.

Il habite l'Amérique du Nord (États-Unis).

10. Hydroporus Velutinus. *Mihi.*

Ovalis, convexiusculus, subtilissime reticulatus, valde pubescens, opacus, rufo-ferrugineus; thorace vix antice nigro-maculato, lateribus obliquis; elytris brunneis, fasciis duabus transversis maculaque apicali irregularibus, confuse ferrugineo-ornatis, apice anguste rotundatis.

Long. $4 \frac{1}{4}$ à $4 \frac{1}{2}$ millim. Larg. $2 \frac{1}{3}$ à $2 \frac{1}{2}$ millim.

Ovale et assez convexe. Tête rougeâtre, terne, très-finement pointillée, avec le bord antérieur de l'épistome très-largement rebordé; antennes et palpes testacés; les troisième et quatrième articles des antennes aussi longs que les suivants, les derniers noirâtres à l'extrémité. Corselet de la couleur de la tête, également terne, avec une petite tache arrondie assombrie, au milieu du bord antérieur; il est deux fois et demie aussi large que long, largement échancré en avant, où il est plus étroit, sinueux à la base, dont les côtés sont coupés assez obliquement et le milieu prolongé en pointe mousse sur les élytres; les bords latéraux presque rectilignes et obliques, un peu plus largement rebordés en avant qu'en arrière; les angles antérieurs assez saillants et aigus, les postérieurs presque droits, légèrement aigus et nullement émoussés au sommet; il est pubescent et très-finement pointillé et réticulé. Élytres ovalaires, légèrement atténuées en arrière, étroitement arrondies à l'extrémité, aussi larges en avant que la base du corselet, dont elles continuent l'arc sans former d'angle rentrant à leur point de réunion avec lui; elles sont d'un brun noirâtre, avec le bord externe, deux bandes transversales et une tache apicale irrégulière et très-confuse d'un testacé rougeâtre; les deux bandes touchent en dehors le bord externe et n'atteignent pas la suture; la première est placée un peu en arrière de la base, et la seconde un peu au delà du milieu; elles sont fortement pubescentes, ternes et très-finement réticulées; la portion réfléchie, le dessous du corps et les pattes d'un testacé rougeâtre.

Il habite l'Amérique du Nord (États-Unis), et fait partie des collections de MM. de Laporte, Dupont, Reiche et Gory.

Cette espèce a la plus grande analogie avec la précédente, dont elle diffère à peine; elle est un peu plus petite, plus pâle, terne, couverte d'un duvet plus abondant, et enfin elle est à peine ponctuée sur la tête et le corselet, et les élytres ne sont que très-finement réticulées.

11. Hydroporus Proximus. *Mihi.*

Ovalis, paulo obconicus, depressiusculus, punctulatus, vix pubescens, nitidulus, rufo-ferrugineus; thorace antice et postice nigromaculato, lateribus obliquis; elytris nigro-brunneis, fasciis duabus transversis maculaque apicali, rufo-ferrugineo-ornatis, apice attenuato-rotundatis.

Hydroporus Confusus. Dej. *Cat.* 3e *édit.* p. 65 (1).

Long. 3 ½ à 3 ¾ millim. Larg. 2 à 2 ⅕ millim.

Ovale, à peine obconique et très-légèrement déprimé. Tête rougeâtre, finement pointillée, le bord antérieur de l'épistome largement rebordé; antennes et palpes testacés; les troisième et quatrième articles des antennes aussi longs que les suivants, les derniers rembrunis à l'extrémité. Corselet de la couleur de la tête, avec les bords antérieur et postérieur assez largement noirâtres au milieu; il est deux fois et demie aussi large que long, largement échancré en avant, où il est plus étroit, sinueux à la base, dont les côtés sont coupés assez obliquement et le milieu légèrement prolongé en pointe mousse sur les élytres; les bords latéraux presque rectilignes et obliques, un peu plus largement rebordés en avant qu'en arrière; les angles antérieurs assez saillants et aigus, les postérieurs presque droits, légèrement aigus et nullement émoussés au sommet; il est à peine pubescent et couvert de points assez forts et assez serrés. Élytres ovalaires, très-légèrement obconiques et étroitement arrondies à l'extrémité, aussi larges en avant que la base du corselet, dont elles continuent l'arc sans former d'angle ren-

(1) J'ai été obligé de changer le nom que M. Dejean a donné à cet insecte; M. Klug ayant décrit dans les *Symb. physic.* un *Hydroporus* de Syrie, qu'il a nommé *Hyd. Confusus.*

trant à leur point de réunion avec lui; elles sont noirâtres, avec le bord externe, deux bandes transversales et une tache apicale d'un rouge ferrugineux; souvent les deux bandes ne touchent ni la suture ni le bord externe, et sont alors réduites à une ou deux petites taches externes; elles sont à peine pubescentes et couvertes de points enfoncés analogues à ceux du corselet, mais un peu plus forts et plus écartés; la portion réfléchie, le dessous du corps et les pattes d'un testacé ferrugineux.

Il habite l'Amérique du Nord (États-Unis).

Il ressemble au *Pubipennis*, mais il est beaucoup plus petit, plus déprimé, très-légèrement obconique, moins pubescent, et enfin la ponctuation des élytres est plus forte et plus écartée.

12. Hydroporus Punctatissimus.

Ovalis, obconicus, depressiusculus, punctulatus, pubescens, vix nitidulus, supra nigro-brunneus, infra brunneo-ferrugineus; capite ferrugineo; thorace brunneo-ferrugineo, in medio confuse infuscato, lateribus oblique paulo rotundatis; elytris nigro-ferrugineis, apice attenuato-rotundatis.

Hydroporus Punctatissimus. Dej. *Cat.* 3e *édit.* p. 65.

Long. 4 ¼ millim. Larg. 2 ⅓ millim.

Ovale, un peu raccourci, obconique et sensiblement déprimé. Tête ferrugineuse, finement pointillée; le bord antérieur de l'épistome largement rebordé; antennes......; palpes ferrugineux. Corselet d'un brun ferrugineux, un peu plus sombre au milieu, près de trois fois aussi large que long, largement échancré en avant, où il est beaucoup plus étroit, sinueux à la base, dont les côtés sont coupés assez obliquement et le milieu prolongé en pointe mousse sur les élytres;

les bords latéraux très-obliques, un peu arrondis, rebordés un peu plus largement en avant qu'en arrière; les angles antérieurs assez saillants et aigus, les postérieurs également un peu aigus; il est à peine pubescent et couvert de petits points enfoncés très-serrés, surtout sur le milieu du disque. Élytres ovalaires, obconiques, étroitement arrondies à l'extrémité, aussi larges en avant que la base du corselet, dont elles continuent l'arc sans former d'angle rentrant à leur point de réunion avec lui; elles sont d'un noir ferrugineux, à peine pubescentes et couvertes de petits points enfoncés analogues à ceux du corselet; la portion réfléchie est d'un brun ferrugineux. Le dessous du corps et les pattes ferrugineux, les pattes un peu plus claires, surtout les quatre antérieures.

Je n'ai vu qu'un seul individu de cette espèce, il fait partie de la collection de M. le comte Dejean, qui l'a reçu des États-Unis d'Amérique.

b. *Tête non rebordée en avant.*

* *Élytres avec une ou deux côtes saillantes bien sensibles.*

13. Hydroporus Carinatus.

Oblongo-ovalis, depressiusculus, supra nigro-brunneus, infra testaceo-ferrugineus, opacus; capite rufo-ferrugineo; thorace ad latera late rotundato, marginibus late, maculaque minima in disco rufo-testaceis; elytris fascia transversa ad basin, altera ultra medium, vitta irregulari ad marginem, maculaque apicali, confuse rufo-testaceo-ornatis, in medio disco costa valde elevata, apice denticulatis.

Hydroporus Carinatus. Dej.-Aubé. *Iconog.* v. p. 238. pl. 27. fig. 5.

Long. 5 ¼ millim. Larg. 2 ¾ millim.

Ovale, un peu allongé et très-légèrement déprimé. Tête d'un rouge ferrugineux, terne, finement réticulée; antennes et palpes testacés, avec les derniers articles noirâtres à l'extrémité; les troisième et quatrième articles des antennes aussi longs que les suivants. Corselet d'un brun noirâtre, terne, avec les bords latéraux largement ferrugineux, et une petite tache de même couleur sur le milieu du disque; il est court, transversal, deux fois et demie aussi large que long, largement échancré en avant, où il est à peine plus étroit, sinueux à la base, dont les côtés sont coupés très-peu obliquement et le milieu prolongé en pointe mousse sur les élytres; les bords latéraux très-largement arrondis; les angles antérieurs assez saillants et aigus, les postérieurs arrondis; il est réticulé comme la tête. Élytres ovalaires, allongées, présentant, chacune près de l'extrémité, une petite dent assez saillante, moins larges en avant que le milieu du corselet, et formant, à leur point de réunion avec lui, un angle rentrant très-marqué; elles sont d'un brun noirâtre, ternes, avec le bord externe, une large bande transversale à la base, une autre plus petite placée en dehors aux deux tiers postérieurs environ, et une tache tout à fait à l'extrémité, d'un testacé rougeâtre; la bande de la base est irrégulièrement découpée en arrière, et envoie postérieurement une ou deux petites lignes de même couleur très-vagues qui atteignent presque la bande postérieure; elles sont assez fortement réticulées, et présentent au milieu du disque une côte longitudinale un peu arquée en dedans, très-élevée et qui en occupe presque toute l'étendue, et, en outre, une strie assez enfoncée le long de la suture; la portion réfléchie, le dessous du corps et les pattes d'un testacé ferrugineux.

Je n'ai vu qu'un seul individu de ce curieux *Hydroporus*; il appartient à M. le comte Dejean, qui l'a pris en Espagne.

14. Hydroporus Quadricostatus. *Mihi.*

Elongato-ovalis, subdepressus, rufo-ferrugineus; thorace ad latera rotundato, postice transversim valde depresso; elytris nigris, fasciis tribus transversis maculaque apicali testaceo-ornatis, costa valde elevata in medio disco cum altera externa postice conjuncta, apice late rotundatis.

Long. 3 $\frac{1}{2}$ millim. Larg. 1 $\frac{1}{5}$ millim.

Ovale, allongé et déprimé. Tête ferrugineuse, légèrement rembrunie en avant, finement ponctuée; antennes et palpes testacés; les troisième et quatrième articles des antennes un peu plus petits que les suivants. Corselet de la couleur de la tête, avec le bord antérieur noirâtre au milieu et le bord postérieur dans toute son étendue; il est un peu plus de deux fois aussi large que long, largement échancré en avant, où il est à peine plus étroit, coupé presque carrément à la base, le milieu s'avançant à peine sur les élytres; les bords latéraux arrondis; les angles antérieurs assez saillants et aigus, les postérieurs droits; il est un peu convexe au milieu, faiblement déprimé de chaque côté, très-fortement en arrière et entièrement couvert de petits points assez fortement enfoncés et très-serrés. Élytres ovalaires, allongées, légèrement élargies au delà du milieu, largement arrondies en arrière et très-faiblement acuminées à l'extrémité, aussi larges en avant que la base du corselet, et formant, à leur point de réunion avec lui, un angle rentrant très-marqué; elles sont noires, avec trois bandes transversales et une tache terminale très-irrégulière d'un jaune testacé; les bandes sont ainsi disposées : une très-petite à la base et souvent interrompue; une autre très-large en dehors, étroite en dedans et placée un peu avant le milieu; et enfin la troisième, de même forme que la seconde, est située un peu au delà du milieu; elles sont couvertes de petits points analogues à ceux du corselet, mais un peu plus forts et moins serrés, et présentent, en outre, sur le disque, deux côtes longitudinales très-élevées, légèrement arquées en dedans, l'une au milieu environ et la seconde un peu en dehors; ces côtes n'atteignent que les trois quarts postérieurs des élytres et sont réunies en arrière; l'espace compris entre la suture et la première côte et celui qui existe entre les deux côtes sont enfoncés et presque canaliculés; la suture est légèrement élevée; la portion réfléchie est brunâtre et fortement ponctuée. Le dessous du corps d'un rouge ferrugineux. Les pattes d'un testacé rougeâtre.

Je n'ai vu que deux individus de ce joli *Hydroporus;* ils font tous deux partie de la collection du Muséum, et ont été pris à Bombay.

15. Hydroporus Bicarinatus.

Ovatus, crassus, subdepressus, subtile et dense punctulatus, supra testaceo-albidus, infra brunneo-testaceus; capite brunneo, antice ferrugineo; thorace late antice et postice nigro, ad basin plica elevata obliqua, lateribus obliquis; elytris basi, sutura vittisque duabus transversis bicruciatim nigro-ornatis, in disco utrinque bicostatis, apice abrupte attenuatis.

Hydroporus Bicarinatus. Clairv. *Ent. Helvét.* p. 186.

Dytiscus Bicarinatus. Drap. Ann. gén. des scien. phys. i. p. 290. pl. xi. fig. 1.

Hyphidrus Costatus. Gyl. *in Sch. Syn. Ins.* ii. p. 31. (note).

Hydroporus Crispatus. Germ. *Faun. Ins. Europ.* xi. t. 1.

Hydroporus Cristatus. Lacord. *Faun. ent.* i. p. 335.

Long. 2 $\frac{1}{5}$ millim. Larg. 1 $\frac{1}{4}$ millim.

Ovale, court, épais et déprimé en dessus. Tête d'un brun

ferrugineux, plus claire vers la bouche, très-visiblement pointillée en arrière, presque lisse en avant; antennes et palpes testacés, avec les derniers articles rembrunis à l'extrémité; les troisième et quatrième articles des antennes plus petits que les suivants. Corselet testacé, avec les bords antérieur et postérieur assez largement noirâtres, deux fois et demie aussi large que long, largement échancré en avant, où il est plus étroit, sinueux à la base, dont les côtés sont coupés un peu obliquement et le milieu prolongé en pointe mousse sur les élytres; les bords latéraux presque rectilignes et un peu obliques; les angles antérieurs assez saillants et aigus, les postérieurs presque droits; il est couvert de points très-fins et assez serrés, et présente, en outre, de chaque côté de la base, au tiers environ de sa largeur, un petit pli longitudinal un peu oblique en dedans. Élytres ovalaires, élargies au milieu, brusquement atténuées en arrière et assez étroitement arrondies à l'extrémité, aussi larges en avant que la base du corselet, et formant, à leur point de réunion avec lui, un angle rentrant très-ouvert et peu sensible; elles sont d'un testacé blanchâtre, avec la suture, la partie interne de la base et deux bandes transversales noires; la première bande est située au milieu, touche la suture et le bord externe; la seconde touche la suture seulement, souvent est complétement isolée et réduite à une simple petite tache irrégulière, manque même quelquefois complétement, et alors la bande antérieure est elle-même une ou deux fois interrompue; elles sont couvertes de points très-petits et très-serrés, et présentent, en outre, deux petites côtes saillantes; l'une, au milieu environ, naît de la base, semble faire suite au pli du corselet et atteint environ les deux tiers postérieurs des élytres; l'autre, moins élevée et un peu plus longue, est placée tout à fait en dehors le long du bord externe; la suture est aussi un peu relevée en côte saillante; la portion réfléchie est testacée. Le dessous du corps d'un brun ferrugineux. Les pattes testacées, avec les tarses légèrement rembrunis.

Il se trouve en France, en Suisse, en Italie; il se rencontre aussi en Barbarie.

16. Hydroporus Exiguus.

Ovatus, crassus, subdepressus, valde punctulatus, nitidulus, testaceus; thorace vix postice nigricante, ad basin utrinque plica elevata arcuata, lateribus paulo oblique rotundatis; elytris fuscis, confuse testaceo-marmoratis, in disco uni-costatis, apice rotundatim attenuatis.

Hydroporus Exiguus. Dej. *Cat.* 3e *édit.* p. 65.

Long. 1 $\frac{1}{2}$ millim. Larg. $\frac{3}{4}$ millim.

Ovale, court, épais et déprimé en dessus. Tête d'un testacé pâle, légèrement rembrunie en dedans des yeux, presque imperceptiblement pointillée; antennes et palpes testacés; les troisième et quatrième articles des antennes un peu plus petits que les suivants. Corselet de la couleur de la tête, avec les bords antérieur et postérieur très-légèrement et très-étroitement assombris au milieu, deux fois et demie aussi large que long, largement échancré en avant, où il est un peu plus étroit, sinueux à la base, dont les côtés sont coupés très-peu obliquement et le milieu prolongé en pointe mousse sur les élytres; les bords latéraux très-légèrement arrondis; les angles antérieurs assez saillants et aigus, les postérieurs presque droits et un peu aigus; il est presque entièrement lisse, avec quelques points vers les angles postérieurs, et présente, de chaque côté de la base, au tiers environ de sa largeur, un petit pli obliquement arqué en dedans, et entre ces deux petits plis, une petite dépression transversale très-étroite, tout à fait en arrière le long du bord postérieur dont elle suit le contour. Élytres ovalaires, légèrement élargies au milieu, sensiblement atténuées en arrière et étroitement arrondies à l'extrémité, aussi larges en avant que la base du corselet, et formant, à leur point de réunion avec lui, un angle rentrant excessivement ouvert et à peine sensible; elles sont brunâtres, avec le bord externe et quelques marbrures irrégulières d'un testacé un peu ferrugineux; elles sont couvertes de points enfoncés assez forts et très-médiocrement serrés, et offrent, en outre, à la base, une côte saillante longitudinale qui atteint leurs trois quarts postérieurs, et semble faire suite au pli qui existe sur le corselet; en dedans de cette côte, et très-près d'elle, il en existe une autre très-peu élevée et à peine visible; la suture est aussi un peu relevée en côte saillante; la portion réfléchie, le dessous du corps et les pattes testacés.

Il se trouve dans l'Amérique du Nord (États-Unis).

** *Élytres sans côtes saillantes; corselet ayant à la base une strie qui se continue sur les élytres.*

17. Hydroporus Geminus.

Oblongo-ovalis, depressiusculus, subtile punctulatus, niger; thorace rufo-ferrugineo, antice et postice confuse nigro, ad basin striola minima in elytris continuata utrinque valde impresso, lateribus obliquis; elytris pallidis, cum basi, sutura fasciaque lata transversa valde dentata, nigro-piceis, ad suturam valde unistriatis, apice rotundatis.

Dytiscus Geminus. Fab. *Syst. Eleut.* I. p. 272.
Dytiscus Trifidus. Panz. *Faun. Germ.* XXVI. fig. 2.
Dytiscus Pygmæus. Oliv. *Ent.* III. 40. p. 39. pl. 5. fig. 45. a.b.
Dytiscus Monaulacus. Drap. *Ann. gén. des sc. phys.* t. III. p. 270. pl. 40. fig. 5.
Hyphidrus Geminus. Gyl. *Ins. Suec.* I. p. 542.
Sch. *Syn. Ins.* II. p. 32.

Long. 2 $\frac{1}{2}$ millim. Larg. 1 $\frac{1}{4}$ millim.

Ovale, légèrement allongé et un peu déprimé. Tête noire, à peine ferrugineuse antérieurement, presque imperceptiblement pointillée; antennes et palpes testacés à la base, noirâtres à l'extrémité; les troisième et quatrième articles des antennes un peu plus petits que les suivants. Corselet ferrugineux, avec les bords antérieur et postérieur très-confusément bordés de noir, deux fois et demie aussi large que long, largement échancré en avant, où il est plus étroit, sinueux à la base, dont les côtés sont coupés très-peu obliquement et le milieu prolongé en pointe mousse sur les élytres; les bords latéraux presque rectilignes et un peu obliques; les angles antérieurs assez saillants et aigus, les postérieurs presque droits et légèrement émoussés au sommet; il est finement ponctué, et présente, de chaque côté de la base, au tiers environ de sa largeur, une petite strie longitudinale un peu oblique en dedans et assez fortement enfoncée. Élytres ovalaires, très-légèrement allongées, assez largement arrondies à l'extrémité, aussi larges en avant que la base du corselet, et formant, à leur point de réunion avec lui, un angle rentrant très-ouvert et peu sensible; elles sont d'un testacé pâle, avec la base et la suture noirâtres, et une très-large tache de même couleur, fortement dentée en avant et placée en arrière un peu au delà du milieu; elle présente elle-même, à son côté externe et postérieur, une autre petite tache oblongue de la couleur du fond; la grandeur de la tache discoïdale est très-variable, tantôt elle est fort petite et laisse en avant et sur les côtés un très-grand espace testacé, tantôt, au contraire, elle touche en dehors le bord externe et se réunit en avant par ses dentelures à la base, de sorte qu'alors les élytres sont noires et présentent trois ou quatre petites taches oblongues placées transversalement un peu au delà de la base, une ou deux autres très-petites le long du bord externe, et enfin une dernière irrégulière tout à fait à l'extrémité; elles sont couvertes de très-petits points assez serrés, et présentent, en outre, une strie longitudinale assez fortement enfoncée, le long de la suture, et une autre extrêmement courte à la base et qui semble faire suite à celle qui existe sur le corselet; la portion réfléchie est testacée. Le dessous du corps noir. Les pattes d'un testacé un peu ferrugineux.

Il est très-commun dans toute l'Europe; il se trouve aussi dans le nord de l'Afrique, et jusqu'en Égypte.

18. Hydroporus Minutissimus.

Elongato-ovalis, depressiusculus, subtilissime punctulatus, supra luteo-testaceus, infra nigro-ferrugineus; capite ferrugineo, infuscato; thorace ad basin striola minima in elytris continuata utrinque valde impresso, lateribus paulo rotundatis; elytris fasciis tribus transversis sutura connexis, nigro-ornatis, ad suturam valde unistriatis, apice rotundatis.

Hydroporus Minutissimus. Dej.-Germ. *Ins. Nov. Spec.* pag. 31.

Dej.-Germ. *Faun. Ins. Europ.* viii. t. 8.

Long. 2 millim. Larg. $\frac{7}{8}$ millim.

Ovale, allongé et déprimé. Tête d'un testacé ferrugineux, quelquefois noirâtre, presque imperceptiblement pointillée; antennes et palpes testacés, légèrement rembrunis à l'extrémité; les troisième et quatrième articles des antennes un peu plus petits que les autres. Corselet testacé, légèrement rembruni en avant et en arrière, deux fois et demie aussi large que long, largement échancré en avant, où est il un peu plus étroit, sinueux à la base, dont les côtés sont coupés presque carrément et le milieu prolongé en pointe mousse sur les élytres; les bords latéraux légèrement arrondis; les angles antérieurs assez saillants et aigus, les postérieurs droits; il est très-finement ponctué, et présente, de chaque côté de la base, au tiers environ de sa largeur, une petite strie longitudinale un peu oblique en dedans et assez fortement enfoncée. Élytres ovalaires, allongées, assez largement arrondies à l'extrémité, aussi larges en avant que la base du corselet, et formant, à leur point de réunion avec lui, un angle rentrant assez sensible; elles sont d'un jaune testacé, avec la suture et trois bandes transversales onduleuses noirâtres; la première bande transversale placée à la base, qu'elle touche dans toute son étendue; la seconde, au milieu environ, se réunit également à la suture, mais ne touche pas tout à fait le bord externe; la troisième est située aux trois quarts postérieurs environ et se comporte comme la précédente, relativement au bord externe et à la suture; souvent aussi cette bande est interrompue au milieu, et quelquefois même réduite à une très-petite tache externe; elles sont très-finement pointillées, et présentent une strie longitudinale assez fortement enfoncée le long de la suture, et une autre à la base, qui semble faire suite à celle qui existe sur le corselet; elle est légèrement oblique en dedans et atteint à peu près la moitié de la longueur des élytres; la portion réfléchie est testacée. Le dessous du corps noirâtre. Les pattes testacées.

Il se trouve dans le midi de la France, en Espagne, et probablement aussi dans les autres contrées méridionales de l'Europe. J'en possède un individu pris en Syrie, et un autre d'Arménie; ces deux exemplaires sont un peu plus foncés que ceux qui se trouvent dans le midi de la France.

19. Hydroporus Pulicarius.

Oblongo-ovalis, depressiusculus, subtilissime reticulato-punctulatus, opacus, supra fusco-brunneus, infra testaceus; capite testaceo-ferrugineo, in vertice umbroso; thorace in medio vix infuscato, ad basin striola minima in elytris continuata utrinque valde impresso, lateribus paulo rotundatis; elytris fusco-brunneis, cum fascia transversa postica obscuriore vix conspicua, apice rotundatis.

Hydroporus Pulicarius. DEJ. *Cat.* 3ᵉ *édit.* p. 65.

Hydroporus Lacustris. SAY. *Trans. of the Amer. phil.* II. p. 103?

Long. 1 $\frac{7}{8}$ millim. Larg. $\frac{7}{8}$ millim.

Ovale, un peu allongé et déprimé. Tête terne, d'un testacé ferrugineux, légèrement rembrunie sur le vertex, presque imperceptiblement réticulée; antennes et palpes testacés, légèrement rembrunis à l'extrémité; les troisième et quatrième articles des antennes un peu plus petits que les suivants. Corselet terne, testacé, à peine rembruni au milieu, deux fois et demie aussi large que long, largement échancré en avant, où il est un peu plus étroit, sinueux à la base, dont les côtés sont coupés très-peu obliquement et le milieu prolongé en pointe mousse sur les élytres; les bords latéraux légèrement arrondis; les angles antérieurs assez saillants et aigus, les postérieurs droits; il est très-finement ponctué et réticulé, et présente, de chaque côté de la base, au tiers environ de sa largeur, une petite strie longitudinale un peu oblique en dedans et assez fortement enfoncée. Élytres ovalaires, très-peu allongées, assez largement arrondies à l'extrémité, aussi larges en avant que la base du corselet, et formant, à leur point de réunion avec lui, un angle rentrant assez sensible; elles sont ternes, assez uniformément brunâtres, présentant cependant aux trois quarts postérieurs une bande transversale irrégulière un peu plus foncée et une petite tache le long du bord externe; cette maculature n'est réellement saisissable que sur les jeunes individus, dont le fond des élytres est un peu plus clair; elles sont finement pointillées et réticulées, et présentent une strie longitudinale assez fortement enfoncée tout le long de la suture, et une autre très-petite à la base, qui semble faire suite à celle qui existe sur le corselet; la portion réfléchie, le dessous du corps et les pattes testacés.

Il se trouve aux États-Unis d'Amérique.

20. Hydroporus Nanus.

Elongato-ovalis, depressiusculus, valde punctatus, nitidus, testaceo-brunneus; capite in vertice infuscato; thorace testaceo, in medio nigricante, ad basin striola minima in elytris continuata utrinque valde impresso, lateribus paulo rotundatis; elytris brunneis, confuse testaceo-marmoratis, apice rotundatim attenuatis.

Hydroporus Nanus. Dej. *Cat.* 3ᵉ *édit.* p. 65.

Hydroporus Affinis: Say. *Trans. of the Amer. phil.* II. p. 104?

Long. 2 $\frac{1}{8}$ millim. Larg. 1 millim.

Ovale, assez allongé et déprimé. Tête d'un testacé ferrugineux, légèrement rembrunie sur le vertex, presque imperceptiblement réticulée; palpes et antennes testacés, rembrunis à l'extrémité; les troisième et quatrième articles des antennes un peu plus petits que les suivants. Corselet testacé, légèrement rembruni au milieu, deux fois et demie aussi large que long, largement échancré en avant, où il est un peu plus étroit, sinueux à la base, dont les côtés sont coupés presque carrément et le milieu prolongé en pointe mousse sur les élytres; les bords latéraux légèrement arrondis; les angles antérieurs assez saillants et aigus, les postérieurs droits; il est très-visiblement ponctué, et présente de chaque côté de la base, au tiers environ de sa largeur, une petite strie longitudinale un peu oblique en dedans et assez fortement enfoncée. Élytres ovalaires, allongées, très-légèrement atténuées en arrière et arrondies à l'extrémité, aussi larges en avant que la base du corselet, et formant, à leur point de réunion avec lui, un angle rentrant assez sensible; elles sont brunâtres, très-confusément et très-irrégulièrement marbrées de testacé et couvertes de points assez forts et médiocrement serrés; elles présentent, en outre, à la base, une très-petite strie qui semble faire suite à celle qui existe sur le corselet; la portion réfléchie est ferrugineuse. La poitrine noirâtre; l'abdomen ferrugineux. Les pattes testacées.

Il se trouve aux États-Unis d'Amérique.

21. Hydroporus Lilliputanus. *Mihi.*

Oblongo-ovalis, depressiusculus, vix sparsim subtilissime punctulatus, fere lævis, nitidus, rufo-testaceus; thorace postice et antice umbroso, ad basin striola minima in elytris continuata utrinque valde impresso, lateribus vix oblique rotundatis; elytris lineolis plurimis, præter suturam, confusissime umbroso-ornatis, striis disci punctatis, apice late rotundato.

Long. 2 millim. Larg. 1 millim.

Ovale, à peine allongé et légèrement déprimé. Tête d'un testacé rougeâtre, à peine rembrunie sur le vertex et presque imperceptiblement pointillée; antennes......; palpes testacés. Corselet de la couleur de la tête, très-légèrement assombri en avant et en arrière, deux fois et demie aussi large que long, largement échancré en avant, où il est un peu plus étroit, sinueux à la base, dont les côtés sont coupés presque carrément et le milieu prolongé en pointe mousse sur les élytres; les bords latéraux à peine arrondis; les angles antérieurs assez saillants et aigus, les postérieurs droits; il est luisant, presque lisse, n'offrant que quelques points rares et à peine visibles, et présente de chaque côté de la base, au tiers environ de sa largeur, une petite strie longitudinale un peu oblique en dedans et très-fortement enfoncée. Élytres assez régulièrement ovalaires et assez largement arrondies à l'extrémité, aussi larges en avant que la base du corselet, et formant, à leur point de réunion avec lui, un angle rentrant très-ouvert et peu sensible; elles sont d'un testacé un peu rougeâtre, avec la suture et quatre ou cinq petites lignes longitudinales très-légèrement assombries et très-vagues; ces lignes sont fortement abrégées en avant et légèrement en arrière; elles sont luisantes, presque lisses, couvertes de très-petits points à peine visibles, et présentent sur chacune d'elles deux petites lignes longitudinales de très-petits points enfoncés, perceptibles seulement à l'aide d'une très-forte loupe et sous un certain jour, et, en outre, à la base, une très-petite strie longitudinale qui semble faire suite à celle qui existe sur le corselet; la portion réfléchie, le dessous du corps et les pattes testacés.

Il a quelque analogie avec le précédent, mais il est un peu moins allongé, à peine ponctué, et offre sur les élytres deux lignes de points enfoncés qui n'existent pas dans le *Nanus;* sa maculature, quoique également très-confuse, est plus régulière et plus saisissable.

Je n'ai vu qu'un seul individu de cette petite espèce; il appartient à M. Dupont, qui l'a reçu du Brésil.

22. Hydroporus Unistriatus.

Ovalis, convexiusculus, valde punctulatus, nitidus, nigro-brunneus; capite ore ferrugineo; thorace rufo-testaceo, antice et postice nigricante, ad basin striola minima in elytris continuata utrinque valde impresso, lateribus obliquis; elytris in medio valde dilatatis, apice attenuatis, confusissime testaceo-marmoratis, ad suturam unistriatis.

Dytiscus Unistriatus. Illig. *Käf. Preus.* I. 266.
Oliv. *Ent.* III. 40. p. 37. pl. 4. fig. 41. a. b.
Dytiscus Parvulus. Panz. *Faun. Germ.* XCIX. t. 2.
Hyphidrus Unistriatus. Gyl. *Ins. Suec.* I. p. 545.
Sch. *Syn. Ins.* II. p. 32.

Long. 2 $\frac{1}{5}$ millim. Larg. 1 $\frac{1}{5}$ millim.

Ovale et médiocrement convexe. Tête noirâtre, ferrugineuse antérieurement, presque imperceptiblement pointillée; antennes et palpes testacés à la base, noirâtres à l'extrémité; les troisième et quatrième articles des antennes un peu plus petits que les suivants. Corselet d'un testacé ferrugineux, avec les bords antérieur et postérieur noirâtres, deux fois et demie aussi large que long, largement échancré en avant, où il est plus étroit, sinueux à la base, dont les côtés sont coupés très-peu obliquement et le milieu prolongé en pointe mousse sur les élytres; les bords latéraux presque rectilignes et un peu obliques; les angles antérieurs assez saillants et aigus, les postérieurs presque droits; il est couvert de points très-petits et très-serrés, et présente de chaque côté de la base, au tiers environ de sa largeur, une petite strie longitudinale un peu oblique en dedans et assez fortement enfoncée. Élytres ovalaires, élargies au milieu environ, atténuées en arrière, étroitement arrondies à l'extrémité, aussi larges en avant que la base du corselet, et formant, à leur point de réunion avec lui, un angle rentrant très-ouvert et peu sensible; elles sont d'un brun noirâtre, très-irrégulièrement et confusément marbrées de testacé, et couvertes de points assez forts et très-serrés; elles présentent, en outre, une strie longitudinale plus ou moins enfoncée le long de la suture, et une autre à la base qui semble faire suite à celle qui existe sur le corselet; elle est très-légèrement oblique en dedans, et atteint à peu près le quart de la longueur des élytres; la portion réfléchie est ferrugineuse. Le dessous du corps noir. Les pattes ferrugineuses, avec l'extrémité des jambes et les tarses noirâtres.

Il se rencontre dans toute l'Europe, mais n'est abondant nulle part.

23. Hydroporus Goudotii.

Ovalis, depressiusculus, valde punctulatus, nitidus, brunneus; thorace testaceo, antice et postice anguste infuscato, ad basin striola minima in elytris continuata utrinque valde impresso, lateribus obliquis; elytris confuse testaceo-marmoratis, ad suturam valde unistriatis, apice rotundatis.

Hydroporus Goudotii. Lap. *Étud. ent.* p. 105.

Long. 2 millim. Larg. 1 millim.

Ovale et légèrement déprimé. Tête d'un brun ferrugineux, un peu plus claire antérieurement, presque imperceptiblement pointillée; antennes et palpes testacés, les derniers articles rembrunis; les troisième et quatrième articles des antennes un peu plus petits que les suivants. Corselet testacé, avec les bords antérieur et postérieur légèrement rembrunis, deux fois et demie aussi large que long, largement échancré en avant, où il est un peu plus étroit, sinueux à la base, dont les côtés sont coupés très-peu obliquement et le milieu prolongé en pointe mousse sur les élytres; les bords latéraux presque rectilignes et un peu obliques; les angles antérieurs assez saillants et aigus, les postérieurs presque droits; il est très-finement pointillé, et présente de chaque côté de la base, au tiers environ de sa largeur, une petite strie longitudinale un peu oblique en dedans et assez fortement enfoncée. Élytres assez régulièrement ovalaires, arrondies à l'extrémité, aussi larges en avant que la base du corselet, et formant, à leur point de réunion avec lui, un angle rentrant excessivement ouvert et à peine sensible; elles sont brunâtres, irrégulièrement marbrées de testacé et couvertes de points assez forts et assez serrés; elles présentent, en outre, une strie longitudinale plus ou moins enfoncée le long de la suture, et une autre à la base qui semble faire suite à celle qui existe sur le corselet; elle est très-légèrement oblique en dedans et atteint à peu près le quart de la longueur des élytres; la portion réfléchie est testacée. Le dessous du corps brunâtre. Les pattes testacées, avec l'extrémité des jambes et les tarses rembrunis.

Cet *Hydroporus* ressemble beaucoup à l'*Unistriatus*, dont il diffère à peine; cependant il est plus régulièrement ovalaire et plus déprimé, ses élytres sont moins élargies au milieu, nullement atténuées en arrière et plus largement arrondies à l'extrémité; il est aussi un peu moins foncé en couleur.

Il a été trouvé en très-grande abondance aux environs de Tanger par M. Goudot. J'en possède aussi un exemplaire qui vient de Sicile, et qui m'a été donné par M. Lefebvre.

24. Hydroporus Granarius.

Ovatus, convexiusculus, valde punctulatus, nitidus, rufo-testaceus; thorace ad basin striola minima in elytris continuata utrinque valde impresso, lateribus obliquis; elytris brunneis, ad marginem et apicem vix conspicue ferrugineo-marmoratis, ad suturam stria punctulata obsoletissima, apice rotundatim attenuatis.

Hydroporus Granarius. Dej. *Cat.* 3e *édit.* p. 65.

Long. 1 $\frac{1}{2}$ millim. Larg. $\frac{3}{4}$ millim.

Ovale et légèrement convexe. Tête d'un testacé rougeâtre, presque imperceptiblement pointillée; antennes et palpes testacés, légèrement rembrunis à l'extrémité; les troisième et quatrième articles des antennes un peu plus petits que les suivants. Corselet de la couleur de la tête, deux fois et demie aussi large que long, largement échancré en avant, où il est un peu plus étroit, sinueux à la base, dont les côtés sont coupés très-peu obliquement et le milieu prolongé en pointe mousse sur les élytres; les bords latéraux presque rectilignes et un peu obliques; les angles antérieurs assez saillants et aigus, les postérieurs presque droits; il est très-finement pointillé, et présente de chaque côté de la base, au tiers environ de sa largeur, une petite strie longitudinale très-oblique en dedans et assez fortement enfoncée. Élytres ovalaires, légèrement dilatées au milieu, atténuées en arrière et étroitement arrondies à l'extrémité, aussi larges en avant que la base du corselet, et formant, à leur point de réunion avec lui, un angle rentrant excessivement ouvert et à peine sensible; elles sont brunâtres, très-irrégulièrement et à peine visiblement marbrées de ferrugineux sur les côtés et en arrière, et couvertes de points assez forts et assez serrés; elles présentent, en outre, le long de la suture, une ligne longitudinale de points enfoncés très-peu sensible, et une très-petite strie à la base qui semble faire suite à celle qui existe sur le corselet; la portion réfléchie est ferrugineuse. La poitrine ferrugineuse; l'abdomen et les pattes testacés.

Il se trouve dans l'Amérique du Nord (États-Unis).

25. Hydroporus Pumilus.

Ovatus, crassus, convexiusculus, valde punctatus, nitidus, testaceus, capite in medio infuscato; thorace antice et postice anguste nigricante, ad basin striola minima in elytris continuata utrinque valde impresso, lateribus paulo oblique rotundatis; elytris brunneo-castaneis, tribus maculis externis testaceo-ornatis, stria punctata ad suturam, apice abrupte attenuatis.

Hydroporus Pumilus. Dej.-Aubé. *Iconog.* v. p. 342. pl. 39. fig. 3.

Long. 2 $\frac{1}{2}$ millim. Larg. 1 $\frac{1}{3}$ millim.

Ovale, court, épais et légèrement convexe en dessus. Tête d'un testacé ferrugineux, légèrement assombri sur le front et très-finement pointillée; antennes et palpes testacés, rembrunis à l'extrémité; les troisième et quatrième articles des antennes un peu plus petits que les suivants. Corselet testacé, avec les bords antérieur et postérieur très-étroitement noirâtres au milieu, deux fois et demie aussi large que long, largement échancré en avant, où il est plus étroit, sinueux à la base, dont les côtés sont coupés très-peu obliquement et le milieu prolongé en pointe mousse sur les élytres; les bords latéraux presque rectilignes et obliques; les angles antérieurs assez saillants et aigus, les postérieurs presque droits; il est finement ponctué, et présente de chaque côté de la base, au tiers environ de sa largeur, une petite strie longitudinale un peu oblique en dedans et très-fortement enfoncée. Élytres ovalaires, élargies au milieu, assez brusquement atténuées en arrière et étroitement arrondies à l'extrémité, aussi larges en avant que la base du corselet, et formant, à leur point de réunion avec lui, un angle rentrant très-ouvert et assez sensible; elles sont brunâtres, avec le bord externe et trois taches qui le touchent d'un jaune testacé : la première est la plus grande, un peu transversale et placée au delà de l'épaule; la seconde, un peu en arrière du milieu, est irrégulièrement arrondie; et enfin la troisième est située tout à fait à l'extrémité; en dehors des deux dernières taches, on observe une petite ligne noirâtre un peu oblique qui souvent sépare complétement la seconde tache de la bordure marginale; elles sont couvertes de points très-forts et assez serrés, et présentent, en outre, une strie ponctuée le long de la suture, et une autre petite strie à la base et qui semble faire suite à celle qui existe sur le corselet; elle est très-légèrement oblique en dedans et atteint à peu près le quart de la longueur des élytres; la portion réfléchie, le dessous du corps et les pattes d'un testacé plus ou moins ferrugineux; les tarses légèrement rembrunis.

Il a quelque analogie avec les précédents, et surtout avec l'*Unistriatus*, dont il diffère cependant essentiellement; il est relativement plus court, plus large, plus brusquement atténué en arrière et plus fortement ponctué; il est beaucoup plus pâle et les dessins des élytres sont bien distincts et plus réguliers; le dessous du corps est aussi d'une autre couleur.

Il se trouve dans le midi de la France.

*** *Élytres sans côtes saillantes; corselet n'ayant pas à la base une strie qui se continue sur les élytres.*

26. Hydroporus Duodecimpustulatus.

Oblongo-ovalis, convexiusculus, testaceo-ferrugineus; thorace late ad latera rotundato, antice transversim nigro, ad basin macula gemina nigra; elytris nigris, sex maculis testaceis utrinque ornatis, apice attenuato-rotundatis.

Dytiscus Duodecimpustulatus. Fab. *Syst. Eleut.* I. 270.
Oliv. *Ent.* III. 40. p. 31. pl. 5. fig. 46. a. b.
Hyphidrus Duodecimpustulatus. Gyl. *Ins. Suec.* I. p. 527.
Sch. *Syn. Ins.* II. p. 33.

Long. 6 millim. Larg. 3 millim.

Ovale, un peu allongé et très-médiocrement convexe. Tête testacée, à peine assombrie en arrière et très-finement réticulée; antennes testacées, les troisième et quatrième articles de la longueur des suivants; palpes également testacés. Corselet de la couleur de la tête, avec deux taches transversales noires, l'une le long du bord antérieur dont elle n'occupe pas toute l'étendue, et l'autre bilobée au milieu de la base; il est deux fois environ aussi large que long, largement échancré en avant, où il est à peine plus étroit, sinueux à la base, dont les côtés sont coupés presque carrément et le milieu prolongé en pointe mousse sur les élytres; les bords latéraux très-largement arrondis, se redressant très-légèrement en arrière;

les angles antérieurs assez saillants et aigus, les postérieurs presque droits et nullement émoussés; il est finement réticulé et très-légèrement déprimé en arrière et sur les côtés. Élytres ovalaires, un peu allongées, atténuées en arrière, moins larges en avant que le milieu du corselet, et formant, à leur point de réunion avec lui, un angle rentrant très-marqué; elles sont noires, avec le bord externe testacé, et six taches de même couleur ainsi disposées : quatre le long du bord externe qu'elles touchent, la première à la région humérale, la seconde un peu avant le milieu, la troisième un peu au delà, et la quatrième tout à fait en arrière près de l'extrémité; les deux autres sont placées le long de la suture, l'une tout à fait en avant et l'autre un peu au delà du milieu; toutes ces taches sont irrégulières et varient beaucoup de grandeur; tantôt elles sont très-larges, la partie noire étant très-réduite, souvent, au contraire, le noir domine, les taches testacées sont très-petites, et disparaissent même quelquefois en partie; elles sont finement réticulées, et présentent, le long de la suture, une ligne de points enfoncés très-petits, très-serrés et à peine sentis; la portion réfléchie est testacée. Le dessous du corps et les pattes d'un testacé un peu ferrugineux.

Cet insecte se trouve dans toute l'Europe.

M. Géné, de Turin, m'a envoyé, sous le nom d'*Hyd. Procerus*, trois individus femelles pris en Sardaigne, offrant les caractères suivants : toute la surface du corps est terne, la partie la plus large du corselet se trouve un peu plus en arrière que dans le *Duodecimpustulatus*, les angles postérieurs de cet organe sont un peu plus obtus et émoussés au sommet, les élytres d'un noir mat, très-légèrement irrisées et marquées de six taches testacées très-petites.

Malgré ces caractères, en apparence si tranchés, je ne puis considérer cette espèce que comme une simple variété de l'*Hydroporus Duodecimpustulatus*. L'avenir, je l'espère, justifiera mon opinion.

27. Hydroporus Depressus.

Oblongo-ovalis, convexiusculus : testaceus; thorace ad latera late rotundato, antice anguste transversim nigro, ad basin macula gemina nigra ; elytris nigris, maculis irregularibus lineolisque testaceo-ornatis, apice denticulatis.

Dytiscus Depressus. Fab. *Syst. Eleut.* I. 268.
Dytiscus Duodecimpustulatus. Oliv. *Ent.* III. 40. p. 31. pl. 5. fig. 46. c. d.
Dytiscus Elegans. Panz. *Faun. Germ.* XXIV. fig. 5.
Dytiscus Neuhoffii. Cederh. *Faun. Ing.* p. 32. t. II. fig. 1.?
Hyphidrus Depressus. Gyl. *Ins. Suec.* I. p. 526.
Hydroporus Depressus. Sturm. *Deuts. Faun.* IX. p. 9. tab. CCV. fig. B. b.
Hydroporus Elegans. Sturm. *Deuts. Faun.* IX. p. 7. tab. CCV. fig. A. a.
Sch. *Syn. Ins.* II. p. 34.

Long. 5 millim. Larg. 2 $\frac{2}{3}$ millim.

Ovale, à peine allongé et très-médiocrement convexe. Tête testacée, très-finement réticulée; antennes et palpes testacés, avec le dernier article noirâtre à son extrémité; les troisième et quatrième articles des antennes aussi longs que les suivants. Corselet de la couleur de la tête, avec une bande transversale noirâtre très-étroite le long du bord antérieur, dont elle n'occupe pas toute l'étendue, et une tache bilobée au milieu de la base, qui est entièrement et étroitement bordée de noir; il est un peu plus de deux fois aussi large que long, largement échancré en avant, où il est à peine plus étroit, sinueux à la base, dont les côtés sont coupés un peu obliquement et le milieu légèrement prolongé en pointe mousse sur les élytres; les bords latéraux largement arrondis et très-étroitement assombris; les angles antérieurs assez saillants et aigus, les postérieurs très-mousses et arrondis au sommet; il est très-légèrement convexe et très-finement réticulé. Élytres ovalaires, armées chacune près de l'extrémité d'une petite dent épineuse assez saillante, moins larges en avant que le milieu du corselet, et formant, à leur point de réunion avec lui, un angle rentrant très-marqué; elles sont noires, avec le bord externe, six taches irrégulières et quelques lignes plus ou moins interrompues, testacés; les taches sont ainsi disposées: quatre le long du bord externe qu'elles touchent, la première à la région humérale, la seconde un peu avant le milieu, la troisième un peu au delà, et la quatrième terminale tout à fait à l'extrémité; les deux autres sont placées le long de la suture, l'une tout à fait en avant et l'autre un peu au delà du milieu; toutes ces taches sont irrégulières et varient beaucoup de forme et de grandeur; tantôt elles sont très-larges et la partie noire très-réduite (*Hyd. Elegans*, Sturm), souvent, au contraire, le noir domine et les taches sont très-petites; il arrive aussi quelquefois qu'elles disparaissent, et qu'elles sont remplacées par des lignes testacées (ce qui constitue la var. b. de Gyll.); elles sont finement réticulées, et présentent le long de la suture une ligne de points enfoncés très-petits, très-serrés et à peine sentis; la portion réfléchie est testacée. Le dessous du corps et les pattes d'un testacé un peu ferrugineux.

Il habite toute l'Europe.

28. Hydroporus Marginicollis.

Oblongo-ovalis, convexiusculus, pallide testaceus; thorace ad latera late rotundato, anguste nigro-circumcincto; elytris sutura nigra, angustissimeque nigro-circumcinctis, apice denticulatis.

Hydroporus Marginicollis. Dej.-Aubé. *Iconog.* v. p. 229. pl. 26. fig. 5.

Long. 5 millim. Larg. 2 $\frac{2}{3}$ millim.

Ovale, à peine allongé et très-médiocrement convexe. Tête testacée, très-finement réticulée; antennes et palpes testacés, avec le dernier article noirâtre à son extrémité; les troisième et quatrième articles des antennes aussi longs que les suivants. Corselet de la couleur de la tête, entièrement entouré de noir, très-étroitement et à peine sensiblement sur les côtés, et un peu plus largement en avant et en arrière; il est un peu plus de deux fois aussi large que long, largement échancré en avant, où il est à peine plus étroit, sinueux à la base, dont les côtés sont coupés un peu obliquement et le milieu légèrement prolongé en pointe mousse sur les élytres; les bords latéraux largement arrondis; les angles antérieurs assez saillants et aigus, les postérieurs très-mousses et arrondis au sommet; il est très-légèrement convexe et très-finement réticulé. Élytres ovalaires, armées chacune près de l'extrémité d'une petite dent épineuse assez saillante, moins larges en avant que le milieu du corselet, et formant, à leur point de réunion avec lui, un angle rentrant très-marqué; elles sont testacées, avec la suture et la base noirâtres, le bord externe est aussi quelquefois un peu rembruni, mais très-étroitement; elles sont très-finement réticulées, et présentent, en outre, une ligne de points enfoncés très-petits, très-serrés et à peine sentis, ainsi que trois petites côtes blanchâtres, très-étroites et à peine saillantes; la portion réfléchie, le dessous du corps et les pattes testacés.

Je n'ai vu que deux individus de cette espèce, tous deux ayant été pris en Suisse; l'un appartient à M. le comte Dejean, et l'autre fait partie de la collection de M. Chevrier de Genève, qui a eu la bonté de me l'envoyer en communication.

Il ressemble entièrement pour la forme à l'*Hyd. Depressus*.

Il pourrait même se faire qu'il n'en fût qu'une simple variété immaculée. Je suis d'autant plus porté à émettre cette opinion, que parmi les individus de l'*Hyd. Depressus* que j'ai à ma disposition, il s'en trouve un à M. Guyot qui sert de passage d'une de ces espèces à l'autre; il est aussi entièrement testacé, très-pâle, le corselet est étroitement bordé de noir en avant et en arrière, avec une légère trace de la tache bilobée de la base; les élytres n'offrent que trois petites lignes noirâtres abrégées en avant et en arrière, en outre de la suture qui est également noirâtre. Malheureusement cet individu a été pris avant son entier développement, tandis que les deux exemplaires du *Marginicollis* que j'ai pu observer sont parfaitement développés.

29. Hydroporus Sansii.

Oblongo-ovalis, convexiusculus, pallide testaceus, thorace ad latera late rotundato, vix postice nigro-maculato, transversim ad basin depressiusculo; elytris tribus fasciis irregularibus, oblique transversis, plus minusve confluentibus nigro-ornatis, apice vix denticulatis.

Hydroporus Sansii. Solier.-Aubé. *Iconog.* v. p. 231. pl. 26. fig. 6.

Long. 5 millim. Larg. 2 ½ millim.

Ovale, un peu allongé et très-médiocrement convexe. Tête testacée, très-finement réticulée; antennes et palpes testacés, avec l'extrémité des derniers articles noirâtre; les troisième et quatrième articles des antennes aussi longs que les suivants. Corselet de la couleur de la tête, avec la base étroitement noirâtre et marquée de chaque côté, au tiers environ de sa largeur, d'une petite tache de même couleur peu sensible; il est un peu plus de deux fois aussi large que long, largement échancré en avant, où il est à peine plus étroit, sinueux à la base, dont les côtés sont coupés un peu obliquement et le milieu légèrement prolongé en pointe mousse sur les élytres; les bords latéraux largement arrondis; les angles antérieurs assez saillants et aigus, les postérieurs très-mousses et arrondis au sommet; il est très-finement réticulé et transversalement déprimé en arrière; il présente aussi, le long du bord antérieur, une ligne transversale de petits points enfoncés, et quelques autres points analogues au milieu de la base. Élytres ovalaires, allongées, armées chacune près de l'extrémité d'une petite dent à peine saillante, moins larges en avant que le milieu du corselet, et formant, à leur point de réunion avec lui, un angle rentrant très-marqué; elles sont d'un testacé pâle, avec trois bandes noires irrégulières, transversales et obliques de haut en bas et de dehors en dedans; la suture est également noire; les bandes sont ainsi placées : une un peu en arrière de la base; une autre un peu au delà du milieu; et enfin la troisième plus petite, directement transversale, un peu avant l'extrémité; celle-ci ne touche pas le bord externe, et les deux premières sont réunies entre elles, à peu près dans leur milieu, par une petite bande longitudinale; il est très-probable que cette disposition des taches n'est pas constante et qu'elle varie comme dans toutes les espèces voisines; elles sont finement réticulées, et présentent, en outre, trois lignes longitudinales de petits points enfoncés peu senties, l'une le long de la suture et les autres sur le disque; la portion réfléchie est jaunâtre. Le dessous du corps et les pattes testacés; les tarses antérieurs et intermédiaires brunâtres en dessus.

Cette espèce est extrêmement voisine de l'*Hyd. Depressus*, elle est un peu plus allongée, relativement plus étroite; le corselet offre aussi quelques différences, il est assez largement et assez profondément déprimé en arrière, tandis que dans le *Depressus*, il est assez régulièrement uni; en outre les taches des élytres sont disposées d'une autre manière, et les petites dents épineuses de l'extrémité sont à peine saillantes.

Je n'ai vu que deux individus de cette espèce, ils m'ont été envoyés par M. Solier, comme ayant été pris dans les environs de Barcelone.

30. Hydroporus Affinis.

Oblongo-ovalis, convexiusculus, supra pallide testaceus, infra niger; thorace ad latera rotundato, ad basin macula gemina nigro-notato; elytris lineolis nigris in maculis plus minusve confluentibus notatis, apice vix obtuse denticulatis.

Hydroporus Affinis. Gené.-Aubé. *Iconog.* v. p. 232. pl. 27. fig. 1.

Long. 5 $\frac{1}{5}$ millim. Larg. 2 $\frac{2}{3}$ millim.

Ovale, un peu allongé et très-médiocrement convexe. Tête testacée, noirâtre en arrière et en dedans des yeux et très-finement réticulée; antennes et palpes testacés, avec l'extrémité du dernier article noirâtre; les troisième et quatrième articles des antennes aussi longs que les suivants. Corselet de la couleur de la tête, avec une bande transversale noirâtre, très-étroite, le long du bord antérieur, dont elle n'occupe pas toute l'étendue et manquant quelquefois, et une tache largement bilobée au milieu de la base, qui est entièrement et étroitement bordée de noir, ainsi que la partie postérieure des bords latéraux; il est un peu plus de deux fois aussi large que long, largement échancré en avant, où il est à peine plus étroit, sinueux à la base, dont les côtés sont coupés très-peu obliquement et le milieu prolongé en pointe mousse sur les élytres; les bords latéraux arrondis; les angles antérieurs assez saillants et aigus, les postérieurs presque droits et un peu mousses; il est très-finement réticulé, à peine convexe, et marqué le long du bord antérieur d'une ligne transversale de très-petits points enfoncés, et de quelques autres analogues à la base. Élytres ovalaires, un peu allongées, présentant chacune près de l'extrémité une petite dent à peine visible, moins larges en avant que le milieu du corselet, et formant, à leur point de réunion avec lui, un angle rentrant très-marqué; elles sont testacées, avec la région de l'écusson, la suture et six ou sept lignes noires; ces lignes sont plus ou moins abrégées en avant et en arrière, une ou deux fois interrompues, et souvent réunies latéralement pour former de larges taches, surtout en dehors, un peu en dedans du bord externe qui est jaunâtre dans toute son étendue; cette disposition varie beaucoup, comme dans les espèces précédentes; elles sont finement réticulées, et présentent, en outre, trois lignes longitudinales de petits points enfoncés peu senties, l'une le long de la suture et les autres sur le disque, la plus externe souvent imperceptible; la portion réfléchie est jaunâtre. Le dessous du corps noir. Les pattes d'un testacé ferrugineux; les tarses antérieurs et intermédiaires brunâtres en dessus.

Cette espèce a été trouvée en Sardaigne par M. Géné, qui a bien voulu m'en envoyer une série d'exemplaires en communication et m'en sacrifier quelques-uns.

31. Hydroporus Fenestratus.

Oblongo-ovalis, convexiusculus, supra pallide testaceus, infra niger; thorace ad latera rotundato, nigro-circumcincto, ad basin macula gemina nigro-notato; elytris duabus vel tribus maculis rotundatis ad marginem, altera majore versus suturam nigram, spacium quadratum testaceum circumdante, nigro-ornatis, paulo ante apicem obtuse denticulatis.

Hydroporus Fenestratus. Escher.-Aubé. *Iconog.* v. p. 233. pl. 27. fig. 2.

Long. 5 millim. Larg. 2 $\frac{3}{4}$ millim.

Ovale, un peu allongé et très-médiocrement convexe. Tête testacée, noirâtre en arrière et en dedans des yeux, presque imperceptiblement réticulée; antennes et palpes testacés, avec l'extrémité des derniers articles noirâtre; les troisième et quatrième articles des antennes aussi longs que les suivants. Corselet de la couleur de la tête, avec une bande transversale noirâtre le long du bord antérieur, dont elle n'occupe pas toute l'étendue, et une tache largement bilobée au milieu de la base, qui est entièrement et étroitement bordée de noir, ainsi que les bords latéraux qui quelquefois ne le sont qu'en arrière; il est un peu plus de deux fois aussi large que long, largement échancré en avant, où il est à peine plus étroit, sinueux à la base, dont les côtés sont coupés très-peu obliquement et le milieu légèrement prolongé en pointe mousse sur les élytres; les bords latéraux faiblement arrondis; les angles antérieurs assez saillants et aigus, les postérieurs presque droits et très-légèrement émoussés au sommet; il est très-finement réticulé, à peine convexe, très-légèrement déprimé de chaque côté, surtout en arrière, et marqué le long du bord antérieur d'une ligne transversale de très-petits points enfoncés, et de quelques autres analogues à la base. Élytres ovalaires, un peu allongées, présentant chacune, près de l'extrémité, une petite dent à peine visible, moins larges en avant que le milieu du corselet, et formant, à leur point de réunion avec lui, un angle rentrant très-marqué; elles sont testacées, avec la suture et quatre taches inégales noires, ainsi disposées: trois le long du bord externe, une en avant un peu au delà de la région humérale, une autre au milieu environ, et la dernière un peu avant l'extrémité; elles sont toutes trois de moyenne grandeur et irrégulièrement arrondies; la quatrième est longitudinale, placée sur le disque au milieu environ et envoie de ses extrémités antérieure et postérieure un prolongement interne, atteignant la suture et entourant ainsi un petit espace testacé irrégulièrement quadrilatère; (cette espèce offre aussi beaucoup de variété dans la disposition des taches des élytres: ainsi quelquefois la grande tache du disque ne touche pas la suture par ses deux appendices internes, souvent aussi les deux taches latérales antérieure et postérieure sont réunies par leur côté interne à la tache discoïdale); elles sont finement réticulées, et présentent trois lignes longitudinales de petits points enfoncés peu senties, l'une le long de la suture et les autres sur le disque, la plus externe souvent imperceptible; la portion réfléchie est jaunâtre. Le dessous du corps noir. Les pattes brunâtres.

Cette espèce a été trouvée en Sicile par M. Escher. Le muséum de Paris en possède deux individus qui ont été pris en Égypte.

32. Hydroporus Luctuosus.

Elongato-ovalis, depressiusculus, niger; capite in vertice rufo-ferrugineo; thorace ad latera rotundato; elytris macula transversa ad basin, duabus rotundatis externis versus apicem, alteraque oblonga ad suturam paulo ultra medium, pallido-ornatis, paulo ante apicem obtuse denticulatis.

Hydroporus Luctuosus. Dej.-Aubé. *Iconog.* v. p. 235. pl. 27. fig. 3.

Long. 5 $\frac{1}{2}$ millim. Larg. 2 $\frac{2}{3}$ millim.

Ovale, allongé et légèrement déprimé. Tête très-finement réticulée, noire, avec une large tache ferrugineuse sur le vertex; antennes et palpes testacés, avec les derniers articles rembrunis à l'extrémité; les troisième et quatrième articles des antennes aussi longs que les suivants. Corselet de la couleur de la tête, présentant souvent une tache ferrugineuse assez vague sur le milieu du disque, un peu plus de deux fois aussi large que long, largement échancré en avant, où il est à peine plus étroit, sinueux à la base, dont les côtés sont coupés presque carrément et le milieu prolongé en pointe assez aiguë sur les élytres; les bords latéraux largement arrondis; les angles antérieurs assez saillants et aigus, les postérieurs presque droits, mais fortement émoussés au sommet; il est très-finement réticulé, peu convexe, à peine déprimé en arrière et sur les côtés, et marqué le long du bord antérieur d'une ligne transversale de petits points enfoncés, et de quelques autres analogues à la base et sur le milieu du disque. Élytres ovalaires, allongées, présentant chacune, près de l'extrémité, une petite dent peu saillante, moins larges en avant que le milieu du corselet, et formant, à leur point de réunion avec lui, un angle rentrant très-marqué; elles sont noires, avec une large bande transversale à la base, et trois taches à peu près égales d'un jaune pâle; la bande transversale ne touche ni le bord externe ni la suture, laisse aussi en avant et en dedans de la base une petite bordure noirâtre, et est plus étroite en dedans qu'en dehors, où elle envoie en arrière un petit prolongement aigu plus ou moins long; les trois taches sont disposées en triangle : l'une, ovalaire, est placée un peu au delà du milieu le long de la suture; une autre, en dehors et en arrière de celle-ci, le long du bord externe; et enfin la troisième tout à fait en arrière près de l'extrémité; souvent, au milieu de ce triangle, existe une autre tache beaucoup plus petite; quelquefois, au contraire, quelques-unes des taches disparaissent entièrement ou sont réduites à un très-petit volume; (j'ai vu, dans la collection de M. Gory, un exemplaire de cette espèce dont les élytres, entièrement noires, n'offrent que trois taches testacées très-petites, une à la région humérale, une autre tout à fait à l'extrémité, et enfin la troisième le long de la suture, un peu au delà du milieu); elles sont très-finement réticulées, et présentent, en outre, trois ou quatre lignes longitudinales de points enfoncés très-petits, l'une le long de la suture et les autres sur le disque; ces dernières à peine visibles; la portion réfléchie est jaunâtre en avant, noirâtre en arrière. Le dessous du corps noir. Pattes ferrugineuses.

Cette espèce se trouve dans le midi de la France. Elle a aussi été trouvée en Sardaigne par M. Géné, qui m'en a communiqué un jeune individu dont le dessous du corps est d'un testacé ferrugineux.

33. Hydroporus Tesselatus.

Elongato-ovalis, depressiusculus, niger; capite antice et in vertice rufo-ferrugineo; thorace ad latera rotundato; elytris lineolis septem plus minusve interruptis ad latera in maculis confusis vix confluentibus, confuse ferrugineo-ornatis, apice rotundatim attenuatis.

Hydroporus Tesselatus. Dej. *Cat.* 3e *édit.* p. 64.

Long. 6 millim. Larg. 3 millim.

Ovale, allongé et légèrement déprimé. Tête noirâtre, avec le labre, la partie antérieure de l'épistome et le vertex d'un rouge ferrugineux; elle est très-finement réticulée; antennes ferrugineuses, les troisième et quatrième articles aussi longs que les autres; palpes également ferrugineux, avec le dernier article rembruni. Corselet noir, un peu plus de deux fois aussi large que long, largement échancré en avant, où il est à peine plus étroit, sinueux à la base, dont les côtés sont coupés presque carrément et le milieu prolongé en pointe sur les élytres; les bords latéraux assez largement arrondis; les angles antérieurs assez saillants et aigus, les postérieurs très-mousses; il est très-finement réticulé, peu convexe et marqué le long du bord antérieur d'une petite ligne transversale de petits points enfoncés, et de quelques autres analogues à la base. Élytres ovalaires, allongées, moins larges en avant que le milieu du corselet, et formant, à leur point de réunion avec lui, un angle rentrant très-marqué; elles sont noirâtres, et très-vaguement marquées de sept lignes longitudinales ferrugineuses plus ou moins interrompues, les plus externes souvent réunies latéralement pour former deux ou trois taches très-vagues le long du bord marginal, qui est aussi ferrugineux; elles sont très-finement réticulées, et présentent, en outre, quelques petits points très-écartés, disposés en une ligne longitudinale le long de la suture, et deux autres lignes longitudinales de points enfoncés un peu plus senties, surtout l'interne; la portion réfléchie est ferrugineuse. Le dessous du corps noir, avec l'extrémité du dernier segment de l'abdomen rougeâtre. Les pattes ferrugineuses, celles de derrière plus foncées.

Le seul individu de cette espèce que j'ai pu observer appartient à M. le comte Dejean, et a été pris à l'île Ténériffe.

34. Hydroporus Dubius. *Mihi.*

Elongato-ovalis, depressiusculus; capite testaceo; thorace ad latera rotundato, testaceo, antice nigro, maculis duabus paulo oblique transversis, confuse nigro-brunneis, notato; elytris castaneo-brunneis, cum margine exteriore angusto, sex aut septem lineolis plus minusve interruptis, confuse testaceo-ferrugineis, apice rotundatim attenuatis; abdomine nigro.

Long. 5 $\frac{1}{3}$ millim. Larg. 2 $\frac{2}{3}$ millim.

Ovale, allongé et légèrement déprimé. Tête testacée, à peine rembrunie en arrière, très-finement réticulée; antennes testacées, les troisième et quatrième articles aussi longs que les autres; palpes également testacés, avec le dernier article rembruni. Corselet de la couleur de la tête, très-légèrement rembruni en avant et en arrière, et marqué de chaque côté, un peu en avant de la base, d'une petite bande brunâtre assez vague, oblique de bas en haut et de dedans en dehors, légèrement sinueuse et atténuée à ses deux extrémités; ces deux petites bandes ressemblent assez bien à une accolade dont les deux branches ne seraient pas tout à fait réunies; il est un peu plus de deux fois aussi large que long, largement échancré en avant, où il est à peine plus étroit, sinueux à la base, dont les côtés sont coupés presque carrément et le milieu prolongé en pointe sur les élytres; les bords latéraux assez largement arrondis; les angles antérieurs assez saillants et aigus, les postérieurs très-mousses; il est très-finement réticulé, peu convexe, très-légèrement déprimé de chaque côté, surtout en arrière, et marqué, le long du bord antérieur, d'une ligne transversale de petits points enfoncés et de quelques autres analogues à la base. Élytres ovalaires, allongées, moins larges en avant que le milieu du corselet, et formant, à leur point de réunion avec lui, un angle rentrant très-marqué; elles sont d'un brun ferrugineux, avec le bord externe, une ligne le long de la suture, et cinq ou six autres lignes plus ou moins interrompues d'un testacé ferrugineux; elles sont très-finement réticulées, et présentent, en outre, quelques petits points très-écartés disposés en une ligne longitudinale le long de la suture, et deux autres lignes longitudinales de points enfoncés un peu plus senties, surtout l'interne; la portion réfléchie est testacée. Le dessous du corps noir, avec l'extrémité du dernier segment de l'abdomen rougeâtre. Les pattes d'un testacé un peu rougeâtre.

Je n'ai vu qu'un seul exemplaire de cet *Hydroporus;* il fait partie de la collection du Muséum, où il est indiqué comme ayant été pris en Afrique, sans autre indication plus précise.

Il a la plus grande analogie avec le *Tesselatus;* sa forme est la même, et ses élytres sont marquées, à très-peu de chose près, de la même manière; il n'en diffère réellement que par sa couleur beaucoup plus claire, et aussi un peu par sa taille, qui est plus petite et relativement un peu moins allongée.

35. Hydroporus Variegatus.

Oblongo-ovalis, convexiusculus, niger; capite testaceo, postice anguste nigro; thorace vix ad latera rotundato, testaceo, nigro circumcincto, macula gemina irregulari in disco nigra; elytris nigris, transversim late, anguste ad latera, maculis tribus inæqualibus in margine, duabusque minimis in disco, testaceo-ornatis, paulo ante apicem denticulatis.

Hydroporus Variegatus. Victor.-Aubé. *Iconog.* v. p. 236. pl. 27. fig. 4.

Long. 5 ¼ millim. Larg. 3 millim.

Ovale et très-médiocrement convexe. Tête testacée, noirâtre en arrière, très-finement réticulée; antennes et palpes testacés, avec les derniers articles rembrunis à l'extrémité; les troisième et quatrième articles des antennes aussi longs que les autres. Corselet de la couleur de la tête, entièrement bordé de noir, très-étroitement en avant et sur les côtés et un peu plus largement à la base; il présente sur le disque deux taches irrégulières également noires, très-rapprochées l'une de l'autre, et seulement séparées par un petit espace en forme de cœur; ces taches touchent en arrière la bande noire de la base, mais seulement dans la moitié externe; il est un peu plus de deux fois aussi large que long, largement échancré en avant, où il est plus étroit, sinueux à la base, dont les côtés sont coupés obliquement et le milieu prolongé en pointe mousse sur les élytres; les bords latéraux à peine arrondis; les angles antérieurs assez saillants et aigus, les postérieurs presque droits et à peine émoussés; il est très-finement réticulé, assez convexe au milieu, légèrement déprimé de chaque côté, surtout en arrière, et marqué le long du bord antérieur d'une ligne transversale de petits points enfoncés. Élytres ovalaires, assez larges, présentant chacune près de l'extrémité une petite dent peu saillante, aussi larges en avant que le corselet, et formant, à leur point de réunion avec lui, un angle rentrant très-ouvert et très-peu sensible; elles sont noires, avec une large bande transversale à la base, une ligne étroite le long du bord externe et cinq taches de grandeur inégale d'un jaune pâle; la bande de la base ne touche pas tout à fait la suture, qui est noire, et laisse aussi, en avant et en dedans de la base, une petite bordure noirâtre; la ligne du bord externe est très-étroite en avant, augmente à peine de largeur en arrière, et va se terminer un peu avant l'extrémité; les autres taches sont ainsi disposées : deux touchant le bord externe; la première très-grande, irrégulièrement trapézoïdale, est placée un peu en arrière de la bande transversale de la base; la seconde est petite, arrondie et située un peu au delà du milieu; deux autres très-petites, sur le même plan horizontal, s'observent sur le disque, au milieu environ; et enfin la dernière, également très-petite, est transversale et placée tout près de l'extrémité; elles sont très-finement réticulées, et présentent sur le disque deux lignes longitudinales de très-petits points enfoncés à peine perceptibles; la portion réfléchie est jaune. Le dessous du corps noir, avec l'extrémité du segment anal ferrugineux. Pattes d'un testacé un peu ferrugineux.

Je n'ai vu qu'un seul individu de cette espèce; il a été pris en Arménie par M. Victor de M...., qui a eu la générosité de me le sacrifier.

36. Hydroporus Insignis.

Ovalis, convexus, niger; capite rufo-ferrugineo, ad oculos confuse nigro; thorace vix ad latera rotundato, nigro, externe rufo-marginato; elytris rufo-testaceis, fascia lata transversa in medio, sutura maculisque minimis posticis, nigro-ornatis, paulo ante apicem denticulatis.

Hydroporus Insignis. Klug. *Symb. phys.* t. 33. fig. 10.
Hydroporus Ornatus. Dej. *Cat.* 3e *édit.* p. 64.

Long. 5 $\frac{2}{3}$ millim. Larg. 3 millim.

Ovale et assez convexe. Tête rougeâtre, très-confusément noirâtre entre les yeux et très-finement réticulée; antennes et palpes testacés, avec les derniers articles à peine rembrunis au sommet; les troisième et quatrième articles des antennes à peine plus courts que les autres. Corselet d'un noir mat, avec les bords latéraux d'un rouge ferrugineux, deux fois environ aussi large que long, largement échancré en avant, où il est plus étroit, très-sinueux à la base, dont les côtés sont coupés très-obliquement et légèrement arrondis, et le milieu prolongé en pointe mousse sur les élytres; les bords latéraux à peine arrondis; les angles antérieurs assez saillants et aigus, les postérieurs très-mousses et arrondis; il est finement réticulé, peu convexe, très-légèrement déprimé de chaque côté, et marqué le long du bord antérieur d'une ligne transversale de petits points enfoncés, de quelques autres analogues à la base, et d'un court sillon longitudinal sur le milieu du disque. Élytres ovalaires, assez larges, présentant chacune près de l'extrémité une petite dent assez saillante, aussi larges en avant que le corselet, et ne formant, à leur point de réunion avec lui, qu'un très-petit angle rentrant produit seulement par l'angle postérieur du corselet qui est très-arrondi; elles sont d'un testacé rougeâtre et marquées, au milieu environ, d'une très-large bande transversale, d'une ou deux petites taches en avant de cette bande, de deux ou trois autres en arrière, noires; la suture est également noire, ainsi que la partie la plus interne de la base; la bande transversale est irrégulièrement découpée en avant et en arrière, et elle-même marquée au milieu, le long de la suture, d'une très-petite tache testacée oblongue; elles sont très-finement réticulées, et présentent deux ou trois lignes longitudinales de petits points enfoncés à peine visibles, l'une le long de la suture, les autres sur le disque; la portion réfléchie est testacée. Le dessous du corps noir. Les pattes ferrugineuses, les postérieures plus foncées.

Il se trouve au mont Sinaï.

37. Hydroporus Alpinus.

Oblongo-ovalis, postice attenuatus, depressiusculus, supra pallide testaceus, infra niger, ano pallidiore; vertice anguste nigro; thorace ad latera paulo rotundato, postice transversim depresso, utrinque stria minima valde impresso; elytris sex lineis, lineolisque duabus externis, prœter suturam angustissimam, utrinque nigro-ornatis, apice oblique truncatis; pedibus totis pallido-testaceis.

Dytiscus Alpinus. Payk. *Faun. Suec.* i. 226.
Hyphidrus Alpinus. Gyl. *Ins. Suec.* i. 524.
Hydroporus Alpinus. Germ. *Faun. Ins. eur.* ix. fig. 7.

Long. 4 $\frac{2}{3}$ millim. Larg. 2 $\frac{1}{3}$ millim.

Ovale, un peu allongé et légèrement déprimé. Tête d'un testacé pâle, noirâtre en arrière; antennes et palpes testacés, avec le dernier article noirâtre à l'extrémité; les troisième et quatrième articles des antennes aussi longs que les suivants. Corselet de la couleur de la tête, avec le bord antérieur noirâtre au milieu, et quelquefois une ligne transversale au devant de la base d'un brun sombre; il est deux fois et demie aussi large que long, largement échancré en avant, où il est à peine plus étroit, sinueux à la base, dont les côtés sont coupés très-peu obliquement et le milieu prolongé en pointe mousse sur les élytres; les bords latéraux un peu arrondis; les angles antérieurs assez saillants et aigus, les postérieurs droits; il est peu convexe, légèrement déprimé en arrière de chaque côté, et marqué, un peu en dedans du bord latéral, d'une strie très-courte, assez fortement enfoncée et quelquefois noirâtre; il présente aussi sur toute sa surface quelques petits points très-fins à peine perceptibles, et une ligne d'autres points un peu plus forts le long du bord antérieur. Élytres ovalaires, un peu allongées, atténuées en arrière et coupées un peu obliquement à l'extrémité, plus larges en avant que le corselet, et formant, à leur point de réunion avec lui, un angle rentrant assez sensible; elles sont d'un testacé pâle, avec la suture et six lignes noirâtres qui n'atteignent ni la base ni l'extrémité, les trois externes sont réunies entre elles en arrière; en dehors de ces lignes existent deux petites taches, l'une un peu en arrière de l'épaule, est linéaire et légèrement oblique, l'autre est oblongue et placée au milieu environ; elles sont aussi entièrement couvertes de points enfoncés infiniment petits, très-espacés et à peine visibles; la portion réfléchie est jaunâtre. Le dessous du corps noir, avec l'extrémité du segment anal à peine ferrugineuse. Pattes d'un testacé pâle.

Cet insecte habite le nord de l'Europe, la Suède, la Norwége, la Laponie, etc.

38. Hydroporus Bidentatus.

Oblongo-ovalis, postice attenuatus, depressiusculus, supra pallide testaceus, infra niger, ano pallidiore; vertice anguste nigro; thorace ad latera vix rotundato, postice transversim depresso, utrinque stria minima valde impresso; elytris sex lineis, lineolisque duabus externis, præter suturam angustissimam, utrinque nigro-ornatis, apice emarginatis, valde denticulatis; pedibus totis pallide testaceis.

Hyphidrus Bidentatus. Gyl. *Ins. Suec.* I. 525.
Zett. *Faun. Ins.* Lap. *Pars* I. p. 224.
Hydroporus Bidentatus. Germ. *Faun. Ins. Europ.* IX. t. 8.

Long. 4 $\frac{2}{3}$ millim. Larg. 2 $\frac{1}{3}$ millim.

Ovale, un peu allongé et légèrement déprimé. Tête d'un testacé pâle, noirâtre en arrière; antennes et palpes testacés, avec le dernier article noirâtre à l'extrémité; les troisième et quatrième articles des antennes aussi longs que les suivants. Corselet de la couleur de la tête, avec le bord antérieur noirâtre au milieu, et quelquefois une ligne transversale au devant de la base d'un brun sombre, deux fois et demie aussi large que long, largement échancré en avant, où il est à peine plus étroit, sinueux à la base, dont les côtés sont coupés très-peu obliquement et le milieu prolongé en pointe mousse sur les élytres; les bords latéraux peu arrondis; les angles antérieurs assez saillants et aigus, les postérieurs droits; il est peu convexe, légèrement déprimé en arrière de chaque côté, et marqué, un peu en dedans du bord latéral, d'une strie très-courte, assez fortement enfoncée et quelquefois noirâtre; il présente aussi sur toute sa surface quelques petits points très-fins et à peine perceptibles, et une ligne d'autres points un peu plus forts le long du bord antérieur. Élytres ovalaires, un peu allongées, atténuées en arrière et échancrées à l'extrémité, où elles présentent de chaque côté une petite dent assez saillante, plus larges en avant que le corselet, et formant, à leur point de réunion avec lui, un angle rentrant assez sensible; elles sont d'un testacé pâle, avec la suture et six lignes noirâtres qui n'atteignent ni la base ni l'extrémité, les trois externes sont réunies entre elles en arrière; en dehors de ces lignes existent deux petites taches, l'une un peu en arrière de l'épaule, est linéaire et légèrement oblique, l'autre est oblongue et placée au milieu environ; elles sont aussi entièrement couvertes de points enfoncés infiniment petits, très-espacés et à peine visibles; la portion réfléchie est jaunâtre. Le dessous du corps noir, avec le segment anal entièrement ferrugineux. Pattes d'un testacé pâle.

Cette espèce, qui ne diffère de la précédente que par l'extrémité des élytres armée de deux petites dents épineuses, et par le dernier segment de l'abdomen entièrement ferrugineux, se trouve dans la même localité. La légère différence qui existe entre ces deux espèces pourrait bien, comme l'ont déjà avancé quelques entomologistes, être due à la différence de sexe.

39. Hydroporus Borealis.

Oblongo-ovalis, vix postice attenuatus, depressiusculus; supra flavo-testaceus, infra niger; capite arcu nigro notato; thorace ad latera vix rotundato, postice transversim depresso, utrinque stria minima valde impresso, ad basin macula nigra transversa; elytris sex lineis maculisque externis, his plus minusve connexis, præter suturam angustissimam, utrinque nigro-ornatis, apice oblique truncatis; pedibus pallido-testaceis, femoribus ad basin nigricantibus.

Hyphidrus Borealis. Gyl. *Ins. Suec.* iv. p. 386.
Dytiscus Alpinus. Duft. *Faun. Aust.* i. 273.
Hyphidrus Alpinus. Kunz. *Ent. Fragm.* 67.
Hydroporus Alpinus. Sturm. *Deuts. Faun.* ix. p. 18.

Long. 4 ½ millim. Larg. 2 ¼ millim.

Ovale, un peu allongé et assez sensiblement déprimé. Tête d'un testacé pâle, avec la partie postérieure et une tache en forme de V ouvert, noires; la tache naît au milieu du vertex et va se terminer à la partie interne des yeux, ménageant en arrière deux petites taches jaunâtres; antennes et palpes testacés, avec les derniers articles noirs à l'extrémité; les troisième et quatrième articles des antennes aussi longs que les suivants. Corselet de la couleur de la tête, avec le bord antérieur noir, et une tache de même couleur un peu en avant de la base; cette tache a exactement la forme d'une accolade, mais est souvent interrompue au milieu; il est deux fois et demie aussi large que long, largement échancré en avant, où il est à peine plus étroit, sinueux à la base, dont les côtés sont coupés très-peu obliquement et le milieu prolongé en pointe mousse sur les élytres; les bords latéraux très-peu arrondis; les angles antérieurs assez saillants et aigus, les postérieurs droits; il est peu convexe, légèrement déprimé en arrière de chaque côté, et marqué, un peu en dedans du bord latéral, d'une strie très-courte, assez fortement enfoncée et noire; il présente aussi sur toute sa surface quelques petits points très-fins et à peine perceptibles, et une ligne d'autres points un peu plus forts le long du bord antérieur. Élytres ovalaires, un peu allongées, à peine atténuées en arrière et coupées un peu obliquement à l'extrémité, plus larges en avant que le corselet, et formant, à leur point de réunion avec lui, un angle rentrant assez sensible; elles sont d'un testacé pâle, avec la suture et six lignes noires qui n'atteignent ni la base ni l'extrémité, les trois externes sont souvent réunies entre elles en arrière et la dernière très-souvent interrompue au milieu; en dehors de ces lignes existent deux petites taches de même couleur, l'une un peu en arrière de l'épaule, est linéaire et un peu oblique, l'autre oblongue et placée au milieu environ; au côté externe de cette dernière, on observe encore une ligne noire un peu oblique, abrégée en avant et en arrière, où elle est souvent continuée par une série de petits points; toutes ces taches sont souvent réunies sur quelques points de leur étendue; elles sont aussi entièrement couvertes de points enfoncés assez forts, et présentent, en outre, deux lignes longitudinales de points enfoncés assez sensibles; la portion réfléchie est noire. Le dessous du corps noir. Les pattes d'un testacé pâle, avec la base des cuisses rembrunie dans une assez grande étendue.

Cet *Hydroporus* est très voisin de l'*Hyd. Alpinus*, dont il diffère à peine. Il est cependant un peu plus petit, plus déprimé, moins atténué en arrière, avec les bords latéraux du corselet un peu plus arrondis; la tête est autrement colorée; les lignes et taches des élytres sont plus larges, souvent réunies latéralement sur quelques points de leur étendue, la portion réfléchie est noire; et enfin les cuisses sont rembrunies à la base. Bien certainement cette espèce doit être séparée de l'*Alpinus*.

Il se trouve, comme ses deux congénères, dans le nord de l'Europe. J'en possède trois exemplaires très-beaux qui ont été pris en Suisse, dans le lac Constance, par M. Victor de M., qui a bien voulu s'en déposséder en ma faveur.

40. Hydroporus Davisii.

Oblongo-ovalis, depressus, supra obscure testaceus, infra niger; capite arcu umbroso notato; thorace ad latera paulo rotundato, postice transversim depresso, utrinque stria minima valde impresso, ad basin macula nigra irregulari; elytris sex lineis duabusque maculis externis, præter suturam angustissimam, utrinque nigro-ornatis, apice rotundatis, vix oblique truncatis; pedibus testaceis, femoribus ad basin infuscatis.

Hydroporus Davisii. CURTIS. *Brit. ent.* 343.
AUBÉ. *Iconog.* v. p. 243. pl. 28. fig. 4.

Long. 4 millim. Larg. 2 $\frac{1}{4}$ millim.

Ovale, un peu allongé et fortement déprimé. Tête d'un testacé cendré, avec la partie postérieure et une tache assez confuse en forme de V ouvert noirâtres; la tache naît au milieu du vertex et va se terminer de chaque côté à la partie interne des yeux, ménageant en arrière deux petites taches jaunâtres; antennes et palpes testacés, avec les derniers articles noirs à l'extrémité; les troisième et quatrième articles des antennes aussi longs que les suivants. Corselet de la couleur de la tête, avec le bord antérieur noirâtre, et une tache transversale un peu confuse de même couleur un peu en avant de la base; il est deux fois et demie aussi large que long, largement échancré en avant, où il est à peine plus étroit, sinueux à la base, dont les côtés sont coupés très-peu obliquemet et le milieu prolongé en pointe mousse sur les élytres; les bords latéraux un peu arrondis; les angles antérieurs assez saillants et aigus, les postérieurs droits; il est à peine convexe, légèrement déprimé en arrière de chaque côté, et marqué, un peu en dedans du bord latéral, d'une strie très-courte, assez fortement enfoncée et noire; il présente aussi sur toute sa surface de petits points très-fins et à peine perceptibles. Élytres ovalaires, à peine atténuées en arrière, presque arrondies à l'extrémité et assez fortement déprimées, plus larges en avant que le corselet, et formant, à leur point de réunion avec lui, un angle rentrant assez sensible; elles sont d'un testacé cendré, avec la suture et six lignes longitudinales noirâtres qui n'atteignent ni la base ni l'extrémité, les trois externes sont souvent réunies entre elles en arrière; en dehors de ces lignes existent deux petites taches de même couleur, l'une un peu en arrière de l'épaule, est linéaire et un peu oblique, l'autre oblongue est placée au milieu environ; au côté externe de cette dernière, on observe encore une ligne noire un peu oblique, abrégée en avant et en arrière, où elle est continuée par une série de petits points; elles sont aussi entièrement couvertes de points enfoncés assez forts, et présentent, en outre, deux lignes longitudinales de points enfoncés assez sensibles; la portion réfléchie est noirâtre en dedans, testacée en dehors. Le dessous du corps noir. Les pattes testacées, avec la base des cuisses rembrunie dans une grande étendue.

Cette espèce ne diffère de l'*Hyd. Borealis* que par sa taille un peu plus petite, sa forme plus aplatie, l'extrémité des élytres un peu plus arrondie, et par sa couleur beaucoup plus sombre. Je crois cependant, malgré ces différences, que cet *Hydroporus* n'est qu'une variété du *Borealis*. N'ayant à ma disposition qu'un seul individu, et me trouvant par là privé du moyen de faire des comparaisons multipliées, je n'ai pas cru devoir décider cette question d'une manière positive.

Il se trouve en Angleterre.

41. Hydroporus Frater.

Oblongo-ovalis, convexiusculus, testaceo-ferrugineus; vertice anguste nigro; thorace ad latera rotundato, antice vix nigro, ad basin macula gemina nigra; elytris sex lineis lineolaque externa, præter suturam, nigro-ornatis, lineola sexta postice abbreviata, paulo ante apicem denticulatis.

Hyphidrus Frater. Kunz. *Ent. Frag.* 62.
Zett. *Faun. Ins.* Lap. *Pars* 1. p. 226.
Hydroporus Frater. Steph. *Illust. of Brit. ent.* II. p. 50.
Hydroporus Assimilis. Sturm. *Deuts. Faun.* IX. p. 13. tab. CCV fig. C. c.

Long. 4 $\frac{2}{3}$ millim. Larg. 2 $\frac{1}{2}$ millim.

Ovale, très-peu allongé et très-médiocrement convexe. Tête testacée, noire en arrière et très-finement réticulée; antennes et palpes testacés, avec les derniers articles noirâtres à l'extrémité; les troisième et quatrième articles des antennes un peu plus petits que les suivants. Corselet de la couleur de la tête, avec le bord antérieur très-étroitement noir au milieu, et une tache de même couleur largement bilobée située au milieu de la base, qui est très-étroitement bordée de noir dans toute son étendue; il est un peu plus de deux fois aussi large que long, largement échancré en avant, où il est à peine plus étroit, sinueux à la base, dont les côtés sont coupés un peu obliquement, et le milieu prolongé en pointe mousse sur les élytres; les bords latéraux assez largement arrondis; les angles antérieurs assez saillants et aigus, les postérieurs arrondis; il est finement réticulé. Élytres ovalaires, très-peu allongées, présentant chacune près de l'extrémité une petite dent assez sensible, moins larges en avant que la base du corselet, et formant, à leur point de réunion avec lui, un angle rentrant très-marqué; elles sont testacées, avec la suture et six lignes noires qui n'atteignent ni la base ni l'extrémité, la sixième fortement abrégée en arrière; au côté externe de cette dernière et à son extrémité, existe une très-petite tache linéaire qui lui est souvent réunie dans une plus ou moins grande étendue; la région de l'écusson est également noire; elles sont très-finement ponctuées et réticulées et un peu ternes; la portion réfléchie est testacée. Le dessous du corps est d'un testacé ferrugineux. Les pattes de la même couleur, avec les tarses noirâtres.

Il se trouve, mais très-rarement, en Laponie, en Finlande, en Allemagne et en Angleterre.

42. Hydroporus Hyperboreus.

Ovalis, vix elongatus, convexiusculus, tenue pubescens, supra testaceus, infra niger, segmentis abdominis rufescentibus; vertice anguste nigro; thorace ad latera vix rotundato, antice et postice anguste nigro, cum maculis duabus transversis ante basin; elytris quinque lineis lineolaque externa, præter suturam angustissimam, utrinque nigro-ornatis, paulo ante apicem vix denticulatis.

Hyphidrus Hyperboreus. Gyl. *Ins. Suec.* iv. 388.
Hydroporus Affinis. Sturm. *Deuts. Faun.* ix. p. 17. t. cciv. fig. C. c.

Larg. 4 millim. Long. 2 $\frac{1}{3}$ millim.

Ovale, à peine allongé et assez convexe. Tête testacée, très-étroitement noirâtre en arrière, très-finement réticulée; antennes et palpes testacés, avec les derniers articles noirâtres à l'extrémité; les troisième et quatrième articles des antennes aussi longs que les suivants. Corselet de la couleur de la tête, avec le bord antérieur noir au milieu, le bord postérieur dans toute son étendue, et une tache un peu oblique d'un brun sombre, placée de chaque côté un peu au-devant de la base; il est un peu moins de deux fois et demie aussi large que long, largement échancré en avant, où il est à peine plus étroit, sinueux à la base, dont les côtés sont coupés très-peu obliquement et le milieu prolongé en pointe mousse sur les élytres; les bords latéraux à peine arrondis; les angles antérieurs assez saillants et aigus, les postérieurs presque droits et très-fortement émoussés au sommet; il est finement réticulé. Élytres ovalaires, à peine allongées, arrondies à l'extrémité, où elles présentent de chaque côté une très-petite dent à peine visible, un peu plus larges en avant que le corselet, et formant, à leur point de réunion avec lui, un angle rentrant peu sensible; elles sont testacées, avec la suture et cinq lignes noires; entre la première et la suture, il existe en arrière le rudiment d'une autre ligne qui quelquefois existe tout entière, mais est toujours plus étroite que les autres; on observe aussi en dehors de la sixième deux petites taches linéaires de même couleur, l'une placée environ au milieu et l'autre près de l'extrémité; il arrive aussi quelquefois que ces deux petites taches se réunissent et forment une ligne complète; les élytres offrent alors chacune sept lignes noires, souvent réunies latéralement sur un ou plusieurs points de leur étendue; elles sont finement réticulées et légèrement pubescentes; la portion réfléchie est testacée. Le dessous du corps noir, avec les derniers segments de l'abdomen ferrugineux. Les pattes testacées, avec les tarses brunâtres.

Il se trouve en Laponie.

43. Hydroporus Septentrionalis.

Oblongo-ovalis, convexiusculus, supra testaceus, infra niger; capite vertice anguste nigro, cum umbra fusca ad oculum; thorace ad latera paulo rotundato, postice vix transversim depresso, utrinque stria minima valde impresso maculisque duabus obscuris confuse semilunaribus in disco; elytris lineis septem, præter suturam, utrinque nigro-ornatis, lineis quinta et sexta postice abbreviatis, septima bi-interrupta, apice rotundatim attenuato.

Hyphidrus Septentrionalis. Gyl. *Ins. Suec.* iv. p. 385.

Hydroporus Fluviatilis. Sturm. *Deuts. Faun.* ix. p. 23. tab. ccv. fig. D. d.

Hydroporus Striolatus. Dej. *Cat.* 3e *edit.* p. 64.

Long. 3 $\frac{1}{2}$ millim. Larg. 2 $\frac{2}{3}$ millim.

Ovale, a peine allongé et assez convexe. Tête testacée, avec deux petites taches arrondies sur le front, et une autre transversale sur le vertex, d'un brun sombre; antennes et palpes testacés, avec les derniers articles noirâtres à l'extrémité; les troisième et quatrième articles des antennes un peu plus petits que les suivants. Corselet de la couleur de la tête, avec deux taches irrégulièrement semi-lunaires brunâtres sur le milieu du disque; chacune de ces taches est quelquefois divisée en deux placées l'une au-dessus de l'autre; il est un peu moins de deux fois aussi large que long, largement échancré en avant, où il est à peine plus étroit, sinueux à la base, dont les côtés sont coupés un peu obliquement, et le milieu prolongé en pointe mousse sur les élytres; les bords latéraux un peu arrondis; les angles antérieurs assez saillants et aigus, les postérieurs arrondis; il est peu convexe, légèrement déprimé en arrière, et marqué un peu en dedans du bord latéral, d'une petite strie assez fortement enfoncée; il présente sur toute sa surface quelques petits points très-fins, et une ligne d'autres points un peu plus forts le long du bord antérieur. Élytres ovalaires, très-peu allongées, légèrement atténuées en arrière, arrondies à l'extrémité, un peu plus larges en avant que le corselet, et formant, à leur point de réunion avec lui, un angle rentrant assez sensible; elles sont testacées, avec la suture et sept lignes noires qui n'atteignent ni la base ni l'extrémité; les cinquième et sixième fortement abrégées en arrière, la septième deux fois interrompue : la première fois un peu avant le milieu et la seconde un peu au delà; il existe aussi quelquefois en dehors de celle-ci, une autre petite ligne étroite qui suit le contour de l'élytre, mais est abrégée en avant et en arrière; lorsqu'on les examine sans analyse, elles paraissent grisâtres, avec la base, deux taches le long du bord externe et l'extrémité jaunâtres; elles sont très-finement pointillées; la portion réfléchie est testacée. Le dessous du corps noir. Les pattes testacées, avec les tarses légèrement rembrunis.

Il se trouve en Laponie. M. le comte Dejean possède deux individus de cette espèce qu'il suppose avoir reçus, l'un d'Allemagne et l'autre d'Angleterre.

44. Hydroporus Assimilis.

Ovalis, brevior, convexus, supra testaceus, infra niger; vertice anguste nigro; thorace ad latera paulo rotundato, postice vix transversim depresso, utrinque stria minima arcuata valde impresso, maculisque duabus confusis obscuris in disco; elytris quinque lineis lineolaque externa, præter suturam angustam, utrinque nigro-ornatis, quarta linea postice abbreviata, quinta valde interrupta, apice rotundatim attenuato.

Dytiscus Assimilis. Payk. *Faun. Suec.* I. 236.
Hyphidrus Assimilis. Kunz. *Ent. Fragm.* p. 63.
Gyl. *Ins. Suec.* I. 522.
Hygrotus Assimilis. Steph. *Illust. of Brit. ent.* II. p. 46.

Var. β. *Elytris quinque lineis, linea quinta aut integra aut valde interrupta, absque lineola externa.*

Hydroporus Sannarkii. Sahlb. *Ins. Fen.* p. 172.

Long. 3 millim. Larg. 1 $\frac{2}{3}$ millim.

Ovale, court et assez convexe. Tête testacée, très-étroitement rembrunie en arrière; antennes et palpes testacés, avec les derniers articles rembrunis à l'extrémité; les troisième et quatrième articles des antennes aussi longs que les suivants, ou à peine plus petits. Corselet de la couleur de la tête, très-légèrement assombri au milieu, deux fois et demie aussi large que long, largement échancré en avant, où il est à peine plus étroit, sinueux à la base, dont les côtés sont coupés un peu obliquement et le milieu prolongé en pointe mousse sur les élytres; les bords latéraux peu arrondis; les angles antérieurs assez saillants et aigus, les postérieurs presque droits et légèrement émoussés au sommet; il est assez convexe, légèrement déprimé en arrière, et marqué un peu en dedans du bord latéral, d'une petite strie assez fortement enfoncée; il présente sur toute sa surface quelques petits points très-fins, à peine perceptibles, et une ligne d'autres points un peu plus forts le long du bord antérieur. Élytres courtes, ovalaires, atténuées en arrière et étroitement arrondies à l'extrémité, un peu plus larges en avant que le corselet, et formant, à leur point de réunion avec lui, un angle rentrant assez sensible; elles sont testacées, avec la suture et cinq lignes noires qui n'atteignent ni la base ni l'extrémité; la première de ces lignes est souvent interrompue au milieu, la quatrième est fortement abrégée en arrière, la cinquième très-rarement entière, et le plus souvent très-largement interrompue un peu au delà du milieu; au côté externe de celle-ci, existe une très-petite ligne de la même couleur et qui lui est souvent réunie; toutes ces lignes sont tantôt libres, tantôt réunies latéralement sur un ou plusieurs points de leur étendue; elles sont presque imperceptiblement pointillées et presque lisses; la portion réfléchie est testacée. Le dessous du corps noir. Les pattes testacées, avec les tarses légèrement rembrunis.

La var. β. diffère du type de l'espèce en ce qu'elle est un peu plus petite, un peu moins foncée, que les lignes des élytres sont bien isolées et jamais accompagnées de la petite tache linéaire externe. Cette légère différence ne peut pas motiver la création d'une nouvelle espèce.

Cet Hydropore se trouve en Suède, en Finlande, en Allemagne, en Angleterre et en Suisse; il est assez rare partout.

45. Hydroporus Rivalis.

Ovalis, brevior, convexus, supra testaceus, infra niger; vertice anguste nigro; thorace ad latera paulo rotundato, postice vix transversim depresso, in medio late et confuse nigricante, utrinque stria minima arcuata valde impresso; elytris nigris, cum fascia lata transversa ad basin, margine exteriore, apice maculisque duabus vel tribus in disco testaceo-pallidis, apice rotundatim attenuatis.

Hyphidrus Rivalis. Gyl. *Ins. Suec.* iv. p. 384.
Hygrotus Fluviatilis. Steph. *Illust. of Brit. ent.* ii. p. 46.
Hyphidrus Assimilis. Var. β. Kunz. *Ent. Fragm.* 64?
Hydroporus Fluviatilis. Lacord. *Faun. ent.* i. p. 338.

Long. 3 millim. Larg. 1 $\frac{2}{3}$ millim.

Ovale, court et convexe. Tête testacée, noirâtre en arrière; antennes et palpes testacés, avec les derniers articles noirâtres à l'extrémité; les troisième et quatrième articles des antennes un peu plus petits que les suivants. Corselet de la couleur de la tête, avec une très-large tache sombre sur le milieu du disque, deux fois et demie aussi large que long, largement échancré en avant, où il est à peine plus étroit, sinueux à la base, dont les côtés sont coupés un peu obliquement et le milieu prolongé en pointe mousse sur les élytres; les bords latéraux peu arrondis; les angles antérieurs assez saillants et aigus, les postérieurs presque droits et légèrement émoussés au sommet; il est assez convexe, légèrement déprimé en arrière et marqué un peu en dedans du bord latéral d'une petite strie assez fortement enfoncée; il présente sur toute sa surface quelques petits points très-fins à peine perceptibles, et une ligne d'autres points un peu plus forts le long du bord antérieur. Élytres courtes, ovalaires, atténuées en arrière et étroitement arrondies à l'extrémité, un peu plus larges en avant que le corselet, et formant, à leur point de réunion avec lui, un angle rentrant assez sensible; elles sont noires, avec la base, le bord externe, l'extrémité, quelques taches plus ou moins allongées sur le disque près de la suture, et une autre irrégulièrement triangulaire placée en dehors un peu au delà du milieu, d'un jaune pâle; il serait peut-être plus exact de les considérer comme étant d'un jaune pâle, avec une très-large tache noire qui en occupe tout le milieu, irrégulièrement découpée dans son contour et marquée de taches linéaires plus ou moins allongées, et d'une autre externe irrégulièrement triangulaire : celle-ci fait le plus souvent partie de la bordure et pénètre dans la large tache discoïdale ; elles sont presque imperceptiblement ponctuées, presque lisses, et présentent souvent deux ou trois lignes peu sensibles de très-petits points enfoncés ; la portion réfléchie est testacée. Le dessous du corps noir. Les pattes testacées, avec les derniers articles des tarses noirâtres.

Cet insecte se trouve dans presque toute l'Europe, mais il n'est pas commun. Il se tient de préférence dans les eaux courantes, d'après le témoignage de quelques entomologistes.

Cette espèce a été considérée par quelques auteurs comme étant une variété de l'*Assimilis* de Payk. ; mais bien certainement elle doit en être séparée. C'est à tort aussi que M. Zetterstedt, *Faun. Ins. Lap.* pars. I. p. 234, pense que la var. de l'*Hyd. Assimilis*, dont les lignes sont très-confluentes et presque confondues, est entièrement semblable au *Fluviatilis* et doit y être rapportée. Ces deux espèces sont bien distinctes. Dans l'*Assimilis*, telles confluentes que soient les lignes noires, on retrouve toujours la disposition primitive de ces lignes, ce qui n'existe jamais dans le *Fluviatilis*, même dans les individus les plus pâles, et j'ai été à même de faire cette observation sur plus de cinquante exemplaires de ce dernier pris dans différents pays.

46. Hydroporus Halensis.

Ovalis, convexiusculus, tenue pubescens, testaceo-griseus, infra niger, abdominis apice plus minusve ferrugineo ; capite in vertice anguste nigro, cum umbra fusca ad oculum ; thorace ad latera vix rotundato, depressiusculo, antice et postice anguste nigro, maculis duabus nigris triangularibus in disco ; elytris quinque aut sex lineis, cum maculis interjectis, præter suturam, utrinque nigro-ornatis, apice rotundatis.

Dytiscus Halensis. Fab. *Syst. Eleut.* I. 270.
Hyphidrus Halensis. Kunz. *Ent. Fragm.* 66.
Dytiscus Areolatus. Duft. *Faun. Aust.* I. 274.
Hydroporus Areolatus. Lacord. *Faun. ent.* I. 328.

Long. 4 $\frac{1}{4}$ à 4 $\frac{1}{2}$ millim. Larg. 2 $\frac{1}{3}$ à 2 $\frac{1}{2}$ millim.

Ovale et médiocrement convexe. Tête testacée, noirâtre en arrière, avec deux taches arrondies brunâtres à la partie interne des yeux, très-finement pointillée et réticulée; antennes et palpes testacés, avec les derniers articles noirâtres à l'extrémité; les troisième et quatrième articles des antennes aussi longs que les suivants. Corselet de la couleur de la tête, étroitement bordé de noir en avant et en arrière, et marqué de deux taches noirâtres irrégulièrement triangulaires sur le disque, quelquefois réunies; il est deux fois et demie environ aussi large que long, largement échancré en avant, où il est plus étroit, sinueux à la base, dont les côtés sont coupés un peu obliquement, et le milieu prolongé en pointe mousse sur les élytres; les bords latéraux à peine arrondis; les angles antérieurs assez saillants et aigus, les postérieurs presque droits et un peu émoussés au sommet; il est peu convexe, légèrement déprimé de chaque côté et ponctué et réticulé comme la tête; il offre aussi, le long du bord antérieur, une ligne transversale de petits points enfoncés. Élytres ovalaires, arrondies à l'extrémité, aussi larges en avant que la base du corselet, et formant, à leur point de réunion avec lui, un angle rentrant très-peu sensible; elles sont d'un testacé grisâtre, avec la suture et cinq ou six lignes noirâtres; les externes plus ou moins abrégées et interrompues; ces lignes sont réunies entre elles sur un ou deux points de leur étendue par de petites taches de même couleur irrégulièrement quadrilatères et placées dans les intervalles; elles sont très-finement réticulées et légèrement pubescentes; la portion réfléchie est testacée. Le dessous du corps noir, avec l'abdomen ferrugineux dans une plus ou moins grande étendue. Pattes testacées, avec les tarses légèrement assombris.

Cet insecte habite le sud et le centre de l'Europe, et devient de plus en plus rare au fur et à mesure qu'on s'approche du nord, et finit même par disparaître dans les contrées les plus septentrionales.

47. Hydroporus Fuscitarsis.

Oblongo-ovalis, convexiusculus, tenue pubescens, supra testaceo-ferrugineus, infra niger, ano vix ferrugineo; capite in vertice et inter oculos nigro; thorace ad latera fere obliqua depresso, antice et postice anguste nigro, maculis duabus nigris triangularibus in disco; elytris quinque aut sex lineis, cum maculis magnis interjectis, præter suturam, utrinque nigro confuse ornatis, apice attenuatis, vix acuminatis.

Hydroporus Fuscitarsis. Géné.-Aubé. *Iconog.* v. p. 256. pl. 29. fig. 5.

Long. 5 millim. Larg. 2 $\frac{2}{3}$ millim.

Ovale, un peu allongé et médiocrement convexe. Tête ferrugineuse, avec la partie postérieure et deux larges taches arrondies, à la partie interne des yeux, noires ; elle est très-finement pointillée et réticulée ; antennes et palpes testacés, avec les derniers articles noirâtres à l'extrémité; les troisième et quatrième articles des antennes à peine plus petits que les suivants. Corselet de la couleur de la tête, étroitement bordé de noir en avant et en arrière, et marqué, sur le disque, de deux larges taches de même couleur, irrégulièrement triangulaires et quelquefois réunies : souvent ces taches, à leur angle externe, laissent libre un petit point arrondi de la couleur du fond; il est deux fois et demie aussi large que long, largement échancré en avant, où il est à peine plus étroit, sinueux à la base, dont les côtés sont coupés un peu obliquement et le milieu prolongé en pointe mousse sur les élytres; les bords latéraux à peine arrondis, presque rectilignes et obliques; les angles antérieurs assez saillants et aigus, les postérieurs presque droits et fortement émoussés au sommet; il est un peu convexe, sensiblement déprimé de chaque côté, ponctué et réticulé comme la tête, et offre aussi, le long du bord antérieur, une ligne transversale de petits points enfoncés. Élytres ovalaires, un peu allongées, atténuées en arrière et très-légèrement acuminées à l'extrémité, un peu plus larges en avant que la base du corselet, et formant, à leur point de réunion avec lui, un angle rentrant peu sensible; elles sont d'un testacé ferrugineux, avec la suture et cinq ou six lignes noirâtres, les externes plus ou moins abrégées et interrompues; ces lignes sont réunies entre elles, sur un ou deux points de leur étendue, par de grandes taches de même couleur irrégulièrement quadrilatères, placées dans les intervalles; elles sont très-finement réticulées et très-légèrement pubescentes; la portion réfléchie est testacée. Le dessous du corps noir, avec l'extrémité du segment anal ferrugineuse. Pattes d'un testacé ferrugineux, avec la base des cuisses brunâtre et les tarses noirâtres.

Cet *Hydroporus* est très-voisin de l'*Halensis*, dont il ne diffère réellement que par sa taille un peu plus grande, sa forme relativement un peu plus étroite et plus allongée, et par les élytres qui sont beaucoup plus couvertes de noir. En définitive, il pourrait, malgré ces différences, n'être qu'une simple variété locale de cette espèce.

Il se trouve en Sardaigne, d'où je l'ai reçu de M. Gené; il habite aussi l'Italie.

48. Hydroporus Canaliculatus.

Oblongo-ovalis, depressiusculus, tenue pubescens, supra pallido-testaceus, infra niger, ano ferrugineo; vertice vix nigro; thorace ad latera rotundato, postice depresso; elytris griseo-testaceis, lineolis et maculis irregularibus umbrosis confusissime ornatis, sulcisque tribus longitudinalibus vix impressis, apice rotundatim attenuatis.

Hydroporus Canaliculatus. LACORD. *Faun. ent.* I. p. 328.
AUBÉ. *Iconog.* v. p. 256. pl. 29. fig. 6.

Long. 5 $\frac{1}{4}$ millim. Larg. 2 $\frac{3}{4}$ millim.

Ovale, assez allongé et légèrement déprimé. Tête d'un testacé pâle, à peine rembrunie sur le vertex, finement pointillée; antennes et palpes testacés, avec les derniers articles à peine assombris à l'extrémité; les troisième et quatrième articles des antennes aussi longs que les suivants. Corselet de la couleur de la tête, à peine brunâtre le long des bords antérieur et postérieur, et marqué au-devant de la base de deux petites taches transversales noirâtres; il est un peu plus de deux fois aussi large que long, largement échancré en avant, où il est à peine plus étroit, sinueux à la base, dont les côtés sont coupés très-peu obliquement et le milieu prolongé en pointe mousse sur les élytres; les bords latéraux arrondis en avant, presque droits en arrière; les angles antérieurs assez saillants et aigus, les postérieurs droits et à peine émoussés au sommet; il est un peu convexe, déprimé en arrière et sur les côtés, et très-finement pointillé comme la tête; il présente, en outre, une ligne transversale de points enfoncés plus forts le long du bord antérieur, et quelques autres analogues disposés sans ordre à la base. Élytres ovalaires, un peu allongées, légèrement atténuées en arrière et arrondies à l'extrémité, un peu plus larges en avant que la base du corselet, et formant, à leur point de réunion avec lui, un angle rentrant très-sensible; elles sont d'un testacé grisâtre, avec la suture, six ou sept lignes étroites, et deux ou trois bandes transversales obliques très-vaguement dessinées, d'un brun grisâtre; la première des lignes, le long de la suture, recouvre une série longitudinale de petits points enfoncés; les troisième, quatrième et cinquième sont placées sur de petites côtes à peine saillantes, et les trois intervalles qui les séparent sont très-légèrement canaliculés; elles sont très-finement réticulées, ponctuées et légèrement pubescentes; la portion réfléchie est testacée. Le dessous du corps noir, avec le dernier segment de l'abdomen ferrugineux à l'extrémité. Pattes testacées.

Il se trouve en Espagne et dans le midi de la France.

49. Hydroporus Griseostriatus.

Elongato-ovalis, depressiusculus, vix pubescens, supra testaceo-ferrugineus, infra niger, ano ferrugineo; capite in vertice et inter oculos nigro; thorace ad latera vix rotundato angulis posticis obtusis, antice et postice nigro, maculis rotundatis duabus ante basin nigro-notato; elytris septem lineis plus minusve confluentibus, præter suturam angustam, utrinque nigro-ornatis, lineis sexta et septima abbreviatis et in maculis confluentibus interruptis, apice rotundato.

Dytiscus Griseostriatus. de Geer. *Ins.* iv. 103. 11.
Dytiscus Halensis. Payk. *Faun. Suec.* i. 230.
Hyphidrus Griseostriatus. Gyl. *Ins. Suec.* i. 523.
Hyphidrus Quadristriatus. Esch. *Mém. de la Soc. des nat. de Mosc.* vi. p. 107.
Sch. *Syn. Ins.* ii. p. 33.

Long. 4 $\frac{3}{4}$ millim. Larg. 2 $\frac{1}{3}$ millim.

Ovale, allongé et très-légèrement déprimé. Tête testacée, avec le sommet et la partie interne des yeux noirs, très-finement pointillée et réticulée; antennes et palpes testacés, avec les derniers articles noirâtres à l'extrémité; les troisième et quatrième articles des antennes un peu plus petits que les suivants. Corselet de la couleur de la tête, avec les bords antérieur et postérieur, deux taches arrondies sur le disque un peu au-devant de la base, et souvent une autre petite linéaire oblique de chaque côté, un peu en dedans du bord latéral; noirs; il est deux fois et demie environ aussi large que long, largement échancré en avant, où il est plus étroit, sinueux à la base, dont les côtés sont coupés obliquement et le milieu prolongé en pointe mousse sur les élytres; les bords latéraux sont à peine arrondis, presque rectilignes; les angles antérieurs assez saillants et aigus, les postérieurs droits et émoussés au sommet; il est légèrement convexe, à peine déprimé de chaque côté, et très-finement pointillé et réticulé comme la tête; il présente, en outre, une ligne transversale de petits points enfoncés le long du bord antérieur. Élytres ovalaires, allongées, légèrement atténuées en arrière et arrondies à l'extrémité, aussi larges en avant que le corselet, dont elles continuent l'arc sans interruption sensible à leur point de réunion avec lui; elles sont d'un testacé plus ou moins ferrugineux, avec la suture et sept lignes noires; la première, le long de la suture, est beaucoup plus étroite que les autres et abrégée en avant et en arrière; les quatrième et cinquième réunies postérieurement, les sixième et septième une ou deux fois interrompues et souvent réunies en forme de taches; toutes ces lignes sont larges et quelquefois réunies latéralement sur un ou plusieurs points de leur étendue; elles sont très-finement réticulées et légèrement pubescentes; la portion réfléchie est testacée. Le dessous du corps noir, avec le segment anal ferrugineux à l'extrémité. Les pattes testacées, avec la base des cuisses légèrement rembrunie en dessus, et l'extrémité des tarses noirâtre.

Cet insecte habite presque toute l'Europe. Eschscholtz a rapporté d'une des îles Aleutiennes (Unalaska) un *Hydroporus* qu'il a décrit sous le nom de *Quadristriatus*, qui ne diffère en rien de l'*Hyd. Griseostriatus*, qu'on trouve en Europe et qui doit certainement lui être réuni.

50. Hydroporus Ceresyi.

Elongato-ovalis, depressiusculus, tenue pubescens, supra pallido-testaceus, infra niger; thorace ad latera vix rotundato, antice umbroso, postice anguste nigro, maculisque minimis duabus obscuris vix ad basin nigro-notato, angulis posticis acutis; elytris quinque lineis, præter suturam angustam, utrinque nigro-ornatis, quinta linea postice abbreviata et in medio interrupta cum macula externa confluente, apice modice acuminatis.

Hydroporus Ceresyi. Aubé. *Iconog.* v. p. 260. pl. 30. fig. 2.

Long. 5 $\frac{1}{4}$ millim. Larg. 2 $\frac{1}{2}$ à 2 $\frac{5}{8}$ millim.

Ovale, allongé et très-légèrement déprimé. Tête d'un testacé très-pâle, très-finement réticulée et pointillée; antennes et palpes testacés, avec l'extrémité des derniers articles à peine assombris; les troisième et quatrième articles des antennes aussi longs que les suivants. Corselet de la couleur de la tête, avec le bord antérieur à peine assombri et le bord postérieur très-étroitement noirâtre; il est aussi marqué, un peu au-devant de la base, de deux petites taches brunâtres qui disparaissent souvent; il est un peu plus de deux fois aussi large que long, largement échancré en avant, où il est plus étroit, sinueux à la base, dont les côtés sont coupés presque carrément et le milieu prolongé en pointe mousse sur les élytres; les bords latéraux sont légèrement arrondis en avant, rectilignes et un peu obliques en arrière; les angles antérieurs assez saillants et aigus, les postérieurs également un peu aigus; il est à peine convexe, légèrement déprimé de chaque côté et très-finement pointillé et réticulé comme la tête, et présente, en outre, une ligne transversale de petits points enfoncés le long du bord antérieur. Élytres ovalaires, allongées, légèrement atténuées en arrière et étroitement arrondies à l'extrémité, aussi larges en avant que la base du corselet, et formant, à leur point de réunion avec lui, un angle rentrant à peine sensible; elles sont d'un testacé très-pâle, avec la suture et cinq lignes noires qui n'atteignent ni la base ni l'extrémité, la première et la troisième légèrement abrégées en avant, la quatrième est aussi souvent un peu abrégée en arrière, la cinquième l'est davantage, et, en outre, interrompue au milieu; en dehors de celle-ci existe une petite tache linéaire qui lui est réunie, et tout à fait en arrière une autre analogue obliquement placée; on observe aussi très-souvent entre la première ligne et la suture, le rudiment d'une autre ligne placé tout à fait en arrière; toutes ces lignes sont quelquefois, mais rarement, réunies latéralement dans un ou plusieurs points de leur étendue; elles sont très-finement réticulées et légèrement pubescentes; la portion réfléchie est jaunâtre. Le dessous du corps noir. Les pattes testacées.

Cet insecte a quelque ressemblance avec l'*Hyd. Griseostriatus*, mais il est toujours plus grand; son corselet est aussi un peu moins court, avec les côtés de la base coupés plus carrément et les angles postérieurs plus aigus; il est toujours plus pâle, n'offre que quatre lignes entières sur les élytres au lieu de cinq, la ligne suturale n'existant jamais qu'à l'état rudimentaire; toutes ces lignes sont aussi plus étroites et moins souvent réunies que dans cette dernière espèce.

Il se trouve dans le midi de la France, en Italie et en Sardaigne. J'en ai aussi reçu un individu pris en Égypte par M. Lefebure de Cérésy, auquel je l'ai dédié.

51. Hydroporus Picipes.

Elongato-ovalis, convexiusculus, profunde punctatus, nitidulus, supra testaceo-ferrugineus, infra niger; capite postice nigro; thorace in medio baseos transversim nigro, lateribus obliquis; elytris striis quatuor e punctis minoribus antice impressis, quatuorque lineis, præter suturam, utrinque confuse nigro-ornatis, apice late rotundatis.

Dytiscus Picipes. FAB. *Syst. Eleut.* I. 269.
Dytiscus Ovalis. THUNBERG. *Nov. act. Ups.* IV. p. 19.
Dytiscus Punctatus. MARSH. *Ent. Brit.* 426.
SCH. *Syn. Ins.* II. p. 31.

Long. 5 millim. Larg. 2 $\frac{3}{4}$ millim.

Ovale, allongé et assez convexe. Tête d'un testacé ferrugineux, noire sur le vertex et assez fortement ponctuée; antennes et palpes ferrugineux; les troisième et quatrième articles des antennes aussi longs que les suivants, les derniers à peine rembrunis à l'extrémité. Corselet de la couleur de la tête, avec les bords antérieur et postérieur légèrement noirâtres; il est deux fois et demie aussi large que long, largement échancré en avant, où il est plus étroit, sinueux à la base, dont les côtés sont coupés très-peu obliquement et le milieu prolongé en pointe mousse sur les élytres; les bords latéraux presque rectilignes et obliques; les angles antérieurs assez saillants et aigus, les postérieurs droits et nullement émoussés; il est couvert, à l'exception du centre du disque, de points fortement enfoncés. Élytres ovalaires, allongées, largement arrondies à l'extrémité, aussi larges en avant que la base du corselet, et formant, à leur point de réunion avec lui, un angle rentrant à peine sensible; elles sont d'un brun ferrugineux, plus claires sur les côtés, avec la suture et quatre lignes noires peu visibles; elles sont entièrement couvertes de points fortement enfoncés, d'autant plus forts et plus écartés qu'ils sont plus près de la base, et offrent, en outre, dans leur moitié antérieure, quatre lignes longitudinales d'autres points plus petits et très-serrés, une le long de la suture, deux au milieu, et la quatrième en dehors à la région de l'épaule; la portion réfléchie est d'un rouge testacé et fortement ponctuée. Le dessous du corps noir. Les pattes ferrugineuses.

Il habite toute l'Europe, où il est fort commun. M. Chevrolat possède dans sa collection un individu de cette espèce pris à Boston (Amérique du Nord).

J'ai reçu de M. le comte Mannerheim, sous le nom d'*Hyd. Porosus*, Gebler, un exemplaire de cet *Hydroporus* pris en Sibérie. Je doute qu'il ait été décrit quelque part; mais, quoi qu'il en soit, il ne peut être séparé du véritable *Picipes*, dont il ne diffère que par la ponctuation un peu plus forte.

52. Hydroporus Lineellus.

Elongato-ovalis, convexiusculus, subtilissime dense punctulatus, opacus, supra testaceo-ferrugineus, infra niger; capite postice nigro; thorace in medio baseos transversim nigro, lateribus obliquis; elytris striis quatuor tenuissimis, vix conspicuis antice impressis, quatuorque lineis, præter suturam, utrinque confuse nigro-ornatis, apice late rotundatis.

Hyphidrus Lineellus. Gyl. *Ins. Suec.* I. p. 529.
Hyphidrus Alternans. Kunze. *Ent. Fragm.* 60.
Hydroporus Picipes. ♀ Erichs. *Käf. der Mark Brand.* I. p. 169.
Hydroporus Alternans. Steph. *Illust. of Brit. ent.* II. p. 53.

Long. 4 $\frac{9}{10}$ millim. Larg. 2 $\frac{4}{5}$ millim.

Ovale, allongé et assez convexe. Tête d'un testacé ferrugineux, terne, noire sur le vertex et presque imperceptiblement pointillée; antennes et palpes ferrugineux; les troisième et quatrième articles des antennes un peu plus petits que les suivants, les derniers légèrement noirâtres à l'extrémité. Corselet de la couleur de la tête, également terne, avec le bord antérieur noirâtre, le bord postérieur également noirâtre, mais beaucoup plus largement, surtout au milieu; il est deux fois et demie aussi large que long, largement échancré en avant, où il est plus étroit, sinueux à la base, dont les côtés sont coupés très-peu obliquement et le milieu prolongé en pointe mousse sur les élytres; les bords latéraux rectilignes et obliques; les angles antérieurs assez saillants et aigus, les postérieurs droits et nullement émoussés au sommet; il est couvert de points très-fins et très-serrés, plus fins encore et plus écartés sur le milieu du disque. Élytres ovalaires, allongées, très-légèrement dilatées au delà du milieu, largement arrondies à l'extrémité, aussi larges en avant que la base du corselet, et formant, à leur point de réunion avec lui, un angle rentrant à peine sensible; elles sont d'un brun ferrugineux, plus claires sur les côtés, avec la suture et quatre lignes noires peu visibles; elles sont ternes et entièrement couvertes de très-petits points très-serrés et assez également répandus sur toute leur surface, et offrent, en outre, dans leur moitié antérieure, quatre lignes longitudinales de points enfoncés plus petits et plus serrés, une le long de la suture, deux au milieu, et la quatrième en dehors, à la région de l'épaule; ces quatre petites lignes sont à peine visibles et disparaissent même complétement sur certains individus; la portion réfléchie est d'un rouge testacé et confusément pointillée. Le dessous du corps noir. Les pattes ferrugineuses.

Cet insecte se trouve en France, en Suède, en Allemagne, en Angleterre, etc., où il est moins répandu que le précédent.

53. Hydroporus Consobrinus.

Elongato-ovalis, convexiusculus, dense punctatus, nitidulus, supra testaceo-ferrugineus, infra niger; vertice anguste infuscato; thorace ad latera vix rotundato, in medio macula rhumbea nigro-notato; elytris lineis quatuor lineolisque duabus externis, præter suturam, utrinque nigro-ornatis, linea tantum secunda basin attingente, apice late rotundatis.

Hyphidrus Consobrinus. KUNZ. *Ent. Frag.* 61.

Hydroporus Consobrinus. STEPH. *Illust. of Brit. ent.* II. pag. 52.

Hydroporus Parallelogrammus. ♂ ERICHS. *Käf. der Mark Brand.* I. p. 169.

Hydroporus Distinctus. DEJ. *Cat.* 3e *édit.* p. 64.

Long. 5 millim. Larg. 2 $\frac{2}{3}$ millim.

Ovale, allongé et assez convexe. Tête d'un testacé plus ou moins ferrugineux, avec le vertex étroitement noir, et une tache sombre à peine visible à la partie interne des yeux; elle est très-visiblement ponctuée; antennes et palpes ferrugineux; les troisième et quatrième articles des antennes un peu plus petits que les suivants. Corselet de la couleur de la tête, avec les bords antérieur et postérieur noirâtres, et une petite tache rhomboïdale de même couleur sur le milieu du disque; il est deux fois et demie aussi large que long, largement échancré en avant, où il est un peu plus étroit, sinueux à la base, dont les côtés sont coupés très-peu obliquement et le milieu prolongé en pointe mousse sur les élytres; les bords latéraux à peine arrondis; les angles antérieurs assez saillants et aigus, les postérieurs presque droits et très-légèrement émoussés; il est couvert, à l'exception du centre du disque, de petits points assez fortement enfoncés. Élytres ovalaires, allongées, largement arrondies à l'extrémité, aussi larges en avant que la base du corselet, et formant, à leur point de réunion avec lui, un angle rentrant à peine sensible; elles sont ferrugineuses, un peu plus claires sur les côtés, avec la partie interne de la base, la suture et quatre lignes noires; ces lignes, à l'exception de la seconde, dont l'extrémité antérieure va se perdre dans la portion noire de la base, n'atteignent ni la base ni l'extrémité, la quatrième est fortement abrégée en arrière et interrompue au milieu; en dehors de celle-ci existent deux autres petites lignes, l'une au milieu environ et l'autre placée un peu obliquement en arrière, près de l'extrémité dont elle suit le contour; la première de ces deux petites lignes manque quelquefois et la seconde est souvent interrompue dans son milieu; toutes ces lignes sont larges et quelquefois réunies latéralement dans un ou plusieurs points de leur étendue; elles sont entièrement couvertes de points enfoncés, assez forts, très-serrés et à peine plus espacés en avant, et présentent, en outre, deux lignes longitudinales de points enfoncés, plus petits et plus serrés, peu sensibles, placées sur les seconde et quatrième lignes noires; la portion réfléchie est d'un rouge testacé et ponctuée. Le dessous du corps noir. Les pattes ferrugineuses.

Il se trouve dans presque toute l'Europe, mais il préfère les contrées méridionales. M. Dejean possède dans sa collection un individu un peu plus fort pris en Sibérie, et qui lui a été envoyé sous le nom d'*Hyd. Punctum*, Gebler. Je ne sais si cet insecte a été décrit sous ce nom; mais, en tout cas, il ne doit pas être séparé du véritable *Consobrinus*, dont il ne diffère que par la taille un peu plus grande.

54. Hydroporus Parallelogrammus.

Elongato-ovalis, convexiusculus, subtilissime dense punctulatus, opacus, supra testaceus, infra niger; vertice anguste infuscato; thorace ad latera vix rotundato, in medio macula rhumbea nigro-notato; elytris lineis quatuor lineolisque duabus externis, præter suturam, utrinque nigro-ornatis, linea tantum secunda basin attingente, apice late rotundatis.

Dytiscus Parallelogrammus. Ahrens. *Nov. act. Hal.* 2. 2. 11.

Dytiscus Lineatus. Marsh. *Ent. Brit.* 1. 426.

Hyphidrus Nigrolineatus. Kunz. *Ent. Fragm.* p. 60.
Zett. *Faun. Ins.* Lap. *Pars* I. p. 226?
Hydroporus Lineatus. Steph. *Illust. of Brit. ent.* II. 52.
Hydroporus Parallelogrammus. ♀ Erichs. *Käf. der Mark Brand.* I. p. 170.

Long. 5 millim. Larg. 2 $\frac{2}{3}$ millim.

Ovale, allongé et assez convexe. Tête testacée, terne, avec le vertex étroitement noir, et une tache sombré à peine visible à la partie interne des yeux; elle est très-finement pointillée; antennes et palpes testacés; les troisième et quatrième articles des antennes un peu plus petits que les suivants, les derniers légèrement rembrunis à l'extrémité. Corselet de la couleur de la tête, également terne, avec les bords antérieur et postérieur noirâtres, et une petite tache rhomboïdale de même couleur sur le milieu du disque; il est deux fois et demie aussi large que long, largement échancré en avant, où il est un peu plus étroit, sinueux à la base, dont les côtés sont coupés très-peu obliquement et le milieu prolongé en pointe mousse sur les élytres; les bords latéraux à peine arrondis; les angles antérieurs assez saillants et aigus, les postérieurs presque droits et très-légèrement émoussés; il est couvert de points fins et serrés, plus fins encore et plus écartés sur le milieu du disque. Élytres ovalaires, allongées, largement arrondies à l'extrémité, aussi larges en avant que la base du corselet, et formant, à son point de réunion avec lui, un angle rentrant à peine sensible; elles sont testacées, avec la partie interne de la base, la suture et quatre lignes noires qui, à l'exception de la seconde, dont l'extrémité antérieure va se perdre dans la portion noire de la base, n'atteignent ni la base ni l'extrémité; la quatrième est fortement abrégée en arrière et interrompue au milieu; en dehors de celle-ci existent deux autres petites lignes, l'une au milieu environ et l'autre placée un peu obliquement en arrière, près de l'extrémité dont elle suit le contour; la première de ces deux petites lignes manque quelquefois, et la seconde est souvent interrompue dans son milieu; ces lignes sont quelquefois réunies latéralement dans un ou plusieurs points de leur étendue; elles sont ternes et entièrement couvertes de très-petits points enfoncés, très-serrés, assez également répandus sur toute leur surface, et présentent, en outre, une ligne longitudinale presque imperceptible de points enfoncés plus petits et plus serrés, placée sur la seconde ligne noire; la portion réfléchie est testacée et très-finement pointillée. Le dessous du corps noir. Les pattes testacées.

Il ne diffère du *Consobrinus* que par sa couleur généralement un peu plus claire, sa ponctuation beaucoup plus fine, et enfin parce qu'il est entièrement terne, tandis que le premier est un peu brillant. Il a aussi beaucoup d'analogie avec le *Lineellus*, dont il se distingue par sa couleur plus pâle, sa tête et son corselet moins largement marqués de noir, la petite tache rhomboïdale du corselet, et enfin par sa ponctuation qui est un peu moins fine, et l'absence des quatre lignes longitudinales de points enfoncés qui existent sur les élytres du *Lineellus*.

Il se trouve dans la même contrée que le *Consobrinus*, mais il est plus rare.

55. Hydroporus Schönherri.

Elongato-ovalis, convexiusculus, dense punctatus, nitidulus, supra testaceus, infra-niger; vertice anguste infuscato; thorace ad latera paulo rotundato, in medio macula rhumbea nigro-notato; elytris lineis quatuor nec basin nec apicem attingentibus lineolaque externa brevissima, prœter suturam, utrinque nigro-ornatis; apice rotundatis.

Hydroporus Schönherri. Aubé. *Iconog.* v. p. 267. pl. 31. fig. 1.

Hyphidrus Nigrolineatus. Gyl. *Ins. Suec.* iii. p. 688?

Hyphidrus Consobrinus. ZETT. *Faun. Ins. Lap.* Pars I. p. 227?

Hydroporus Nigrolineatus. STEPH. *Illust. of Brit. ent.* II. p. 52?

Long. 4 millim. Larg. 2 millim.

Ovale, très-allongé et assez convexe. Tête testacée, étroitement noire sur le vertex et très-visiblement ponctuée; antennes et palpes ferrugineux, avec les derniers articles noirâtres à l'extrémité; les troisième et quatrième articles des antennes un peu plus petits que les suivants. Corselet de la couleur de la tête, avec les bords antérieur et postérieur noirâtres, et une petite tache rhomboïdale de même couleur sur le milieu du disque; il est deux fois et demie aussi large que long, largement échancré en avant, où il est un peu plus étroit, sinueux à la base, dont les côtés sont coupés un peu obliquement et le milieu prolongé en pointe mousse sur les élytres; les bords latéraux à peine arrondis; les angles antérieurs assez saillants et aigus, les postérieurs presque droits et assez sensiblement émoussés au sommet; il est couvert, à l'exception du centre du disque, de points assez fortement enfoncés. Élytres ovalaires, largement arrondies à l'extrémité, aussi larges en avant que la base du corselet, et formant, à leur point de réunion avec lui, un angle rentrant à peine sensible; elles sont d'un testacé pâle, avec la suture et quatre lignes noires n'atteignant ni la base ni l'extrémité; la quatrième est souvent interrompue au milieu; en dehors de celle-ci, existe une tache linéaire très-courte qui manque quelquefois; la troisième et la quatrième sont souvent réunies latéralement; elles sont entièrement couvertes de petits points enfoncés assez régulièrement répandus sur toute leur surface; la portion réfléchie est jaunâtre et très-finement pointillée. Le dessous du corps noir. Les pattes testacées.

Cet insecte ressemble beaucoup au *Consobrinus*, mais il est beaucoup plus petit, relativement plus étroit, plus finement ponctué et beaucoup plus pâle; aucune des lignes noires des élytres ne touche la base, et il n'existe tout à fait en dehors qu'une seule petite ligne très-courte, qui souvent même disparaît complétement; la ponctuation des élytres est assez régulièrement répandue sur toute leur surface, tandis que dans le *Consobrinus*, elle est assez visiblement plus forte et plus lâche en avant qu'en arrière.

Je n'ai vu que deux individus de cette espèce; ils appartiennent à M. le comte Dejean, qui les a reçus de Laponie; ils se rapportent très-probablement à l'*Hyph. Consobrinus* de Zetterstedt.

56. Hydroporus Parallelus.

Oblongo-ovalis, convexiusculus, vix conspicue dense punctulatus, opacus, supra testaceus, infra niger; thorace ad latera vix rotundato, in medio macula rhumbea nigro-notato; elytris lineis quatuor, præter suturam angustissimam, utrinque nigro-ornatis, linea prima antice valde abbreviata, tertia postice quartaque in medio interruptis, apice late rotundato.

Hydroporus Parallelus. Aubé. *Iconog.* v. p. 668. pl. 31. fig. 2.

Long. 4 millim. Larg. 2 $\frac{1}{5}$ millim.

Ovale, un peu allongé et médiocrement convexe. Tête testacée, terne, avec le vertex étroitement noir, et une tache sombre à peine visible à la partie interne des yeux; elle est presque imperceptiblement pointillée; antennes et palpes testacés, avec les derniers articles rembrunis à l'extrémité; les troisième et quatrième articles des antennes un peu plus petits que les suivants. Corselet de la couleur de la tête, également terne, avec le bord antérieur à peine assombri et une petite tache rhomboïdale sur le milieu du disque; il est deux fois et demie aussi large que long, largement échancré en avant, où il est un peu plus étroit, sinueux à la base, dont les côtés sont coupés très-peu obliquement et le milieu prolongé en pointe mousse sur les élytres; les bords latéraux à peine arrondis; les angles antérieurs assez saillants et aigus, les postérieurs presque droits et à peine émoussés; il est presque imperceptiblement pointillé, et présente en avant, le long du bord antérieur, une série transversale de points un peu plus forts. Élytres ovalaires, peu allongées, légèrement dilatées au delà du milieu et largement arrondies à l'extrémité, aussi larges en avant que la base du corselet, et formant, à leur point de réunion avec lui, un angle rentrant à peine sensible; elles sont testacées, avec la suture et quatre lignes noires qui n'atteignent ni la base ni l'extrémité, la première fortement abrégée en avant, la troisième interrompue en arrière et la quatrième également interrompue au milieu environ, l'extrémité postérieure de cette ligne largement dilatée en une tache ovalaire; elles sont ternes et presque imperceptiblement pointillées; la portion réfléchie est testacée et presque lisse. Le dessous du corps noir. Les pattes testacées, avec les tarses noirâtres.

Je n'ai vu qu'un seul individu de cette espèce, il appartient à M. le comte Dejean, qui l'a reçu du Caucase.

57. Hydroporus Solieri. *Mihi.*

Ovatus, brevior, convexus, dense punctulatus, nitidulus, rufo-testaceus; thorace vix ad basin transversim nigro, lateribus obliquis; elytris lineis latis quatuor pluries valde interruptis, præter suturam angustissimam, nigro-ornatis, apice oblique late acuminatis.

Long. 5 $\frac{1}{4}$ millim. Larg. 3 $\frac{1}{5}$ millim.

Ovale, court et convexe. Tête d'un testacé rougeâtre, très-visiblement ponctuée; le bord antérieur de l'épistome est rebordé; antennes et palpes testacés; le troisième article des antennes plus petit que les suivants. Corselet de la couleur de la tête, avec le bord postérieur assez largement noirâtre au milieu; il est près de trois fois aussi large que long, largement échancré en avant, où il est plus étroit, peu sinueux à la base, dont les côtés sont coupés un peu obliquement et le milieu à peine prolongé sur les élytres; les bords latéraux presque rectilignes et obliques; les angles antérieurs assez saillants et aigus, les postérieurs presque droits, émoussés au sommet et légèrement abaissés; il est entièrement couvert de points enfoncés assez forts à la base, et un peu plus petits et plus serrés au fur et à mesure qu'on les examine plus près du bord antérieur où ils sont confondus. Élytres ovalaires, courtes, largement arrondies en arrière, coupées un peu obliquement et très-légèrement acuminées à l'extrémité, aussi larges en avant que la base du corselet, et formant, à leur réunion avec lui, un angle rentrant à peine sensible; elles sont d'un testacé ferrugineux, avec la partie interne de la base, la suture très-étroite et quatre lignes noires; les trois premières lignes sont deux fois interrompues, la quatrième une seule fois et souvent réduite à deux points très-éloignés l'un de l'autre, l'extrémité postérieure des deux premières assez sensiblement dirigée en dehors; en dedans, et tout à fait en arrière de la première, existe une petite tache oblongue; on observe encore, le long de la suture, une ligne noirâtre excessivement étroite et ayant l'apparence d'une petite strie; elles sont entièrement couvertes de points enfoncés assez forts et inégaux; c'est surtout en avant, près de la base, que l'on observe cette inégalité dans la force des points; la portion réfléchie est testacée et fortement ponctuée. Le dessous du corps et les pattes d'un testacé rougeâtre.

Cet insecte m'a été communiqué par M. Solier, de Marseille, qui l'a reçu d'Égypte.

58. Hydroporus Nigrolineatus.

Oblongo-ovalis, depressiusculus, nitidus, supra pallide luteus, infra niger; thoracis lateribus obliquis; elytris lævibus, lineis quatuor, præter suturam, utrinque nigro-ornatis, postice rotundatis, apice vix acuminatis.

Hyphidrus Nigrolineatus. Steven *in Sch. Syn. Ins.* II. p. 33 (note).

Hydroporus Enneagrammus. Ahrens. *Isis.* 1833. p. 645. (*Test.* Sturm.)

Sturm. *Deuts. Faun.* IX. p. 29. tab. CCVI. D. d.

Hydroporus Blandus. Germ. *Faun. Ins. Europ.* XVI. t. IV.

Long. 4 millim. Larg. 2 millim.

Ovale, un peu allongé et légèrement déprimé. Tête d'un jaune pâle, presque imperceptiblement réticulée; antennes et palpes jaunâtres; les troisième et quatrième articles des antennes un peu plus petits que les suivants, et le dernier rembruni à l'extrémité. Corselet de la couleur de la tête, avec le bord postérieur très-étroitement noirâtre; il est deux fois et demie aussi large que long, largement échancré en avant, où il est un peu plus étroit, sinueux à la base, dont les côtés sont coupés un peu obliquement et le milieu prolongé en pointe mousse sur les élytres; les bords latéraux presque rectilignes et obliques; les angles antérieurs assez saillants et aigus, les postérieurs droits et nullement émoussés; il est presque imperceptiblement réticulé et presque lisse, avec quelques points rares à la base, sur les côtés et le long du bord antérieur. Élytres ovalaires, un peu allongées, arrondies en arrière, plus larges en avant que la base du corselet, et formant, à leur point de réunion avec lui, un angle rentrant assez sensible; elles sont jaunâtres, avec la suture et quatre lignes d'un très-beau noir n'atteignant ni la base ni l'extrémité, la première et la troisième plus abrégées en avant que les autres, la quatrième quelquefois, mais très-rarement, interrompue au milieu, et très-éloignée du bord latéral; en dehors de celle-ci, on observe aussi quelquefois une petite ligne oblique placée en arrière près de l'extrémité, dont elle suit le contour dans une étendue variable; entre la première et la suture, existe une petite ligne grisâtre excessivement étroite, ayant tout à fait l'apparence d'une strie; elles sont lisses et présentent quelques petits points enfoncés rares sur les lignes noires; la portion réfléchie est jaunâtre et lisse. Le dessous du corps noir. Les pattes testacées.

Il habite la Russie méridionale et la Sibérie.

59. Hydroporus Confluens.

Ovatus, crassus, subdepressus, subtilissime reticulatus, punctis minimis raris sparsim impressus, supra pallido-testaceus, infra niger; capite postice nigro; thoracis lateribus obliquis; elytris pallidioribus, quatuor lineis abbreviatis, præter suturam, utrinque nigro-ornatis, postice rotundatis, apice ipso acuminato.

Dytiscus Confluens. Fab. *Syst. Eleut.* I. p. 270.
Oliv. *Ent.* III. 40. p. 34. pl. 5. fig. 44. a. b.
Hyphidrus Confluens. Gyl. *Ins. Suec.* I. p. 522.
Sch. *Syn. Ins.* II. p. 30.

Long. 3 ½ millim. Larg. 2 millim.

Ovale, court, épais et légèrement déprimé en dessus. Tête d'un testacé un peu rougeâtre, rembrunie en arrière et entre les yeux et très-finement pointillée; antennes et palpes testacés; les troisième et quatrième articles des antennes un peu plus petits que les suivants. Corselet de la couleur de la tête, à peine assombri en avant et en arrière, deux fois et demie aussi large que long, largement échancré en avant, où il est plus étroit, sinueux à la base, dont les côtés sont coupés obliquement et le milieu prolongé en pointe mousse sur les élytres; les bords latéraux presque rectilignes et obliques; les angles antérieurs assez saillants et aigus, les postérieurs presque droits et un peu mousses; il est très-finement pointillé. Élytres ovalaires, courtes, largement arrondies en arrière, avec une très-petite saillie acuminée tout à fait à l'extrémité, plus larges en avant que la base du corselet, et formant, à leur point de réunion avec lui, un angle rentrant très-sensible; elles sont d'un jaune pâle, avec la suture, quatre lignes longitudinales et une autre ligne externe un peu oblique, noires; ces lignes sont très-fortement et inégalement abrégées en avant, souvent réunies en arrière; entre la première et la suture existe une petite ligne grisâtre excessivement étroite, ayant tout à fait l'apparence d'une strie; toutes ces lignes sont très-variables dans leur longueur et même dans leur existence, l'oblique externe manque très-souvent, les autres disparaissent aussi quelquefois, et il arrive même que les élytres sont entièrement immaculées; elles sont très-finement réticulées, et présentent quelques points assez irrégulièrement disposés longitudinalement sur les lignes noires; la portion réfléchie est testacée. Le dessous du corps noir. Les pattes d'un testacé ferrugineux.

Il se trouve dans presque toute l'Europe, en Barbarie et en Égypte.

Il a quelque analogie avec le précédent, mais il en diffère essentiellement par sa forme courte et épaisse, et par ses lignes noires beaucoup plus abrégées en avant; le dessous du corps est aussi très-fortement ponctué, tandis que dans le *Nigrolineatus* il n'est que réticulé.

60. Hydroporus Pallens. *Mannerheim.*

Oblongo-ovalis, crassus, subconvexiusculus, valde punctatus, supra testaceus, infra niger; vertice vix infuscato; thoracis lateribus obliquis; elytris sutura et lineola externa vix infuscatis, striis duabus punctulatis in disco, apice rotundatim attenuato.

Long. 3 $\frac{1}{4}$ millim. Larg. 1 $\frac{1}{2}$ millim.

Ovale, un peu allongé, épais et légèrement convexe. Tête testacée, à peine rembrunie sur le vertex et très-finement pointillée; palpes testacés; antennes...... Corselet de la couleur de la tête, avec les bords antérieur et postérieur à peine assombris, près de trois fois aussi large que long, largement échancré en avant, où il est plus étroit, sinueux à la base, dont les côtés sont coupés un peu obliquement et le milieu prolongé en pointe mousse sur les élytres; les bords latéraux presque rectilignes et un peu obliques; les angles antérieurs assez saillants et aigus, les postérieurs presque droits; il est couvert de points assez forts et assez écartés, plus fins et plus espacés sur le milieu du disque, et présente, en outre, une ligne transversale d'autres points plus petits le long du bord antérieur. Élytres ovalaires, un peu allongées, assez largement atténuées en arrière et étroitement arrondies à l'extrémité, aussi larges en avant que la base du corselet, et formant, à leur point de réunion avec lui, un angle rentrant très-ouvert et assez sensible; elles sont testacées, avec la suture, et une ligne externe placée en arrière le long du bord latéral, à peine assombries et couvertes de points assez forts et médiocrement serrés; elles présentent, en outre, deux lignes longitudinales d'autres points, l'une au milieu environ et l'autre un peu en dehors, toutes deux peu sensibles et fortement abrégées en arrière; la portion réfléchie est testacée. Le dessous du corps noir. Les pattes testacées.

Je n'ai vu qu'un seul individu de cette espèce; il m'a été communiqué par M. le comte Mannerheim comme ayant été pris en Laponie.

61. Hydroporus Trimaculatus.

Ovatus, brevior, crassus, subdepressiusculus, subtilissime reticulato-punctulatus, opacus, supra fusco-brunneus, infra niger; capite nigro, in vertice macula minima ferruginea; thorace ad latera paulo rotundato, marginibus late rufo-ferrugineis, macula oblonga ferruginea in medio postice notato; elytris fusco-brunneis, margine confuse rufo-ferrugineis, apice rotundatis.

Hydroporus Trimaculatus. Lap. *Étud. ent.* p. 106.
Hydroporus Capensis. Dej. *Cat.* 3e *édit.* p. 64.

Long. 5 ½ millim. Larg. 3 ¼ millim.

Ovale, court, épais et légèrement déprimé en dessus. Tête noirâtre, terne, avec une très-petite tache ferrugineuse sur le vertex; elle est très-finement ponctuée et réticulée; palpes et antennes testacés, rembrunis à l'extrémité; le troisième article des antennes plus long que les suivants. Corselet de la couleur de la tête, également terne, avec les bords latéraux très-largement ferrugineux, et une tache longitudinale assez vague de même couleur au milieu, deux fois et demie aussi large que long, largement échancré en avant, sinueux à la base, dont les côtés sont coupés assez obliquement et le milieu prolongé en pointe mousse sur les élytres; les bords latéraux légèrement arrondis; les angles antérieurs assez saillants et aigus, les postérieurs mousses et légèrement arrondis au sommet; il est finement pointillé et réticulé. Élytres ovalaires, courtes, arrondies en arrière, plus larges en avant que la base du corselet, et formant, à leur point de réunion avec lui, un angle rentran-

très-marqué; elles sont d'un brun ferrugineux, avec le bord externe très-vaguement rougeâtre, ternes, réticulées et ponctuées comme la tête et le corselet, mais plus finement encore; elles présentent, en outre, trois lignes longitudinales de petits points enfoncés peu sensibles, surtout l'externe, une le long de la suture et les deux autres sur le disque; la portion réfléchie est d'un testacé rougeâtre. Le dessous du corps noir, avec l'extrémité des derniers segments de l'abdomen ferrugineuse. Pattes d'un testacé ferrugineux.

Du cap de Bonne-Espérance.

62. Hydroporus Lapponum.

Oblongo-ovalis, paulo ellipticus, depressiusculus, punctulatus, pubescens, supra nigro-brunneus, infra niger; capite antice et postice rufo-ferrugineo; thorace ad latera paulo rotundato, postice transversim depresso, marginibus ferrugineis; elytris sæpe ad basin et marginem rufescentibus, apice late rotundatis.

Hyphidrus Lapponum. Gyl. *Ins. Suec.* I. p. 532.

Hydroporus Marginatus. Steph. *Illust. of Brit. ent.* II. pag. 56?

Long. 5 millim. Largeur 2 ½ millim.

Ovale, un peu elliptique, allongé et légèrement déprimé. Tête noirâtre, avec la partie antérieure et le vertex ferrugineux, couverte de points très-fins et très-écartés; antennes et palpes ferrugineux, avec les derniers articles noirâtres à l'extrémité; les troisième et quatrième articles des antennes à peine plus petits que les suivants. Corselet de la couleur de la tête, avec les bords latéraux ferrugineux, deux fois et demie aussi large que long, largement échancré en avant, sinueux à la base, dont les côtés sont coupés presque carrément et le milieu prolongé en pointe mousse sur les élytres; les bords latéraux légèrement arrondis; les angles antérieurs assez saillants et aigus, les postérieurs presque droits et émoussés au sommet; il est un peu convexe au milieu, assez fortement déprimé en arrière et sur les côtés, qui sont presque tranchants, couvert de points assez forts et peu serrés, à l'exception du milieu du disque qui est lisse et présente un très-petit sillon longitudinal. Élytres ovalaires, allongées, un peu dilatées au delà du milieu et arrondies à l'extrémité, aussi larges en avant que la base du corselet, et formant, à leur point de réunion avec lui, un angle rentrant peu sensible; elles sont d'un brun noirâtre, avec la base et les bords latéraux assez souvent roussâtres, légèrement pubescentes et couvertes de petits points peu serrés; la portion réfléchie est d'un brun plus ou moins ferrugineux. Le dessous du corps noir. Pattes ferrugineuses, avec la base des cuisses très-légèrement assombrie.

Il se trouve en Laponie, peut-être aussi en Allemagne et en Angleterre.

63. Hydroporus Dorsalis.

Elongato-ovalis, depressiusculus, subtile dense punctulatus, pubescens, supra fusco-brunneus, infra brunneo-ferrugineus; capite rufo-ferrugineo; thorace ad latera rotundato, postice transversim depresso, marginibus fasciaque transversa interrupta ferrugineis; elytris fascia transversa ad basin, vitta irregulari ad marginem confuse ferrugineo-notatis, apice late rotundatim attenuatis.

Dytiscus Dorsalis. Fab. *Syst. Eleut.* I. 269.
Oliv. *Ent.* III. 40. p. 30. pl. I. fig. 3. a. b.
Hyphidrus Dorsalis. Gyl. *Ins. Suec.* I. p. 530.
Sch. *Syn. Ins.* II. p. 33.

Var. β. *Rufo-testaceus; elytrorum basi interiore, sutura, puncto humerali, plaga magna oblonga in disco, macula postica, linea obliqua intra-marginali, apiceque nigris.*

Hyphidrus Figuratus. Gyl. *Ins. Suec.* iv. p. 387.

Long. 4 $\frac{3}{4}$ à 5 millim. Larg. 2 $\frac{1}{2}$ à 2 $\frac{2}{3}$ millim.

Ovale, un peu elliptique, allongé et légèrement déprimé. Tête d'un ferrugineux rougeâtre, avec une tache sombre à la partie interne des yeux; elle est couverte de points très-fins et assez écartés; antennes et palpes ferrugineux, avec les derniers articles noirs à l'extrémité; les troisième et quatrième articles des antennes aussi longs que les suivants ou à peine plus petits. Corselet d'un brun noirâtre, avec les bords latéraux largement ferrugineux, et une bande transversale de même couleur interrompue au milieu; sur les individus où le noir domine, cette bande est réduite à une petite tache de chaque côté; il est court, transversal, deux fois et demie aussi large que long, largement échancré en avant, où il est à peine plus étroit, sinueux à la base, dont les côtés sont coupés assez obliquement et le milieu prolongé en pointe mousse sur les élytres; les bords latéraux arrondis; les angles antérieurs assez saillants et aigus, les postérieurs presque droits et émoussés au sommet; il est assez convexe au milieu, avec une dépression postérieure plus ou moins enfoncée et brusquement terminée de chaque côté par un petit pli, un peu en dedans des angles postérieurs; il est légèrement pubescent et tout couvert de petits points enfoncés assez serrés. Élytres ovalaires, allongées, un peu dilatées au delà du milieu, largement arrondies en arrière et à peine acuminées à l'extrémité, un peu plus larges en avant que le corselet, et formant, à leur point de réunion avec lui, un angle rentrant assez sensible; elles sont d'un brun noirâtre, avec le bord externe, une large bande transversale un peu au delà de la base, et en arrière quelques petites taches irrégulières, d'un testacé ferrugineux; la bordure est étroite en arrière et très-large en avant; la bande transversale de la base ne touche pas la suture et est souvent réduite à une petite tache arrondie qui elle-même disparaît quelquefois complètement; elles sont pubescentes et couvertes de petits points analogues à ceux du corselet; la portion réfléchie est d'un rouge ferrugineux et ponctuée. Le dessous du corps est d'un ferrugineux noirâtre. Pattes ferrugineuses.

La var. β a les élytres d'un testacé rougeâtre, avec la partie interne de la base, une petite tache humérale, la suture, une grande tache un peu allongée et complétement isolée sur le disque, une autre en arrière de celle-ci, plus petite, arrondie et touchant la suture, une ligne oblique en arrière le long du bord externe et l'extrémité, d'un brun noirâtre; le dessous du corps d'un testacé rougeâtre, avec la poitrine un peu assombrie. Entre les individus ainsi colorés et ceux qui sont presque entièrement noirâtres, on retrouve tous les passages intermédiaires, comme j'ai été à même de le vérifier sur bon nombre d'exemplaires. En bonne logique cette variété devrait être considérée comme le type de l'espèce, et les autres comme des variétés résultant du plus ou moins de confluence des taches des élytres.

Il habite toute l'Europe, où il est assez commun, à l'exception toutefois de la var. β, qui est très-rare.

64. Hydroporus Opatrinus.

Oblongo-ovalis, depressiusculus, subtilissime reticulatus, punctulatus, niger, pube viridi-grisco dense vestitus; thorace ad latera rotundato, in medio convexo, utrinque et ad basin depresso; elytris apice paulo oblique attenuatis.

Hydroporus Opatrinus. Germ. *Ins. spec. nov.* p. 31.
Germ. *Faun. Ins. Europ.* XVI. t. 2.

Long. 4 $\frac{1}{2}$ à 5 millim. Larg. 2 $\frac{1}{3}$ à 2 $\frac{3}{4}$ millim.

Ovale, un peu elliptique, allongé et très-légèrement déprimé. Tête d'un noir mat, très-fortement réticulée et ponctuée; antennes et palpes ferrugineux, avec les derniers articles noirâtres à l'extrémité; les troisième et quatrième articles des antennes aussi longs que les suivants. Corselet de la couleur de la tête, recouvert d'un duvet très-fin d'un gris verdâtre; il est deux fois et demie aussi large que long, largement échancré en avant, où il est un peu plus étroit, sinueux à la base, dont les côtés sont coupés très-peu obliquement et le milieu prolongé en pointe mousse sur les élytres; les bords latéraux arrondis; les angles antérieurs peu saillants et aigus, les postérieurs presque droits et émoussés au sommet; il est un peu convexe au milieu, légèrement déprimé en arrière et de chaque côté, et assez fortement réticulé et pointillé. Élytres ovalaires, allongées, un peu dilatées au delà du milieu et assez brusquement atténuées à l'extrémité, un peu plus larges en avant que la base du corselet, et formant, à leur point de réunion avec lui, un angle rentrant très-sensible; elles sont d'un noir mat, finement réticulées et recouvertes comme le corselet d'un duvet très-fin d'un gris verdâtre; elles présentent, en outre, sur toute leur surface, des points enfoncés assez forts et assez écartés, et une ou deux côtes longitudinales à peine saillantes; la portion réfléchie et le dessous du corps d'un noir mat. Les pattes d'un ferrugineux très-sombre.

Il se trouve dans le midi de la France, en Italie, en Espagne et dans toutes les contrées méridionales de l'Europe.

65. Hydroporus Platynotus.

Ovalis, brevior, depressus, subtilissime reticulatus, punctulatus, niger, opacus, vix pube grisea vestitus; thorace ad latera rotundato, in medio convexiusculo, utrinque et ad basin depresso; elytris apice paulò oblique attenuatis.

Hydroporus Platynotus. Germ. *Faun. Ins. Europ.* xvi. t. 3. Lacord. *Faun. ent.* i. p. 330.

Hydroporus Murinus. Sturm. *Deuts. Faun.* ix. p. 41. tab. ccvii. fig. D. d.

Long. 4 $\frac{1}{4}$ millim. Larg. 2 $\frac{1}{2}$ millim.

Court, large, ovale et fortement déprimé. Tête d'un noir mat, assez fortement ponctuée et réticulée; antennes et palpes ferrugineux; les troisième et quatrième articles des antennes aussi longs que les suivants. Corselet de la couleur de la tête, à peine recouvert d'un duvet grisâtre, trois fois environ aussi large que long, largement échancré en avant, où il est un peu plus étroit, sinueux à la base, dont les côtés sont coupés très-peu obliquement et le milieu prolongé en pointe mousse sur les élytres; les bords latéraux arrondis; les angles antérieurs peu saillants et aigus, les postérieurs obtus; il est assez convexe au milieu, très-sensiblement déprimé en arrière et sur les côtés, assez fortement réticulé et pointillé, et présente aussi quelques points un peu plus forts à la base. Élytres ovalaires, courtes, larges, fortement déprimées en avant et brusquement atténuées à l'extrémité, aussi larges en avant que la base du corselet, dont elles continuent presque l'arc, ne formant, à leur point de réunion avec lui, qu'un angle rentrant très-largement ouvert et très-peu sensible; elles sont d'un noir mat, très-légèrement pubescentes et très-finement réticulées, et présentent, en outre, sur toute leur surface, des points enfoncés assez forts et assez écartés, et une ou deux côtes à peine saillantes; la portion réfléchie et le dessous du corps d'un noir mat. Les pattes ferrugineuses.

Cet insecte ressemble beaucoup à l'*Hyd. Opatrinus*, dont il a la couleur et le même mode de ponctuation, mais il est toujours plus petit, relativement beaucoup plus court, plus large, surtout en avant, et plus déprimé; ses élytres continuent, pour ainsi dire, l'arc du corselet, et ne forment, à leur point de réunion avec lui, qu'un angle rentrant excessivement ouvert et à peine sensible tandis que l'angle qu'offre, dans le premier point, l'*Hyd. Opatrinus* est très-sensible et souvent assez aigu.

Il se trouve en Saxe, où il a été découvert par M. Maerckel.

66. Hydroporus Ovatus.

Ovatus, depressiusculus, subtilissime reticulatus et valde punctatus, nigro-brunneus; capite antice ferrugineo; thorace ad latera rotundato, vix angulis posticis ferrugineis; elytris ad humera confuse ferrugineis, in feminis ad latera versus apicem brevissime unicostatis, paulo oblique attenuatis.

Hydroporus Ovatus. Sturm. *Deuts. Faun.* ix. p. 40. tab. ccvii. fig. C. c.

Erichs. *Käf. der Mark Brand.* i. p. 207.

Aubé. *Iconog.* v. p. 276. pl. 32. fig. 3.

Long. 4 $\frac{3}{4}$ millim. Larg. 2 $\frac{3}{4}$ millim.

Ovale, un peu elliptique et très-légèrement déprimé. Tête d'un brun noirâtre, avec la partie antérieure et quelquefois le vertex confusément ferrugineux; elle est couverte de points très-petits et très-serrés, presque réticulée, et présente, en outre, quelques points plus forts et écartés; antennes et palpes ferrugineux; les troisième et quatrième articles des antennes aussi longs que les suivants. Corselet de la couleur de la tête, avec les angles postérieurs très-vaguement ferrugineux; il est deux fois et demie aussi large que long, largement échancré en avant, où il est un peu plus étroit, sinueux à la base, dont les côtés sont coupés très-peu obliquement et le milieu prolongé en pointe mousse sur les élytres; les bords latéraux arrondis; les angles antérieurs peu saillants et aigus, les postérieurs presque droits et légèrement émoussés au sommet, quelquefois coupés presque obliquement; il est à peine déprimé en arrière et sur les côtés, assez fortement réticulé et ponctué, et présente, en outre, sur toute sa surface, des points plus forts et assez écartés. Élytres ovalaires, assez brusquement atténuées à l'extrémité, aussi larges en avant que la base du corselet, et formant, à leur point de réunion avec lui, un angle rentrant peu sensible; elles sont d'un brun noirâtre avec une large tache ferrugineuse assez vague à la région humérale; cette tache occupe quelquefois toute la base, mais est toujours plus large en dehors; elles sont réticulées et ponctuées comme le corselet, et présentent, en outre, comme lui, sur toute leur surface, des points plus forts et assez écartés, et une côte à peine saillante sur le disque; on observe encore, mais sur les femelles seulement, une autre petite côte très-courte plus saillante, lisse, et placée obliquement un peu en dedans du bord latéral, aux trois quarts postérieurs environ de leur longueur; la portion réfléchie est ferrugineuse. Le dessous du corps est d'un brun noirâtre. Les pattes ferrugineuses.

J'ai trouvé un seul individu femelle de cette espèce aux environs de Rouen. M. Chevrolat en possède aussi un exemplaire du même sexe pris dans la même localité, et quatre autres mâles et femelles qu'il a reçus de Prusse. Cet entomologiste a bien voulu me sacrifier un mâle.

67. Hydroporus Duponti. *Mihi.*

Elongato-ovalis, depressiusculus, punctulatus, niger, nitidus; thorace ad latera paulo rotundato, postice valde transversim impresso, utrinque ad basin profunde striato, vitta transversa interrupta lutea notato; elytris maculis quatuor minimis inæqualibus confuse luteo-ornatis, apice vix oblique attenuatis.

Long. 3 millim. Larg. 1 $\frac{1}{2}$ millim.

Ovale, très-allongé et légèrement déprimé. Tête noire, avec une petite tache transversale jaune sur le vertex; elle est presque imperceptiblement pointillée; antennes... ; palpes ferrugineux, avec le dernier article noirâtre à l'extrémité. Corselet de la couleur de la tête, avec une bande transversale jaune, interrompue au milieu; cette bande est placée un peu en deçà du milieu et remonte de chaque côté vers les angles antérieurs; il est deux fois aussi large que long, largement échancré en avant, où il est à peine plus étroit, coupé presque carrément à la base, dont le milieu s'avance à peine sur les élytres; les bords latéraux légèrement arrondis; les angles antérieurs assez saillants et aigus; les postérieurs droits et légèrement émoussés au sommet; il est finement pointillé et présente en arrière une impression transversale assez profonde, brusquement terminée de chaque côté par une petite strie longitudinale très-profonde et un peu oblique en dedans. Élytres ovalaires, très-allongées, un peu obliquement atténuées en arrière, plus larges en avant que la base du corselet, et formant, à leur point de réunion avec lui, un angle rentrant assez sensible; elles sont noires et marquées de quatre petites taches inégales d'un jaune pâle; l'une ponctiforme au milieu, un peu au delà de la base; la seconde, irrégulière et presque transversale, est placée le long du bord externe un peu avant le milieu; la troisième, au delà du milieu, également le long du bord externe, mais un peu plus en dedans, est composée de deux taches réunies, l'une linéaire et externe, et l'autre interne et arrondie; enfin, la quatrième tache est ponctiforme et située en arrière, un peu avant l'extrémité; elles sont couvertes de petits points enfoncés assez serrés, et présentent, en outre, une petite dépression irrégulière peu sentie, placée obliquement du milieu de la base à la partie antérieure de la suture; la portion réfléchie est noirâtre. Le dessous du corps noir. Les pattes ferrugineuses.

Les deux seuls individus de cette espèce que j'ai observés appartiennent à M. Dupont, qui les a reçus du Brésil.

68. Hydroporus Sexpustulatus.

Oblongo-ovalis, depressiusculus, subtile punctulatus, pubescens, vix subnitidus, supra fusco-brunneus, infra niger; capite rufo; thoracis lateribus paulo oblique rotundatis, late rufo-ferrugineis; elytris fasciis tribus inæqualibus lateralibus pallide luteo-ornatis, apice attenuatis.

Dytiscus Sexpustulatus. Fab. *Syst. Eleut.* I. p. 269.
Oliv. *Ent.* III. 40. p. 31. pl. 4. fig. 35. a. b.
Dytiscus Lituratus. Panz. *Faun. Germ.* XIV. fig. 4.
Hyphidrus Sexpustulatus. Gyl. *Ins. Suec.* I. p. 534.

Var. β. *Elytris testaceis, basi interiore, sutura, plaga magna et macula postica communibus, linea obliqua intra-marginali apiceque nigris.*

Var. γ. *Elytris nigro-brunneis fasciis minimis tantum duabus testaceo-ferrugineis, una baseos, altera ad apicem.*

Dytiscus Palustris. Linn. *Faun. Suec.* 775.
Hyphidrus Sexpustulatus. Var. b. Gyl. *Ins. Suec.* I. 534.
Hydroporus Proximus. Steph. *Illust. of Brit. ent.* II. p. 55.
Sch. *Syn. Ins.* II. p. 34.

Long. 4 millim. Larg. 2 millim.

Ovale, un peu allongé et légèrement déprimé. Tête d'un testacé rougeâtre, ayant souvent une tache assombrie à la partie interne des yeux; elle est finement ponctuée en avant, lisse en arrière; antennes et palpes testacés, avec les derniers articles noirâtres à l'extrémité; les troisième et quatrième articles des antennes un peu plus petits que les suivants. Corselet noirâtre, avec les bords latéraux assez vaguement, mais très-largement bordés de testacé rougeâtre; il est deux fois et demie aussi large que long, largement échancré en avant où il est un peu plus étroit, sinueux à la base, dont les côtés sont coupés très-peu obliquement, et le milieu prolongé en pointe mousse sur les élytres; les bords latéraux très-légèrement arrondis; les angles antérieurs assez saillants et aigus; les postérieurs presque droits, à peine émoussés au sommet; il est légèrement pubescent et couvert de petits points enfoncés assez serrés. Élytres ovalaires, un peu allongées, légèrement atténuées à l'extrémité, aussi larges en avant que la base du corselet, et formant, à leur point de réunion avec lui, un angle rentrant peu sensible; elles sont d'un brun noirâtre, avec la partie antérieure du bord externe et trois taches inégales d'un testacé jaunâtre; la première tache, très-large, placée transversalement à la base, quelquefois isolée, mais le plus souvent réunie à la bordure externe; la seconde, irrégulièrement triangulaire, est située aux trois quarts postérieurs environ, un peu en dedans du bord externe; et enfin la dernière, très-petite, près de l'extrémité; elles sont pubescentes et finement pointillées; la portion réfléchie est testacée. Le dessous du corps noirâtre. Les pattes ferrugineuses.

La var. β est plus pâle : les élytres sont testacées, avec la partie interne de la base, la suture, une très-large tache commune sur le disque, une autre plus petite en arrière de celle-ci, arrondie et également commune, une ligne oblique en arrière le long du bord externe et l'extrémité, d'un brun noirâtre; la large tache antérieure et irrégulièrement quadrilatère, avec les angles antérieurs externes légèrement prolongés en avant.

La var. γ est beaucoup plus foncée : ses élytres ne présentent que deux petites taches, l'une à la partie interne de la base et l'autre près de l'extrémité; la bordure est aussi quelquefois étroitement et vaguement testacée en avant.

Ce que j'ai déjà dit relativement à l'*Hyd. Dorsalis*, je le répète ici : la variété β devrait être considérée comme le type de l'espèce, et les autres comme de véritables variétés résultant du plus ou moins de confluence des taches des élytres.

Il est commun dans toute l'Europe.

69. Hydroporus Aulicus.

Elongato-ovalis, paulo obconicus, depressiusculus, punctulatus, brunneo-ferrugineus, nitidus; capite ferrugineo; thorace ferrugineo, in medio confuse nigro-maculato, lateribus oblique rotundatis; elytris duabus fasciis transversis maculaque apicali irregularibus ferrugineo-ornatis, apice attenuato-rotundatis.

Hydroporus Aulicus. Dej. *Cat.* 3e *édit.* p. 65.

Long. 6 millim. Larg. 3 millim.

Ovale, allongé, un peu obconique et légèrement déprimé. Tête rougeâtre, finement ponctuée; antennes et palpes ferrugineux; les troisième et quatrième articles des antennes aussi longs que les suivants. Corselet de la couleur de la tête, avec les bords antérieur et postérieur très-vaguement et très-largement noirâtres au milieu; il est près de trois fois aussi large que long, largement échancré en avant, où il est beaucoup plus étroit, sinueux à la base, dont les côtés sont coupés un peu obliquement, et le milieu prolongé en pointe mousse sur les élytres; les bords latéraux obliques, très-légèrement arrondis antérieurement, largement rebordés en avant, étroitement en arrière; les angles antérieurs assez saillants et aigus, les postérieurs également un peu aigus; il est couvert de petits points enfoncés peu serrés, plus fins et plus écartés sur le disque, et présente, en outre, une petite dépression arrondie près de chaque angle postérieur. Élytres ovalaires, allongées, un peu obconiques, atténuées en arrière, étroitement arrondies à l'extrémité, aussi larges en avant que la base du corselet, dont elles continuent exactement l'arc sans former d'angle rentrant à leur point de réunion avec lui; elles sont d'un brun noirâtre, avec deux bandes transversales fortement onduleuses, une petite tache humérale, une autre à l'extrémité et le bord externe, d'un rouge ferrugineux; les deux bandes transversales sont ainsi placées : la première, un peu au delà de la base, se réunit en dehors et en avant à la bordure externe et à la petite tache humérale, et ne touche pas la suture; la seconde, un peu au delà du milieu, ne touche ni la bordure ni la suture; enfin, la tache apicale envoie en avant un petit prolongement qui tend à se réunir à un autre prolongement postérieur et interne de la seconde bande transversale (ce qui certainement doit arriver quelquefois à en juger d'après le petit nombre d'exemplaires que j'ai examinés); elles sont couvertes de petits points enfoncés, assez forts, assez écartés et également répandus sur toute leur surface; la portion réfléchie est ferrugineuse. Le dessous du corps d'un brun ferrugineux, avec l'abdomen un peu plus clair. Les pattes ferrugineuses.

Il habite les États-Unis d'Amérique.

70. Hydroporus Hybridus. *Mihi.*

Ovatus, convexus, valde punctulatus, vix pubescens, nitidulus, rufo-testaceus; thoracis lateribus obliquis; elytris nigro-brunneis, fasciis duabus transversis maculaque apicali irregularibus, rufo-ferrugineo-ornatis, apice rotundatis.

Long. 4 millim. Larg. 2 $\frac{1}{5}$ millim.

Ovale et sensiblement convexe. Tête testacée, couverte de points assez forts et assez écartés; le bord antérieur de l'épistome un peu échancré; antennes........; palpes testacés. Corselet de la couleur de la tête, deux fois et demie aussi large que long, largement échancré en avant, où il est plus étroit, sinueux à la base, dont les côtés sont coupés très-peu obliquement et le milieu prolongé en pointe mousse sur les élytres; les bords latéraux presque rectilignes et obliques; les angles antérieurs assez saillants et aigus, les postérieurs presque droits, un peu aigus et nullement émoussés au sommet; il est couvert de points enfoncés assez forts et assez écartés. Élytres ovalaires, à peine atténuées en arrière, arrondies à l'extrémité, un peu plus larges en avant que la base du corselet, en formant, à leur point de réunion avec lui, un angle rentrant peu sensible; elles sont d'un brun noirâtre, avec le bord externe, deux bandes transversales irrégulières et une tache apicale d'un testacé ferrugineux; la première bande transversale, placée un peu en arrière de la base, est très-large en dehors, où elle touche le bord externe; en dedans elle n'atteint pas la suture; la seconde ne touche ni le bord externe ni la suture, et est située un peu au delà du milieu; cette bande envoie en arrière et en dehors un petit prolongement étroit qui va rejoindre la tache postérieure; elles sont à peine pubescentes et couvertes de points assez forts et assez écartés, un peu moins cependant que sur le corselet; la portion réfléchie, le dessous du corps et les pattes d'un testacé un peu rougeâtre.

Je n'ai vu qu'un seul individu de cette espèce : il appartient à la collection du Muséum, et a été pris aux États-Unis d'Amérique.

Cet *Hydroporus* ressemble un peu au *Velutinus*, mais il s'en distingue essentiellement par sa forme plus convexe, sa ponctuation un peu plus forte, par l'angle rentrant que forment les élytres et le corselet à leur point de réunion, et enfin par le bord antérieur de l'épistome, qui est échancré et nullement rebordé.

71. Hydroporus Ruficeps.

Oblongo-ovalis, vix obconicus, depressiusculus, reticulatus, valde pubescens, opacus, brunneo-ferrugineus; capite rufo-ferrugineo; thorace ad latera vix oblique rotundato, ferrugineo, late in medio confuse umbroso; elytris brunneo-ferrugineis, ad marginem confuse rufis, apice attenuato-rotundatis.

Hydroporus Ruficeps. Dej. *Cat.* 3e *édit.* p. 65.

Long. 5 millim. Larg. 2 $\frac{2}{3}$ millim.

Ovale, un peu allongé, très-légèrement obconique et déprimé. Tête rougeâtre, un peu terne, presque imperceptiblement réticulée; antennes et palpes testacés, avec les derniers articles rembrunis à l'extrémité; les troisième et quatrième articles des antennes aussi longs que les suivants, ou à peine plus petits. Corselet de la couleur de la tête, terne, très-largement et très-vaguement assombri au milieu, près de trois fois aussi large que long, largement échancré en avant, où il est plus étroit, sinueux à la base, dont les côtés sont coupés un peu obliquement et le milieu prolongé en pointe mousse sur les élytres; les bords latéraux à peine arrondis et un peu obliques; les angles antérieurs assez saillants et aigus, les postérieurs presque droits, un peu aigus et nullement émoussés au sommet; il est pubescent et très-finement réticulé. Élytres ovalaires, un peu allongées, à peine atténuées en arrière, étroitement arrondies à l'extrémité, aussi larges en avant que la base du corselet, dont elles continuent exactement l'arc sans former d'angle rentrant à leur point de réunion avec lui, d'un brun ferrugineux terne, avec la région humérale et le bord latéral très-vaguement ferrugineux; elles sont pubescentes et très-finement réticulées; la portion réfléchie est testacée. Le dessous du corps d'un rouge testacé, avec la poitrine brunâtre. Les pattes testacées.

Il se trouve aux États-Unis d'Amérique.

72. Hydroporus Americanus. *Mihi.*

Elongato-ovalis, convexiusculus, dense et valde punctulatus, pubescens, subnitidulus, rufo-castaneus; pectore obscuriore; thoracis lateribus obliquis; elytris apice attenuatis.

Long. 4 $\frac{1}{4}$ millim. Larg. 2 millim.

Ovale, allongé et assez sensiblement convexe. Tête d'un testacé rougeâtre, couverte de points très-fins et très-écartés ; antennes et palpes testacés, avec les derniers articles légèrement rembrunis à l'extrémité ; les troisième et quatrième articles des antennes un peu plus petits que les suivants. Corselet de la couleur de la tête, très-vaguement et très-largement assombri au milieu, deux fois et demie aussi large que long, largement échancré en avant, où il est plus étroit, sinueux à la base dont les côtés sont coupés très-peu obliquement et le milieu prolongé en pointe mousse sur les élytres; les bords latéraux presque rectilignes et obliques; les angles antérieurs assez saillants et aigus, les postérieurs également un peu aigus; il est légèrement pubescent et couvert de petits points enfoncés assez serrés, plus fins et plus espacés sur le milieu du disque. Élytres ovalaires, allongées, légèrement atténuées en arrière et étroitement arrondies à l'extrémité, aussi larges en avant que la base du corselet, dont elles continuent exactement l'arc sans former d'angle rentrant à leur point de réunion avec lui, d'un châtain rougeâtre, avec les bords latéraux un peu plus clairs et la suture légèrement assombrie; elles sont pubescentes et couvertes de points enfoncés analogues à ceux du corselet; la portion réfléchie, le dessous du corps et les pattes d'un testacé ferrugineux; la poitrine un peu plus sombre.

Le seul individu de cette espèce que j'ai pu observer appartient à M. Chevrolat, qui l'a reçu de Boston (Amérique septentrionale).

73. Hydroporus Modestus.

Oblongo-ovalis, depressiusculus, vix subtilissime reticulatus, pubescens, opacus, niger; capite antice et in vertice, thorace et elytris confuse ad margines pedibusque rufo-ferrugineis; thoracis lateribus obliquis; elytris apice rotundatis.

Hydroporus Modestus. Dej. *Cat.* 3e *édit.* p. 65.

Long. 5 millim. Larg. 2 ½ millim.

Ovale, un peu allongé et légèrement déprimé. Tête noire, terne, avec la partie antérieure et le vertex ferrugineux; elle est presque imperceptiblement réticulée; antennes et palpes ferrugineux, avec les derniers articles noirâtres à l'extrémité; les troisième et quatrième articles des antennes à peine plus petits que les suivants. Corselet noir, terne, avec les bords latéraux très-confusément ferrugineux, deux fois et demie aussi large que long, largement échancré en avant où il est plus étroit, sinueux à la base dont les côtés sont coupés assez obliquement, et le milieu prolongé en pointe mousse sur les élytres; les bords latéraux à peine arrondis, presque rectilignes et obliques; les angles antérieurs assez saillants et aigus, les postérieurs droits et très-légèrement émoussés au sommet; il est très-légèrement pubescent et presque imperceptiblement réticulé. Élytres ovalaires, un peu allongées, assez largement arrondies à l'extrémité, aussi larges en avant que la base du corselet, dont elles continuent l'arc, sans former d'angle rentrant à leur point de réunion avec lui, d'un noir terne, avec les angles huméraux et les bords latéraux très-confusément et presque imperceptiblement ferrugineux; elles sont très-légèrement pubescentes et presque imperceptiblement réticulées; la portion réfléchie est ferrugineuse. Dessous du corps noir, avec deux ou trois taches ferrugineuses peu visibles de chaque côté de l'abdomen. Pattes ferrugineuses.

Il se trouve aux États-Unis d'Amérique.

74. Hydroporus Humeralis.

Oblongo-ovalis, depressus, subtile punctulatus, pubescens, supra nigro-brunneus, infra niger; capite antice et in vertice, thorace ad latera paulo oblique rotundata confusissime ferrugineis; elytris vitta transversa ad basin maculisque tribus irregularibus externis confusissime rufo-ferrugineo-ornatis, apice rotundatis.

Mas : nitidulus. Femina : opaca, subtilius punctulata.

Hydroporus Humeralis. Esch.-Dej. *Cat.* 3e *édit.* p. 65.

Long. 4 ½ millim. Larg. 2 ¼ millim.

Ovale, allongé et fortement déprimé. Tête noirâtre avec la partie antérieure et le vertex d'un rouge ferrugineux; elle est très-finement pointillée; antennes et palpes ferrugineux; les troisième et quatrième articles des antennes un peu plus petits que les suivants, les derniers à peine rembrunis à l'extrémité. Corselet de la couleur de la tête, avec les bords latéraux très-confusément ferrugineux, deux fois et demie aussi large que long, largement échancré en avant où il est un peu plus étroit, sinueux à la base, dont les côtés sont coupés très-peu obliquement et le milieu prolongé en pointe mousse sur les élytres; les bords latéraux très-faiblement arrondis; les angles antérieurs assez saillants et aigus, les postérieurs presque droits et un peu arrondis au sommet; il est très-légèrement pubescent, principalement chez les femelles, et couvert de petits points enfoncés, peu serrés, plus fins et plus espacés sur le milieu du disque. Élytres ovalaires, allongées, arrondies à l'extrémité, aussi larges en avant que la base du corselet, et formant, à leur point de réunion avec lui, un angle rentrant très-peu sensible; elles sont d'un brun noirâtre, avec une bande transversale à la base, deux taches le long du bord externe, et une autre à l'extrémité d'un testacé ferrugineux; toutes ces taches sont très-mal limitées, et envahissent quelquefois la totalité des élytres, qui alors sont d'un testacé plus ou moins ferrugineux, avec la partie interne de la base et la suture d'un brun noirâtre; elles sont pubescentes chez les femelles, presque glabres chez les mâles, couvertes de petits points enfoncés analogues à ceux du corselet, et présentent, en outre, une ligne longitudinale de points enfoncés placés dans un sillon à peine senti, et visible seulement sous un certain jour; la portion réfléchie est ferrugineuse. Le dessous du corps noir. Les pattes ferrugineuses.

Les femelles sont ternes et beaucoup plus finement pointillées.

Il se trouve aux États-Unis d'Amérique.

75. Hydroporus Erythrocephalus.

Ovalis, convexiusculus, valde punctulatus, pubescens, subnitidulus, niger; capite pedibusque rufis; thorace elytrisque confuse ad latera ferrugineis; thoracis lateribus obliquis; elytris apice rotundatis.

Dytiscus Erythrocephalus. Lin. *Faun. Suec.* 774.

Dytiscus Erythrocephalus. Fab. *Syst. Eleut.* I. 267.

Dytiscus Rufipes. Oliv. *Ent.* III. 40. p. 30. pl. 4. fig. 39. a. b. (1)

Hyphidrus Erythrocephalus. Gyl. *Ins. Suec.* I. 533.

Sch. *Syn. Ins.* II. p. 35.

Long. 4 $\frac{1}{4}$ millim. Larg. 2 $\frac{1}{6}$ millim.

Ovale, très-médiocrement allongé et assez sensiblement convexe. Tête d'un testacé rougeâtre, avec une tache assombrie

(1) Bien certainement Olivier a réuni sous le même nom de *D. Rufipes* les *Hyd. Planus* et *Erythrocephalus*, comme j'ai été à même de le vérifier sur un exemplaire de l'*Hyd. Erythrocephalus* que possède M. Chevrolat. Cet individu a appartenu à Olivier lui-même, et porte sur une étiquette faite de la propre main de cet entomologiste le nom de *Dyt. Fusculus* Sch. *Dyt. Rufipes.* Oliv.

à la partie interne des yeux ; elle est couverte de petits points assez écartés ; antennes et palpes testacés, avec les derniers articles noirâtres à l'extrémité ; les troisième et quatrième articles des antennes plus petits que les suivants. Corselet noir, avec les bords latéraux très-étroitement et très-confusément ferrugineux, deux fois et demie aussi large que long, largement échancré en avant où il est plus étroit, sinueux à la base dont les côtés sont coupés un peu obliquement, et le milieu prolongé en pointe mousse sur les élytres ; les bords latéraux presque rectilignes et un peu obliques ; les angles antérieurs assez saillants et aigus, les postérieurs presque droits et nullement émoussés au sommet ; il est assez convexe, à peine déprimé en arrière et sur les côtés, et couvert de points enfoncés, d'autant plus forts et plus serrés qu'ils sont plus éloignés du milieu du disque, qui est très-souvent lisse, et n'offre généralement que quelques points infiniment petits et très-écartés. Élytres ovalaires, à peine allongées et assez largement arrondies à l'extrémité, aussi larges en avant que la base du corselet dont elles continuent l'arc, sans former d'angle rentrant à leur point de réunion avec lui, d'un brun noirâtre avec la partie externe de la base et le bord latéral très-confusément ferrugineux ; quelquefois le ferrugineux domine et ne laisse de noirâtre que la partie interne de la base et la suture ; elles sont très-sensiblement pubescentes, et couvertes de points enfoncés assez forts et assez serrés ; la portion réfléchie est ferrugineuse. Le dessous du corps noir. Les pattes d'un testacé ferrugineux.

Il se rencontre dans toute l'Europe et il est fort commun.

76. Hydroporus Rufifrons.

Oblongo-ovalis, convexiusculus, valde punctulatus, parce pubescens, subnitidulus, supra nigro-brunneus, infra niger ; capite antice et in vertice, thorace anguste ad latera, elytris confuse ad basin et marginem pedibusque ferrugineis ; thoracis lateribus vix oblique rotundatis ; elytris apice rotundatim attenuatis.

Dytiscus Rufifrons. Duft. *Faun. Aust.* I. 270.
Hyphidrus Rufifrons. Gyl. *Ins. Suec.* IV. 390.
Hydroporus Rufifrons. Steph. *Illust. of Brit. ent.* II. p. 56.

Long. 5 millim. Larg. 2 ½ millim.

Ovale, un peu allongé et très-légèrement convexe. Tête ferrugineuse en avant et sur le vertex, très-confusément assombrie au milieu et couverte de très-petits points assez écartés; antennes et palpes testacés, avec les derniers articles noirs à l'extrémité; les troisième et quatrième articles des antennes un peu plus petits que les suivants. Corselet noir, avec les bords latéraux très-étroitement et très-confusément ferrugineux, deux fois et demie aussi large que long, largement échancré en avant où il est plus étroit, sinueux à la base dont les côtés sont coupés très-peu obliquement, et le milieu prolongé en pointe mousse sur les élytres; les bords latéraux très-légèrement arrondis et assez obliques; les angles antérieurs assez saillants et aigus, les postérieurs également un peu aigus et nullement émoussés au sommet; il est assez convexe au milieu, sensiblement déprimé en arrière et sur les côtés, à peine pubescent et couvert de points enfoncés, d'autant plus forts et plus serrés qu'ils sont plus éloignés du milieu du disque, qui est très-souvent lisse, et n'offre généralement que quelques points infiniment petits et très-écartés. Élytres ovalaires, un peu allongées, légèrement atténuées en arrière, et étroitement arrondies à l'extrémité, aussi larges en avant que la base du corselet dont elles continuent l'arc, sans former d'angle rentrant à leur point de réunion avec lui, d'un brun noirâtre, avec la base et le bord latéral très-confusément ferrugineux ou testacés; elles sont très-légèrement pubescentes et couvertes de points enfoncés assez forts et très-médiocrement serrés; la portion réfléchie est d'un testacé ferrugineux. Le dessous du corps noir, avec les segments abdominaux très-confusément ferrugineux en dehors. Pattes d'un ferrugineux rougeâtre.

Cette espèce a beaucoup d'analogie avec l'*Hyd. Erythrocephalus*, mais il est toujours plus grand, plus allongé, moins convexe, un peu plus brillant et moins pubescent; ses élytres sont atténuées en arrière et couvertes de points enfoncés un peu plus forts et plus écartés.

Il se trouve dans le nord de l'Europe, en Autriche et en Angleterre.

77. Hydroporus Deplanatus.

Ovalis, depressus, subtile reticulato-punctulatus, valde pubescens, opacus, niger; capite rufo-ferrugineo, arcu nigricante notato; thorace confuse ad latera, elytris vix ad basin et marginem pedibusque ferrugineis; thoracis lateribus obliquis; elytris apice rotundatis.

Hyphidrus Deplanatus. Gyl. *Ins. Suec.* iv. 391.

Hydroporus Deplanatus. Steph. *Illust. of Brit. ent.* ii. p. 56.

Hydroporus Erythrocephalus. Var. ♀ Erichs. *Käf. der Mark Brand.* i. p. 172.

Long. 4 millim. Larg. 2 millim.

Ovale et très-sensiblement déprimé. Tête rougeâtre, terne, avec une tache sombre en forme de V largement ouvert, se terminant de chaque côté à la partie interne des yeux, et ne touchant pas le vertex; elle est presque imperceptiblement réticulée; antennes et palpes testacés, avec les derniers articles noirâtres à l'extrémité; les troisième et quatrième articles des antennes un peu plus petits que les suivants. Corselet noir, terne, avec les bords latéraux très-étroitement et très-confusément ferrugineux, deux fois et demie aussi large que long, largement échancré en avant où il est plus étroit, sinueux à la base dont les côtés sont coupés un peu obliquement et le milieu prolongé en pointe mousse sur les élytres ; les bords latéraux presque rectilignes et un peu obliques ; les angles antérieurs assez saillants et aigus, les postérieurs presque droits et légèrement aigus ; il est légèrement pubescent et couvert de très-petits points assez serrés, d'autant plus petits et plus écartés qu'ils sont plus près du milieu du disque, qui, très-souvent, est imponctué, ou présente quelques points très-rares et à peine perceptibles. Élytres ovalaires, assez largement arrondies à l'extrémité, aussi larges en avant que la base du corselet dont elles continuent l'arc, sans former d'angle rentrant à leur point de réunion avec lui, d'un brun noirâtre, terne, avec la partie externe de la base et le bord latéral ferrugineux ; elles sont très-pubescentes et très-finement ponctuées et réticulées ; la portion réfléchie est ferrugineuse. Le dessous du corps noir. Les pattes d'un testacé ferrugineux.

Il se trouve dans le nord de l'Europe et en Angleterre.

Il ressemble à l'*Hyd. Erythrocephalus*, mais il est plus petit, plus déprimé, tout à fait terne, plus pubescent, et enfin beaucoup plus finement pointillé.

78. Hydroporus Planus.

Ovalis, depressiusculus, dense punctulatus, pubescens, subnitidulus, niger ; thoracis lateribus obliquis ; elytris nigro-brunneis, apice rotundatis ; pedibus ferrugineis, femoribus basi nigricantibus.

Dytiscus Planus. Fab. *Syst. Eleut.* I. 268.
Dytiscus Rufipes. Oliv. *Ent.* III. 40. p. 30. pl. 39. fig. a. b.
Hyphidrus Planus. Gyl. *Ins. Suec.* I. 531.
Hydroporus Holosericus. Steph. *Illust. of Brit. ent.* II. p. 61.

Var. β. *Elytris ad basin late rufescentibus.*

Dytiscus Flavipes. Fab. *Syst. Eleut.* I. 273.
Hyphidrus Planus. Gyl. Var. b. *Ins. Suec.* I. 531.

Hydroporus Flavipes. STEPH. *Illust. of Brit. ent.* II. 61.
SCH. *Syn. Ins.* II. p. 35.

Long, 4 à 4 ½ millim. Larg. 2 ⅕ à 2 ⅓ millim.

Ovale et sensiblement déprimé. Tête noire, à peine ferrugineuse sur le vertex, couverte de points infiniment petits et très-écartés; antennes et palpes testacés à la base, noirs à l'extrémité; les troisième et quatrième articles des antennes un peu plus petits que les suivants. Corselet de la couleur de la tête, deux fois et demie aussi large que long, largement échancré en avant où il est plus étroit, sinueux à la base dont les côtés sont coupés un peu obliquement et le milieu prolongé en pointe mousse sur les élytres; les bords latéraux presque rectilignes et obliques; les angles antérieurs assez saillants et aigus, les postérieurs également un peu aigus et nullement émoussés au sommet; il est très-sensiblement pubescent et couvert de points enfoncés assez serrés, à peine plus petits et plus écartés sur le milieu du disque. Élytres ovalaires, assez largement arrondies à l'extrémité, aussi larges en avant que la base du corselet dont elles continuent l'arc, sans former d'angle rentrant à leur point de réunion avec lui, d'un brun noirâtre, ayant souvent la base et le bord externe assez largement testacés, et étant même quelquefois presque entièrement de cette couleur; elles sont pubescentes et couvertes de points très-fins et assez serrés, et présentent, en outre, deux lignes longitudinales très-peu sensibles de points enfoncés un peu plus forts, l'une au milieu environ, et l'autre un peu en dehors; la portion réfléchie est d'un testacé rougeâtre. Le dessous du corps noir. Les pattes ferrugineuses avec la base des cuisses légèrement rembrunie.

Il se trouve dans toute l'Europe, où il est fort commun.

79. Hydroporus Pubescens.

Ovalis, minor, minus-depressus, dense punctulatus, pubescens, subnitidulus, niger; elytris nigro-brunneis, ad basin et marginem confuse rufescentibus, striis disci punctulatis, apice rotundatis; thoracis lateribus obliquis; pedibus ferrugineis, femoribus basi nigricantibus.

Hyphidrus Pubescens. Gyl. *Ins. Suec.* I. p. 536.
Hydroporus Pubescens. Steph. *Illust. of Brit. ent.* II. 61.
Hydroporus Piceus. Sturm. *Deuts. Faun.* IX. p. 66. tab. CCXI. fig. A. a.

Long. 3 $\frac{1}{2}$ millim. Larg. 1 $\frac{3}{4}$ millim.

Ovale, très-légèrement allongé et à peine déprimé. Tête noire, à peine ferrugineuse sur le vertex, couverte de points infiniment petits et très-écartés; antennes et palpes téstacés à la base, noirs à l'extrémité; les troisième et quatrième articles des antennes un peu plus petits que les suivants. Corselet de la couleur de la tête, deux fois et demie aussi large que long, largement échancré en avant où il est plus étroit, sinueux à la base, dont les côtés sont coupés un peu obliquement et le milieu prolongé en pointe mousse sur les élytres; les bords latéraux presque rectilignes et obliques; les angles antérieurs assez saillants et aigus, les postérieurs également un peu aigus et nullement émoussés au sommet; il est un peu déprimé vers les angles postérieurs, très-légèrement pubescent, et couvert de points enfoncés très-serrés, à peine plus petits et plus écartés sur le milieu du disque. Élytres ovalaires, très-légèrement allongées et assez largement arrondies à l'extrémité, aussi larges en avant que la base du corselet dont elles continuent l'arc, sans former d'angle rentrant à leur point de réunion avec lui, d'un brun noirâtre, avec la partie externe de la base et le bord latéral très-confusément roussâtres, quelquefois presque entièrement de cette couleur; elles sont légèrement pubescentes et couvertes de points très-fins et assez serrés, et présentent, en outre, deux lignes longitudinales de points enfoncés un peu plus forts, l'une au milieu environ et l'autre un peu en dehors; ces lignes ne sont perçeptibles que sous un certain jour, souvent même l'externe n'existe pas; la portion réfléchie est d'un testacé rougeâtre. Le dessous du corps noir. Les pattes ferrugineuses, avec la base des cuisses légèrement rembrunie.

Cet *Hydroporus* est tellement voisin du précédent que je suis fortement tenté de le considérer comme une simple variété de cette espèce; il n'en diffère réellement que par sa taille au moins deux fois plus petite, sa forme relativement un peu plus étroite et un peu plus convexe; il est aussi un peu moins pubescent et un peu plus brillant.

Il se trouve, comme le précédent, dans toute l'Europe, mais il est un peu moins abondant.

80. Hydroporus Ambiguus.

Oblongo-ovalis, depressiusculus, dense punctulatus, pubescens, subnitidulus, niger; capite antice et in vertice rufo-ferrugineo; thoracis lateribus obliquis anguste ferrugineis; elytris nigro-brunneis, ad basin et marginem confuse rufescentibus, apice rotundatim attenuatis; pedibus rufo-testaceis.

Hydroporus Ambiguus. Aubé. *Iconog.* v. p. 287. pl. 33. fig. 6.

Long. 2 $\frac{2}{3}$ millim. Larg. 1 $\frac{3}{4}$ millim.

Ovale, assez allongé et à peine déprimé. Tête noirâtre avec la partie antérieure et le vertex d'un rouge ferrugineux, couverte de points infiniment petits et assez écartés; palpes et antennes testacés à la base, noirs à l'extrémité; les troisième et quatrième articles des antennes un peu plus petits que les suivants. Corselet noir, avec les bords latéraux assez confusément et étroitement ferrugineux, deux fois et demie aussi large que long, largement échancré en avant où il est plus étroit, sinueux à la base, dont les côtés sont coupés presque carrément et le milieu prolongé en pointe mousse sur les élytres; les bords latéraux presque rectilignes, un peu obliques; les angles antérieurs assez saillants et aigus, les postérieurs presque droits et nullement émoussés au sommet; il est assez convexe au milieu, très-légèrement déprimé en arrière et sur les côtés, à peine pubescent et couvert de points enfoncés assez forts, peu serrés, beaucoup plus fins et plus écartés sur le milieu du disque. Élytres ovalaires, assez allongées, un peu atténuées en arrière, et étroitement arrondies à l'extrémité, aussi larges en avant que la base du corselet, et formant, à leur point de réunion avec lui, un angle rentrant excessivement ouvert et à peine sensible, d'un brun noirâtre, avec le côté externe de la base et le bord latéral à peine ferrugineux; elles sont pubescentes et couvertes de petits points peu enfoncés et très-médiocrement serrés; la portion réfléchie est testacée. Le dessous du corps noir. Les pattes d'un testacé rougeâtre.

Cette espèce ressemble au premier aspect à l'*Hyd. Pubescens;* il en diffère cependant essentiellement; il est toujours plus étroit, un peu moins déprimé; sa tête et son corselet sont autrement colorés; enfin les élytres ne continuent pas exactement l'arc du corselet, et forment, à leur point de réunion avec lui, un angle rentrant excessivement ouvert.

Je possède six exemplaires de cette espèce; je les ai tous pris aux environs de Compiègne, dans le courant de septembre de l'année 1836.

81. Hydroporus Marginatus.

Ovalis, depressiusculus, subtilissime reticulatus, vix punctulatus, pubescens, subnitidulus, niger; capite antice et in vertice rufo-testaceo; thoracis lateribus obliquis, ferrugineis; elytris nigro-brunneis, ad basin, marginem et apicem late pallido-testaceis, postice rotundatis.

Dytiscus Marginatus. Duft. *Faun. Aust.* I. 269.
Hydroporus Marginatus. Sturm. *Deuts. Faun.* IX. p. 47. tab. CCVIII. fig. B. b.
Hydroporus Neglectus. Dej. *Cat.* 3e *édit.* p. 65.

Long. 4 à 4 $\frac{1}{2}$ millim. Larg. 2 $\frac{1}{4}$ à 2 $\frac{1}{3}$ millim.

Ovale et sensiblement déprimé. Tête noire, avec la partie antérieure et le vertex d'un jaune testacé, très-finement pointillée; antennes et palpes testacés, avec les derniers articles noirâtres à l'extrémité; les troisième et quatrième articles des antennes un peu plus petits que les suivants. Corselet de la couleur de la tête, avec les bords latéraux assez largement testacés et plus ou moins ferrugineux, deux fois et demie aussi large que long, largement échancré en avant où il est plus étroit, sinueux à la base, dont les côtés sont coupés très-peu obliquement, et le milieu prolongé en pointe mousse sur les élytres; les bords latéraux presque rectilignes et un peu obliques; les angles antérieurs assez saillants et aigus, les postérieurs presque droits, très-légèrement aigus et nullement émoussés au sommet; il est à peine pubescent et très-finement pointillé et réticulé, et présente, en outre, le long du bord antérieur, une ligne transversale de très-petits points enfoncés. Élytres ovalaires, largement arrondies à l'extrémité, aussi larges en avant que la base du corselet dont elles continuent l'arc, sans former d'angle rentrant à leur point de réunion avec lui, d'un brun noirâtre avec le bord externe, une large tache transversale découpée en arrière, située à la base, et une ou deux autres petites taches irrégulières près de l'extrémité, d'un testacé pâle, quelquefois blanchâtres; souvent elles sont très-pâles, et offrent seulement une large tache irrégulière noirâtre, placée sur la suture et commune aux deux élytres; elles sont pubescentes, très-finement réticulées, et couvertes d'une ponctuation excessivement fine, très-serrée, et perceptible seulement à l'aide d'une très-forte loupe, et présentent, en outre, deux lignes longitudinales de points enfoncés, l'une au milieu environ et l'autre un peu en dehors; celle-ci est à peine perceptible et disparaît quelquefois complétement; la portion réfléchie est testacée. Le dessous du corps noir. Les pattes d'un testacé un peu ferrugineux.

Il habite les contrées méridionales de l'Europe, le midi de la France, l'Espagne et l'Italie.

82. Hydroporus Lituratus.

Ovalis, depressiusculus, subtile punctulatus, parse pubescens, subnitidulus, niger; elytris nigro-brunneis, ad basin, marginem et apicem late pallido-testaceis, apice rotundatis; thoracis lateribus obliquis, vix ad angulis anticis angustissime ferrugineis.

Hydroporus Lituratus. Brullé. *Exp. scient. de Mor.* t. III. 1re part. 2e sect. p. 127.

Dytiscus Lituratus. Fab. *Syst. Eleut.* I. 269?

Hydroporus Neglectus. Var. Dej. *Cat.* 3e *édit.* p. 65.

Var. β. *Elytris rufo-brunneis confuse ad basin, latera et apicem testaceo-ferrugineis; antennis pedibusque totis pallido-testaceis.*

Hydroporus Humilis. Klug. *Symb. physic.* t. 33. fig. 11.

Long. 3 $\frac{1}{2}$ à 3 $\frac{3}{4}$ millim. Larg. 1 $\frac{1}{2}$ à 2 millim.

Ovale et sensiblement déprimé. Tête noire, très-rarement

ferrugineuse en avant, très-finement pointillée; antennes et palpes testacés, avec les derniers articles noirâtres à l'extrémité; les troisième et quatrième articles des antennes un peu plus petits que les suivants. Corselet de la couleur de la tête, avec les bords latéraux très-rarement et très-étroitement ferrugineux vers les angles antérieurs, deux fois et demie aussi large que long, largement échancré en avant où il est plus étroit, sinueux à la base, dont les côtés sont coupés très-peu obliquement et le milieu prolongé en pointe mousse sur les élytres; les bords latéraux presque rectilignes et un peu obliques; les angles antérieurs assez saillants et aigus, les postérieurs presque droits, très-légèrement aigus et nullement émoussés au sommet; il est à peine pubescent, couvert de points enfoncés peu serrés, beaucoup plus fins et plus écartés sur le milieu du disque, et présente, en outre, une ligne transversale de petits points le long du bord antérieur. Élytres ovalaires, largement arrondies à l'extrémité, aussi larges en avant que la base du corselet dont elles continuent l'arc, sans former d'angle rentrant à leur point de réunion avec lui, d'un brun noirâtre, avec le bord externe, une large tache transversale découpée en arrière, située à la base, une ou deux autres petites taches irrégulières près de l'extrémité, et une ou deux lignes sur le disque, plus ou moins allongées, d'un testacé jaunâtre; toutes ces taches sont très-confusément dessinées; souvent, le long du bord externe, sur la bande marginale, on observe une ligne étroite longitudinale noirâtre et très-confuse; elles sont pubescentes et couvertes de petits points enfoncés très-sensibles assez serrés, et présentent, en outre, deux lignes longitudinales de points plus forts, l'une au milieu environ, et l'autre un peu en dehors, celle-ci à peine visible; la portion réfléchie est testacée. Le dessous du corps noir. Les pattes d'un testacé ferrugineux, avec la base des cuisses assombrie.

La var. β a les élytres d'un brun marron, avec la base, les bords latéraux et l'extrémité très-confusément d'un testacé ferrugineux; les pattes et les antennes entièrement testacées.

Il habite les mêmes contrées que le précédent. La var. β a été trouvée sur le mont Sinaï. Il ressemble beaucoup à l'*Hyd. Neglectus* : il est plus petit; la tête et le corselet sont presque toujours entièrement noirs; les élytres sont aussi très-sensiblement ponctuées, tandis que, dans le *Neglectus*, elles ne sont pour ainsi dire que réticulées.

83. Hydroporus Limbatus.

Ovalis, convexiusculus, valde punctulatus, pubescens, subnitidulus, niger; capite antice et in vertice rufo-ferrugineo; thoracis lateribus obliquis, ferrugineis; elytris nigro-brunneis, basi, marginibus irregularibus apiceque confuse testaceis, posterius rotundatis.

Hydroporus Limbatus. Dahl-Aubé. *Iconog.* v. p. 292. pl. 34. fig. 3.

Long. 6 $\frac{1}{4}$ millim. Larg. 3 $\frac{1}{3}$ millim.

Ovale et très-légèrement convexe. Tête noire, avec la partie antérieure et le vertex assez légèrement ferrugineux ; elle est très-finement pointillée; antennes et palpes testacés ; le dernier article des palpes à peine rembruni au sommet; les troisième et quatrième articles des antennes un peu plus petits que les suivants. Corselet de la couleur de la tête, avec les bords latéraux étroitement ferrugineux, deux fois et demie aussi large que long, largement échancré en avant où il est plus étroit, sinueux à la base, dont les côtés sont coupés un peu obliquement et le milieu prolongé en pointe mousse sur les élytres; les bords latéraux presque rectilignes et un peu obliques; les angles antérieurs assez saillants et aigus, les postérieurs presque droits, très-légèrement aigus et nullement émoussés au sommet; il est très-sensiblement pubescent et couvert de points enfoncés assez forts, assez serrés, à peine plus fins et plus écartés sur le milieu du disque. Élytres ovalaires, largement arrondies à l'extrémité, aussi larges en avant que la base du corselet dont elles continuent l'arc, sans former d'angle rentrant à leur point de réunion avec lui, d'un brun noirâtre, avec le bord externe, une bande transversale irrégulièrement onduleuse à la base, deux ou trois taches le long de la bande marginale, une autre petite tout à fait à l'extrémité, et enfin une très-petite tache ponctiforme sur le disque, d'un testacé un peu rougeâtre; la bande transversale est assez étroite, et ne touche la base qu'à la région humérale; les taches externes sont irrégulières, quelquefois réunies à la bordure marginale, et quelquefois tout à fait isolées; la plus antérieure est étroite, presque linéaire, et très-légèrement oblique; toutes ces taches sont assez confusément dessinées; les élytres sont, en outre, couvertes d'une pubescence très-longue et peu abondante, et marquées de points enfoncés assez forts et peu serrés; aucune trace de lignes longitudinales de points enfoncés; la portion réfléchie est testacée. Le dessous du corps noir. Les pattes testacées.

Il ressemble beaucoup au *Lituratus*, mais il est plus grand, un peu moins déprimé, couvert d'une pubescence plus longue et plus abondante, et marqué de points enfoncés beaucoup plus forts et plus écartés; la tête et le corselet sont très-sensiblement marqués de ferrugineux, et les antennes entièrement testacées.

Cet insecte m'a été communiqué par M. Gené, qui l'a pris en Sardaigne.

84. Hydroporus Analis.

Oblongo-ovalis, depressiusculus, subtile punctulatus, dense pubescens, subnitidulus, niger; capite antice et in vertice rufo-ferrugineo; thoracis lateribus obliquis, ferrugineis; elytris nigro-brunneis, margine exteriore, vitta transversa ad basin, alterisque duabus externis et macula apicali confuse rufo-ferrugineo-ornatis, apice rotundatim attenuatis.

Hydroporus Analis. DAHL-AUBÉ. *Iconog*. V. p. 294. pl. 34. fig. 4.

Long. 3 $\frac{3}{4}$ millim. Larg. 1 $\frac{1}{2}$ millim.

Ovale, un peu allongé et légèrement déprimé. Tête noirâtre, avec la partie antérieure et le vertex assez largement ferrugineux; elle est très-finement pointillée; antennes et palpes testacés, avec les derniers articles noirâtres à l'extrémité; les troisième et quatrième articles des antennes un peu plus petits que les suivants. Corselet de la couleur de la tête, avec les bords latéraux étroitement ferrugineux, deux fois et demie aussi large que long, largement échancré en avant où il est plus étroit, sinueux à la base dont les côtés sont coupés un peu obliquement et le milieu prolongé en pointe mousse sur les élytres; les bords latéraux presque rectilignes et un peu obliques; les angles antérieurs assez saillants et aigus, les postérieurs presque droits, très-légèrement aigus et nullement émoussés au sommet; il est très-pubescent, couvert de points enfoncés assez fins et régulièrement répandus sur toute sa surface, et présente, en outre, une ligne transversale à peine perceptible de très-petits points le long du bord antérieur. Élytres ovalaires, un peu allongées, légèrement atténuées en arrière, étroitement arrondies à l'extrémité, aussi larges en avant que la base du corselet dont elles continuent l'arc, sans former d'angle rentrant à leur point de réunion avec lui, d'un brun noirâtre, avec le bord externe, une bande transversale irrégulièrement onduleuse à la base, deux autres très-petites placées en dehors le long de la bande marginale à laquelle elles sont quelquefois réunies, et une très-petite tache en arrière près de l'extrémité, d'un testacé ferrugineux; la bande transversale antérieure est assez étroite, n'atteint pas tout à fait la suture et ne touche la base qu'à la région humérale; les deux autres sont très-petites, très-fortement abrégées en dedans et presque réduites à deux taches externes, la première placée un peu avant le milieu, et la seconde un peu au delà; toutes ces taches sont très-confusément dessinées et souvent à peine visibles; les élytres sont, en outre, très-pubescentes et couvertes de points enfoncés très-petits et très-serrés; aucune trace de lignes longitudinales de points enfoncés; la portion réfléchie est testacée. Le dessous du corps noir. Les pattes testacées. L'abdomen est couvert de points enfoncés, assez forts, confondus ensemble et le faisant paraître rugueux.

Cet *Hydroporus* ressemble beaucoup aux deux précédents : il diffère du *Lituratus* par sa tête et son corselet marqués de testacé, sa pubescence beaucoup plus abondante et sa forme un peu plus étroite; du *Limbatus* par sa taille plus petite, sa forme plus étroite, sa pubescence plus courte et plus abondante, et par sa ponctuation beaucoup plus fine et plus serrée; et enfin, il se distingue des deux à la fois par la ponctuation de l'abdomen qui est entièrement confondue, tandis que, dans les *Lituratus* et *Limbatus*, les points sont parfaitement isolés.

Il se trouve en Sardaigne, et fait partie de la collection de M. Chevrolat.

85. Hydroporus Nitidus.

Elongato-ovalis, convexiusculus, sparsim punctulatus, nitidulus, supra castaneus, infra niger; thorace nigro-brunneo, ad latera vix rotundata ferrugineo, angulis posticis depressis, disco vix punctulato, valde convexo; elytris elongatis, apice anguste rotundatim attenuatis.

Hydroporus Nitidus. Sturm. *Deuts. Faun.* IX. p. 38. tab. CCVII. fig. B. b.

Erichs. *Käf. der Mark Brand.* I. p. 171.

Aubé. *Iconog.* V. p. 296. pl. 41 bis. fig. 1.

Long. 6 $\frac{1}{2}$ millim. Larg. 4 $\frac{1}{4}$ millim.

Allongé et légèrement convexe. Tête ferrugineuse, très-finement pointillée; antennes et palpes ferrugineux. Corselet d'un brun noirâtre, assez largement bordé de ferrugineux sur les côtés, un peu plus de deux fois et demie aussi large que long, largement échancré en avant où il est un peu plus étroit, sinueux à la base, dont les côtés sont coupés un peu obliquement et le milieu prolongé en pointe mousse sur les élytres; les bords latéraux à peine arrondis et un peu obliques; les angles antérieurs assez saillants et aigus, les postérieurs presque droits et un peu émoussés au sommet; il est très-sensiblement déprimé vers les angles postérieurs, finement ponctué à la base et sur les côtés, presque lisse sur le milieu du disque, qui est assez fortement convexe, et présente une ligne transversale de petits points le long du bord antérieur. Élytres ovalaires, allongées, marchant presque parallèlement jusqu'aux deux tiers postérieurs, pour se terminer ensuite assez brusquement en une pointe très-mousse, aussi larges en avant que la base du corselet dont elles continuent l'arc, sans former d'angle rentrant à leur point de réunion avec lui, brunâtres, avec la base et les côtés plus clairs; elles sont couvertes de points enfoncés assez forts, écartées et assez irrégulièrement disposées; et présentent en outre, à la base, le rudiment de deux stries de très-petits points à peine sensibles; la portion réfléchie est ferrugineuse. Le dessous du corps noir. Les pattes ferrugineuses.

Je n'ai vu qu'un seul individu de cette espèce; il m'a été envoyé en communication par M. Erichson, comme ayant été pris aux environs de Berlin.

86. Hydroporus Marklini.

Ovalis, convexiusculus, valde punctulatus, nitidus, supra testaceus, infra niger; capite in vertice nigricante; thorace antice et postice transversim late et confuse infuscato, lateribus obliquis; elytris fascia maxima in disco postice cum sutura nigra connexa, utrinque infuscatis, apice rotundatis.

Hyphidrus Marklini. Gyl. *Ins. Suec.* III. p. 689.
Zett. *Faun. Ins. Lap. pars.* 1. p. 230.

Long. 3 $\frac{5}{6}$ millim. Larg. 2 millim.

Ovale et légèrement convexe. Tête luisante, testacée, rembrunie en arrière et sur les côtés, très-finement pointillée; antennes et palpes testacés, avec les derniers articles noirâtres à l'extrémité; les troisième et quatrième articles des antennes aussi longs que les suivants ou à peine plus petits. Corselet de la couleur de la tête, également luisant, avec les bords antérieurs et postérieurs très-largement et confusément noirâtres, deux fois et demie aussi large que long, largement échancré en avant où il est plus étroit, sinueux à la base, dont les côtés sont coupés un peu obliquement, et le milieu prolongé en pointe moussé sur les élytres; les bords latéraux presque rectilignes et un peu obliques; les angles antérieurs assez saillants et aigus, les postérieurs presque droits et nullement émoussés au sommet; il est couvert de points enfoncés assez fins et assez serrés, un peu plus espacés sur le milieu du disque. Élytres ovalaires, assez largement arrondies à l'extrémité, aussi larges en avant que la base du corselet, et formant, à leur point de réunion avec lui, un angle rentrant excessivement ouvert et à peine sensible, testacées et luisantes, avec la suture noirâtre et une large tache grisâtre sur le disque, profondément laciniée en avant et irrégulièrement découpée en dehors; cette tache est extrêmement confuse, ne touche pas la suture dans sa moitié antérieure, mais y est réunie latéralement dans sa moitié postérieure, et se termine en arrière, un peu avant l'extrémité, par une petite tache oblique un peu plus foncée, et également très-confuse; elles sont couvertes de petits points enfoncés assez écartés en avant, et très-rapprochés en arrière, et présentent, en outre, deux lignes longitudinales de points plus forts, visibles seulement sous un certain jour, l'une au milieu environ, et l'autre un peu en dehors, celle-ci disparaît quelquefois complétement; la portion réfléchie testacée. Le dessous du corps noir. Les pattes testacées.

Il se trouve en Suède.

87. Hydroporus Obsoletus.

Oblongo-ovalis, valde depressus, sparsim punctatus, nitidulus, supra brunneus, infra nigro-piceus; capite antice et postice ferrugineo; thorace ad angulos posticos valde depresso, fere foveolato, hoc loco valde punctato, disco lævi, nitido, lateribus vix oblique rotundatis; elytris ad basin, marginem et apicem confusissime rufescentibus, apice late rotundatis.

Hydroporus Obsoletus. Dej.-Aubé. *Iconog.* v. p. 298. pl. 35. fig. 1.

Long. 4 millim. Larg. 2 millim.

Ovale, un peu allongé et fortement déprimé. Tête noirâtre, avec la partie antérieure et le vertex assez largement ferrugineux; elle est très-finement pointillée; antennes et palpes testacés, avec les derniers articles noirâtres à l'extrémité; les troisième et quatrième articles des antennes un peu plus petits que les suivants. Corselet d'un brun rougeâtre, avec une très-large tache sombre le long du bord antérieur, et atteignant quelquefois la base; il est un peu plus de deux fois et demie aussi large que long, largement échancré en avant, où il est un peu plus étroit, sinueux à la base, dont les côtés sont coupés un peu obliquement, et le milieu prolongé en pointe mousse sur les élytres; les bords latéraux à peine arrondis et un peu obliques; les angles antérieurs assez saillants et aigus, les postérieurs droits et nullement émoussés au sommet; il est à peine ponctué sur les côtés, lisse au milieu, et présente, le long du bord antérieur, une ligne transversale de points enfoncés, et à la base, vers les angles postérieurs, une dépression très-enfoncée et très-fortement ponctuée. Élytres ovalaires, un peu allongées, marchant presque parallèlement jusqu'aux deux tiers postérieurs, pour se terminer ensuite en s'arrondissant assez largement, aussi larges en avant que la base du corselet dont elles continuent l'arc, sans former d'angle rentrant à leur point de réunion avec lui, brunâtres, avec la base, le bord latéral et l'extrémité très-confusément testacés; elles sont couvertes de petits points peu enfoncés, assez écartés et assez irrégulièrement disposés, et présentent, en outre, deux lignes longitudinales de points enfoncés à peine sensibles, l'une au milieu environ et l'autre un peu en dehors; la portion réfléchie est testacée. Le dessous du corps noir, avec l'extrémité postérieure des derniers segments de l'abdomen ferrugineuse. Les pattes d'un testacé ferrugineux.

M. le comte Dejean possède un individu de cette espèce pris en Espagne. J'en ai moi-même trois exemplaires qui ont été recueillis soit en Grèce, soit en Syrie; ils proviennent du voyage de feu M. Carcel.

88. Hydroporus Victor.

Oblongo-ovalis, valde depressus, deplanatus, sparsim punctatus, nitidulus, supra brunneus, infra niger; capite rufo-testaceo, transversim in medio infuscato; thorace ad latera paulo rotundato, rufo-testaceo, vix in medio infuscato; elytris brunneis, fascia lata transversa ad basin, macula minima externa alteraque ad apicem confuse pallido-testaceo-ornatis, apice abrupte attenuatis.

Hydroporus Victor. Aubé. *Iconog.* v. p. 300. pl. 35. fig. 2.

Long. 4 millim. Larg. 2 millim.

Ovale, un peu allongé, très-fortement déprimé et presque aplati. Tête large, d'un testacé rougeâtre, avec une tache transversale assombrie au milieu ; elle est très-finement pointillée ; antennes et palpes testacés. Corselet testacé, avec une tache assombrie très-vague sur le milieu du disque, près de trois fois aussi large que long, largement échancré en avant où il est à peine plus étroit, sinueux à la base, dont les côtés sont coupés très-peu obliquement, et le milieu prolongé en pointe mousse sur les élytres ; les bords latéraux, un peu arrondis antérieurement, se redressent postérieurement ; les angles antérieurs assez saillants et aigus, les postérieurs droits et nullement émoussés au sommet ; il est couvert de points assez forts et assez espacés, un peu plus fins et plus écartés sur le milieu du disque, et présente, le long du bord antérieur, une ligne transversale de points enfoncés, et une légère dépression transversale de chaque côté de la base. Élytres ovalaires, un peu allongées, à peine plus étroites en avant que la base du corselet, et formant, à leur point de réunion avec lui, un angle rentrant très-largement ouvert, augmentant ensuite presque insensiblement de largeur jusqu'aux deux tiers postérieurs, où elles sont assez brusquement atténuées en pointe mousse, d'un brun noirâtre, avec une très-large bande transversale à la base, une petite tache irrégulière et confuse le long du bord externe, aux trois quarts postérieurs environ, et une autre également irrégulière et confuse, placée tout à fait à l'extrémité ; elles sont couvertes de points enfoncés assez forts, médiocrement serrés et régulièrement répandus sur toute leur surface, et présentent, en outre, deux lignes longitudinales de points enfoncés, l'une au milieu environ, et l'autre un peu en dehors ; la portion réfléchie est testacée. Le dessous du corps noir. Les pattes d'un testacé un peu ferrugineux.

Cet *Hydroporus* ressemble beaucoup à l'*Obsoletus;* il s'en distingue par sa forme plus aplatie, sa tête beaucoup plus large, son corselet également plus large, un peu plus arrondi sur les côtés, entièrement couvert de petits points enfoncés, et ne présentant pas de dépression profonde, et fortement ponctuée vers les angles postérieurs ; ses élytres sont aussi moins parallèles, couvertes d'une ponctuation plus régulière et plus serrée; leur coloration est aussi légèrement différente.

Il a été pris dans le lac de Constance par M. Victor de M...., qui a bien voulu m'en sacrifier un exemplaire.

89. Hydroporus Castaneus.

Elongato-ovalis, valde depressus, deplanatus, punctulatus, opacus, supra brunneus, infra rufo-ferrugineus; capite antice et in vertice, thorace late ad latera pedibusque rufo-ferrugineis; thoracis lateribus vix oblique rotundatis; elytris apice late rotundatis.

Hydroporus Castaneus. Aubé. *Iconog.* v. p. 302. pl. 35. fig. 3.

Long. 4 $\frac{1}{2}$ millim. Larg. 2 millim.

Ovale, allongé, et très-fortement déprimé. Tête brunâtre, terne, avec la partie antérieure et le vertex assez largement rougeâtres; elle est très-finement pointillée; antennes et palpes testacés; les troisième et quatrième articles des antennes un peu plus petits que les suivants. Corselet de la couleur de la tête, également terne, avec les bords latéraux très-largement ferrugineux; les bords antérieur et postérieur sont également un peu ferrugineux, mais très-étroitement; il est deux fois et demie aussi large que long, largement échancré en avant, où il est plus étroit, sinueux à la base, dont les côtés sont coupés très-peu obliquement et le milieu prolongé en pointe mousse sur les élytres; les bords latéraux à peine arrondis, presque rectilignes et un peu obliques; les angles antérieurs assez saillants et aigus, les postérieurs presque droits et nullement émoussés au sommet; il est légèrement déprimé à la base et sur les côtés, et couvert de points enfoncés très-petits et assez écartés, un peu plus forts et plus rapprochés sur les côtés. Élytres ovalaires, allongées, marchant presque parallèlement jusqu'aux deux tiers postérieurs, pour se terminer ensuite en s'arrondissant largement, aussi larges en avant que la base du corselet, et formant, à leur point de réunion avec lui, un angle rentrant excessivement ouvert et à peine sensible, brunâtres, ternes, avec les bords latéraux à peine ferrugineux; elles sont couvertes d'un duvet extrêmement court et à peine sensible, marquées de points enfoncés, très-petits et assez rapprochés, et présentent, en outre, deux lignes longitudinales d'autres points plus serrés, l'une au milieu environ, et l'autre un peu en dehors; la portion réfléchie, le dessous du corps et les pattes d'un testacé ferrugineux; la poitrine un peu assombrie.

Je n'ai vu que deux exemplaires de cette espèce : ils font tous deux partie de ma collection. J'ai reçu l'un de Belgique, et l'autre a été pris aux environs de Paris par M. Duponchel, qui a eu la générosité de me le sacrifier.

90. Hydroporus Memnonius.

Oblongo-ovalis, valde depressus, punctulatus, vix nitidulus, nigro-piceus; capite antice et in vertice, thorace ad latera pedibusque rufo-ferrugineis; thoracis lateribus vix oblique rotundatis; elytris apice anguste nigro-ferrugineis, late rotundatis. (♀)

Hyphidrus Memnonius. Nicol. *Dis. Col. agr. Hal.* 33. 16.

Hydroporus Memnonius. Erichs. *Käf. der Mark Brand.* I. p. 172.

Aubé. *Iconog.* v. p. 303. pl. 41 bis, fig. 4.

Hydroporus Niger. Sturm. *Deuts. Faun.* IX. p. 44. tab. CCVIII. A. a.

Long. 4 millim. Larg. 2 millim.

Très-légèrement allongé et fortement déprimé. Tête noirâtre, peu brillante, avec la partie antérieure et le vertex ferrugineux; elle est très-finement pointillée; antennes et palpes ferrugineux; les troisième et quatrième articles des antennes un peu plus petits que les suivants. Corselet de la couleur de la tête, avec les bords latéraux vaguement ferrugineux, deux fois et demie aussi large que long, largement échancré en avant où il est un peu plus étroit, sinueux à la base, dont les côtés sont coupés très-peu obliquement et le milieu prolongé en pointe mousse sur les élytres; les bords latéraux presque rectilignes et obliques; les angles antérieurs assez saillants et aigus, les postérieurs presque droits et nullement émoussés au sommet; il est très-légèrement déprimé sur les côtés, et couvert de points enfoncés très-petits et assez écartés, un peu plus forts à la base et sur les côtés. Élytres ovalaires, un peu allongées, marchant presque parallèlement jusqu'aux deux tiers postérieurs, pour se terminer ensuite en s'arrondissant largement, aussi larges en avant que la base du corselet, et formant, à leur point de réunion avec lui, un angle rentrant très-ouvert et peu sensible; elles sont noirâtres, peu brillantes, étroitement ferrugineuses à l'extrémité, couvertes d'un duvet à peine visible, et marquées de points enfoncés très-petits et assez rapprochés; elles présentent, en outre, deux lignes longitudinales d'autres points plus serrés, l'une au milieu environ et l'autre un peu en dehors; la portion réfléchie est noirâtre. Le dessous du corps noir. Les pattes ferrugineuses.

Il ressemble au précédent pour la taille et la forme; il est cependant un peu plus petit, relativement moins allongé, et s'en distingue surtout par sa couleur noire peu brillante.

Je possède une femelle de cet *Hydroporus* prise aux environs de Berlin, et que je dois à la générosité de M. Erichson. Il paraît que le mâle est un peu plus brillant.

91. Hydroporus Oblitus.

Oblongo-ovalis, vix obconicus, valde depressus, punctulatus, supra brunneus, infra niger; capite rufo; thoracis lateribus paulo oblique rotundatis, late rufis; elytris ad latera confuse rufescentibus, apice rotundatis.

Mas : nitidulus. Femina : opaca.

Hydroporus Oblitus. Dej. *Cat.* 3e *édit.* p. 65.

Long. 3 millim. Larg. 1 ½ millim.

Ovale, un peu allongé, très-légèrement obconique et fortement déprimé. Tête d'un testacé rougeâtre, très-vaguement assombrie en arrière, presque imperceptiblement pointillée; antennes et palpes testacés, à peine assombris à l'extrémité; les troisième et quatrième articles des antennes à peine plus petits que les suivants. Corselet brunâtre, avec les bords latéraux très-largement d'un testacé rougeâtre, deux fois et demie aussi large que long, largement échancré en avant où il est plus étroit, sinueux à la base, dont les côtés sont coupés un peu obliquement et le milieu prolongé en pointe mousse sur les élytres; les bords latéraux légèrement arrondis et obliques; les angles antérieurs assez saillants et aigus, les postérieurs presque droits et un peu aigus; il est légèrement déprimé vers les angles postérieurs, presque lisse, et présente quelques points fins et rares en avant, sur les côtés et à la base. Élytres ovalaires, un peu allongées, très-légèrement obconiques, arrondies à l'extrémité, aussi larges en avant que la base du corselet, dont elles continuent l'arc, sans former d'angle rentrant à leur point de réunion avec lui, d'un brun noirâtre avec les bords latéraux très-vaguement ferrugineux; elles sont couvertes de petits points peu enfoncés, assez écartés et disposés sans beaucoup d'ordre; la portion réfléchie est testacée. Le dessous du corps d'un noir plus ou moins ferrugineux. Les pattes d'un testacé ferrugineux.

Les femelles sont ternes, un peu plus foncées et couvertes d'une ponctuation moins lâche et plus régulière.

Il se trouve aux États-Unis d'Amérique.

92. Hydroporus Lugubris. *Mihi.*

Auguste ovalis, valde elongatus, depressiusculus, sparsim punctulatus, subnitidus, nigro-piceus, capite antice vix ferrugineo; thoracis lateribus obliquis, vix ferrugineis; elytris valde elongatis, confusissime ad latera ferrugineis, apice rotundatis.

Hydroporus Tristis. Brullé. *Voy. de M. d'Orbig. dans l'Am. mérid.*, t. vi. p. 51.

Long. 5 $\frac{1}{4}$ millim. Larg. 2 $\frac{1}{2}$ millim.

Ovale, très-fortement allongé et légèrement déprimé. Tête noire, avec la partie antérieure très-étroitement et à peine visiblement ferrugineuse; elle est presque imperceptiblement pointillée; antennes et palpes ferrugineux à la base, noirâtres à l'extrémité; les troisième et quatrième articles des antennes à peine plus petits que les suivants. Corselet de la couleur de la tête, avec les bords latéraux à peine ferrugineux vers les angles antérieurs; il est deux fois et demie aussi large que long, largement échancré en avant où il est plus étroit, sinueux à la base, dont les côtés sont coupés assez obliquement et le milieu prolongé en pointe mousse sur les élytres; les bords latéraux presque rectilignes et un peu obliques; les angles antérieurs assez saillants et aigus, les postérieurs presque droits et nullement émoussés au sommet; il est très-légèrement déprimé vers les angles postérieurs; offre une très-petite dépression arrondie de chaque côté de la base, au tiers environ de sa largeur, et présente, en outre, quelques points rares de chaque côté et à la base, et une ligne transversale d'autres points plus petits le long du bord antérieur. Élytres ovalaires, très-fortement allongées, marchant presque parallèlement jusqu'aux deux tiers postérieurs, pour se terminer ensuite en s'arrondissant, un peu plus larges en avant que la base du corselet, et formant, à leur point de réunion avec lui, un angle très-ouvert et assez sensible; elles sont d'un noir de poix, très-vaguement et presque imperceptiblement ferrugineuses le long du bord externe, et couvertes de points enfoncés assez forts et très-écartés; la portion réfléchie est ferrugineuse. Le dessous du corps noir. Les pattes ferrugineuses.

Il a été rapporté de Montevideo par M. d'Orbigny.

93. Hydroporus Oblongus.

Ovalis, valde elongatus, depressiusculus, punctulatus, subnitidulus, nigro-piceus; capite antice et in vertice vix ferrugineo; thorace ad latera vix oblique rotundato; elytris brunneis, vitta transversa ad basin maculaque ad latera ferrugineis, confusissime ornatis, apice rotundatis.

Hydroporus Oblongus. Dej. *Cat.* 3e *édit.* p. 65.

Long. 4 millim. Larg. 1 $\frac{3}{4}$ millim.

Ovale, très-allongé et légèrement déprimé. Tête noirâtre, avec le labre et le vertex à peine ferrugineux; elle est très-finement pointillée; antennes et palpes ferrugineux, avec les derniers articles noirs à l'extrémité; les troisième et quatrième articles des antennes à peine plus petits que les suivants. Corselet de la couleur de la tête, avec les bords latéraux très-étroitement et très-vaguement ferrugineux, près de trois fois aussi large que long, largement échancré en avant où il est plus étroit, sinueux à la base, dont les côtés sont coupés un peu obliquement et le milieu prolongé en pointe mousse sur les élytres; les bords latéraux à peine arrondis, presque rectilignes et un peu obliques; les angles antérieurs assez saillants et aigus, les postérieurs droits et nullement émoussés au sommet; il est déprimé sur les côtés et vers les angles postérieurs, et couvert de petits points enfoncés assez serrés, beaucoup plus fins et plus écartés sur le milieu du disque, et présente, en outre, une ligne transversale de très-petits points le long du bord antérieur. Élytres ovalaires, très-allongées, marchant presque parallèlement jusqu'aux deux tiers postérieurs, pour se terminer ensuite en s'arrondissant un peu étroitement, aussi larges en avant que la base du corselet, et formant, à leur point de réunion avec lui, un angle rentrant excessivement ouvert et à peine sensible; elles sont d'un brun foncé, avec une bande transversale très-confuse, d'un testacé ferrugineux, placée un peu obliquement à la base, et une tache de la même couleur, également très-confuse, le long du bord externe, un peu avant le milieu; elles sont à peine pubescentes, couvertes de petits points enfoncés et assez serrés, et présentent, en outre, une ligne longitudinale d'autres points plus serrés, à peine sensible, perceptible seulement sous un certain jour et placée au milieu environ; la portion réfléchie est ferrugineuse. Le dessous du corps noir. Les pattes ferrugineuses, rembrunies à la base des cuisses.

M. Dejean possède deux individus de cette espèce; ils ont été pris dans l'île Unalaska, l'une des îles Aleutiennes.

94. Hydroporus Piceus.

Oblongo-ovalis, convexiusculus, valde et profunde punctatus, nitidulus, nigro-brunneus; capite antice et in vertice, thorace ad latera vix oblique rotundata, rufo-ferrugineis; elytris confuse ad marginem rufescentibus, apice rotundatis.

Hydroporus Piceus. Steph. *Illust. of Brit. ent.* II. p. 62.
Aubé. *Iconog.* v. p. 305. pl. 35. fig. 4.

Long. 4 millim. Larg. 2 millim.

Ovale, allongé et médiocrement convexe. Tête noirâtre, avec la partie antérieure et le vertex ferrugineux; elle est très-finement pointillée; antennes et palpes ferrugineux, avec les derniers articles noirâtres à l'extrémité; les troisième et quatrième articles des antennes un peu plus petits que les suivants. Corselet de la couleur de la tête, avec les bords latéraux vaguement ferrugineux; il est deux fois et demie aussi large que long, largement échancré en avant où il est plus étroit, sinueux à la base, dont les côtés sont coupés presque carrément, et le milieu prolongé en pointe mousse sur les élytres; les bords latéraux presque rectilignes et un peu obliques; les angles antérieurs assez saillants et aigus, les postérieurs droits et nullement émoussés au sommet; il est légèrement déprimé sur les côtés et vers les angles postérieurs, couvert de points enfoncés assez forts et peu serrés, plus fins et plus écartés sur le milieu du disque, et présente, en outre, une ligne transversale de très-petits points le long du bord antérieur. Élytres ovalaires, allongées, marchant presque parallèlement jusqu'aux deux tiers postérieurs, pour se terminer ensuite en s'arrondissant assez largement, aussi larges en avant que la base du corselet, et formant, à leur point de réunion avec lui, un angle rentrant très-ouvert; elles sont d'un brun foncé, avec les bords latéraux à peine ferrugineux, et couvertes de points très-forts, très-fortement enfoncés et assez écartés; nulle trace de lignes longitudinales d'autres points; la portion réfléchie est ferrugineuse. Le dessous du corps noir. Les pattes ferrugineuses.

Il se trouve en France et en Angleterre; il est assez rare.

95. Hydropòrus Incertus.

Oblongo-ovalis, vix convexus, punctulatus, nitidus, nigro-piceus; capite antice et in vertice, thorace ad latera vix rotundata rufo-ferrugineis; elytris confuse ad marginem rufescentibus, apice rotundatis.

Hydroporus Incertus. Dej.-Aubé. *Iconog.* v. p. 306. pl. 35. fig. 5.

Long. 4 millim. Larg. 2 millim.

Ovale, allongé et légèrement déprimé. Tête noirâtre, avec la partie antérieure et le vertex ferrugineux; elle est très-finement pointillée; antennes et palpes testacés, avec les derniers articles largement assombris à l'extrémité; les troisième et quatrième articles des antennes un peu plus petits que les suivants. Corselet de la couleur de la tête, avec les bords latéraux ferrugineux; il est deux fois et demie aussi large que long, largement échancré en avant où il est plus étroit, sinueux à la base, dont les côtés sont coupés un peu obliquement et le milieu prolongé en pointe mousse sur les élytres; les bords latéraux presque rectilignes et un peu obliques; les angles antérieurs assez saillants et aigus, les postérieurs presque droits et nullement émoussés au sommet; il est légèrement déprimé vers les angles postérieurs, couvert de petits points enfoncés, plus fins et plus écartés sur le milieu du disque, et présente, en outre, une ligne transversale de très-petits points le long du bord antérieur. Élytres ovalaires, allongées, marchant presque parallèlement jusqu'aux deux tiers postérieurs, pour se terminer ensuite en s'arrondissant assez largement, aussi larges en avant que la base du corselet, et formant, à leur point de réunion avec lui, un angle rentrant, excessivement ouvert et à peine sensible; elles sont d'un noir de poix brillant, avec les bords latéraux à peine ferrugineux, et couvertes de points peu enfoncés, très-petits et assez écartés; elles présentent, en outre, deux lignes longitudinales de points plus serrés, l'une au milieu environ, et l'autre un peu en dehors, celle-ci à peine visible; la portion réfléchie est ferrugineuse. Le dessous du corps noir. Les pattes d'un testacé ferrugineux.

Il ressemble beaucoup au *Piceus,* dont il n'est peut-être qu'une variété; cependant il est un peu plus déprimé, plus noir, plus brillant, plus finement ponctué, et présente, sur les élytres, deux lignes longitudinales enfoncées qui ne s'observent pas sur le premier; les côtés de la base du corselet sont aussi un peu obliques, tandis que dans le *Piceus* ils sont coupés presque carrément.

Il se trouve en France, en Italie et en Sardaigne. M. Gené de Turin m'en a communiqué plusieurs individus pris dans cette dernière localité.

96. Hydroporus Melanarius.

Ovalis, valde depressus, punctulatus, nitidulus, niger; capite nigro-ferrugineo; thorace ad latera vix oblique rotundata nigro-ferrugineo; elytris apice rotundatis; pedibus totis ferrugineis.

Hydroporus Melanarius. Sturm. *Deuts. Faun.* IX. p. 59. tab. CCIX. fig. C. c.

Erichs. *Käf. der Mark Brand.* I. p. 172.

Aubé. *Iconog.* V. p. 309. pl. 41 bis. fig. 3.

Long. 3 $\frac{3}{4}$ millim. Larg. 2 millim.

Ovale, très-légèrement allongé et déprimé. Tête large, noirâtre, légèrement brillante, ferrugineuse en avant et presque imperceptiblement pointillée; antennes et palpes ferrugineux; les troisième et quatrième articles des antennes un peu plus petits que les suivants. Corselet de la couleur de la tête, souvent ferrugineux sur les bords, près de trois fois aussi large que long, largement échancré en avant où il est plus étroit, sinueux à la base dont les côtés sont coupés très-peu obliquement et le milieu prolongé en pointe mousse sur les élytres; les bords latéraux très-légèrement arrondis et obliques; les angles antérieurs assez saillants et aigus, les postérieurs presque droits et nullement émoussés au sommet; il est légèrement déprimé vers les angles postérieurs, recouvert de points enfoncés assez forts et assez écartés à la base et sur les côtés, beaucoup plus fins et à peine perceptibles sur le milieu du disque, qui souvent est tout à fait lisse; il présente, en outre, une ligne transversale de très-petits points le long du bord antérieur. Élytres ovalaires, très-légèrement allongées, marchant presque parallèlement jusqu'aux deux tiers postérieurs, pour se terminer ensuite en s'arrondissant assez largement, aussi larges en avant que la base du corselet dont elles continuent l'arc, sans former d'angle rentrant à leur point de réunion avec lui; elles sont noires, légèrement brillantes, et couvertes de petits points enfoncés, peu serrés; nulle trace bien sensible de ligne longitudinale d'autres petits points; la portion réfléchie est noire. Le dessous du corps également noir. Les pattes ferrugineuses.

Il ressemble beaucoup au *Melanocephalus*, dont il se distingue par sa forme moins rétrécie en avant, par les élytres continuant exactement l'arc du corselet, et couvertes de points un peu plus forts et moins serrés; il est aussi d'un noir un peu plus brillant, et a les pattes et les antennes entièrement ferrugineuses.

J'ai reçu cet *Hydroporus* de M. Erichson comme se trouvant aux environs de Berlin.

97. Hydroporus Melanocephalus.

Oblongo-ovalis, depressiusculus, punctulatus, vix nitidulus, niger; capite in vertice angustissime ferrugineo; thorace ad latera vix oblique rotundato; elytris apice rotundatis; pedibus piceis, geniculis rufo-ferrugineis.

Hyphidrus Melanocephalus. Gyl. *Ins. Suec.* I. 537.

Zett. *Faun. Ins. Lap. pars.* I. p. 231.

Hydroporus Melanocephalus. Steph. *Illust. of Brit. ent.* II. p. 60.

Hydroporus Morio. Dej. *Cat.* 3e *édit.* p. 65.

Long. 3 $\frac{3}{4}$ à 4 millim. Larg. 1 $\frac{1}{2}$ à 2 millim.

Ovale, un peu allongé et très-médiocrement déprimé. Tête

le plus souvent entièrement noire, et quelquefois à peine ferrugineuse en avant et sur le vertex, presque imperceptiblement pointillée; antennes et palpes ferrugineux à la base, noirâtres à l'extrémité; les troisième et quatrième articles des antennes un peu plus petits que les suivants. Corselet de la couleur de la tête, deux fois et demie aussi large que long, largement échancré en avant où il est plus étroit, sinueux à la base dont les côtés sont coupés très-peu obliquement et le milieu prolongé en pointe mousse sur les élytres; les bords latéraux à peine arrondis, presque rectilignes et un peu obliques; les angles antérieurs assez saillants et aigus, les postérieurs presque droits et nullement émoussés au sommet; il est légèrement déprimé sur les côtés et vers les angles postérieurs, couvert de petits points enfoncés, assez serrés, beaucoup plus fins et plus écartés sur le milieu du disque, et présente, en outre, une ligne transversale de très-petits points le long du bord antérieur. Élytres ovalaires, légèrement allongées, marchant presque parallèlement jusqu'aux deux tiers postérieurs, pour se terminer ensuite en s'arrondissant largement, aussi larges en avant que la base du corselet, et formant, à leur point de réunion avec lui, un angle rentrant excessivement ouvert et à peine sensible; elles sont d'un noir mat, presque ternes, couvertes de points très-petits, à peine enfoncés et assez serrés, et présentent, vers la base seulement, la trace à peine sensible de deux lignes longitudinales de petits points enfoncés; la portion réfléchie est noire. Le dessous du corps noir. Les pattes noirâtres, avec les genoux ferrugineux.

Cet insecte habite le nord de l'Europe; il se trouve aussi en Angleterre.

98. Hydroporus Nigrita.

Ovalis, depressiusculus, punctulatus, vix nitidulus, niger; capite in vertice angustissime ferrugineo; thorace ad latera vix oblique rotundato; elytris apice rotundatis; pedibus rufo-ferrugineis, femoribus basi infuscatis.

Dytiscus Nigrita. Fab. *Syst. Eleut.* I. 273.
Hyphidrus Nigrita. Gyl. *Ins. Suec.* I. 535.
Hyphidrus Melanocephalus. Var. c. Gyl. *Ins. Suec.* I. 537 (1).
Hydroporus Nigrita. Steph. *Illust. of Brit. ent.* II. p. 59.
Sch. *Syn. Ins.* II. p. 36.

Long. 3 à 3 $\frac{1}{2}$ millim. Larg. 1 $\frac{3}{4}$ à 1 $\frac{1}{2}$ millim.

Ovale et légèrement déprimé. Tête le plus souvent entièrement noire, et quelquefois à peine ferrugineuse en avant et sur le vertex, presque imperceptiblement pointillée; antennes et palpes ferrugineux à la base, noirâtres à l'extrémité; les troisième et quatrième articles des antennes un peu plus petits que les suivants. Corselet de la couleur de la tête, deux fois et demie aussi large que long, largement échancré en avant où il est plus étroit, sinueux à la base dont les côtés sont coupés très-peu obliquement et le milieu prolongé en pointe mousse sur les élytres; les bords latéraux à peine arrondis, presque rectilignes et un peu obliques; les angles antérieurs assez saillants et aigus, les postérieurs presque droits et nullement émoussés au sommet; il est très-légèrement déprimé sur les côtés et vers les angles postérieurs, couvert de petits points enfoncés assez serrés, à peine plus fins et plus écartés sur le milieu du disque, et présente, en outre, une ligne transversale de très-petits points le long du bord antérieur. Élytres assez régulièrement ovalaires, assez largement arrondies à l'extrémité, aussi larges en avant que la base du corselet dont elles continuent l'arc, sans former d'angle rentrant à leur point de réunion avec

(1) Bien certainement l'*Hyph. Melanocephalus*, var. c. de Gyll., doit être rapporté aux petits individus de l'*Hyd. Nigrita*, comme j'ai pu m'en convaincre sur plusieurs exemplaires de cette variété, envoyés à M. le comte Dejean par M. Gyllenhal lui-même.

lui ; elles sont d'un noir foncé, à peine brillantes, très-légèrement pubescentes, couvertes de points très-petits, peu enfoncés et assez serrés, et présentent, en outre, deux lignes longitudinales de points un peu plus forts, l'une au milieu environ et l'autre un peu en dehors, celle-ci à peine visible ; la portion réfléchie est d'un noir un peu ferrugineux. Le dessous du corps noir. Les pattes d'un testacé ferrugineux, avec la base des cuisses assombrie, principalement dans celles de derrière.

Il se trouve dans presque toute l'Europe.

Cet insecte ressemble beaucoup à l'*Hyd. Melanocephalus*, dont il diffère par sa taille un peu plus petite, sa forme moins allongée et plus régulièrement ovalaire ; les élytres offrent deux lignes longitudinales de points enfoncés, et les pattes sont autrement colorées.

99. Hydroporus Brevis.

Ovalis, vix oblongus, depressiusculus, punctulatus, nitidulus, niger ; capite nigro-ferrugineo ; thorace ad latera paulo oblique rotundato ; elytris apice rotundatis ; pedibus totis rufo-testaceis.

Hydroporus Brevis. Sahlb. (Ferdin.) *Nov. Coleopt. Fennic. species.* p. 3.

Aubé. *Iconog.* v. p. 311. pl. 36. fig. 3.

Long. 2 $\frac{3}{4}$ millim. Larg. 1 $\frac{1}{2}$ millim.

Ovale, à peine un peu allongé et légèrement déprimé. Tête d'un noir de poix, avec la partie antérieure et le vertex ferrugineux ; elle est presque imperceptiblement pointillée ; antennes et palpes ferrugineux, rembrunis à l'extrémité ; les troisième et quatrième articles des antennes un peu plus petits que les suivants. Corselet d'un noir brillant, deux fois et demie aussi large que long, largement échancré en avant où il est plus étroit, sinueux à la base dont les côtés sont coupés un peu obliquement et le milieu très-légèrement prolongé en pointe mousse sur les élytres; les bords latéraux un peu arrondis et obliques; les angles antérieurs assez saillants et aigus, les postérieurs droits et nullement émoussés au sommet; il est très-légèrement déprimé sur les côtés et vers les angles postérieurs, où il est couvert de points enfoncés assez forts et assez serrés; le disque est, au contraire, presque lisse, ne présente que quelques points rares et infiniment petits; on observe encore une ligne transversale d'autres petits points le long du bord antérieur. Élytres ovalaires, à peine un peu allongées, assez largement arrondies à l'extrémité, aussi larges en avant que la base du corselet dont elles continuent l'arc, sans former d'angle rentrant à leur point de réunion avec lui; elles sont d'un noir foncé un peu brillant et quelquefois légèrement ferrugineuses à l'extrémité, à peine pubescentes et couvertes de points très-petits assez enfoncés et assez serrés; la portion réfléchie est d'un noir un peu ferrugineux. Le dessous du corps noir. Les pattes entièrement testacées.

Il se trouve en Finlande, d'où il m'a été envoyé en communication par M. le comte Mannerheim.

Cet *Hydroporus* a la plus grande analogie avec le *Nigrita*, dont il diffère par sa taille beaucoup plus petite, sa forme très-légèrement allongée, et par ses pattes entièrement testacées.

100. Hydroporus Glabriusculus.

Elongato-ovalis, depressiusculus, punctulatus, nitidulus, niger; capite nigro-ferrugineo; thorace ad latera oblique rotundato; elytris apice rotundatis; pedibus rufo-ferrugineis, tarsis infuscatis.

Hydroporus Glabriusculus. Sahlb.-Aubé. *Iconog.* v. p. 312. pl. 36. fig. 4.

Long. 3 ½ millim. Larg. 1 ¼ millim.

Ovale, allongé et légèrement déprimé. Tête d'un noir de

poix, avec la partie antérieure et le vertex ferrugineux; elle est presque imperceptiblement pointillée; antennes et palpes ferrugineux, rembrunis à l'extrémité; les troisième et quatrième articles des antennes un peu plus petits que les suivants. Corselet d'un noir un peu brillant, deux fois et demie aussi large que long, largement échancré en avant, où il est plus étroit, sinueux à la base, dont les côtés sont coupés très-peu obliquement et le milieu prolongé en pointe mousse sur les élytres; les bords latéraux un peu arrondis et obliques; les angles antérieurs assez saillants et aigus, les postérieurs droits et nullement émoussés au sommet; il est légèrement déprimé en arrière et sur les côtés, couvert de points assez fins, peu enfoncés et assez écartés, plus fins et plus espacés encore sur le milieu du disque, et présente, en outre, une ligne transversale d'autres petits points le long du bord antérieur. Élytres ovalaires, assez allongées, marchant presque parallèlement jusqu'aux deux tiers postérieurs environ, pour se terminer ensuite en s'arrondissant assez largement, aussi larges en avant que la base du corselet, et formant, à leur point de réunion avec lui, un angle rentrant très-largement ouvert; elles sont d'un noir foncé un peu brillant, presque imperceptiblement pubescentes et couvertes de points très-petits, assez enfoncés et assez serrés; la portion réfléchie est d'un noir un peu ferrugineux. Le dessous du corps noir. Les pattes d'un testacé ferrugineux, avec les tarses rembrunis.

Il est très-voisin du *Melanocephalus*, mais il est beaucoup plus petit, relativement plus étroit et plus allongé; ses pattes sont testacées, avec les tarses seulement rembrunis.

Il se trouve en Laponie.

101. Hydroporus Tristis.

Oblongo-ovalis, convexiusculus, punctulatus, vix pubescens, subnitidulus, niger; capite rufo; thorace nigro, lateribus obliquis; elytris castaneo-brunneis, apice rotundatis, vix attenuatis.

Dytiscus Tristis. Payk. *Faun. Suec.* I. p. 232.
Hyphidrus Tristis. Gyl. *Ins. Suec.* I. p. 538.
Hydroporus Tristis. Steph. *Illust. of Brit. ent.* II. p. 55.
Sch. *Syn. Ins.* II. p. 36.

Long. 3 $\frac{1}{6}$ millim. Larg. 1 $\frac{2}{3}$ millim.

Ovale, un peu allongé et légèrement convexe. Tête d'un rouge ferrugineux, à peine rembrunie à la partie interne des yeux et très-finement pointillée; antennes et palpes ferrugineux, avec les derniers articles rembrunis; les troisième et quatrième articles des antennes plus petits que les suivants. Corselet noir, deux fois et demie aussi large que long, largement échancré en avant, où il est plus étroit, sinueux à la base, dont les côtés sont coupés très-peu obliquement et le milieu prolongé en pointe mousse sur les élytres; les bords latéraux presque rectilignes et un peu obliques; les angles antérieurs assez saillants et aigus, les postérieurs droits et nullement émoussés au sommet; il est très-légèrement déprimé sur les côtés et vers les angles postérieurs, et couvert de points enfoncés assez forts et serrés, beaucoup plus fins et plus écartés sur le milieu du disque, qui est quelquefois presque lisse. Élytres ovalaires, un peu allongées, à peine atténuées en arrière et arrondies à l'extrémité, aussi larges en avant que la base du corselet, et formant, à leur point de réunion avec lui, un angle rentrant excessivement ouvert et à peine sensible; elles sont d'un brun ferrugineux, un peu plus sombres le long de la suture, à peine pubescentes et couvertes de petits points peu enfoncés et peu serrés; la portion réfléchie est ferrugineuse. Le dessous du corps noir. Les pattes ferrugineuses.

Il se trouve dans presque toute l'Europe.

102. Hydroporus Angustatus.

Elongato-ovalis, depressiusculus, valde punctulatus, tenue pubescens, subnitidulus, supra brunneo-castaneus, infra niger; capite rufo; thorace ad latera paulo oblique rotundato, utrinque ad basin foveola minima vix impresso, rufo-ferrugineo, late in medio infuscato; elytris apice attenuatis.

Hydroporus Angustatus. Sturm. *Deuts. Faun.* IX. p. 53. tab. CCVIII. fig. D. d.

Erichs. *Käf. der Mark Brand.* I. 178.

Aubé. *Iconog.* V. p. 314. pl. 38. fig. 6.

Hydroporus Tristis. Lacord. *Faun. ent.* I. p. 332.

Long. 3 $\frac{1}{4}$ millim. Larg. 1 $\frac{2}{3}$ millim.

Ovale, assez fortement allongé et légèrement déprimé. Tête d'un testacé rougeâtre, très-légèrement assombrie sur le front, presque imperceptiblement pointillée; antennes et palpes testacés, avec les derniers articles rembrunis; les troisième et quatrième articles des antennes un peu plus courts que les suivants. Corselet de la couleur de la tête, largement rembruni au milieu, un peu moins de deux fois et demie aussi large que long, largement échancré en avant, où il est plus étroit, sinueux à la base, dont les côtés sont coupés presque carrément et le milieu étroitement prolongé en pointe mousse sur les élytres; les bords latéraux légèrement arrondis; les angles antérieurs assez saillants et aigus, les postérieurs droits et nullement émoussés au sommet; il est couvert de points assez forts et assez serrés, un peu plus petits et plus espacés sur le milieu du disque, qui est quelquefois presque lisse; il présente, en outre, de chaque côté de la base, au tiers environ de sa largeur, une petite fossette arrondie, très-peu profonde, et une dépression irrégulière vers les angles postérieurs; quelquefois ces quatre enfoncements se réunissent pour former une large dépression transversale. Élytres ovalaires, assez fortement allongées, très-sensiblement atténuées en arrière et étroitement arrondies à l'extrémité, aussi larges en avant que la base du corselet, et formant, à leur point de réunion avec lui, un angle rentrant très-ouvert et bien sensible; elles sont d'un brun ferrugineux, un peu plus claires le long du bord latéral, légèrement pubescentes et couvertes de petits points assez enfoncés et assez serrés; la portion réfléchie est testacée. Le dessous du corps noir. Les pattes d'un testacé ferrugineux.

Cette espèce, très-voisine de l'*Hyd. Tristis*, s'en distingue par sa forme plus allongée, plus étroite et un peu plus déprimée; par sa tête plus petite, son corselet moins large, autrement coloré et dont les bords latéraux sont sensiblement arrondis, et la base offre quatre impressions distinctes; et enfin par ses élytres atténuées en arrière, plus étroitement arrondies à l'extrémité et formant, à leur point de réunion avec le corselet, un angle rentrant beaucoup plus sensible.

Il se trouve en France, en Prusse, en Autriche et en Angleterre.

103. Hydroporus Obscurus.

Oblongo-ovalis, convexiusculus, valde punctulatus, vix pubescens, subnitidulus, supra brunneo-castaneus, infra niger; capite rufo; thoracis lateribus vix oblique rotundatis; elytris in thoracis arcu, apice rotundatis, vix attenuatis.

Hydroporus Obscurus. Sturm. *Deuts. Faun.* IX. p. 65. tab. CCX. fig. C. c.

Erichs. *Käf. der Mark Brand.* I. p. 176.

Aubé. *Iconog.* V. p. 316. pl. 37. fig. 1.

Hyphidrus Tristis. Var. b. Gyl. *Ins. Suec.* I. p. 538.

Long. 3 millim. Larg. 1 $\frac{5}{6}$ millim.

Ovale, très-légèrement allongé et un peu convexe. Tête d'un testacé rougeâtre, très-légèrement assombrie sur le front, et presque imperceptiblement pointillée; antennes et palpes testacés, avec les derniers articles rembrunis; les troisième et quatrième articles des antennes plus petits que les suivants. Corselet d'un testacé ferrugineux, légèrement assombri en avant et en arrière, un peu plus de deux fois et demie aussi large que long, largement échancré en avant, où il est plus étroit, sinueux à la base, dont les côtés sont coupés très-peu obliquement et le milieu prolongé en pointe mousse sur les élytres; les bords latéraux presque rectilignes et obliques; les angles antérieurs assez saillants et aigus, les postérieurs presque droits, très-légèrement aigus et nullement émoussés au sommet; il est très-légèrement déprimé vers les angles postérieurs et couvert de points enfoncés assez forts et assez serrés, beaucoup plus fins et plus écartés sur le milieu du disque, qui est quelquefois presque lisse. Élytres ovalaires, très-légèrement allongées, à peine atténuées en arrière et assez largement arrondies à l'extrémité, aussi larges en avant que la base du corselet, dont elles continuent l'arc, sans former d'angle rentrant à leur point de réunion avec lui; elles sont d'un brun ferrugineux, à peine pubescentes et couvertes de points enfoncés assez forts et assez serrés; la portion réfléchie est testacée. Le dessous du corps noir. Les pattes d'un testacé ferrugineux.

Il se trouve en Suède, en France et en Allemagne. J'en ai pris un individu aux environs de Compiègne, dans le courant de septembre 1836.

Il ressemble beaucoup à l'*Hyd. Tristis*, dont il doit bien certainement être séparé; il est généralement un peu plus petit et un peu moins allongé, ses antennes sont plus courtes et plus fortes; son corselet n'est pas noir, ses élytres sont plus fortement ponctuées et ne forment aucun angle rentrant à leur point de réunion avec le corselet.

104. Hydroporus Pygmæus.

Elongato-ovalis, depressiusculus, sparsim punctulatus, rufo-testaceus; thoracis lateribus vix oblique rotundatis; elytris castaneo-brunneis, ad latera anguste pallidioribus, apice rotundatis.

Hydroporus Pygmæus. Sturm. *Deuts. Faun.* ix. p. 73. t. ccxii. fig. B. b.

Erichs. *Käf. der Mark Brand.* i. p. 176.

Aubé. *Iconog.* v. p. 322. pl. 41 bis. fig. 5.

Long. 2 millim. Larg. $\frac{7}{8}$ millim.

Ovale, allongé et légèrement déprimé. Tête d'un testacé rougeâtre, presque imperceptiblement pointillée; antennes et palpes testacés, légèrement rembrunis à l'extrémité; les troisième et quatrième articles des antennes un peu plus petits que les suivants. Corselet de la couleur de la tête, deux fois et demie environ aussi large que long, largement échancré en avant, où il est un peu plus étroit, sinueux à la base, dont les côtés sont coupés très-peu obliquement et le milieu prolongé en pointe mousse sur les élytres; les bords latéraux presque rectilignes et obliques; les angles antérieurs assez saillants et aigus, les postérieurs presque droits et nullement émoussés au sommet; il est couvert de points enfoncés assez forts et assez écartés, beaucoup plus fins sur le milieu du disque, qui est quelquefois lisse; il présente, un peu en dedans des angles postérieurs, une petite impression irrégulière. Élytres ovalaires, un peu allongées, légèrement atténuées en arrière et étroitement arrondies à l'extrémité, aussi larges en avant que la base du corselet, et formant, à leur point de réunion avec lui, un angle rentrant excessivement ouvert et à peine sensible; elles sont d'un brun châtain, avec les bords latéraux un peu plus clairs, et couvertes de points enfoncés assez forts et très-écartés; la portion réfléchie est testacée. Le dessous du corps noirâtre, avec l'extrémité des segments de l'abdomen ferrugineuse. Pattes d'un testacé ferrugineux, avec les tarses légèrement rembrunis.

Il a quelque analogie de forme avec l'*Obscurus*, mais il est au moins quatre fois plus petit et à peu près de la taille du *Minutissimus*.

J'ai reçu cette jolie petite espèce de M. Erichson comme ayant été prise aux environs de Berlin.

105. Hydroporus Umbrosus.

Oblongo-ovalis, vix convexiusculus, subtile punctatus, valde pubescens, subnitidulus, niger; capite rufo; thoracis lateribus obliquis; elytris castaneo-brunneis, apice rotundatim attenuatis.

Hyphidrus Umbrosus. Gyl. *Ins. Suec.* I. p. 538.
Zett. *Faun. Ins. Lap.* pars. I. p. 232.
Hydroporus Umbrosus. Steph. *Illust. of. Brit. ent.* II. p. 55.

Long. 2 $\frac{3}{4}$ millim. Larg. 1 $\frac{5}{8}$ millim.

Ovale, un peu allongé et très-médiocrement convexe. Tête d'un testacé ferrugineux, légèrement assombrie sur le front et presque imperceptiblement pointillée; antennes et palpes testacés à la base, noirâtres à l'extrémité; les troisième et quatrième articles des antennes un peu plus petits que les suivants. Corselet noir, deux fois et demie aussi large que long, largement échancré en avant, où il est plus étroit, sinueux à la base, dont les côtés sont coupés très-peu obliquement et le milieu prolongé en pointe mousse sur les élytres; les bords latéraux presque rectilignes et peu obliques; les angles antérieurs assez saillants et aigus, les postérieurs presque droits et nullement émoussés au sommet; il est très-légèrement pubescent, transversalement déprimé en arrière et couvert de petits points enfoncés assez serrés, plus fins et plus écartés sur le milieu du disque. Élytres ovalaires, un peu allongées, atténuées en arrière et étroitement arrondies à l'extrémité, aussi larges en avant que la base du corselet, et formant, à leur point de réunion avec lui, un angle rentrant excessivement ouvert et à peine sensible; elles sont d'un brun plus ou moins foncé, un peu plus claires le long du bord externe, très-sensiblement pubescentes et couvertes de points enfoncés très-petits et très-serrés; la portion réfléchie est d'un testacé ferrugineux. Le dessous du corps noir. Pattes testacées, avec les tarses légèrement rembrunis.

Cette espèce diffère à peine du *Tristis*, dont elle n'est peut-être qu'une simple variété; elle est un peu plus petite, un peu moins convexe et beaucoup plus pubescente; ses élytres sont aussi plus atténuées en arrière et plus étroitement arrondies à l'extrémité.

Il se trouve en Suède, en Finlande, en France, en Angleterre, et très-probablement sur d'autres points de l'Europe.

106. Hydroporus Striola.

Oblongo-ovalis, vix convexiusculus; subtile punctulatus, tenue pubescens, subnitidulus, niger; capite antice rufo-ferrugineo; thorace ad latera vix oblique rotundato; elytris fusco-brunneis ad basin et marginem late rufescentibus, in margine laterali lineola nigra obliqua, apice rotundatis.

Hyphidrus Striola. Gyl. *Ins. Suec.* iv. p. 393.

Hydroporus Vittula. Erichs. *Käf. der Mark Brand.* i. p. 178.

Long. 3 $\frac{1}{5}$ millim. Larg. 1 $\frac{2}{3}$ millim.

Ovale, très-légèrement allongé et très-médiocrement convexe. Tête d'un brun ferrugineux, un peu plus claire en avant et sur le vertex, et presque imperceptiblement pointillée; antennes et palpes testacés à la base, noirâtres à l'extrémité; les troisième et quatrième articles des antennes un peu plus petits que les suivants. Corselet noir, deux fois et demie aussi large que long, largement échancré en avant, où il est plus étroit, sinueux à la base, dont les côtés sont coupés très-peu obliquement et le milieu prolongé en pointe mousse sur les élytres; les bords latéraux à peine arrondis, presque rectilignes et un peu obliques; les angles antérieurs assez saillants et aigus, les postérieurs presque droits et nullement émoussés au sommet; il est très-légèrement déprimé sur les côtés et vers les angles postérieurs, et couvert de points enfoncés assez forts et assez serrés, plus fins et plus écartés sur le milieu du disque. Élytres ovalaires, très-légèrement allongées, à peine atténuées en arrière et assez largement arrondies à l'extrémité, aussi larges en avant que la base du corselet, et formant, à leur point de réunion avec lui, un angle rentrant excessivement ouvert et à peine sensible; elles sont brunâtres, avec le bord externe et une tache transversale à la base testacés; la tache transversale ne touche la base qu'à la région humérale et n'atteint pas la suture; la bande marginale présente une ligne longitudinale noirâtre, abrégée en avant et en arrière et placée un peu au delà du milieu; elles sont très-légèrement pubescentes, et couvertes de très-petits points très-peu enfoncés et assez serrés; la portion réfléchie est testacée. Le dessous du corps noir. Les pattes ferrugineuses.

Il ressemble beaucoup au *Tristis*, dont il a à peu près la forme, il est cependant un peu plus déprimé et plus finement ponctué; il s'en distingue surtout par la couleur des élytres.

Il se trouve en France, en Allemagne et en Suède.

107. Hydroporus Notatus.

Ovalis, valde elongatus, depressiusculus, sparsim valde punctatus, nitidulus, nigro-piceus; capite antice et in vertice rufo-ferrugineo; thorace ad latera rufo-ferruginea vix oblique rotundato; elytris elongatis, ad basin et marginem rufescentibus, in margine laterali lineola nigra obliqua, apice rotundatim attenuatis.

Hydroporus Notatus. Sturm. *Deuts. Faun.* IX. p. 62. tab. CCX. fig. A. a.

Erichs. *Käf. der Mark Brand.* I. p. 176.

Aubé. *Iconog.* V. p. 320. pl. 41 bis. fig. 4.

Long. 3 $\frac{1}{3}$ millim. Larg. 1 $\frac{2}{3}$ millim.

Ovale, allongé et légèrement déprimé. Tête noirâtre, très-largement ferrugineuse en avant et sur le vertex et presque imperceptiblement pointillée; antennes et palpes testacés à la base, noirâtres à l'extrémité; les troisième et quatrième articles des antennes un peu plus petits que les suivants. Corselet de la couleur de la tête, avec les bords latéraux largement ferrugineux, un peu plus de deux fois aussi large que long, largement échancré en avant, où il est à peine plus étroit, sinueux à la base, dont les côtés sont coupés presque carrément et le milieu prolongé en pointe mousse sur les élytres; les bords latéraux presque rectilignes et à peine obliques; les angles antérieurs assez saillants et aigus, les postérieurs droits et nullement émoussés au sommet; il est très-légèrement déprimé vers les angles postérieurs, et couvert de points enfoncés assez forts et assez écartés, beaucoup plus fins sur le milieu du disque, qui est presque lisse. Élytres ovalaires, très-allongées, marchant presque parallèlement jusqu'aux trois quarts postérieurs, pour se terminer ensuite assez brusquement en une pointe très-mousse, aussi larges en avant que la base du corselet, et formant, à leur point de réunion avec lui, un angle rentrant très-ouvert et assez sensible, brunâtres, avec le bord externe et une tache transversale à la base testacés; la tache transversale ne touche la base qu'à la région humérale et n'atteint pas la suture; la bande marginale présente une ligne longitudinale noirâtre, abrégée en avant et en arrière, et placée un peu au delà du milieu; elles sont à peine pubescentes et couvertes de points enfoncés assez forts et assez écartés; la portion réfléchie est testacée. Le dessous du corps noir. Les pattes d'un testacé ferrugineux.

Il ressemble un peu, pour la couleur et la disposition des taches, au *Striola*, mais il en diffère essentiellement par sa forme plus étroite et plus parallèle, et par la ponctuation des élytres qui est beaucoup plus forte.

Il se trouve aux environs de Berlin. J'en dois deux exemplaires à la générosité de M. Erichson.

108. Hydroporus Lineatus.

Oblongo-ovalis, convexus, subtile reticulato-punctulatus, pubescens, vix nitidulus, rufo-testaceus; thoracis lateribus obliquis; elytris quatuor lineis longitudinalibus in disco alteraque externa, præter suturam angustam, brunneo-ornatis; apice valde attenuato-acuminatis.

Dytiscus Lineatus. Fab. *Syst. Eleut.* I. 272.
Oliv. *Ent.* III. 40. p. 35. pl. 5. fig. 43.
Panz. *Faun. Germ.* CI. t. 4.
Hydroporus Ovalis. Steph. *Illust. of Brit. ent.* II. p. 58.

Var. b. *Elytris obscurioribus, vix ferrugineo-lineatis.*

Hyphidrus Lineatus. Var. b. Gyl. *Ins. Suec.* I. p. 539.
Dytiscus Pygmæus. Fab. *Syst. Eleut.* I. p. 272. (*Test.* Gyl.).
Sch. *Syn. Ins.* II. p. 32.

Long. 3 $\frac{1}{4}$ millim. Larg. 1 $\frac{3}{4}$ millim.

Ovale, un peu allongé et assez convexe. Tête d'un testacé

rougeâtre, très-finement pointillée; antennes et palpes testacés, avec les derniers articles assombris à l'extrémité; les troisième et quatrième articles des antennes plus petits que les suivants. Corselet de la couleur de la tête, avec les bords antérieur et postérieur étroitement noirs au milieu, un peu plus de deux fois et demie aussi large que long, largement échancré en avant, où il est plus étroit, sinueux à la base, dont les côtés sont coupés très-peu obliquement, et le milieu prolongé en pointe mousse sur les élytres; les bords latéraux presque rectilignes et un peu obliques; les angles antérieurs assez saillants et aigus, les postérieurs presque droits et nullement émoussés au sommet; il est très-légèrement déprimé vers les angles postérieurs, et couvert de petits points enfoncés assez serrés, à peine plus petits et plus écartés sur le milieu du disque. Élytres ovalaires, un peu allongées, très-fortement atténuées en arrière et presque terminées en pointe à l'extrémité, aussi larges en avant que la base du corselet, et formant, à leur point de réunion avec lui, un angle rentrant très-ouvert et assez sensible; elles sont d'un testacé un peu rougeâtre, avec la suture, quatre lignes longitudinales sur le disque, et une autre oblique le long du bord externe, un peu au delà du milieu, d'un brun noirâtre; les lignes longitudinales sont abrégées en arrière d'autant plus qu'elles sont plus externes; souvent ces lignes sont très-larges, touchant la base en avant, et se réunissant dans un ou plusieurs points de leur étendue, de sorte qu'alors les élytres paraissent brunes, avec des lignes testacées plus ou moins abrégées et interrompues; quelquefois ces lignes disparaissent presque entièrement, ce qui constitue la var. b; elles sont pubescentes et couvertes de petits points peu enfoncés et assez serrés; la portion réfléchie est jaunâtre. Le dessous du corps et les pattes d'un testacé rougeâtre.

Il habite toute l'Europe et est extrêmement commun.

109. Hydroporus Vicinus.

Oblongo-ovalis, convexus, subtile reticulato-punctatus, valde pubescens, vix nitidulus, ferrugineus; thoracis lateribus obliquis; elytris brunneis, margine exteriore pallide ferrugineo, apice valde attenuato-acuminatis.

Hydroporus Vicinus. Dej. *Cat.* 3e *édit.* p. 65.

Long. 3 $\frac{1}{5}$ millim. Larg. 1 $\frac{3}{4}$ millim.

Ovale, un peu allongé et assez convexe. Tête d'un testacé ferrugineux, avec la partie antérieure un peu plus claire; elle est très-finement pointillée; antennes et palpes testacés, avec les derniers articles assombris à l'extrémité; les troisième et quatrième articles des antennes plus petits que les suivants. Corselet de la couleur de la tête, plus ou moins largement rembruni en avant et en arrière, un peu plus de deux fois et demie aussi large que long, largement échancré en avant, où il est plus étroit, sinueux à la base, dont les côtés sont coupés très-peu obliquement et le milieu prolongé en pointe mousse sur les élytres; les bords latéraux presque rectilignes et un peu obliques; les angles antérieurs assez saillants et aigus, les postérieurs presque droits et nullement émoussés au sommet; il est à peine déprimé vers les angles postérieurs, assez sensiblement pubescent et très-finement ponctué et réticulé. Élytres ovalaires, un peu allongées, fortement atténuées en arrière et presque terminées en pointe à l'extrémité, aussi larges en avant que la base du corselet, et formant, à leur point de réunion avec lui, un angle rentrant très-ouvert et assez sensible; elles sont d'un brun un peu ferrugineux, avec le bord externe d'un testacé rougeâtre, très-pubescentes et très-finement ponctuées et réticulées; la portion réfléchie, le dessous du corps et les pattes d'un testacé rougeâtre.

Cet *Hydroporus* ressemble beaucoup au *Lineatus ;* il a absolument la même forme, si ce n'est qu'il est un peu plus large et un peu moins atténué en arrière; il est plus pubescent et offre un léger reflet soyeux; ses élytres sont brunâtres sans trace de lignes ferrugineuses. Malgré la constance de ces caractères observée sur six individus, je ne suis pas éloigné de le considérer comme une variété foncée de l'*Hyd. Lineatus.*

Il a été trouvé en Barbarie.

110. Hydroporus Flavipes.

Oblongo-ovalis, convexiusculus, vix subtile punctulatus, tenue pubescens, niger; thoracis lateribus vix oblique rotundatis, luteo-testaceis; elytris quatuor lineis plus minusve interruptis, præter marginem exteriorem, luteo-testaceo-ornatis, apice rotundatim attenuatis.

Dytiscus Flavipes. Oliv. *Ent.* III. 40. p. 38. pl. 5. fig. 52. a. b.
Hydroporus Flavipes. Lacord. *Faun. ent.* I. p. 333.

Long. 2 $\frac{3}{4}$ millim. Larg. 1 $\frac{1}{3}$ millim.

Ovale, un peu allongé et médiocrement convexe. Tête noire, presque imperceptiblement pointillée; antennes et palpes testacés à la base, noirâtres à l'extrémité; les troisième et quatrième articles des antennes plus petits que les suivants. Corselet noir, avec les bords latéraux assez largement ferrugineux, deux fois et demie aussi large que long, largement échancré en avant, où il est plus étroit, sinueux à la base, dont les côtés sont coupés très-peu obliquement, et le milieu prolongé en pointe mousse sur les élytres; les bords latéraux à peine arrondis; les angles antérieurs assez saillants et aigus, les postérieurs presque droits et très-légèrement émoussés au sommet; il est très-finement ponctué et réticulé sur les côtés, presque lisse sur le milieu du disque, et présente, en outre, une ligne transversale de très-petits points le long du bord antérieur, et une très-petite strie longitudinale à peine visible un peu en dedans des bords latéraux, et servant de limite à la bordure ferrugineuse. Élytres ovalaires, très-légèrement allongées, à peine atténuées en arrière et arrondies à l'extrémité, aussi larges en avant que la base du corselet, et formant, à leur point de réunion avec lui, un angle rentrant très-ouvert et assez sensible; elles sont noires, avec le bord externe et quatre lignes longitudinales irrégulières plus ou moins interrompues; la seconde et la troisième se réunissent en avant, un peu au delà de la base, et la quatrième vient se joindre en dehors à la bordure externe, un peu en arrière de l'épaule; elles sont légèrement pubescentes et couvertes d'une ponctuation très-fine et assez serrée; la portion réfléchie est testacée. Le dessous du corps noir. Les pattes d'un testacé ferrugineux.

Il habite presque toute l'Europe, préférant toutefois les contrées méridionales; il est beaucoup plus rare dans le Nord, et ne se trouve même pas en Suède, d'après le témoignage de M. Gyllenhal, qui ne l'a pas décrit dans sa *Fauna Sueciæ;* il se rencontre aussi en Barbarie.

111. Hydroporus Meridionalis.

Elongato-ovalis, convexiusculus, subtile punctulatus, vix pubescens, brunneo-ferrugineus; capite rufo-testaceo; thorace testaceo, antice et postice transversim late et confuse infuscato, lateribus vix oblique rotundatis; elytris testaceis, quinque lineis, præter suturam, fusco-ornatis, prima, tertia et quinta lineis antice abbreviatis; apice rotundatim attenuato.

Hydroporus Meridionalis. Aubé. *Iconog.* v. p. 327. pl. 37. fig. 6.

Long. 2 ½ millim. Larg. 1 ¼ millim.

Ovale, allongé et assez sensiblement convexe. Tête d'un

testacé rougeâtre, légèrement assombrie sur le vertex et presque imperceptiblement réticulée; antennes et palpes testacés à la base, rembrunis à l'extrémité; les troisième et quatrième articles des antennes plus petits que les suivants. Corselet de la couleur de la tête, avec les bords antérieur et postérieur très-largement et très-confusément brunâtres; il est deux fois et demie aussi large que long, largement échancré en avant, où il est plus étroit, sinueux à la base, dont les côtés sont coupés très-peu obliquement et le milieu prolongé en pointe mousse sur les élytres; les bords latéraux à peine arrondis; les angles antérieurs assez saillants et aigus, les postérieurs presque droits et très-légèrement émoussés au sommet; il est très-finement ponctué et réticulé sur les côtés, presque lisse sur le milieu du disque, et présente, en outre, une ligne transversale de très-petits points à peine sensible le long du bord antérieur. Élytres ovalaires, un peu allongées, très-légèrement atténuées et étroitement arrondies à l'extrémité, aussi larges en avant que la base du corselet, et formant, à leur point de réunion avec lui, un angle rentrant très-ouvert et assez sensible; elles sont testacées, avec la suture et cinq lignes longitudinales noires; la première, la troisième et la cinquième fortement abrégées en avant; les seconde et quatrième touchant la base; la première et la seconde réunies latéralement dans presque toute leur étendue; les autres souvent isolées, souvent aussi réunies dans une étendue variable; elles sont à peine pubescentes et couvertes d'une ponctuation très-fine et assez lâche; la portion réfléchie est d'un jaune pâle. Le dessous du corps noir. Les pattes testacées.

Il est très-voisin du *Flavipes*, avec lequel il a la plus grande analogie de forme; il est plus petit, plus étroit et un peu plus convexe; la tête est d'un testacé rougeâtre; le corselet est aussi de cette couleur, avec les bords antérieur et postérieur très-largement et très-vaguement rembrunis; quelquefois il est brunâtre, avec les bords latéraux très-largement et très-vaguement testacés, tandis que dans le *Flavipes*, il est bordé de ferrugineux d'une manière très-bien limitée; cet organe offre aussi, de chaque côté, dans ce dernier, une très-petite strie longitudinale qui n'existe que dans le *Meridionalis*.

Je n'ai vu que trois individus de cet *Hydroporus*: ils ont été pris en Sardaigne par M. Gené, de Turin, qui a bien voulu me les communiquer, et a eu la générosité de m'en sacrifier un.

112. Hydroporus Genei.

Elongato-ovalis, convexiusculus, punctulatus, pubescens, subnitidus, supra nigro-brunneus, infra niger; capite rufo; thorace rufo, antice et postice transversim late et confuse infuscato, lateribus vix oblique rotundatis; elytris brunneis, margine exteriore, duabus maculis ad basin tribusque alteris externis testaceo-pallidis, confuse ornatis, apice valde attenuato-acuminatis.

Hydroporus Genei. Aubé. *Iconog.* v. p. 328. pl. 38. fig. 1.

Long. 3 $\frac{1}{2}$ millim. Larg. 1 $\frac{2}{3}$ millim.

Ovale, assez allongé et assez convexe. Tête d'un testacé ferrugineux, légèrement assombrie sur le vertex et presque imperceptiblement réticulée; antennes et palpes testacés, avec les derniers articles rembrunis; les troisième et quatrième articles des antennes à peine plus petits que les suivants. Corselet de la couleur de la tête, avec les bords antérieur et postérieur très-largement et très-confusément brunâtres, souvent même brunâtres, avec les bords latéraux très-largement ferrugineux; il est court, transversal, deux fois et demie aussi large que long, largement échancré en avant, où il est plus étroit, sinueux à la base, dont les côtés sont coupés un peu obliquement, et le milieu prolongé en pointe mousse sur les élytres; les bords latéraux à peine arrondis; les angles antérieurs assez saillants et aigus, les postérieurs presque droits et nullement émoussés au sommet; il est couvert de points très-fins, à peine sensibles sur le milieu du disque. Élytres ovalaires, assez allongées, très-fortement atténuées en arrière et presque terminées en pointe, aussi larges en avant que la base du corselet, et formant, à leur point de réunion avec lui, un angle rentrant excessivement ouvert et à peine sensible; elles sont d'un brun noirâtre, avec le bord externe, deux taches à la base et trois autres le long de la bordure marginale, d'un testacé rougeâtre; toutes ces taches sont confuses et mal limitées; les deux de la base sont irrégulièrement arrondies et inégales, l'interne beaucoup plus petite que l'externe, et quelquefois réunies en une seule tache un peu oblique; les trois qui existent le long de la bordure marginale sont étroites et ainsi disposées : la première un peu au delà de l'épaule, la seconde au milieu environ, et la dernière près de l'extrémité; la tache voisine de l'épaule seulement touche la bordure externe; elles sont pubescentes et couvertes de points assez forts et assez espacés; la portion réfléchie est testacée. Le dessous du corps noir, avec l'extrémité des derniers segments de l'abdomen ferrugineuse. Les pattes d'un testacé ferrugineux.

Cet *Hydroporus* ressemble un peu à quelques variétés du *Sexpustulatus*, mais il est beaucoup plus petit, plus atténué en arrière et un peu plus convexe.

Il a été pris en Sardaigne par M. Gené, qui a bien voulu m'en céder un exemplaire; il se trouve aussi en Suisse et en Hongrie.

113. Hydroporus Sexguttatus.

Elongato-ovalis, convexiusculus, subnitidus, supra nigro-brunneus, infra testaceo-ferrugineus; capite antice ferrugineo; thorace ad latera obliqua confuse ferrugineo, valde unistriato; elytris maculis tribus utrinque rufo-ferrugineo-ornatis, apice rotundatim attenuatis.

Hydroporus Sexguttatus. Dahl.-Aubé. *Iconog.* v. p. 330. pl. 38. fig. 2.

Long. 2 $\frac{3}{4}$ millim. Larg. 1 $\frac{1}{4}$ millim.

Ovale, très-allongé et médiocrement convexe. Tête d'un brun noirâtre, avec la partie antérieure ferrugineuse; elle est presque imperceptiblement pointillée; antennes et palpes ferrugineux, à peine assombris à l'extrémité; les troisième et quatrième articles des antennes plus petits que les suivants. Corselet noirâtre, près de trois fois aussi large que long, largement échancré en avant, où il est un peu plus étroit, sinueux à la base, dont les côtés sont coupés très-peu obliquement, et le milieu prolongé en pointe mousse sur les élytres; les bords latéraux presque rectilignes et un peu obliques; les angles antérieurs assez saillants et aigus, les postérieurs droits et nullement émoussés au sommet; il est presque lisse, n'offre que quelques points rares à peine visibles, et présente, en outre, de chaque côté et un peu en dedans du bord latéral, une strie longitudinale fortement enfoncée et qui en occupe toute la longueur. Élytres ovalaires, très-allongées, médiocrement atténuées en arrière et arrondies à l'extrémité, aussi larges en avant que la base du corselet, dont elles continuent l'arc, sans former d'angle rentrant à leur point de réunion avec lui; elles sont d'un brun noirâtre, avec le bord externe et trois taches d'un testacé rougeâtre; la première de ces taches, transversale, rétrécie dans son milieu, peut-être même quelquefois divisée en deux, est située un peu au delà de la base, qu'elle ne touche pas, non plus que la suture, et se réunit en dehors à la bordure marginale; la seconde, assez régulièrement arrondie, est placée aux trois quarts postérieurs environ; la dernière, enfin, également arrondie, existe tout à fait à l'extrémité; ces deux dernières taches sont isolées, et séparées de la bordure par une ligne noire longitudinale un peu oblique; elles sont presque lisses et ne présentent que quelques points très-petits, très-rares et à peine visibles; la portion réfléchie, le dessous du corps et les pattes testacés.

Je n'ai vu que deux individus de cette espèce : ils appartiennent à M. Chevrolat, et ont été pris en Sardaigne par Dalh.

114. Hydroporus Granularis.

Oblongo-ovalis, convexiusculus, subtile punctulatus, tenue pubescens, niger; thoracis lateribus vix conspicue ferrugineis, obliquis; elytris lineis duabus in disco alteraque marginali antice et postice abbreviata, rufo-ferrugineo-ornatis, apice rotundatis.

Dytiscus Granularis. Linn. *Syst. nat.* ii. p. 267.
Fab. *Syst. Eleut.* i. p. 270.
Oliv. *Ent.* iii. 40. p. 33. pl. 2. fig. 13. a. b.
Hyphidrus Granularis. Gyl. *Ins. Suec.* i. p. 540.
Dytiscus Unilineatus. Schr. *Enum.* p. 204.
Dytiscus Minimus. Scop. *Ent. Carn.* n. 297.
Sch. *Syn. Ins.* ii. p. 36.

Long. 2 $\frac{1}{2}$ millim. Larg. 1 $\frac{1}{4}$ millim.

Ovale, légèrement allongé et très-médiocrement convexe. Tête noire, presque imperceptiblement pointillée; antennes et palpes testacés à la base, noirâtres à l'extrémité; les troisième et quatrième articles des antennes plus petits que les suivants. Corselet noir, avec les bords latéraux presque imperceptiblement ferrugineux, deux fois et demie aussi large que long, largement échancré en avant, où il est plus étroit, sinueux à la base, dont les côtés sont coupés presque carrément, et le milieu prolongé en pointe mousse sur les élytres; les bords latéraux presque rectilignes et un peu obliques; les angles antérieurs assez saillants et aigus, les postérieurs droits et légèrement émoussés au sommet; il offre quelques points rares et assez écartés, une ligne transversale d'autres points plus petits placée le long du bord antérieur, et une strie longitudinale très-petite un peu en dedans du bord externe. Élytres ovalaires, très-légèrement allongées, à peine atténuées en arrière et arrondies à l'extrémité, aussi larges en avant que la base du corselet, et formant, à leur point de réunion avec lui, un angle rentrant très-ouvert et peu sensible; elles sont noires, avec deux lignes longitudinales sur le disque, et une autre très-étroite le long du bord externe, d'un testacé ferrugineux; la première de ces lignes naît de la base, qu'elle ne touche cependant pas, est abrégée en arrière, légèrement dilatée en avant, où elle est déjetée un peu en dehors, et se réunit quelquefois à la seconde qui suit le contour de l'élytre, et va se terminer tout à fait en arrière à l'extrémité, où elle est légèrement dilatée; la troisième enfin est placée en dehors de celle-ci, et abrégée en avant et en arrière; souvent ces deux dernières se réunissent et touchent le bord externe pour former une bordure très-large, marquée en arrière d'une petite tache linéaire noirâtre; elles sont très-légèrement pubescentes et couvertes de petits points très-serrés; la portion réfléchie est ferrugineuse. Le dessous du corps noir. Les pattes d'un testacé ferrugineux.

Il habite toute l'Europe et est très-commun partout.

115. Hydroporus Bilineatus.

Elongato-ovalis, convexiusculus, subtile punctulatus, pubescens, niger; thoracis lateribus vix conspicue ferrugineis, obliquis; elytris lineis duabus in disco alteraque marginali vix conspicua, rufo-testaceo-ornatis, apice rotundatis.

Hydroporus Bilineatus. Sturm. *Deuts. Faun.* IX. p. 68. tab. CCXI. fig. B. b.

Erichs. *Käf. der Mark Brand.* I. p. 179.

Aubé. *Iconog.* V. p. 333. pl. 41 bis. fig. 6.

Long. 2 $\frac{1}{3}$ millim. Larg. 1 $\frac{1}{4}$ millim.

Ovale, allongé et très-médiocrement convexe. Tête noire, presque imperceptiblement pointillée; antennes et palpes testacés à la base, noirâtres à l'extrémité; les troisième et quatrième articles des antennes un peu plus petits que les suivants. Corselet noir, avec les bords latéraux presque imperceptiblement ferrugineux, deux fois et demie aussi large que long, largement échancré en avant, où il est plus étroit, sinueux à la base, dont les côtés sont coupés presque carrément, et le milieu prolongé en pointe mousse sur les élytres; les bords latéraux presque rectilignes et un peu obliques; les angles antérieurs assez saillants et aigus, les postérieurs presque droits et légèrement émoussés au sommet; il offre quelques points rares et assez écartés, une ligne transversale d'autres points plus petits placée le long du bord antérieur, et une strie longitudinale très-petite un peu en dedans du bord latéral. Élytres ovalaires, allongées, à peine atténuées en arrière et arrondies à l'extrémité, aussi larges en avant que la base du corselet, et formant, à leur point de réunion avec lui, un angle rentrant très-ouvert et assez sensible; elles sont noires, avec deux lignes longitudinales sur le disque et une autre très-étroite le long du bord externe, testacées; la première de ces lignes est droite, naît de la base qu'elle ne touche cependant pas, est abrégée en arrière, à peine dilatée en avant et toujours isolée; la seconde suit le contour de l'élytre et va se terminer tout à fait en arrière à l'extrémité, où elle est légèrement dilatée; la troisième est placée en dehors de celle-ci et abrégée en avant et en arrière; elles sont très-légèrement pubescentes et couvertes de petits points très-serrés; la portion réfléchie est ferrugineuse. Le dessous du corps noir. Les pattes d'un testacé ferrugineux.

Il ressemble beaucoup au *Granularis*, dont il n'est peut-être qu'une simple variété de sexe; il est plus allongé, et les lignes des élytres sont plus pâles; la ligne interne est plus droite, nullement déjetée en dehors et à peine dilatée en avant; du reste, il est absolument semblable.

Il se trouve dans les mêmes localités que le *Granularis*, mais un peu plus rarement.

116. Hydroporus Varius.

Oblongo-ovalis, convexiusculus, subtilissime sparsim punctulatus, vix pubescens, niger; thoracis lateribus obliquis, testaceo ferrugineis; elytris testaceis, cum sutura in medio dilatata et ante apicem utrinque appendiculata, macula ad humera, altera oblonga in disco et lineola externa, nigris, apice rotundato.

Hydroporus Varius. Dej.-Aubé. *Iconog.* v. p. 334. pl. 38. fig. 4.

Long. 2 ½ millim. Larg. 1 ⅓ millim.

Ovale, à peine allongé et légèrement convexe. Tête noire, presque imperceptiblement pointillée; antennes et palpes testacés à la base, noirâtres à l'extrémité; les troisième et quatrième articles des antennes un peu plus petits que les suivants. Corselet noir, avec les bords latéraux assez largement ferrugineux, deux fois et demie aussi large que long, largement échancré en avant, où il est plus étroit, sinueux à la base, dont les côtés sont coupés très-peu obliquement, et le milieu prolongé en pointe mousse sur les élytres; les bords latéraux presque rectilignes et un peu obliques; les angles antérieurs assez saillants et aigus, les postérieurs presque droits et légèrement émoussés au sommet; il est finement pointillé sur les côtés, presque lisse sur le milieu du disque, et présente, en outre, une ligne transversale de très-petits points le long du bord antérieur, et une strie longitudinale un peu en dedans du bord latéral, et servant de limite à la bordure ferrugineuse.

Élytres ovalaires, à peine allongées, assez largement arrondies en arrière, aussi larges en avant que la base du corselet, et formant, à leur point de réunion avec lui, un angle excessivement ouvert et à peine sensible; elles sont testacées, avec la suture, une tache humérale, une autre tache sur le disque, et une ligne étroite le long du bord externe, noires; la suture est très-large, dilatée au milieu, et présente un appendice de chaque côté vers l'extrémité; la tache humérale touche en dedans la naissance de la suture; celle qui existe sur le disque est oblongue et abrégée en avant et en arrière; la ligne externe est fortement abrégée en avant; souvent cette ligne et la tache discoïdale se touchent sur un point plus ou moins étendu; elles sont couvertes de très-petits points assez écartés et à peine sensibles; la portion réfléchie est ferrugineuse. Le dessous du corps noir. Les pattes d'un testacé ferrugineux.

Il se trouve dans le midi de la France, en Italie, en Espagne et dans toutes les contrées méridionales de l'Europe.

117. Hydroporus Pictus.

Ovatus, convexus, subtile punctulatus, brunneo-ferrugineus; capite rufo-testaceo; thorace ad latera obliqua rufo-ferrugineo; elytris pallido-testaceis, sutura lata maculaque ovali in disco cum lineola externa adnexa, nigris, apice rotundatim attenuatis.

Dytiscus Pictus. Fab. *Syst. Eleut.* I. p. 273.
Dytiscus Arcuatus. Panz. *Faun. Germ.* XXVI. t. I.
Dytiscus Flexuosus. Marsh. *Ent. Brit.* I. p. 425.
Hyphidrus Pictus. Gyl. *Ins. Suec.* I. p. 541.
Hygrotus Pictus. Steph. *Illust. of Brit. ent.* II. p. 49.

Var. β. *Macula ovali disci cum sutura late connexa.*

Dytiscus Crux. Fab. *Syst. Eleut.* I. p. 271.
Sch. *Syn. Ins.* II. p. 32.

Long. 2 ½ millim. Larg. 1 ½ millim.

Ovale et très-convexe. Tête d'un testacé rougeâtre, presque imperceptiblement pointillée; antennes et palpes testacés à la base, noirâtres à l'extrémité; les troisième et quatrième articles des antennes un peu plus petits que les suivants. Corselet d'un brun noirâtre, avec les bords latéraux assez largement ferrugineux, deux fois et demie aussi large que long, largement échancré en avant, où il est plus étroit, sinueux à la base, dont les côtés sont coupés un peu obliquement, et le milieu prolongé en pointe mousse sur les élytres; les bords latéraux presque rectilignes et un peu obliques; les angles antérieurs assez saillants et aigus, les postérieurs presque droits; il est finement ponctué, et présente, un peu en dedans du bord externe, une très-petite strie longitudinale à peine visible et servant de limite à la bordure ferrugineuse. Élytres ovalaires, très-légèrement atténuées en arrière et arrondies à l'extrémité, aussi larges en avant que la base du corselet, et formant, à leur point de réunion avec lui, un angle rentrant excessivement ouvert et à peine sensible; elles sont d'un testacé pâle, avec la suture, une très-petite tache humérale, une autre tache ovalaire sur le milieu du disque, et une ligne étroite le long du bord externe, d'un noir de poix; la suture est très-large et légèrement rétrécie en avant et en arrière; la petite tache humérale se réunit à la suture par un filet très-étroit qui touche la base; la tache discoïdale touche en dehors la ligne externe qui suit le contour de l'élytre et en occupe toute l'étendue; elles sont couvertes de petits points médiocrement serrés; la portion réfléchie est testacée. Le dessous du corps et les pattes d'un ferrugineux clair.

La var. β résulte de la confluence latérale de la tache discoïdale avec la suture; dans ce cas, le noir domine, et les élytres peuvent être considérées comme de cette dernière couleur, avec deux taches testacées sur chacune d'elles, l'une en avant, un peu au delà de la base, et l'autre en arrière, un peu avant l'extrémité.

Il se rencontre assez communément dans presque toute l'Europe.

118. Hydroporus Fasciatus.

Ovatus, convexus, vix subtilissime sparsim punctulatus, fere lævis, brunneo-castaneus; capite antice ferrugineo; thorace ad latera obliqua ferrugineo et utrinque unistriato; elytris rufo-testaceis, cum basi angustissima, sutura, fasciis duabus transversis lineaque externa, nigro-piceis, apice rotundatim attenuato.

Hydroporus Fasciatus. Dahl.-Aubé. *Iconog.* v. p. 347. pl. 40. fig. 1.

Long. 2 $\frac{3}{4}$ à 3 millim. Larg. 1 $\frac{2}{3}$ à 1 $\frac{3}{4}$ millim.

Ovale et assez convexe. Tête d'un brun noirâtre, ferrugineuse antérieurement et très-finement pointillée; antennes et palpes testacés; les troisième et quatrième articles des antennes un peu plus petits que les suivants. Corselet d'un brun noirâtre, avec les bords latéraux assez largement ferrugineux, deux fois et demie aussi large que long, largement échancré en avant, où il est plus étroit, sinueux à la base, dont les côtés sont coupés un peu obliquement, et le milieu prolongé en pointe mousse sur les élytres; les bords latéraux presque rectilignes et un peu obliques; les angles antérieurs assez saillants et aigus, les postérieurs presque droits; il est presque lisse, avec quelques petits points vers les angles postérieurs, et une ligne transversale de points plus petits le long du bord antérieur; il présente, en outre, un peu en dedans du bord externe, une petite strie longitudinale servant de limite à la bordure ferrugineuse. Élytres ovalaires, très-légèrement atténuées en arrière, arrondies à l'extrémité, aussi larges en avant que la base du corselet, dont elles continuent l'arc, sans former d'angle rentrant à leur point de réunion avec lui; elles sont d'un testacé rougeâtre, avec une ligne très-étroite à la base, la suture, deux bandes transversales sur le disque et une ligne externe, d'un noir de poix; la première des bandes transversales est située au milieu environ, réunie en dedans à la suture, et ne touche pas en dehors le bord externe; la seconde est placée aux trois quarts postérieurs, touche également la suture, et est plus abrégée en dehors; la petite ligne externe naît de l'extrémité de la première bande transversale, côtoie le bord et va se terminer tout à fait en arrière; la suture est plus large entre les deux bandes qu'en avant et en arrière; elles sont presque lisses, et ne présentent que quelques points très-fins et à peine visibles; la portion réfléchie est testacée. Le dessous du corps et les pattes d'un ferrugineux clair.

Il a été trouvé en Toscane par Dahl. Je n'ai vu que quatre individus de cette jolie espèce; ils font partie de la collection de M. le comte Dejean.

119. Hydroporus Rufulus.

Ovatus, convexus, dense punctulatus, tenue pubescens, vix nitidulus, supra rufo-brunneus, infra rufo-testaceus; capite rufo; thorace ad latera obliqua late et confuse ferrugineo; elytris margine exteriore, vitta transversa ad basin maculisque tribus externis testaceo-ornatis, apice acuminato-attenuatis.

Hydroporus Rufulus. Dalh.-Aubé. *Iconog.* v. p. 349. pl. 40. fig. 2.

Long. 3 $\frac{1}{2}$ millim. Larg. 1 $\frac{4}{5}$ millim.

Ovale, très-médiocrement allongé et assez convexe. Tête ferrugineuse, finement pointillée; antennes et palpes testacés, noirâtres à l'extrémité; les troisième et quatrième articles des antennes un peu plus petits que les suivants. Corselet d'un brun ferrugineux, avec les bords latéraux assez largement et très-confusément plus clairs, deux fois et demie aussi large que long, largement échancré en avant, où il est plus étroit, sinueux à la base, dont les côtés sont coupés un peu obliquement et le milieu prolongé en pointe mousse sur les élytres; les bords latéraux presque rectilignes et un peu obliques; les angles antérieurs assez saillants et aigus, les postérieurs presque droits; il est à peine déprimé vers les angles postérieurs et à la base, très-légèrement pubescent, couvert de points assez fins et assez serrés qui le font paraître un peu rugueux, et présente, en outre, un peu en dedans du bord externe, une strie longitudinale extrêmement courte et à peine visible. Élytres ovalaires, très-médiocrement allongées, assez sensiblement atténuées en arrière et presque acuminées, aussi larges en avant que la base du corselet, et formant, à leur point de réunion avec lui, un angle rentrant excessivement ouvert et à peine sensible; elles sont d'un châtain un peu ferrugineux, avec le bord latéral, une bande transversale à la base et trois taches externes d'un testacé jaunâtre; la bande de la base naît de l'épaule, marche un peu obliquement de dehors en dedans et de haut en bas, ne touche la base qu'à son point d'origine et n'atteint pas tout à fait la suture; la première des taches externes est rhomboïdale et placée un peu en arrière de l'épaule, le long de la bordure externe qu'elle touche; la seconde, plus petite, est isolée et située un peu au delà du milieu; enfin la dernière, très-petite, sert de point de terminaison à la bordure marginale qui ne va pas tout à fait jusqu'à l'extrémité; elles sont très-légèrement pubescentes et couvertes de points assez fins et assez serrés; la portion réfléchie est testacée. Le dessous du corps ferrugineux clair. Les pattes testacées, avec l'extrémité des jambes postérieures et tous les tarses rembrunis.

Cette espèce se trouve en Sardaigne, et m'a été communiquée par M. Gené, de Turin, auquel je suis redevable de plusieurs exemplaires.

120. Hydroporus Lepidus.

Ovatus, convexus, dense punctulatus, tenue pubescens, vix nitidulus, niger; capite opaco; thorace nigro-opaco, ad latera obliqua vix anguste ferrugineo; elytris testaceo-albidis, sutura sinuatim bicruciata, macula humerali lineolaque externa plus minusve confluentibus, nigro-ornatis, apice abrupte acuminato-attenuatis.

Dytiscus Lepidus. Oliv. *Ent.* III. 40, p. 32. pl. 5. fig. 51. a. b.
Hyphidrus Lepidus. Gyl. *in Sch. Syn. Ins.* II. p. 30 (note).
Hygrotus Scitulus. Steph. *Illust. of Brit. ent.* II. p. 49. tab. XI. fig. 3.
Hydroporus Lepidus. Lacord. *Faun. ent.* I. p. 336.

Long. 3 ¼ millim. Larg. 1 ⅞ millim.

Ovale et assez convexe. Tête noire, terne, très-visiblement pointillée; antennes et palpes testacés à la base, noirâtres à l'extrémité; les troisième et quatrième articles des antennes un peu plus petits que les suivants. Corselet de la couleur de la tête, également terne, avec les bords latéraux très-étroitement ferrugineux vers les angles antérieurs, le plus souvent entièrement noir, deux fois et demie aussi large que long, largement échancré en avant, où il est plus étroit, sinueux à la base, dont les côtés sont coupés obliquement et le milieu prolongé en pointe mousse sur les élytres; les bords latéraux presque rectilignes et un peu obliques; les angles antérieurs assez saillants et aigus, les postérieurs presque droits; il est légèrement pubescent et couvert de points assez fins et assez serrés qui le font paraître rugueux. Élytres ovalaires, très-sensiblement atténuées en arrière et acuminées à l'extrémité, aussi larges en avant que la base du corselet, et formant, à leur point de réunion avec lui, un angle rentrant excessivement ouvert et à peine sensible; elles sont d'un testacé blan-

41.

châtre, avec la suture, deux bandes transversales irrégulières, une tâche humérale et une ligne externe noires; la tache humérale est quelquefois isolée, mais le plus souvent touche la base; la première bande transversale est située un peu avant le milieu, largement réunie en dedans à la suture et ne touchant pas le bord externe; la seconde, aux trois quarts postérieurs environ, touche également la suture et est plus abrégée en dehors; la ligne externe est placée le long du bord latéral, souvent isolée, souvent aussi réunie à la première bande transversale, quelquefois même à toutes les deux; toutes ces taches varient considérablement de grandeur et de forme, quelquefois la ligne externe manque entièrement, et la deuxième bande transversale est réduite en une simple tache oblongue complétement isolée; elles sont légèrement pubescentes et couvertes de points assez fins et très-serrés qui les font paraître très-légèrement chagrinées; la portion réfléchie est testacée. Le dessous du corps d'un noir mat. Les pattes testacées, avec les jambes postérieures et tous les tarses rembrunis.

M. le comte Dejean possède dans sa collection une variété très-curieuse de cette espèce. Les élytres sont testacées, avec la suture, une très-petite tache humérale isolée, une autre très-petite tache oblongue également isolée un peu avant l'extrémité, et une petite ligne externe très-étroite noires; aucune trace de la bande transversale antérieure.

Il se trouve dans les provinces méridionales de l'Europe et en Barbarie.

121. Hydroporus Formosus.

Oblongo-ovatus, dense punctulatus, vix pubescens, nitidulus, niger, thorace ad latera obliqua late ferrugineo, elytris luteo-testaceis, sutura sinuatim bicruciata, macula humerali lineolaque externa plus minusve confluentibus, nigro-ornatis, apice acuminato-attenuatis.

Hydroporus Formosus. CHEVROL.-AUBÉ. *Iconog.* v. p. 353, pl. 40. fig. 4.

Long. 3 $\frac{3}{4}$ millim. Larg. 2 millim.

Ovale, très-légèrement allongé et assez convexe. Tête noire, un peu terne et presque imperceptiblement pointillée; antennes et palpes testacés; légèrement rembrunis à l'extrémité; les troisième et quatrième articles des antennes un peu plus petits que les suivants. Corselet de la couleur de la tête, avec les bords latéraux assez largement ferrugineux, deux fois et demie aussi large que long, largement échancré en avant, où il est plus étroit, sinueux à la base, dont les côtés sont coupés obliquement et le milieu prolongé en pointe mousse sur les élytres; les bords latéraux presque rectilignes et un peu obliques; les angles antérieurs assez saillants et aigus, les postérieurs presque droits et un peu aigus; il est à peine pubescent et couvert de points assez fins et médiocrement serrés. Élytres ovalaires, légèrement allongées, fortement atténuées en arrière et acuminées à l'extrémité, aussi larges en avant que la base du corselet, et formant, à leur point de réunion avec lui, un angle rentrant excessivement ouvert et à peine sensible; elles sont testacées, avec la suture, deux bandes transversales onduleuses, une tache humérale et une ligne externe noires; la tache humérale touche la base; la première bande transversale est située un peu avant le milieu, réunie en dedans à la suture par un point peu étendu, et ne touche pas le bord externe; la seconde, aux trois quarts postérieurs environ, résulte d'une tache oblongue, réunie latéralement par un très-petit point à la suture; la ligne externe est placée le long du bord latéral et touche l'extrémité de la première bande transversale; elles sont à peine pubescentes et couvertes de points assez fins et médiocrement serrés; la portion réfléchie est testacée. Le dessous du corps noir. Les pattes d'un ferrugineux clair, avec les jambes postérieures et tous les tarses rembrunis.

Cette espèce est bien certainement distincte de l'*Hyd. Lepi-*

dus, elle est toujours un peu plus grande, un peu plus allongée, plus longuement atténuée en arrière, un peu plus brillante, moins pubescente et couverte d'une ponctuation moins serrée; son corselet est toujours bordé de ferrugineux sur les côtés; les dessins des élytres sont aussi un peu différents : la tache humérale est légèrement arquée en dedans, la première bande transversale est moins largement réunie à la suture, et n'offre en avant qu'une seule saillie, tandis que dans le *Lepidus* cette même bande en présente jusqu'à trois.

Il a été trouvé en abondance aux environs de Tanger par M. Goudot.

122. Hydroporus Escheri.

Oblongo-ovalis, dense punctulatus, vix pubescens, nitidulus, niger; capite nigro-ferrugineo; thorace brunneo, marginibus late, disco transversim angustissime rufo-ferrugineis, lateribus obliquis; elytris testaceis, sutura sinuatim bicruciata, macula humerali lineolaque externa plus minusve confluentibus, nigro-ornatis, apice acuminato-attenuatis.

Mas : antennarum articulis quinto, sexto et septimo cæteris majoribus, globosis.

Hydroporus Escheri. Aubé. *Iconog.* v. p. 354. pl. 40. fig. 5.

Long. 4 millim. Larg. 2 millim.

Ovale, très-sensiblement allongé et assez convexe. Tête d'un noir ferrugineux, un peu plus claire antérieurement, très-finement pointillée; antennes et palpes ferrugineux, à peine rembrunis à l'extrémité; les troisième et quatrième articles des antennes plus petits que les suivants, surtout chez les mâles, où les cinquième, sixième et septième sont beaucoup plus forts que tous les autres et globuleux. Corselet noirâtre, avec les bords latéraux très-largement et vaguement bordés de ferrugineux; à la partie interne de ces bordures ferrugineuses, existent deux prolongements de la même couleur qui viennent quelquefois se joindre sur la ligne médiane, mais qui le plus souvent se perdent dans la couleur du fond avant de se réunir; il est deux fois et demie aussi large que long, largement échancré en avant, où il est plus étroit, sinueux à la base, dont les côtés sont coupés obliquement et le milieu prolongé en pointe mousse sur les élytres; les bords latéraux presque rectilignes et un peu obliques; les angles antérieurs assez saillants et aigus, les postérieurs presque droits et très-légèrement aigus; il est couvert de points assez fins et médiocrement serrés. Élytres ovalaires, très-sensiblement allongées, fortement atténuées en arrière et acuminées à l'extrémité, aussi larges en avant que la base du corselet, et formant, à leur point de réunion avec lui, un angle rentrant très-ouvert et peu sensible; elles sont testacées, avec la suture, deux bandes transversales, une tache humérale et une ligne externe noires; la tache humérale touche la base; la première bande transversale est onduleuse, située avant le milieu, réunie en dedans à la suture par un point assez étendu et ne touche pas le bord externe; la seconde, aux trois quarts postérieurs, est assez régulière, fortement abrégée en dehors et touche également la suture; la ligne externe est placée le long du bord latéral et touche l'extrémité de la première bande transversale; elles sont à peine pubescentes et couvertes de points assez fins et médiocrement serrés; la portion réfléchie est testacée. Le dessous du corps noir. Les pattes testacées.

Cette espèce diffère des deux précédentes par sa taille un peu plus grande, la couleur de son corselet, et surtout par la disposition des antennes des mâles; il se rapproche beaucoup plus de l'*Hyd. Formosus* que du *Lepidus*.

Il se trouve en Sicile. J'en possède deux individus mâle et femelle. Je tiens l'un de M. Lefebvre, et j'ai acheté l'autre chez M. Dupont.

GYRINIENS.

Les insectes de cette famille ont été primitivement réunis au genre *Dytiscus*, puis séparés par Geoffroy sous le nom de *Gyrinus*, et enfin divisés en plusieurs genres distincts. Dans cet état, ils ont souvent été regardés comme devant faire partie des *Hydrocanthares*, et constituer une simple division de cette famille. Cependant, si l'on considère la forme générale de ces insectes, la construction de leurs antennes et de leurs pattes, et le nombre de leurs yeux, on sera naturellement amené à les séparer de ces derniers, avec lesquels ils n'ont réellement de commun que leur vie aquatique. Latreille a très-bien senti que ces insectes offrent des différences trop grandes pour être réunis aux Hydrocanthares, et les a, dans son *Genera Crustaceorum et Insectorum*, rapprochés, mais à tort, des *Parnus*, avec lesquels ils n'ont aucun rapport. M. Erichson, considérant les Gyrins comme un groupe très-naturel et distinct de tous les autres groupes des Coléoptères, garda le silence à leur égard dans son *Genera Dytisceorum*, et plus tard, dans les *Käfer der Mark Brandeburg*, les isola en une famille particulière; nous suivrons son exemple, et nous les réunirons sous le nom de *Gyriniens*; ils offrent les caractères suivants :

Corps ovalaire, plus ou moins convexe en dessus, plat en dessous. Tête en partie engagée dans le corselet. Deux paires d'yeux, l'une supérieure et l'autre inférieure. Antennes très-courtes, offrant onze articles : le premier très-petit, le second très-gros, presque sphérique, le troisième triangulaire, dirigé en dehors en forme d'oreillette, les huit suivants très-serrés, à peine distincts, et formant une petite massue allongée; elles sont insérées dans une cavité latérale profonde, située un peu en avant des yeux supérieurs. Menton très-profondément échancré. Mandibules courtes et bidentées. Mâchoires très-aiguës et ciliées en dedans. Palpes au nombre de quatre, les maxillaires internes n'existant pas (1). Corselet transversal. Écusson tantôt apparent, tantôt invisible. Élytres tronquées à l'extrémité, et ne couvrant pas entièrement l'abdomen. Ailes constantes. Prosternum très-court et comprimé en carène. Pattes antérieures très-longues, grêles, ayant les tarses garnis de brosses soyeuses dans les mâles, se plaçant pendant le repos dans un large sillon oblique situé sur les côtés de la poitrine; les intermédiaires, assez éloignées des antérieures, sont, ainsi que les postérieures, très-courtes, larges, fortement comprimées, presque membraneuses et garnies en dehors de petits cils aplatis; les articles de leurs tarses, au nombre de cinq, sont presque confondus; le premier large, triangulaire; les deuxième et troisième très-étroits et longuement prolongés en dehors; le quatrième est également étroit, et supporte, à son extrémité, le cinquième, qui est très-petit et armé de deux petits crochets peu visibles. Ces deux dernières paires de pattes sont propres à la natation. Le prolongement des hanches postérieures est peu saillant, et offre de chaque côté une espèce de sillon pour loger les pattes de derrière.

Ces insectes vivent dans l'eau comme les *Hydrocanthares*, et se tiennent souvent à la surface, qu'il parcourent avec une rapidité extraordinaire en faisant mille et un détours; ils sont carnassiers et se rencontrent sur tous les points du globe.

Les *Gyriniens* ne comprennent que sept genres, dont nous donnons ci-contre le tableau analytique.

---

(1) Quelques auteurs ont avancé que les espèces du genre *Gyrinus* avaient des palpes maxillaires internes. J'ai cherché à m'en assurer, mais jamais je n'ai pu les découvrir, malgré un nombre assez considérable de dissections. Les *Gyrinus Natator*, *Marinus*, *Bicolor* et *Urinator* sont ceux que j'ai soumis à l'analyse. J'ai voulu essayer si je serais plus heureux sur une grande espèce exotique, et j'ai disséqué, sans plus de succès, le *Gyrinus ellipticus*.

ÉCUSSON	apparent; dernier segment de l'abdomen	aplati et arrondi à son extrémité; dernier article des palpes labiaux....	à peine plus long que le pénultième; pattes antérieures très-longues.......	1. *Enhydrus.*
			beaucoup plus long que le pénultième; pattes antérieures de médiocre longueur.	2. *Gyrinus.*
		triangulaire, allongé et pyramidal; labre..	court et transversal .	3. *Patrus.*
			allongé et étroitement arrondi en avant ..	4. *Orectochilus.*
	invisible; dernier segment de l'abdomen	triangulaire, allongé et pyramidal...		5. *Gyretes.*
		aplati et arrondi à son extrémité; labre...	très-saillant, presque pointu en avant ..	6. *Porrorhynchus.*
			peu saillant et arrondi en avant.....	7. *Dineutes.*

1re DIVISION. *Écusson apparent.*

I. ENHYDRUS. *Laporte.*

GYRINUS. *Wiedmann*, *Forsberg*, *Guérin*. EPINECTUS. *Eschscholtz* (inédit).

Labro transverso, rotundato; palporum labialium articulo ultimo vix penultimo longiore; abdominis segmento anali rotundato.

Corps ovale, fortement déprimé. Épistome coupé carrément. Labre transversal, arrondi, entier et cilié en avant. Menton fortement échancré, avec une très-légère saillie arrondie au milieu de l'échancrure. Dernier article des antennes coupé un peu obliquement. Les trois premiers articles des palpes maxillaires très-petits, le dernier aussi long que les trois autres réunis, tronqué un peu obliquement. Languette coupée presque carrément à son extrémité. Le premier article des palpes labiaux très-petit, le second un peu plus long, le dernier plus long encore que le précédent, élargi et à peine tronqué à son extrémité. Élytres marquées de sillons longitudinaux. Pattes antérieures très-longues; leurs jambes élargies à l'extrémité; tous les articles de leurs tarses, dans les mâles, dilatés en une large palette ovalaire, garnie en dessous de petites brosses soyeuses. Les pattes intermédiaires beaucoup plus rapprochées des postérieures que des antérieures. Dernier segment de l'abdomen aplati et arrondi.

Ce genre a été établi par M. de Laporte dans ses *Études entomologiques* sur le *Gyrinus Sulcatus* de Wiedmann. Eschscholtz avait, dans un travail inédit, déjà signalé cette coupe générique, et lui avait assigné le nom d'*Epinectus*. Nous ne connaissons que trois espèces d'*Enhydrus*, toutes trois étrangères à l'Europe.

1. Enhydrus Sulcatus.

Ovalis, deplanatus, cæruleo-azureus, vix æneo-micans; elytris utrinque octo-sulcatis, interstitiis lævibus.

* *Gyrinus Sulcatus.* Wied. *In Mag. von Germar.* IV. p. 119.
Forsberg. *Nov. act. Ups.* VIII. p. 314.
Guér. *Icon. du règ. anim. Ins.* pl. 8. fig. 8.
Epinectus Sulcatus. Dej. *Cat.* 3e *édit.* p. 66.
Enhydrus Sulcatus. Lap. *Étud. ent.* p. 110.

Long. 18 à 22 millim. Larg. 9 à 12 millim.

Ovale, à peine allongé, un peu rétréci en arrière et très-fortement comprimé. Tête d'un bleu azuré, avec le labre, l'épistome et le tour des yeux d'un vert bronzé; antennes et palpes noirâtres. Corselet de la couleur de la tête, un peu glauque, très-étroitement bordé de vert bronzé, un peu moins de trois fois aussi large que long, largement échancré en avant, coupé presque carrément en arrière, où il est plus large; les bords latéraux presque rectilignes, obliques et légèrement rebordés; les angles antérieurs très-saillants et aigus, les postérieurs également un peu aigus et très-légèrement prolongés en arrière. Écusson lisse et cuivreux. Élytres ovalaires, à peine allongées, un peu rétrécies en arrière, arrondies à l'extrémité, où elles offrent, à leur point de réunion, un léger angle rentrant; elles sont d'un bleu azuré un peu glauque, avec la suture, la base et le bord externe très-étroitement bronzés; elles sont assez profondément marquées de huit sillons longitudinaux qui en occupent toute l'étendue; le fond de ces sillons est très-étroitement bronzé; les intervalles sont lisses. La portion réfléchie du corselet et des élytres est d'un bleu azuré un peu métallique. Tout le dessous du corps d'un noir de poix assez brillant. Les pattes antérieures noirâtres, les intermédiaires et postérieures ferrugineuses, avec les tarses plus clairs.

Il se trouve au Brésil.

2. Enhydrus Oblongus.

Oblongo-ovalis, depressus, viridi-æneus; elytris utrinque octo-sulcatis, sulcis interioribus obsoletis, interstitiis transversim læviter strigosis, apice emarginato.

Gyrinus Oblongus. Boisduval. *Voy. de l'Astrol.* (*entomologie*) p. 52.

Enhydrus Australis. Brullé. *Hist. nat. des Ins.* v. p. 237.

Long. 13 à 14 millim. Larg. 6 à 6 $\frac{1}{2}$ millim.

Ovale, allongé et déprimé. Tête d'un vert bronzé, avec le labre, l'épistome et le tour des yeux d'un rouge cuivreux; antennes et palpes d'un noir métallique. Corselet de la couleur de la tête, un peu glauque, avec les bords antérieur et postérieur très-étroitement cuivreux, et les bords latéraux verdâtres; il est deux fois et demie aussi large que long, largement échancré en avant, coupé presque carrément en arrière, où il est plus large; les bords latéraux presque rectilignes, obliques et légèrement rebordés; les angles antérieurs très-saillants et aigus, les postérieurs également un peu aigus. Écusson lisse et d'un rouge cuivreux. Élytres ovalaires, allongées, avec une assez forte échancrure tout à fait à l'extrémité, et une autre plus petite un peu en dehors, de sorte qu'elles offrent en arrière trois petites saillies, l'une externe très-petite, une autre médiane, et la troisième tout à fait en dedans; elles sont d'un vert bronzé un peu rougeâtre, surtout vers la suture, et marquées de huit sillons longitudinaux d'autant plus profonds qu'ils sont plus externes; le fond de ces sillons est verdâtre; les intervalles qui séparent les sillons externes sont relevés en côtes assez saillantes; toute leur surface est couverte de très-petites stries transversales et arquées. La portion réfléchie du corselet et des élytres est cuivreuse. Le dessous du corps d'un noir de poix un peu brillant. Les pattes antérieures noirâtres, les postérieures ferrugineuses.

Sa patrie est très-probablement une des îles de l'Océanie; il provient du voyage de l'Astrolabe, et fait partie de la collection du Muséum.

3. Enhydrus Reichei. *Mihi.*

Oblongo-ovalis, valde depressus, viridi-æneus; elytris utrinque octo-sulcatis, sulcis interioribus obsoletis, interstitiis transversim læviter strigosis, apice rotundato.

Long. 11 millim. Larg. 5 ¼ millim.

Ovale, allongé et déprimé. Tête d'un vert légèrement bronzé; antennes et palpes d'un noir métallique. Corselet de la couleur de la tête, deux fois et demie environ aussi large que long, largement échancré en avant, coupé presque carrément en arrière, où il est plus large; les bords latéraux presque rectilignes, obliques et légèrement rebordés; les angles antérieurs très-saillants et aigus, les postérieurs également un peu aigus; il est couvert, à l'exception du milieu du disque, de petites rides irrégulières. Écusson lisse et cuivreux. Élytres ovalaires, allongées, arrondies en arrière, avec une échancrure à peine visible en dehors et un peu avant l'extrémité; elles sont d'un vert bronzé un peu rougeâtre, surtout vers la suture, et marquées de huit sillons longitudinaux d'autant plus profonds qu'ils sont plus externes; le fond de ces sillons est verdâtre; les intervalles qui séparent les sillons externes sont relevés en côtes assez saillantes; toute leur surface est couverte de stries transversales arquées très-petites et presque ponctiformes; un peu en dedans de la suture existe encore une petite ligne longitudinale très-étroite d'un vert cuivreux et à peine sensible. La portion réfléchie du corselet et des élytres est cuivreuse. Le dessous du corps d'un noir métallique, avec le dernier segment de l'abdomen d'un testacé ferrugineux. Les pattes antérieures cuivreuses, avec les jambes ferrugineuses; les intermédiaires et postérieures testacées, leurs cuisses légèrement assombries à la base.

Cet insecte ressemble beaucoup à l'*Oblongus*, mais il est plus petit; ses élytres sont arrondies en arrière; le dernier segment de l'abdomen est testacé, ainsi que les pattes intermédiaires et postérieures; les pattes antérieures sont un peu moins longues et leurs jambes ferrugineuses.

Il fait partie de la collection de M. Reiche, qui l'a reçu de M. Hoffmann sans aucune indication de patrie.

II. GYRINUS. *Geoffroy*.

DYTISCUS. *Linné*. GYRINUS. *Fabricius*, *Olivier*, *etc.*

Labro transverso, rotundato; palporum labialium articulo ultimo penultimo longiore; abdominis segmento anali rotundato.

Corps ovale, plus ou moins convexe. Épistome coupé carrément. Labre transversal, arrondi, entier et cilié en avant.

Menton fortement échancré, avec une légère saillie arrondie au milieu de l'échancrure. Dernier article des antennes un peu obliquement arrondi. Les trois premiers articles des palpes maxillaires très-petits, le dernier aussi long que les trois autres réunis et entier. Languette coupée carrément. Le premier et le second articles des palpes labiaux très-petits, le dernier au moins aussi long que les deux autres réunis et entier. Élytres le plus souvent marquées de stries longitudinales de points enfoncés. Pattes antérieures de médiocre longueur, leurs jambes légèrement élargies à l'extrémité, tous les articles de leurs tarses, dans les mâles, dilatés en une palette ovalaire plus ou moins allongée et garnie en dessous de petites brosses soyeuses. Les pattes intermédiaires, à très-peu de chose près, aussi rapprochées des antérieures que des postérieures. Dernier segment de l'abdomen aplati et arrondi.

Geoffroy est le premier qui ait séparé ce genre des anciens *Dytisques ;* il le nomma *Gyrinus* ou *Tourniquet*, à cause des évolutions circulaires qu'il fait à la surface de l'eau. Les véritables *Gyrins* sont très-nombreux et se rencontrent dans toutes les parties du monde.

a. *Élytres sans lignes longitudinales de points enfoncés.*

1. Gyrinus Striolatus.

Ovalis, depressus, olivaceus, vix æneo-micans; elytris transversim læviter strigosis, apice bitruncatis.

Gyrinus Striolatus, Guérin. *Voy. aut. du monde*, p. 64. pl. 1. fig. 20.

Boisduval. *Voy. de l'Astrol.* (*entomologie*) p. 51.

Long. 16 millim. Larg. 8 $\frac{1}{3}$ millim.

Ovale, à peine allongé et déprimé. Tête d'un brun olivâtre, avec le labre, l'épistome et le tour des yeux un peu bronzés; antennes noirâtres; palpes ferrugineux. Corselet olivâtre, avec une légère teinte cuivreuse de chaque côté, un peu plus de trois fois aussi large que long, largement échancré en avant, coupé presque carrément en arrière, où il est plus large; les bords latéraux à peine arrondis et étroitement rebordés; les angles antérieurs très-saillants et aigus, les postérieurs également un peu aigus; il est presque imperceptiblement pointillé, assez brillant au milieu et un peu plus terne sur les côtés. Écusson très-petit, lisse et brunâtre. Élytres ovalaires, tronquées carrément à l'extrémité et un peu obliquement en dehors; l'angle externe à peine saillant, celui qui résulte des deux troncatures arrondi, et l'interne ou sutural presque droit et un peu mousse; elles sont olivâtres, un peu cuivreuses et marquées sur toute leur surface de petites stries transversales irrégulièrement onduleuses, et présentent, en outre, quelques lignes longitudinales grisâtres très-étroites, visibles seulement sous un certain jour et sur quelques individus seulement. La portion réfléchie du corselet et des élytres est d'un noir ferrugineux. Le dessous du corps et les pattes également d'un noir ferrugineux; les tarses des pattes intermédiaires et postérieures un peu plus clairs.

Il habite la Nouvelle-Hollande.

2. Gyrinus Glaucus.

Elongato-ovalis, depressus, brunneo-olivaceus, cupreo-micans, nitidulus; elytris subtilissime punctulatis, lineis viridi-æneis, vix conspicue ornatis, apice rotundatis.

Gyrinus Glaucus. Dej. *Cat.* 3e *édit.* p. 66.

Long. 15 millim. Larg. 6 $\frac{3}{4}$ millim.

Ovale, assez allongé et déprimé. Tête d'un brun olivâtre, avec le labre, l'épistome et le tour des yeux d'un vert cuivreux; antennes noirâtres, ferrugineuses à l'extrémité; palpes ferrugineux. Corselet de la couleur de la tête, un peu glauque, avec les bords latéraux très-étroitement verdâtres, un peu plus de deux fois et demie aussi large que long, largement échancré en avant et coupé presque carrément en arrière, où il est plus large; les bords latéraux à peine arrondis et étroitement rebordés; les angles antérieurs assez saillants et aigus, les postérieurs également un peu aigus; il est couvert de points enfoncés à peine visibles. Écusson noirâtre et lisse. Élytres ovalaires, un peu allongées, presque parallèles, un peu plus étroites en arrière et tronquées à l'extrémité, dont l'angle externe est largement arrondi, et l'interne également arrondi, mais un peu plus étroitement; elles sont d'un brun olivâtre, un peu glauques et très-légèrement cuivreuses, avec les bords latéraux et six ou sept lignes longitudinales étroites verdâtres; ces lignes sont très-peu apparentes; toute leur surface est couverte de très-petits points enfoncés, analogues à ceux qui existent sur le corselet, mais un peu plus sensibles. La portion réfléchie du corselet et des élytres est d'un brun ferrugineux. Le dessous du corps d'un noir de poix. Les pattes antérieures d'un ferrugineux noirâtre, les intermédiaires et postérieures un peu plus claires.

Nous n'avons vu qu'un seul individu de cette espèce; il appartient à M. le comte Dejean, qui l'a reçu de M. Schönherr comme ayant été pris en Colombie.

3. Gyrinus Buqueti. *Mihi.*

Oblongo-ovalis, depressiusculus, supra nigro-olivaceus, vix æneo-micans, nitidulus, subtile punctulatus; elytris obsoletissime sulcato-striatis, striis in lineis viridi-æneis, apice rotundato.

Long. 16 ½ millim. Larg. 8 ½ millim.

Ovale, un peu allongé et déprimé. Tête d'un noir olivâtre,

à peine bronzée, avec le labre, l'épistome et le tour des yeux d'un vert cuivreux; elle est finement ponctuée; antennes et palpes noirâtres. Corselet de la couleur de la tête, très-légèrement brillant au milieu, à peine plus terne sur les côtés, trois fois environ aussi large que long, largement échancré en avant et coupé presque carrément en arrière, où il est plus large; les bords latéraux presque rectilignes, un peu obliques et étroitement rebordés; les angles antérieurs assez saillants et aigus, les postérieurs également un peu aigus; il est entièrement couvert d'une ponctuation très-fine et très-serrée. Écusson noirâtre et lisse. Élytres ovalaires, un peu allongées, tronquées à l'extrémité, dont l'angle externe est très-largement arrondi, et l'interne également arrondi, mais un peu plus étroitement; elles sont d'un noir olivâtre, à peine bronzées, avec six ou sept lignes longitudinales étroites, verdâtres, peu visibles; les plus externes de ces lignes sont un peu enfoncées et marquées de quelques points à peine perceptibles; elles sont entièrement couvertes d'une ponctuation très-fine, très-serrée et analogue à celle du corselet. Tout le dessous du corps et les pattes d'un noir de poix à peine ferrugineux; les pattes antérieures et intermédiaires un peu moins foncées.

Il ressemble au *G. Glaucus*, mais il est plus grand, relativement plus large et moins allongé, moins parallèle, un peu plus fortement ponctué, et présente, le long du bord externe des élytres, deux ou trois sillons peu profonds, au fond desquels on observe quelques points enfoncés un peu plus forts que ceux qui existent sur toute la surface.

Il se trouve dans la Colombie, et fait partie de la collection de M. Buquet, auquel je l'ai dédié.

4. Gyrinus Depressus.

Ovalis, depressus, brunneo-olivaceus, vix æneo-micans, elytris subtile punctatis, apice rotundatis.

Gyrinus Depressus. BRULLÉ. *Voy. de M. d'Orbig. dans l'Am. mér.* VI. p. 51.

Long. 13 millim. Larg. 7 ½ millim.

Ovale et déprimé. Tète d'un brun olivâtre, avec la partie postérieure du labre et le tour des yeux d'un vert métallique; elle est très-finement pointillée; antennes noirâtres; palpes ferrugineux. Corselet de la couleur de la tête, à peine métallique, avec les bords latéraux très-légèrement verdâtres, près de trois fois aussi large que long, largement échancré en avant, coupé presque carrément en arrière, où il est plus large; les bords latéraux presque rectilignes, obliques et étroitement rebordés; les angles antérieurs assez saillants et aigus, les postérieurs également un peu aigus; il est entièrement couvert de points enfoncés très-fins et très-serrés. Écusson noirâtre, lisse. Élytres ovalaires, presque parallèles, tronquées à l'extrémité, dont les angles sont largement arrondis, l'externe à peine échancré; elles sont d'un brun olivâtre, à peine métallique, avec les bords latéraux étroitement verdâtres; toute leur surface est couverte de points enfoncés analogues à ceux qui existent sur le corselet, mais un peu plus sentis et plus serrés; elles offrent, en outre, cinq ou six stries longitudinales, visibles seulement sous un certain jour. La portion réfléchie du corselet et des élytres est ferrugineuse. Le dessous du corps d'un noir de poix, avec l'abdomen ferrugineux. Les pattes également ferrugineuses, celles de devant un peu plus foncées.

Il ressemble un peu au *G. Glaucus*, mais il est beaucoup plus court, plus large et couvert de points plus serrés; les élytres sont aussi plus parallèles, plus largement arrondies à l'extrémité et très-légèrement striées.

Il a été rapporté par M. d'Orbigny de la république de Bolivia.

5. Gyrinus Obliquatus. *Chevrolat.*

Oblongo-ovalis, depressus, æneo-brunneus; elytris transversim læviter strigosis, duabus vel tribus sulcis externis impressis, apice bitruncato-emarginatis.

Long. 14 millim. Larg. 7 millim.

Ovale, très-légèrement allongé et déprimé. Tête d'un brun bronzé, avec le labre, l'épistome et le tour des yeux d'un vert bronzé plus ou moins cuivreux; antennes noirâtres; palpes ferrugineux. Corselet de la couleur de la tête, assez brillant au milieu, glauque et terne sur les côtés, un peu plus de deux fois et demie aussi large que long, largement échancré en avant, coupé presque carrément en arrière, où il est plus large; les bords latéraux presque rectilignes, obliques et étroitement rebordés; les angles antérieurs assez saillants et aigus, les postérieurs également un peu aigus. Écusson cuivreux et lisse. Élytres ovalaires, à peine allongées, tronquées carrément à l'extrémité et un peu obliquement en dehors; l'angle externe légèrement saillant, celui qui résulte des deux troncatures très-ouvert, sans être arrondi, et l'interne ou sutural assez saillant; elles sont d'un brun bronzé, et marquées en dehors de trois sillons longitudinaux dont le fond est grisâtre; toute leur surface est couverte de petites stries transversales irrégulièrement onduleuses. La portion réfléchie du corselet et des élytres est d'un brun ferrugineux. Le dessous du corps d'un noir de poix, avec l'extrémité des segments de l'abdomen ferrugineuse. Les pattes antérieures ferrugineuses, les intermédiaires et postérieures testacées.

Il se trouve à la Nouvelle-Hollande et dans les îles de la Sonde, et fait partie des collections de MM. Chevrolat et Gory.

6. Gyrinus Venator.

Ovalis, depressus, æneo-brunneus, nitidus; elytris lævibus, vix ad latera sulcis duobus vel tribus obsoletis impressis, apice biemarginatis, denticulatis.

Gyrinus Venator. Boisduval. *Voy. de l'Astrol.* (*entomologie*). pag. 52.

Long. 12 millim. Larg. 6 $\frac{1}{3}$ millim.

Ovale et déprimé. Tête d'un brun métallique, avec le labre, l'épistome et le tour des yeux d'un vert bronzé plus ou moins cuivreux; antennes noirâtres; palpes également noirâtres, ferrugineux à la base. Corselet de la couleur de la tête, assez brillant au milieu et un peu glauque sur les côtés, un peu plus de deux fois et demie aussi large que long, largement échancré en avant, coupé presque carrément en arrière, où il est plus large; les bords latéraux presque rectilignes, un peu obliques et étroitement rebordés; les angles antérieurs assez saillants et aigus, les postérieurs également un peu aigus. Écusson bronzé et lisse. Élytres ovalaires, tronquées carrément à l'extrémité et un peu obliquement en dehors; l'angle externe légèrement saillant et aigu; celui qui résulte des deux troncatures aigu et presque épineux; l'externe ou le sutural presque droit, sans être émoussé; elles sont d'un brun métallique très-brillant, et marquées de six ou sept stries longitudinales, dont deux ou trois des plus externes seulement sont bien visibles, assez larges et à fond grisâtre; les internes sont à peine sensibles. La portion réfléchie du corselet et des élytres est d'un noir métallique. Le dessous du corps noirâtre. Les pattes antérieures également noirâtres, les intermédiaires et postérieures ferrugineuses.

Il se trouve à la Nouvelle-Hollande.

b. *Élytres marquées de lignes longitudinales de points enfoncés.*

* *Corselet et élytres n'étant pas bordés de jaune.*

7. Gyrinus Ellipticus.

Elongato-ovalis, depressiusculus, brunneo-æneus, viridi-æneo-limbatus; elytris punctorum obsoletissimorum seriebus octo in lineis cupreis, interioribus subtilissimis, sæpe omnino deletis.

Gyrinus Ellipticus. Brullé. *Voy. de M. d'Orbig. dans l'Am. mér.* vi. p. 51.

Long. 11 $\frac{1}{2}$ millim. Larg. 5 $\frac{1}{2}$ millim.

Ovale, assez allongé et légèrement déprimé. Tête d'un brun métallique, avec le labre, l'épistome et le tour des yeux d'un vert bronzé plus ou moins cuivreux; antennes noirâtres; palpes ferrugineux. Corselet de la couleur de la tête, avec les bords latéraux étroitement verdâtres, deux fois et demie environ aussi large que long, largement échancré en avant, coupé presque carrément en arrière, où il est plus large; les bords latéraux très-légèrement arrondis et étroitement rebordés; les angles antérieurs assez saillants et aigus, les postérieurs également un peu aigus. Écusson bronzé et lisse. Élytres ovalaires, assez allongées; tronquées à l'extrémité, dont les angles sont arrondis, l'externe beaucoup plus largement que l'interne; elles sont d'un brun métallique légèrement cuivreux, et marquées de huit lignes longitudinales de points enfoncés, placés sur autant de bandes bronzées très-étroites; les points sont très-souvent à peine visibles, surtout en dedans, et même disparaissent quelquefois complétement; alors les élytres n'offrent plus que huit lignes longitudinales bronzées très-peu apparentes. La portion réfléchie du corselet et des élytres d'un testacé ferrugineux. Le dessous du corps noirâtre, avec l'abdomen ferrugineux. Pattes également ferrugineuses.

Il se trouve au Brésil, au Chili, au Pérou et à l'île de France.

8. Gyrinus Natator.

Ovalis, convexus, cærulescenti-niger, nitidissimus, æneo-limbatus; elytris striato-punctatis, striis internis subtilioribus, interstitiis planis, lævibus; subtus nigro-æneus, thoracis et elytrorum margine inflexo, pectore, ano pedibusque testaceo-ferrugineis.

Dytiscus Natator. Lin. *Faun. Suec.* p. 779.
Gyrinus Natator. Fab. *Syst. Eleut.* I. p. 274.
Oliv. *Ent.* III. 41. p. 10. pl. 1. fig. 1.
Gyrinus Mergus. Germ. *Faun. Ins. Europ.* II. t. 6.
Gyrinus Dejeanii. Brul. *Exp. scient. de Mor.* III. 1re part. 2e sect. p. 128.

Var. β. *Minus nitidus, striis internis fere deletis.*

Gyrinus Natator. Germ. *Faun. Ins. Eur.* II. t. 5.

Var. γ. *Pectore et ano nigris.*

Gyrinus Marginatus. Germ. *Ins. spec.* p. 32.

Long. 6 à 6 $\frac{1}{2}$ millim. Larg. 3 à 3 $\frac{1}{4}$ millim.

Ovale et très-convexe. Tête d'un noir très-brillant, un peu bleuâtre, avec le labre et l'épistome d'un bronzé obscur; elle est marquée entre les yeux de deux petites impressions arrondies; antennes noirâtres; palpes ferrugineux. Corselet de la couleur de la tête, également très-brillant, avec les bords latéraux étroitement bronzés, un peu plus de deux fois aussi large que long, largement échancré en avant, où il est plus étroit, sinueux à la base, dont les côtés sont coupés presque carrément, et le milieu légèrement prolongé sur les élytres en s'arrondissant largement; les bords latéraux presque rectilignes, obliques et étroitement rebordés; les angles antérieurs peu saillants et aigus, les postérieurs également un peu aigus; il est marqué de chaque côté, le long du bord antérieur, d'une ligne enfoncée et ponctuée, d'une autre transversale en arrière de celle-ci, lisse, n'atteignant pas les bords latéraux et souvent interrompue au milieu, et enfin d'une troisième en S horizontale placée un peu obliquement de l'angle postérieur à la ligne intermédiaire. Écusson lisse et bronzé. Élytres assez régulièrement ovalaires, tronquées à l'extrémité, dont l'angle externe est très-ouvert et arrondi, et l'interne également arrondi; elles sont d'un noir très-brillant un peu bleuâtre, avec la suture et le bord externe étroitement bronzés, et marquées de dix lignes longitudinales de petits points enfoncés bronzés, d'autant plus forts qu'ils appartiennent aux lignes les plus externes; toutes ces lignes se réunissent deux à deux en arrière, les troisième et quatrième un peu plus courtes que les autres; on observe, en outre, une autre ligne de points enfoncés le long du bord latéral, et un groupe de petits points analogues placés tout à fait à l'extrémité et disposés en une espèce d'ellipse transversale. La portion réfléchie du corselet et des élytres testacée. Le dessous du corps d'un noir métallique, avec la bouche, la poitrine et le dernier segment de l'abdomen testacés. Les pattes également testacées.

La var. β est d'un noir plus franc, à peine brillant, et les lignes internes de points enfoncés des élytres sont presque effacées.

La var. γ diffère du type de l'espèce en ce que la poitrine et le dernier segment de l'abdomen sont noirâtres.

Il se trouve très-communément dans toute l'Europe. Les var. β et γ sont plus rares.

9. Gyrinus Distinctus.

Oblongo-ovalis, convexus, cærulescenti-niger, nitidissimus, æneo-limbatus; elytris striato-punctatis, striis internis subtilioribus, interstitiis planis, lævibus; subtus nigro-æneus, thoracis et elytrorum margine inflexo pedibusque ferrugineis, pectore et ano piceo-ferrugineis.

Gyrinus Distinctus. Aubé. *Iconog.* v. p. 385. pl. 43. fig. 3.

Gyrinus Colymbus. Erichs. *Käf. der Mark Brand.* i. p. 191.

Long. 7 millim. Larg. 3 $\frac{1}{3}$ millim.

Ovale, un peu allongé et convexe. Tête d'un noir très-brillant, un peu bleuâtre, avec le labre et l'épistome d'un bronzé obscur; elle est marquée entre les yeux de deux petites impressions arrondies; antennes noirâtres; palpes ferrugineux. Corselet de la couleur de la tête, également brillant, avec les bords latéraux étroitement bronzés, un peu plus de deux fois aussi large que long, largement échancré en avant, où il est plus étroit, sinueux à la base, dont les côtés sont coupés presque carrément, et le milieu légèrement prolongé sur les élytres en s'arrondissant largement; les bords latéraux presque rectilignes, obliques et étroitement rebordés; les angles antérieurs peu saillants et aigus, les postérieurs également un peu aigus; il est marqué de chaque côté, le long du bord antérieur, d'une ligne enfoncée et ponctuée, d'une autre transversale en arrière de celle-ci, lisse, n'atteignant pas les bords latéraux et souvent interrompue au milieu, et enfin d'une troisième en S horizontale, placée un peu obliquement de l'angle postérieur à la ligne intermédiaire. Écusson lisse et bronzé. Élytres ovalaires, un peu allongées, légèrement obconiques, leur plus grande largeur avoisinant l'épaule, tronquées à l'extrémité, dont l'angle externe est très-ouvert et à peine arrondi, et l'interne également un peu arrondi; elles sont d'un noir très-brillant, un peu bleuâtre, avec la suture et le bord externe étroitement bronzés, et marquées de dix lignes longitudinales de petits points enfoncés bronzés, d'autant plus forts qu'ils appartiennent aux lignes les plus externes; toutes ces lignes se réunissent deux à deux en arrière, les troisième et quatrième un peu plus courtes que les autres; on observe, en outre, une autre ligne de points enfoncés le long du bord latéral, et un groupe de petits points analogues, placés tout à fait à l'extrémité et disposés en une espèce d'ellipse transversale. La portion réfléchie du corselet et des élytres est ferrugineuse. Le dessous du corps d'un noir métallique, avec la bouche, la poitrine et le dernier segment de l'abdomen d'un noir de poix plus ou moins ferrugineux. Les pattes testacées.

Il ressemble beaucoup au *Natator*, dont il diffère par sa forme un peu plus allongée, moins régulièrement ovalaire, les élytres étant un peu obconiques; la portion réfléchie du corselet et des élytres, et surtout la poitrine et le dernier segment de l'abdomen, sont toujours plus foncés.

Il se trouve comme le précédent, mais beaucoup plus rarement, dans presque toute l'Europe, et se retrouve aussi en Égypte.

10. Gyrinus Libanus. *Guérin.*

Ovalis, oblongiusculus, cærulescenti-niger, nitidulus, vix æneo-limbatus; elytris striato-punctatis, striis internis subtilissimis, interstitiis læviter costato-elevatis, vix conspicue reticulatis; subtus nigro-æneus, thoracis et elytrorum margine inflexo pedibusque testaceis, ano piceo-ferrugineo.

Long. 6 à 6 millim. Larg. 2 $\frac{1}{2}$ à 3 millim.

Ovalaire, très-légèrement allongé et convexe. Tête d'un noir peu brillant, un peu bleuâtre, avec le labre et l'épistome d'un bronzé obscur; elle est marquée entre les yeux de deux impressions arrondies; antennes noirâtres; palpes ferrugineux. Corselet de la couleur de la tête, également peu brillant, avec les bords latéraux étroitement et à peine visiblement bronzés, un peu plus de deux fois aussi large que long, largement échancré en avant, où il est plus étroit, sinueux à la base, dont les côtés sont coupés presque carrément, et le milieu légèrement prolongé sur les élytres en s'arrondissant largement; les bords latéraux presque rectilignes, obliques et étroitement rebordés; les angles antérieurs peu saillants et aigus, les postérieurs également un peu aigus; il est marqué de chaque côté, le long du bord antérieur, d'une ligne enfoncée et ponctuée, d'une autre transversale en arrière de celle-ci, lisse, n'atteignant pas les bords latéraux et souvent interrompue au milieu, et enfin d'une troisième en S horizontale, placée un peu obliquement de l'angle postérieur à la ligne intermédiaire. Écusson lisse et bronzé. Élytres assez régulièrement ovalaires, un peu allongées, tronquées à l'extrémité, dont l'angle externe est très-ouvert et à peine arrondi, et l'interne également un peu arrondi; elles sont d'un noir peu brillant, un peu bleuâtre, avec la suture et le bord externe étroitement et peu sensiblement bronzés, et marquées de dix lignes longitudinales de petits points enfoncés bronzés, d'autant plus forts qu'ils appartiennent aux lignes les plus externes; toutes ces lignes se réunissent deux à deux en arrière, les troisième et quatrième un peu plus courtes que les autres; on observe, en outre, une autre ligne de points enfoncés le long du bord latéral, et un groupe de petits points analogues, placés tout à fait à l'extrémité et disposés en une espèce d'ellipse transversale; toute leur surface est presque imperceptiblement réticulée, et les espaces qui séparent les lignes de points enfoncés sont très-légèrement relevés en côtes saillantes. La portion réfléchie du corselet et des élytres testacée. Le dessous du corps d'un noir métallique, avec la bouche testacée, et le dernier segment de l'abdomen ferrugineux. Les pattes testacées.

Cet insecte a été trouvé au mont Liban, et fait partie des collections de MM. Guérin, Gory et Chevrolat.

11. Gyrinus Affinis.

Ovatus, convexus, cærulescenti-niger, nitidus, æneo-limbatus; elytris striato-punctatis, striis internis subtilioribus, interstitiis planis, in mare subtilissime reticulatis, in femina lævibus; subtus nigro-æneus; thoracis et elytrorum margine inflexo, ano pedibusque rufo-ferrugineis.

Gyrinus Affinis. Dej. *Cat.* 3e *édit.* p. 64.

Long. 7 millim. Larg. 3 $\frac{2}{3}$ millim.

Ovale et très-convexe. Tête d'un noir brillant, un peu bleuâtre, avec le labre et l'épistome d'un vert bronzé; elle est marquée entre les yeux de deux petites impressions arrondies; antennes noirâtres; palpes ferrugineux. Corselet de la couleur de la tête, également très-brillant, avec les bords latéraux étroitement bronzés, un peu plus de deux fois aussi large que long, largement échancré en avant, où il est plus étroit, sinueux à la base, dont les côtés sont coupés presque carrément, et le milieu légèrement prolongé sur les élytres en s'arrondissant largement; les bords latéraux presque rectilignes, obliques et étroitement rebordés; les angles antérieurs peu saillants et aigus, les postérieurs également un peu aigus; il est marqué de chaque côté, le long du bord antérieur, d'une ligne enfoncée et ponctuée, d'une autre transversale en arrière de celle-ci, lisse, n'atteignant pas les bords latéraux et souvent interrompue au milieu, et enfin d'une troisième en S horizontale, placée un peu obliquement de l'angle postérieur à la ligne intermédiaire. Écusson lisse et bronzé. Élytres assez régulièrement ovalaires, tronquées à l'extrémité, dont l'angle externe est très-ouvert et arrondi, et l'interne également arrondi; elles sont d'un noir très-brillant, un peu bleuâtre, avec la suture et le bord externe étroitement bronzés, et marquées de dix lignes longitudinales de petits points enfoncés bronzés, d'autant plus forts qu'ils appartiennent aux lignes les plus externes; toutes ces lignes se réunissent deux à deux en arrière, les troisième et quatrième un peu plus courtes que les autres; on observe, en outre, une autre ligne de points enfoncés le long du bord latéral, et un groupe de petits points analogues placés tout à fait à l'extrémité et disposés en une espèce d'ellipse transversale; toute leur surface est très-finement réticulée dans les mâles et lisse dans les femelles. La portion réfléchie du corselet et des élytres est d'un testacé ferrugineux. Le dessous du corps d'un noir métallique, avec la bouche et le dernier segment de l'abdomen ferrugineux. Les pattes d'un testacé ferrugineux.

Cet insecte a la plus grande analogie avec le *Natator*, dont il ne diffère réellement que par la couleur de la poitrine qui est toujours noire; les élytres offrent aussi cela de particulier, qu'elles sont finement réticulées dans les mâles, tandis que dans le *Natator* elles sont lisses dans les deux sexes.

Des États-Unis d'Amérique.

12. Gyrinus Limbatus.

Ovatus, convexus, cærulescenti-niger, nitidissimus, æneo-limbatus, elytris striato-punctatis, striis internis vix subtilioribus, interstitiis planis, lævibus; subtus nigro-æneus, thoracis et elytrorum margine inflexo, pectore, abdominis lateribus, ano pedibusque rufo-testaceis.

Gyrinus Limbatus. Say. *Trans. of the Amer. phil.* II. p. 119.

Var. β. *Subtus omnino rufo-testaceus.*

Long. 6 millim. Larg. 3 millim.

Ovale et convexe. Tête d'un noir très-brillant, un peu bleuâtre, avec le labre et l'épistome bronzés ; elle est marquée entre les yeux de deux petites impressions arrondies; antennes noirâtres; palpes ferrugineux. Corselet de la couleur de la tête, également très-brillant, avec les bords latéraux étroitement bronzés, un peu plus de deux fois aussi large que long, largement échancré en avant, où il est plus étroit, sinueux à la base, dont les côtés sont coupés presque carrément, et le milieu légèrement prolongé sur les élytres en s'arrondissant largement; les bords latéraux presque rectilignes, obliques et étroitement rebordés; les angles antérieurs peu saillants et aigus, les postérieurs également un peu aigus; il est marqué de chaque côté, le long du bord antérieur, d'une ligne enfoncée et ponctuée, d'une autre transversale en arrière de celle-ci, lisse, n'atteignant pas les bords latéraux et souvent interrompue au milieu, et enfin d'une troisième en S horizontale, placée un peu obliquement de l'angle postérieur à la ligne intermédiaire. Écusson lisse et bronzé. Élytres assez régulièrement ovalaires, tronquées à l'extrémité, dont l'angle externe est très-ouvert, très-légèrement émoussé sans être arrondi, et l'interne un peu arrondi ; elles sont d'un noir brillant, un peu bleuâtre, avec la suture et le bord externe étroitement bronzés, et marquées de dix lignes longitudinales de petits points enfoncés bronzés, se réunissant deux à deux en arrière, les troisième et quatrième un peu plus courtes que les autres ; à peine si les points des lignes internes sont plus fins que ceux des externes; on observe, en outre, une autre ligne de points enfoncés le long du bord latéral, et un groupe de petits points analogues placés tout à fait à l'extrémité et disposés en une espèce d'ellipse transversale. La portion réfléchie du corselet et des élytres testacée. Le dessous du corps est d'un noir métallique, avec la bouche, la poitrine, les parties latérales et l'extrémité de l'abdomen d'un testacé un peu ferrugineux. Les pattes testacées.

La var. β est entièrement testacée en dessous.

Il diffère du *Natator* par l'extrémité des élytres qui est coupée plus carrément, et dont l'angle externe est mieux senti et moins arrondi, par les lignes des élytres, dont les points sont tous, à très-peu de chose près, aussi forts, et enfin par la couleur du dessous du corps.

Cet insecte fait partie de la collection de M. Chevrolat, qui en possède deux individus, l'un de New-York et l'autre de Boston.

13. Gyrinus Ventralis.

Ovatus, convexus, cærulescenti-niger, nitidissimus, æneo-limbatus; elytris striato-punctatis, striis internis vix subtilioribus, interstitiis planis lævibus; subtus rufo-testaceus.

Gyrinus Ventralis. Kirby. *in Richards. Faun. boreal. Amer.* pag. 80.

Gyrinus Conformis. Dej. *Cat.* 3e *édit.* p. 67.

Long. 6 à 6 ½ millim. Larg. 3 à 3 ¼ millim.

Ovale et convexe. Tête d'un noir très-brillant, un peu bleuâtre, avec le labre et l'épistome bronzés; elle est marquée entre les yeux de deux petites impressions arrondies; antennes noirâtres; palpes testacés. Corselet de la couleur de la tête, également très-brillant, avec les bords latéraux étroitement bronzés, un peu plus de deux fois aussi large que long, largement échancré en avant, où il est plus étroit, sinueux à la base, dont les côtés sont coupés presque carrément, et le milieu légèrement prolongé sur les élytres en s'arrondissant largement; les bords latéraux presque rectilignes, obliques et étroitement rebordés; les angles antérieurs peu saillants et aigus, les postérieurs également un peu aigus; il est marqué de chaque côté, le long du bord antérieur, d'une ligne enfoncée et ponctuée, d'une autre transversale en arrière de celle-ci, lisse, n'atteignant pas les bords latéraux et souvent interrompue au milieu, et enfin d'une troisième en S horizontale placée un peu obliquement de l'angle postérieur à la ligne intermédiaire; toutes ces lignes sont à peine sensibles, surtout l'intermédiaire, qui souvent même disparaît complétement. Écusson lisse et bronzé. Élytres assez régulièrement ovalaires, tronquées à l'extrémité, dont les angles externe et interne sont largement arrondis; elles sont d'un noir très-brillant, un peu bleuâtre, avec la suture et le bord externe étroitement bronzés, souvent aussi un peu bronzées sur les côtés, et marquées de dix lignes longitudinales de petits points enfoncés bronzés, se réunissant deux à deux en arrière, les troisième et quatrième un peu plus courtes que les autres; à peine si les points des lignes internes sont plus fins que ceux des externes; on observe, en outre, une autre ligne de points enfoncés le long du bord latéral, et un groupe de petits points analogues placés tout à fait à l'extrémité et disposés en une espèce d'ellipse transversale. La portion réfléchie du corselet et des élytres testacée. Tout le dessous du corps et les pattes d'un testacé un peu ferrugineux. La base de l'abdomen est quelquefois légèrement assombrie.

Il a beaucoup d'analogie avec le *Limbatus*, dont il ne diffère que par la couleur du dessous du corps généralement plus pâle, et surtout par l'extrémité des élytres, dont les angles sont largement arrondis.

Il se trouve aux États-Unis.

14. Gyrinus Lateralis.

Ovatus, convexus, cærulescenti-niger, nitidissimus, late æneo-limbatus; elytris striato-punctatis, striis internis subtilioribus, externis valde impressis, interstitiis planis, lævibus; subtus nigro-ferrugineus, thoracis et elytrorum margine inflexo, pectore, abdomine pedibusque rufo-testaceis.

Gyrinus Lateralis. Dej. *Cat.* 3e *édit.* p. 66.

Long. 6 millim. Larg. 3 millim.

Ovale et convexe. Tête d'un noir très-brillant, un peu bleuâtre, avec le labre et l'épistome bronzés; elle est marquée entre les yeux de deux petites impressions arrondies; antennes noirâtres; palpes ferrugineux. Corselet de la couleur de la tête, également très-brillant, avec les bords latéraux étroitement bronzés, un peu plus de deux fois aussi large que long, largement échancré en avant, où il est plus étroit, sinueux à la base, dont les côtés sont coupés presque carrément, et le milieu légèrement prolongé sur les élytres en s'arrondissant largement; les bords latéraux presque rectilignes, obliques et étroitement rebordés; les angles antérieurs peu saillants et aigus, les postérieurs également un peu aigus; il est marqué de chaque côté, le long du bord antérieur, d'une ligne enfoncée et ponctuée, d'une autre transversale en arrière de celle-ci, lisse, n'atteignant pas les bords latéraux et souvent interrompue au milieu, et enfin d'une troisième en S horizontale placée un peu obliquement de l'angle postérieur à la ligne intermédiaire. Écusson lisse et bronzé. Élytres assez régulièrement ovalaires, tronquées à l'extrémité, dont l'angle externe est très-ouvert et arrondi, l'interne également un peu arrondi; elles sont d'un noir très-brillant, un peu bleuâtre, avec la suture et le bord externe étroitement bronzés, souvent aussi un peu bronzées sur les côtés, et marquées de dix lignes longitudinales de petits points enfoncés bronzés, d'autant plus forts qu'ils appartiennent aux lignes les plus externes qui sont presque canaliculées; toutes ces lignes se réunissent deux à deux en arrière, les troisième et quatrième un peu plus courtes que les autres; on observe, en outre, une autre ligne de points enfoncés le long du bord latéral, et un groupe de petits points analogues placés tout à fait à l'extrémité, et disposés en une espèce d'ellipse transversale. La portion réfléchie du corselet et des élytres est d'un testacé rougeâtre. Le dessous du corps d'un ferrugineux noirâtre, avec la bouche et l'abdomen rougeâtres. Les pattes d'un testacé rougeâtre.

Il se trouve aux États-Unis d'Amérique.

15. Gyrinus Madagascariensis. *Mihi.*

Oblongo-ovalis, convexus, cœrulescenti-niger, nitidissimus, æneo-limbatus; elytris striato-punctatis, striis internis vix subtilioribus, interstitiis planis, lævibus; subtus nigro-piceus, thoracis et elytrorum margine inflexo, pectore abdomineque brunneo-ferrugineis; pedibus testaceis.

Long. 6 millim. Larg. 2 $\frac{2}{3}$ millim.

Ovale, un peu allongé et convexe. Tête d'un noir brillant, un peu bleuâtre, avec le labre et l'épistome bronzés; elle est marquée entre les yeux de deux petites impressions arrondies; antennes noirâtres; palpes ferrugineux. Corselet de la couleur de la tête, également très-brillant, avec les bords latéraux étroitement bronzés, un peu plus de deux fois aussi large que long, largement échancré en avant, où il est plus étroit, sinueux à la base, dont les côtés sont coupés presque carrément, et le milieu légèrement prolongé sur les élytres en s'arrondissant largement; les bords latéraux presque rectilignes, obliques et étroitement rebordés; les angles antérieurs peu saillants et aigus, les postérieurs également un peu aigus; il est marqué de chaque côté, le long du bord antérieur, d'une ligne enfoncée et ponctuée, d'une autre transversale en arrière de celle-ci, lisse, n'atteignant pas les bords latéraux et souvent interrompue au milieu, et enfin d'une troisième en S horizontale placée un peu obliquement de l'angle postérieur à la ligne intermédiaire. Écusson lisse et bronzé. Élytres assez régulièrement ovalaires, un peu allongées, tronquées à l'extrémité, dont l'angle externe est très-ouvert et arrondi, et l'interne également arrondi; elles sont d'un noir très-brillant, un peu bleuâtre, avec la suture et le bord externe à peine bronzés, et marquées de dix lignes longitudinales de petits points enfoncés bronzés, se réunissant deux à deux en arrière, les troisième et quatrième un peu plus courtes que les autres; à peine si les points des lignes internes sont plus fins que ceux des externes; on observe, en outre, une autre ligne de points enfoncés le long du bord latéral, et un groupe de petits points analogues placés tout à fait à l'extrémité et disposés en une espèce d'ellipse transversale; ces derniers sont à peine visibles. La portion réfléchie du corselet et des élytres d'un brun ferrugineux. Le dessous du corps noir de poix, avec la bouche, la poitrine et l'abdomen ferrugineux. Les pattes testacées.

Ce Gyrin ressemble un peu aux *Limbatus* et *Ventralis*, mais il est plus petit et plus allongé; il se distingue du premier par l'extrémité des élytres, dont l'angle externe est plus arrondi, et du second par sa taille plus petite et par la couleur plus foncée du dessous du corps.

Il a été rapporté de Madagascar par M. Goudot, et fait partie de la collection du Muséum.

16. Gyrinus Elongatus.

Elongato-ovalis, convexus, cærulescenti-niger, nitidissimus, æneo-limbatus; elytris striato-punctatis, striis internis subtilioribus, interstitiis planis, lævibus; subtus nigro-æneus, thoracis et elytrorum margine inflexo, pectore, ano pedibusque rufo-ferrugineis.

Gyrinus Elongatus. Dahl.-Aubé. *Iconog.* v. p. 384. pl. 43. fig. 4.

Long. 6 $\frac{2}{3}$ millim. Larg. 3 millim.

Ovale, allongé et convexe. Tête d'un noir très-brillant, un peu bleuâtre, avec le labre et l'épistome bronzés; elle est marquée entre les yeux de deux petites impressions arrondies; antennes noirâtres; palpes ferrugineux. Corselet de la couleur de la tête, également très-brillant, avec les bords latéraux étroitement bronzés, un peu plus de deux fois aussi large que long, largement échancré en avant, où il est plus étroit, sinueux à la base, dont les côtés sont coupés presque carrément, et le milieu légèrement prolongé sur les élytres en s'arrondissant largement; les bords latéraux presque rectilignes, obliques et étroitement rebordés; les angles antérieurs peu saillants et aigus, les postérieurs également un peu aigus; il est marqué de chaque côté, le long du bord antérieur, d'une ligne enfoncée et ponctuée, d'une autre transversale en arrière de celle-ci, lisse, n'atteignant pas les bords latéraux et souvent interrompue au milieu, et enfin d'une troisième en S horizontale placée un peu obliquement de l'angle postérieur à la ligne intermédiaire. Écusson lisse et bronzé. Élytres ovalaires, un peu rétrécies en arrière, assez allongées, tronquées à l'extrémité, dont l'angle externe est très-ouvert et à peine émoussé, et l'interne un peu arrondi; elles sont d'un noir très-brillant, un peu bleuâtre, avec la suture et le bord externe étroitement bronzés, et marquées de dix lignes longitudinales de petits points enfoncés bronzés, d'autant plus forts qu'ils appartiennent aux lignes les plus externes; toutes ces lignes se réunissent deux à deux en arrière, les troisième et quatrième un peu plus courtes que les autres; on observe, en outre, une autre ligne de points enfoncés le long du bord latéral, et un groupe de points analogues placés tout à fait à l'extrémité et disposés en une espèce d'ellipse transversale. La portion réfléchie du corselet et des élytres d'un testacé ferrugineux. Le dessous du corps d'un noir métallique, avec la bouche, la poitrine et le dernier segment de l'abdomen d'un testacé ferrugineux; la poitrine un peu plus foncée. Les pattes testacées.

Il ressemble un peu au *Distinctus*, mais il est plus allongé, moins obconique, et les parties ferrugineuses du dessous du corps sont toujours plus claires.

Il se trouve dans le midi de la France et dans les provinces méridionales de l'Europe.

17. Gyrinus Bicolor.

Ovalis, valde elongatus, subparallelus, convexus, cærulescenti-niger, nitidissimus, æneo-limbatus; elytris striato-punctatis, striis internis subtilioribus, interstitiis planis, lævibus; subtus nigro-æneus, thoracis et elytrorum margine inflexo pedibusque rufo-testaceis; ano piceo-ferrugineo; elytris apice rotundatis.

Gyrinus Bicolor. Payk. *Faun. Suec.* I. p. 239.
Fab. *Syst. Eleut.* I. p. 274.
Gyl. *Ins. Suec.* I. p. 142.
Lacord. *Faun. ent.* I. p. 344.
Gyrinus Dejeanii. ♂ Brullé. *Exp. scient. de Mor.* III. 1re part. 2e sect. p. 128.

Long. 8 millim. Larg. 3 à 3 $\frac{2}{3}$ millim.

Ovalaire, très-allongé et convexe. Tête d'un noir très-brillant, un peu bleuâtre, avec le labre et l'épistome bronzés; elle est marquée entre les yeux de deux petites impressions arrondies; antennes noirâtres; palpes ferrugineux. Corselet de la couleur de la tête, également brillant, avec les bords latéraux étroitement bronzés, un peu plus de deux fois et demie aussi large que long, largement échancré en avant, où il est plus étroit, sinueux à la base, dont les côtés sont coupés presque carrément, et le milieu légèrement prolongé sur les élytres en s'arrondissant largement; les bords latéraux presque rectilignes, un peu obliques et étroitement rebordés; les angles antérieurs peu saillants et aigus, les postérieurs également un peu aigus; il est marqué de chaque côté, le long du bord antérieur, d'une ligne enfoncée et ponctuée, d'une autre transversale en arrière de celle-ci, lisse, n'atteignant pas les bords latéraux et souvent interrompue au milieu, et enfin d'une troisième en S horizontale placée un peu obliquement de l'angle postérieur à la ligne intermédiaire. Écusson lisse et bronzé. Élytres ovalaires, très-allongées, souvent comprimées latéralement et presque parallèles dans toute leur longueur, tronquées à l'extrémité, dont l'angle externe est très-ouvert et arrondi, et l'interne également arrondi; elles sont d'un noir très-brillant, un peu bleuâtre, avec la suture et le bord externe étroitement bronzés, et marquées de dix lignes longitudinales de petits points enfoncés bronzés, d'autant plus forts qu'ils appartiennent aux lignes les plus externes; toutes ces lignes se réunissent deux à deux en arrière, les troisième et quatrième un peu plus courtes que les autres; on observe, en outre, une autre ligne de points enfoncés le long du bord latéral, et un groupe de petits points analogues placés tout à fait à l'extrémité et disposés en une espèce d'ellipse transversale. La portion réfléchie du corselet et des élytres d'un testacé ferrugineux. Le dessous du corps d'un noir métallique, avec la bouche testacée, et l'extrémité du dernier segment de l'abdomen d'un ferrugineux noirâtre. Les pattes testacées.

Il se rencontre dans toute l'Europe.

18. Gyrinus Caspius.

Ovalis, valde elongatus, subparallelus, convexus, cærulescenti-niger, nitidissimus, æneo-limbatus; elytris striato-punctatis, striis internis subtilioribus, interstitiis planis, lævibus; subtus nigro-piceus, thoracis et elytrorum margine inflexo, pectore, ano pedibusque rufo-ferrugineis; elytris apice fere recte truncatis.

Gyrinus Caspius. Ménétries. *Cat.* p. 142.

Falderm. *Nouv. mém. de la Soc. imp. des nat. de Mos.* iv. p. 114.

Aubé. *Iconog.* v. p. 386. pl. 44. fig. 1.

Long. 7 $\frac{2}{3}$ millim. Larg. 3 $\frac{1}{5}$ millim.

Ovale, très-allongé et convexe. Tête d'un noir très-brillant, un peu bleuâtre, avec le labre et l'épistome bronzés; elle est marquée entre les yeux de deux petites impressions arrondies; antennes noirâtres; palpes ferrugineux. Corselet de la couleur de la tête, également très-brillant, avec les bords latéraux étroitement bronzés, un peu plus de deux fois et demie aussi large que long, largement échancré en avant, où il est plus étroit, sinueux à la base, dont les côtés sont coupés presque carrément, et le milieu légèrement prolongé sur les élytres en s'arrondissant largement; les bords latéraux presque rectilignes, obliques et étroitement rebordés; les angles antérieurs peu saillants et aigus, les postérieurs également un peu aigus; il est marqué de chaque côté, le long du bord antérieur, d'une ligne enfoncée et ponctuée, d'une autre transversale en arrière de celle-ci, lisse, n'atteignant pas les bords latéraux et souvent interrompue au milieu, et enfin d'une troisième en S horizontale placée un peu obliquement de l'angle postérieur à la ligne intermédiaire. Écusson lisse et bronzé. Élytres ovalaires, très-allongées, un peu rétrécies en arrière, tronquées à l'extrémité, dont l'angle externe est très-ouvert, presque droit et à peine émoussé, et l'interne un peu arrondi; elles sont d'un noir très-brillant, un peu bleuâtre, avec la suture et le bord externe étroitement bronzés, et marquées de dix lignes longitudinales de petits points enfoncés bronzés, d'autant plus forts qu'ils appartiennent aux lignes les plus externes; toutes ces lignes se réunissent deux à deux en arrière, les troisième et quatrième un peu plus courtes que les autres; on observe, en outre, une autre ligne de points enfoncés le long du bord latéral, et un groupe de petits points analogues placés tout à fait à l'extrémité et disposés en une espèce d'ellipse transversale. La portion réfléchie du corselet et des élytres d'un testacé ferrugineux. Le dessous du corps d'un noir métallique, avec la bouche, la poitrine et l'extrémité du dernier segment de l'abdomen d'un testacé ferrugineux. Pattes testacées.

Il ressemble beaucoup au *Bicolor*, dont il diffère par sa forme un peu plus étroite en arrière, et surtout par l'extrémité des élytres qui est tronquée presque carrément et dont l'angle externe est presque droit, tandis qu'il est largement arrondi dans le premier; il a aussi la poitrine d'un testacé ferrugineux, et cet organe est noir dans le *Bicolor*.

Il a été trouvé par M. Ménétries dans des champs inondés sur le bord de la mer Caspienne. M. le comte Dejean possède un individu de ce Gyrin, et moi-même j'en dois un à la générosité de M. le comte Mannerheim.

19. Gyrinus Angustatus.

Minor, ovalis, valde elongatus, subparallelus, convexus, cærulescenti-niger, nitidissimus, æneo-limbatus; elytris striato-punctatis, striis internis subtilioribus, interstitiis planis, lævibus; subtus nigro-æneus, thoracis et elytrorum margine inflexo, pectore, ano pedibusque rufo-ferrugineis; elytris apice rotundatim truncatis.

Gyrinus Angustatus. Dahl.-Aubé. *Iconog.* v. p. 387. pl. 44. fig. 2.

Gyrinus Mergus. Sturm. *Deuts. Faun.* x. p. 91?

Long. 6 $\frac{1}{2}$ millim. Larg. 2 $\frac{1}{2}$ à 2 $\frac{3}{4}$ millim.

Ovale, très-allongé et convexe. Tête d'un noir très-brillant, un peu bleuâtre, avec le labre et l'épistome bronzés; elle est marquée entre les yeux de deux petites impressions arrondies; antennes noirâtres; palpes ferrugineux. Corselet de la couleur de la tête, également brillant, avec les bords latéraux étroitement bronzés, un peu plus de deux fois et demie aussi large que long, largement échancré en avant, où il est plus étroit, sinueux à la base, dont les côtés sont coupés presque carrément, et le milieu légèrement prolongé sur les élytres en s'arrondissant largement; les bords latéraux presque rectilignes, obliques et étroitement rebordés; les angles antérieurs peu saillants et aigus, les postérieurs également un peu aigus; il est marqué de chaque côté, le long du bord antérieur, d'une ligne enfoncée et ponctuée, d'une autre transversale un peu en arrière de celle-ci, lisse, n'atteignant pas les bords latéraux et souvent interrompue au milieu, et enfin d'une troisième en S horizontale placée un peu obliquement de l'angle postérieur à la ligne intermédiaire. Écusson lisse et bronzé. Élytres ovalaires, très-allongées, souvent comprimées latéralement et presque parallèles dans toute leur longueur, tronquées à l'extrémité, dont l'angle externe est très-ouvert et légèrement arrondi, et l'interne également arrondi; elles sont d'un noir très-brillant, un peu bleuâtre, avec la suture et le bord externe étroitement bronzés, et marquées de dix lignes longitudinales de petits points enfoncés bronzés, d'autant plus forts qu'ils appartiennent aux lignes les plus externes; toutes ces lignes se réunissent deux à deux en arrière, les troisième et quatrième un peu plus courtes que les autres; on observe, en outre, une autre ligne de points enfoncés le long du bord latéral, et un groupe de petits points analogues placés tout à fait à l'extrémité et disposés en une espèce d'ellipse transversale. La portion réfléchie du corselet et des élytres d'un testacé ferrugineux. Le dessous du corps d'un noir métallique, avec la bouche, la poitrine et le dernier segment de l'abdomen d'un testacé ferrugineux. Les pattes testacées.

Il ressemble considérablement au *Bicolor*, dont il a la forme, mais il en diffère par sa taille moitié plus petite, l'extrémité des élytres, dont l'angle externe est un peu moins arrondi, et enfin par la couleur ferrugineuse de la poitrine, qui est noire dans le *Bicolor*.

Il habite les contrées méridionales de l'Europe.

20. Gyrinus Minutus.

Ovalis, convexus, nigro-piceus, opacus, æneo-limbatus, elytris æqualiter striato-punctatis, interstitiis planis, subtile reticulatis; subtus testaceus.

Gyrinus Minutus. Fab. *Syst. Eleut.* I. p. 276.
Gyl. *Ins. Succ.* I. p. 143.
Lacord. *Faun. ent.* I. p. 343.
Kirby *in Richards. Faun. Boreal. Amer.* p. 81.
Gyrinus Bicolor. Oliv. *Ent.* III. 41. p. 14. pl. 1. fig. 8. a. b.
Gyrinus Dichrous. Knoch.-Dej. *Cat.* 3e *édit.* p. 67.

Var. β. *Abdominis basi nigricante.*

Var. γ. *Dorso ferrugineo.*

Long. 4 $\frac{1}{4}$ millim. Larg. 2 $\frac{1}{2}$ millim.

Ovale et convexe. Tête d'un noir terne, avec le labre, l'épistome et le tour des yeux bronzés; elle est très-finement réticulée et marquée entre les yeux de deux petites impressions arrondies, très-peu senties; antennes noirâtres; palpes testacés. Corselet de la couleur de la tête, également terne, avec les bords latéraux étroitement bronzés, plus de deux fois et demie aussi large que long, largement échancré en avant, où il est plus étroit, sinueux à la base, dont les côtés sont coupés presque carrément, et le milieu légèrement prolongé sur les élytres en s'arrondissant largement; les bords latéraux presque rectilignes, obliques et étroitement rebordés; les angles antérieurs peu saillants et aigus, les postérieurs également un peu aigus et très-légèrement prolongés en arrière; il est très-finement réticulé et marqué de chaque côté, le long du bord antérieur, d'une ligne enfoncée et ponctuée, d'une autre transversale en arrière de celle-ci, lisse, n'atteignant pas les bords latéraux et souvent interrompue au milieu, et enfin d'une troisième en S horizontale placée un peu obliquement de l'angle postérieur à la ligne intermédiaire; ces deux dernières lignes sont à peine senties et souvent même disparaissent complétement; on observe, en outre, sur le milieu du disque, une petite ligne longitudinale très-étroite, lisse, un peu brillante, et qui en occupe toute l'étendue. Écusson lisse et bronzé. Élytres régulièrement ovalaires, tronquées à l'extrémité, dont l'angle externe est assez ouvert sans être arrondi, et l'interne un peu arrondi; elles sont d'un noir terne, avec le bord externe bronzé, très-finement réticulées et marquées de dix lignes longitudinales de petits points enfoncés à peine bronzés, et, à très-peu de chose près, d'égale grosseur; toutes ces lignes se réunissent deux à deux en arrière, les troisième et quatrième un peu plus courtes que les autres; on observe, en outre, une autre ligne de points enfoncés le long du bord latéral, et un groupe de petits points analogues placés tout à fait à l'extrémité et disposés en une espèce d'ellipse transversale. Tout le dessous du corps et les pattes d'un testacé pâle.

La var. β a la base de l'abdomen un peu rembrunie.

La var. γ est un peu ferrugineuse au milieu du dos.

Il se trouve dans presque toute l'Europe et dans l'Amérique du Nord.

21. Gyrinus Vicinus.

Ovalis, vix oblongus, læviter convexus, niger, nitidus, cæruleo-cupreo-varians; elytris tenue punctato-striatis, striis internis subtilissimis, interstitiis planis, lævibus; subtus testaceo-ferrugineus.

Gyrinus Vicinus. Dej. *Cat.* 3ᵉ *édit.* p. 67.

Long. 5 $\frac{1}{4}$ millim. Larg. 2 $\frac{3}{4}$ millim.

Ovale, à peine allongé et légèrement convexe. Tête d'un noir bleuâtre, peu brillant, avec le labre et l'épistome bronzés; elle est marquée entre les yeux de deux petites impressions arrondies; antennes noirâtres; palpes ferrugineux. Corselet de la couleur de la tête, plus brillant, un peu cuivreux sur les côtés, largement échancré en avant, où il est plus étroit, sinueux à la base, dont les côtés sont coupés presque carrément; et le milieu légèrement prolongé sur les élytres en s'arrondissant largement; les bords latéraux presque rectilignes, obliques et étroitement rebordés; les angles antérieurs peu saillants et aigus, les postérieurs également un peu aigus et très-légèrement prolongés en arrière; il est très-finement réticulé sur les côtés, lisse au milieu et marqué de chaque côté, le long du bord antérieur, d'une ligne enfoncée et ponctuée, d'une autre transversale en arrière de celle-ci, lisse, n'atteignant pas les bords latéraux et souvent interrompue au milieu, et enfin d'une troisième en S horizontale placée un peu obliquement de l'angle externe à la ligne intermédiaire. Écusson lisse et cuivreux. Élytres ovalaires, tronquées à l'extrémité, dont l'angle externe est très-ouvert et arrondi, et l'interne également arrondi; elles sont d'un noir un peu bleuâtre, très-brillantes au milieu, un peu moins sur les côtés qui sont d'un cuivreux chatoyant, et marquées de dix lignes longitudinales de très-petits points enfoncés cuivreux, d'autant plus petits qu'ils appartiennent aux lignes internes; toutes ces lignes se réunissent deux à deux en arrière, les troisième et quatrième un peu plus courtes que les autres; on observe, en outre, une autre ligne de points enfoncés le long du bord latéral, et un groupe de petits points analogues placés tout à fait à l'extrémité et disposés en une espèce d'ellipse transversale. Tout le dessous du corps et les pattes d'un testacé ferrugineux.

Il a quelque analogie avec le *Minutus*, mais il est un peu

plus grand, plus brillant, d'un cuivreux chatoyant sur les côtés et un peu plus foncé en dessous; les élytres sont couvertes de lignes de points plus petits en dedans qu'en dehors, et beaucoup moins serrés que dans le *Minutus*; leur extrémité est coupée un peu obliquement et l'angle externe est plus ouvert et arrondi.

Je n'ai vu qu'un seul individu de cette espèce; il appartient à M. le comte Dejean, qui l'a reçu du cap de Bonne-Espérance.

22. Gyrinus Dorsalis.

Ovalis, depressiusculus, nigro-piceus, dorso ferrugineus, opacus; elytris æqualiter punctato-striatis, interstitiis planis, subtile reticulatis; subtus nigro-æneus, thoracis et elytrorum margine inflexo nigro-æneo; ano piceo-ferrugineo; pedibus rufo-ferrugineis.

Gyrinus Dorsalis. Gyl. *Ins. Suec.* 1. p. 142.
Germ. *Faun. Ins. Eur.* Fasc. xi. tab. 2.

Var. β. *Supra totus niger.*

Gyrinus Opacus. Sahlberg. *Ins. Fen. pars* iv. p. 45?

Long. 6 millim. Larg. 3 $\frac{1}{4}$ millim.

Ovale et très-légèrement déprimé. Tête d'un noir terne, très-finement réticulée et marquée entre les yeux de deux petites impressions arrondies; antennes noirâtres; palpes ferrugineux à la base, noirâtres à l'extrémité. Corselet de la couleur de la tête, souvent un peu ferrugineux en arrière, également terne, un peu plus de deux fois aussi large que long, largement échancré en avant, où il est plus étroit, sinueux à la base, dont les côtés sont coupés presque carrément, et le milieu légèrement prolongé sur les élytres en s'arrondissant largement; les bords latéraux presque rectilignes, obliques et étroitement rebordés; les angles antérieurs peu saillants et aigus, les postérieurs également un peu aigus et très-légèrement prolongés en arrière; il est très-finement réticulé, et marqué de chaque côté, le long du bord antérieur, d'une ligne enfoncée et ponctuée, d'une autre transversale en arrière de celle-ci, lisse, n'atteignant pas les bords latéraux et souvent interrompue au milieu, et enfin d'une troisième en S horizontale placée un peu obliquement de l'angle postérieur à la ligne intermédiaire. Écusson brunâtre et finement réticulé. Élytres assez régulièrement ovalaires, tronquées à l'extrémité, dont l'angle externe est très-ouvert et arrondi, et l'interne également un peu arrondi; elles sont d'un noir terne, avec une tache d'un testacé ferrugineux plus ou moins large qui en occupe le centre, et est divisée en deux par la suture qui reste noire; elles sont finement réticulées, et marquées de dix lignes longitudinales de petits points enfoncés, et, à très-peu de chose près, d'égale grosseur; toutes ces lignes se réunissent deux à deux en arrière, les troisième et quatrième un peu plus courtes que les autres; on observe, en outre, une autre ligne de points enfoncés le long du bord latéral, et un groupe de petits points analogues placés tout à fait à l'extrémité et disposés en une espèce d'ellipse transversale. La portion réfléchie du corselet et des élytres est d'un noir métallique très-brillant. Le dessous du corps également noir et brillant, avec la bouche un peu ferrugineuse. Les pattes testacées.

La var. β est entièrement noire en dessus.

Il se trouve dans le nord de l'Europe, en Suède, en Laponie, en Finlande, etc.

23. Gyrinus Marinus.

Ovalis, convexiusculus, niger, nitidus, æneo-limbatus; elytris æqualiter valde punctato-striatis, interstitiis planis vix conspicue reticulatis;

subtus nigro-æneus, thoracis et elytrorum margine inflexo, nigro-æneo; pedibus rufo-ferrugineis.

Gyrinus Marinus. GYL. *Ins. Suec.* I. p. 143.
GERM. *Faun. Ins. Eur.* Fasc. II. tab. 7.
LACORD. *Faun. ent.* I. p. 343.

Long. 6 $\frac{1}{2}$ à 7 millim. Larg. 3 $\frac{3}{4}$ à 4 millim.

Ovale et très-légèrement convexe. Tête noire, brillante, avec le labre, l'épistome et le tour des yeux d'un bronzé obscur; elle est marquée entre les yeux de deux petites impressions arrondies; antennes noirâtres; palpes ferrugineux à la base, noirâtres à l'extrémité. Corselet de la couleur de la tête, également brillant, avec les bords latéraux étroitement bronzés, un peu plus de deux fois aussi large que long, largement échancré en avant, où il est plus étroit, sinueux à la base, dont les côtés sont coupés presque carrément, et le milieu légèrement prolongé sur les élytres en s'arrondissant largement; les bords latéraux presque rectilignes, obliques et étroitement rebordés; les angles antérieurs peu saillants et aigus, les postérieurs également un peu aigus et à peine prolongés en arrière; il est marqué de chaque côté, le long du bord antérieur, d'une ligne enfoncée et ponctuée, d'une autre transversale en arrière de celle-ci, lisse, n'atteignant pas les bords latéraux et souvent interrompue au milieu, et enfin d'une troisième en S horizontale placée un peu obliquement de l'angle postérieur à la ligne intermédiaire. Écusson lisse et bronzé. Élytres assez régulièrement ovalaires, tronquées à l'extrémité, dont l'angle externe est très-ouvert et très-largement arrondi, et l'interne aussi assez largement arrondi; elles sont d'un noir franc, assez brillant, avec la suture et le bord externe étroitement bronzés, et marquées de dix lignes longitudinales de points enfoncés assez forts, et, à très-peu de chose près, d'égale grosseur; toutes ces lignes se réunissent deux à deux en arrière, les troisième et quatrième un peu plus courtes que les autres; on observe, en outre, une autre ligne de points enfoncés le long du bord latéral, et un groupe de petits points analogues placés tout à fait à l'extrémité et disposés en une espèce d'ellipse transversale; toute leur surface est presque imperceptiblement réticulée, et souvent même entièrement lisse, et les intervalles qui séparent la suture de la première ligne et celle-ci de la seconde sont légèrement relevés en côte saillante dans leur tiers postérieur. La portion réfléchie du corselet et des élytres d'un noir métallique très-brillant. Le dessous du corps également noir et brillant, avec la bouche à peine ferrugineuse. Pattes d'un testacé ferrugineux.

Il se trouve dans presque toute l'Europe, et préfère les eaux saumâtres.

24. Gyrinus Indicus. *Mihi.*

Ovalis, convexiusculus, cærulescenti-niger, vix nitidulus, æneo-limbatus; elytris æqualiter striato-punctatis, interstitiis planis lævibus; subtus nigro-æneus, thoracis et elytrorum margine inflexo nigro-æneo; pedibus nigro-ferrugineis, femoribus anticis ferrugineis.

Long. 5 ½ à 6 millim. Larg. 3 ¼ à 3 ½ millim.

Ovale et très-médiocrement convexe. Tête noire, presque terne, avec le labre et l'épistome bronzés; elle est marquée entre les yeux de deux petites impressions arrondies; antennes noirâtres; palpes ferrugineux, noirâtres à l'extrémité. Corselet de la couleur de la tête, avec les bords latéraux étroitement bronzés, un peu plus de deux fois aussi large que long, largement échancré en avant, où il est plus étroit, sinueux à la base, dont les côtés sont coupés presque carrément, et le milieu légèrement prolongé sur les élytres en s'arrondissant largement; les bords latéraux presque rectilignes, obliques et étroitement rebordés; les angles antérieurs peu saillants et aigus, les postérieurs également un peu aigus; il est très-finement chagriné, et marqué de chaque côté, le long du bord antérieur, d'une ligne enfoncée et ponctuée, d'une autre transversale en arrière de celle-ci, lisse, n'atteignant pas les bords latéraux, et enfin d'une troisième en S horizontale placée un peu obliquement de l'angle postérieur à la ligne intermédiaire. Écusson lisse et bronzé. Élytres assez régulièrement ovalaires, tronquées à l'extrémité, dont l'angle externe est très-ouvert et arrondi, et l'interne également arrondi; elles sont noires, à peine brillantes, avec la suture et le bord externe étroitement bronzés, et marquées de dix lignes longitudinales de petits points enfoncés à très-peu de chose près d'égale grosseur; toutes ces lignes se réunissent deux à deux en arrière, les troisième et quatrième un peu plus courtes que les autres; on observe, en outre, une autre ligne de points enfoncés le long du bord latéral, et un groupe de points analogues placés tout à fait à l'extrémité, et disposés en une espèce d'ellipse transversale. La portion réfléchie du corselet et des élytres est d'un noir métallique très-brillant. Le dessous du corps également noir et brillant, avec la bouche à peine ferrugineuse. Les pattes d'un noir ferrugineux, les cuisses antérieures plus claires.

Il ressemble beaucoup au *Marinus*, dont il ne diffère que par sa taille plus petite, sa forme un peu moins élargie, et par la couleur des pattes.

Il fait partie de la collection du Muséum, et a été trouvé aux Indes orientales.

25. Gyrinus Æneus.

Ovalis, convexus, cærulescenti-niger, nitidissimus, æneo-limbatus; elytris striato-punctatis, striis internis subtilioribus, interstitiis planis lævibus; subtus nigro-æneus, thoracis et elytrorum margine inflexo nigro-æneo; pedibus rufo-ferrugineis; elytris apice fere recte truncatis.

Gyrinus Æneus. Steph. *Illust. of Brit. ent.* II. p. 95. Aubé, *Iconog.* V. p. 389. pl. 44. fig. 4.

Long. 5 $\frac{3}{4}$ à 6 $\frac{1}{2}$ millim. Larg. 3 à 3 $\frac{1}{4}$ millim.

Ovale et convexe. Tête d'un noir très-brillant, un peu bleuâtre, avec le labre et l'épistome d'un bronzé obscur; elle est marquée entre les yeux de deux petites impressions arrondies; antennes noirâtres; palpes ferrugineux, à peine assombris à l'extrémité. Corselet de la couleur de la tête, également très-brillant, avec les bords latéraux étroitement bronzés, un peu plus de deux fois aussi large que long, largement échancré en avant, où il est plus étroit, sinueux à la base, dont les côtés sont coupés presque carrément, et le milieu légèrement prolongé sur les élytres en s'arrondissant largement; les bords latéraux presque rectilignes, obliques et étroitement rebordés; les angles antérieurs peu saillants et aigus, les postérieurs également un peu aigus et très-légèrement prolongés en arrière; il est marqué de chaque côté, le long du bord antérieur, d'une ligne enfoncée et ponctuée, d'une autre transversale en arrière de celle-ci, lisse, n'atteignant pas les bords latéraux et souvent interrompue au milieu, et enfin d'une troisième en S horizontale placée un peu obliquement de l'angle postérieur à la ligne intermédiaire. Écusson lisse et bronzé. Élytres assez régulièrement ovalaires, tronquées à l'extrémité, dont l'angle externe est ouvert et nullement arrondi, et l'interne étroitement arrondi; elles sont d'un noir très-brillant, un peu bleuâtre, avec la suture et le bord externe étroitement bronzés, et marquées de dix lignes longitudinales de petits points enfoncés bronzés, d'autant plus forts qu'ils appartiennent aux lignes les plus externes; toutes ces lignes se réunissent deux à deux en arrière, les troisième et quatrième un peu plus courtes que les autres; on observe, en outre, une autre ligne de points enfoncés le long du bord latéral, et un groupe de points analogues placés tout à fait à l'extrémité et disposés en une espèce d'ellipse transversale. La portion réfléchie du corselet et des élytres est d'un noir métallique très-brillant. Le dessous du corps également noir et brillant, avec la bouche à peine ferrugineuse. Les pattes d'un testacé ferrugineux.

Ce *Gyrinus* ressemble beaucoup au *Marinus*, mais il est plus convexe, d'un noir plus brillant et bleuâtre; les points des élytres sont généralement plus petits et augmentent de grosseur en s'éloignant de la suture, et enfin l'extrémité des élytres est coupée plus carrément et ses angles externes ne sont nullement arrondis.

Il se trouve en Angleterre, en France, en Italie, et probablement dans d'autres contrées de l'Europe.

26. Gyrinus Borealis.

Ovalis, convexus, cærulescenti-niger, nitidus, lateribus late ænescens; elytris striato-punctatis, striis internis paulo subtilioribus, interstitiis planis, lævibus; subtus nigro-æneus, thoracis et elytrorum margine inflexo nigro-æneo; ano ferrugineo; pedibus rufo-ferrugineis.

Gyrinus Borealis. Knoch.-Dej. *Cat.* 3e *édit.* p. 66.

Long. 7 millim. Larg. 4 millim.

Ovale et convexe. Tête d'un noir à peine bleuâtre, assez brillant, avec le labre et l'épistome d'un bronzé obscur; elle est marquée entre les yeux de deux petites impressions arrondies; antennes noirâtres; palpes ferrugineux. Corselet de la couleur de la tête, avec les bords latéraux étroitement bronzés, un peu plus de deux fois aussi large que long, largement échancré en avant, où il est plus étroit, sinueux à la base, dont les côtés sont coupés presque carrément, et le milieu légèrement prolongé sur les élytres en s'arrondissant largement; les bords latéraux presque rectilignes, obliques et étroitement rebordés; les angles antérieurs peu saillants et aigus, les postérieurs également un peu aigus; il est marqué de chaque côté, le long du bord antérieur, d'une ligne enfoncée et ponctuée, d'une autre transversale en arrière de celle-ci, lisse, n'atteignant pas les bords latéraux et souvent interrompue au milieu, et enfin d'une troisième en S horizontale placée un peu obliquement de l'angle postérieur à la ligne intermédiaire. Écusson lisse et bronzé. Élytres assez régulièrement ovalaires, tronquées à l'extrémité, dont l'angle externe est très-ouvert et à peine arrondi, et l'interne étroitement arrondi; elles sont d'un noir à peine bleuâtre, peu brillantes, assez largement cuivreuses sur les côtés, et marquées de dix lignes longitudinales de petits points bronzés, d'autant plus forts qu'ils appartiennent aux lignes les plus externes; toutes ces lignes se réunissent deux à deux en arrière, les troisième et quatrième un peu plus courtes que les autres; on observe, en outre, une autre ligne de points enfoncés le long du bord latéral, et un groupe de petits points analogues placés tout à fait à l'extrémité et disposés en une espèce d'ellipse transversale. La portion réfléchie du corselet et des élytres d'un noir métallique très-brillant. Le dessous du corps également noir et brillant, avec la bouche et le dernier segment de l'abdomen ferrugineux. Pattes d'un ferrugineux rougeâtre.

Il ressemble beaucoup à l'*Æneus*, mais il est un peu plus grand, relativement plus large; l'angle externe de l'extrémité des élytres est plus ouvert et moins senti; il est aussi moins brillant, largement cuivreux sur les côtés, et le dernier segment de l'abdomen est ferrugineux.

27. GYRINUS PICIPES.

Ovalis, convexus, cærulescenti-niger, nitidissimus, æneo-limbatus; elytris striato-punctatis, striis internis subtilissimis, interstitiis planis, lævibus; subtus nigro-æneus, thoracis et elytrorum margine inflexo nigro-æneo; pedibus ferrugineis; elytris apice rotundatim truncatis.

Gyrinus Picipes. DEJ. *Cat.* 3e *édit.* p. 66.
Gyrinus Æneus. KIRBY *in Richards. Faun. boreal. Amer.* pag. 80?

Long. 6 millim. Larg. 3 millim.

Ovale et convexe. Tête d'un noir très-brillant, un peu bleuâtre, avec le labre et l'épistome d'un bronzé obscur; elle est marquée entre les yeux de deux petites impressions arrondies; antennes noirâtres; palpes ferrugineux. Corselet de la couleur de la tête, également très-brillant, avec les bords latéraux étroitement bronzés, un peu plus de deux fois aussi large que long, largement échancré en avant, où il est plus étroit, sinueux à la base, dont les côtés sont coupés presque carrément, et le milieu légèrement prolongé sur les élytres en s'arrondissant largement; les bords latéraux presque rectilignes, obliques et étroitement rebordés; les angles antérieurs peu saillants et peu aigus, les postérieurs également un peu aigus; il est marqué de chaque côté, le long du bord antérieur, d'une ligne enfoncée et ponctuée, d'une autre transversale en arrière de celle-ci, lisse, n'atteignant pas les bords latéraux et souvent interrompue au milieu, et enfin d'une troisième en S horizontale placée un peu obliquement de l'angle postérieur à la ligne intermédiaire. Écusson lisse et bronzé. Élytres assez régulièrement ovalaires, tronquées à l'extrémité, dont l'angle externe est très-ouvert et très-largement arrondi, et l'interne aussi assez largement arrondi; elles sont d'un noir très-brillant, un peu bleuâtres, avec la suture et le bord externe étroitement bronzés, et marquées de dix lignes longitudinales de petits points enfoncés bronzés, d'autant plus forts qu'ils appartiennent aux lignes les plus externes; toutes ces lignes se réunissent deux à deux en arrière, les troisième et quatrième un peu plus courtes que les autres; on observe, en outre, une autre ligne de points enfoncés le long du bord latéral, et un groupe de points analogues placés tout à fait à l'extrémité et disposés en une espèce d'ellipse transversale. La portion réfléchie du corselet et des élytres est d'un noir métallique très-brillant. Le dessous du corps également noir et brillant, avec la bouche à peine ferrugineuse. Les pattes ferrugineuses.

Il ressemble considérablement à l'*Æneus*, dont il a la forme, le même mode de ponctuation sur les élytres et la même couleur; il n'en diffère réellement que par l'extrémité des élytres, dont les angles sont largement arrondis, et par les pattes d'un ferrugineux un peu plus foncé.

De l'Amérique du Nord (Norfolksund).

28. Gyrinus Impatiens. *Mihi.*

Ovalis, convexus, cærulescenti-niger, nitidus, æneo-limbatus; elytris striato-punctatis, striis internis subtilioribus, interstitiis planis, lævibus; subtus nigro-æneus, thoracis et elytrorum margine inflexo nigro-æneo; pectore et ano ferrugineis; pedibus testaceis.

Femina: minus nitida, fere opaca; pectore et ano nigro-piceis, vix ferrugineis.

Long. 6 millim. Larg. 3 millim.

Ovale et convexe. Tête d'un noir brillant, un peu bleuâtre,

avec le labre et l'épistome d'un bronzé obscur; elle est marquée entre les yeux de deux petites impressions arrondies; antennes noirâtres; palpes ferrugineux. Corselet de la couleur de la tête, également brillant, avec les bords latéraux étroitement bronzés, un peu plus de deux fois aussi large que long, largement échancré en avant, où il est plus étroit, sinueux à la base, dont les côtés sont coupés presque carrément et le milieu légèrement prolongé sur les élytres en s'arrondissant largement; les bords latéraux presque rectilignes, obliques et étroitement rebordés; les angles antérieurs peu saillants et aigus, les postérieurs également un peu aigus; il est marqué de chaque côté, le long du bord antérieur, d'une ligne enfoncée et ponctuée, d'une autre transversale en arrière de celle-ci, lisse et n'atteignant pas les bords latéraux, et enfin d'une troisième en S horizontale placée un peu obliquement de l'angle postérieur à la ligne intermédiaire; toutes ces lignes sont très-fortement enfoncées. Écusson lisse et bronzé. Élytres assez régulièrement ovalaires, tronquées à l'extrémité, dont l'angle externe est très-ouvert sans être cependant arrondi, et l'interne étroitement arrondi; elles sont d'un noir brillant et bleuâtre dans les mâles, presque terne dans les femelles, avec la suture et le bord externe étroitement bronzés, et marquées de dix lignes longitudinales de petits points enfoncés bronzés, d'autant plus forts qu'ils appartiennent aux lignes les plus externes, qui sont fortement senties; toutes ces lignes se réunissent deux à deux en arrière, les troisième et quatrième un peu plus courtes que les autres; on observe, en outre, une autre ligne de points enfoncés le long du bord latéral, et un groupe de points analogues placés tout à fait à l'extrémité et disposés en une espèce d'ellipse transversale. La portion réfléchie du corselet et des élytres est d'un noir métallique très-brillant. Le dessous du corps également noir et brillant, avec la bouche, la poitrine et le dernier segment de l'abdomen ferrugineux dans les mâles, et d'un noir de poix à peine ferrugineux dans les femelles. Pattes testacées.

Il ressemble beaucoup pour la taille et la forme au *G. Pici-*

pes, mais les élytres sont plus fortement ponctuées, et offrent, surtout en dehors, plutôt des stries longitudinales ponctuées que des lignes de points enfoncés; l'angle externe de l'extrémité est un peu mieux senti; les impressions du corselet sont aussi beaucoup plus enfoncées, et enfin la poitrine et le dernier segment de l'abdomen sont un peu ferrugineux, tandis qu'ils sont noirs dans le *Picipes*.

M. le comte Dejean possède trois individus de cette espèce; il les a reçus de la Colombie.

29. Gyrinus Analis.

Ovalis, convexus, metallico-niger, nitidus, vix æneo-limbatus; elytris æqualiter punctato-striatis, interstitiis planis, lævibus; subtus nigro-æneus, thoracis et elytrorum margine inflexo nigro-æneo; ano pedibusque rufo-ferrugineis.

Gyrinus Analis. Say. *Trans. of the Am. phil.* II. p. 108.
Kirby *in Richards. Faun. boreal. Amer.* p. 81?
Gyrinus Modestus. Dej. *Cat.* 3e *édit.* p. 67.

Long. 5 ½ millim. Larg. 2 ¾ millim.

Ovale et convexe. Tête d'un noir brillant, un peu métallique, avec le labre et l'épistome d'un bronzé obscur; elle est marquée entre les yeux de deux petites impressions arrondies; antennes noirâtres; palpes ferrugineux à la base, noirâtres à l'extrémité. Corselet de la couleur de la tête, également brillant, avec les bords latéraux à peine bronzés, un peu plus de deux fois aussi large que long, largement échancré en avant, où il est plus étroit, sinueux à la base, dont les côtés sont coupés presque carrément et le milieu légèrement prolongé sur les élytres en s'arrondissant largement; les bords latéraux presque rectilignes, obliques et étroitement rebordés; les angles antérieurs peu saillants et aigus, les postérieurs également un peu aigus; il est marqué de chaque côté, le long du bord antérieur, d'une ligne enfoncée et ponctuée, et d'une autre transversale en arrière de celle-ci, lisse, n'atteignant pas les bords latéraux et souvent interrompue au milieu, et enfin d'une troisième en S horizontale placée un peu obliquement de l'angle postérieur à la ligne intermédiaire. Écusson lisse et bronzé. Élytres assez régulièrement ovalaires, tronquées à l'extrémité, dont l'angle externe est très-largement arrondi, et l'interne également un peu arrondi; elles sont d'un noir brillant, un peu métallique, avec la suture et le bord externe à peine bronzés, et marquées de dix lignes longitudinales de petits points enfoncés à peine bronzés, et, à très-peu de chose près, d'égale grosseur; toutes ces lignes se réunissent deux à deux en arrière, les troisième et quatrième un peu plus courtes que les autres; on observe, en outre, une autre ligne de points enfoncés le long du bord latéral, et un groupe de petits points analogues placés tout à fait à l'extrémité et disposés en une espèce d'ellipse transversale. La portion réfléchie du corselet et des élytres est d'un noir métallique très-brillant. Le dessous du corps également noir et brillant, avec la bouche à peine ferrugineuse et le dernier segment de l'abdomen ferrugineux. Les pattes testacées.

Il ressemble un peu aux précédents, mais il s'en distingue surtout par les lignes de points enfoncés des élytres, qui sont toutes également senties.

30. Gyrinus Sayi. *Gory.*

Oblongo-ovalis, convexus, cærulescenti-niger, nitidissimus, æneo-limbatus; elytris æqualiter punctato-striatis, interstitiis planis, lævibus; subtus nigro-æneus, thoracis et elytrorum margine inflexo nigro-æneo; ano pedibusque testaceo-ferrugineis.

Long. 7 millim. Larg. $3\frac{1}{2}$ millim.

Ovale, un peu allongé et très-convexe. Tête large, d'un noir très-brillant, un peu bleuâtre, avec le labre et l'épistome bronzés; elle est marquée entre les yeux de deux petites impressions arrondies; antennes noirâtres; palpes testacés à la base, noirâtres à l'extrémité. Corselet de la couleur de la tête, également très-brillant, avec les bords latéraux étroitement bronzés, deux fois et demie aussi large que long, largement échancré en avant, où il est un peu plus étroit, sinueux à la base, dont les côtés sont coupés presque carrément et le milieu légèrement prolongé sur les élytres en s'arrondissant largement; les bords latéraux très-légèrement arrondis et étroitement rebordés; les angles antérieurs peu saillants et aigus, les postérieurs également un peu aigus; il est marqué de chaque côté, le long du bord antérieur, d'une ligne enfoncée et ponctuée, d'une autre transversale en arrière de celle-ci, lisse, n'atteignant pas les bords latéraux et interrompue au milieu, et enfin d'une troisième en S horizontale placée un peu obliquement de l'angle postérieur à la ligne intermédiaire; ces deux dernières lignes sont à peine marquées. Écusson lisse et bronzé. Élytres régulièrement ovalaires, un peu allongées, tronquées à l'extrémité, dont l'angle externe est très-largement arrondi et l'interne également un peu arrondi; elles sont d'un noir très-brillant, un peu bleuâtre, avec la suture et le bord externe étroitement bronzés, et marquées de dix lignes longitudinales de petits points enfoncés bronzés, et, à très-peu de chose près, d'égale grosseur; toutes ces lignes se réunissent deux à deux en arrière, les troisième et quatrième un peu plus courtes que les autres; on observe, en outre, une autre ligne de points enfoncés le long du bord latéral, et un groupe de petits points analogues placés tout à fait à l'extrémité et disposés en une espèce d'ellipse transversale. La portion réfléchie du corselet et des élytres est d'un noir métallique très-brillant. Le dessous du corps également noir et brillant, avec la bouche et le dernier segment de l'abdomen testacés. Les pattes également testacées.

Il ressemble un peu à l'*Analis* pour sa couleur et la ponctuation des élytres, mais il en diffère essentiellement par sa taille beaucoup plus grande et sa forme plus large en avant et en arrière, plus régulièrement ovalaire et plus convexe; il est aussi un peu plus brillant et bleuâtre.

Cette espèce fait partie de la collection de M. Gory, qui l'a reçue des États-Unis d'Amérique.

31. Gyrinus Nitidulus.

Ovatus, valde convexus, cærulescenti-niger, nitidissimus, æneo-limbatus; elytris striato-punctatis, striis internis subtilioribus, externis valde impressis, interstitiis planis, lævibus; subtus nigro-æneus, thoracis et elytrorum margine inflexo nigro-æneo; ano pedibusque rufo-testaceis.

Gyrinus Nitidulus. Fab. *Syst. Eleut.* I. p. 279.

Long. 5 millim. Larg. 2 $\frac{2}{3}$ millim.

Ovale et très-convexe. Tête d'un noir très-brillant, un peu bleuâtre, avec le labre et l'épistome bronzés; elle est marquée entre les yeux de deux petites impressions arrondies, très-fortement senties; antennes noirâtres; palpes testacés. Corselet de la couleur de la tête, également très-brillant, bronzé sur les côtés, un peu plus de deux fois aussi large que long, largement échancré en avant, où il est plus étroit, sinueux à la base, dont les côtés sont coupés presque carrément et le milieu légèrement prolongé sur les élytres en s'arrondissant largement; les bords latéraux presque rectilignes, obliques et étroitement rebordés; les angles antérieurs peu saillants et aigus, les postérieurs également un peu aigus; il est marqué de chaque côté, le long du bord antérieur, d'une ligne enfoncée et ponctuée, d'une autre transversale en arrière de celle-ci, lisse, n'atteignant pas les bords latéraux et souvent interrompue au milieu, et enfin d'une troisième en S horizontale placée un peu obliquement de l'angle postérieur à la ligne intermédiaire. Écusson lisse et bronzé. Élytres ovalaires, tronquées à l'extrémité, dont l'angle externe est très-ouvert et un peu arrondi, et l'interne également un peu arrondi; elles sont d'un noir très-brillant, avec la suture et le bord externe étroitement bronzés, très-souvent aussi largement bronzées sur les côtés, et marquées de dix lignes longitudinales de petits points enfoncés bronzés, d'autant plus forts qu'ils appartiennent aux lignes les plus externes, qui sont presque canaliculées; toutes ces lignes se réunissent deux à deux en arrière, les troisième et quatrième un peu plus courtes que les autres; on observe, en outre, une autre ligne de points enfoncés le long du bord latéral, et un groupe de points analogues placés tout à fait à l'extrémité et disposés en une espèce d'ellipse transversale. La portion réfléchie des élytres et du corselet d'un noir métallique très-brillant. Le dessous du corps également noir et brillant, avec la bouche et le dernier segment de l'abdomen d'un testacé rougeâtre. Les pattes également testacées.

Il se trouve à l'île de France, à Bourbon et aux Indes orientales.

32. Gyrinus Parcus.

Ovatus, valde convexus, cærulescenti-niger, nitidissimus, æneo-limbatus; elytris striato-punctatis, striis internis subtilioribus, externis valde impressis, interstitiis planis, lævibus; subtus nigro-æneus, thoracis et elytrorum margine inflexo nigro-æneo; pedibus rufo-testaceis.

Gyrinus Parcus. Say. *Descript. of new. spec. of nort. Amer.* p. 33.

Gyrinus Parvulus. Dej. *Cat.* 3e *édit.* p. 67.

Long. 5 à 5 $\frac{1}{2}$ millim. Larg. 2 $\frac{2}{3}$ à 2 $\frac{3}{4}$ millim.

Ovale et très-convexe. Tête d'un noir plus ou moins brillant, un peu bleuâtre, avec le labre et l'épistome d'un bronzé obscur; elle est marquée entre les yeux de deux petites impressions arrondies très-fortement senties; antennes noirâtres; palpes ferrugineux. Corselet de la couleur de la tête, également brillant, un peu bronzé sur les côtés, un peu plus de deux fois aussi large que long, largement échancré en avant, où il est plus étroit, sinueux à la base, dont les côtés sont coupés presque carrément et le milieu légèrement prolongé sur les élytres en s'arrondissant largement; les bords latéraux presque rectilignes, obliques et étroitement rebordés; les angles antérieurs peu saillants et aigus, les postérieurs également un peu aigus; il est marqué de chaque côté, le long du bord antérieur, d'une ligne enfoncée et ponctuée, d'une autre transversale un peu en arrière de celle-ci, lisse, n'atteignant pas les bords latéraux et souvent interrompue au milieu, et enfin d'une troisième en S horizontale placée un peu obliquement de l'angle postérieur à la ligne intermédiaire. Écusson lisse et bronzé. Élytres ovalaires, tronquées à l'extrémité, dont l'angle externe est très-ouvert et à peine arrondi, et l'interne également un peu arrondi; elles sont d'un noir plus ou moins brillant, avec la suture et le bord externe étroitement bronzés, quelquefois aussi largement bronzées sur les côtés, et marquées de dix lignes longitudinales de petits points enfoncés bronzés, d'autant plus forts qu'ils appartiennent aux lignes les plus externes, qui sont presque canaliculées; toutes ces lignes se réunissent deux à deux en arrière, les troisième et quatrième un peu plus courtes que les autres; on observe, en outre, une autre ligne de points enfoncés le long du bord latéral, et un groupe de petits points analogues placés tout à fait à l'extrémité et disposés en une espèce d'ellipse transversale. La portion réfléchie du corselet et des élytres d'un noir métallique très-brillant. Le dessous du corps également noir et brillant, avec la bouche d'un ferrugineux noirâtre. Les pattes d'un testacé rougeâtre.

Il ressemble considérablement au *Nitidulus*, dont il a à peu près la taille et la forme; il est cependant un peu plus grand, et ses élytres sont un peu moins arrondies en arrière; il est aussi un peu moins brillant, et le dernier segment de l'abdomen est noir.

Il se trouve au Mexique et à Saint-Domingue.

33. Gyrinus Chiliensis. *Mihi.*

Ovatus, valde convexus, cærulescenti-niger, nitidissimus, æneo-limbatus; elytris striato-punctatis, striis internis vix subtilioribus, interstitiis planis, lævibus; subtus nigro-æneus, thoracis et elytrorum margine inflexo nigro-æneo; pedibus rufo-ferrugineis.

Long. 5 millim. Larg. 2 $\frac{3}{4}$ millim.

Ovale, un peu court et fortement convexe. Tête d'un noir très-brillant, un peu bleuâtre, avec le labre et l'épistome bronzés; elle est marquée entre les yeux de deux petites impressions arrondies très-peu senties; antennes noirâtres; palpes ferrugineux. Corselet de la couleur de la tête, également très-brillant, avec les bords latéraux étroitement bronzés, un peu plus de deux fois aussi large que long, largement échancré en avant, où il est plus étroit, sinueux à la base, dont les côtés sont coupés presque carrément et le milieu légèrement prolongé sur les élytres en s'arrondissant largement; les bords latéraux presque rectilignes, obliques et étroitement rebordés; les angles antérieurs assez saillants et aigus, les postérieurs également un peu aigus; il est marqué de chaque côté, le long du bord antérieur, d'une ligne enfoncée et ponctuée, d'une autre transversale un peu en arrière de celle-ci, lisse, n'atteignant pas les bords latéraux et souvent interrompue au milieu, et enfin d'une troisième en S horizontale placée un peu obliquement de l'angle postérieur à la ligne intermédiaire. Écusson lisse et bronzé. Élytres ovalaires, tronquées à l'extrémité, dont l'angle externe est très-ouvert et à peine arrondi, et l'interne également un peu arrondi ; elles sont d'un noir très-brillant, un peu bleuâtre, avec la suture et le bord externe étroitement bronzés, très-souvent aussi largement bronzées sur les côtés, et marquées de dix lignes longitudinales de petits points enfoncés bronzés, à très-peu de chose près d'égale grosseur; toutes ces lignes se réunissent deux à deux en arrière, les troisième et quatrième un peu plus courtes que les autres ; on observe, en outre, une autre ligne de points enfoncés le long du bord latéral, et un groupe de petits points analogues, placés tout à fait à l'extrémité et disposés en une espèce d'ellipse transversale. La portion réfléchie du corselet et des élytres d'un noir métallique très-brillant. Le dessous du corps également noir et brillant, avec la bouche à peine ferrugineuse. Les pattes ferrugineuses.

Il a quelque analogie de taille et de couleur avec le *Parcus*, mais il est plus raccourci et un peu plus convexe, et ce qui le distingue essentiellement, c'est que toutes les lignes de points des élytres sont à peu près également senties.

34. Gyrinus Urinator.

Ovatus, convexus, cærulescenti-niger, nitidissimus, æneo-limbatus; elytris striato-punctatis, striis in lineis longitudinalibus cupreis, internis subtilissimis, interstitiis planis, lævibus; subtus testaceo-ferrugineus.

Gyrinus Urinator. Illig. *Mag.* vi. p. 299.
Ahrens. *Nov. act. Hal.* ii. 2. 46.
Gyrinus Lineatus. Lacord. *Faun. Ent.* 1. p. 342.

Gyrinus Græcus. Brullé. *Expéd. scient. de Mor.* III. 1re part. 2e sect. p. 129.

Var. β. *Nigro-ferrugineus, nitidulus, vix æneo-limbatus; elytrorum striis internis vix conspicuis, sæpe omnino deletis.*

Gyrinus Variabilis. Solier-Aubé. *Iconog.* v. p. 392. pl. 45. fig. 2.

Long. 5 ½ à 8 millim. Larg. 3 ½ à 4 ⅓ millim.

Ovale et convexe. Tête d'un noir très-brillant, un peu bleuâtre, avec le labre, l'épistome et la partie antérieure du front d'un bronzé obscur; elle est marquée entre les yeux de deux petites impressions arrondies; antennes noirâtres; palpes testacés. Corselet de la couleur de la tête, également très-brillant, avec les bords latéraux étroitement bronzés, un peu plus de deux fois aussi large que long, largement échancré en avant où il est plus étroit, sinueux à la base, dont les côtés sont coupés presque carrément et le milieu légèrement prolongé sur les élytres en s'arrondissant largement; les bords latéraux presque rectilignes, obliques et étroitement rebordés; les angles antérieurs peu saillants et aigus, les postérieurs également un peu aigus; il est marqué de chaque côté, le long du bord antérieur, d'une ligne enfoncée et ponctuée, d'une autre transversale en arrière de celle-ci, lisse, n'atteignant pas les bords latéraux et souvent interrompue au milieu, et enfin d'une troisième en S horizontale, placée un peu obliquement de l'angle postérieur à la ligne intermédiaire. Écusson lisse et cuivreux. Élytres ovalaires, un peu larges, tronquées à l'extrémité dont l'angle externe est très-ouvert et arrondi, et l'interne également un peu arrondi; elles sont d'un noir très-brillant, un peu bleuâtre, avec la suture et le bord externe étroitement bronzés, et marquées de dix lignes longitudinales de petits points enfoncés, d'autant plus forts qu'ils appartiennent aux lignes les plus externes, les internes étant presque effacées; toutes ces lignes sont placées sur autant de petites bandes cuivreuses, et réunies deux à deux en arrière, les troisième et quatrième un peu plus courtes que les autres; on observe, en outre, une autre série de points enfoncés le long du bord latéral, et un groupe de points analogues placés tout à fait à l'extrémité, et disposés en une espèce d'ellipse transversale. La portion réfléchie du corselet et des élytres, tout le dessous du corps et les pattes d'un jaune testacé, quelquefois un peu ferrugineux.

La var. β diffère du type de l'espèce en ce qu'elle est d'un noir beaucoup moins brillant, souvent un peu ferrugineuse vers l'extrémité des élytres, et enfin en ce que les lignes internes de points enfoncés des élytres sont souvent entièrement effacées (1).

35. Gyrinus Chalybeus.

Ovatus, valde convexus, glauco-cœruleus, nitidulus, æneo-limbatus; elytris vix ad latera striato-punctatis; subtus nigro-æneus, thoracis et elytrorum margine inflexo nigro-æneo; pedibus piceo-ferrugineis.

Gyrinus Chalybeus. Perty. *Delect. Anim.* p. 15. tab. III. fig. 15.

Gyrinus Marginalis. Lap. *Étud. ent.* p. 108.

Gyrinus Gibbulus. Dej. *Cat.* 3e *édit.* p. 66.

Long. 5 ½ millim. Larg. 3 ¼ millim.

Ovale, raccourci et convexe. Tête d'un bleu olivâtre, un peu glauque, peu brillante, avec le labre et l'épistome bronzés;

---

(1) Depuis l'impression de l'Iconographie, j'ai pu, sur un assez grand nombre d'individus, me convaincre que le *Gyrinus Variabilis* Solier n'est qu'une var. du *Gyrinus Urinator.*

elle est marquée entre les yeux de deux petites impressions arrondies; antennes noirâtres; palpes d'un noir ferrugineux. Corselet de la couleur de la tête, glauque sur les côtés, avec les bords latéraux étroitement bronzés, un peu plus de deux fois aussi large que long, largement échancré en avant où il est plus étroit, sinueux à la base, dont les côtés sont coupés presque carrément et le milieu légèrement prolongé sur les élytres en s'arrondissant largement; les bords latéraux presque rectilignes, obliques et étroitement rebordés; les angles antérieurs peu saillants et aigus, les postérieurs également un peu aigus; il est marqué de chaque côté, le long du bord antérieur, d'une ligne enfoncée très-étroite et à peine visiblement ponctuée, d'une autre transversale en arrière de celle-ci, lisse, n'atteignant pas les bords latéraux, et souvent interrompue au milieu, et enfin d'une troisième en S horizontale, placée un peu obliquement de l'angle postérieur à la ligne intermédiaire; ces deux dernières impressions sont à peine perceptibles sur quelques individus, et complétement effacées sur les autres. Écusson très-petit, lisse et cuivreux. Élytres ovalaires, tronquées à l'extrémité dont l'angle externe est très-ouvert, sans cependant être arrondi, et l'interne un peu arrondi; elles sont d'un bleu olivâtre, un peu glauques sur les côtés, et peu brillantes, avec la suture étroitement bronzée et les bords latéraux d'un bronzé blanchâtre et comme pubescents, et marquées de dix lignes longitudinales de très-petits points enfoncés, bronzés, très-peu sentis, et d'autant moins qu'ils appartiennent aux lignes les plus internes, qui, le plus souvent, n'existent même pas; toutes ces lignes sont effacées en arrière dans une étendue plus ou moins grande; on observe, en outre, une autre série de points enfoncés à peine visible le long du bord latéral, placée dans un sillon assez profond, qui en arrière se contourne en dedans et circonscrit presque entièrement l'élytre; tout à fait à l'extrémité existent encore quelques petits points, mais non pas constamment. La portion réfléchie du corselet et des élytres d'un noir métallique très-brillant. Le dessous du corps également noir et brillant, avec la bouche à peine ferrugineuse. Pattes d'un noir ferrugineux, avec les cuisses antérieures et les tarses intermédiaires et postérieurs ferrugineux.

Il se trouve au Brésil.

36. Gyrinus Ovatus.

Oblongo-ovalis, valde convexus, glauco-piceus, vix æneo-micans, lateribus ænescens; elytris striato-punctatis, striis internis fere omnino deletis, externis valde impressis; subtus rufo-ferrugineus; elytrorum apice externe angulato.

Gyrinus Ovatus. Dej. *Cat.* 3e *édit.* p. 66.

Long. 5 $\frac{1}{4}$ millim. Larg. 2 $\frac{1}{2}$ millim.

Ovale, un peu allongé et très-convexe. Tête d'un noir de poix un peu métallique, avec le labre et l'épistome bronzés; elle est lisse entre les yeux, et rarement marquée de deux dépressions à peine visibles; antennes noirâtres; palpes testacés. Corselet de la couleur de la tête, un peu bleuâtre au milieu, glauque et légèrement bronzé sur les côtés, un peu plus de deux fois aussi large que long, largement échancré en avant où il est plus étroit, sinueux à la base, dont les côtés sont coupés presque carrément, et le milieu légèrement prolongé sur les élytres en s'arrondissant largement; les bords latéraux presque rectilignes, un peu obliques et étroitement rebordés; les angles antérieurs peu saillants et aigus, les postérieurs également un peu aigus; il est marqué de chaque côté, le long du bord antérieur, d'une ligne enfoncée très-étroite et à peine visiblement ponctuée, d'une autre transversale en arrière de celle-ci, lisse, n'atteignant pas les bords latéraux et souvent interrompue au milieu, et enfin d'une troisième en S horizontale, placée un peu obliquement de l'angle postérieur à la ligne intermédiaire; ces deux dernières impressions sont à peine perceptibles et presque effacées. Écusson lisse et bronzé. Élytres ovalaires, un peu allongées, tronquées à l'extrémité, dont l'angle externe est assez ouvert et nullement arrondi, et l'interne un peu arrondi; elles sont d'un noir de poix bleuâtre au milieu, glauques et légèrement bronzées sur les côtés, avec la suture étroitement bronzée, et marquées de dix lignes longitudinales de petits points enfoncés, bronzés, d'autant plus forts qu'ils appartiennent aux lignes les plus externes, qui sont presque canaliculées, tandis que les internes sont très-souvent entièrement effacées ou à peine perceptibles, et sous un certain jour seulement; toutes ces lignes sont effacées en arrière dans une étendue plus ou moins grande; on observe, en outre, une autre série de petits points enfoncés le long du bord latéral, placés dans un sillon étroit et assez profond, qui vient se terminer en arrière à l'angle externe, et très-rarement circonscrit presque entièrement l'élytre en se contournant en dedans; ce sillon est presque toujours lisse. La portion réfléchie du corselet et des élytres jaunâtre. Tout le dessous du corps et les pattes d'un testacé plus ou moins ferrugineux.

Il se trouve au Brésil et à Cayenne.

37. Gyrinus Gibbus. *Mihi.*

Ovatus, curtus, valde convexus, glauco-piceus, vix æneo-micans, lateribus ænescens; elytris leviter punctato-striatis, striis internis fere omnino deletis, interstitiis planis, lævibus; subtus nigro-piceus, thoracis et elytrorum margine inflexo, abdominis lateribus, ano pedibusque rufo-ferrugineis; elytrorum apice externe rotundato.

Long. 5 à 5 $\frac{1}{2}$ millim. Larg. 3 $\frac{1}{4}$ à 3 $\frac{1}{2}$ millim.

Ovale, raccourci et très-convexe. Tête d'un noir de poix, un peu métallique, avec le labre et l'épistome bronzés; elle est lisse entre les yeux, et rarement marquée de deux dépressions à peine visibles; antennes noirâtres; palpes ferrugineux. Corselet de la couleur de la tête, un peu bleuâtre au milieu, glauque et légèrement cuivreux sur les côtes, un peu plus de deux fois aussi large que long, largement échancré en avant où il est plus étroit, sinueux à la base dont les côtés sont coupés presque carrément, et le milieu légèrement prolongé sur les élytres en s'arrondissant largement; les bords latéraux presque rectilignes, obliques et étroitement rebordés; les angles antérieurs peu saillants et aigus, les postérieurs également un peu aigus; il est marqué de chaque côté, le long du bord antérieur, d'une ligne enfoncée très-étroite et à peine visiblement ponctuée, d'une autre transversale en arrière de celle-ci, lisse, n'atteignant pas les bords latéraux, et souvent interrompue au milieu, et enfin d'une troisième en S horizontale, placée un peu obliquement de l'angle postérieur à la ligne intermédiaire; ces deux dernières impressions sont, lorsqu'elles existent, à peine perceptibles, et le plus souvent manquent complétement. Écusson lisse et cuivreux. Élytres ovalaires, tronquées à l'extrémité, dont l'angle externe est très-ouvert et assez largement arrondi, et l'externe également arrondi; elles sont d'un noir de poix un peu olivâtre, bleuâtres vers la suture qui est cuivreuse, glauques et légèrement bronzées sur les côtés, et marquées de dix lignes longitudinales de petits points enfoncés, bronzés, d'autant plus forts qu'ils appartiennent aux lignes les plus externes, qui sont assez fortement senties, tandis que les internes sont très-souvent entièrement effacées, ou à peine perceptibles, et sous un certain jour seulement; toutes ces lignes sont effacées en arrière, dans une étendue plus ou moins grande; on observe, en outre, une autre série de petits points enfoncés le long du bord latéral, placés dans un sillon étroit et profond, qui vient se terminer en arrière à l'angle externe; quelquefois ce sillon est lisse. La portion réfléchie du corselet et des élytres ferrugineuse. Le dessous du corps noir, avec la bouche, les parties latérales et l'extrémité de l'abdomen d'un testacé ferrugineux. Pattes testacées.

Il ressemble beaucoup à l'*Ovatus*, mais il est plus court et plus ramassé; l'angle externe de l'extrémité des élytres est arrondi; et enfin il est d'une autre couleur en dessous.

Cet insecte fait partie des collections de MM. Dejean et Buquet, et se trouve au Brésil.

38. Gyrinus Crassus. *Mihi.*

Ovatus, valde convexus, brunneo-chalybeus, nitidulus, vix æneo-limbatus; elytris fere inconspicue striato-punctatis, striis deletis; subtus nigro-æneus, thoracis et elytrorum margine inflexo pedibusque rufo-ferrugineis; pectore et ano nigro-ferrugineis.

Long. 6 millim. Larg. 3 $\frac{1}{2}$ millim.

Ovale et très-convexe. Tête d'un brun un peu bleuâtre, peu brillante, avec le labre et l'épistome bronzés; elle est marquée, entre les yeux, de deux petites impressions arrondies; antennes noirâtres; palpes ferrugineux. Corselet de la couleur de la tête, un peu glauque sur les côtés, avec les bords latéraux à peine bronzés, un peu plus de deux fois aussi large que long, largement échancré en avant où il est plus étroit, sinueux à la base, dont les côtés sont coupés presque carrément et le milieu légèrement prolongé sur les élytres en s'arrondissant largement; les bords latéraux presque rectilignes, obliques et étroitement rebordés; les angles antérieurs peu saillants et aigus, les postérieurs également un peu aigus; il est marqué de chaque côté, le long du bord antérieur, d'une ligne enfoncée très-étroite et à peine visiblement ponctuée, d'une autre transversale en arrière de celle-ci, lisse, n'atteignant pas les bords latéraux, et souvent interrompue au milieu, et enfin d'une troisième en S horizontale, placée un peu obliquement de l'angle postérieur à la ligne intermédiaire; ces deux dernières impressions sont, lorsqu'elles existent, à peine perceptibles, car le plus souvent elles manquent complétement. Écusson lisse et cuivreux. Élytres ovalaires, tronquées à l'extrémité, dont l'angle externe est très-ouvert et assez largement arrondi, et l'interne également arrondi; elles sont d'un brun un peu bleuâtre, avec les côtés, la suture et l'extrémité cuivreux, et marquées de quelques rudiments de stries ponctuées, presque effacées, très-difficilement perceptibles, et sous un certain jour seulement; on observe, en outre, un sillon étroit et profond placé le long du bord latéral, et qui se termine en arrière à l'angle externe. La portion réfléchie du corselet et des élytres d'un testacé ferrugineux. Le dessous du corps d'un noir métallique, avec la bouche, la poitrine et le dernier segment de l'abdomen d'un noir ferrugineux, quelquefois à peine ferrugineux. Les pattes testacées.

Il ressemble beaucoup au *Gibbus*; cependant il est un peu plus fort et moins ramassé; mais ce qui le distingue surtout, c'est l'absence presque complète de stries sur les élytres, et le dessous du corps, qui est plus noir.

Il se trouve au Brésil, et fait partie des collections de MM. Buquet et Gory.

39. Gyrinus Caffer. *Chevrolat.*

Ovalis, depressiusculus, nigro-olivaceus, vix æneus, fere opacus; elytris striato-punctatis, striis glauco-viridibus, internis paulo subtilioribus, interstitiis vix conspicue punctulatis, externis tantum leviter elevatis; subtus æneo-piceus, thoracis et elytrorum margine inflexo nigro-piceo; ano pedibusque rufo-ferrugineis.

Long. 7 millim. Larg. 4 millim.

Ovale et légèrement déprimé. Tête d'un noir olivâtre, souvent un peu bleuâtre au milieu, avec le labre bronzé; elle est presque terne, et marquée entre les yeux de deux petites impressions arrondies à peine senties; antennes noirâtres; palpes ferrugineux à la base, noirâtres à l'extrémité. Corselet de la couleur de la tête, un peu bleuâtre sur les côtés, presque terne, très-étroitement et à peine visiblement bronzé le long des bords antérieur et postérieur, avec une petite bande transversale étroite, un peu cuivreuse, placée un peu avant le milieu, et visible seulement sur quelques individus; il est deux fois et demie aussi large que long, largement échancré en avant, où il est plus étroit, coupé presque carrément en arrière; les bords latéraux presque rectilignes, obliques et assez largement rebordés; les angles antérieurs peu saillants et aigus, les postérieurs également un peu aigus; il est presque imperceptiblement réticulé. Écusson lisse et bronzé. Élytres ovalaires, tronquées carrément à l'extrémité, dont l'angle externe est très-ouvert sans être arrondi, et l'interne un peu arrondi; elles sont d'un noir olivâtre, à peine brillantes, un peu verdâtres sur les côtés, avec la suture étroitement bronzée, et dix stries longitudinales d'un vert glauque, marquées de petits points enfoncés bronzés; toutes ces stries se réunissent deux à deux en arrière, les troisième et quatrième un peu plus courtes que les autres; les sixième et huitième intervalles, en comptant de dedans en dehors, sont un peu élevés; on observe, en outre, une autre strie imponctuée le long du bord latéral, et quelques petits points placés tout à fait à l'extrémité et disposés sans ordre; toute leur surface est couverte de points infiniment petits et bronzés. La portion réfléchie du corselet et des élytres est d'un noir un peu métallique. Le dessous du corps également noir, avec le dernier segment de l'abdomen ferrugineux. Les pattes d'un testacé rougeâtre.

Ce Gyrin s'éloigne de tous ceux de cette division par sa forme générale qui est plus aplatie, par l'absence d'impressions sur le corselet, et par les élytres qui sont plutôt striées que marquées de lignes longitudinales de points enfoncés; il sert de passage à la division suivante, dont il devrait faire partie s'il avait le corselet et les élytres bordés de jaune.

Il a été trouvé en Cafrerie, d'où il a été rapporté par M. Delalande, et fait partie de la collection du Muséum et de celle de M. Chevrolat.

** *Corselet et élytres bordés de jaune.*

40. Gyrinus Marginatus.

Oblongo-ovalis, depressiusculus, brunneo-æneus; subtus nigro-æneus; elytris sulcato-punctatis, sulcis glauco-rubiginosis, interstitiis æneo-punctatis, elevatis; thoracis et elytrorum lateribus cum margine inflexo, pectore, ano pedibusque luteo-testaceis.

Gyrinus Marginatus. Dej. *Cat.* 3e *édit.* p. 66.

Long. 9 millim. Larg. 4 $\frac{2}{3}$ millim.

Ovale, un peu allongé et assez sensiblement déprimé. Tête verdâtre, avec le labre, l'épistome, le tour des yeux et le vertex d'un cuivreux rougeâtre; le labre chagriné et terne; elle est finement pointillée et marquée entre les yeux de deux très-petites taches vertes entourées d'une auréole cuivreuse; antennes noirâtres; palpes ferrugineux, un peu assombris à l'extrémité. Corselet de la couleur de la tête, avec les bords antérieur et postérieur étroitement cuivreux; les bords latéraux largement testacés, et une bande transversale cuivreuse, brillante, terne sur les côtés, où elle est un peu plus large, et placée un peu avant le milieu; il est deux fois et demie aussi large que long, largement échancré en avant, où il est plus étroit, son bord antérieur s'avançant un peu sur la tête, coupé presque carrément en arrière; les bords latéraux presque rectilignes et obliques; les angles antérieurs assez saillants et aigus, les postérieurs également un peu aigus et très-légèrement prolongés en arrière; il est tout couvert de petits points enfoncés à peine bronzés. Écusson lisse et cuivreux. Élytres ovalaires, un peu allongées, tronquées carrément à l'extrémité, dont l'angle externe est très-ouvert, nullement arrondi et même un peu saillant, et l'interne très-étroitement arrondi; elles sont d'un brun olivâtre un peu bronzé, avec la suture et l'extrémité étroitement bronzées, le bord externe largement testacé, et dix sillons longitudinaux assez fortement enfoncés d'un rouge rouille glauque, dont les externes sont marqués de très-petits points bronzés à peine visibles, et chez quelques individus seulement; tous ces sillons se réunissent deux à deux en arrière, les troisième et quatrième un peu plus courts que les autres; les intervalles élevés en côtes saillantes, d'autant plus qu'ils sont plus externes; les septième et neuvième, en comptant de dedans en dehors, plus étroits que les autres et également un peu brillants; on observe, en outre, une strie longitudinale lisse le long du bord latéral, et quelques impressions irrégulières placées tout à fait à l'extrémité; toute leur surface est couverte de petits points enfoncés cuivreux. La portion réfléchie du corselet et des élytres est jaune. Le dessous du corps d'un noir métallique, avec la bouche et le dernier segment de l'abdomen ferrugineux. La poitrine et les pattes testacées.

Il se trouve au cap de Bonne-Espérance.

41. Gyrinus Capensis.

Oblongo-ovalis, depressiusculus, brunneo-æneus, subtus nigro-æneus; elytris striato-punctatis, striis glauco-griseo-viridibus, internis subtilioribus, interstitiis æneo-punctatis, externis tantum elevatis; thoracis et elytrorum lateribus cum margine inflexo, pectore, ano pedibusque luteo-testaceis.

Gyrinus Capensis. Thunberg. *Nov. Ins. spec.* p. 27.
Gyrinus Concinus. Klug. *Symb. phys.* tab. 34. fig. 10?

Long. 8 millim. Larg. 4 millim.

Ovale, un peu allongé et assez sensiblement déprimé. Tête d'un vert un peu bleuâtre, avec le labre, l'épistome et le tour des yeux d'un bronzé plus ou moins cuivreux; le labre très-lisse et brillant; elle est finement pointillée, et marquée entre les yeux de deux petites impressions arrondies, peu senties; souvent chacune de ces impressions présente dans son centre une petite tache cuivreuse; antennes noirâtres; palpes ferrugineux à la base, noirâtres à l'extrémité. Corselet de la couleur de la tête, avec les bords antérieur et postérieur étroitement cuivreux; les bords latéraux largement testacés, et une bande transversale cuivreuse, brillante, terne sur les côtés, où elle est un peu plus large, et placée un peu avant le milieu; il est deux fois et demie aussi large que long, largement échancré en avant, où il est plus étroit, son bord antérieur s'avançant un peu sur la tête, coupé presque carrément en arrière; les bords latéraux presque rectilignes et obliques; les angles antérieurs assez saillants et aigus, les postérieurs également un peu aigus et très-légèrement prolongés en arrière; il est tout couvert de très-petits points enfoncés à peine bronzés. Écusson lisse et cuivreux. Élytres ovalaires, tronquées carrément à l'extrémité, dont l'angle externe est très-ouvert et nullement arrondi, et l'interne très-étroitement arrondi; elles sont d'un brun olivâtre un peu bronzé, avec la suture étroitement bronzée, le bord externe largement testacé, et dix stries longitudinales d'un gris verdâtre glauque, les internes à peine senties, les externes canaliculées, et marquées de très-petits points enfoncés bronzés, à peine visibles, et chez quelques individus seulement; toutes ces stries se réunissent deux à deux en arrière, les troisième et quatrième un peu plus courtes que les autres; les intervalles externes seulement élevés en côtes saillantes; les septième et neuvième, en comptant de dedans en dehors, plus étroits que les autres; le septième est, comme toutes les stries, d'un gris verdâtre glauque, et un peu moins élevé que ceux qui l'avoisinent; on observe, en outre, une autre strie longitudinale lisse le long du bord latéral, et quelques petites impressions irrégulières placées tout à fait à l'extrémité; toute leur surface est couverte de très-petits points enfoncés cuivreux. La portion réfléchie du corselet et des élytres jaune. Le dessous du corps d'un noir métallique, avec la bouche et le dernier segment de l'abdomen ferrugineux. La poitrine et les pattes testacées; les jambes antérieures brunâtres.

Cette espèce est très-voisine de la précédente, dont elle diffère cependant par des caractères assez saillants; elle est un peu plus petite; le labre est lisse et brillant; les élytres ne sont pas si profondément striées, surtout en dedans, ni couvertes de points enfoncés aussi forts; le septième intervalle est grisâtre et glauque; l'angle externe de leur extrémité est un peu moins senti, et enfin les jambes antérieures sont brunâtres.

Il se trouve au cap de Bonne-Espérance.

42. Gyrinus Striatus.

Oblongo-ovalis, depressiusculus, brunneo-æneus, subtus nigro-æneus; elytris striato-punctatis, striis glauco-griseis, internis subtilioribus, interstitiis vix conspicue punctulatis, externis tantum elevatis; thoracis et elytrorum lateribus cum margine inflexo, pectore, ano pedibusque luteo-testaceis.

Gyrinus Striatus. Fab. *Syst. Eleut.* I. p. 275.
Oliv. *Ent.* III. 41. p. 11. pl. 1. fig. 2. a. b.
Lacord. *Faun. ent.* I. p. 341.

Long. 6 ½ à 7 millim. Larg. 3 ¼ à 3 ⅔ millim.

Ovale, un peu allongé et assez sensiblement déprimé. Tête

d'un bronzé obscur, bleuâtre au milieu, avec le labre irrégulièrement strié et d'un vert bronzé assez brillant; elle est très-finement chagrinée, et marquée entre les yeux de deux petites impressions à peine senties; antennes noirâtres; palpes testacés, à peine assombris à l'extrémité. Corselet d'un bronzé un peu bleuâtre, avec les bords latéraux largement testacés, et une bande transversale cuivreuse, brillante, terne sur les côtés, où elle est un peu plus large, et placée un peu avant le milieu; il est deux fois et demie aussi large que long, largement échancré en avant, où il est plus étroit, son bord antérieur s'avançant un peu sur la tête, sinueux à la base, dont les côtés sont coupés presque carrément, et le milieu très-faiblement prolongé sur les élytres en s'arrondissant très-largement; les bords latéraux presque rectilignes et obliques; les angles antérieurs assez saillants et aigus, les postérieurs également un peu aigus; il est tout couvert de points enfoncés infiniment petits et à peine bronzés. Écusson lisse et cuivreux. Élytres ovalaires, tronquées un peu obliquement à l'extrémité, dont l'angle externe est excessivement ouvert et presque arrondi, et l'interne étroitement arrondi; elles sont d'un brun olivâtre un peu bronzé, avec la suture étroitement bronzée, le bord externe largement testacé, et dix stries longitudinales d'un gris glauque, les internes beaucoup moins senties que les externes, qui sont marquées de petits points enfoncés bronzés peu visibles; toutes ces stries se réunissent deux à deux en arrière, les troisième et quatrième un peu plus courtes que les autres; les intervalles externes seulement élevés en côtes saillantes; les cinquième, septième et neuvième, en comptant de dedans en dehors, sont un peu plus étroits que les autres; les septième et neuvième nullement élevés, surtout en avant, et d'un gris glauque comme toutes les stries; on observe, en outre, une autre strie longitudinale lisse le long du bord latéral, et quelques points irréguliers placés tout à fait à l'extrémité; toute leur surface est couverte de points enfoncés infiniment petits et presque imperceptibles. La portion réfléchie du corselet et des élytres jaunes. Le dessous du corps d'un noir métallique, avec la bouche, la poitrine, le dernier segment de l'abdomen et les pattes testacées.

Il est très-voisin du précédent, dont il se distingue par sa taille plus petite, l'angle externe de l'extrémité des élytres beaucoup plus obtus, et par les pattes antérieures qui sont entièrement testacées; les intervalles des stries des élytres offrent aussi quelques différences; dans le *Capensis*, le septième seulement est de la couleur des stries, tandis que, dans le *Striatus*, le neuvième offre également cette particularité; le milieu de la base du corselet est aussi un peu prolongé sur les élytres.

Il habite l'Europe centrale.

43. Gyrinus Strigosus.

Oblongo-ovalis, depressiusculus, brunneo-æneus, subtus nigro-æneus; elytris sulcato-punctatis, sulcis glauco-viridibus, internis minus impressis, interstitiis æneo-punctatis, elevatis; thoracis et elytrorum lateribus cum margine inflexo pedibusque luteo-testaceis.

Gyrinus Strigosus. Fab. *Syst. Eleut.* I. p. 276.
Gyrinus Festivus. Klug. *Ins. von. Madag.* p. 46.
Gyrinus Limbatus. Solier. *Ann. de la Soc. ent.* II. p. 464.

Long. 8 millim. Larg. 4 millim.

Ovale, un peu allongé et assez sensiblement déprimé. Tête d'un bronzé obscur, bleuâtre au milieu, avec le labre irrégulièrement strié et d'un vert bronzé assez brillant; elle est finement chagrinée, et marquée entre les yeux de deux petites impressions peu senties; antennes noirâtres; palpes ferrugineux, noirâtres à l'extrémité. Corselet de la couleur de la tête, avec les bords antérieur et postérieur étroitement cuivreux;

les bords latéraux largement testacés, et une bande transversale cuivreuse, brillante, terne sur les côtés, où elle est plus large, et placée un peu avant le milieu; il est deux fois et demie aussi large que long, largement échancré en avant, où il est plus étroit, son bord antérieur s'avançant un peu sur la tête, coupé presque carrément en arrière; les bords latéraux presque rectilignes et obliques; les angles antérieurs peu saillants et aigus, les postérieurs également un peu aigus; il est tout couvert de très-petits points enfoncés bronzés. Écusson lisse et cuivreux. Élytres ovalaires, tronquées carrément à l'extrémité, dont l'angle externe est très-ouvert et un peu arrondi, et l'interne étroitement arrondi; elles sont d'un brun olivâtre, un peu bronzé, avec la suture et l'extrémité étroitement bronzées, le bord externe largement testacé, et dix sillons d'un vert grisâtre glauque, les internes beaucoup moins profonds que les externes, qui sont marqués de petits points bronzés peu visibles; tous ces sillons se réunissent deux à deux en arrière, les troisième et quatrième un peu plus courts que les autres; tous les intervalles, à l'exception des deux internes, sont plus ou moins relevés en côtes saillantes; les septième, huitième et neuvième, en comptant de dedans en dehors, sont à peu près égaux entre eux, un peu plus étroits que les autres, et également un peu brillants; on observe, en outre, une strie longitudinale lisse le long du bord latéral, et quelques impressions irrégulières placées tout à fait à l'extrémité; toute leur surface est couverte de très-petits points enfoncés cuivreux. La portion réfléchie du corselet et des élytres est jaunâtre. Le dessous du corps d'un noir métallique. Les pattes testacées; quelquefois la bouche et le dernier segment de l'abdomen sont un peu ferrugineux.

Il ressemble beaucoup au *Striatus*, avec lequel il a été souvent confondu, mais il est toujours un peu plus grand; les intervalles des stries des élytres sont un peu plus élevés, tous de la même couleur et un peu brillants, tandis que, dans le *Striatus*, les septième et neuvième sont de la même couleur que les stries; et enfin tout le dessous du corps est d'un noir métallique.

Il se trouve dans toute l'Europe méridionale, sur les côtes de Barbarie, aux îles Canaries, à Bourbon, à Madagascar et à la Nouvelle-Hollande.

44. Gyrinus Splendidulus. *Dupont.*

Oblongo-ovalis, depressiusculus, brunneo-æneus; elytris sulcato-punctatis, sulcis glauco-viridibus, leviter impressis, internis subtilioribus, interstitiis elevatis, vix conspicue punctulatis; thoracis et elytrorum lateribus luteis; subtus omnino pallide testaceus.

Long. 6 ½ millim. Larg. 3 ¾ millim.

Ovale, un peu allongé et assez sensiblement déprimé. Tête d'un bronzé obscur, bleuâtre au milieu, avec le labre d'un vert bronzé assez brillant et lisse; elle est très-finement chagrinée, et marquée entre les yeux de deux petites impressions à peine senties; antennes noirâtres; palpes testacés, noirâtres à l'extrémité. Corselet d'un bronzé un peu bleuâtre, avec les bords latéraux largement testacés, et une bande transversale cuivreuse, brillante, terne sur les côtés, où elle est un peu plus large, et placée un peu avant le milieu; cette bande est à peine sentie; il est deux fois et demie aussi large que long, largement échancré en avant, où il est plus étroit, son bord antérieur s'avançant un peu sur la tête, coupé presque carrément à l'extrémité; les bords latéraux presque rectilignes et obliques; les angles antérieurs assez saillants et aigus, les postérieurs également un peu aigus; il est tout couvert de points enfoncés infiniment petits et à peine bronzés. Écusson lisse et cuivreux. Élytres ovalaires, tronquées carrément à l'extrémité, dont l'angle externe est très-ouvert et nullement arrondi, et l'interne étroitement arrondi; elles sont d'un brun olivâtre un peu bronzé, avec la suture étroitement bronzée, le bord externe largement testacé, et dix sillons longitudinaux d'un vert grisâtre glauque, les internes moins sentis que les externes, qui sont marqués de petits points enfoncés bronzés peu visibles; tous ces sillons se réunissent deux à deux en arrière, les troisième et quatrième un peu plus courts que les autres; tous les intervalles, à l'exception des deux internes, sont plus ou moins élevés en côtes saillantes; les septième, huitième et neuvième, en comptant de dedans en dehors, à peu près égaux entre eux, un peu plus étroits que les autres et également un peu brillants; les septième et neuvième sont cependant quelquefois un peu ternes, mais en avant seulement et dans une très-petite étendue; on observe, en outre, une strie longitudinale le long du bord latéral, et quelques impressions irrégulières placées tout à fait à l'extrémité; toute leur surface est couverte de points enfoncés bronzés, infiniment petits. La portion réfléchie du corselet et des élytres jaune. Tout le dessous du corps et les pattes testacés.

Il a quelque analogie avec le *Striatus;* mais, en outre de la partie inférieure du corps, qui est entièrement testacée, les élytres sont différemment striées, et leur angle externe postérieur est un peu plus senti, quoique très-obtus, et enfin le labre est lisse, tandis qu'il est strié dans le *Striatus.*

J'ai vu quatre individus de cette espèce, deux dans la collection de M. le comte Dejean, un dans celle de M. Dupont, et enfin le quatrième appartient à M. Gory; ils ont été pris tous quatre au cap de Bonne-Espérance.

45. Gyrinus Abdominalis. *Mihi.*

Oblongo-ovalis, depressiusculus, brunneo-æneus, elytris sulcato-punctatis, sulcis glauco-griseis, interstitiis elevatis, æneo-punctatis; thoracis et elytrorum lateribus late cum margine inflexo pedibusque luteis; subtus pallide testaceus, abdomine piceo-æneo, ano excepto.

Long. 6 ½ millim. Larg. 3 ¼ millim.

Ovale, un peu allongé et déprimé. Tête d'un bronzé un peu cuivreux, bleuâtre au milieu, avec le labre assez saillant, finement chagriné et cuivreux; elle est très-finement chagrinée; antennes noirâtres; palpes testacés à la base, rembrunis à l'extrémité. Corselet de la couleur de la tête, avec les bords latéraux très-largement testacés, et une bande transversale cuivreuse, brillante, terne sur les côtés, où elle est un peu plus large, et placée un peu avant le milieu; il est deux fois et demie aussi large que long, largement échancré en avant, où il est plus étroit, son bord antérieur s'avançant assez fortement sur la tête, très-légèrement sinueux à la base, dont le milieu est très-faiblement prolongé sur les élytres en s'arrondissant très-largement; les bords latéraux presque rectilignes et obliques; les angles antérieurs très-saillants et aigus, les postérieurs également un peu aigus et très-légèrement prolongés en arrière; il est entièrement couvert de très-petits points enfoncés bronzés. Écusson très-petit, lisse et cuivreux. Élytres ovalaires, tronquées carrément à l'extrémité, dont les angles sont assez largement arrondis; elles sont d'un brun olivâtre à reflet cuivreux, avec la suture étroitement bronzée, le bord externe très-largement testacé, et dix sillons longitudinaux d'un vert grisâtre glauque, les internes un peu moins sentis que les externes, qui sont marqués de petits points enfoncés bronzés à peine visibles; tous ces sillons se réunissent deux à deux en arrière, les troisième et quatrième un peu plus courts que les autres; tous les intervalles sont plus ou moins élevés en côtes saillantes; les septième et neuvième beaucoup plus étroits que les autres, moins saillants et de la couleur des sillons; on observe, en outre, une strie longitudinale le long du bord latéral, et quelques impressions irrégulières placées tout à fait à l'extrémité; toute leur surface est couverte de petits points enfoncés bronzés. La portion réfléchie du corselet et des élytres jaune. Le dessous du corps testacé, avec la partie postérieure de la tête et l'abdomen, à l'exception du segment anal qui est testacé, d'un noir métallique. Les pattes testacées.

Il diffère des précédents par son labre, qui est plus saillant et plus étroit antérieurement, son corselet plus largement bordé de jaune, s'avançant davantage sur la tête, et dont les angles antérieurs sont plus saillants; les élytres sont aussi plus largement bordées de jaune, et enfin la couleur du dessous du corps est différente.

Je n'ai vu qu'un seul individu de cette espèce; il appartient à M. le comte Dejean, et a été pris au cap de Bonne-Espérance.

III. PATRUS. *Mihi.*

Labro transverso, rotundato; abdominis segmento anali trigono-pyramidali.

Corps ovale, convexe. Épistome coupé carrément. Labre transversal, arrondi, entier et cilié en avant. Menton fortement échancré, avec une très-petite dent à peine saillante au milieu de l'échancrure. Le dernier article des antennes un peu obliquement arrondi. Les trois premiers articles des palpes maxillaires très-petits, le dernier aussi long que les trois autres réunis et entier. Languette coupée presque carrément. Le premier article des palpes labiaux très-petit, le second un peu plus long, le dernier plus long encore que le précédent et entier. Élytres tronquées à l'extrémité. Pattes antérieures de médiocre longueur, leurs jambes courtes et élargies, leurs tarses dans les mâles..... Les pattes intermédiaires, à très-peu de chose près, aussi rapprochées des antérieures que des postérieures. Dernier segment de l'abdomen triangulaire, allonge et pyramidal.

Ce genre diffère du précédent par le dernier article des palpes labiaux, à peine plus allongé que le pénultième, et surtout par le dernier segment de l'abdomen qui est pyramidal; il se rapproche beaucoup des *Orectochilus*, mais s'en distingue par le labre court et transversal, et par le dernier article des palpes qui est entier. Il ne se compose, jusqu'à ce jour, que d'une seule espèce, et encore le mâle nous est-il inconnu; sa patrie est Java.

1. PATRUS JAVANUS.

Oblongo-ovalis, convexus, niger, nitidus, anguste ferrugineo-marginatus; thorace et elytris ad latera dense reticulato-punctulatis, ochro-sericeis; subtus piceus, thoracis elytrorumque margine inflexo, abdomine pedibusque rufo-ferrugineis; elytris apice paulo oblique truncatis.

Patrus Javanus. AUBÉ. *Iconog.* v. p. 398. pl. 46. fig. 1.

Long. 7 $\frac{1}{2}$ millim. Larg. 3 $\frac{3}{4}$ millim.

Ovale, un peu allongé et assez convexe. Tête noire, lisse et brillante, avec le labre ferrugineux, et ponctué; elle est finement ponctuée et réticulée de chaque côté en dehors des yeux supérieurs; antennes brunâtres, avec la base et le dernier article ferrugineux; palpes testacés. Corselet de la couleur de la tête, également lisse et brillant, avec les bords latéraux étroitement ferrugineux, deux fois environ aussi large que long, largement échancré en avant, où il est plus étroit, très-légèrement sinueux à la base, dont le milieu est très-faiblement prolongé sur les élytres en s'arrondissant très-largement; les bords latéraux presque rectilignes, obliques et très-étroitement rebordés; les angles antérieurs assez saillants et aigus, les postérieurs presque droits; il est très-finement ponctué et réticulé tout le long du bord latéral, un peu plus largement en avant qu'en arrière; toute la partie réticulée est couverte d'un très-léger duvet jaunâtre. Écusson noirâtre, lisse. Élytres ovalaires, un peu allongées, tronquées carrément et un peu obliquement à l'extrémité, dont l'angle externe est presque droit, un peu mousse, et l'interne droit et nullement émoussé; elles sont noires, lisses et brillantes, avec les bords latéraux étroitement ferrugineux, et, comme le corselet, très-finement ponctuées, réticulées et couvertes d'un très-léger duvet jaunâtre tout le long du bord externe, très-étroitement en avant et très-largement en arrière, où la partie réticulée vient toucher la suture dans une très-petite étendue. La portion réfléchie du corselet et des élytres d'un rouge ferrugineux. Le dessous du corps d'un ferrugineux noirâtre; l'abdomen et les pattes rougeâtres.

Je n'ai vu que deux individus femelles de cette espèce; ils font partie de la collection du Muséum et ont été pris à Java.

IV. ORECTOCHILUS. *Eschscholtz-Lacordaire.*

Gyrinus *Auctorum.*

Labro porrecto, angusto; abdominis segmento anali trigono-pyramidali.

Corps ovalaire, plus ou moins convexe. Épistome à peine échancré. Labre avancé, étroitement arrondi en avant et cilié. Menton fortement échancré, avec une petite saillie anguleuse au milieu de l'échancrure. Dernier article des antennes tronqué presque carrément. Les trois premiers articles des palpes maxillaires très-petits; le dernier aussi long que les trois autres réunis et tronqué. Languette coupée presque carrément. Le premier article des palpes labiaux très-petit, le second un un peu plus long, le dernier plus long encore que le précédent et tronqué. Pattes antérieures de médiocre longueur; leurs jambes un peu élargies à l'extrémité; tous les articles de leurs tarses, dans les mâles, dilatés en une palette ovalaire, allongée et garnie en dessous de petites brosses soyeuses. Les pattes intermédiaires, à très-peu de chose près, aussi rapprochées des antérieures que des postérieures. Dernier segment de l'abdomen allongé, triangulaire et pyramidal.

Ce genre a été créé par Eschscholtz dans son travail inédit, et confirmé depuis par M. Lacordaire dans sa *Faune entomologique des environs de Paris*; il se compose d'espèces assez nombreuses, dont une seule appartient à l'Europe.

1. Orectochilus Schönherri.

Oblongo-ovalis, convexiusculus, nigro-piceus, nitidus, luteo-marginatus, vitta transversa thoracis in medio, altera longitudinali in elytris ad suturam, luteo-rufo-ornatus, dense reticulato-punctulatus, ochro-sericeus; capite, thorace medio et elytrorum disco lævibus; thoracis elytrorumque margine inflexo luteo; subtus rufo-testaceus; elytris apice paulo oblique truncatis, angulis externis fere rectis ♀.

Cybister Schönherri. Dej. *Cat.* 3e *édit.* p. 67.

Long. 8 $\frac{1}{2}$ millim. Larg. 4 $\frac{1}{4}$ millim.

Ovale, légèrement allongé et médiocrement convexe. Tête d'un noir de poix un peu verdâtre, légèrement brillante, finement réticulée de chaque côté en dehors des yeux supérieurs, où elle est couverte d'un léger duvet jaunâtre; labre noirâtre, ponctué et velu; antennes noirâtres; palpes ferrugineux. Corselet de la couleur de la tête, également un peu brillant, avec les bords latéraux étroitement testacés, et une bande transversale de même couleur placée un peu avant le milieu et fortement abrégée de chaque côté, deux fois et demie aussi large que long, largement échancré en avant, où il est plus étroit, très-légèrement sinueux à la base, dont le milieu est coupé presque carrément et les côtés un peu obliques en arrière; les bords latéraux presque rectilignes, un peu obliques et assez largement rebordés; les angles antérieurs assez saillants et aigus, les postérieurs tronqués au sommet; il est lisse au milieu, finement et largement ponctué et réticulé sur les côtés, où il est couvert d'un léger duvet jaunâtre, à peine plus largement en avant qu'en arrière. Écusson noirâtre et lisse. Élytres ovalaires, très-légèrement allongées, tronquées un peu obliquement et légèrement sinueuses à l'extrémité, dont le milieu est arrondi, l'angle externe peu ouvert et presque droit, et l'interne étroitement arrondi; elles sont d'un noir de poix, un peu brillantes, avec les bords latéraux étroitement testacés, et une bande longitudinale de même couleur placée le long de la suture et fortement abrégée en arrière; elles sont finement et très-largement ponctuées, réticulées et couvertes d'un léger duvet jaunâtre tout le long du bord externe et à l'extrémité; l'espace lisse est à peine élevé au-dessus de la partie réticulée, et représente assez exactement un cône renversé, occupant leurs quatre cinquièmes antérieurs environ. La portion réfléchie du corselet et des élytres est jaune. Le dessous du corps d'un testacé ferrugineux, avec les parties latérales de la poitrine un peu rembrunies. Les pattes également testacées; les antérieures ont l'extrémité des cuisses, les jambes et les tarses noirâtres.

Je n'ai vu qu'un seul individu femelle de cette espèce; il appartient à M. le comte Dejean, et vient de la Sierra-Léona.

2. Orectochilus Ornaticollis.

Oblongo-ovalis, convexus, viridi-piceus, nitidulus, luteo-marginatus, vittis transversis duabus in thorace rufo-ferrugineo-ornatus, dense reticulato-punctulatus, ochro-sericeus; capite, thorace medio elytrisque plaga lata quadrata ad basin, lævibus; subtus luteo-testaceus; elytris apice paulo oblique truncatis, angulis externis fere rectis, obtusiusculis.

Mas.: plaga dorsali quadrata. Femina: plaga oblonga, postice acute attenuata.

Cybister Ornaticollis. Dej. *Cat.* 3e *édit.* p. 67.

Long. 8 $\frac{1}{2}$ à 9 millim. Larg. 4 $\frac{1}{4}$ à 4 $\frac{3}{4}$ millim.

Ovale, un peu allongé et convexe. Tête d'un noir de poix un peu verdâtre, lisse, brillante et finement réticulée de chaque côté en dehors des yeux supérieurs où elle est couverte d'un léger duvet jaunâtre; labre noirâtre, ponctué et velu; antennes noirâtres, un peu ferrugineuses à la base; palpes ferrugineux. Corselet de la couleur de la tête, également brillant, avec les bords latéraux étroitement testacés, et deux bandes transversales de même couleur, placées, l'une un peu en arrière du bord antérieur, l'autre un peu en avant du bord postérieur, et toutes deux fortement abrégées de chaque côté, deux fois et demie aussi large que long, largement échancré en avant où il est plus étroit, très-légèrement sinueux à la base, dont le milieu est coupé presque carrément et les côtés un peu obliques en arrière; les bords latéraux presque rectilignes, un peu obliques et assez largement rebordés; les angles antérieurs assez saillants et aigus, les postérieurs tronqués au sommet; il est lisse au milieu, finement et largement ponctué et réticulé sur les côtés, où il est couvert d'un léger duvet jaunâtre, à peine plus largement en avant qu'en arrière. Écusson noirâtre et lisse. Élytres ovalaires, très-légèrement allongées, tronquées un peu obliquement à l'extrémité, dont le milieu est arrondi, l'angle externe ouvert et assez senti, et l'interne droit et nullement arrondi; elles sont d'un noir de poix verdâtre, lisses et brillantes, avec les bords latéraux étroitement testacés; elles sont finement et très-largement ponctuées, réticulées et couvertes d'un léger duvet jaunâtre tout le long du bord externe et à l'extrémité; elles offrent, en outre, un peu en dehors du milieu, une côte longitudinale assez saillante et qui en occupe toute l'étendue; l'espace lisse est à peine élevé au-dessus de la partie réticulée, quadrilatère, légèrement échancré en arrière et occupant un peu plus de leur tiers antérieur. La portion réfléchie du corselet et des élytres est jaune. Le dessous du corps testacé. Les pattes également testacées; les antérieures ont les jambes noirâtres le long de leur bord interne, et les tarses noirs.

Les femelles diffèrent des mâles par l'espace lisse des élytres qui, au lieu d'être quadrilatère, représente assez exactement un cône renversé dont le sommet est très-aigu et qui occupe leurs deux tiers antérieurs.

Il se trouve à Madagascar, d'où il a été rapporté par M. Goudot.

3. Orectochilus Madagascariensis.

Oblongo-ovalis, convexus, viridi-piceus, nitidus, luteo-marginatus, dense reticulato-punctulatus, ochro-sericeus; capite, thorace medio, elytris plaga dorsali costaque elevata in disco, lævibus; thoracis elytrorumque margine inflexo luteis; subtus nigro-piceus, pectore, abdominis segmentis penultimis et pedibus rufo-testaceis; elytris apice vix oblique truncatis, angulis externis acutis, fere spinosis.

Mas: plaga dorsali majore, sparsim punctulata. Femina: minore, plaga omnino lævi.

Cybister Madagascariensis. Dupont-Dej. *Cat.* 3e *édit.* p. 67.

Long. 10 à 11 millim. Larg. 5 à 5 $\frac{3}{4}$ millim.

Ovale, un peu allongé et convexe. Tête verdâtre, lisse,

brillante et finement réticulée de chaque côté en dehors des yeux supérieurs où elle est couverte d'un léger duvet jaunâtre; labre noirâtre, ponctué et très-velu; antennes noirâtres; palpes ferrugineux. Corselet d'un noir de poix, un peu cuivreux, avec les bords latéraux testacés, deux fois et demie aussi large que long, largement échancré en avant où il est plus étroit, très-légèrement sinueux à la base, dont le milieu est coupé presque carrément, et les côtés un peu obliques en arrière; les bords latéraux presque rectilignes, un peu obliques et assez largement rebordés; les angles antérieurs assez saillants et aigus, les postérieurs tronqués au sommet; il est lisse au milieu, finement et largement ponctué et réticulé sur les côtés où il est couvert d'un léger duvet jaunâtre, à peine plus largement en avant qu'en arrière. Écusson très-petit, noirâtre. Élytres ovalaires, très-légèrement allongées, tronquées à peine obliquement à l'extrémité, dont le milieu est très-largement arrondi, l'angle externe aigu et un peu saillant, et l'interne presque droit et à peine émoussé; elles sont d'un noir de poix verdâtre, légèrement brillantes, avec les bords latéraux testacés, et finement et très-largement ponctuées, réticulées et couvertes d'un léger duvet jaunâtre tout le long du bord externe et à l'extrémité; le milieu est presque lisse et couvert de points très-écartés d'où sortent autant de poils jaunâtres assez longs; elles offrent, en outre, une côte longitudinale assez saillante, entièrement lisse, placée au milieu environ sur la partie réticulée et occupant un peu plus de leur moitié antérieure; l'espace qui est presque lisse est mal limité, et représente assez exactement un cône renversé dont le sommet est aigu, et qui occupe plus des trois quarts antérieurs des élytres. La portion réfléchie du corselet et des élytres est jaune. Le dessous du corps d'un noir de poix, avec la bouche ferrugineuse, la poitrine et l'extrémité des derniers segments de l'abdomen testacés. Les pattes également testacées; les antérieures ont l'extrémité des cuisses, les jambes et les tarses noirâtres.

Les femelles diffèrent des mâles par leur taille plus petite, et parce qu'elles offrent, sur le milieu des élytres, un espace entièrement lisse, très-bien limité, un peu élevé au-dessus de la partie réticulée, et représentant assez exactement un cône renversé, dont le sommet est très-aigu, et qui occupe leurs deux tiers antérieurs seulement.

Il a été trouvé à Madagascar par M. Goudot.

4. Orectochilus Costatus. *Gory.*

Oblongo-ovalis, convexus, viridi-piceus, luteo-marginatus, dense reticulato-punctulatus, ochro-sericeus; capite, thorace medio elytrisque duabus costis elevatis in disco, lævibus; subtus pallide testaceus; elytris apice vix oblique truncatis, angulis externis spinulosis. ♂

Long. 10 millim. Larg. 4 ½ millim.

Ovale, un peu allongé et convexe. Tête verdâtre, lisse, brillante et finement réticulée de chaque côté en dehors des yeux supérieurs où elle est couverte d'un léger duvet jaunâtre; labre noirâtre, ponctué et velu; antennes noirâtres; palpes testacés. Corselet de la couleur de la tête, avec les bords latéraux testacés, deux fois et demie aussi large que long, largement échancré en avant où il est plus étroit, très-légèrement sinueux à la base, dont le milieu est coupé presque carrément et les côtés un peu obliques en arrière; les bords latéraux presque rectilignes, un peu obliques et assez largement rebordés; les angles antérieurs assez saillants et aigus, les postérieurs tronqués au sommet; il est lisse au milieu, finement et largement ponctué et réticulé sur les côtés, où il est couvert d'un léger duvet jaunâtre, à peine plus largement en avant qu'en arrière. Écusson noirâtre et lisse. Élytres ovalaires, légèrement allongées, tronquées à peine obliquement à l'extrémité, dont le milieu est très-largement arrondi, l'angle externe aigu et épineux, et l'interne droit et nullement émoussé; elles sont d'un noir de poix verdâtre, avec les bords latéraux testacés, et finement ponctuées, réticulées et couvertes d'un léger duvet jaunâtre; elles offrent, en outre, deux côtes longitudinales lisses, l'une au milieu environ et occupant les cinq sixièmes de leur longueur, et l'autre un peu moins élevée, plus courte que la précédente et placée très-près de la suture, à laquelle elle se réunit assez largement en avant. La portion réfléchie du corselet et des élytres est jaune. Le dessous du corps testacé. Les pattes également testacées; les antérieures ont l'extrémité des cuisses, les jambes et les tarses noirâtres.

Il ressemble un peu au précédent, mais il est un peu plus petit, plus allongé, et offre sur les élytres deux côtes saillantes, lisses; le dessous du corps est entièrement testacé, tandis qu'il est noirâtre dans le *Madagascariensis*.

Je n'ai vu qu'un seul individu mâle de cette espèce; il fait partie de la collection de M. Gory, qui l'a reçu de Madagascar.

5. Orectochilus Specularis.

Ovalis, vix oblongus, convexus, brunneo-viridis, nitidulus, luteo-marginatus, dense reticulato-punctulatus, ochro-sericeus; capite, thorace medio, elytris costa eleveta abbreviata in disco plagaque dorsali oblonga, lævibus; thoracis elytrorumque margine inflexo luteo; subtus rufo-ferrugineus; elytris apice truncatis, angulis externis acutis, spinulosis.

Mas : plaga dorsali sparsim punctata. Femina : plaga omnino lævi.

Cybister Specularis. Sch.-Dej. *Cat.* 3e *édit.* p. 67.

Long. 9 millim. Larg. 4 ½ millim.

Ovale, à peine allongé et très-convexe. Tête d'un brun verdâtre, lisse, brillante et finement réticulée de chaque côté en dehors des yeux supérieurs où elle est couverte d'un léger duvet jaunâtre; labre noirâtre, ponctué et velu; antennes noirâtres, testacées à la base; palpes testacés. Corselet de la couleur de la tête, à peine cuivreux, avec les bords latéraux testacés, deux fois et demie aussi large que long, largement échancré en avant, où il est plus étroit, très-légèrement sinueux à la base, dont le milieu est coupé presque carrément et les côtés un peu obliques en arrière; les bords latéraux presque rectilignes, un peu obliques et assez largement rebordés; les angles antérieurs assez saillants et aigus, les postérieurs tronqués au sommet; il est lisse au milieu, finement et largement ponctué et réticulé sur les côtés, où il est couvert d'un léger duvet jaunâtre, à peine plus largement en avant qu'en arrière. Écusson noirâtre, lisse. Élytres ovalaires, tronquées presque carrément à l'extrémité, qui est un peu arrondie en dehors, presque rectilignes en dedans, et dont l'angle externe est aigu et épineux, et l'interne droit et nullement émoussé; elles sont d'un brun verdâtre, un peu brillantes, avec les bords latéraux testacés, finement et largement ponctuées, réticulées et couvertes d'un léger duvet jaunâtre tout le long du bord externe et à l'extrémité; le milieu est presque lisse et couvert de points très-écartés d'où sortent autant de poils jaunâtres assez longs; elles offrent, en outre, une côte longitudinale peu saillante, entièrement lisse, placée un peu en dedans du milieu sur la partie réticulée, et occupant un peu moins de leur moitié antérieure; l'espace qui est presque lisse est mal limité, et représente assez exactement un cône renversé, très-étroit, dont le sommet est très-aigu, et qui occupe plus des trois quarts antérieurs des élytres. La portion réfléchie du corselet et des élytres est jaune. Le dessous du corps testacé. Les pattes également testacées; les antérieures ont quelquefois, et surtout dans les mâles, l'extrémité des cuisses, les jambes et les tarses rembrunis.

Les femelles diffèrent des mâles en ce qu'elles offrent, sur le milieu des élytres, un espace entièrement lisse, presque parallèle, un peu bifide à son extrémité et occupant leurs quatre cinquièmes antérieurs.

Il a quelque analogie avec le *Madagascariensis*, mais il est beaucoup plus petit; la côte saillante des élytres est un peu plus courte; l'espace lisse chez les femelles est plus parallèle et un peu bifide à l'extrémité; et enfin le dessous du corps est testacé.

Il se trouve à la côte de Guinée et aux Indes orientales.

6. Orectochilus Glaucus.

Oblongo-ovalis, convexus, obscure brunneo-æneus, luteo-marginatus, dense reticulato-punctatus, albido-sericeus; capite, thorace medio, et elytris costa in disco suturaque, elevatis, lævibus; subtus pallide luteus; elytris apice paulo oblique truncatis, angulis externis spinulosis.

Mas : sutura elevata, punctulata, vix antice lævi. Femina : sutura omnino lævi.

Gyrinus Glaucus. Klug. *Symb. phys.* t. 34. fig. 11.
Orectochilus Semicostatus. Dej. *Cat.* 3e *édit.* p. 67.

Long. 9 ½ à 10 millim. Larg. 4 à 4 ¼ millim.

Ovale, un peu allongé et convexe. Tête d'un brun terne, légèrement bronzée, finement réticulée en dehors des yeux supérieurs où elle est couverte d'un léger duvet blanchâtre; labre noirâtre, ponctué et velu; antennes noirâtres; palpes testacés. Corselet de la couleur de la tête, à reflet un peu cuivreux, avec les bords latéraux testacés, deux fois et demie aussi large que long, largement échancré en avant, où il est plus étroit, très-légèrement sinueux à la base, dont le milieu est coupé presque carrément, et les côtés un peu obliques en arrière; les bords latéraux presque rectilignes, un peu obliques et assez largement rebordés; les angles antérieurs assez saillants et aigus, les postérieurs tronqués au sommet; il est uni au milieu, finement et largement ponctué et réticulé sur les côtés, où il est couvert d'un léger duvet blanchâtre, à peine plus largement en avant qu'en arrière. Écusson brunâtre et lisse. Élytres ovalaires, un peu allongées, tronquées un peu obliquement à l'extrémité, dont le milieu est largement arrondi, l'angle externe aigu et épineux, et l'interne droit et nullement émoussé; elles sont d'un brun obscur, avec les bords latéraux testacés, et finement ponctuées, réticulées et couvertes d'un léger duvet blanchâtre; elles offrent, en outre, une côte longitudinale assez saillante, très-lisse, légèrement métallique, placée un peu en dedans du milieu et occupant leurs deux tiers antérieurs; la suture est également un peu relevée en côte saillante, lisse dans son tiers antérieur, et couverte, dans le reste de son étendue, de points écartés d'où sortent autant de poils blanchâtres assez longs. Tout le dessous du corps et les pattes d'un testacé pâle.

Les femelles diffèrent des mâles par la côte saillante des élytres, qui va presque jusqu'à l'extrémité, et par la suture également relevée en côte saillante dans leurs neuf dixièmes antérieurs et lisse.

Il se trouve en Égypte.

7. Orectochilus Cyanicollis.

Oblongo-ovalis, convexiusculus, glauco-cæruleus, luteo-marginatus, dense reticulato-punctulatus, ochro-sericeus; capite, thorace medio, elytris plaga minima ad basin costaque carinata in disco, lævibus; thoracis elytrorumque margine inflexo luteo; subtus nigro-piceus, pectore, abdominis segmentis penultimis et pedibus rufo-testaceis; elytris apice paulo oblique truncatis, angulis externis rectis. ♂

Cybister Cyanicollis. Dupont-Dej. *Cat.* 3e *édit.* p. 67.

Minor : elytris disco antico late costaque elevata, lævibus. ♀.

Cybister Cœrulescens. Dupont-Dej. *Cat.* 3e *édit.* p. 67.

Long. 10 ½ à 12 millim. Larg. 5 à 6 ¼ millim.

Ovale, un peu allongé et convexe. Tête d'un bleu un peu glauque, finement réticulée en dehors des yeux supérieurs, où elle est couverte d'un léger duvet jaunâtre; labre noirâtre, ponctué et velu; antennes noirâtres; palpes ferrugineux. Corselet de la couleur de la tête, également un peu glauque, avec les bords latéraux testacés, deux fois et demie aussi large que long, largement échancré en avant, où il est plus étroit, très-légèrement sinueux à la base, dont le milieu est coupé presque carrément, et les côtés un peu obliques en arrière; les bords latéraux presque rectilignes, un peu obliques, et assez largement rebordés; les angles antérieurs assez saillants et aigus, les postérieurs tronqués au sommet; il est lisse au milieu, finement et largement ponctué et réticulé sur les côtés, où il est couvert d'un léger duvet jaunâtre, un peu plus largement en avant qu'en arrière. Écusson noirâtre et lisse. Élytres ovalaires, un peu allongées, largement obconiques, tronquées un peu obliquement à l'extrémité dont le milieu est largement arrondi, l'angle externe droit, et l'interne également droit et nullement émoussé; elles sont d'un bleu un peu glauque, avec les bords latéraux testacés, et finement ponctuées, réticulées et couvertes d'un léger duvet jaunâtre; elles offrent, en outre, deux petits espaces lisses, situés à la base: l'un, un peu en dehors du milieu, est triangulaire en avant et dégénère en arrière en une longue côte carénée qui atteint presque leur extrémité; l'autre, également triangulaire, est fort petit et placé au milieu environ. La portion réfléchie du corselet et des élytres est jaune. Le dessous du corps noirâtre, avec la bouche ferrugineuse, la poitrine et les derniers segments de l'abdomen d'un testacé rougeâtre. Les pattes également d'un testacé rougeâtre; les antérieures ont l'extrémité des cuisses, les jambes et les tarses noirâtres.

Les femelles sont plus petites, plus convexes, et ont les élytres lisses, à l'exception du tiers postérieur et de la partie comprise en dehors de la côte saillante, où elles sont ponctuées, réticulées et couvertes d'un léger duvet jaunâtre.

Il a été trouvé à Madagascar, d'où il a été rapporté par M. Goudot.

8. Orectochilus Dimidiatus.

Elongato-ovalis, valde convexus, viridi-piceus, nitidulus, luteo-marginatus, dense reticulato-punctatus, griseo-sericeus; capite, thorace medio et elytris costa vix elevata, valde abbreviata plagaque dorsali oblonga antice late connexis, lævibus; subtus pallide luteus; elytris apice paulo oblique truncatis, angulis externis spinulosis.

Mas : plaga dorsali tantum ad basin lævi. Femina : plaga integra, omnino lævi.

Gyrinus Dimidiatus. Lap. *Étud. ent.* p. 109.
Cybister Semivillosus. Dej. *Cat.* 3e *édit.* p. 67.

Long. 7 millim. Larg. 3 $\frac{1}{4}$ millim.

Ovale, un peu allongé et très-convexe. Tête verdâtre, lisse, brillante et finement réticulée de chaque côté en dehors des yeux supérieurs, où elle est couverte d'un léger duvet grisâtre; labre noirâtre, ponctué et velu; antennes noirâtres; palpes testacés. Corselet d'un noir de poix, un peu verdâtre, avec les bords latéraux testacés, deux fois et demie aussi large que long, largement échancré en avant, où il est plus étroit, très-légèrement sinueux en arrière, dont le milieu est coupé presque carrément, et les côtés un peu obliques en arrière; les bords latéraux presque rectilignes, un peu obliques et assez largement rebordés; les angles antérieurs assez saillants et aigus, les postérieurs tronqués au sommet; il est lisse au milieu, finement et largement ponctué et réticulé sur les côtés, où il est couvert d'un léger duvet grisâtre, à peine plus largement en avant qu'en arrière. Écusson noirâtre et lisse. Élytres ovalaires, un peu allongées, tronquées un peu obliquement à l'extrémité, dont le milieu est largement arrondi; l'angle externe aigu et épineux, et l'interne droit et à peine émoussé; elles sont d'un brun de poix un peu verdâtre, avec les bords latéraux testacés, et finement ponctuées, réticulées et couvertes d'un léger duvet grisâtre; elles offrent, en outre, une petite côte assez large, à peine saillante, lisse, placée un peu en dedans du milieu, occupant un peu moins de leur moitié antérieure, et très-largement réunie en avant et en dedans à la suture qui est également lisse dans son tiers antérieur. Tout le dessous du corps et les pattes d'un testacé pâle.

Les femelles diffèrent des mâles par la suture des élytres qui est lisse dans toute son étendue, et augmente un peu de largeur à son extrémité.

Il se trouve à la côte de Guinée.

9. ORECTOCHILUS SERICEUS.

Elongato-ovalis, convexus, brunneo-æneus, nitidulus, luteo-marginatus, dense reticulato-punctatus, alternatim albido et ochro-sericeus; capite thoraceque medio lævibus; subtus pallide luteus; elytris apice oblique truncatis, angulis externis spinulosis, internis prominulis.

Gyrinus Sericeus. KLUG. *Symb. phys.* tab. 34. fig. 12.
Orectochilus Palliatus. KLUG-DEJ. *Cat.* 3e *édit.* p. 67.

Long. 9 à 9 ½ millim. Larg. 3 ¾ à 4 millim.

Ovale, allongé et très-convexe. Tête d'un brun noirâtre, un

peu bronzée, lisse, brillante et très-finement pointillée de chaque côté en dehors des yeux supérieurs, où elle est couverte d'un léger duvet jaunâtre; labre noirâtre, ponctué et velu; antennes noirâtres, testacées à la base; palpes testacés. Corselet de la couleur de la tête, avec les bords latéraux testacés, deux fois environ aussi large que long, largement échancré en avant, où il est plus étroit, très-légèrement sinueux à la base, dont le milieu est coupé presque carrément, et les côtés un peu obliques en arrière; les bords latéraux presque rectilignes, un peu obliques et largement rebordés; les angles antérieurs assez saillants et aigus, les postérieurs tronqués au sommet; il est lisse au milieu, très-finement et très-largement ponctué sur les côtés, où il est couvert d'un léger duvet jaunâtre, à peine plus largement en arrière qu'en avant. Écusson noirâtre et lisse Élytres assez allongées, ovalaires, un peu obconiques, tronquées très-obliquement à l'extrémité, dont l'angle externe est très-aigu et épineux, et l'interne également aigu et un peu prolongé en arrière; elles sont d'un brun noirâtre, un peu bronzées, avec les bords latéraux testacés, et entièrement ponctuées, plus finement en arrière qu'en avant, et couvertes de bandes longitudinales alternatives de duvet jaunâtre et blanchâtre; les bandes jaunes plus larges que les blanches; cette disposition est assez vague et visible seulement sur les individus bien frais. Tout le dessous du corps et les pattes d'un testacé pâle; les tarses antérieurs quelquefois un peu rembrunis.

Les femelles ne diffèrent des mâles que par la simplicité des tarses antérieurs.

Il se trouve en Égypte et en Nubie.

10. Orectochilus Gangeticus.

Elongato-ovalis, convexus, nigro-æneus, nitidus, dense reticulato-punctulatus, griseo-sericeus; capite, thorace medio et elytrorum disco, lævibus; subtus nigro-piceus; elytris apice oblique truncatis, angulis externis spinulosis, internis vix prominulis.

Mas : elytrorum plaga dorsali vix elevata. Femina : plaga externe costata.

Gyrinus Gangeticus. Wied., *in Mag. von Germar.* IV. p. 119.

Long. 10 millim. Larg. 4 millim.

Ovale, très-allongé et très-convexe. Tête noirâtre, légèrement bronzée, lisse, brillante et finement reticulée de chaque côté en dehors des yeux supérieurs, où elle est couverte d'un léger duvet grisâtre; labre noir, ponctué et velu; antennes et palpes noirâtres. Corselet de la couleur de la tête, un peu moins de deux fois aussi large que long, largement échancré en avant, où il est plus étroit, très-légèrement sinueux à la base, dont le milieu est coupé presque carrément, et les côtés un peu obliques en arrière; les bords latéraux presque rectilignes, un peu obliques et très-étroitement rebordés; les angles antérieurs assez saillants et aigus, les postérieurs tronqués au sommet; il est lisse au milieu, quelquefois couvert de légères rides irrégulières, très-finement et peu largement ponctué et réticulé sur les côtés, où il est couvert d'un léger duvet grisâtre, à peine plus largement en avant qu'en arrière. Écusson noir et lisse. Élytres ovalaires, allongées, tronquées très-obliquement à l'extrémité, dont l'angle externe est très-aigu et épineux, et l'interne également un peu aigu et à peine prolongé en arrière; elles sont noirâtres, légèrement bronzées, finement ponctuées, réticulées et couvertes d'un léger duvet grisâtre, tout le long du bord externe, plus largement en arrière qu'en avant; l'espace lisse est à peine élevé au-dessus de la partie réticulée, et représente assez exactement un cône renversé, dont la base est assez large, le sommet très-aigu et les côtés onduleux, et qui occupe toute l'étendue des élytres. Tout le dessous du corps et les pattes d'un noir de poix.

Les femelles diffèrent des mâles par l'espace lisse des élytres, qui est limité en dehors et en avant par une petite côte saillante un peu arquée et terminée en pointe très-aiguë.

Il habite les Indes orientales.

11. Orectochilus Speculum. *Mihi.*

Ovalis, convexus, viridi-piceus, nitidus, luteo-marginatus, dense reticulato-punctulatus, ochro-sericeus; capite, thorace medio et elytrorum disco, lævibus; thoracis elytrorumque margine inflexo luteo; subtus ferrugineus; elytris apice paulo oblique truncatis, angulis externis vix rectis. ♂

Long. 8 millim. Larg. 4 millim.

Assez régulièrement ovale et convexe. Tête un peu verdâtre, lisse, brillante et finement réticulée de chaque côté en dehors des yeux supérieurs, où elle est couverte d'un léger duvet jaunâtre; labre noirâtre, ponctué et velu; antennes noirâtres; palpes ferrugineux. Corselet de la couleur de la tête, à reflet un peu bleuâtre, avec les bords latéraux testacés, deux fois et demie aussi large que long, largement échancré en avant où il est plus étroit, très-légèrement sinueux à la base, dont le milieu est coupé presque carrément, et les côtés un peu obliques en arrière; les bords latéraux presque rectilignes, un peu obliques et largement rebordés; les angles antérieurs peu saillants et aigus, les postérieurs tronqués au sommet; il est lisse au milieu, finement et largement ponctué et réticulé sur les côtés, où il est couvert d'un léger duvet jaunâtre, à peine plus largement en avant qu'en arrière. Écusson noirâtre et lisse. Élytres assez régulièrement ovalaires, tronquées un peu obliquement à l'extrémité, dont le milieu est à peine arrondi; l'angle externe obtus et l'interne étroitement arrondi; elles sont d'un noir un peu verdâtre, avec les bords latéraux testacés, et finement et très-largement ponctuées, réticulées et couvertes d'un léger duvet jaunâtre le long du bord externe et à l'extrémité; l'espace lisse n'est pas élevé au-dessus de la partie réticulée, et représente assez exactement un ovale un peu tronqué à une de ses extrémités, et qui occupe environ la moitié de la longueur des élytres; la portion réfléchie du corselet et des élytres est jaune. Le dessous du corps ferrugineux. Les pattes testacées; les antérieures un peu ferrugineuses.

Je n'ai vu qu'un seul individu mâle de cette espèce; il appartient à M. le comte Dejean, et a été pris sur la côte de Mozambique.

12. Orectochilus Discus. *Mihi.*

Oblongo-ovalis, convexus, nigro-piceus, nitidus, luteo-marginatus, dense reticulato-punctulatus, ochro-sericeus; capite, thorace medio, et elytrorum disco, lævibus; thoracis elytrorumque margine inflexo luteo; subtus piceus, ano pedibusque ferrugineis; elytris apice fere recte truncatis; angulis externis vix spinulosis.

Cybister Sericeus. Dej. *Cat.* 3e *édit.* p. 67.

Long. 6 à 6 ½ millim. Larg. 3 à 3 ¼ millim.

Ovale, un peu allongé et convexe. Tête d'un noir de poix à peine verdâtre, lisse, brillante, finement réticulée de chaque côté en dehors des yeux supérieurs, où elle est couverte d'un léger duvet jaunâtre; labre noirâtre, à peine ponctué et velu en arrière, lisse et glabre en avant; antennes noirâtres, ferrugineuses à la base; palpes ferrugineux. Corselet de la couleur de la tête, avec les bords latéraux testacés, un peu moins de deux fois et demie aussi large que long, largement échancré en avant, où il est plus étroit, très-légèrement sinueux à la base, dont le milieu est coupé presque carrément, et les côtés un peu obliques en arrière ; les bords latéraux presque rectilignes, un peu obliques et largement rebordés ; les angles antérieurs peu saillants et aigus, les postérieurs tronqués au sommet ; il est lisse au milieu, finement et peu largement ponctué et réticulé sur les côtés, où il est couvert d'un léger duvet jaunâtre, un peu plus largement en avant qu'en arrière. Écusson noirâtre et lisse. Élytres ovalaires, à peine allongées, tronquées presque carrément à l'extrémité, dont l'angle externe est aigu et à peine épineux, et l'interne droit et nullement émoussé ; elles sont d'un noir de poix, avec les bords latéraux testacés, et finement et assez largement ponctuées, réticulées et couvertes d'un léger duvet jaunâtre tout le long du bord externe et à l'extrémité ; l'espace lisse n'est pas élevé au-dessus de la partie réticulée, et représente un peu plus de la moitié d'un ovale qui occupe les deux tiers antérieurs des élytres. La portion réfléchie du corselet et des élytres est jaune. Le dessous du corps d'un ferrugineux noirâtre, avec l'extrémité de l'abdomen testacé. Les pattes testacées ; les antérieures ferrugineuses.

Les femelles ne diffèrent des mâles que par la simplicité des pattes antérieures.

Il a quelque analogie avec le *Speculum*, dont il diffère par sa taille de moitié plus petite, sa forme un peu plus allongée, son corselet et ses élytres un peu moins largement réticulés et ponctués, et enfin par le dessous du corps qui est plus foncé.

Il se trouve aux îles Philippines.

13. Orectochilus Marginepennis. Dupont.

Oblongo-ovalis, convexus, nigro-piceus, nitidus, luteo-marginatus, dense reticulato-punctulatus, ochro-sericeus; capite, thorace medio et elytrorum disco, lœvibus; labro, thoracis elytrorumque margine inflexo luteis; subtus nigro-piceus, ano pedibusque testaceis; elytris apice fere recte truncatis, angulis externis rectis. ♂

Long. 6 ½ millim. Larg. 3 ¼ millim.

Ovale, un peu allongé et convexe. Tête d'un noir de poix, lisse, brillante et finement réticulée de chaque côté en dehors des yeux supérieurs, où elle est couverte d'un léger duvet jaunâtre; labre jaune, à peine ponctué et velu en arrière, lisse et glabre en avant; antennes ...., testacées à la base; palpes testacés. Corselet de la couleur de la tête, avec les bords latéraux testacés, un peu moins de deux fois et demie aussi large que long, largement échancré en avant, où il est plus étroit, très-légèrement sinueux à la base, dont le milieu est coupé presque carrément et les côtés un peu obliques en arrière; les bords latéraux presque rectilignes, un peu obliques et étroitement rebordés; les angles antérieurs peu saillants et aigus, les postérieurs tronqués au sommet; il est lisse au milieu, finement et peu largement ponctué et réticulé sur les côtés, où il est couvert d'un léger duvet jaunâtre, un peu plus largement en avant qu'en arrière. Écusson noirâtre et lisse. Élytres ovalaires, un peu allongées, tronquées presque carrément à l'extrémité qui est à peine arrondie, et dont l'angle externe est ouvert, et l'interne droit et nullement émoussé; elles sont d'un noir de poix un peu ferrugineux, avec les bords latéraux testacés, finement ponctuées, réticulées et couvertes d'un léger duvet jaunâtre tout le long du bord externe, beaucoup plus étroitement en avant qu'en arrière, où la partie réticulée vient toucher la suture, mais seulement à l'extrémité et dans une étendue infiniment petite; l'espace lisse est très-légèrement élevé au-dessus de la partie réticulée, et représente assez exactement un cône renversé, large, obtus au sommet, et qui occupe toute la longueur des élytres. La portion réfléchie du corselet et des élytres est jaune. Le dessous du corps d'un noir de poix, avec la bouche ferrugineuse; les derniers segments de l'abdomen et les pattes testacés; le segment anal est également testacé en dessus.

Il est très-voisin du *Discus*, dont il a la forme et la taille : il en diffère par le labre et la partie supérieure du dernier segment de l'abdomen, qui sont jaunes; en outre, les élytres sont plus étroitement réticulées sur les bords, et l'espace lisse occupe toute leur longueur, tandis que dans le précédent il atteint à peine leur tiers postérieur.

M. Dupont possède deux individus mâles de cet *Orectochilus*; il les a reçus de Java.

14. Orectochilus Villosus.

Elongato-ovalis, convexus, brunneus, vix æneus, nitidulus, punctulatus, ochro-sericeus, densius ad latera; subtus pallide testaceus; elytris apice rotundatis.

Gyrinus Villosus. Fab. *Syst. Eleut.* I. 276.
Gyl. *Ins. Suec.* I. 144.
Gyrinus Modeeri. Marsh. *Ent. Brit.* I. 100.
Orectochilus Villosus. Lacord. *Faun. Ent.* I. p. 345.

Long. 6 ½ millim. Larg. 3 millim.

Ovale, allongé et très-convexe. Tête brunâtre, à peine bronzée, très-finement pointillée, presque lisse sur le vertex et couverte d'un léger duvet jaunâtre, un peu plus abondant de chaque côté en dehors des yeux supérieurs; labre noirâtre, ponctué et velu; antennes brunâtres, testacées à la base et à l'extrémité; palpes testacés. Corselet de la couleur de la tête, un peu moins de deux fois aussi large que long, largement échancré en avant, où il est plus étroit, à peine sinueux à la base, dont le milieu est coupé presque carrément et les côtés très-légèrement obliques en arrière; les bords latéraux presque rectilignes, un peu obliques et très-étroitement rebordés;

les angles antérieurs peu saillants et aigus, les postérieurs tronqués au sommet; il est finement ponctué et couvert d'un très-léger duvet jaunâtre. Écusson large, noirâtre et lisse. Élytres ovalaires, allongées, obliquement arrondies à l'extrémité, dont l'angle interne est étroitement arrondi; elles sont brunâtres, à peine bronzées, finement ponctuées et couvertes d'un très-léger duvet jaunâtre, un peu plus abondant sur les côtés. Tout le dessous du corps et les pattes testacés.

Les femelles ne diffèrent des mâles que par la simplicité des pattes antérieures.

Il habite presque toute l'Europe, et se tient de préférence dans les rivières, où on le trouve, soit à la surface de l'eau, soit sous les pierres, les petits corps flottants, et sous les feuilles des plantes aquatiques.

2e DIVISION. *Écusson invisible.*

V. GYRETES. *Brullé.*

GYRINUS. *Olivier, Germar.* CYBISTER. *Eschscholtz* (inédit).

Labro porrecto, angusto; abdominis segmento anali trigono-pyramidali.

Corps ovalaire, plus ou moins convexe. Épistome très-légèrement échancré. Labre avancé, étroitement arrondi en avant et cilié. Menton fortement échancré, avec une petite saillie anguleuse au milieu de l'échancrure. Dernier article des antennes presque pointu. Les trois premiers articles des palpes maxillaires très-petits; le dernier aussi long que les trois autres réunis et tronqué. Languette coupée presque carrément. Le premier article des palpes labiaux très-petit; le second un peu plus long; le troisième plus long encore que le précédent et tronqué. Pattes antérieures de médiocre longueur; les jambes un peu élargies à l'extrémité; tous les articles de leurs tarses, dans les mâles, dilatés en une palette allongée, et garnie en dessous de petites brosses soyeuses. Les pattes intermédiaires, à très-peu de chose près, aussi rapprochées des antérieures que des postérieures. Dernier segment de l'abdomen triangulaire, allongé et pyramidal.

Nous devons la description de ce genre à M. Brullé, qui l'a donnée dans l'*Histoire naturelle des Insectes*; cette coupe générique avait déjà été signalée par Eschscholtz dans son travail inédit, sous le nom de *Cybister*. Ces insectes ressemblent considérablement aux *Orectochilus*, dont ils ne diffèrent que par l'absence d'écusson, et les antennes presque pointues; ils sont tous étrangers à l'Europe.

1. Gyrites Melanarius. *Mihi.*

Ovalis, convexus, niger, nitidulus, angustissime ferrugineo-marginatus, dense reticulato-punctulatus, ochro-sericeus; capite, thorace medio, elytris plaga lata dorsali, lævibus; thoracis elytrorumque margine inflexo rufo-luteo; subtus nigro-piceus, abdomine pedibusque ferrugineis; elytris apice vix oblique truncatis, angulis externis obtusiusculis. ♀

Long. 10 $\frac{3}{4}$ millim. Larg. 5 $\frac{1}{2}$ millim.

Ovale et convexe. Tête noire, lisse, brillante et finement réticulée de chaque côté en dehors des yeux supérieurs, où elle est couverte d'un léger duvet jaunâtre; labre...; antennes..., ferrugineuses à la base; palpes ferrugineux. Corselet de la couleur de la tête, avec les bords latéraux très-étroitement et à peine visiblement ferrugineux, deux fois et demie aussi large que long, largement échancré en avant, où il est plus étroit, très légèrement sinueux à la base, dont le milieu est coupé presque carrément, et les côtés un peu obliques en arrière; les bords latéraux presque rectilignes, un peu obliques et étroitement rebordés; les angles antérieurs peu saillants et aigus, les postérieurs tronqués au sommet; il est lisse au milieu, finement et assez largement ponctué et réticulé sur les côtés, où il est couvert d'un léger duvet jaunâtre, à peine plus largement en avant qu'en arrière. Élytres assez régulièrement ovalaires, tronquées carrément et à peine obliquement à l'extrémité, dont l'angle externe est un peu ouvert, et l'interne presque droit et un peu aigu; elles sont noires, lisses et brillantes, avec les bords latéraux très-étroitement et à peine visiblement ferrugineux, et finement et assez largement ponctuées, réticulées et couvertes d'un léger duvet jaunâtre tout le long du bord externe, un peu plus largement en arrière, où la partie réticulée vient toucher la suture dans une très-petite étendue. La portion réfléchie du corselet et des élytres d'un ferrugineux rougeâtre. Le dessous du corps d'un noir de poix, avec la bouche et l'abdomen ferrugineux. Les pattes également ferrugineuses.

Je n'ai vu qu'un seul individu femelle de cette espèce; il appartient à M. Buquet, qui l'a reçu du Brésil.

2. Gyretes Dorsalis.

Oblongo-ovalis, valde convexus, brunneo-niger, nitidulus, anguste luteo-marginatus, dense reticulato-punctatus, ochro-sericeus; capite, thorace medio, elytris plaga dorsali, lævibus; thoracis elytrorumque margine inflexo luteo; subtus rufo-testaceus; elytris apice paulo oblique truncatis, angulis externis spinulosis, internis prominulis. ♂

Femina: plaga dorsali majore.

Gyretes Dorsalis. Brullé. *Voy. de M. d'Orbig. dans l'Am. mérid.* VI. p. 52.

Long. 10 millim. Larg. 4 $\frac{2}{3}$ millim.

Ovale, à peine allongé et convexe. Tête d'un brun noirâtre

lisse, brillante et finement réticulée de chaque côté en dehors des yeux supérieurs, où elle est couverte d'un léger duvet jaunâtre; labre noirâtre, ponctué et velu; antennes brunâtres, ferrugineuses à la base et à l'extrémité; palpes ferrugineux. Corselet de la couleur de la tête, avec les bords latéraux très-étroitement testacés, deux fois et demie aussi large que long, largement échancré en avant, où il est plus étroit, très-légèrement sinueux à la base, dont le milieu est coupé presque carrément et les côtés un peu obliques en arrière; les bords latéraux presque rectilignes, un peu obliques et étroitement rebordés; les angles antérieurs peu saillants et aigus, les postérieurs tronqués au sommet; il est lisse au milieu, finement et largement ponctué et réticulé sur les côtés, où il est couvert d'un léger duvet jaunâtre, à peine plus largement en avant qu'en arrière. Élytres assez régulièrement ovalaires, tronquées un peu obliquement à l'extrémité, dont l'angle externe est aigu et un peu épineux, et l'interne également un peu aigu et assez saillant; elles sont d'un brun noirâtre, lisses et brillantes, avec les bords latéraux étroitement testacés, et finement et très-largement ponctuées, réticulées et couvertes d'un léger duvet jaunâtre tout le long du bord externe, un peu plus largement en arrière, où la partie réticulée vient toucher la suture dans toute sa moitié postérieure. La portion réfléchie du corselet et des élytres jaune. Le dessous du corps d'un testacé plus ou moins ferrugineux, avec les parties latérales de la poitrine quelquefois un peu rembrunies. Les pattes testacées.

Les femelles diffèrent des mâles par l'espace lisse des élytres qui est plus grand, et occupe leurs deux tiers antérieurs.

Il se trouve au Brésil, et fait partie de la collection du Muséum et de celle de M. Dejean.

Nota. M. Brullé a fait sa description sur un jeune individu récemment éclos et presque entièrement testacé.

3. GYRETES BIDENS.

Oblongo-ovalis, convexus, niger, nitidissimus, dense reticulato-punctulatus, griseo-sericeus; capite thorace medio, elytris plaga lata dorsali, lævibus; subtus nigro-piceus, pedibus intermediis et posticis anoque ferrugineis; elytris apice recte truncatis, angulis externis valde spinosis, internis vix prominulis.

Gyrinus Bidens. OLIV. *Ent.* III. 41. p. 13. pl. 1. fig. 6.
Gyretes Æneus. BRULLÉ. *Hist. nat. des Ins.* V. p. 241.
Cybister Incisus. DEJ. *Cat.* 3e *édit.* p. 67.

Long. 10 millim. Larg. 4 $\frac{1}{3}$ millim.

Ovale, un peu allongé et convexe. Tête noire, lisse, très-brillante et finement réticulée de chaque côté, en dehors des yeux supérieurs, où elle est couverte d'un léger duvet grisâtre; labre noir, ponctué et velu; antennes noirâtres; palpes ferrugineux. Corselet de la couleur de la tête, également très-brillant, deux fois et demie environ aussi large que long, largement échancré en avant, où il est plus étroit, très-légèrement sinueux à la base, dont le milieu est coupé presque carrément et les côtés un peu obliques en arrière; les bords latéraux presque rectilignes, un peu obliques et très-étroitement rebordés; les angles antérieurs peu saillants et aigus, les postérieurs tronqués obliquement; il est lisse au milieu, finement et largement ponctué et réticulé sur les côtés, où il est couvert d'un léger duvet grisâtre, à peine plus largement en avant qu'en arrière. Élytres assez régulièrement ovalaires, tronquées presque carrément à l'extrémité, dont l'angle externe est très-aigu, très-prolongé en arrière et épineux, et l'interne presque droit et nullement émoussé; elles sont noires, lisses, très-brillantes et finement et assez largement ponctuées, réticulées et couvertes d'un léger duvet jaunâtre tout le long du bord externe, plus largement en avant et en arrière, et surtout en arrière, où la partie réticulée vient toucher la suture dans son sixième postérieur environ. La portion réfléchie du corselet et des élytres est noire. Le dessous du corps d'un noir de poix, avec l'extrémité de l'abdomen ferrugineuse. Les pattes antérieures noirâtres, les intermédiaires et postérieures ferrugineuses.

Les femelles ne diffèrent des mâles que par la simplicité des pattes antérieures.

Il se trouve à Cayenne.

4. Gyretes Vulneratus.

Oblongo-ovalis, convexus, nigro-æneus, nitidissimus, luteo-marginatus; thoracis et elytrorum lateribus dense reticulato-punctatis, ochro-sericeis, margine inflexo luteo; subtus rufo-testaceus; elytris apice paulo oblique truncatis, angulis externis vix spinulosis, internis obtusis. ♂

Femina: opaca, subtilissime reticulato-strigosa; elytris costis duabus externis valde antice et postice abbreviatis.

Cybister Vulneratus. Mannerh.-Dej. *Cat.* 3e *édit.* p. 67.

Long. 6 millim. Larg. 3 millim.

Ovale, à peine allongé et convexe. Tête noire, lisse, très-brillante et finement réticulée de chaque côté, en dehors des yeux supérieurs, où elle est couverte d'un léger duvet jaunâtre; labre ferrugineux, ponctué et à peine velu; antennes brunâtres, testacées à la base et à l'extrémité; palpes testacés. Corselet de la couleur de la tête, également très-brillant, avec les bords latéraux très-étroitement testacés, deux fois et demie aussi large que long, largement échancré en avant, où il est plus étroit, très-légèrement sinueux à la base, dont le milieu est coupé presque carrément, et les côtés un peu obliques en arrière; les bords latéraux presque rectilignes, un peu obliques et étroitement rebordés; les angles antérieurs peu saillants et aigus, les postérieurs tronqués au sommet; il est lisse au milieu, finement et peu largement ponctué et réticulé sur les côtés, où il est couvert d'un léger duvet jaunâtre, un peu plus largement en avant qu'en arrière. Élytres ovalaires, tronquées un peu obliquement à l'extrémité, dont l'angle externe est aigu et un peu saillant, et l'interne étroitement arrondi; elles sont noires, lisses, très-brillantes, finement et étroitement ponctuées, réticulées et couvertes d'un léger duvet jaunâtre tout le long du bord externe, un peu plus largement en arrière, où la partie réticulée atteint environ le milieu de la largeur de l'élytre. La portion réfléchie du corselet et des élytres est jaune. Le dessous du corps et les pattes testacés.

Les femelles diffèrent des mâles en ce qu'elles sont ternes, presque imperceptiblement réticulées, et qu'elles offrent en dehors deux petites côtes longitudinales assez saillantes, abrégées en avant et en arrière.

Il se trouve à Saint-Domingue.

5. Gyretes Leionotus.

Oblongo-ovalis, convexus, nigro-æneus, nitidissimus; thoracis et elytrorum lateribus dense reticulato-punctatis ochro-sericeis, margine inflexo testaceo; subtus nigro-piceus, pedibus anoque rufo-testaceis; elytris apice recte truncatis, angulis externis valde obtusis. ♂

Cybister Leionotus. Dej. *Cat.* 3e *édit.* p. 67.

Femina: opaca, subtilissime reticulato-strigosa; elytris costis duabus vel tribus obsoletissimis, vix conspicuis.

Cybister Pubescens. Dej. *Cat.* 3e *édit.* p. 67.

Long. 6 millim. Larg. 3 millim.

Ovale, à peine allongé et assez convexe. Tête noire, lisse, très-brillante et finement réticulée de chaque côté, en dehors des yeux supérieurs, où elle est couverte d'un léger duvet jaunâtre; labre d'un brun noirâtre, ponctué et à peine velu; antennes noirâtres, ferrugineuses à la base et à l'extrémité; palpes ferrugineux. Corselet de la couleur de la tête, également très-brillant, deux fois et demie aussi large que long, largement échancré en avant, où il est plus étroit, très-légèrement sinueux à la base, dont le milieu est coupé presque carrément, et les côtés un peu obliques en arrière; les bords latéraux presque rectilignes, un peu obliques et étroitement rebordés; les angles antérieurs peu saillants et aigus, les postérieurs tronqués au sommet; il est lisse au milieu, finement et peu largement réticulé et ponctué sur les côtés, où il est couvert d'un léger duvet jaunâtre, un peu plus largement en avant qu'en arrière. Élytres ovalaires, tronquées carrément à l'extrémité, dont l'angle externe est très-obtus et l'interne droit et nullement émoussé; elles sont noires, lisses, très-brillantes, finement ponctuées, réticulées et couvertes d'un léger duvet jaunâtre tout le long du bord externe, étroitement en avant et largement en arrière, où la partie réticulée vient toucher la suture dans une très-petite étendue. La portion réfléchie du corselet et des élytres est ferrugineuse. Le dessous du corps d'un noir de poix, avec la bouche et les derniers segments de l'abdomen ferrugineux. Les pattes d'un testacé ferrugineux.

Les femelles diffèrent des mâles en ce qu'elles sont ternes, presque imperceptiblement réticulées, et qu'elles offrent, sur le milieu du disque, une ou deux côtes à peine saillantes.

Cet insecte a quelque analogie avec le précédent, dont il a la taille et la forme; il en diffère par l'absence de bordure jaune, par les élytres, qui sont plus largement réticulées en arrière, et dont l'angle externe de l'extrémité est très-obtus, et enfin par la couleur du dessous du corps.

Il habite le Mexique.

6. Gyretes Cinctus.

Oblongo-ovalis, convexus, nigro-æneus, nitidissimus, iridi-micans, luteo-marginatus; thoracis lateribus et elytrorum angulis externis posticis dense reticulato-punctatis, ochro-sericeis; thoracis elytrorumque margine inflexo luteo; subtus nigro-piceus, pedibus et ano rufo-testaceis; elytris apice recte truncatis, angulis externis fere rectis.

Gyrinus Cinctus. Germ. *Ins. Spec. nov.* p. 33.
Cybister Marginellus. Dej. *Cat.* 3ᵉ *édit.* p. 67.

Long. 6 millim. Larg. 3 millim.

Ovale, à peine allongé et convexe. Tête noire, lisse, très-brillante et finement réticulée de chaque côté, en dehors des yeux supérieurs, où elle est couverte d'un léger duvet jaunâtre; labre noirâtre, ponctué et à peine velu; antennes noires, ferrugineuses à la base et à l'extrémité; palpes ferrugineux. Corselet de la couleur de la tête, également très-brillant, avec les bords latéraux très-étroitement testacés, deux fois et demie aussi large que long, largement échancré en avant, où il est plus étroit, très-légèrement sinueux à la base, dont le milieu est coupé presque carrément et les côtés un peu obliques en arrière; les bords latéraux presque rectilignes, un peu obliques et étroitement rebordés; les angles antérieurs peu saillants et aigus, les postérieurs tronqués au sommet; il est lisse au milieu, finement et étroitement ponctué et réticulé sur les côtés, où il est couvert d'un léger duvet jaunâtre, un peu plus largement en avant qu'en arrière. Élytres ovalaires, tronquées carrément à l'extrémité, dont l'angle externe est presque droit et à peine ouvert, et l'interne droit et un peu émoussé; elles sont noires, irisées et chatoyantes, lisses, très-brillantes et finement ponctuées, réticulées et couvertes d'un léger duvet jaunâtre vers l'angle postérieur externe; la partie réticulée représente un triangle scalène dont un des côtés suit le bord externe dans son tiers postérieur, le second marche de l'angle externe à la suture qu'il atteint, et enfin le troisième regarde obliquement la suture. La portion réfléchie du corselet et des élytres est jaunâtre. Le dessous du corps d'un noir de poix, avec la bouche, la poitrine et l'extrémité de l'abdomen d'un testacé rougeâtre. Pattes testacées.

Les femelles ne diffèrent des mâles que par la simplicité des pattes antérieures.

Il se trouve au Brésil.

7. Gyretes Morio. *Mihi.*

Oblongo-ovalis, convexus, nigro-œneus, nitidissimus; thoracis et elytrorum lateribus dense reticulato-punctatis, ochro-sericeis, margine inflexo rufo-testaceo; subtus ferrugineus; elytris apice recte truncatis, angulis externis fere rectis.

Long. 6 $\frac{3}{4}$ millim. Larg. 3 $\frac{1}{2}$ millim.

Ovale, à peine allongé et convexe. Tête noire, lisse, très-brillante et finement réticulée de chaque côté, en dehors des yeux supérieurs, où elle est couverte d'un léger duvet jaunâtre; labre d'un testacé ferrugineux, ponctué et à peine velu; antennes d'un brun ferrugineux, un peu plus claires à la base et à l'extrémité; palpes ferrugineux. Corselet de la couleur de la tête, également très-brillant, deux fois et demie aussi large que long, largement échancré en avant, où il est plus étroit, très-légèrement sinueux à la base, dont le milieu est coupé presque carrément et les côtés un peu obliques en arrière; les bords latéraux presque rectilignes, un peu obliques et étroitement rebordés; les angles antérieurs peu saillants et aigus, les postérieurs tronqués au sommet; il est lisse au milieu, et finement et peu largement ponctué et réticulé sur les côtés, où il est couvert d'un léger duvet jaunâtre, un peu plus largement en avant qu'en arrière. Élytres ovalaires, tronquées carrément à l'extrémité, dont l'angle externe est presque droit et un peu ouvert, et l'interne droit et nullement émoussé; elles sont noires, irisées et chatoyantes, lisses, très-brillantes et finement ponctuées, réticulées et couvertes d'un léger duvet jaunâtre tout le long du bord externe, étroitement en avant et largement en arrière, où la partie réticulée vient toucher la suture dans une petite étendue. La portion réfléchie du corselet et des élytres est testacée. Le dessous du corps et les pattes ferrugineux.

Les femelles ne diffèrent des mâles que par la simplicité des pattes antérieures.

Cette espèce est très-voisine de la précédente, dont elle diffère à peine; elle est un peu plus grande, nullement bordée de jaune, et le bord externe des élytres est ponctué et réticulé dans toute son étendue; elle a aussi le labre testacé, et la partie inférieure du corps moins foncée.

M. Chevrolat possède une paire de ce *Gyretes*, qu'il a reçue de la Guadeloupe.

8. Gyretes Levis.

Oblongo-ovalis, nigro-æneus, nitidissimus; thoracis et elytrorum lateribus dense reticulato-punctatis, ochro-sericeis; subtus rufo-testaceus, pedibus anoque pallidioribus; elytris apice paulo rotundatim truncatis, angulis externis obtusis.

Gyretes Levis. Brullé. *Voy. de M. d'Orbig. dans l'Am. mérid.* vi. p. 52.

Cybister Scitulus. Dej. *Cat.* 3e *édit.* p. 67.

Long. 4 ¾ millim. Larg. 2 ⅓ millim.

Ovale, à peine allongé et convexe. Tête noire, lisse, très-brillante et finement réticulée de chaque côté en dehors des yeux supérieurs, où elle est couverte d'un léger duvet jaunâtre; labre ferrugineux, ponctué et à peine velu; antennes noirâtres, ferrugineuses à la base et à l'extrémité; palpes ferrugineux. Corselet de la couleur de la tête, également très-brillant, deux fois et demie aussi large que long, largement échancré en avant, où il est plus étroit, très-légèrement sinueux à la base, dont le milieu est coupé presque carrément et les côtés un peu obliques en arrière; les bords latéraux presque rectilignes, un peu obliques et étroitement rebordés; les angles antérieurs peu saillants et aigus, les postérieurs tronqués au sommet; il est lisse au milieu, finement et peu largement ponctué et réticulé sur les côtés, où il est couvert d'un léger duvet jaunâtre, un peu plus largement en avant qu'en arrière. Élytres ovalaires, tronquées presque carrément et un peu obliquement à l'extrémité, dont le milieu est à peine arrondi, l'angle externe assez ouvert, et l'interne droit et nullement émoussé; elles sont noires, lisses, très-brillantes, très-légèrement chatoyantes et finement ponctuées, réticulées et couvertes d'un léger duvet jaunâtre tout le long du bord externe, étroitement en avant et largement en arrière, où la partie réticulée vient toucher la suture dans une très-petite étendue. La portion réfléchie du corselet et des élytres ferrugineuse. Le dessous du corps ferrugineux, avec l'extrémité de l'abdomen et les pattes testacées.

Les femelles ne diffèrent des mâles que par la simplicité des pattes antérieures.

Il a la plus grande analogie avec le précédent, dont il ne diffère que par sa taille environ trois fois plus petite, et par l'extrémité des élytres qui est très-faiblement arrondie.

Il se trouve au Brésil.

VI. PORRORHYNCHUS. *Laporte.*

TRIGONOCHEILUS. *Dejean* (inédit).

Labro valde porrecto, antice fere acuto; abdominis segmento anali rotundato.

Corps ovalaire, médiocrement convexe. Épistome légèrement échancré. Labre triangulaire, très-fortement avancé, terminé en pointe mousse et cilié. Menton profondément échancré, avec une très-légère saillie arrondie au milieu de l'échancrure. Dernier article des antennes tronqué presque carrément. Les trois premiers articles des palpes maxillaires très-petits, le dernier un peu plus court que les trois autres réunis et tronqué. Languette large, légèrement échancrée. Les deux premiers articles des palpes labiaux très-petits, le dernier plus long que les deux autres réunis et tronqué. Pattes antérieures très-longues; leurs jambes un peu élargies en avant; tous les articles de leurs tarses, dans les mâles, dilatés en une palette allongée et garnie en dessous de petites brosses soyeuses. Les pattes intermédiaires, à très-peu de chose près, aussi rapprochées des antérieures que des postérieures. Dernier segment de l'abdomen aplati et étroitement arrondi à son extrémité.

Ce genre, déjà indiqué par M. le comte Dejean sous le nom de *Trigonocheilus*, a été décrit pour la première fois par M. de Laporte dans ses *Études entomologiques*; il ne renferme jusqu'à ce jour qu'une seule espèce qui se trouve à Java.

1. PORRORHYNCHUS MARGINATUS.

Oblongo-ovalis, dorso convexus, supra olivaceo-æneus, luteo-limbatus; subtus pallide testaceus; elytris apice utrinque bispinosis.

Porrorhynchus Marginatus. Lap. *Étud. ent.* p. 108. Brullé. *Hist. nat. des Ins.* v. p. 239.

Trigonocheilus Rostratus. de Haan-Dej. *Cat.* 3e *édit.* pag. 67.

Long. 16 à 20 millim. Larg. 9 à 11 millim.

Ovale, légèrement allongé, un peu plus étroit en avant et convexe au milieu. Tête olivâtre, lisse, brillante et irisée, avec une petite bordure jaune en dehors des yeux supérieurs; labre lisse; antennes noirâtres; palpes testacés. Corselet de la couleur de la tête, également irisé, avec les bords latéraux jaunes, un peu plus de deux fois aussi large que long, largement échancré en avant, où il est plus étroit, sinueux à la base, dont le milieu est légèrement arrondi et les côtés un peu obliques en arrière; les bords latéraux rectilignes, obliques et à peine rebordés; les angles antérieurs assez saillants et aigus, les postérieurs également aigus; il est lisse et brillant au milieu, un peu glauque sur les côtés, où il est couvert de petits points très-écartés et à peine visibles. Élytres ovalaires, convexes au milieu et en avant, déprimées sur les côtés et en arrière, arrondies à l'extrémité, où elles sont armées chacune de deux épines, l'une au milieu très-saillante, l'autre en dehors un peu moins longue; elles sont olivâtres, un peu irisées, lisses et brillantes au milieu, glauques et très-finement ponctuées sur les côtés, avec les bords latéraux jaunes, très-étroitement noirâtres en dehors et dentés en scie dans leur moitié postérieure; la bordure jaune n'atteint pas tout à fait en arrière la petite épine externe, et est souvent interrompue à son tiers antérieur. Tout le dessous du corps et les pattes d'un testacé très-pâle; la base des jambes antérieures et leurs tarses rembrunis.

Il se trouve à Java.

VII. DINEUTES. *Mac Leay.*

Gyrinus. *Linné, Fabricius, Olivier.* Cyclinus. *Kirby.* Dineutes. *Mac Leay, Brullé.* Cyclous. *Eschscholtz.* (inédit.)

Labro transverso, rotundato; abdominis segmento anali rotundato.

Corps ovalaire, généralement déprimé. Épistome à peine échancré. Labre très-légèrement saillant, arrondi en avant et cilié. Menton fortement échancré, avec une saillie à peine sensible au milieu de l'échancrure. Dernier article des antennes tronqué obliquement. Les trois premiers articles des palpes maxillaires très-petits, le dernier presque aussi long que les trois autres réunis. Languette large; légèrement échancrée. Les deux premiers articles des palpes labiaux très-petits, le dernier plus long que les deux autres réunis et tronqué. Pattes antérieures très-longues; leurs jambes un peu élargies en avant; tous les articles de leurs tarses, dans les mâles, dilatés en une palette allongée et garnie en dessous de petites brosses soyeuses. Les pattes intermédiaires, à très-peu de chose près, aussi rapprochées des antérieures que des postérieures. Dernier segment de l'abdomen aplati et arrondi à son extrémité.

Mac Leay, *Annulosa Javanica*, a le premier séparé ce genre des autres Gyrins. Eschscholtz, dans son travail inédit, ne pouvant saisir les caractères trop vagues assignés par Mac Leay à son genre *Dineutes*, a lui-même créé, avec les insectes qui en font partie, une coupe générique particulière qu'il nomma *Cyclous*. J'avoue que, moi-même, peu satisfait des caractères des *Dineutes* de Mac Leay, je n'aurais pas adopté ce genre, s'il n'avait été depuis confirmé et décrit par M. Brullé dans l'*Histoire naturelle des Insectes*.

Les *Dineutes* sont assez nombreux, et, à l'exclusion de l'Europe, se trouvent dans toutes les parties du monde.

1. Dineutes Politus.

Ovalis, convexiusculus, supra æneo-olivaceus, nitidus, lævis; elytris postice rotundatis, pone apicem vix undulato-emarginatis; subtus ferrugineus.

Dineutes Politus. Mac-Leay. *Ann. Jav.* p. 133. édit. Lequien.
Cyclous Major. Dej. *Cat.* 3e *édit.* p. 66.

Long. 18 à 21 millim. Larg. 10 à 11 $\frac{2}{3}$ millim.

Ovale, convexe au milieu et déprimé sur les côtés. Tête d'un brun olivâtre un peu bronzé, lisse et brillante; antennes noirâtres; palpes ferrugineux. Corselet de la couleur de la tête, brillante au milieu, glauque et bleuâtre sur les côtés, trois fois environ aussi large que long, largement échancré en avant, où il est plus étroit, le bord antérieur s'avançant un peu en s'arrondissant sur la tête, sinueux à la base, dont le milieu et les côtés sont largement arrondis; les bords latéraux à peine arrondis et étroitement rebordés; les angles antérieurs assez saillants et aigus, les postérieurs presque droits et légèrement émoussés au sommet. Élytres ovalaires, convexes au milieu et un peu déprimées sur les côtés, arrondies à l'extrémité, où elles offrent, à leur point de réunion, un angle rentrant très-sensible; les bords latéraux sont un peu comprimés et tranchants, un peu abaissés et très-légèrement échancrés tout à fait en arrière près de l'extrémité; elles sont d'un brun olivâtre bronzé, lisses et brillantes, avec une bande longitudinale glauque, bleuâtre, à peine visible, placée un peu en dedans du bord externe et abrégée en arrière. Tout le dessous du corps et les pattes d'un ferrugineux plus ou moins foncé.

Il se trouve à Java.

2. Dineutes Grandis.

Ovalis, convexiusculus, supra viridi-olivaceus, vix æneo-micans, nitidulus, subtilissime punctato-reticulatus; elytris obsoletissime sulcato-striatis, postice rotundatis, pone apicem vix undulato-emarginatis; subtus nigro-ferrugineus.

Gyrinus Grandis. Klug. *Symb. phys.* tab. 34. fig. 67.
Cyclous Varians. Dej. *Cat.* 3e *édit.* 66.

Long. 15 à 18 millim. Larg. 9 à 11 millim.

Ovale, un peu raccourci et légèrement convexe. Tête d'un vert olivâtre un peu bronzé, avec le labre, l'épistome et le tour des yeux d'un vert cuivreux; elle est presque imperceptiblement pointillée; antennes et palpes noirâtres. Corselet de la couleur de la tête, légèrement brillant au milieu, glauque et bleuâtre sur les côtés, trois fois environ aussi large que long, largement échancré en avant, où il est plus étroit, le bord antérieur s'avançant un peu en s'arrondissant sur la tête, sinueux à la base, dont le milieu est arrondi et les côtés coupés presque carrément; les bords latéraux à peine arrondis et étroitement rebordés; les angles antérieurs assez saillants et aigus, les postérieurs un peu prolongés en arrière et émoussés au sommet; il est presque imperceptiblement pointillé. Élytres ovalaires, légèrement convexes, largement arrondies à l'extrémité, où elles offrent, à leur point de réunion, un angle rentrant très-sensible; les bords latéraux sont un peu comprimés et tranchants, un peu abaissés et à peine visiblement échancrés tout à fait en arrière près de l'extrémité; elles sont d'un vert olivâtre un peu bronzé, légèrement brillantes au milieu, glauques et souvent bleuâtres sur les côtés, presque imperceptiblement pointillées, et offrent, en outre, sept ou huit sillons longitudinaux à peine marqués, les externes souvent entiers, et les internes abrégés en avant. Tout le dessous du corps et les pattes d'un noir de poix un peu ferrugineux.

Il varie du vert olivâtre un peu bronzé au noir presque franc.

Il se trouve dans la haute Égypte, en Nubie et au mont Sinaï.

3. Dineutes Proximus.

Oblongo-ovalis, depressus, antice valde angustior, supra nigro-olivaceus, vix cæruleo-cupreo-varians, subtile punctulatus, nitidulus; elytris postice rotundatis, pone apicem vix undulato-emarginatis, subtus nigro-ferrugineus.

Cyclous Proximus. Dup.-Dej. *Cat.* 3e *édit.* p. 66.
Cyclous Aterrimus. Dup.-Dej. *Cat.* 3e *édit.* p. 66.

Long. 17 à 19 millim. Larg. 10 à 11 millim.

Ovale, un peu allongé, plus étroit en avant et assez fortement déprimé. Tête d'un noir olivâtre, à reflet bronzé et bleuâtre; elle est lisse et un peu brillante; antennes noirâtres, avec le dernier article souvent ferrugineux à l'extrémité; palpes ferrugineux. Corselet de la couleur de la tête, légèrement brillant au milieu, glauque sur les côtés, trois fois environ aussi large que long, largement échancré en avant, où il est plus étroit, le bord antérieur s'avançant un peu en s'arrondissant sur la tête, sinueux à la base, dont le milieu est arrondi et les côtés un peu obliques en arrière et un peu arrondis; les bords latéraux presque rectilignes, un peu obliques et étroitement rebordés; les angles antérieurs assez saillants et aigus, les postérieurs presque droits et émoussés au sommet; il est entièrement couvert de points enfoncés très-fins et peu serrés. Élytres ovalaires, plus étroites en avant, déprimées, arrondies à l'extrémité, où elles offrent, à leur point de réunion, un angle rentrant très-sensible; les bords latéraux sont comprimés et tranchants, un peu abaissés et à peine échancrés tout à fait en arrière près de l'extrémité, un peu plus sensiblement dans les femelles; elles sont d'un noir olivâtre, à reflet bronzé et bleuâtre, à peine brillantes au milieu, très-légèrement glauques sur les côtés, et entièrement couvertes de petits points enfoncés peu serrés, et d'autant moins qu'ils s'éloignent davantage de la partie interne de la base. Tout le dessous du corps et les pattes d'un noir de poix un peu ferrugineux; les pattes intermédiaires et postérieures plus claires.

Il varie du brun olivâtre un peu bronzé au noir presque franc.

Il se trouve à Madagascar.

4. Dineutes Præmorsus.

Oblongo-ovalis, depressiusculus, antice angustior, supra nigro-olivaceus, vix cœruleo-cupreo-varians, subtilissime sparsim punctulatus, nitidulus; elytris postice rotundatis, pone apicem in mare vix undulato-emarginatis, valde in femina, cum apice ipso denticulato; subtus ferrugineus, abdominis marginibus, ano pedibusque intermediis et posticis pallidioribus.

Gyrinus Præmorsus. Fab. *Syst. Eleut.* I. p. 275.
Forsb. *Nov. act. Ups.* VIII. p. 302.
Brullé. *Hist. nat. des Ins.* V. p. 240.
Gyrinus Indus. Fab. *Ent. Syst. supp.* p. 65.
Cyclous Emarginatus. Dej. *Cat.* 3e *édit.* p. 66.

Var. β. *Major, æneo-olivaceus, infra pallidior.*

Cyclous Olivaceus. Dej. *Cat.* 3e *édit.* p. 66.

Long. 13 à 18 millim. Larg. 7 ½ à 10 millim.

Ovale, à peine allongé, un peu plus étroit en avant et déprimé. Tête d'un noir olivâtre, à reflet bronzé et bleuâtre, lisse et un peu brillante; antennes noirâtres; palpes ferrugineux. Corselet de la couleur de la tête, légèrement brillant au milieu, à peine glauque sur les côtés, trois fois environ aussi large que long, largement échancré en avant, où il est plus étroit, le bord antérieur s'avançant un peu en s'arrondissant sur la tête, légèrement sinueux à la base, dont le milieu est arrondi et les côtés coupés presque carrément; les bords latéraux presque rectilignes, un peu obliques et étroitement rebordés; les angles antérieurs assez saillants et aigus, les postérieurs presque droits et émoussés au sommet; il est couvert de points enfoncés, presque imperceptibles et assez écartés. Élytres ovalaires, un peu plus étroites en avant, déprimées, arrondies à l'extrémité, où elles offrent, à leur point de réunion, un angle rentrant très-sensible; les bords latéraux sont comprimés et tranchants, un peu abaissés et à peine échancrés tout à fait en arrière près de l'extrémité; elles sont d'un noir olivâtre, à reflet bronzé et bleuâtre, légèrement brillantes, à peine glauques sur les côtés, et couvertes de points enfoncés très-petits, presque imperceptibles, assez écartés et régulièrement répandus sur toute leur surface. La portion réfléchie du corselet et des élytres ferrugineuse. Le dessous du corps et les pattes d'un ferrugineux plus ou moins foncé, avec l'extrémité et les parties latérales de l'abdomen, ainsi que les pattes intermédiaires et postérieures, toujours plus claires.

Les femelles sont plus petites que les mâles, plus étroites, plus allongées, généralement aussi plus noires, et ont l'extrémité des élytres assez fortement échancrée en dehors, et armée en dedans d'une petite dent très-mousse.

La var. β est plus grande, d'un brun olivâtre moins foncé, et a le dessous du corps presque testacé.

Il diffère du précédent par sa taille généralement plus petite, la base du corselet moins sinueuse, les points enfoncés des élytres beaucoup plus fins, plus écartés et répandus régulièrement sur toute leur surface, et enfin par le dessous du corps qui est d'une autre couleur.

Il se trouve à Bourbon, à l'île de France et aux Indes orientales.

5. Dineutes Micans.

Ovalis, depressiusculus, supra brunneo-olivaceus, æneo-micans, nitidissimus, lævis; elytris postice rotundatis, pone apicem vix undulato-emarginatis, fascia lata laterali griseo-cupreo-varians; subtus nigro-ferrugineus.

Gyrinus Micans. Fab. *Syst. Eleut.* I. p. 275.
Forsb. *Nov. act. Ups.* VIII. p. 306.
Cyclous Micans. Dej. *Cat.* 3ᵉ *édit.* p. 66.

Long. 15 millim. Larg. 8 ½ millim.

Ovale, un peu raccourci, convexe au milieu et déprimé sur les côtés. Tête d'un brun olivâtre, à reflet cuivreux, avec le labre, le bord antérieur et les angles de l'épistome cuivreux; elle est lisse et très-brillante; antennes noirâtres, ferrugineuses à l'extrémité; palpes ferrugineux. Corselet de la couleur de la tête, très-brillant au milieu, un peu glauque, bleuâtre et cuivreux sur les côtés, un peu moins de trois fois aussi large que long, largement échancré en avant, où il est plus étroit, le bord antérieur s'avançant un peu en s'arrondissant sur la tête, sinueux à la base, dont le milieu est arrondi et les côtés également un peu arrondis; les bords latéraux très-légèrement arrondis et étroitement rebordés; les angles antérieurs assez saillants et aigus, les postérieurs un peu ouverts et émoussés au sommet. Élytres ovalaires, convexes au milieu et en avant, déprimées sur les côtés et en arrière, largement arrondies à leur extrémité, où elles offrent, à leur point de réunion, un angle rentrant très-sensible; les bords latéraux sont comprimés et tranchants, un peu abaissés et très-légèrement échancrés tout à fait en arrière près de l'extrémité, un peu plus sensiblement dans les femelles; elles sont d'un noir olivâtre métallique, lisses et très-brillantes au milieu, avec une large bande chatoyante d'un gris bleuâtre un peu cuivreux, placée un peu en dedans du bord externe, occupant toute la longueur de l'élytre et le plus souvent interrompue en arrière. Tout le dessous du corps et les pattes d'un noir de poix un peu ferrugineux. Les pattes intermédiaires et postérieures ferrugineuses.

Il se trouve à la côte de Guinée et aux Indes orientales.

6. Dineutes Vittatus.

Ovalis, depressiusculus, supra brunneo-olivaceus, æneo-micans, nitidissimus, sparsim subtilissime punctulatus; elytris obsoletissime striatis, postice rotundatis, pone apicem fere integris, vitta angusta laterali cuprea; subtus ferrugineus.

Gyrinus Vittatus. Germ. *Ins. Spec. nov.* p. 32.
Cyclous Vittatus. Dej. *Cat.* 3e *édit.* p. 66.

Long. 15 millim. Larg. 8 $\frac{3}{4}$ millim.

Ovale, un peu raccourci, convexe au milieu et déprimé sur les côtés. Tête d'un brun olivâtre à reflet bronzé, avec le labre, le bord antérieur et les angles de l'épistome d'un vert bronzé; elle est lisse et brillante; antennes noirâtres; palpes ferrugineux, noirâtres à l'extrémité. Corselet de la couleur de la tête, lisse et brillant au milieu, à peine glauque sur les côtés, trois fois environ aussi large que long, largement échancré en avant, où il est plus étroit, le bord antérieur s'avançant un peu en s'arrondissant sur la tête, légèrement sinueux à la base, dont le milieu est à peine arrondi et les côtés un peu obliques en arrière; les bords latéraux très-légèrement arrondis et étroitement rebordés; les angles antérieurs assez saillants et aigus, les postérieurs à peine prolongés en arrière et tronqués au sommet. Élytres ovalaires, convexes au milieu et en avant, déprimées sur les côtés et en arrière, largement arrondies à leur extrémité, où elles offrent, à leur point de réunion, un angle rentrant très-sensible; les bords latéraux sont comprimés et tranchants, un peu abaissés et à peine visiblement échancrés tout à fait en arrière près de l'extrémité; elles sont d'un brun olivâtre un peu bronzé, avec une petite bande longitudinale cuivreuse, étroite, placée un peu en dehors du milieu de l'élytre et n'occupant que les deux tiers antérieurs; toute leur surface est couverte de points enfoncés très-petits, à peine perceptibles et écartés; elles offrent, en outre, six ou sept stries longitudinales très-peu visibles, surtout les internes. Tout le dessous du corps et les pattes ferrugineux; les jambes intermédiaires et postérieures testacées.

Il ressemble un peu au précédent par la taille et la forme; mais il en diffère en ce qu'il est moins brillant, que les élytres sont finement ponctuées, et que la bande qu'elles offrent sur le disque est beaucoup plus étroite, abrégée en arrière, plus franchement cuivreuse et moins chatoyante; le dessous du corps est aussi plus ferrugineux.

Il habite les États-Unis d'Amérique.

7. Dineutes Æreus.

Ovalis, paulo oblongus, convexiusculus, supra nigro-olivaceus, vix æneus, fere opacus, subtilissime dense punctulatus, punctisque nonnullis sparsis paulo majoribus; elytris tenue striatis, postice rotundatis, serratis, pone apicem, in mare, leviter undulato-emarginatis, paulo magis in femina, cum apice ipso vix prominulo; subtus nigro-piceus.

Gyrinus Æreus. Klug. *Symb. phys.* t. 34. fig. 8.
Cyclous Ægyptiacus. Dej. *Cat.* 3e *édit.* p. 66.

Long. 12 à 13 millim. Larg. 6 ½ à 7 millim.

Ovale, à peine allongé et peu convexe. Tête d'un noir olivâtre, à léger reflet métallique, avec le labre, le bord antérieur et les angles de l'épistome cuivreux; elle est couverte de rides irrégulières et de quelques points peu visibles; antennes et palpes noirâtres. Corselet de la couleur de la tête, à peine bronzé, très-peu brillant au milieu, glauque sur les côtés, trois fois environ aussi large que long, largement échancré en avant, où il est plus étroit, le bord antérieur s'avançant un peu en s'arrondissant sur la tête, légèrement sinueux à la base, dont le milieu est arrondi et les côtés coupés presque carrément; les bords latéraux presque rectilignes, un peu obliques et étroitement rebordés; les angles antérieurs assez saillants et aigus, les postérieurs presque droits et émoussés au sommet; il est couvert d'une ponctuation très-fine et très-serrée, et offre, en outre, quelques autres points un peu plus forts et très-écartés. Élytres ovalaires, peu convexes, arrondies et denticulées en scie à l'extrémité, où elles offrent, à leur point de réunion, un angle rentrant peu sensible; les bords latéraux sont un peu comprimés et tranchants, un peu abaissés et à peine échancrés tout à fait en arrière près de l'extrémité; elles sont d'un noir olivâtre à peine bronzé, légèrement brillantes au milieu, glauques sur les côtés, couvertes d'une ponctuation très-fine et très-serrée, et de quelques autres points un peu plus forts et très-écartés; elles offrent, en outre, sept ou huit stries longitudinales peu marquées, surtout les internes. Tout le dessous du corps et les pattes d'un noir de poix à peine ferrugineux, avec les tarses intermédiaires et postérieurs testacés.

Les femelles diffèrent des mâles par l'extrémité des élytres qui est un peu plus fortement échancrée en dehors, et dont l'angle interne est un peu saillant en arrière.

Il se trouve dans la haute Égypte, en Nubie et aux îles du cap Vert.

8. Dineutes Africanus. *Mihi.*

Oblongo-ovalis, convexiusculus, supra brunneo-olivaceus, æneseens, nitidulus, vix conspicue dense punctulatus, punctisque non nullis sparsis paulo majoribus; elytris striatulis, postice rotundatis, pone apicem leviter undulato-emarginatis; subtus nigro-piceus.

Long. 14 $\frac{1}{3}$ millim. Larg. 8 millim.

Ovale, un peu allongé et légèrement convexe. Tête d'un brun olivâtre, à léger reflet métallique, avec le labre, le bord antérieur et les angles de l'épistome cuivreux; elle est couverte de rides légères et de quelques points à peine perceptibles; antennes et palpes noirâtres. Corselet de la couleur de la tête, assez brillant au milieu, glauque sur les côtés, trois fois aussi large que long, largement échancré en avant, où il est très-étroit, le bord antérieur s'avançant un peu en s'arrondissant sur la tête, légèrement sinueux à la base, dont le milieu est arrondi et les côtés coupés presque carrément; les bords latéraux presque rectilignes, un peu obliques et étroitement rebordés; les angles antérieurs assez saillants et aigus, les postérieurs presque droits et émoussés au sommet; il est couvert d'une ponctuation très-fine, très-serrée, à peine perceptible, et offre, en outre, quelques autres points un peu plus forts et très-écartés. Élytres ovalaires, légèrement convexes, arrondies à l'extrémité, où elles offrent, à leur point de réunion, un angle rentrant très-sensible; les bords latéraux sont un peu comprimés et tranchants, abaissés et légèrement échancrés tout à fait en arrière près de l'extrémité, un peu plus sensiblement dans les femelles ; elles sont d'un brun olivâtre légèrement bronzé, assez brillantes au milieu, glauques et bleuâtres sur les côtés, couvertes d'une ponctuation très-fine, très-serrée et à peine perceptible, et de quelques autres points un peu plus forts et très-écartés ; elles offrent, en outre, sept ou huit stries longitudinales à peine marquées et presque imperceptibles, surtout en avant et en dedans. Tout le dessous du corps et les pattes d'un noir de poix un peu ferrugineux, avec les jambes intermédiaires et postérieures, ainsi que leurs tarses, testacés.

Il ressemble un peu au *D. Æreus,* mais il est plus grand, moins déprimé, un peu plus allongé, plus finement pointillé et plus brillant ; les élytres sont plus largement arrondies à l'extrémité, offrent un angle rentrant plus sensible, ne sont pas denticulées en scie, et, à très-peu de chose près, semblables dans les deux sexes. Il a aussi quelque analogie avec le *Præmorsus,* mais il s'en distingue essentiellement par sa forme moins réticulée en avant, la ponctuation très-fine et très-serrée qui le couvre entièrement, et en ce que les femelles sont presque semblables aux mâles, et n'offrent pas, comme dans cette espèce, une petite dent mousse à l'angle intérieur de l'extrémité des élytres.

Il a été rapporté de la Cafrerie par M. Delalande, et fait partie de la collection du Muséum.

9. Dineutes Indicus. *Gory.*

Ovalis, depressiusculus, supra brunneo-olivaceus, æneo-micans, nitidulus, subtilissime punctulatus, punctisque non nullis paulo majoribus; elytris leviter striatis, postice rotundatis, pone apicem vix undulato-emarginatis ; subtus nigro-piceus.

Long. 12 $\frac{1}{2}$ à 13 millim. Larg. 7 $\frac{1}{4}$ à 7 $\frac{3}{4}$ millim.

Ovale et assez sensiblement déprimé. Tête d'un brun olivâtre, à léger reflet métallique et bleuâtre, avec le labre, l'épistome et le contour des yeux cuivreux; elle est légèrement ridée et couverte d'une ponctuation très-fine et très-serrée; antennes et palpes noirâtres. Corselet de la couleur de la tête, assez brillant au milieu, glauque sur les côtés, trois fois aussi large que long, largement échancré en avant, où il est plus étroit, légèrement sinueux à la base, dont le milieu est arrondi et les côtés coupés presque carrément; les bords latéraux presque rectilignes, un peu obliques et étroitement rebordés; les angles antérieurs assez saillants et aigus, les postérieurs presque droits et émoussés au sommet; il est couvert d'une ponctuation très-fine et très-serrée, et offre, en outre, quelques autres points un peu plus forts, très-écartés et à peine perceptibles. Élytres assez régulièrement ovalaires, sensiblement déprimées, arrondies à l'extrémité, où elles offrent, à leur point de réunion, un angle rentrant très-sensible; les bords latéraux sont comprimés et tranchants, abaissés et très-légèrement échancrés tout à fait en arrière près de l'extrémité, un peu plus sensiblement dans les femelles; elles sont d'un brun olivâtre, à léger reflet métallique et bleuâtre, assez brillantes au milieu, un peu glauques sur les côtés, couvertes d'une ponctuation très-fine et très-serrée, et de quelques autres points plus forts et très-écartés; elles offrent, en outre, sept ou huit stries longitudinales peu marquées, surtout les internes. Tout le dessous du corps et les pattes d'un noir de poix à peine ferrugineux, avec les jambes intermédiaires et postérieures, ainsi que leurs tarses, testacés.

Il ressemble beaucoup à l'*Æreus*, dont il se distingue par sa forme un peu plus courte et plus déprimée, et par l'absence de dentelure à l'extrémité des élytres, qui est plus largement arrondie et à peu près semblable dans les deux sexes; il est aussi d'un brun olivâtre moins foncé. Il diffère de l'*Africanus* par sa forme beaucoup plus raccourcie et plus déprimée, ainsi que par sa taille un peu plus petite.

Il se trouve aux Indes orientales, et fait partie de la collection du Muséum et de celle de M. Gory.

10. Dineutes Punctatus.

Oblongo-ovalis, depressiusculus, supra brunneo-olivaceus, vix æneus, nitidulus, subtilissime reticulato-punctulatus punctisque non nullis majoribus sparsis; elytris striis irregulariter undulatis leviter impressis, postice rotundatis, pone apicem vix undulato-emarginatis; subtus nigro-piceus.

Cyclous Punctatus. Dej. *Cat.* 3e *édit.* p. 66.

Long. 13 millim. Larg. 6 $\frac{3}{4}$ millim.

Ovale, assez allongé et déprimé. Tête d'un brun olivâtre, à léger reflet métallique, avec le labre, le bord antérieur et les angles de l'épistome cuivreux; elle est couverte de rides irrégulières et de quelques points assez visibles; antennes et palpes noirâtres. Corselet de la couleur de la tête, à peine bronzé, très-peu brillant au milieu, glauque sur les côtés, trois fois environ aussi large que long, largement échancré en avant, où il est plus étroit, le bord antérieur s'avançant un peu en s'arrondissant sur la tête, légèrement sinueux à la base, dont le milieu est arrondi et les côtés coupés presque carrément; les bords latéraux presque rectilignes, un peu obliques et étroitement rebordés; les angles antérieurs assez saillants et aigus, les postérieurs presque droits et à peine émoussés au sommet; il est presque imperceptiblement pointillé et réticulé, et offre, en outre, quelques points enfoncés assez forts, assez écartés et très-visibles. Élytres ovalaires, assez allongées, très-légèrement convexes au milieu et en avant, déprimées en arrière et sur les côtés, arrondies à l'extrémité, où elles offrent, à leur point de réunion, un angle rentrant assez sensible; les bords latéraux sont comprimés et tranchants, un peu abaissés et à peine échancrés tout à fait en arrière près de l'extrémité, un peu plus sensiblement dans les femelles; elles sont d'un brun olivâtre, à léger reflet métallique et bleuâtre, assez brillantes au milieu, un peu glauques sur les côtés, presque imperceptiblement ponctuées et réticulées, et couvertes d'autres points plus forts, très-bien marqués et assez écartés; elles offrent, en outre, sept ou huit stries longitudinales peu senties, surtout les internes, irrégulièrement onduleuses, presque en zigzag, et quelques petites rides transversales peu visibles. Tout le dessous du corps et les pattes d'un noir de poix à peine ferrugineux, avec les jambes et les tarses intermédiaires et postérieurs testacés.

Il ressemble beaucoup à l'*Æreus*, dont il se distingue par sa forme un peu plus allongée et plus déprimée, les stries onduleuses des élytres, la ponctuation beaucoup plus sentie, et enfin en ce que l'extrémité des élytres n'est pas dentée en scie.

M. Dejean possède trois individus mâles de cette espèce, ayant été pris en Afrique sans autre indication plus précise; il existe aussi une femelle de cet insecte dans la collection du Muséum, rapportée d'Afrique par M. Delalande, ce qui laisse à penser qu'elle vient, soit du cap de Bonne-Espérance, soit de Cafrerie.

11. Dineutes Sublineatus.

Oblongo-ovalis, dorso convexiusculus, supra nigro-olivaceus, vix ænescens, fere opacus, subtilissime reticulato-punctulatus, punctisque non nullis majoribus sparsis; elytris leviter striatis, postice rotundatis, pone apicem vix undulato-emarginatis; subtus nigro-piceus.

Gyrinus Sublineatus. Chev. *Ins. du Mex.* 1er Fasc.

Cyclous Mexicanus. Klug.-Dej. *Cat.* 3e *édit.* p. 66.

Long. 14 à 15 millim. Larg. 8 à 8 $\frac{1}{2}$ millim.

Ovale, un peu allongé, convexe au milieu et un peu déprimé en arrière. Tête d'un noir olivâtre, à léger reflet métallique, avec le labre, le bord antérieur et les angles de l'épistome cuivreux; elle est couverte de quelques rides et de quelques points à peine visibles; antennes et palpes noirâtres. Corselet de la couleur de la tête, à peine bronzé, peu brillant au milieu, glauque sur les côtés, trois fois aussi large que long, largement échancré en avant, où il est plus étroit, légèrement sinueux à la base, dont le milieu est arrondi et les côtés coupés presque carrément; les bords latéraux presque rectilignes, un peu obliques et étroitement rebordés; les angles antérieurs assez saillants et aigus, les postérieurs presque droits et à peine émoussés au sommet; il est presque imperceptiblement pointillé et réticulé. Élytres ovalaires, un peu allongées, convexes en avant et au milieu, très-légèrement déprimées en arrière et sur les côtés, arrondies à l'extrémité, où elles offrent, à leur point de réunion, un angle rentrant très-sensible; les bords latéraux sont comprimés et tranchants, abaissés et à peine échancrés tout à fait en arrière près de l'extrémité; elles sont d'un noir olivâtre à peine bronzé, très-peu brillantes au milieu, glauques sur les côtés, presque imperceptiblement ponctuées et réticulées, et couvertes, surtout en dehors et en arrière, de petites impressions ponctiformes peu marquées et assez écartées; elles offrent, en outre, sept ou huit stries longitudinales peu senties, surtout les internes. Tout le dessous du corps et les pattes d'un noir de poix, avec les jambes intermédiaires et postérieures, ainsi que leurs tarses, d'un testacé ferrugineux.

Il a quelque analogie de forme et de taille avec le *D. Africanus*, mais il s'en distingue en ce qu'il est moins régulièrement convexe en dessus, qu'il est plus confusément ponctué et réticulé, et que les points écartés des élytres sont plus gros, moins bien sentis, et ressemblent plutôt à de petites dépressions ponctiformes qu'à de véritables points enfoncés; il est aussi beaucoup moins brillant et presque terne.

Il se trouve au Mexique.

12. Dineutes Americanus.

Oblongo-ovalis, convexiusculus, supra niger, aut nigro-olivaceus, vix æneścens, nitidulus; elytris leviter striatis, punctis raris impressis, postice rotundatis, vix pone apicem undulato-emarginatis, fere integris; subtus nigro-piceus.

Gyrinus Americanus. Lin. *Syst. nat.* ii. p. 568.
Fab. *Syst. Eleut.* i. p. 275.
Forsberg. *Nov. act. Ups.* viii. p. 305.
Gyrinus Emarginatus. Say. *Trans. of the Am. phil.* ii. p. 108.
Cyclous Americanus. Dej. *Cat.* 3e *édit.* p. 66.

Long. 10 à 12 millim. Larg. 6 à 7 millim.

Ovale, à peine allongé et médiocrement convexe. Tête entièrement noire ou d'un noir olivâtre, à léger reflet métallique, avec le labre et l'épistome d'un vert bronzé; elle est presque lisse, avec quelques petites rides irrégulières peu senties; antennes noirâtres; palpes ferrugineux, noirâtres à l'extrémité. Corselet de la couleur de la tête, un peu brillant au milieu, glauque sur les côtés, trois fois aussi large que long, largement échancré en avant, où il est plus étroit, le bord antérieur s'avançant un peu en s'arrondissant sur la tête, légèrement sinueux à la base, dont le milieu est arrondi et les côtés coupés presque carrément; les bords latéraux presque rectilignes, un peu obliques et étroitement rebordés; les angles antérieurs assez saillants et aigus, les postérieurs presque droits et à peine émoussés au sommet; il présente, sur les côtés seulement, quelques points enfoncés à peine visibles. Élytres ovalaires, médiocrement convexes, arrondies à l'extrémité, où elles offrent, à leur point de réunion, un angle rentrant très-sensible; les bords latéraux sont comprimés et tranchants, un peu abaissés et à peine échancrés tout à fait en arrière près de l'extrémité; elles sont noires ou d'un noir olivâtre un peu bronzé, légèrement brillantes au milieu et glauques sur les côtés; elles offrent, en outre, sept ou huit lignes longitudinales à peine senties, surtout les internes, et quelques points enfoncés rares, assez écartés et peu visibles, surtout en avant, où très-souvent ils disparaissent complétement. Tout le dessous du corps est noir de poix, avec l'extrémité de l'abdomen ferrugineuse. Les pattes antérieures d'un ferrugineux noirâtre, leurs jambes un peu plus claires; les pattes intermédiaires et postérieures testacées, leurs cuisses un peu plus foncées.

Il varie d'un noir olivâtre un peu bronzé au noir presque franc.

Il se trouve aux États-Unis d'Amérique.

13. Dineutes Assimilis.

Oblongo-ovalis, depressiusculus, supra brunneo-olivaceus, vix ænescens, nitidulus, obsolete punctulatus; elytris leviter striatis, punctisque non nullis impressis, postice rotundatis, pone apicem, in mare, vix undulato-emarginatis, valde in femina, cum apice ipso denticulato; subtus nigro-piceus.

Cyclous Assimilis. Kirby *in Richards. Faun. Boreal. Amer.* pag. 78.

Gyrinus Americanus. Say. *Trans. of the Am. phil.* II. p. 107.

Cyclous Substriatus. Dej. *Cat.* 3e *édit.* p. 66.

Long. 12 millim. Larg. 6 ½ millim.

Ovale, assez sensiblement allongé et légèrement déprimé. Tête entièrement noire, ou d'un noir olivâtre à léger reflet métallique, avec le labre et l'épistome d'un vert bronzé; elle présente quelques rides irrégulières peu senties, et quelques points enfoncés assez visibles; antennes noirâtres; palpes ferrugineux, noirâtres à l'extrémité. Corselet de la couleur de la tête, un peu brillant au milieu, glauque sur les côtés, trois fois aussi large que long, largement échancré en avant, où il est plus étroit, le bord antérieur s'avançant un peu en s'arrondissant sur la tête, légèrement sinueux à la base, dont le milieu est arrondi et les côtés coupés presque carrément; les bords latéraux presque rectilignes, un peu obliques et étroitement rebordés; les angles antérieurs assez saillants et aigus, les postérieurs presque droits et à peine émoussés au sommet; il présente, sur les côtés seulement, quelques points enfoncés à peine visibles. Élytres ovalaires, un peu allongées, légèrement déprimées, arrondies à l'extrémité, où elles offrent, à leur point de réunion, un angle rentrant peu sensible; les bords latéraux sont comprimés et tranchants, un peu abaissés et à peine échancrés tout à fait en arrière près de l'extrémité; elles sont noires, ou d'un noir olivâtre un peu bronzé, légèrement brillantes au milieu et glauques sur les côtés; elles offrent, en outre, sept ou huit stries longitudinales assez bien senties, surtout les externes, et quelques points enfoncés assez forts, assez écartés et bien visibles, surtout en dehors et en arrière. Tout le dessous du corps est d'un noir de poix, avec l'extrémité de l'abdomen ferrugineuse. Les pattes antérieures d'un ferrugineux noirâtre, leurs jambes un peu plus claires; les pattes intermédiaires et postérieures testacées, leurs cuisses un peu plus foncées.

Les femelles sont plus étroites, plus allongées, généralement aussi plus noires, et ont l'extrémité des élytres assez fortement échancrée en dehors, et armée en dedans d'une petite dent très-mousse.

Il ressemble beaucoup à l'*Americanus*, mais il est plus allongé, plus déprimé, et les points et les stries des élytres sont plus marqués; mais ce qui l'en distingue essentiellement, c'est que les femelles ont les élytres beaucoup plus échancrées à l'extrémité, et armées d'une petite dent très-mousse.

Il se trouve aussi aux États-Unis d'Amérique.

14. Dineutes Solitarius. *Chevrolat.*

Ovalis, brevis, convexiusculus, supra brunneo-olivaceus, æneo-micans, nitidulus, vix rarissime punctulatus; elytris obsoletissime striatis, postice late rotundatis, vix pone apicem depressiusculis; subtus nigro-piceus.

Long. 10 millim. Larg. 6 $\frac{1}{2}$ millim.

Ovale, très-court, légèrement convexe au milieu et déprimé en arrière et sur les côtés. Tête d'un brun olivâtre, à léger reflet métallique, avec le labre et l'épistome d'un vert bronzé; elle est presque lisse, avec quelques rides irrégulières très-peu senties; antennes noirâtres; palpes ferrugineux, noirâtres à l'extrémité. Corselet de la couleur de la tête, légèrement brillant au milieu, glauque sur les côtés, trois fois aussi large que long, largement échancré en avant où il est plus étroit, le bord antérieur s'avançant un peu en s'arrondissant sur la tête, légèrement sinueux à la base, dont le milieu est arrondi et les côtés coupés presque carrément; les bords latéraux presque rectilignes, un peu obliques et étroitement rebordés; les angles antérieurs assez saillants et aigus, les postérieurs presque droits et à peine émoussés au sommet; il présente, sur les côtés seulement, quelques petits points enfoncés à peine visibles. Élytres ovalaires, très-raccourcies, assez convexes au milieu et en avant, déprimees en arrière et sur les côtés, très-largement arrondies à l'extrémité, où elles offrent, à leur point de réunion, un angle rentrant très-sensible; les bords latéraux sont comprimés et tranchants, à peine abaissés tout à fait en arrière près de l'extrémité; elles sont d'un brun olivâtre un peu bronzé, légèrement brillantes, et glauques sur les côtés ; elles offrent, en outre, sept ou huit stries longitudinales à peine senties, surtout les internes, et quelques points enfoncés rares, très-écartés et à peine perceptibles, surtout en avant, où très-souvent ils disparaissent complétement. Tout le dessous du corps d'un noir de poix, un peu ferrugineux à l'extrémité des derniers segments de l'abdomen. Les pattes antérieures d'un ferrugineux noirâtre, les jambes un peu plus claires ; les pattes intermédiaires et postérieures testacées ; les cuisses un peu plus foncées.

Ce *Dineutes* ressemble beaucoup, par la couleur, la disposition des stries des élytres et la ponctuation générale, au *D. Americanus*, mais il en diffère essentiellement par sa forme beaucoup plus courte, plus largement arrondie à l'extrémité, et par le bord latéral des élytres qui est presque entier et à peine abaissé en arrière.

Il se trouve au Mexique, et fait partie de la collection du Muséum et de celles de MM. Chevrolat et de Laporte.

15. Dineutes Metallicus.

Ovalis, paulo elongatus, convexiusculus, supra brunneo-olivaceus, æneo-micans, nitidulus; elytris postice rotundatis, pone apicem leviter undulato-emarginatis, apice ipso obtuse acuminato; subtus nigro-ferrugineus.

Cyclous Metallicus. Dej. *Cat.* 3e *édit.* p. 66.

Long. 9 à 9 ½ millim. Larg. 5 ¼ à 5 ½ millim.

Ovale, très-légèrement allongé et médiocrement convexe. Tête d'un brun olivâtre à léger reflet métallique, avec le labre et l'épistome un peu bronzés; elle est lisse et assez brillante;

antennes noirâtres; palpes ferrugineux, noirâtres à l'extrémité. Corselet de la couleur de la tête, assez brillant au milieu, glauque sur les côtés, trois fois aussi large que long, largement échancré en avant, où il est plus étroit, le bord antérieur s'avançant un peu en s'arrondissant sur la tête, légèrement sinueux à la base, dont le milieu est arrondi et les côtés coupés presque carrément; les bords latéraux presque rectilignes, un peu obliques et étroitement rebordés; les angles antérieurs assez saillants et aigus, les postérieurs presque droits et à peine émoussés au sommet. Élytres ovalaires, très-légèrement allongées et médiocrement convexes, arrondies à l'extrémité, dont l'angle interne présente une petite dent à peine saillante et très-mousse, et où elles offrent un angle rentrant peu sensible; les bords latéraux sont comprimés et tranchants, un peu abaissés et légèrement échancrés tout à fait en arrière près de l'extrémité, beaucoup plus sensiblement dans les femelles; elles sont d'un brun olivâtre un peu bronzé, lisses et assez brillantes au milieu, et glauques sur les côtés; elles offrent, en outre, le rudiment de quelques stries longitudinales à peine perceptibles, surtout en dedans et en avant. Tout le dessous du corps d'un noir de poix, un peu ferrugineux à l'extrémité des derniers segments de l'abdomen. Pattes d'un testacé ferrugineux, avec les cuisses plus foncées.

Il ressemble un peu aux petits individus de l'*Americanus*, mais il s'en distingue essentiellement par la petite dent qui existe dans les deux sexes, à l'angle interne de l'extrémité des élytres.

Il se trouve aux Antilles.

16. Dineutes Longimanus.

Oblongo-ovalis, antice paulo angustior, dorso convexus, supra brunneo-olivaceus, æneo-micans, nitidus, vix conspicue punctulatus; elytris obsolete striatis, postice utrinque bispinosis, vitta laterali opaca; subtus testaceo-ferrugineus.

Gyrinus Longimanus. Oliv. *Ent.* III. 41. p. 11. pl. 1. fig. 3.
Gyrinus Excisus. Forsberg. *Nov. Act. Ups.* VIII. p. 301?
Cyclous Longimanus. Dej. *Cat.* 3e *édit.* p. 66.

Long. 13 millim. Larg. 7 ½ millim.

Ovale, légèrement allongé, un peu plus étroit en avant et convexe au milieu. Tête d'un brun olivâtre, un peu irisée, avec le labre et le bord antérieur de l'épistome cuivreux; elle est peu brillante et couverte de quelques rides à peine senties; antennes noirâtres; palpes ferrugineux. Corselet de la couleur de la tête, assez brillant au milieu, glauque sur les côtés, un peu moins de trois fois aussi large que long, largement échancré en avant, où il est plus étroit, le bord antérieur s'avançant un peu en s'arrondissant sur la tête, légèrement sinueux à la base, dont le milieu est arrondi et les côtés un peu obliques en arrière; les bords latéraux presque rectilignes, un peu obliques et étroitement rebordés; les angles antérieurs assez saillants et aigus, les postérieurs presque droits et émoussés au sommet; il est presque lisse, avec quelques rides irrégulières à peine senties. Élytres ovalaires, légèrement allongées, un peu plus étroites en avant, assez convexes au milieu, déprimées sur les côtés, arrondies à l'extrémité où elles sont armées chacune de deux dents inégales et assez aiguës; l'une plus petite à l'angle interne, et l'autre un peu plus grande au milieu environ; elles sont d'un brun olivâtre un peu bronzé, lisses et brillantes, avec une assez large bande longitudinale bleuâtre, terne, placée en dehors le long du bord externe, qu'elle ne touche cependant pas, et abrégée en arrière; elles offrent, en outre, le rudiment de quelques stries longitudinales à peine perceptibles, surtout en dedans et en avant, et quelques points enfoncés rares, très-écartés et peu visibles. Tout le dessous du corps et les pattes d'un testacé ferrugineux.

Il habite les Antilles.

17. Dineutes Discolor. *Mihi.*

Oblongo-ovalis, antice paulo angustior, convexiusculus, supra brunneo-olivaceus, æneo-micans, nitidus, subtile punctulatus; elytris obsoletissime striatis, postice rotundatis, pone apicem leviter undulato-emarginatis, apice ipso vix producto; subtus testaceus.

Cyclous Politus. Dej. *Cat.* 3e *édit.* p. 66.

Long. 12 millim. Larg. 6 ½ millim.

Ovale, légèrement allongé, un peu plus étroit en avant et médiocrement convexe. Tête d'un brun olivâtre à léger reflet métallique, avec le labre et le bord antérieur de l'épistome un peu plus bronzés; elle est lisse et assez brillante. Antennes noirâtres; palpes testacés. Corselet de la couleur de la tête, assez brillant au milieu, glauque sur les côtés, un peu moins de trois fois aussi large que long, largement échancré en avant où il est plus étroit, le bord antérieur s'avançant un peu en s'arrondissant sur la tête, légèrement sinueux à la base, dont le milieu est arrondi et les côtés un peu obliques en arrière; les bords latéraux presque rectilignes, un peu obliques et étroitement rebordés; les angles antérieurs assez saillants et aigus, les postérieurs presque droits et émoussés au sommet; il est presque lisse, avec quelques rides irrégulières à peine senties. Élytres ovalaires, légèrement allongées, un peu plus étroites en avant, médiocrement convexes au milieu, déprimées sur les côtés, arrondies à l'extrémité, dont l'angle interne présente une petite saillie très-mousse, et où elles offrent, à leur point de réunion, un angle rentrant peu sensible; les bords latéraux sont comprimés et tranchants, un peu abaissés et à peine échancrés tout à fait en arrière près de l'extrémité; elles sont d'un brun olivâtre un peu bronzé, lisses, assez brillantes et à peine glauques sur les côtés; elles offrent, en outre, le rudiment de quelques stries longitudinales à peine perceptibles, surtout en dedans et en avant, et quelques points enfoncés rares, très-écartés et peu visibles. Tout le dessous du corps et les pattes d'un testacé pâle.

Il ressemble un peu au précédent, dont il a à peu près la forme, la taille et la couleur; mais il s'en distingue par les élytres qui n'offrent pas de bande bleuâtre le long de leur bord externe, et dont l'extrémité n'est pas armée de deux petites dents épineuses.

Des États-Unis d'Amérique.

18. Dineutes Australis.

Oblongo-ovalis, depressiusculus, brunneo-æneus, nitidulus, vix punctulatus; elytris cæruleo-viridi-striatis, vitta submarginali viridi-ænea, postice, in mare, rotundatis, pone apicem exterius emarginato-dentatis, in femina, fere recte truncatis; subtus nigro-piceus.

Gyrinus Australis. Fab. *Syst. Eleut.* I. 275.
Oliv. *Ent.* III. 41. p. 12. pl. I. fig. 4.
Forsberg. *Nov. Act. Ups.* VIII. p. 303.
Cyclous Rufipes. Dej. *Cat.* 3e *édit.* p. 66.

Long. 9 millim. Larg. 4 $\frac{3}{4}$ millim.

Ovale, un peu allongé et sensiblement déprimé. Tête d'un brun olivâtre à reflet cuivreux, avec le labre et l'épistome d'un vert bronzé; elle est lisse et peu brillante; antennes et palpes noirâtres. Corselet de la couleur de la tête, un peu brillant au milieu, glauque sur les côtés, trois fois environ aussi large que long, largement échancré en avant où il est plus étroit, le bord antérieur s'avançant un peu en s'arrondissant sur la tête, légèrement sinueux à la base, dont le milieu est arrondi et les côtés coupés presque carrément; les bords latéraux à peine arrondis et étroitement rebordés; les angles antérieurs assez saillants et aigus, les postérieurs presque droits et nullement émoussés au sommet. Élytres ovalaires, un peu allongées et sensiblement déprimées, arrondies à l'extrémité chez les mâles, avec un angle assez sensible à leur point de réunion et une petite dent épineuse tout à fait en dehors, et tronquées presque carrément chez les femelles; elles sont d'un brun olivâtre un peu bronzé et chatoyant, assez brillantes au milieu et très-légèrement glauques sur les côtés; elles offrent, en outre, sept stries longitudinales bleuâtres peu marquées, à l'exception de l'externe, qui est fortement enfoncée dans sa moitié antérieure, et quelques points enfoncés rares, assez écartés et peu visibles; entre le bord externe et la dernière strie, existe une bande longitudinale étroite, d'un beau vert bronzé. Tout le dessous du corps noir. Les pattes d'un ferrugineux noirâtre, avec les jambes et les tarses des pattes intermédiaires et postérieures testacés.

Les femelles diffèrent des mâles en ce qu'elles ont les élytres tronquées presque carrément en arrière, sans petites dents épineuses en dehors.

Il se trouve à la Nouvelle-Hollande et aux Indes orientales.

19. Dineutes Subspinosus.

Oblongo-ovalis, convexiusculus, supra nigro-piceus, vix ænescens, nitidus; elytris subtile striatis, postice rotundatis, serratis, pone apicem emarginatis, acute spinosis, vitta marginali viridi-cuprea; subtus nigro-piceus.

Gyrinus Subspinosus. Klug. *Symb. phys.* tab. 34. fig. 9.
Gyrinus Dentipennis. Mac-Leay. *Ann. Jav.* p. 133?
Cyclous Australis. Dej. *Cat.* 3ᵉ *édit.* p. 66.

Long. 8 $\frac{1}{2}$ millim. Larg. 4 $\frac{1}{4}$ millim.

Ovale, allongé et légèrement convexe. Tête d'un noir de poix, avec le labre et l'épistome d'un vert bronzé; elle est lisse et peu brillante; antennes noirâtres; palpes ferrugineux. Corselet de la couleur de la tête, peu brillant au milieu, bronzé sur les côtés, trois fois environ aussi large que long, largement échancré en avant, où il est plus étroit, le bord antérieur s'avançant un peu en s'arrondissant sur la tête, sinueux à la base, dont le milieu est arrondi et les côtés coupés presque carrément; les bords latéraux à peine arrondis et étroitement rebordés; les angles antérieurs assez saillants et aigus, les postérieurs presque droits et à peine émoussés au sommet. Élytres ovalaires, un peu allongées, légèrement convexes, arrondies et denticulées en scie à l'extrémité, où elles offrent un angle rentrant, assez sensible à leur point de réunion, et une dent épineuse, très-aiguë, tout à fait en dehors; cette dent un peu plus large et plus écartée de l'élytre dans les mâles que dans les femelles; elles sont d'un noir de poix à peine métallique, avec une large bande d'un vert bronzé, placée en dehors le long du bord externe; elles offrent, en outre, quelques stries peu senties, surtout les internes, et quelques points enfoncés à peine visibles, placés près de l'extrémité. Tout le dessous du corps noir. Les pattes antérieures noirâtres, à peine ferrugineuses, les intermédiaires et postérieures d'un testacé ferrugineux.

Les femelles diffèrent à peine des mâles; cependant la petite épine externe de l'extrémité des élytres est plus étroite, moins écartée, et quelquefois accompagnée, en dedans, d'une autre petite dent épineuse.

Il se trouve aux Indes orientales, au Sénégal, à l'Ile de France, à Madagascar et en Nubie.

20. Dineutes Unidentatus.

Oblongo-ovalis, convexiusculus, supra nigro-piceus, vix æneseens, nitidus; elytris subtile striatis, postice rotundatis, serratis, pone apicem emarginatis, acute spinosis, vitta marginali viridi-cuprea; subtus testaceus, pectore et abdominis basi infuscatis.

Cyclous Unidentatus. Dej. *Cat.* 3ᵉ *édit.* p. 66.

Long. 8 millim. Larg. 4 millim.

Ovale, allongé et légèrement convexe. Tête d'un noir de poix, avec le labre et l'épistome d'un vert bronzé; elle est lisse et peu brillante; antennes noirâtres; palpes testacés. Corselet de la couleur de la tête, peu brillant au milieu, bronzé sur les côtés, trois fois environ aussi large que long, largement échancré en avant, où il est plus étroit, le bord antérieur s'avançant un peu en s'arrondissant sur la tête, sinueux à la base, dont le milieu est arrondi et les côtés coupés presque carrément; les bords latéraux à peine arrondis et étroitement rebordés; les angles antérieurs assez saillants et aigus, les postérieurs presque droits et à peine émoussés au sommet. Élytres ovalaires, un peu allongées, légèrement convexes, arrondies et denticulées en scie à l'extrémité, où elles offrent un angle rentrant, assez sensible à leur point de réunion, et une dent épineuse, très-aiguë, tout à fait en dehors; elles sont d'un noir de poix à peine métallique, avec une large bande d'un vert bronzé, placée en dehors le long du bord externe; elles offrent, en outre, quelques stries peu senties, surtout les internes, et quelques points enfoncés à peine visibles, placés près de l'extrémité. Tout le dessous du corps et les pattes d'un testacé ferrugineux, avec la poitrine et la base de l'abdomen légèrement rembrunies.

Il ressemble considérablement au précédent, dont il a la

forme et, à très-peu de chose près, la taille; il n'en diffère réellement que par la partie inférieure du corps, qui est testacée, et en ce que les femelles sont entièrement semblables aux mâles.

Il se trouve au Brésil.

21. Dineutes Spinosus.

Oblongo-ovalis, convexus, brunneo-olivaceus, æneo-micans, luteo-limbatus, nitidus; elytris postice rotundatis, pone apicem emarginatis, acute spinosis, apice ipso valde spinoso, lineis cupreis et viridibus alternatim ornatis; subtus testaceus.

Gyrinus Spinosus. Fab. *Syst. Eleut.* I. 275.
Oliv. *Ent.* III. 41. p. 13. pl. 1. fig. 7.
Forsberg. *Nov. Act. Ups.* VIII. p. 309.
Cyclous Spinosus. Dej. *Cat.* 3e *édit.* p. 66.

Long. 8 millim. Larg. 4 millim.

Ovale, allongé et convexe. Tête d'un brun olivâtre à reflet cuivreux, avec le labre et l'épistome d'un vert bronzé; elle est assez brillante, et marquée, à la partie interne des yeux, de quelques petits points enfoncés; antennes noirâtres; palpes testacés. Corselet de la couleur de la tête, avec les bords latéraux jaunes, trois fois environ aussi large que long, largement échancré en avant, où il est plus étroit, le bord antérieur s'avançant un peu en s'arrondissant sur la tête, sinueux à la base, dont le milieu est arrondi et les côtés coupés presque carrément; les bords latéraux à peine arrondis et étroitement rebordés; les angles antérieurs assez saillants et aigus, les postérieurs presque droits et à peine émoussés au sommet. Élytres ovalaires, allongées, convexes, arrondies à l'extrémité, où elles offrent un angle rentrant à leur point de réunion, et deux dents épineuses très-aiguës; l'une, plus longue, semble résulter d'un pli de l'élytre, et est placée un peu en dedans du milieu; l'autre est tout à fait en dehors; elles sont d'un brun verdâtre un peu bronzé, surtout en dehors, avec des bandes longitudinales d'un cuivreux rougeâtre, de sorte qu'elles paraissent ornées de bandes alternatives verdâtres et cuivreuses; le bord latéral est jaune. Elles offrent, en outre, quelques points enfoncés à peine visibles. La portion réfléchie du corselet et des élytres est jaune. Le dessous du corps et les pattes testacés.

Il habite les Indes orientales.

FIN.

TABLE ALPHABÉTIQUE

DES NOMS GÉNÉRIQUES ET SPÉCIFIQUES

CONTENUS DANS CE VOLUME.

CYMATOPTERUS.

DINEUTES. 761.

DYTISCUS. 102.

FIN DE LA TABLE ALPHABÉTIQUE.

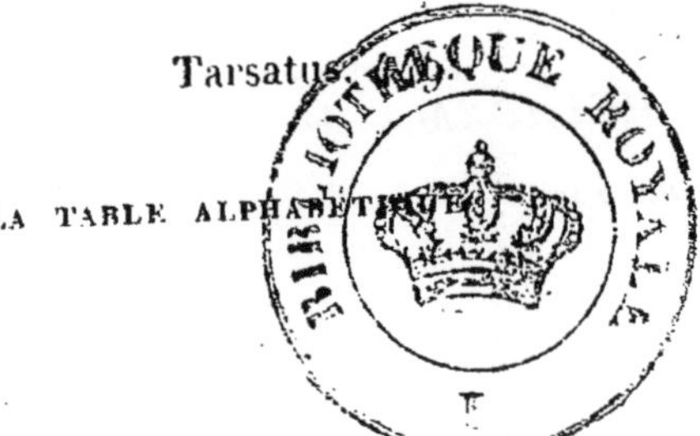

www.ingramcontent.com/pod-product-compliance
Ingram Content Group UK Ltd.
Pitfield, Milton Keynes, MK11 3LW, UK
UKHW020253230726
13925UKWH00001B/21

9 782013 686983